振动试验

——理论与实践

（第二版）

Vibration Testing：Theory and Practice

（second edition）

［美］ 肯尼思·G·麦康奈尔(Kenneth G. McConnell)
［巴西］保罗·S·瓦若特(Paulo S. Varoto) 著
白化同 张庆君 译

中国宇航出版社
·北 京·

图书在版编目(CIP)数据

振动试验：理论与实践：第二版 /（美）肯尼思·G·麦康奈尔（Kenneth G. McConnell），（巴西）保罗·S·瓦若特（Paulo S. Varoto）著；白化同，张庆君译. --北京：中国宇航出版社，2018. 6

书名原文：Vibration Testing: Theory and Practice(second edition)

ISBN 978 - 7 - 5159 - 1495 - 4

Ⅰ.①振… Ⅱ.①肯… ②保… ③白… ④张… Ⅲ.①振动试验 Ⅳ.①TB302.3

中国版本图书馆 CIP 数据核字(2018)第 156690 号

责任编辑　赵宏颖　　**装帧设计**　宇星文化

出版发行　中国宇航出版社

社　址　北京市阜成路 8 号　邮　编　100830
(010)60286808　(010)68768548
网　址　www.caphbook.com
经　销　新华书店
发行部　(010)60286888　(010)68371900
(010)60286887　(010)60286804(传真)
零售店　读者服务部
(010)68371105
承　印　河北画中画印刷科技有限公司

版　次　2018 年 6 月第 1 版
2018 年 6 月第 1 次印刷
规　格　787×1092
开　本　1/16
印　张　30
字　数　723 千字
书　号　ISBN 978-7-5159-1495-4
定　价　268.00 元

本书如有印装质量问题，可与发行部联系调换

《振动试验——理论与实践》参译人员

李　杨　檀倮锰　司永顺

樊俊峰　殷新喆　王亚龙

彭向中　韩晓健　罗　婕

译　　序

《振动试验——理论与实践》是《Vibration Testing：Theory and Practice》一书的中译本，尽管姗姗来迟，还是与读者见面了。译者早在十多年前就翻译了本书第一版的大部分章节，十年前拿到原著第二版后，立即重新着手翻译，同时联系出版事宜，没有成功，只好将译稿束之高阁。辞聘在即，陡升遗憾。与其让书稿在阴暗角落里灰尘满面，何如将它拿到马路边上鳞次栉比的任何一家“图文印刷”店铺，复印装订三二十册，摆到试验台前供人参阅？虽非正式出版，相信聊胜于无。语与同事，多有唏嘘者。研究室领导得知此事，即刻表示争取正式出版，一边组织人员校对，一边联系出版社，同时千方百计筹集资金。大家辛勤劳作三年余，书乃成。

原著第一作者 Kenneth G. McConnell 是爱阿华科技州立大学的宇航工程与工程力学教授。与鄙薄试验工作不足道的很多专家不同，McCnnell 教授把振动试验同样视为一项工程实践活动，孜孜不倦研究 40 余年，发表学术论文无数。为表彰他在动态测量技术、振动试验技术、流体结构相互作用等方面做出的杰出贡献，1994 年实验力学学会（SEM）颁给他该学会的最高荣誉奖 William M. Murray Lecture Award。

本书洋洋洒洒几十万言，紧紧围绕一个主题展开：怎样做好振动试验。总结作者思想，试验工作者应当：

（1）具备必要的线性振动基本理论，包括单自由度系统的自由振动、强迫振动，多自由度系统的模态分析等。要建立这样的概念：一个线性结构系统对任何输入的响应完全决定于结构自身的固有特性。因此研究、揭示结构的这种固有特性就成为振动试验的最重要的课题。

（2）具备必要的频谱分析知识。一个物理信号的时域表达与频域表达是描述同一事物的两种不同的方法，而尤以频域描述更为本质，例如反映结构动特性的频响函数就是频域概念。这一概念的基础是傅里叶级数与傅里叶变换。

（3）熟悉常用的测量、分析设备。振动实验室常用设备是振动台系统、传感器测量系统、控制器、频谱分析仪等。每种设备都有其独特的原理、性能、功能、使用方法，应该掌握。另一方面，每种设备都不是理想的，必有其不足之处。认识其短处与认识其长处同样重要。

（4）树立这样的认识：实验室是个高度可控的试验环境，同时也应当是现场环境的良好模拟。怎样真实地模拟现场环境，怎样正确合理地解释试验结果，是试验工程师责无旁贷的重要职责。实验室的任何试验规范都必须来自于现场，既不能凭空捏造，也不能随意剪裁。试验人员应当是实事求是的模范。

（5）既要创新也要继承。任何新生事物都是在旧事物的基础上产生的，任何创新莫不是既有认识的深化与拓展。继承与创新，是发展任何事业的两个方面，不可厚此薄彼。书的开头作者在多年继承的基础上给出了一个崭新的关于振动试验的定义，并征求同仁的批评与高见。在书的末尾作者又满怀信心地说道：在实验室环境中对试件进行满意的模拟试验这一任务，正在召唤我们提出新的解决方案——这种方案既是创造性的，又不违背我们所建立起来的物理概念。

本书的出版是许多人共同合作的结果。研究室领导的意志及具体运作起了关键性作用。宇航出版社彭晨光主任的鼓励与支持大大提升了我们的信心，最终在张庆君总师/总指挥的组织带领下完成本书。技术层面，彭向中副总师不但通读全书译稿，还对原著个别问题解决方案的合理性提出质疑，使译者对问题有了更深入的了解。韩晓健、王亚龙、檀傈锰、樊俊峰、罗婕、殷新喆、李杨、司永顺、边明明、韩晓磊等，繁忙工作之余认真校对译稿，或提供各种帮助，译者对所有这些同志表示诚挚的感谢。译者特别感谢编辑部编辑赵宏颖女士，她事无巨细，反复耐心沟通各方，保证本书如期出版。

原著有不少印刷错误，为行文流畅，译文在改动之处未予注明。译者每看一遍，都能发现译文中的一些错误或毛病，相信还有许多，望读者指教。

白化同

2018 年 6 月

衷心感谢我五十多年的亲密伴侣和最好的朋友迪，感谢我们的四个儿子克里斯托弗、约翰、托马斯和马克，他们既有责任感，又有自由探索精神，并通过各自独特的方式贡献社会。他们是父母快乐的源泉。

——肯尼思·G·麦康奈尔

此书献给我的爱妻及我们的孩子茱莉娅、卢卡斯和佩德罗。我在圣保罗大学的拼搏岁月中，他们给了我无条件的爱与支持。

——保罗·S·瓦若特

前　言

本书是作者与学生、研究人员以及工业界的工程师们一起工作40余年的实际经验之积累，旨在帮助读者在应用振动试验技术解决各式各样的实际振动问题时，从中获取最大效益。同事们都有自己特有的智慧与独到的视角，因而提出许多有关振动试验的新见解。他们的教诲我们感到无以回报。无疑，呈现在本书中的一些认识与思想，都来自于某个评论、某篇文献，或者与某人茶余饭后的交谈。讲授高级振动及实验动力学课程，其好处之一是能够不断地跟具有不同背景与观点的新人一起重新审视所碰到的基本概念。理论研究的另一个好处是，通常可以在一些简单结构上验证我们的理论，因为对于简单结构，测量误差及试验方法的误差比较容易看清楚。

与此相反，在一般工业场合结构都很复杂，任何测量误差极易因我们对结构特性缺乏了解而淹没。但是我们已经就简单结构倾全力说明了试验过程中出现的基本概念与关键性问题，这些正是试验中需要抓住的东西。例如模态分析的完整概念，节点对结构激励有何影响，结构在节点上又如何响应等，这样逐个考虑每一阶模态，常常可以使错综纷乱的振动问题豁然明朗。

理解基本概念及频率分析中的数据处理过程，其重要性怎样强调都不过分。最近我们经历了这样一种情况：一个结构件经过了短时间、高强度振动之后，又经历了长时间、低量级振动，结果，这个结构虽然试验中并未损坏，但工作中却提前失效。事故原因是不假思索地应用了一个所谓“试验标准”——该标准要求将振动信号简单地作为一个随机信号来分析，于是进行时间平均时，短时间、高强度信号分量被平均掉了。当改变分析方法，只关注高强度振动这段时间时，该结构件开始按常规方式受损，像现场情况一样。在这种情况下，“试验标准”背后的定义及基本概念在查找故障原因时十分重要。

我们增加了几节来讨论非线性振动以及振动台对试验结果的影响。我们没有论及有关即将走入市场的Wi-fi（无线保真）型测试设备的任何专题。这样的设备看起来很有吸引力，因为它们无须连接长电缆也能传递信号。但是，设计不同，传感器的时间常数、信号反射等问题也随之不同，每一次安装时要极其精细。因此，为了暴露试验环境的潜在影响，需要细心地进行现场校准。

我们不愿将帮助我们多年的人的名字一一列出，唯恐有所遗漏。但是必须提到有这样一个杰出的博士研究生团队，他们通过各自的学术论文为本书做出了巨大贡献。爱阿华州立大学给了作者一年宝贵的带薪假期，使之在帝国学院（伦敦）与戴维·尤因斯（David Ewins）教授一起工作，并开始了本书第一版的写作。我们高度赞赏来自圣保罗（Sao Paulo）大学的圣卡洛斯（Sao Carlos）工程学院机械系以及来自CNPq、CAPES和FAPESP（都在巴西）等研究资助单位的支持。最后，我们非常感激约翰·威利（John

Wiley）出版公司员工不懈的帮助，他们指出了书写方面的不一致性，当然，这是作者的错误所致。我们非常感谢执行编辑罗伯特·阿尔真蒂耶里（Robert Argentieri），高级编辑埃米·奥德姆（Amy Odum），助理编辑丹尼尔·马格斯（Daniel Magers），以及使本书得以出版的专职员工们。

最后，是人都难免出错误，甚或重大纰漏与疏忽，因此我们愿意听到为改进本书所提出的评论与建议，哪怕是指出作者的一两个错误，从而使他人的工作做得更好。

肯尼思·G·麦康奈尔　　保罗·S·瓦若特
美国华盛顿州勒德洛港　　巴西圣卡洛斯

目　　录

第 1 章

振动试验概述

测试人员正在用专门为试验现场设计的便携式振动频谱分析仪进行旋转机械故障诊断。为了使设备长期保持最佳工作状态而只需做一些不定期的维修，对机器进行监控是非常重要的。（照片由 *Sound and Vibration* 提供）

1.1 引言

本书旨在利用振动试验技术解决广泛的实际振动问题，从中获得尽可能大的益处。对于给定的机器或结构，当所用试验设备、分析技术，与期望达到的试验目的相一致时，即能得到最大好处。最精密、聪明的分析方法很容易被低劣、失准的数据弄糟。因此读者需要了解振动试验中涉及到的一些基本原理，以便对试验结果采取有根有据的怀疑态度。“为什么这里出现异常?”了解数据中可能存在的问题时，常常是从这样的疑问出发的。

为什么要做振动试验？理由很多，其中主要有：

1)工程研发试验；

2)鉴定试验；

3)可靠性鉴定试验；

4)产品筛选试验；

5)机器状态监测。

几乎在所有各类试验中，所用测试设备、频率分析仪等，类型都相同，并且分析方法也相同，但不同的试验所用激振器却不同。有些情况下试验在实验室进行，另一些情况下试验只能在现场进行，只有在现场实际工作条件下进行试验才能确定为什么结构上某个部件迅速变坏，为什么它在工作条件下不能正常工作。鉴于试验方法及试验目的之多样性，本书的内容覆盖了广泛用于大多数振动试验的基本概念。

我何时才意识到振动试验是一项工程实践活动并不重要，但我知道那不是在我初涉振动生涯时的实验室中。当我在位于马里兰州的 Carterrock 的海军船舶研究中心工作时，我开始感到成功获取现场振动数据并非易事。多年过后，大量的实践经验使我试图搞清楚，振动试验是什么？振动试验怎样才能发挥其工程功能？有一件事很明显：在我企图弄清楚振动试验是什么时，许多有趣的小问题变得清晰起来。

我清楚记得 20 世纪 60 年代后期发生在“冲击与振动学术会议”上的一件趣事。故事梗概是：美国海军打算在一尊大型火炮上安装一台电子设备，如图 1－1－1 所示。很明显，海军技术人员要在炮弹射出时测量 A 点(这里安装电子设备)的垂直加速度。他们要用这样的加速度记录来研究电子设备的**动态环境**，而这台电子设备经过设计、试验，通过了这个动态环境的考验。但是，当设备安装上之后第一次射击就失效了。显然，这里有个问题：怎样把测量下来的动态环境转化为适当的试验规范。到底怎么回事?

首先，A 点的垂直加速度可能比水平方向上的加速度小得多；水平加速度是由接近水平的射击反作用力产生的。其次，所安装的电子装置形成了一个相当大的射击气流迎面。很清楚，无论是水平加速度还是射击气流，都可能成为一个相当大的冲激载荷源，呈现很高的振动量级。可见，海军技术人员所用的方法不恰当，引起了有关各方不必要的痛心。

这个故事说明，在策划振动试验时需要回答许多重大问题，例如：

1)应当收集什么样的现场数据?

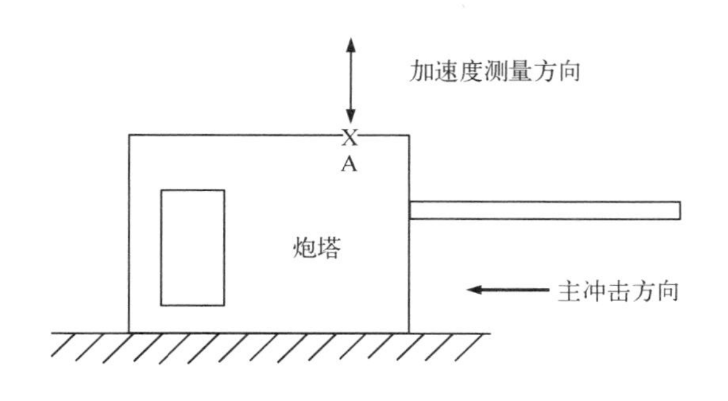

图 1－1－1　标有测量加速度计位置的炮塔略图

2)传感器安装在试件的什么位置才能在给定的频率范围内获得最多的有用信息?

3)怎样储存现场数据以备后用?

4)实验室试验采用试验夹具而使边界条件不同于现场，这会带来什么样的影响?

5)什么样的试验方法最能模拟给定的现场环境?

这些问题(肯定还有其他问题)必须给予解答才能更好地设计现场试验以及相应的实验室模拟试验。

再举一例。当我们准备为一家公司的产品进行振动试验时，发现两组试验规范颇不一致。如果按其中一组规范进行试验，明显地不会有什么问题，因为输入量级很低。但按另外一组规范做，产品失效应当在预料之中，因为输入太大。我们对相互矛盾的两种要求琢磨良久才恍然大悟：他们的试验规范相当随意！因为没有人能够向我们提供实际的现场数据，因之也就无法确定到底试验规范应当是什么样的，我们只好自己判断。当然我们选择了那个保守的规范，并进而给这个产品增加了不必要的重量。

我花了两个夏天审查圣地亚(Sandia)国家实验室所用的冲击和振动试验规范，在此期间学到了一些发人深省的经验。这次审查包括与圣地亚国家实验室很多富有经验的振动试验人员进行交流。显而易见，要求他们使用的试验标准，并没有体现出进行振动试验所需要的基本规则。在交谈中我们经常讨论怎样采集现场数据，怎样将现场数据储存并转化为有用的试验规范等这样一些基本问题。很清楚，要判断应该采用什么样的试验方法，需要有个比较好的原则性框架。我们在试图理解和解释这些规则应该是什么时，产生了一些基本思想(包含在本书第 8 章中)。这些思想可以作为一个框架，来指导我们制定适合于具体应用的振动试验规范。为了深刻理解根据现场数据制定试验规范时所做出的各种选择，就必须多思考、多研究。

后来的一次经历暴露出一个有趣的情况：某家公司的产品现场失效率很高，竟通过了工业上采用的**振动试验标准！**问题何在？全在于试验人员对实验室模拟的振动类型缺乏了解。用另一种类型的信号分析便可制定出更加严苛而实际的试验规范。遵照在圣地亚国家实验室的经验，我调查了美国十几个试验场所的试验人员，想对振动试验工业中一些重大事件的现状有一个更全面的了解。这次调查得出了一个令人震惊的结果：振动试验没有一般理论，试验规范常常根据试验人员的经验随意修改，很像我昔日对某产品做试验时一样。调查还显示，即使引用某个模型，这个模型也常常是单自由度(SDOF)系统模型，对于大多数涉及相当复杂的结构系统的试验情况完全不适用。

调查期间反馈给我的各种意见总结起来是：

1)试验规范的制定者不了解试验设备的限制条件。

2)要求使用的试验谱没有反映试件(现场)的实际环境。

3)试验量级与试件承受力之间的关系似乎非常随意。

4)应力大小与持续时间长短，需要与可靠性试验及耐久试验合理地联系起来。

5)试验夹具通常比装于其上的试件刚硬得多。

6)如果没有专人监管测试设备的安装与后续数据处理，通常就没有足够的信息资料用以将各种激励源区别开来。

7)当其他人来收集数据时，传感器的安装位置常常不合理。

8)“许多人都有自己的操作方式，他们就是这样学的，不必知道为什么或怎样预测结果。”[①]

9)“正确进行试验比按‘标准’方法进行试验需要更强的能力！”

我们希望本书将阐释许多所需要的基本概念，使试验人员意识到怎样才能把试验做得更好，从而获得最大的效益。

1.2　初步考虑

真不知从哪里开始我们的征程。但是经验证明，把握全局，明确概念，会大大改善交流进程。图 1-2-1 是结构的一般模型，其中假定用一个传感器(通常是个加速度计)测量位置 p 的运动 X_p，这里用 X_p 代表位移、速度或加速度。本书通篇用小写字母表示时域变量，故 x 就等于 $x(t)$；大写字母表示频域变量，故 $X=X(\omega)$就是频谱。这种表示方法最方便，因为来自测试分析设备的信号既有时域信息，也有频域信息。

运动 X_p 由许多激励源引起。激励源可以是**内力**(如转动不平衡)，也可以是**外力**。内力用 $S_q[=S_q(\omega)]$表示。外力分成两类：一类来自**外部激励源**，用 $F_q[=F_q(\omega)]$表示；一类由**边界**条件所致，用 $B_q[=B_q(\omega)]$表示。因此，假如采用线性输入—输出频域表示法 $H_{pq}[=H_{pq}(\omega)]$，那么**频域输出运动**就可以表示成

$$X_p=\underbrace{\sum_{q=1}^{n_1}H_{pq}S_q}_{\text{内}}+\underbrace{\sum_{n_1+1}^{n_2}H_{pq}F_q}_{\text{外}}+\underbrace{\sum_{n_2+1}^{n_3}H_{pq}B_q}_{\text{边界}}\qquad(1-2-1)$$

式中　H_{pq}——**频率响应函数**(简称**频响函数**，经常缩写为 FRF)，它是频率 ω 的函数，表示由 q 点的激振力引起的 p 点的输出运动；

① Personal communication from E. A. Szymkowiak, July 1990.

n_1—— 内部激励源的数目；

(n_2-n_1-1)——外力个数；

(n_3-n_2-1)——边界力个数。

因为 X_p 可以代表位移、速度或加速度，相应地，频响函数 H_{pq} 可以代表位移导纳(receptance)、速度导纳(mobility)或加速度导纳(accelerance)。

图 1－2－1 是一般振动试验情形示意图，其中为了确定结构的动态特性或其机械状况是否良好，需对结构(或机器)的振动进行监测。试验目的决定试验数据的最终应用。为确定结构的动态特性，可以进行模态分析。另一方面，为了确定结构的工作状态，我们也可以测量它的动态特性，这个过程常常叫做**机器监测**。试件可以是飞机引擎，也可以是蒸汽轮机。显然，这两种机器的边界条件、试验条件以及测试设备的要求等，都大大不同。

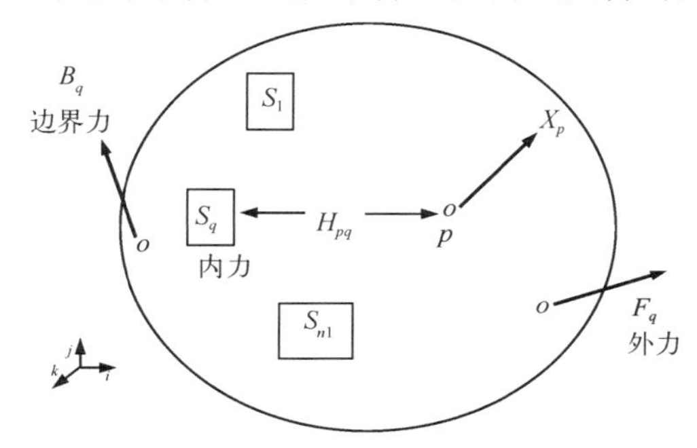

图 1－2－1　表示内部激励、外部激励以及边界激励等各类激励的一般结构图

现在假定，在控制喷气引擎时用到一块关键性的电路板，电路板在控制过程中不能失效。必须保证，这块电路板不但能经受得住工作时的动态环境，而且能一直正常发挥其功能。那么问题是：怎样实现这个目标？

我们先把这个问题分解开来，如图 1－2－2 所示。图中画出了几个要素，它们是采集数据、解释数据并将结果告知主要合作伙伴等一系列行为中都要涉及的。这几个要素是：1)飞机，称为**载体**；2)电路板，叫做**试件**；3)振动试验室，叫做**实验室**；4)有限元计算机程序或其他设计工具，简单地叫做**设计**；5)**流程**。在流程部分我们需要：

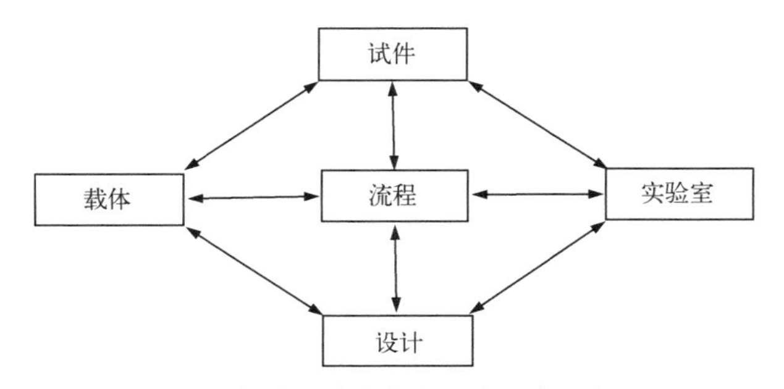

图 1－2－2　各种试验方案中基本要素的定义及流程

1)获得现场试验数据，这可能涉及安装样机试件或另一个不同的试件，或者没有试件。

2)分析现场数据，并考虑现场试验条件。

3)以适当形式将现场数据传递给处于设计阶段的设计者。

4)向振动试验人员提供实际数据，使之能够进行合理的实验室试验，实现实际的动态环境。

上述流程往往要求各管理部门或工业机构之间进行沟通，这些人员或机构之间可能有着并不完全一致的既得利益。因此，在大型项目中，经常出现有趣的人际关系问题，这种情况下，协同工作的技艺就显得尤其重要。然而，如果人们为了项目的共同利益，着眼于共同的目标，那结果将是成功的产品——可靠、经济、性能如期。读者阅读本书时将会全面领会图 1-2-2 的意义。

1.3　频域中的一般输入—输出关系

在一般振动试验中，特别是在模态分析中，输入—输出频响函数(FRF)扮演着重要角色。通常，标准的试验装置都是采用一个或几个电动激振器或一个冲激锤作为激励源。这些激励源，如果正确操作，它们的弯矩通常很小。但是一般而言，实际边界力是由一个合力(矢量)和一个合力矩(矢量)构成的，这两个矢量又各有三个分别与 $\boldsymbol{i}$，$\boldsymbol{j}$，$\boldsymbol{k}$ 单位矢量同向的正交分量，如图 1-2-1 所示。类似地，任何一点的合运动均可具有三个正交的直线运动和三个正交的角运动，它们分别与单位矢量 $\boldsymbol{i}$，$\boldsymbol{j}$，$\boldsymbol{k}$ 同向。

在 q 点施加一个输入激励，在 p 点测量输出运动，那么这二点之间在频域的输入—输出关系，示于图 1-2-1，可用式(1-3-1)描述

$$\{U\}_p = [H]_{pq}\ \{P\}_q \tag{1-3-1}$$

式中　$\{U\}_p=\{U(\omega)\}_p$——频域运动输出矢量，由 6 个元素构成：与 p 点相关联的三个直线运动和三个角运动。

$\{P\}_q=\{P(\omega)\}_q$——频域输入矢量，施加于 q 点，由 6 个载荷分量构成：三个力矢量，三个力矩矢量。

$[H]_{pq}=[H(\omega)]_{pq}$——一个将输入量、输出量联系起来的 6×6 阶频响函数矩阵。

可见，试件上一对测点之间就存在着 36 个频响函数！

式(1-3-1)的展开形式为

$$\begin{Bmatrix} \{X\} \\ \{\Theta\} \end{Bmatrix}_p = \begin{bmatrix} [H]_{xF} & [H]_{xM} \\ [H]_{\theta F} & [H]_{\theta M} \end{bmatrix}_{pq} \begin{Bmatrix} \{F\} \\ \{M\} \end{Bmatrix}_q \tag{1-3-2}$$

式中，$\{X\}=\{X(\omega)\}$和$\{\Theta\}=\{\Theta(\omega)\}$都是 3×1 阶矢量，分别由作为输出的直线运动和角运动构成。$\{F\}=\{F(\omega)\}$和$\{M\}=\{M(\omega)\}$也都是 3×1 阶矢量，分别由作为输入的力分量和力矩分量构成。

由式(1-3-2)可见，完整的频响函数矩阵$[H]$被分块成了四个子矩阵，其中三个子矩阵包含着转动自由度的信息。3×3 阶子矩阵$[H]_{xF}$把直线运动与力联系了起来，在大多数标准试验方法中所获得的数据与这个矩阵相对应。而$[H]_{xM}$和$[H]_{\theta F}$这两个子矩阵所

含传递函数是输入力矩所引起的输出直线运动，或输入力所引起的角运动，矩阵$[H]_{\theta M}$则将输入力矩与输出角运动相联系。

当根据式(1－3－2)求直线运动矢量的某个元素时，转动自由度的重要性就很明显了

$$X_{1p}=H_{11pq}F_{1q}+H_{12pq}F_{2q}+H_{13pq}F_{3q}+\widetilde{H}_{11pq}M_{1q}+\widetilde{H}_{12pq}M_{2q}+\widetilde{H}_{13pq}M_{3q} \tag{1-3-3}$$

式中，注脚 1，2，3 分别代表笛卡儿坐标 x，y，z 方向，$\widetilde{H}_{rcpq}$是直线输出运动与输入力矩之比所形成的输入—输出频响函数。该式表明，要充分表征结构的直线运动 X_{1p}与输入力、输入力矩之间的关系，需要 6 个单项式。

假如在 p 点粘贴一个单轴向加速度计，令其灵敏度主轴指向 1 向，并且只测单个输入力 F_{1q}，则式(1－3－3)简化为

$$X_{1p}\approx H_{11pq}F_{1q} \tag{1-3-4}$$

除非将未测输入量减小到可以忽略不计的程度，此式只是近似成立，因为按该式进行的测量没有考虑到式(1－3－3)所描述的测量中的其余 5 项。当被测结构与另一个结构有多处连接点时，这种情况比较棘手。一般说来，试验夹具不能模拟实际的现场结构，因此在实验室测得的试件的动态特性可能大大不同于现场条件下的动态特性。这些问题我们将在第 8 章讨论。

1.4　试验设备综述

振动试验有各种各样的类型，有些是在结构处于其正常工作状态时进行现场测量，有些则是通过某些外部手段在现场或实验室内对结构进行激励。振动试验的目的也各不相同，如有的是为了确定机器对工作的适应性而进行振动监视，有的是为找出问题而进行一般振动研究，还有的则是为了确定结构的动态特性而进行模态分析，如此等等。但是不管什么试验，常用的概念与设备总是需要的。

图 1－4－1 表示一般试验系统的构成：用一个传感器系统(通常是个加速度计)测量试件的运动，用另一个传感器系统(通常是力传感器)测量输入力。不管是加速度计还是力传感器，经常采用压电晶体或应变计作为感受元件。来自传感器的电信号被放大并分析。频率分析仪是常用的分析设备。工程师的工作则是正确解释频率分析仪的输出结果，并以适当方式将数据储存起来。计算机常常是完成这一工作的得力工具。

读者思考一下图 1－4－1 所示的流程就会明白，其中应用了一些常用概念和物理定律。我们的任务是按照某种有序方式来组织这些概念和定律，从而发掘它们的重要意义。这些内容分配在下列的七章中加以研究。

第 2 章：动态信号分析。讨论动态信号分析中所用到的基本概念，因为这些基本概念是后面各章的基础。我们将从理论上讨论周期信号、暂态信号及随机信号。

第 3 章：振动概念。本章复习基本的振动概念。尽管我们可以从其他教科书上援引这

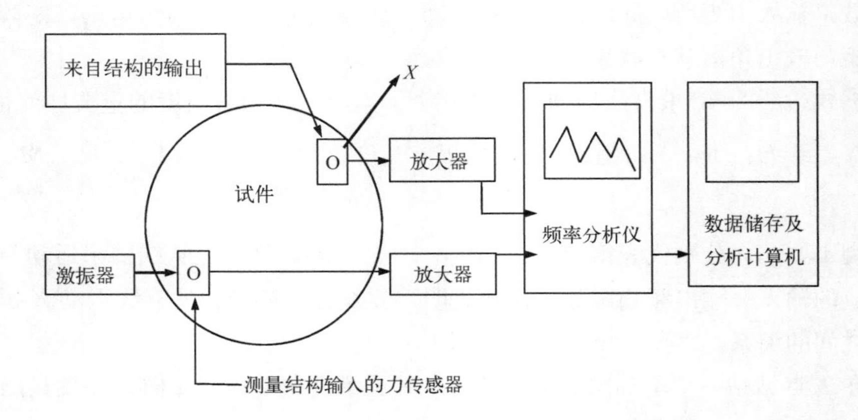

图 1-4-1　一般试验系统，包含力传感器和运动传感器、
功率放大器、频率分析仪以及数据储存与分析计算机等

些概念，但这里还是要重温一下，因为欲了解振动试验中正在发生什么事情，以及为什么必须按照某种方式进行试验等，需要一套基础性的概念及视点。

第 4 章：测量传感器。讨论传感器的行为特性，推导一些常用传感器的机械特性模型与电气特性模型。经验表明，将传感器置于某种环境中，它便可以完成许多有趣的、不可预料的事情。使用者经常会戏剧性地改变传感器的特性，所以为了获得可靠的数据，要求使用者知识广博一些。

第 5 章：数字频率分析仪。将仔细探讨数字频率分析仪的特性。数字分析仪赖以工作的规则对于理解测得的频谱的含义十分重要。如果分析仪设置不当，则分析结果可能包含严重失真的信息。

第 6 章：激振器。研究激振器的动态特性。振动激励包括静态释放装置、机械激振装置、电磁式装置等。本章还要讨论激振器与它们的试验环境之间的相互作用问题。

第 7 章：振动基本概念在振动试验中的应用。本章研究把许多要素放在一起试图进行一次实际振动试验时会发生什么事情。为了说明必须要考虑的若干重要因素以及这些因素怎样影响试验结果，我们要举几个简单例子。

第 8 章：振动试验一般模型：从现场到实验室。本章研究如何进行现场测试，以及将现场测试结果转化成意义明确的实验室试验规范所必须遵循的原则性框架。

1.5　小结

我们提醒读者，成功进行实际的振动试验，必然要涉及广泛的物理定律和数学概念。本书将致力于阐述这些定律和概念，以便从事实际试验的工程师以及大学毕业生能够理解可能出现的一些精微之处。仪器设备得到的结果重要，但推导和计算的过程更重要。正如我们将要看到的，最新研究显示，试验设备与频率分析仪的使用可能是整个过程中的唯一薄弱环节。

作为本章的结束，我们愿意提出如下看法：

振动试验是测量并解释结构对特定动态环境之响应的艺术与科学；必要时则需以满意的方式模拟这个环境，以保证处于现场动态环境条件之下的结构，既能生存又能正确行使功能。

同任何定义一样，上述定义也有它的局限性。如果读者能给出一个更确切无歧义的表述，我们愿意与您分享。

第 2 章

动态信号分析

在华盛顿州西雅图西塔(Sea - Tac)国际机场，一架飞机正在升空，技术人员用一台实时频谱分析仪监测淹没在飞机噪声中的动态信号。进行振动试验时，要了解试验结果，同样必须对振动信号进行分析。(照片由 *Sound and Vibration* 提供)

2.1 引言

信号分析是振动试验的基础，因此了解它、正确应用它，对任何实际工作者都是头等重要的事情。本章目的是识别振动试验中需要分析的各类信号以及它们的特性。描述各种不同信号的特性要用到**傅里叶级数**(FS)、**傅里叶变换**(FT)、**自相关函数**、**互相关函数**、**均方谱密度**(MSSD)[也叫做**功率谱密度**(PSD)]以及**互谱密度**(CSD)等。第5章我们用**离散傅里叶变换**(DFT)讨论数字频率分析仪特性。计算傅里叶级数和傅里叶变换时都用到离散傅里叶变换。本章及第5章中，随着一些基础性理论与概念的阐述，傅里叶级数与傅里叶变换之间的区别以及它们的用法也会逐渐清晰起来。掌握这些基本概念以及它们之间的相互关系，对于频率分析仪的使用者具有重要意义。

2.1.1 信号分类

动态信号一般分为**确定性信号**和**随机性信号**两大类，如图2-1-1所示。混沌信号是最近才认识到的一种现象，就是一个随机样信号被一个确定性过程所控制的现象。混沌信号已经受到越来越多的关注，人们试图了解混沌信号是如何产生的，如何识别、分析它们。究竟这一研究会怎样影响未来的信号分类，目前尚不明了，所以在图2-1-1中打上了问号。但是必须承认，当我们还无法明确区别混沌信号与随机信号时，某些可能是混沌信号的随机样信号，会被误作为随机信号加以分析①。本书中除了简单引用之外，对混沌信号不予讨论。

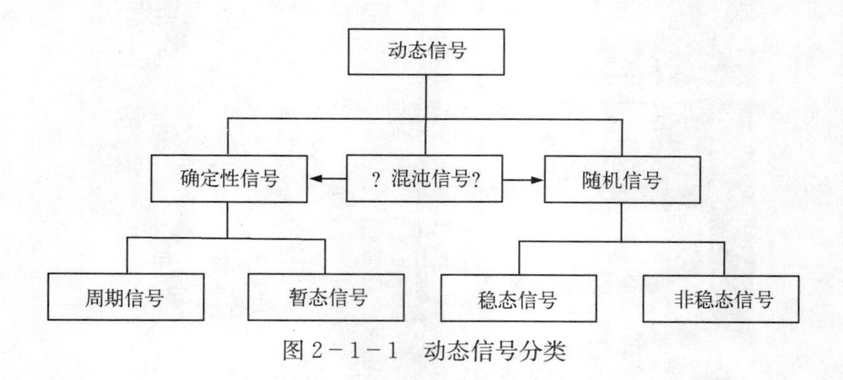

图2-1-1 动态信号分类

确定性信号可进一步分为**周期信号**和**暂态信号**。周期信号是按时间重复自身的信号，对于许多实际过程——特别是与速度恒定的机器相关的过程——周期信号是一种相当合理的模型。暂态信号是短时间内作用强烈、而长时间内没有明显变化的信号。理想情形，短暂事件发生前后的时间无限长。从实践角度看，在另一个事件出现之前，所有振动都停止，这样的信号就被划归暂态信号。

① C. Moon, *Chaotic Vibrations: An Introduction to Chaotic Dynamics for Applied Scientists and Engineers*, John Wiley & Sons, New York, 1987.

随机信号也可以分为**稳态信号**与**非稳态信号**。稳态信号是具有恒定参数的信号，非稳态信号是参数随时间变化的信号。想一想引发振动的引擎，就很容易看到非稳态信号：引擎的速度与载荷随时间而变化，因之振动的基本周期也随着时间以及引起振动的动态负荷而变化。

随机信号的特征是在很宽的频率范围内存在许多频率分量。信号的幅度与时间的关系曲线变化迅速而又不确定。“嗖嗖”声是个很好的例子，用麦克风和示波器很容易观测到。如果声强不随时间变化，那么这个随机信号就是稳态的，反之就是非稳态的。发出“嗖嗖”声时很容易听到和看到这种区别。

随机信号用其记录集合的统计特性来表征。如果随机过程是**各态历经的**，则**时间**上的统计特性与记录**集合**的统计特性是相同的。**本书假定，所有随机过程都是稳态的、各态历经的，而且其振幅具有高斯统计分布，所以时间性定义可以应用。**这些就是处理实际的信号分析问题时常用的可操作性假设。

描述一个信号时常用的两个单值特征数值(或叫做参数)是**时间均值**和**时间均方值(均方根值)**。“时间上的”(temporal)这个词意味着：用一种时间意义上的平均代替一个集合统计意义上的平均。

2.1.2　时间均值

考虑图 2-1-2(a)所示之时间历程 $x(t)$，该信号的时间均值是个统计量，定义为信号的时间平均值，数学上用下式描述

$$\overline{x} = \lim_{T\to\infty} \frac{1}{T}\int_0^{T} x(t)\,\mathrm{d}t \tag{2-1-1}$$

式中　$\overline{x}$——信号 $x(t)$的时间均值；

　　T——积分时间，也是平均时间。

图 2-1-2(a)解释了时间平均的概念，其中 $x(t)\mathrm{d}t$ 是点 B 处时间历程曲线下的**微分面积**。将这些微分面积相加就给出了曲线下的总面积，这个总面积除以时间 T 得出的便是一个时间平均，即时间历程的平均高度。因此，$\overline{x}T$ 所表示的矩形面积就等于处于 $0\sim T$ 之间的信号时间历程之下的面积。我们看到，随着时间 T 的增大，时间均值的波动将越来越小。当时间 T 无限增大时，时间均值波动将消失。因此，平均时间愈长，时间平均估计值就愈好。时间均值常常叫做**静态分量**或**直流分量**。

2.1.3　时间均方值和时间均方根值

时间**均方值**(MS)定义为时间历程平方的时间平均，数学表达式为

$$MS = \overline{x^2} = \lim_{T\to\infty} \frac{1}{T}\int_0^{T} x(t)^2\,\mathrm{d}t \tag{2-1-2}$$

此式的解释同式(2-1-1)，即它是 $x(t)$的平方的时间平均高度，如图 2-1-2(b)所示，其中 $x^2(t)\mathrm{d}t$ 是微分面积。请注意均值记号 $\overline{x}$ 与均方值记号$\overline{x^2}$之间的差别。

均方根值(RMS)是均方值的平方根。因此根据式(2-1-2)，均方根值则为

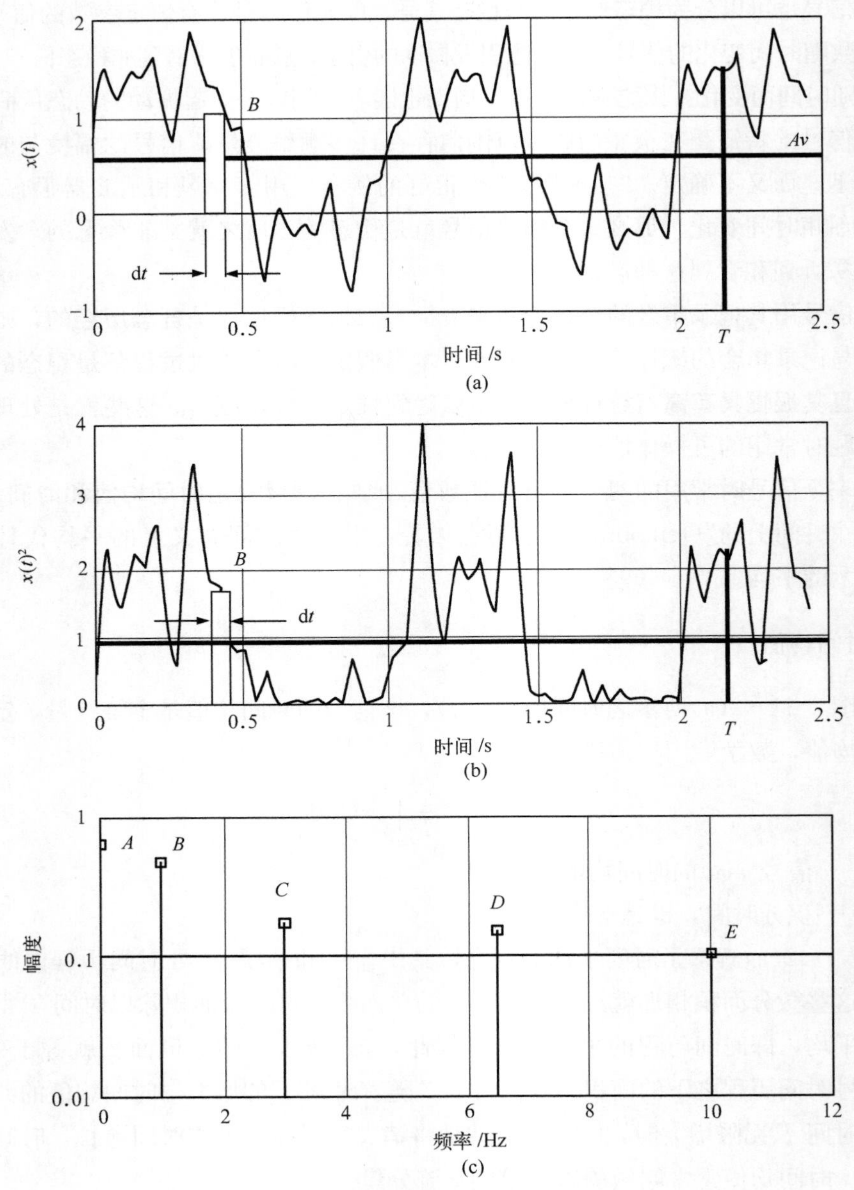

图 2-1-2　信号分析方法

(a)信号 $x(t)$及时间均值之定义；(b)信号 $x(t)^2$ 及时间均方值之定义；(c)信号 $x(t)$的频谱

$$A_{\text{RMS}} = \sqrt{\lim_{T\to\infty} \frac{1}{T}\int_0^T x(t)^2 \mathrm{d}t} \tag{2-1-3}$$

如果不给出进一步的信息，式中 A_{RMS}只代表一个无意义的幅值。许多不同的时间历程可以有相同的 $\bar{x}$ 和 A_{RMS}，因此这两个值不是任何给定信号所独有的。欲使这两个值有意义，需要另外的信息。**忠告**：任何人都无法仅仅根据均值和均方根值赋予时间历程的特性以任何东西。使这两个数值具有明确意义之前，需要另外一些信息，如统计概率密度函数、正弦函数，或者其他限定性描述。

2.1.4　频谱

表征 $x(t)$的第三种可能性是用图 2－1－2(c)所示之频谱。频谱是频率分量的幅值按频率排列而成的图形。图中从 A 点到 E 点依次突显 5 个峰值。这些峰值频率可能与一个或多个转动轴的不平衡、叶片的通过速率、齿轮啮合速率、轴承噪声或不稳定性、结构共振等因素有关。频谱曲线比均值、均方根值有用，因为这些曲线常常能够显示出一些离散频率，而这些离散频率又跟机器部件及工作特性有关。

图 2－1－2(a)所示信号是周期性的，含有 5 个频率分量，如图 2－1－2(c)所示。其中直流分量的幅值是 0.60，等于 A 点的均值。B 点 1.0 Hz 的分量幅值约等于 0.47，C 点 3.0 Hz 幅值是 0.17 左右，D 点 6.5 Hz 幅值大约是 0.15，E 点 10 Hz 幅值约为 0.1。应当明确，对于工程师而言，频谱所含有用信息比均值、均方值多得多，因为它显示了信号 $x(t)$中各个频率分量所占比重。

频谱所含的重要幅值信息，对于工程师判断重要的系统特性非常有用，据此他们可以确定额定工作条件、进行再设计、制定修正措施等。下面几节我们将发掘所谓频谱的意义。

2.1.5　单正弦信号分析

这里我们来看怎样将上述概念应用于由下式描述的偏置正弦信号或许有所启示

$$x(t)=D+B\cos(\omega t+\phi) \tag{2-1-4}$$

式中　D——直流偏置量；

　　　B——正弦振幅。

现在我们来研究对应于这个信号的均值、均方值和频谱。

时间均值 将式(2－1－4)代入式(2－1－1)可得时间均值表达式如下

$$\overline{x}=D+B\left[\frac{\sin(\omega T+\phi)-\sin(\phi)}{\omega T}\right]\approx D \tag{2-1-5}$$

此式表明，正弦部分随着时间 T 的增大而减小，均值就是 D。当 ωT 是 2π 的整数倍时可直接求得均值。我们看到，在一个周期内做平均时，正弦函数的均值为零。根据这一结果，在测量一个电压信号时可以适当选择伏特表的平均时间，即可从伏特表的读数中消除电网频率分量。不过我们还是建议采用比较长的平均时间，使 $B/\omega T$ 相对于 D 来说小得多。

时间均方值　将式(2－1－4)代入式(2－1－2)可得时间均方值。积分结果如下

$$A_{\mathrm{RMS}}^{2}=D^{2}+2BD\left[\frac{\sin(\omega T+\phi)-\sin(\phi)}{\omega T}\right]+\frac{B^{2}}{2}\left[1+\frac{\sin2(\omega T+\phi)-\sin(2\phi)}{2\omega T}\right] \tag{2-1-6}$$

取 $\omega T\to\infty$时的极限，上式简化为

$$A_{\mathrm{RMS}}^2 = D^2 + \frac{B^2}{2} = D^2 + B_{\mathrm{RMS}}^2 \tag{2-1-7}$$

式(2-1-6)表明，如果 ωT 过小，那么均方根值掺杂有两项：第一项来自于 B 和 D 的交叉相乘 BD。当 ωT 是 2π 的整数倍时，或者当 ωT 足够大，使乘积 BD 与 D^2 或 $B^2/2$ 相比微乎其微时，这一项便消失了。当 ωT 是 π 的整数倍时，第二项消失；当 $2\omega T$ 为 100 数量级时，这一项就恒小于 1 了。这两项中，交叉积项常常被忽略。

式(2-1-7)表明了另外三个要点。第一，当 B 等于零时，可以看出总的均方根值 A_{RMS} 等于均值，即 $A_{\mathrm{RMS}}=D$；第二，当 $D=0$ 时，式(2-1-7)成为

$$A_{\mathrm{RMS}} = B_{\mathrm{RMS}} = \frac{B}{\sqrt{2}} = 0.707B \tag{2-1-8}$$

这里 B_{RMS} 叫做**正弦均方根值振幅**。第三，信号总的均方根值振幅 A_{RMS} 是均值平方与正弦均方根值平方之和的算术平方根。因此一般而言，A_{RMS} 和 B_{RMS} 代表完全不同的两项。

式(2-1-8)所表述的峰值振幅 B 与均方根振幅 B_{RMS} 之间的关系，只对正弦函数是正确的。**任何情况下，一个任意信号的总 RMS 振幅 A_{RMS} 都不能通过式(2-1-8)转换成一个等效的峰值正弦振幅或 RMS 正弦振幅**。研究一下式(2-1-7)和式(2-1-8)这一点就足够清楚了，因为**均方值包括均值的平方**。不幸的是这个区别经常被忽视。

上述概念对于我们理解交、直流电压表的读数很有帮助。式(2-1-7)指出，一只交流耦合电压表测量的仅仅是振幅 B，因为交流耦合消除(隔离)了均值 D。同样，直流耦合电压表测量的必定是滤除了任何交流(正弦)分量的信号，否则，它测量的是总均方根值 A_{RMS}，而不是 D。因此我们需要两块独立电压表：一块是交流耦合电压表，测量 B_{RMS}，一块是带有高效滤波功能的直流电压表，测量均值 D。

频谱 式(2-1-4)所述信号之频谱可用多种方法表示，如图 2-1-3 所示，可以选用幅值、均方幅值，或均方根幅值。图 2-1-3(a)表示一个幅值谱，(b)表示均方值谱，

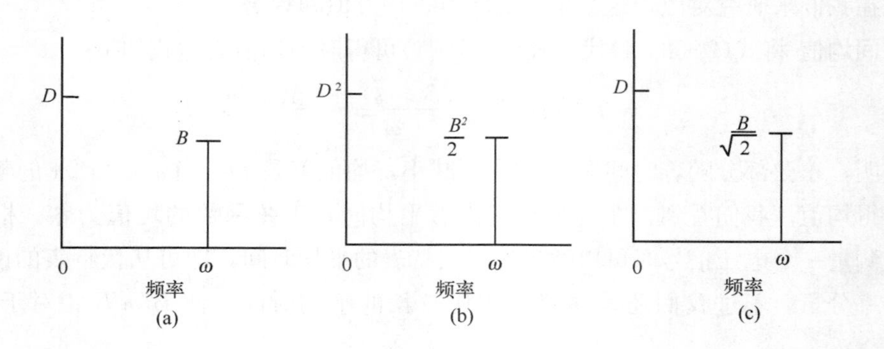

图 2-1-3 具有 DC 偏置的同一个正弦时间信号的三种不同的频谱

(a)幅值谱；(b)均方值谱；(c)均方根值谱

(From J. W. Dally, W. F. Riley, and K. G. McConnell, Instrumentation for Engineering Measurements, 2nd ed., Copyright © 1993 by John Wiley & Sons, NewYork. Reprinted by permission.)

(c)则是均方根值谱。均值 D 总是出现在零频上。正弦幅值总是画在频率 ω 上，幅值大小决定于谱的表示方法。如果必须要知道一个正弦信号的幅值与频率以便描述它，那么图 2-1-3 表明，这些信息可以用几种方法显示。有关公式与图中曲线表明，均值跟正弦幅值有着迥然不同的特性，这种不同对于更加复杂的时间波形也存在，下节即将看到。

2.2 周期函数的相子表示法

本节我们讨论用相子表示正弦时间历程。我们将采用两种不同的形式：一种是用具有实部与虚部的、在复平面上转动的单个矢量；另一种是用转动方向相反的两个矢量，使得时间历程只有实部没有虚部。

2.2.1 相子

相子 $\overline{\mathbf{A}}$ 是个矢量，它以角速度 ω 在复平面上逆时针转动，如图 2-2-1 所示。我们可以用**实部、虚部**分量的形式表示这个相子

$$\overline{\mathbf{A}} = A\{\underbrace{\cos(\omega t)}_{\text{实部}} + \mathrm{j}\underbrace{\sin(\omega t)}_{\text{虚部}}\} = A\mathrm{e}^{\mathrm{j}\omega t} \tag{2-2-1}$$

式中　$\mathrm{j}=\sqrt{-1}$；

　A——矢量的模。

式(2-2-1)就是著名的欧拉方程。欧拉方程将一个信号的正、余弦分量乘以一个常数与指数函数 $\mathrm{e}^{\mathrm{j}\omega t}$ 相联系。一般地，欧拉公式可以写成

$$e^{\pm \mathrm{j}\theta} = \cos\theta \pm \mathrm{j}\sin\theta \tag{2-2-2}$$

类似地，另一个矢量$\overline{\mathbf{A}}_1$ 可以写成

$$\overline{\mathbf{A}}_1 = A_1\mathrm{e}^{\mathrm{j}(\omega t+\phi)} = \{A_1\mathrm{e}^{\mathrm{j}\phi}\}\mathrm{e}^{\mathrm{j}\omega t} \tag{2-2-3}$$

其中 ϕ 是相子$\overline{\mathbf{A}}_1$ 和 $\overline{\mathbf{A}}$ 之间的相位差，如图 2-2-1 所示。这里，把 $\overline{\mathbf{A}}$ 作为参考相子，因为它的相位角为零。相位差为正，表示$\overline{\mathbf{A}}_1$ 的相位按逆时针方向比 $\overline{\mathbf{A}}$ 超前角度 ϕ；相位差为负，表示 $\overline{\mathbf{A}}_1$ 的相位比 $\overline{\mathbf{A}}$ 滞后角度 ϕ，落在后者的顺时针方向一侧，如图 2-2-1 所示。

式(2-2-3)中大括号内的量也是个矢量(具有幅值与相位)，它与参考矢量 $\overline{\mathbf{A}}$ 的相对关系表现在 $\overline{\mathbf{A}}$ 的两个正交方向上。二者之间的相对位置决定于相移 ϕ，由$\overline{\mathbf{A}}_1$ 在参考矢量 $\overline{\mathbf{A}}$ 上的投影及直线 OC(OC 与 $\overline{\mathbf{A}}$ 垂直)上的投影来反映，如图 2-2-1 所示。为更清晰看出这两个投影，我们令 $\omega t=0$，此时$\overline{\mathbf{A}}_1$在 $\overline{\mathbf{A}}$ 上的投影是实部 $|\overline{\mathbf{A}_1}|\cos\phi$，在 OC 上的投影则是虚部 $|\overline{\mathbf{A}_1}|\sin\phi$。

在振动研究中，相子的时间导数非常重要。根据式(2-2-1)，得一、二阶导数为

$$\begin{aligned} \frac{\mathrm{d}\overline{\mathbf{A}}}{\mathrm{d}t} &= \mathrm{j}\omega A\,\mathrm{e}^{\mathrm{j}\omega t} = \omega A\,\mathrm{e}^{\mathrm{j}(\omega t+\pi/2)} \\ \frac{\mathrm{d}^2\overline{\mathbf{A}}}{\mathrm{d}t^2} &= (\mathrm{j}^2\omega^2)A\mathrm{e}^{\mathrm{j}\omega t} = -\omega^2 A\mathrm{e}^{\mathrm{j}\omega t} = \omega^2 A\mathrm{e}^{\mathrm{j}(\omega t+\pi)} \end{aligned} \tag{2-2-4}$$

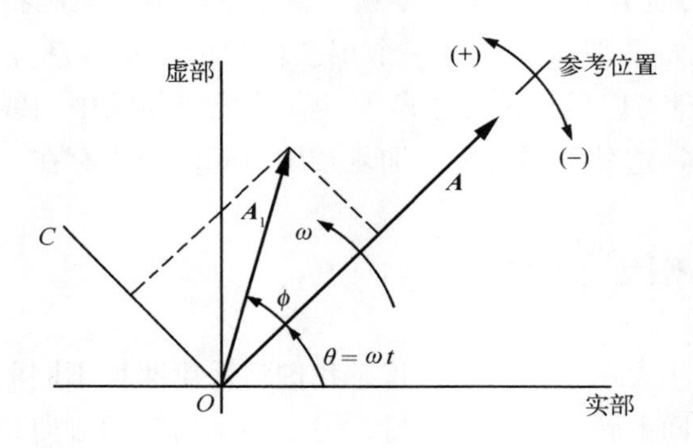

图 2-2-1 复平面上的转动相子

从此式可明显看出，时间导数等于原相子乘以 jω，乘以 jω 等于乘以 ω 并相移 π/2 或 90°，如图 2-2-2 所示。显然，积分则等于用 jω 除原始相子。

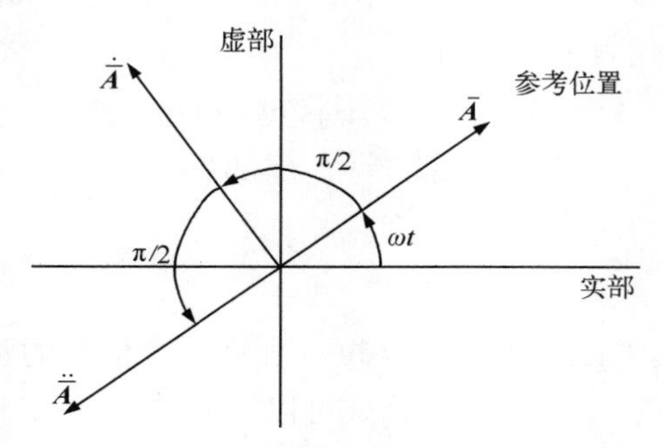

图 2-2-2 相子及其导数

(From J. W. Dally, W. F. Riley, and K. G. McConnell, Instrumentation for Engineering Measurements, 2nd ed., Copyright © 1993 by John Wiley & Sons, NewYork. Reprinted by permission.)

本书从现在开始，上方带杠符号不再使用。矢量既带有幅值信息又带有相位信息，就是复数，自然当按复数处理。本书中广泛使用相子概念。

2.2.2 相子与实值正弦函数

描述振动响应时正弦函数具有广泛的应用。在研究信号分析时这个基本的时间历程扮演着重要角色。现考虑下式描述的正弦时间历程

$$x(t) = B\cos(\omega t + \phi) = B\cos(\theta) \tag{2-2-5}$$

式中 B——信号的振幅；

ω——信号的圆频率(rad/s)；

ϕ——信号的相位角，决定于 $t=0$ 时的相位；

$\theta=\omega t+\phi$——组合幅角。

根据 ϕ 的不同取值，上式可以表示正弦函数，也可以表示余弦函数。例如，若 $\phi=0$，则是余弦函数，$\phi=\pi/2$ 则表示正弦函数。

利用式(2-2-2)的欧拉公式可以将正、余弦函数表示成复指数函数

$$\cos(\theta)=\frac{e^{j\theta}+e^{-j\theta}}{2}$$
$$\sin(\theta)=\frac{e^{j\theta}-e^{-j\theta}}{2j} \tag{2-2-6}$$

将式(2-2-5)和式(2-2-6)结合起来即可给出一个不带虚部的实值时间历程，可以表示如下

$$\begin{aligned} x(t)=B\cos(\omega t+\phi) &= \underset{\text{CCW}}{\left(\frac{B}{2}e^{j\theta}\right)}+\underset{\text{CW}}{\left(\frac{B}{2}e^{-j\theta}\right)} \\ &= \underset{\text{CCW}}{\left(\frac{B}{2}e^{j\phi}\right)e^{j\omega t}}+\underset{\text{CW}}{\left(\frac{B}{2}e^{-j\phi}\right)e^{-j\omega t}} \\ &= \underset{\text{CCW}}{Xe^{j\omega t}}+\underset{\text{CW}}{X^{*}e^{-j\omega t}} \end{aligned} \tag{2-2-7}$$

这里 CW 表示顺时针转动的相子，CCW 表示逆时针转动的相子。式(2-2-7)表明，任何单频正弦函数都可以用两个转向相反的矢量($\boldsymbol{X}$ 和 $\boldsymbol{X}^{*}$)描述，其中各个矢量的模皆为 $B/2$，见图 2-2-3。反向旋转矢量的概念引出了负频率的概念，即矢量 $\boldsymbol{X}$ 按正频率($e^{j\omega t}$项)逆时针旋转，而 $\boldsymbol{X}^{*}$ 按负频率($e^{-j\theta}$项)顺时针转动。图 2-2-3 中，$\boldsymbol{X}$ 和 $\boldsymbol{X}^{*}$ 在实轴上的投影(均投影在 P_1 点)相加，就得到余弦响应 $B\cos(\omega t+\phi)$某时刻的幅值(P 点)。类似地，虚轴投影(点 P_2)相互抵消。度量所有角度均以正实轴为参考。

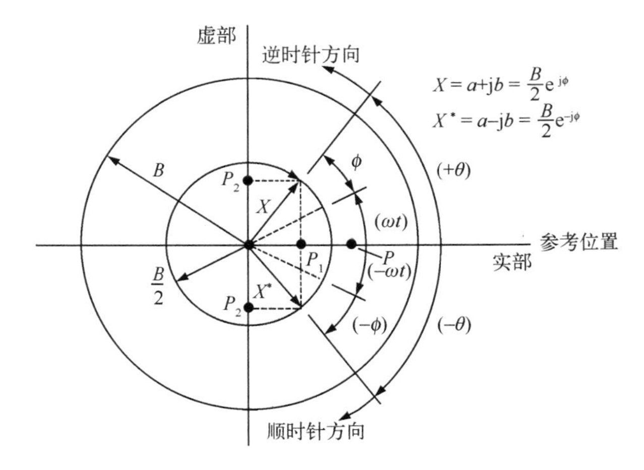

图 2-2-3　两个转向相反的复数矢量 $\boldsymbol{X}$ 和 $\boldsymbol{X}^{*}$ 合成为一个实值正弦 $B\cos(\omega t+\phi)$

(From J. W. Dally, W. F. Riley, and K. G. McConnell, Instrumentation for Engineering Measurements, 2nd ed., Copyright © 1993 by John Wiley & Sons, NewYork. Reprinted by permission.)

频率分析中常常用到指数形式的傅里叶级数，因此振动数据分析者需要知道这些概念，以便顺利阅读当前文献及操作手册。

式(2-2-7)中两个转向相反的矢量可以如下表示

$$\begin{aligned}\boldsymbol{X} &= a+\mathrm{j}b = \sqrt{a^2+b^2}\,\mathrm{e}^{\mathrm{j}\phi} = \frac{B}{2}\mathrm{e}^{\mathrm{j}\phi} \quad (逆时针)\\ \boldsymbol{X}^* &= a-\mathrm{j}b = \sqrt{a^2+b^2}\,\mathrm{e}^{-\mathrm{j}\phi} = \frac{B}{2}\mathrm{e}^{-\mathrm{j}\phi} \quad (顺时针)\end{aligned} \tag{2-2-8}$$

这两个矢量是**复数共轭**的，就是说它们模相等(等于 $B/2$)而相位相反($+\mathrm{j}b$ 对 $-\mathrm{j}b$，而 a 相同)。式(2-2-7)和式(2-2-8)都包含有下述三角关系式

$$a = \frac{B}{2}\cos(\phi) \quad b = \frac{B}{2}\sin(\phi) \quad \tan(\phi) = \frac{b}{a} \tag{2-2-9}$$

在图 2-2-3 中命 $\omega t=0$，上述关系式就看得很清楚了。

式(2-2-7)、式(2-2-8)和式(2-2-9)中使用的记法广泛地用于本书。一般，时域公式用小写字母记，如 $x(t)$，而对应的频域公式用大写字母记，如 X，X_p 或 $X(\omega)$。只有在特殊情况下才打破这种记法规定，用另外的记号表示频域量。

2.3 周期时间历程

许多振动响应可以归入并描述为稳态周期时间历程这一类。周期时间历程每隔时间 T 就重复自身，即 $x(t+T)=x(t)$，与时间 t 无关。这样的函数有个基本的圆频率 ω_0(单位：rad/s)或基频 f_0(单位：Hz)，基频与重复周期 T 的关系如下

$$\omega_0 = 2\pi/T = 2\pi f_0 \tag{2-3-1}$$

基频是信号的最低频率。

2.3.1 周期函数的傅里叶级数

任何具有有限个间断点的周期连续实值函数都可以用正、余弦函数写成傅里叶级数。根据式(2-2-6)，正、余弦傅里叶级数也可以用下式的指数函数之和表示

$$x(t) = \sum_{p=-\infty}^{\infty} X_p \mathrm{e}^{\mathrm{j}p\omega_0 t} \tag{2-3-2}$$

其中 X_p 是复数傅里叶系数(具有实、虚部)，由下式计算

$$X_p = \frac{1}{T}\int_t^{t+T} x(\tau)\mathrm{e}^{-\mathrm{j}p\omega_0\tau}\mathrm{d}\tau \tag{2-3-3}$$

式(2-3-2)与式(2-3-3)叫做**周期傅里叶变换对**：前者将 $x(t)$的频域描述(X_p)变换到时域描述，后者将 $x(t)$的时域描述变换为频域描述(X_p)。式(2-3-2)是对 ω_0 的全部整数倍离散频率分量进行求和。式(2-3-3)表明：复数**傅里叶系数** X_p 是在一个基本周期 T 内对$x(t)$进行积分的结果。积分可以从任何方便的时间点开始，理论分析时积分起点通常是 0 或者$-\pi/2$。**系数 X_p 是 $x(t)$与指数函数 $\mathrm{e}^{-\mathrm{j}p\omega_0 t}$ 在基本周期 T 内时间意义上相关程度的量度**。这些系数构成了式(2-2-8)描述的复数共轭对 X_p 和 $X_p{}^*$

$$\begin{aligned}X_p &= a_p+\mathrm{j}b_p\\ X_{-p} &= a_p-\mathrm{j}b_p = X_p^* \quad 复数共轭\end{aligned} \tag{2-3-4}$$

图 2－3－1 表示的是第 p 个频率分量(也叫做 p 次**谐波**)，分别在三个轴上画出：实轴 R、虚轴 Im 及频率轴，频率轴用 ω_0 或 f_0 的整数倍标记。系数 $\boldsymbol{X}_p$ 是个矢量，以频率 $p\omega_0$ 逆时针旋转，而其共轭矢量 $\boldsymbol{X}_p^*$ 则以频率 $-p\omega_0$ 顺时针方向旋转。式(2－3－4)及图 2－3－1 表明，频率分量 $\boldsymbol{X}_p$ 的模及相位可由下式给出

$$
\begin{aligned}
|\boldsymbol{X}_p| &= \sqrt{a_p^2+b_p^2} = \sqrt{\boldsymbol{X}_p\boldsymbol{X}_p^*} \quad \text{模} \\
\tan\phi_p &= \frac{b_p}{a_p} \quad \text{相位}
\end{aligned}
\qquad (2-3-5)
$$

复数共轭的相位是 ϕ_p 的负值，如式(2－3－5)与图 2－3－1 所示。

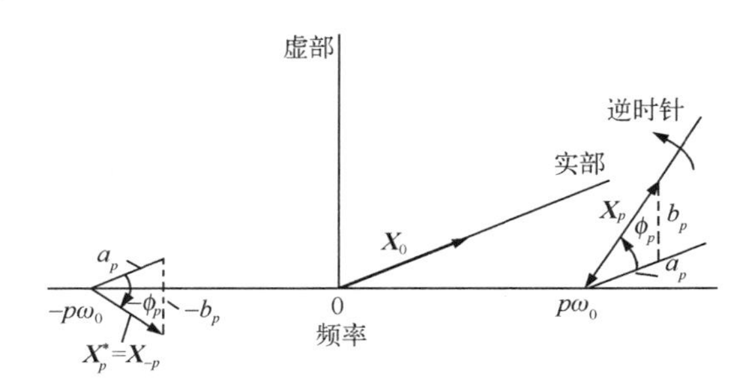

图 2－3－1　关于 $\boldsymbol{X}_0$，$\boldsymbol{X}_p$ 和 $\boldsymbol{X}_p^*$ 的三维图示

复数傅里叶级数还有另外一些有用的性质：

1)因为 $\boldsymbol{X}_p^*$ 是 $\boldsymbol{X}_p$ 的共轭，故只有一半系数需要确定。

2)当 $x(t)$是**偶函数时**，$x(-t)=x(t)$，则只有实部系数 a_p 需要确定，因为余弦函数也是个与偶信号相关的偶时间函数。

3)当 $x(t)$是**奇函数时**，即 $x(-t)=-x(t)$，只有虚部系数 b_p 需要确定，因为正弦函数也是个与奇信号相关的奇时间函数。

知道了这些性质就可以使分析工作随时简化。但是在处理实验数据时，瞬时 $t=0$ 一般是相当任意的，因此傅里叶系数 $\boldsymbol{X}_p$ 通常都是用实、虚部表示的复数量(具有模和相位特征)。

频谱　一个周期信号的频谱是频率分量 $\boldsymbol{X}_p$ 作为离散频率 $p\omega_0$ 的函数的分布图，是离散矢量沿频率轴(如图 2－3－1 所示)的分布。因为 $\boldsymbol{X}_p^*$ 和 $\boldsymbol{X}_p$ 是共轭复数，故通常做法是只画正频率分量。然而由于 $\boldsymbol{X}_p$ 的复数性质，离散频谱可以用两种不同的方法。第一种方法是画出作为频率之函数的实部 a_p 与虚部 b_p 的分布图，第二种方法是画出作为频率之函数的模 $|\boldsymbol{X}_p|$ 及相位 ϕ_p 的分布图。对于要研究频谱的人来说，最有用的是幅值谱，因为相位与设为零的时刻有关，而幅值谱可以指出他最关心的频率。如果要利用周期傅里叶变换从数学上复现原始信号，则幅值谱和相位谱(或实虚对)都是需要的。注意，各频率分量之间的相对相位角与信号起始时间没有关系。

2.3.2　均值、均方值与帕塞瓦尔(Parseval)等式

均值　式(2－3－3)指出，求和指数 p 等于零时，就得到时间均值。利用单个周期也

能得到良好的时间均值估计，因为在周期 T 内平均时所有谐波信号都被平均成零。另一方面，因 $p\omega_0 T$ 等于 π 的整数倍，谐波分量的幅值随着谐波次数的增高而迅速减小，并不依赖这个值得庆幸的性质。所以，**一个周期信号的均值就是** X_0。第 5 章我们将看到，用频率分析仪处理信号时，这一叙述可能不正确——那要看频率分析仪如何编程。

均方值 将式(2-3-2)代入式(2-1-2)并积分，即可得到一个周期信号的均方值

$$A_{\mathrm{RMS}}^2 = \frac{1}{T}\int_0^T x^2(\tau)\mathrm{d}\tau = \sum_{p=-\infty}^{\infty} |X_p|^2 = X_0^2 + 2\sum_{p=1}^{\infty} |X_p|^2 \qquad (2-3-6)$$

这个式子叫做**帕塞瓦尔等式**，它表明，均方值是傅里叶系数的绝对值(即模)的平方和。

上式的第一个和式可以分成两项，因为 X_p 和 X_p^* 是模相等的共轭复数。第一项是 X_0^2，代表均值的平方，第二项是全部正频率分量幅值平方 $|X_p|^2$ 之和的两倍。由式(2-2-8)可知，X_p 的模是正弦模 B_p 的一半，即 $|X_p|=B_p/2$，于是式(2-3-6)成为

$$A_{\mathrm{RMS}}^2 = X_0^2 + \sum_{p=1}^{\infty}\frac{B_p^2}{2} = X_0^2 + \sum_{p=1}^{\infty}(B_{\mathrm{RMS}_p})^2 \qquad (2-3-7)$$

此式是帕塞瓦尔等式的另一种形式。比较式(2-3-7)与式(2-1-7)即可证明，后者是关于幅值为 B、均值为 D 的单频分量之特例。

式(2-3-6)和式(2-3-7)的重要意义在于，各频率分量的均方根值的平方相加就得到信号的均方值。许多不同的信号都可给出同样的均方根值 A_{RMS}，因此周期信号与其均方根值之间不存在唯一的对应关系，就像均值为零的单正弦信号不止一个一样。

2.3.3 方波分析

为演示一些基本概念，我们常常拿一个最能说明问题的信号——周期矩形方波——进行分析，如图 2-3-2(a)所示。在 $-T/2$ 至 $T/2$ 之间积分，可直接从式(2-3-3)求出该信号的傅里叶系数，结果为

$$X_p = \frac{A}{2}\left[\frac{\sin(p\pi/2)}{p\pi/2}\right] = \frac{A}{2}\mathrm{sinc}(z) \qquad (2-3-8)$$

式中 $z=p\pi/2$；

sinc(z)——sinc 函数，定义如下

$$\mathrm{sinc}(z) = \frac{\sin(z)}{z} \qquad (2-3-9)$$

这个 sinc 函数在 z 趋于零的极限状态其值等于 1，并且其极值在以 $1/z$ 为界的包络内衰减。同时这个函数是个偶函数，因为 $\mathrm{sinc}(-z)=\mathrm{sinc}(z)$。

因为图 2-3-2(a)所示 $x(t)$ 是偶函数，故其傅里叶系数都是实数，如图 2-3-2(b)所示。图 2-3-2(b)和(c)所示是两种不同的频谱。前者是幅值谱，既有模又有正负号，而后者仅仅是幅值的模。从图 2-3-2(b)可见，均值是 $A/2$，偶系数是零，奇系数交替变号。这两个频谱都是偶函数。图 2-3-2(b)与(c)表明，谱值在以 $2/p\pi$ 来描述的包络之内衰减，这跟 sinc 函数相一致。这个包络的衰减速率是 6 dB/oct。

应当明了，不管哪条曲线，对我们了解信号的频率含量都有启示作用。然而，只

有图 2－3－2(b)显示出了在数学上复原时间历程所必需的各个分量的符号(相位信息)。因此有两种不同的需要，一种是通过人的观察进行分析，另一种是数学上复现原始信号。

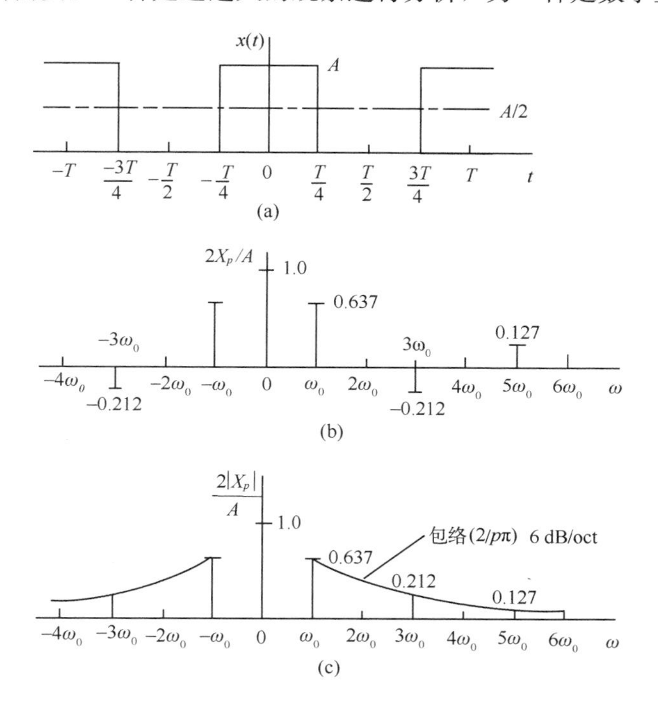

图 2－3－2　周期矩形脉冲及其傅里叶频率分量

(a)幅值为 A 周期为 T 的矩形脉冲；(b)周期矩形脉冲的傅里叶系数；

(c)周期矩形脉冲的傅里叶系数的模

就上述方波情况，通过计算可以验证式(2－3－6)的帕塞瓦尔等式。按照式(2－3－6)直接积分求和即可得出均方值如下

$$MS=\frac{A^2}{2}=\frac{A^2}{4}\left[1+2\sum_{p=1}^{\infty}\operatorname{sinc}^2\left(\frac{p\pi}{2}\right)\right] \tag{2-3-10}$$

上式可简化为

$$1=2\sum_{p=1}^{\infty}\operatorname{sinc}^2\left(\frac{p\pi}{2}\right) \tag{2-3-11}$$

式(2－3－11)的前 200 项求和给出的结果是 0.996，接近于 1，因此 sinc 函数的平方曲线下的面积是 0.5。

2.4　暂态信号分析

图 2－4－1(a)表示一个暂态信号 $x(t)$，这个暂态信号的特点是在很长时间内不变化，而在一个较短持续时间 T_d 内幅值有显著变化。将傅里叶级数概念应用于暂态信号会发生许多有趣的事情。

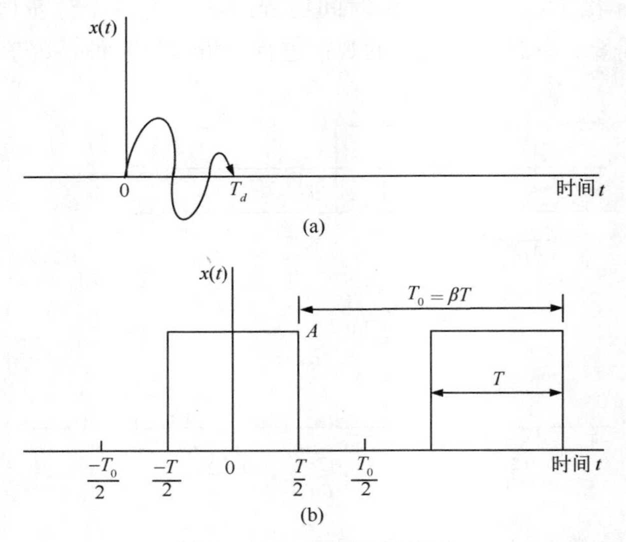

图 2-4-1　暂态时间历程

(a)定义；(b)持续时间为 T、重复周期为 T_0 的矩形脉冲序列

(From J. W. Dally, W. F. Riley, and K. G. McConnell. Instrumentation for Engineering Measurements, 2nd ed., Copyright © 1993 by John Wiley & Sons, New York. Reprinted by permission.)

2.4.1　周期频率分析与暂态频率分析之间的差别

我们用图 2-4-1(b)中幅值为 A、持续时间为 T、重复周期为 T_0 的一个矩形脉冲，来说明周期信号与暂态信号之间的差别。把脉冲的重复周期 T_0 与脉冲持续时间 T 之间的关系记为

$$T_0 = \beta T \tag{2-4-1}$$

对应地，基频就成为

$$\omega_0 = \frac{2\pi}{T_0} = \frac{2\pi}{\beta T} \tag{2-4-2}$$

从图 2-4-1(b)可以看出，β 值愈大，每个矩形脉冲在时间上就愈加独立，在 β 趋于无穷大的极限状态下，每个脉冲就成为持续时间为 T 的单个脉冲。

对于图 2-4-1(b)中的矩形脉冲序列，根据式(2-3-3)计算出来的傅里叶系数(频率分量)是实值的(相位为零)，由下式给出

$$X_p = \frac{AT}{T_0}\left[\frac{\sin(p\pi/\beta)}{(p\pi/\beta)}\right] = \frac{AT}{T_0}\mathrm{sinc}(z) \tag{2-4-3}$$

这里 $z=p\pi/\beta$。当 $\beta=2$ 时，式(2-4-3)给出的结果与式(2-3-8)相同。在上式情况下均值为 $X_0=\frac{AT}{T_0}$，与式(2-1-1)积分结果相同。

$\beta=2$，10 时的 X_p/A 值分别画在图 2-4-2 中。这个图显示出了三个重要特性：

1)$\beta=10$ 时的 X_p/A 是 $\beta=2$ 时的 1/5；

2)$\beta=10$ 时在 $\omega=0$ 和 $\omega_1=\pi/T$ 之间有 11 个频率分量，表明频率分量靠得更近了；

3)当式(2-4-3)中的幅角 z 是 π 的整数倍时，振幅为零的频率分量出现在一些确定的频率上。

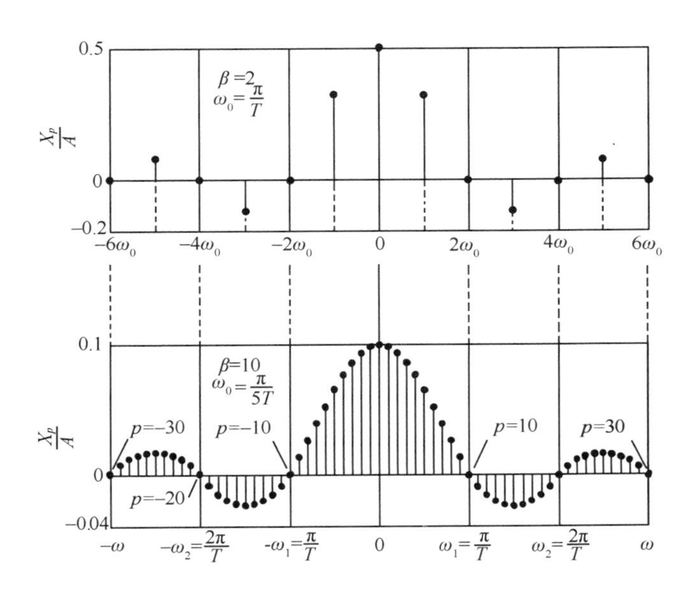

图 2-4-2　$\beta=2$，10 时 sinc 函数的傅里叶系数

(From J. W. Dally, W. F. Riley, and K. G. McConnell, Instrumentation for Engineering Measurements, 2nd ed., Copyright © 1993 by John Wiley & Sons, NewYork. Reprinted by permission.)

因此很明显，用傅里叶级数法直接处理暂态信号而不做某些修正是不合适的。

2.4.2　暂态信号傅里叶变换

在 T_0 趋于无穷大的极限状态下定义一个新的傅里叶系数，就可以从傅里叶级数得出暂态傅里叶变换。假定新的傅里叶系数是 $X(\omega)=X_pT_0$，那么式(2-3-3)和式(2-3-2)就变成

$$X(\omega)=\int_{-\infty}^{\infty}x(t)\mathrm{e}^{-\mathrm{j}\omega t}\,\mathrm{d}t \tag{2-4-4}$$

$$x(t)=\frac{1}{2\pi}\int_{-\infty}^{\infty}X(\omega)\mathrm{e}^{\mathrm{j}\omega t}\,\mathrm{d}\omega \tag{2-4-5}$$

这两个式子构成了**暂态傅里叶变换对**。当 $x(t)$是实值时间历程时，$X(-\omega)$是 $X(\omega)$的共轭复数。当 $x(t)$有界、定义在$\pm\infty$区间内，并且满足

$$\int_{-\infty}^{\infty}|x(t)|\,\mathrm{d}t<\infty$$

时，式(2-4-4)和式(2-4-5)就成立。要找出不满足这些慷慨条件的实际物理信号是困难的。

式(2-4-4)和式(2-4-5)表明，暂态时间信号含有一切频率。但每个频率分量对时

间信号的贡献量都是无穷小。各频率分量的贡献量可表示如下

$$X(\omega)\frac{d\omega}{2\pi}=X(f)df \tag{2-4-6}$$

这里 $d\omega$ 或 df 是无穷小量。从式(2-4-4)、式(2-4-5)和式(2-4-6)可以明显看出，$X(\omega)$是个**谱密度**，用每赫兹(Hz)多少个 $x(t)$的单位来表示。例如，当 $x(t)$代表以磅为单位的力时，谱密度单位是 lb/Hz；当 $x(t)$是以重力加速度 g 作单位的加速度信号时，谱密度单位就是 g/Hz，如此等等。谱密度 $X(\omega)$是连续矢量函数，具有实部与虚部(模和相位)，并随频率 ω(或 f)而变化，就像它的姊妹离散矢量 X_p 是离散频率的函数一样。

频谱与谱密度之间存在着微妙的差别。频谱是离散正弦分量的振幅与离散频率 $p\omega_0$ 之间的函数关系，即 $X_p \sim p\omega_0$ 离散曲线。而谱密度则是幅值密度(单位赫兹上多少个 $x(t)$单位)与连续频率 ω 之间的函数关系，即 $X(\omega)\sim\omega$ 连续曲线。显然，频谱与谱密度不是一回事。这里有个重要问题：能不能用傅里叶级数算法计算谱密度，倘若将结果加以适当换算的话？

考虑图 2-4-1(b)中幅值为 A、持续时间为 T 的矩形脉冲当周期 $T_0\to\infty$时的极限。在$\pm T/2$ 之间计算式(2-4-4)的积分时[注意，$x(t)$在此积分区间之外是零]，结果为

$$X(\omega)=AT\left[\frac{\sin(\omega T/2)}{(\omega T/2)}\right]=AT\,\mathrm{sinc}(\omega T/2) \tag{2-4-7}$$

比较式(2-4-3)与式(2-4-7)可知，前者乘以 T_0 就得到后者，就把离散频谱变换成了离散谱密度，也就是说，$X_pT_0=X(\omega)=X(p\omega_0)$。图 2-4-3 就$\beta=10$ 画出了 X_p 和 $X(\omega)$这两个函数的曲线，当 $\omega T/2$ 或 $p\pi/\beta$ 等于 π 的整数倍时曲线穿过零点。

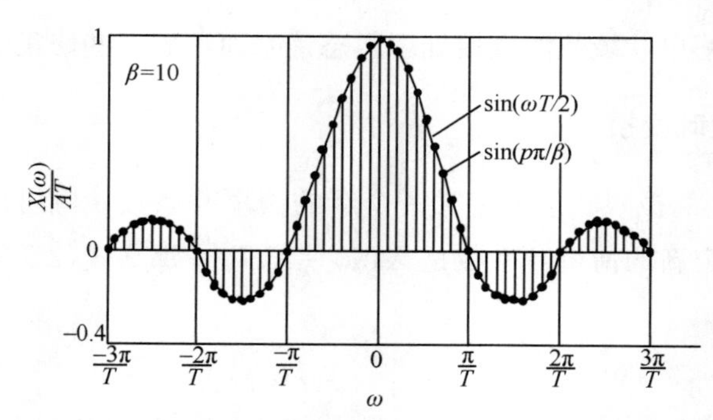

图 2-4-3 幅值为 A 持续时间为 T 的矩形脉冲的连续谱密度 $X(\omega)$与离散谱密度 $X_pT_0=X(p\omega_0)$的比较

(From J. W. Dally, W. F. Riley, and K. G. McConnell, Instrumentation for Engineering Measurements, 2nd ed., Copyright © 1993 by John Wiley & Sons, New York. Reprinted by permission.)

上述理论推演得出几点重要结论：

1)如果一个暂态信号的持续时间不大于其重复周期的 10%，即 $\beta\geqslant10$ 时，周期傅里叶变换可用来计算暂态傅里叶变换的频谱密度；

2)离散频率分量 X_p 乘以重复周期 T_0 就是谱密度；

3) X_0T_0 及 $X(0)$ 的值就是 AT，即暂态信号曲线之下的面积，亦即式(2－4－4)中令 $\omega=0$ 时所得结果。在频谱密度的离散显示及连续显示中，AT 是个乘法因子，它代表一种冲量。

2.4.3　暂态信号的均值、均方值及帕塞瓦尔等式

在处理冲激函数的均值及均方值时，必须对式(2－1－1)和式(2－1－2)关于均值和均方值的定义加以改动，否则这两个量在 $T\to\infty$ 时都将变成零。为了克服这个困难，需要把原来的定义乘以 T 来定义**暂态信号均值**

$$\text{均值}=\int_{-\infty}^{\infty}x(t)\mathrm{d}t \tag{2-4-8}$$

按照力学术语，式(2－4－8)被认为是信号的冲量。类似地，**暂态信号均方值**定义为

$$\text{均方值}=\int_{-\infty}^{\infty}x^2(t)\mathrm{d}t \tag{2-4-9}$$

将式(2－4－5)代入式(2－4－9)，并利用式(2－4－4)以及 $X(\omega)$ 的复数共轭性质[即由 $X(-\omega)=X^*(\omega)$ 得出 $X(-\omega)X^*(\omega)=|X(\omega)|^2$]，式(2－4－9)就变成

$$\text{均方值}=\int_{-\infty}^{\infty}x^2(t)\mathrm{d}t=\frac{1}{2\pi}\int_{-\infty}^{\infty}|X(\omega)|^2\mathrm{d}\omega \tag{2-4-10}$$

这个式子叫做**帕塞瓦尔积分等式**。比较式(2－4－10)与式(2－3－6)可知，它们在形式上是相同的，只不过一个用于离散频谱，另一个用于连续频谱。进一步还可以看出，式(2－4－10)的频率积分正比于谱密度的平方曲线之下的面积。这些结果又一次说明了周期信号与暂态信号之间的差别以及它们的频谱之间的差别。

【例】考虑图 2－4－1(b)所示之矩形阶跃脉冲，当 $\beta\to\infty$ 时，这个脉冲就变成时域中的单个脉冲。在这种情况下，根据式(2－4－8)，该暂态信号的均值为

$$\text{均值}=AT \tag{2-4-11}$$

由此可见，暂态信号均值是个冲量一样的量。由式(2－4－9)可求得均方值为

$$\text{均方值}=A^2T \tag{2-4-12}$$

但是，如果将式(2－4－7)的频谱代入式(2－4－10)，结果则是

$$\text{均方值}=\frac{A^2T}{\pi}\int_{-\infty}^{\infty}\mathrm{sinc}^2(z)\mathrm{d}z \tag{2-4-13}$$

这里 $z=(\omega T/2)$。上式与式(2－4－12)给出的结果相同，因为积分等于 π。注意，周期信号均方值正比于 A^2，而暂态信号均方值正比于 A^2T。这里的 T 是由于暂态信号均方值的定义所致，定义中积分没有像周期信号均方值那样除以时间 T。

2.5　相关概念——一种统计观点

相关概念是动态信号分析的重要工具。相关函数与信号的傅里叶系数有直接关系。相关函数有三种不同而类似的定义，分别对应于周期信号、暂态信号及随机信号。对每一类信

号而言，其相关函数还可以再分成两小类：**自相关函数与互相关函数**。本节我们来温习相关关系的统计学定义，而周期的、暂态的、随机的时间信号的相关关系则在后面几节研究[②]。

考虑图 2-5-1(a)所示 x、y 数据。我们的兴趣是找出这两组数据(一组相对于另一组画出)之间的关系。如果利用下述的线性关系式对数据加以变换，这个任务就简单了

$$\begin{aligned} x_1 &= x - \overline{x} \\ y_1 &= y - \overline{y} \end{aligned} \tag{2-5-1}$$

这里 $\overline{x}$ 和 $\overline{y}$ 分别是 x 和 y 的均值。那么 x_1 和 y_1 就表示通过数据“重心”的一组坐标，如图 2-5-1(b)所示。

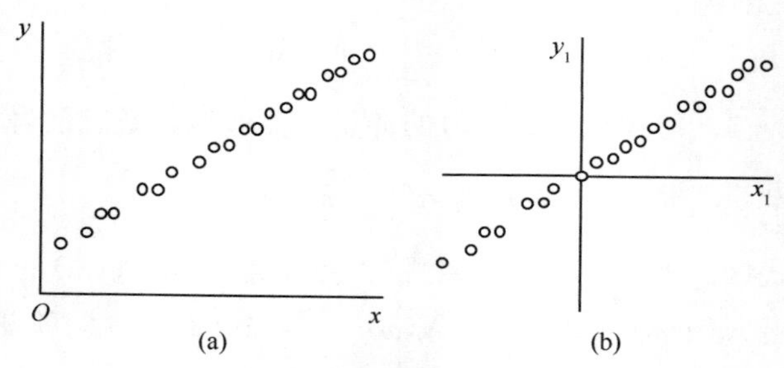

图 2-5-1　为消除均值而对数据进行线性变换

(a)原始数据；(b)变换数据

数据的最佳直线估计由下式给出

$$y_p = mx_1 \tag{2-5-2}$$

式中 y_p 是 y_1 的预计值，m 是直线的斜率。根据这个最佳直线估计，数据的竖直偏差[③]为

$$\Delta = y_1 - y_p = y_1 - mx_1$$

我们的想法是按照最小二乘意义使 Δ^2 的值最小。计算 Δ^2 的数学期望(数学期望[④]的标准记法是 $E[x]$)，即可实现这一想法；Δ^2 的数学期望是

$$E[\Delta^2] = E[(y_1 - mx_1)^2] = E[y_1^2] + m^2E[x_1^2] - 2mE[x_1y_1] \tag{2-5-3}$$

令式(2-5-3)对 m 导数等于零，即可求出使 $E[\Delta^2]$取得最小值的 m 值

$$m = \frac{E[x_1y_1]}{E[x_1^2]} \tag{2-5-4}$$

注意，数据 x_1 和 y_1 的方差分别为

$$\sigma_{x_1}^2 = E[x_1^2],\ \sigma_{y_1}^2 = E[y_1^2] \tag{2-5-5}$$

将式(2-5-1)、式(2-5-4)和式(2-5-5)代入式(2-5-2)就给出这两个数据之间关系的最佳直线估计为

---

② The approach used here involves a minimum of statistical concepts. See D. E. Newland, *An Introduction to Random Vibrations and Spectral Analysis*, Longman Group Limited, London, for a detailed statistical approach to signal analysis.

③ A horizontal deviation can also be used.

④ The mathematical expectation is defined in terms of the data's probability density $p(x)$ (see Section 2.8 for a detailed definition of probability density). Thus, the mean value of data x is estimated from $E(x) = \int_{-\infty}^{+\infty} xp(x)\mathrm{d}x$.

$$\frac{y-\overline{y}}{\sigma_y}=\left\{\frac{E[(x-\overline{x})(y-\overline{y})]}{\sigma_x\sigma_y}\right\}\frac{x-\overline{x}}{\sigma_x} \tag{2-5-6}$$

上式大括号内的项叫做**归一化相关系数** ρ_{xy}，由下式给出

$$\rho_{xy}=\frac{E[(x-\overline{x})(y-\overline{y})]}{\sigma_x\sigma_y} \tag{2-5-7}$$

当 $\rho_{xy}=\pm1$ 时，两组数据完全相关，如图 2-5-2 所示；当 $\rho_{xy}=0$ 时，两组数据则完全不相关。式(2-5-7)表明，数学期望 $E[(x-\overline{x})(y-\overline{y})]$ 表示 x 和 y 之间的相关关系。但是，如果用每个参数与其均值之间的标准偏差归一化该数学期望，那么相关系数的值就处于 ±1 之间，ρ_{xy} 就具有了普遍意义。归一化相关系数是数据 x 和 y 之间的“相同程度”、“相似性”的量度。在信号分析中，这种相似性、相同程度是在时间意义上相比较的。

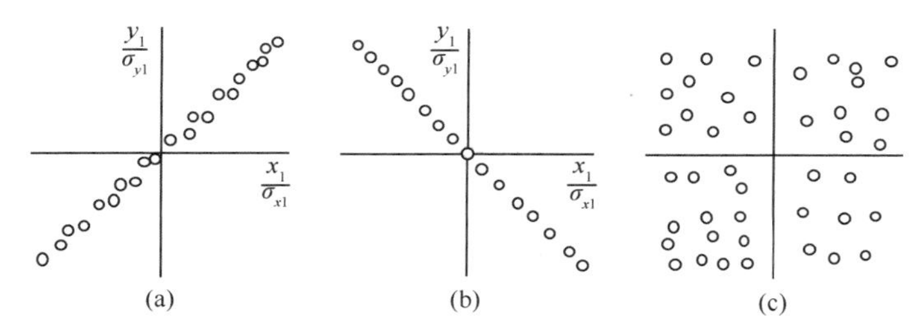

图 2-5-2　完全相关与完全不相关数据的曲线图

(a) $\rho_{xy}=1$；(b) $\rho_{xy}=-1$；(c) $\rho_{xy}=0$

2.6　相关概念——周期性时间历程

本节我们的兴趣集中在两个周期性时间历程的各种相关关系上。在这种情况下，时间是共同的参数，因此前一节的数据 x 和 y 是在时间意义上加以比较的。在处理周期性时间历程及其相关性时有一个重要假设，即所有时间历程都具有相同的**基频** ω_0。如果这个假设不成立，那么时间一长，这两个信号之间就没有相关关系了。本节还将研究自相关和互相关。

2.6.1　互相关

互相关函数 $R_{12}(\tau)$ 用下列积分定义

$$R_{12}(\tau)=\frac{1}{T}\int_{-T/2}^{T/2}x_1(t)x_2(t+\tau)\mathrm{d}t \tag{2-6-1}$$

其中 τ 是时移，T 是周期函数的基本周期，$x_1(t)$ 和 $x_2(t)$ 是待比较的两个时间函数。互相关函数的标准记法是第二个注脚 2 代表时移后的时间历程，而第一个注脚对应的是参考(未移动的)时间历程。

计算互相关函数的过程示于图 2-6-1，这一过程分做几个步骤：

1)对于给定时移 τ 值，用 $x_2(t+\tau)$ 的值(点 B)去乘 $x_1(t)$ 的值(点 A)以构成第三条曲线[见图 2-6-1(a)和(b)]。

2)求出这个乘积函数曲线下的面积，并且在周期 T 内平均[见图 2－6－1(b)]。

3)把这个平均值作为一个单独的点 C 画出[见图 2－6－1(c)]。

4)就每个有关的 τ 值重复上述过程，就得到整个互相关函数。

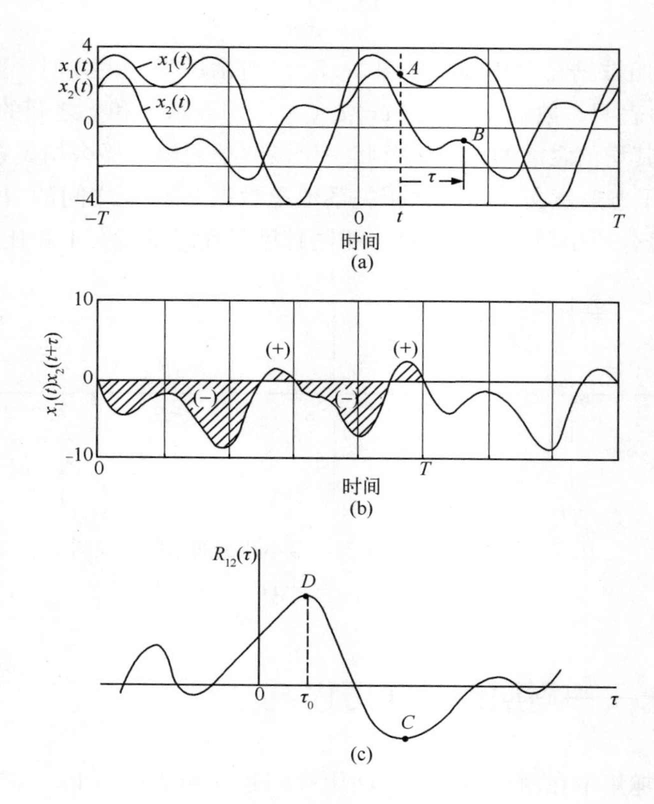

图 2－6－1　互相关计算过程

(a)两个时间历程之间的相对时移；(b)两个时间历程就 $t=T/5$ 做乘法；(c)互相关函数

互相关函数表示时移后的事件 $x_2(t+\tau)$ 在多大程度上与事件 $x_1(t)$ 相似。例如，我们考虑在 τ_0 处互相关函数的峰值[图 2－6－1(c)中的 D 点]。此峰值给出的可能是某结构上两个事件(例如汽车轮轴加速度与方向盘上的加速度)之间的时间延迟信息。这个时延与振动从轮轴传递到方向盘的必经结构路径有关，它可以提供一些线索，提示我们在哪里采取措施控制振动最为有效。

我们希望找到 $x_1(t)$、$x_2(t)$ 的互相关函数与它们的傅里叶系数之间的关系。对于 $x_1(t)$，相应的周期傅里叶变换对为

$$x_1(t)=\sum_{q=-\infty}^{+\infty}X_{1q}\mathrm{e}^{\mathrm{j}q\omega_0 t}$$

$$X_{1q}=\frac{1}{T}\int_t^{t+T}x_1(t)\mathrm{e}^{-\mathrm{j}q\omega_0 t}\mathrm{d}t \tag{2-6-2}$$

对于 $x_2(t)$，相应的周期傅里叶变换对是

$$x_2(t)=\sum_{p=-\infty}^{+\infty}X_{2p}\mathrm{e}^{\mathrm{j}p\omega_0 t}$$
$$X_{2p}=\frac{1}{T}\int_t^{t+T}x_2(t)\mathrm{e}^{-\mathrm{j}p\omega_0 t}\mathrm{d}t \tag{2-6-3}$$

在将式(2-6-3)中的第一式的 t 换成 $t+\tau$，然后将 $x_2(t+\tau)$ 代入式(2-6-1)，则有

$$R_{12}(\tau)=\frac{1}{T}\int_{-T/2}^{T/2}\left\{x_1(t)\sum_{p=-\infty}^{+\infty}X_{2p}\mathrm{e}^{\mathrm{j}p\omega_0 t}\mathrm{e}^{\mathrm{j}p\omega_0 \tau}\right\}\mathrm{d}t \tag{2-6-4}$$

然后交换式(2-6-4)的积分、求和次序，得

$$R_{12}(\tau)=\sum_{p=-\infty}^{+\infty}X_{2p}\mathrm{e}^{\mathrm{j}p\omega_0 \tau}\left\{\frac{1}{T}\int_{-T/2}^{T/2}x_1(t)\mathrm{e}^{\mathrm{j}p\omega_0 t}\mathrm{d}t\right\} \tag{2-6-5}$$

比较式(2-6-5)的大括号项与式(2-6-2)可知，大括号项是 X_{1p} 的复数共轭。因此式(2-6-5)可简化为

$$R_{12}(\tau)=\sum_{p=-\infty}^{+\infty}\{X_{1p}^*X_{2p}\}\mathrm{e}^{\mathrm{j}p\omega_0 \tau}=\sum_{p=-\infty}^{+\infty}C_{12p}\mathrm{e}^{\mathrm{j}p\omega_0 \tau} \tag{2-6-6}$$

式中

$$C_{12p}=X_{1p}^*X_{2p} \tag{2-6-7}$$

是第 p 个互相关**周期傅里叶系数**。通常这些系数都是实部、虚部俱全的复数。

式(2-6-6)表明，互相关函数是个周期函数，可以展开成正弦项之和，所以系数 C_{12p} 可以求得如下

$$C_{12p}=\frac{1}{T}\int_{\tau}^{\tau+T}R_{12}(\tau)\mathrm{e}^{-\mathrm{j}p\omega_0 \tau}\mathrm{d}\tau \tag{2-6-8}$$

式(2-6-6)和式(2-6-8)构成一个周期傅里叶级数变换对，这个变换对将互相关函数从时移域变换到频率域，从而使互相关函数与其频率分量相联系。式(2-6-7)则表明相关函数的频率分量与两个原始函数的频率分量之间的关系。

现在考虑互相关函数 $R_{21}(\tau)$，它的定义是

$$R_{21}(\tau)=\frac{1}{T}\int_{-T/2}^{T/2}x_2(t)x_1(t+\tau)\mathrm{d}t \tag{2-6-9}$$

这里 $x_1(t)$ 是时移函数。将 $x_1(t)$ 代之以它的傅里叶级数表达式(2-6-2)，重复式(2-6-4)到式(2-6-7)的步骤，可得结果如下

$$R_{21}(\tau)=\sum_{p=-\infty}^{+\infty}\{X_{1p}X_{2p}^*\}\mathrm{e}^{\mathrm{j}p\omega_0 \tau}=\sum_{p=-\infty}^{+\infty}C_{21p}\mathrm{e}^{\mathrm{j}p\omega_0 \tau} \tag{2-6-10}$$

这里

$$C_{21p}=X_{1p}X_{2p}^* \tag{2-6-11}$$

$$C_{21p}=\frac{1}{T}\int_{\tau}^{\tau+T}R_{21}(\tau)\mathrm{e}^{-\mathrm{j}p\omega_0 \tau}\mathrm{d}\tau \tag{2-6-12}$$

比较式(2-6-7)和式(2-6-11)可明显看出，这两个互相关函数的频率分量互为共轭复数，即

$$C_{12p}=C_{21p}^*,\qquad C_{21p}=C_{12p}^* \tag{2-6-13}$$

式(2-6-13)的意义是 $R_{12}(\tau)=R_{21}(-\tau)$，也就是说，这两个互相关函数像是绕着竖轴 $\tau=0$ 翻了个个儿一样。

2.6.2 自相关

两个时间历程相同时，即一个时间历程与其自身相比较时，就有所谓自相关函数。这样式(2-6-1)、式(2-6-6)到式(2-6-8)就成为

$$R_{11}(\tau)=\frac{1}{T}\int_{-T/2}^{T/2}x_1(t)x_1(t+\tau)\mathrm{d}t=\sum_{p=-\infty}^{+\infty}C_{11p}\mathrm{e}^{\mathrm{j}p\omega_0\tau} \tag{2-6-14}$$

这里

$$C_{11p}=X_{1p}^{*}X_{1p}=|X_{1p}|^2 \tag{2-6-15}$$

$$C_{11p}=\frac{1}{T}\int_{\tau}^{\tau+T}R_{11}(\tau)\mathrm{e}^{-\mathrm{j}p\omega_0\tau}\mathrm{d}\tau \tag{2-6-16}$$

自相关函数具有下列重要性质：

1)当 $\tau=0$ 时，式(2-6-14)就成了周期函数的均方值定义。因而 $R_{11}(0)$ 就是信号的均方值。

2)当 $\tau=0$ 时，式(2-6-14)就简化为周期函数的帕塞瓦尔等式；因而式(2-6-14)成为

$$R_{11}(0)=\frac{1}{T}\int_{-T/2}^{T/2}x_1^2(t)\mathrm{d}t=\sum_{p=-\infty}^{+\infty}C_{11p}=\sum_{p=-\infty}^{+\infty}|X_{1p}|^2 \tag{2-6-17}$$

3)式(2-6-15)中全部傅里叶系数都是正实数，这意味着自相关函数是 τ 的偶函数，即 $R_{11}(-\tau)=R_{11}(\tau)$，并且只含有余弦项，因为余弦函数是偶函数，而正弦函数是奇函数。

【例 1】设 $x_1=D_1+B_1\cos(\omega t)$，$x_2=D_2+B_2\cos(\omega t)$，求这两个周期函数的互相关与自相关函数。在此情况下，$C_{-1}=B_1B_2/4$，$C_0=D_1D_2$，$C_1=B_1B_2/4$，所有其他傅里叶系数皆为零。因此根据式(2-6-6)与式(2-6-7)，互相关函数为

$$R_{12}(\tau)=D_1D_2+\frac{B_1B_2}{2}\cos(\omega\tau) \tag{2-6-18}$$

式(2-6-18)表明，$R_{12}(\tau)$是个正弦函数，其频率与原始函数相同，且具有一个直流偏置量。这一直流偏置量是两个单个函数的直流偏置量之积。可以看出，如果有一个函数的直流偏置是零，则互相关函数的直流偏置就是零。读者可以验证，直接积分式(2-6-1)也能得出式(2-6-18)的结果，而且如果 $x_1(t)$和 $x_2(t)$都是正弦函数而不是余弦函数，所得结果相同。

至于自相关，式(2-6-18)成为

$$R_{11}(\tau)=D^2+\frac{B^2}{2}\cos(\omega\tau) \tag{2-6-19}$$

显然，当 $\tau=0$ 时上式给出的是均值，与式(2-1-6)以及帕塞瓦尔等式(2-3-6)或式(2-3-7)的结果相同。

【例 2】本例我们考虑图 2-3-2(a)所示方波，求其自相关函数。将方波参数代入式

(2－6－14)的积分部分得

$$R_{11}(\tau)=\frac{A^2}{T}\left[\frac{T}{2}-\tau\right]\quad 0<\tau<T/2$$
$$R_{11}(\tau)=\frac{A^2}{T}\left[\frac{T}{2}+\tau\right]\quad -T/2<\tau<0 \tag{2-6-20}$$

上式在每个周期内重复自身，于是产生三角形的自相关函数，如图 2－6－2 所示。$R_{11}(\tau)$ 的最大值是 A^2。对这个三角形波进行傅里叶分析可得如下傅里叶表达式

$$R_{11}(\tau)=\frac{A^2}{4}\left[1+\frac{8}{\pi^2}\sum_{p=1}^{\infty}\frac{\cos\{(2p-1)\omega_0\tau\}}{(2p-1)^2}\right] \tag{2-6-21}$$

关于方波的傅里叶级数系数由式(2－3－8)给出。将这些系数代入到式(2－6－14)，并注意到自相关函数是偶函数，因而只有余弦项，那么可以得到与式(2－6－21)相同的结果。

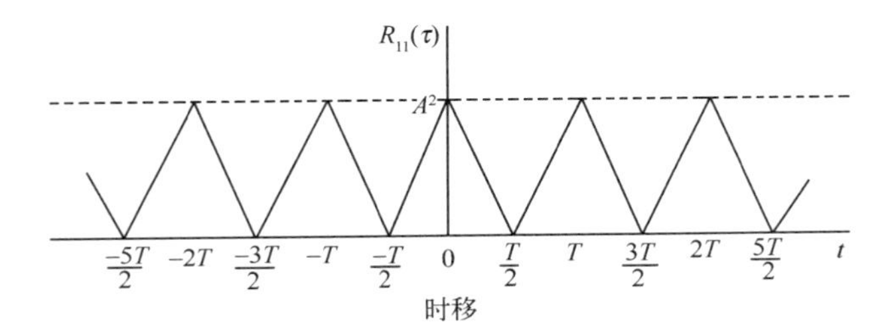

图 2－6－2　持续时间为 T、幅值为 A 的周期方波的自相关函数 $R_{11}(\tau)$[见图 2－3－2(a)]

2.7　相关概念——暂态时间历程

前面讲过，与周期时间历程不同，暂态时间历程要求用另一种不同形式的傅里叶级数公式。如果式(2－6－1)的互相关定义应用于暂态时间历程，会出现类似的问题，这是因为时间因子 T 要趋于无穷大。因此，必须在上一节所讲的定义中乘以 T，才能给出本节要讲的暂态时间历程的相关性定义。

2.7.1　互相关

暂态互相关的定义是

$$R_{12}^t(\tau)=\int_{-\infty}^{\infty}x_1(t)x_2(t+\tau)\mathrm{d}t \tag{2-7-1}$$

这里上注脚 t 表示这是个暂态互相关函数。暂态函数 $x_1(t)$、$x_2(t)$，可借助于各自的傅里叶变换对予以定义：对于 $x_1(t)$，其暂态傅里叶变换对是

$$x_1(t)=\frac{1}{2\pi}\int_{\infty-\infty}X_1(\omega)\mathrm{e}^{\mathrm{j}\omega t}\mathrm{d}\omega$$
$$X_1(\omega)=\int_{-\infty}^{\infty}x_1(t)\mathrm{e}^{-\mathrm{j}\omega t}\mathrm{d}t \tag{2-7-2}$$

对于 $x_2(t)$，其暂态傅里叶变换对是

$$x_2(t) = \frac{1}{2\pi}\int_{-\infty}^{\infty} X_2(\omega)\mathrm{e}^{\mathrm{j}\omega t}\mathrm{d}\omega$$
$$X_2(\omega) = \int_{-\infty}^{\infty} x_2(t)\mathrm{e}^{-\mathrm{j}\omega t}\mathrm{d}t \tag{2-7-3}$$

利用 2.6 节所用的步骤很容易证明

$$R_{12}^t(\tau) = \frac{1}{2\pi}\int_{-\infty}^{\infty}\{X_1^*(\omega)X_2(\omega)\}\mathrm{e}^{\mathrm{j}\omega t}\mathrm{d}\omega = \frac{1}{2\pi}\int_{-\infty}^{\infty} C_{12}(\omega)\mathrm{e}^{\mathrm{j}\omega\tau}\mathrm{d}\omega \tag{2-7-4}$$

其中

$$C_{12}(\omega) = X_1^*(\omega)X_2(\omega) \tag{2-7-5}$$

是互相关频谱。这个频谱是频率的连续函数，通常是个复函数，实部虚部都有。注意，“*”号表示 $X_1^*(\omega)$是个复数共轭。式(2-7-4)或式(2-7-5)的频谱与 $R_{12}^t(\tau)$之间的关系通过下式来表达

$$C_{12}(\omega) = \int_{-\infty}^{\infty} R_{12}^t(\tau)\mathrm{e}^{-\mathrm{j}\omega\tau}\mathrm{d}\tau \tag{2-7-6}$$

因此，式(2-7-4)与式(2-7-6)构成一个暂态傅里叶变换对。

与周期互相关关系式类似，$R_{21}^t(\tau)$的暂态互相关频谱是 $R_{12}^t(\tau)$的频谱的复数共轭。这一点很容易证明：将式(2-7-2)中的 $x_1(t)$的暂态傅里叶变换代入下式

$$R_{12}^t(\tau) = \int_{-\infty}^{\infty} x_2(t)x_1(t+\tau)\mathrm{d}t \tag{2-7-7}$$

交换积分次序，并将 $X_2^*(\omega)$看成其中一项，那么结果为

$$R_{21}^t(\tau) = \frac{1}{2\pi}\int_{-\infty}^{\infty}\{X_1(\omega)X_2^*(\omega)\}\mathrm{e}^{\mathrm{j}\omega\tau}\mathrm{d}\omega = \frac{1}{2\pi}\int_{-\infty}^{\infty} C_{21}(\omega)\mathrm{e}^{\mathrm{j}\omega\tau}\mathrm{d}\omega \tag{2-7-8}$$

其中

$$C_{21}(\omega) = X_1(\omega)X_2^*(\omega) \tag{2-7-9}$$
$$C_{21}(\omega) = \int_{-\infty}^{\infty} R_{21}^t(\tau)\mathrm{e}^{-\mathrm{j}\omega\tau}\mathrm{d}\tau \tag{2-7-10}$$

很明显，式(2-7-8)与式(2-7-10)是个傅里叶变换对。比较式(2-7-5)与式(2-7-9)可以证明，$C_{12}(\omega)$与 $C_{21}(\omega)$互为复数共轭，即

$$C_{21}(\omega) = C_{12}^*(\omega)$$
$$C_{12}(\omega) = C_{21}^*(\omega) \tag{2-7-11}$$

这个结果是从周期信号及暂态信号导出的互相关频谱的特征，这个频域性质说明 $R_{21}^t(\tau) = R_{12}^t(-\tau)$。

2.7.2 自相关

如果互相关函数中的两个时间历程相同，互相关函数就变成了**自相关函数**。这样一来，式(2-7-1)、式(2-7-4)至式(2-7-6)就分别变为

$$R_{11}^t(\tau) = \int_{-\infty}^{\infty} x_1(t)x_1(t+\tau)\mathrm{d}t = \frac{1}{2\pi}\int_{-\infty}^{\infty} C_{11}(\omega)\mathrm{e}^{\mathrm{j}\omega\tau}\mathrm{d}\omega \tag{2-7-12}$$

其中

$$C_{11}(\omega) = X_1^*(\omega)X_1(\omega) = |X_1(\omega)|^2 \tag{2-7-13}$$

$$C_{11}(\omega) = \int_{-\infty}^{\infty} R_{11}^t(\tau)\mathrm{e}^{-\mathrm{j}\omega\tau}\mathrm{d}\tau \tag{2-7-14}$$

应当明确，同周期自相关函数一样，暂态自相关函数也是个偶函数，因为 $C_{11}(\omega)$是实数。于是，自相关函数全部由余弦项组成。注意，自相关频谱的单位是“每 Hz 多少个 $x_1(t)$的单位的平方”。

【例】考虑图 2－4－1(b)中幅值为 A 持续时间为 T 的矩形脉冲，其中假定 β 取值很大。直接积分式(2－7－12)可得自相关函数为

$$\begin{aligned} R_{11}^t(\tau) &= A^2(T-\tau) \quad & 0<\tau<T \\ R_{11}^t(\tau) &= A^2(T+\tau) \quad & -T<\tau<0 \\ R_{11}^t(\tau) &= 0 \quad & \tau<-T,\tau>T \end{aligned} \tag{2-7-15}$$

这是一个持续时间为 $2T$ 的单个三角脉冲，它的最大值为 A^2T，出现在 $\tau=0$ 时刻。对式(2－7－15)的暂态三角自相关函数进行暂态傅里叶分析可得如下频谱

$$C(\omega) = 2A^2T^2\left[\frac{1-\cos(\omega T)}{(\omega T)^2}\right] \tag{2-7-16}$$

但是，对时间信号 $x(t)$进行暂态傅里叶分析可以证明

$$X(\omega) = AT\operatorname{sinc}\left(\frac{\omega T}{2}\right) \tag{2-7-17}$$

因而将式(2－7－17)代入式(2－7－13)，结果为

$$C(\omega) = X^*(\omega)X(\omega) = A^2T^2\left[\frac{\sin^2(\omega T/2)}{(\omega T/2)^2}\right] \tag{2-7-18}$$

比较式(2－7－16)与式(2－7－18)可知，满足倍角三角恒等式。不论从何角度研究这个问题，总是得出相同的结果。这几个描述频谱的式子表明，自相关函数是偶函数，它的频率分量全是实数。这些分量的幅值随频率的增大而减小，零频时的幅值为 A^2T^2。

零频时的幅值等于暂态信号的均方值乘以 T，这一结果与直接根据式(2－4－12)所得相一致。

2.8　相关概念——随机时间历程

随机信号的描述较之周期信号或暂态信号要麻烦得多。任何信号，只有满足下面的积分条件时才能进行暂态傅里叶变换

$$\int_{-\infty}^{\infty} |x(t)|\,\mathrm{d}t < \infty \tag{2-8-1}$$

例如当 $x(t)$是随机信号时，上式不能满足，故而暂态傅里叶变换不能用，必须寻求其他方法来分析随机信号。

分析随机信号有一个比较实用的方法，能够避开令暂态傅里叶变换陷入困境的某些重

大的数学问题。这个方法所用的概念是前面研究自相关、互相关时建立起来的，即：信号的频谱与其自相关函数的频谱有关。我们将会看到，自相关、均方值概念以及帕塞瓦尔等式在处理随机信号时起着关键作用。按照这一思路，我们对周期频谱进行某种平均处理(处理方法与利用周期频谱估计暂态频谱的方法类似)，使之变换为随机频谱。

本节假定，随机过程都是稳态的、各态历经的，也就是说集合平均(在给定时刻对许多时间历程进行平均)与时间平均(对任一个时间历程进行时间平均)所给出的均值、均方值以及统计分布(概率密度)都分别相同。这是个常用的假设，在大多数实际情况下我们不得不这样做。

本节主要讨论四个问题：自相关关系，互相关关系，若干随机过程叠加在一起的处理方法以及关于一般时间历程的统计概率密度函数。

2.8.1 自相关与自谱密度

随机自相关函数定义如下

$$R_{xx}(\tau)=\lim_{T\to\infty}\frac{1}{T}\int_{-T/2}^{T/2}x(t)x(t+\tau)\mathrm{d}t \tag{2-8-2}$$

注意，随机自相关函数的记号 $R_{xx}(\tau)$ 用变量符号作为注脚(这里是 x)，目的在于跟周期及暂态自相关函数 $R_{11}(\tau)$、$R_{11}^{t}(\tau)$ 相区别。式(2-8-2)之定义与关于周期时间信号自相关函数定义式(2-6-1)的不同之处在于，这里的平均时间趋于无穷大。但是除了时间 T 的长度差别之外，两个定义之间的相似性给我们提供了一个方便实用的方法来估计随机信号的特性，这就是周期函数分析法。关于这一点，后面还要讨论。

我们已知 $R_{xx}(\tau)$ 具有下列性质：

1)当 τ 增大(正向或负向)时 $R_{xx}(\tau)$ 必然趋向于零，因为随机概念意味着当前事件与过去事件或未来事件之间不存在相关性。

2)自相关函数是实值函数。

3)自相关函数是偶函数，因而 $R_{xx}(\tau)=R_{xx}(-\tau)$。

4)自相关函数也必须满足式(2-8-1)关于进行傅里叶变换的要求，即

$$\int_{-\infty}^{\infty}R_{xx}(\tau)\mid\mathrm{d}\tau<\infty \tag{2-8-3}$$

如果读者承认我们的说法是正确的，那么就可以应用下面著名的维纳-辛钦[5]傅里叶变换对

$$\begin{aligned}R_{xx}(\tau)&=\frac{1}{2\pi}\int_{-\infty}^{\infty}S_{xx}(\omega)\cos(\omega\tau)\mathrm{d}\omega\\S_{xx}(\omega)&=\frac{1}{2\pi}\int_{-\infty}^{\infty}R_{xx}(\tau)\cos(\omega\tau)\mathrm{d}\tau\end{aligned} \tag{2-8-4}$$

因为 $R_{xx}(\tau)$ 是实值偶函数，所以 $S_{xx}(\omega)$ 也必定是实值偶函数，即必然有 $S_{xx}(\omega)=$

⑤ N. Wiener, "Generalized Harmonic Analysis," *Acta Mathematica*, Vol. 55, 1930, pp. 11-25. A. Khintchine, "Korrelationstheorie der Stationaren Stochastischen Prozesse," *Mathematische Annalen*, Vol. 109, 1934, pp. 604-615.

$S_{xx}(-\omega)$。进一步可以证明，$S_{xx}(\omega)$只能是正数，因此在上述傅里叶变换对中用$\cos(\omega\tau)$代替了本来的$e^{\pm j\omega\tau}$。$S_{xx}(\omega)$的典型曲线画在图 2－8－1 中。

令$\tau=0$可以看出$S_{xx}(\omega)$的物理意义。在$\tau=0$的情况下，结合式(2－8－2)与式(2－8－4)可得

$$R_{xx}(0)=\lim_{T\to\infty}\frac{1}{T}\int_{-T/2}^{T/2}x^2(t)\mathrm{d}t=\frac{1}{2\pi}\int_{-\infty}^{\infty}S_{xx}(\omega)\mathrm{d}\omega \qquad (2-8-5)$$

上式第一个积分显然是信号的均方值的定义，而第二个积分是$S_{xx}(\omega)$的整个曲线下面的面积，如图 2－8－1 所示。因此人们喜欢把$S_{xx}(\omega)$叫做**均方谱密度**(MSSD)或**自谱密度**(ASD)。但是很不幸，由于频率分析的概念最初是从声学或通信理论发展起来的，所以$S_{xx}(\omega)$通常被叫做**功率谱密度**(PSD)。功率谱密度这个误称给许多机械工程师带来了无尽的混乱，因此本书不用这个名称。

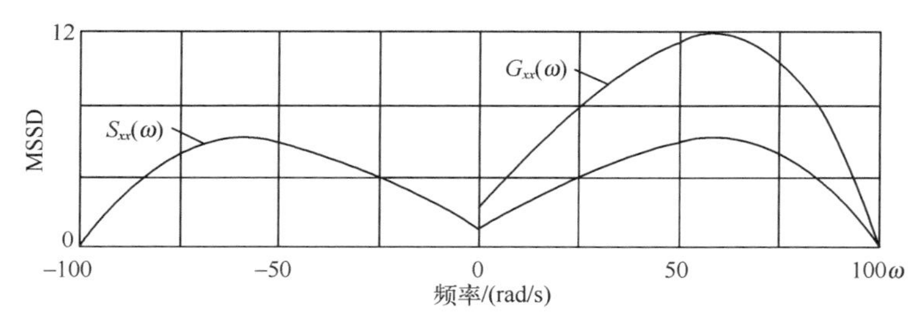

图 2－8－1　同一个信号的单、双边自谱密度

$S_{xx}(\omega)$的单位与式(2－8－4)中$1/2\pi$的位置有关。因子$1/2\pi$可以放在$R_{xx}(\tau)$表达式中，也可以放在$S_{xx}(\omega)$的表达式中，都不影响数学性质[⑥]。但是$1/2\pi$放在哪个式子中，对单位大有影响。我们推荐采用式(2－8－4)的定义，因为这样一来$S_{xx}(\omega)$的单位就是x^2/Hz，它与频率分析仪中所用的单位相同。从式(2－8－5)最容易看出$S_{xx}(\omega)$的单位，式子左边是变量x平方起来的单位，而右边是$S_{xx}(\omega)$与$\mathrm{d}\omega/2\pi$或$\mathrm{d}f$(以 Hz 为单位)相乘，因此$S_{xx}(\omega)$的单位是x^2/Hz。

理论上 MSSD 是个双边频谱。实践上，只采用单边频谱。单、双边频谱之间的关系是

$$\begin{aligned}G_{xx}(\omega)&=2S_{xx}(\omega)\quad 0<\omega<\infty\\G_{xx}(0)&=S_{xx}(0)\qquad \omega=0\end{aligned} \qquad (2-8-6)$$

这里应当注意，零频值与均值有关，这一结果我们在前面讨论周期与暂态自相关函数时已经得出。式(2－8－6)示于图 2－8－1 中。$G_{xx}(\omega)$曲线下面的面积必须与$S_{xx}(\omega)$曲线下的面积相等。

概念上，式(2－8－5)与周期函数的帕塞瓦尔等式(2－3－6)是一样的，即

$$A_{\mathrm{RMS}}^2=\frac{1}{T}\int_0^T f^2(t)\mathrm{d}t=\sum_{p=-\infty}^{\infty}|X_p|^2=X_0^2+2\sum_{p=1}^{\infty}|X_p|^2 \qquad (2-8-7)$$

式(2－8－5)与式(2－3－6)的最大区别在于平均时间T。这个时间上的差别可以这样来克

⑥ Some mathematicians will use $(1/\sqrt{2\pi})$ in each equation of Eq. (2.8.4) rather than $1/2\pi$ and unity.

服：对式(2-8-7)进行许多次周期分析，对所得离散频谱 X_p 做平均，然后再对结果进行比例换算，从而给出 $S_{xx}(\omega)$ 或 $G_{xx}(\omega)$ 的估计。因此，均方值就是随机信号的频谱与其MSSD之间的联系纽带。这一概念是数字频率分析仪分析随机信号的基础，我们在第5章还要进一步研究。

为了抓住式(2-8-4)的精髓，我们考虑图2-8-2(a)所示之简单MSSD曲线。图中，谱密度在 $-\omega_2 \sim -\omega_1$ 与 $\omega_1 \sim \omega_2$ 频率范围内是常数。若将此谱密度代入式(2-8-4)并积分，则得如下自相关函数

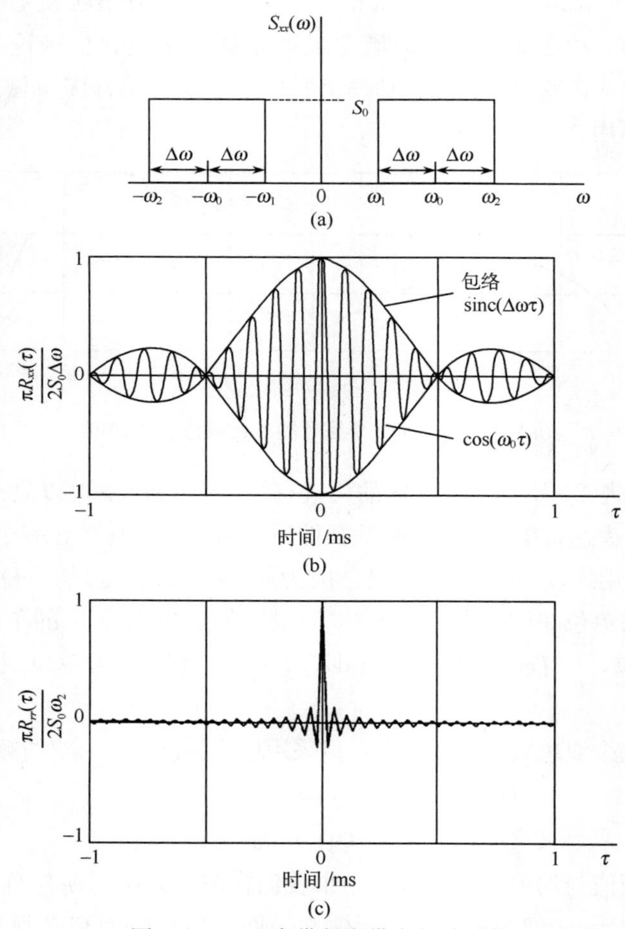

图2-8-2　窄带与宽带自相关函数

(a)用于理论计算的简单自谱密度(ASD)；

(b)典型的窄带自相关函数：$\omega_0=62.8\text{rad/s}$，$\Delta\omega=6.28\text{rad/s}$；

(c)典型的宽带自相关函数：$\omega_2=62.8\text{rad/s}$

$$R_{xx}(\tau)=\frac{S_0}{\pi\tau}[\sin(\omega_2\tau)-\sin(\omega_1\tau)]$$

$$=\left[\frac{2S_0\Delta\omega}{\pi}\right]\cos(\omega_0\tau)\text{sinc}(\Delta\omega\tau) \tag{2-8-8}$$

其中

$$\omega_0 = \left(\frac{\omega_1 + \omega_2}{2}\right) \tag{2-8-9}$$

是平均频率，而

$$\Delta\omega = \left(\frac{\omega_2 - \omega_1}{2}\right) \tag{2-8-10}$$

是 MSSD 曲线带宽的一半。通过式(2－8－8)，式(2－8－9)和式(2－8－10)有助于我们对两类限制性随机过程的理解：一类是窄带过程，另一类是宽带过程。

窄带随机过程　窄带随机过程是 $\Delta\omega$ 远小于 ω_0 的随机过程。在窄带随机过程中，式(2－8－8)表明，函数 $\mathrm{sinc}\Delta(\omega\tau)$ 是按照 $1/\Delta\omega\tau$ 缓慢衰减的包络函数，而 $\cos(\omega_0\tau)$ 在包络的每半个周期($\Delta\omega\tau=\pi$)内振荡许多次，如图 2－8－2(b)所示。τ 值变大时，自相关函数趋于零。为了进行演示说明，图 2－8－2(b)中用的频率比是 10∶1(即 ω_0 是 $\Delta\omega$ 的十倍)。可以被视为一个窄带随机过程者，其频率比应当在 30∶1 到 100∶1 之间，但这样大的频率比不容易图示清楚。窄带随机过程 $x(t)$ 很像一个频率为 ω_0(中心频率)、振幅可变的正弦函数。自相关函数说明，其基频振荡是按照 $\cos(\omega_0\tau)$ 进行的。τ 变得越大，相关性就越差，当 τ 很大时，相关性就渐渐趋向于零。带宽 $\Delta\omega$ 越窄，失去相关性需要的 τ 就越长。

宽带随机过程　宽带随机过程的特征是 ω_1 等于零或接近于零，而 ω_2 可以很大。在这种情况下，式(2－8－9)与式(2－8－10)表明，ω_0 和 $\Delta\omega$ 都等于 $\omega_2/2$，于是自相关函数开始呈现出图 2－8－2(c)的样子。这时，式(2－8－8)变成

$$R_{xx}(\tau) = \left\{\frac{S_0\omega_2}{\pi}\right\}\mathrm{sinc}(\omega_2\tau) \tag{2-8-11}$$

其曲线示于图 2－8－2(c)，图中 ω_2 的值与图 2－8－2(b)中用的值相同，因而 τ 的取值范围也保持不变。可见，在此情况下，函数衰减得很快，表示宽带随机信号中几乎不存在相关性。

但是，研究一下式(2－8－11)会发现，相关函数在 $\tau=0$ 的幅值，随 ω_2 的值正比地增大。在 ω_2 越来越大的极限状态，式(2－8－11)就越来越像个**狄拉克函数**，因此式(2－8－11)的极限可以写成

$$R_{xx}(\tau) = S_0\delta(\tau) \tag{2-8-12}$$

于是相应地，式(2－8－4)的 MSSD 成为

$$S_{xx}(\omega) = \int_{-\infty}^{\infty} R_{xx}(\tau)\cos(\omega\tau)\mathrm{d}\tau = \int_{-\infty}^{\infty} S_0\delta(\tau)\cos(\omega\tau)\mathrm{d}\tau = S_0 \tag{2-8-13}$$

这一结果表明，狄拉克 δ 函数的自相关函数对应的 MSSD 在所有频率范围内都是常数。这样的随机过程叫做**白噪声**。注意，这是一种极限状态下的理想过程，实际上是得不到的。不过它的确指出，一个宽带随机过程的行为特性是，除了 t 取很小的值以外它与自己是不相关的。

2.8.2　互相关与互谱密度

这里有两个互相关函数值得注意：$R_{xy}(\tau)$ 与 $R_{yx}(\tau)$。借助它们的时间平均与对应的傅

里叶变换定义它们如下

$$R_{xy}(\tau)=\lim_{T\to\infty}\frac{1}{T}\int_{-T/2}^{T/2}x(t)y(t+\tau)\mathrm{d}t=\frac{1}{2\pi}\int_{-\infty}^{\infty}S_{xy}(\omega)\mathrm{e}^{\mathrm{j}\omega\tau}\mathrm{d}\omega$$
$$S_{xy}(\omega)=\int_{-\infty}^{\infty}R_{xy}(\tau)\mathrm{e}^{-\mathrm{j}\omega\tau}\mathrm{d}\tau \tag{2-8-14}$$

以及

$$R_{yx}(\tau)=\lim_{T\to\infty}\frac{1}{T}\int_{-T/2}^{T/2}y(t)x(t+\tau)\mathrm{d}t=\frac{1}{2\pi}\int_{-\infty}^{\infty}S_{yx}(\omega)\mathrm{e}^{\mathrm{j}\omega\tau}\mathrm{d}\omega$$
$$S_{yx}(\omega)=\int_{-\infty}^{\infty}R_{yx}(\tau)\mathrm{e}^{-\mathrm{j}\omega\tau}\mathrm{d}\tau \tag{2-8-15}$$

以上二式中 $S_{xy}(\omega)$ 与 $S_{yx}(\omega)$ 叫做**互谱密度**(CSD)。CSD是具有实部、虚部(幅值与相位)的复数频谱。注意，自相关MSSD只含有幅值信息，不带相位信息，而CSD含有相位信息。因为互相关积分中用到了因子 $1/2\pi$，故CSD的单位是“每Hz多少个 xy 单位”。只要函数 $x(t)$ 和 $y(t)$ 在较大 τ 值时不相关，并且其中一个函数均值为零，那么式(2-8-14)与式(2-8-15)就成立，于是互相关函数就满足式(2-8-1)，其傅里叶变换就存在。

与周期互相关频谱及暂态互相关频谱类似，以上两个CSD互为共轭复数，即

$$S_{xy}(\omega)=S_{yx}^{*}(\omega)$$
$$S_{yx}(\omega)=S_{xy}^{*}(\omega) \tag{2-8-16}$$

这表明 $R_{xy}(\tau)=R_{yx}(-\tau)$，跟周期与暂态互相关函数所得结果相同。

注意，式(2-8-14)与式(2-8-15)要求比较长的平均时间；这一要求可以通过一个平均过程来实现，从而根据周期频谱来估计互谱密度，不过要乘以适当的比例系数。这个过程将在第5章讨论。

2.8.3　多个随机过程的相关与谱密度

随机信号可能含有相当大的噪声。假定 $x(t)$ 与 $y(t)$ 是两个要讨论的随机过程，而 $n(t)$ 与 $m(t)$ 是信号中的噪声。据此可定义两个新的随机过程

$$u(t)=x(t)+n(t)$$
$$v(t)=y(t)+m(t) \tag{2-8-17}$$

找出 $u(t)$ 与 $v(t)$ 之间的互相关函数是一件饶有兴趣的事。它们的互相关函数为

$$R_{uv}(\tau)=R_{xy}(\tau)+R_{ny}(\tau)+R_{xm}(\tau)+R_{nm}(\tau) \tag{2-8-18}$$

通常认为噪声与信号在统计上是相互独立的，因此可以假定 $x(t)$ 与 $m(t)$ 互相独立，$y(t)$ 与 $n(t)$ 互相独立，这样上式就变成

$$R_{uv}(\tau)=R_{xy}(\tau)+R_{nm}(\tau) \tag{2-8-19}$$

式(2-8-19)表明，输出的互相关函数是信号的互相关函数与噪声的互相关函数之和。将式(2-8-19)代入式(2-8-14)或式(2-8-15)的傅里叶变换，得

$$S_{uv}(\omega)=S_{xy}(\omega)+S_{nm}(\omega) \tag{2-8-20}$$

这是噪声互谱密度与信号互谱密度相加之和。如果两个噪声在统计上也是独立的，那么 $R_{nm}(\tau)$ 与 $S_{nm}(\omega)$ 都是零，于是

$$R_{uv}(\tau)=R_{xy}(\tau) \tag{2-8-21}$$

$$S_{uv}(\omega)=S_{xy}(\omega) \tag{2-8-22}$$

上面这两个式子说明，如果噪声源统计上独立，则互相关信息中不含噪声成分。但是很不幸，有些情况下数据信道之间常常有串动干扰，因而不但噪声不是统计独立的，而且信号之间存在相当大的相互依存关系。获取任何数据之前必须仔细研究这种情形。第 5 章列出了这种情形的检测方法。

如果假设 $x(t)=y(t)$，$n(t)=m(t)$，那么互相关与互谱密度关系式就成了自相关与自谱密度关系式，如下式所描述

$$R_{uu}(\tau)=R_{xx}(\tau)+R_{xn}(\tau)+R_{nx}(\tau)+R_{nn}(\tau) \tag{2-8-23}$$

$$S_{uu}(\omega)=S_{xx}(\omega)+S_{xn}(\omega)+S_{nx}(\omega)+S_{nn}(\omega) \tag{2-8-24}$$

从以上二式明显可见，任何噪声的存在都会使自相关函数 $R_{xx}(\tau)$ 及均方谱密度函数 $S_{xx}(\omega)$ 受到污染。这些概念在我们讨论双通道频率分析仪时还要进一步展开。下例将演示说明宽带与窄带噪声对正弦量的测量有何影响。

【例】宽带噪声的谱密度由式(2-8-13)给出，因为双边噪声自相关谱密度 $G_{nn}(\omega)=2S_0$，则噪声的自相关函数 $R_{nn}(\tau)=2S_0\delta(\tau)$。一个正弦信号的自相关函数由式(2-6-19)给出，因而 $R_{uu}(\tau)$ 成为

$$R_{uu}(\tau)=\frac{B^2}{2}\cos(\omega_0\tau)+2S_0\delta(\tau) \tag{2-8-25}$$

这个自相关函数显示，宽带噪声立即消失了。这一结果说明，检测自相关函数可以找回淹没在宽带噪声中的正弦信号。

现在让我们研究一下这样的情况：噪声是限宽带的，它的中心频率就是正弦信号的频率。这时自相关函数是

$$R_{uu}(\tau)=\left[\frac{B^2}{2}+\left\{\frac{2S_0\Delta\omega}{\pi}\right\}\mathrm{sinc}(\Delta\omega\tau)\right]\cos(\omega_0\tau) \tag{2-8-26}$$

从式(2-8-26)明显看出，$\Delta\omega$ 的值越大，sinc 函数包络衰减越快，最后只剩下了正弦波。$\Delta\omega$ 的值越小，找回正弦波就越困难。所以这两种情形表示，测量淹没在噪声中的正弦信号时，优先选择宽带噪声而不是窄带噪声进行处理。

2.8.4　统计分布

2.1 节我们曾提到，只有提供另外一些如统计分布这样的信息的时候，均值与均方值才有意义。描述统计分布常用的一个概念是**概率密度**。概率密度定义为一个极限过程

$$p(x)=\lim_{\Delta x\to 0}\frac{P(x+\Delta x)-P(x)}{\Delta x} \tag{2-8-27}$$

式中　$p(x)$——概率密度函数；

$P(x)$——随机变量落在 $-\infty \sim x$ 之间的概率；

$P(x+\Delta x)$——随机变量落在$-\infty\sim(x+\Delta x)$之间的概率；

Δx——x的增量或延伸量。

x落在x_1与x_2之间的概率是

$$P(x_1 < x < x_2) = \int_{x_1}^{x_2} p(x)\mathrm{d}x \tag{2-8-28}$$

类似地，$-\infty<x<\infty$的概率是1，因为每个数必然处于这个范围之内。根据式(2-8-28)，这一叙述等效于

$$P(-\infty < x < \infty) = \int_{-\infty}^{\infty} p(x)\mathrm{d}x = 1 \tag{2-8-29}$$

中心极限定理指出：有许多随机过程具有高斯型概率密度分布，这些随机过程是许多独立随机源的产物，而这些独立随机源本身不必是高斯随机过程。下面我们来描述高斯随机过程。

描述随机概率分布时通常用到两个标准变量，它们出现在下式中

$$z = \frac{x-\overline{x}}{\sigma_x} \tag{2-8-30}$$

一个是数据的均值$\overline{x}$，另一个是数据的标准差σ_x，标准差就是方差的数学期望的平方根

$$\sigma_x = \sqrt{E[(x-\overline{x})^2]} \tag{2-8-31}$$

式中，$E[(x-\overline{x})^2]$是方差$(x-\overline{x})^2$的数学期望。

高斯概率密度用下式表示

$$p(z) = \frac{1}{\sqrt{2\pi}}\mathrm{e}^{-(z^2/2)} \tag{2-8-32}$$

图2-8-3画出了高斯概率密度曲线。由式(2-8-28)明显可见，概率密度曲线下阴影部分的面积就是随机变量落在给定积分区间内的概率。例如，随机变量z落在$\pm\sigma_x$之内的概率读数为68.3%，而落于$\pm 3\sigma_x$内的概率读数为99.7%。制定实际的RMS值电压表技术规范时，就用到被测信号有效值落在$\pm 3\sigma_x$之内的概率是99.7%这一事实。电压表的**峰值因数**(CF)定义为

$$CF = \frac{x_{\max}}{\sigma_x} \tag{2-8-33}$$

并通常规定其值为3～5，即最小峰值因数应当大于3。

瑞利概率分布描述的是窄带随机过程当带宽$\Delta\omega\to 0$时的峰值，其定义如下

$$p(z) = z\mathrm{e}^{-(z^2/2)} \tag{2-8-34}$$

其图形如图2-8-3(b)所示。在此情况下，峰值读数落在σ_x以下的概率是39.5%，峰值读数落在σ_x以上的概率是60.5%。

χ^2 **概率密度**定义为

$$p(\chi^2) = \frac{(\chi^2)^{\frac{n-2}{2}}\mathrm{e}^{-\frac{\chi^2}{2}}}{2^{\frac{n}{2}}\Gamma\left(\frac{n}{2}\right)} \tag{2-8-35}$$

式中　χ^2——χ^2变量；

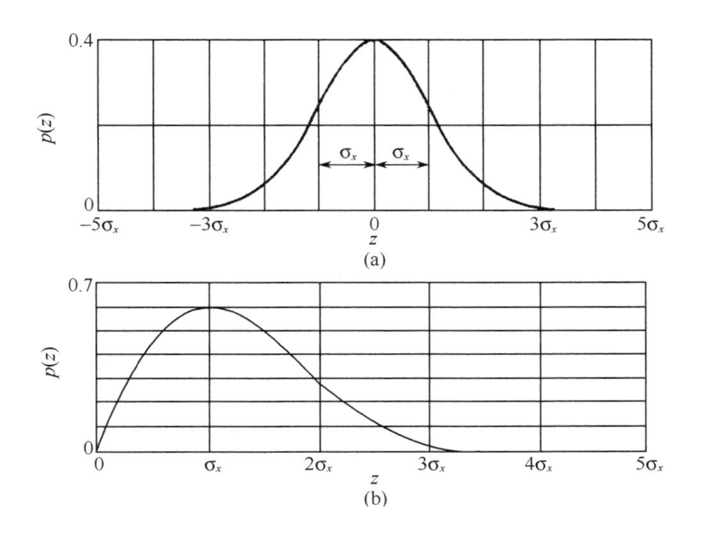

图 2－8－3　两个常用的概率密度

(a)高斯概率密度；(b)瑞利概率密度

$\Gamma(n/2)$——伽马函数；

n——整数**自由度**。

用试验方法确定频谱时，式(2－8－35)对于估计测量误差很重要。

比较一下上述随机变量的概率分布与正弦、方波、三角波的概率分布是饶有意思的，因为这几个简单的确定性的波形常常用做理论计算的参考波形。结果是——对于振幅为 B 的正弦波

$$
\begin{aligned}
p(x) &= \frac{1}{\pi\sqrt{B^2-x^2}} \quad |x|<B \\
p(x) &= 0 \quad x<-B, x>B
\end{aligned}
\tag{2-8-36}
$$

对于幅值为 $\pm B$ 的方波

$$
p(x) = \frac{\delta(x-B)+\delta(x+B)}{2} \tag{2-8-37}
$$

对于式(2－8－39)描述的三角波，则有

$$
\begin{aligned}
p(x) &= B^{-1} \quad 0<x<B \\
p(x) &= 0 \quad x>B
\end{aligned}
\tag{2-8-38}
$$

上述三角波定义为

$$
\begin{aligned}
x(t) &= \frac{2B}{T}\left(t+\frac{T}{2}\right) \quad -\frac{T}{2}<t<0 \\
x(t) &= \frac{2B}{T}\left(\frac{T}{2}-t\right) \quad 0<t<\frac{T}{2}
\end{aligned}
\tag{2-8-39}
$$

2.9 小结

本章描述了动态测量中碰到的几种信号。首先要区别所遇到的信号类型，比如它们是确定性的(包括周期的和暂态的)还是随机的？混沌信号是最新一类信号，它们是在一个确定性过程中产生的随机样信号。显然这是一个新的研究领域。当前，由于缺乏对这种新型信号的了解，我们不得不把它当作随机信号来对待。

时间均值和均方值参数是用以描述信号的两个孤立的数值，但是如果没有关于信号处理的进一步的信息，特别是它的概率密度信息，这两个参数的用途是极其有限的。频谱被认为是观察信号频率含量的一种方法。本章其余部分的任务是正确解释对不同类型的信号采取不同分析技术所得到的频谱。

相子是振动与信号分析的一个重要工具。通过欧拉方程我们建立了关于正弦信号的单个相子(旋转矢量)表示法。对于实值正弦，我们采用两个转向相反的相子来表示。这一方法导致周期傅里叶级数的复数形式。

分析周期时间历程时用周期傅里叶级数(周期傅里叶变换)，这样可以将信号的时域描述变换到频域描述。通过计算信号的均方值可以得出帕塞瓦尔等式。对方波的分析结果是 sinc 函数，后面还会出现这样的函数。

暂态时间历程被看作是周期时间历程的周期趋于无穷大时的结果。将重复周期扩展这一想法表明了周期傅里叶变换与暂态傅里叶变换之间的联系。这种联系表现在周期傅里叶变换频谱乘以重复周期 T，只要暂态信号持续时间小于重复周期 T 的十分之一，这种做法就是合理的。我们还看到，在处理暂态信号时，均值、均方值、帕塞瓦尔等式，它们的定义有所变化。

相关是一个统计概念。我们先在统计学范畴内考察这个概念，然后转到时间范畴。对于每一类信号，即周期的、暂态的、随机的，它们的时间定义各不相同。此外，对于各类信号，都可进行互相关及自相关分析。

互相关是一个信号与另一个做了相对时移的信号之间相关程度的量度。互相关函数与互谱密度互为傅里叶变换。傅里叶变换的精确形式取决于要处理的信号的类型。一般而言，互谱密度是复数(有实、虚部)，并且与每个被分析的信号的频谱有关。

自相关是一个信号与自身时移后在多大程度上相关的量度。时移为零时，自相关函数就成了均方值，由此得到关于均方值与信号频率分量之间关系的帕塞瓦尔等式。毫不奇怪，自相关函数是时移变量 τ 的偶函数，因而其频谱是实值的。

本章讲到的思想与概念对我们怎样进行振动分析、怎样研究仪器设备的要求以及怎样进行信号处理等，具有重大影响。这些课题在后续章节中还要深入讨论。

2.10 参考文献

[1] Bendat，J. S. and A. G. Piersol，*Measurement and Analysis of Random Data*，John Wiley & Sons，

New York, 1966.

[2] Bendat, J. S. and A. G. Piersol, *Random Data: Analysis and Measurement Procedures*, John Wiley & Sons, New York, 1971.

[3] Blackman, R. B. and J. W. Tukey, *The Measurement of Power Spectra*, Dover, New York, NY., 1959.

[4] Bruel & Kjaer Instruments, *Technical Review*, a quarterly publication available from Bmel & Kjaer Instruments, Inc., Marlborough, MA.

(a) "On the Measurement of Frequency Response Functions,"No. 4, 1975.

(b) "Digital Filters and FFT Technique,"No. 1, 1978.

(c) "Discrete Fourier Transform and FFT Analyzers,"No. 1, 1979.

(d) "Zoom-FFT," No. 2, 1980.

(e) "Cepstrum Analysis," No. 3, 1981.

(f) "System Analysis and Time Delay Spectrometrey (Part 1)," No. 1, 1983.

(g) "System Analysis and Time Delay Spectrometrey (Part II)," No. 2, 1983.

(h) "Dual Channel FFT Analysis (Part I)," No. 1, 1984.

(i) "Dual Channel FFT Analysis (Part II)," No. 2, 1984.

[5] Crandall, Stephen H. and William D. Mark, *Random Vibration in Mechanical Systems*, Academic Press, New York, 1963.

[6] de Silva, Clarence W., *Vibration, Fundamentals and Practice*, CRC Press, New York, 1999.

[7] Ewins, David J., *Modal Testing: Theory and Practice*, Research Studies Press Ltd., Lecthworth, Hertfordshire, UK, 1984.

[8] Lange, F. H., *Correlation Techniques*, D. Van Nostrand Co., Inc., Princeton, NJ, 1967.

[9] Lee, Y. W., *Statistical Theory of Communication*, John Wiley & Sons, New York, 1960.

[10] Lutes, Loren D. and Shahram Sakani, *Stochastic Analysis of Structural and Mechanical Vibrations*, Prentice-Hall, Upper Saddle River, NJ, 1997.

[11] Lyon, Richard H., *Machinery Noise and Diagnostics*, Butterworth Publishers, Boston, MA, 1987.

[12] Moon, F. C., *Chaotic Vibratioin: An Introduction of Chaotic Dynamics of Applied Scientists and Engineers*, John Wiley & Sons, New York, 1987.

[13] Newland, D. E., *An Introduction to Random Vibrations and Spectral Analysis*, Longman Group Limited, London, UK, 1975.

[14] Randall, R. B., *Frequency Analysis*, available from Bruel & Kjaer Instruments, Inc., Marlborough, MA, 1987.

[15] Rao, Singiresu S., *Mechanical Vibrations*, 2nd ed., Addison-Wesley, Reading, MA, 1990.

[16] Stroud, K. A., *Fourier Series and Harmonic Analysis*, Stanley Thomes Ltd., Cheltenham, UK, 1984.

[17] Thomson, William T., *Theory of Vibration with Applications*, 3rd ed., Prentice Hall, Englewood Cliffs, NJ, 1988.

第 3 章

振动概念

工程师用一部多通道测量系统来测量 Titan－4 发射架上诸面板的动态响应特性。充分理解所测频响函数以及与之对应的模态振型，就要求搞清楚振动特性的基本原理。(照片由 *Sound and Vibration* 提供)

3.1　引言

本章目的是介绍振动响应与分析中涉及的基础性概念。关于振动理论，许多优秀的教科书与论文都有精彩的介绍，但是这些书籍与文章常常欠缺的是详细说明怎样把理论应用于振动试验。我们将从试验的角度重温这些从事振动试验所必备的基础理论。

对于包括冲激响应在内的各种振动特性，最基本的概念是单自由度(SDOF)系统的暂态响应与稳态强迫响应。在推演振动特性时，我们将特别强调频响函数法。某些非线性效应也要考虑，因为它们经常在振动试验中出现。

我们将与单自由度系统对比地介绍二自由度系统的暂态响应与强迫稳态响应，然后导出模态模型，并对直接稳态响应与模态稳态响应加以比较。

讨论了二自由度系统模型之后，讨论二阶连续系统模型，如紧张弦的轴向与扭转振动。在连续系统模型中，空间与时间变量被分离开来，从而得到连续系统的模态振型与模态分析。接下来，自然要相继建立诸如模态参与因子、模态质量、模态刚度和模态阻尼等概念。这些概念有助于我们用图示法说明为什么会出现某种特定的试验响应。

最后，我们要研究四阶连续系统，详细讨论梁以及处于拉伸条件下的梁。变量分离法与模态分析法将再次用以阐述我们在振动试验中所遇到的各类现象。我们还要深入讨论振动试验中边界条件的重要意义。

本章的概念将用在第 4 章(仪器设备)、第 6 章(激振器特性)、第 7 章(振动试验概念)以及第 8 章(建立一般振动试验模型)中。

3.2　单自由度模型

研究振动响应时单自由度系统是出发点。这一节考虑单自由度系统的运动方程及自由振动响应。

3.2.1　运动方程

线性单自由度系统由质量 m、线性黏性阻尼器 c、线性弹簧 k 以及激振力 $f(t)$组成，如图 3-2-1 所示。令质量 m 相对于其**静态平衡位置**(SEP)的坐标是 x，则根据牛顿第二定律有

$$m\ddot{x}+c\dot{x}+kx=f(t) \tag{3-2-1}$$

$$\text{惯性力}+\text{阻尼力}+\text{弹力}=\text{激振力}$$

式中[①]　$m\ddot{x}$—— 惯性力；

　　$c\dot{x}$—— 阻尼力(能量消耗器)；

① One dot over a variable indicates the first time derivative, while two dots indicates the second time derivative.

kx—— 弹力(恢复力);

$f(t)$ ——激振力。

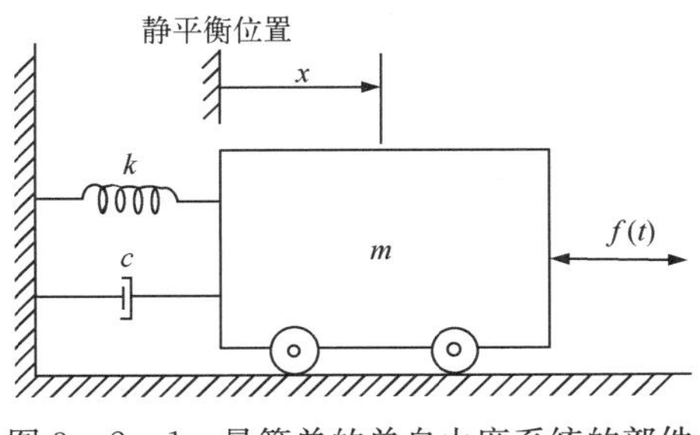

图3-2-1 最简单的单自由度系统的部件

式(3-2-1)是个**常系数二阶线性运动微分方程**，其意义是：一个振动每时每刻都是惯性力、阻尼力、恢复力与激振力之间的平衡。只有在理想情况下，这才是一个线性方程；实际上，它只是近似线性的，因为阻尼力和恢复力具有非线性倾向，尤其是振幅较大时。

对于像微分方程式(3-2-1)所描述的线性系统，可以应用叠加原理。叠加原理：如果 $x_1(t)$和 $x_2(t)$是式(3-2-1)的解，那么它们的任意线性组合也是该方程的解。

3.2.2 无阻尼自由振动

当 $c=0$ 且 $f(t)=0$ 时出现**无阻尼自由**振动响应，这时式(3-2-1)成为

$$m\ddot{x}+kx=0 \tag{3-2-2}$$

此振动的特征是惯性力与弹力相互抵消。将 $x=A\mathrm{e}^{st}$ 代入上式即得特征频率方程

$$ms^2+k=0$$

由此解得

$$s=\pm\sqrt{-k/m}=\pm\mathrm{j}\omega_n$$

这里

$$\omega_n=\sqrt{k/m} \tag{3-2-3}$$

叫做**固有频率**，单位是 rad/s。**固有频率是系统的一个参数，它与描述系统所选坐标无关，与列方程时所用的单位也无关。**

式(3-2-2)的**齐次**解为

$$x_c=A\cos(\omega_n t)+B\sin(\omega_n t) \tag{3-2-4}$$

将齐次解代回到式(3-2-2)得

$$A(k-m\omega_n^2)+B(k-m\omega_n^2)=0 \tag{3-2-5}$$

注意，不管振幅 A 之大小，弹力(kA 或 kB)跟与其对应的惯性力($m\omega_n^2A$ 或 $m\omega_n^2B$)相互抵消了。这表明，当系统共振时，这两种力相互完全抵消，也就是说，系统按其固有频率振动时，弹力与惯性力总是大小相等、方向相反的。如我们将要看到的，正是因为这两种力的相互抵消，才引起强迫振动中出现共振现象。

3.2.3 阻尼自由振动

阻尼振动模型比较实际，所以在式(3-2-1)中我们令 $f(t)=0$，然后代入 $x=Ae^{st}$，结果得到阻尼系统的**特征频率方程**

$$ms^2+cs+k=0 \tag{3-2-6}$$

此方程要么有两个负实根，要么有两个共轭复根，视阻尼系数 c 与其**临界值** c_c 的比值而定。临界阻尼定义如下

$$c_c=2\sqrt{km} \tag{3-2-7}$$

在振动研究中，我们对 $c<c_c$ 的欠阻尼情形最感兴趣。为方便计，我们定义**阻尼比** ζ 为

$$\zeta=\frac{c}{c_c}=\frac{c}{2\sqrt{km}} \tag{3-2-8}$$

定义**阻尼频率** ω_d 由下式给出(在欠阻尼情况下 $\zeta<1$)

$$\omega_d=\omega_n\sqrt{1-\zeta^2} \tag{3-2-9}$$

相应的齐次解(暂态解)为

$$x_c=\mathrm{e}^{-\zeta\omega_n t}[A\cos(\omega_d t)+B\sin(\omega_d t)] \tag{3-2-10}$$

因为 $f(t)=0$，故上式可能是零解，所以令 $t=0$ 时的位移 x_0 和速度 v_0 作为**初始条件**，则可求得如下又一个齐次解

$$x_c=\mathrm{e}^{-\zeta\omega_n t}\left[x_0\cos(\omega_d t)+\frac{v_0+\zeta\omega_n x_0}{\omega_d}\sin(\omega_d t)\right] \tag{3-2-11}$$

式(3—2—11)的重要性示于图 3-2-2，可以看出，这个振动按照阻尼频率 ω_d 进行振荡，但其振幅在指数包络函数 $\mathrm{e}^{-\zeta\omega_n t}$ 之内衰减。根据该阻尼振荡曲线可以用实验法求出固有频率和阻尼比。

根据式(3-2-11)和图 3-2-2 可以求出**对数衰减量** δ

$$\delta=\frac{2\pi\zeta}{\sqrt{1-\zeta^2}}=\frac{1}{n}\ln\left(\frac{x_0}{x_n}\right) \tag{3-2-12}$$

式中 n——所用循环数；

x_0——$t=t_0$ 时刻的参考振幅；

x_n——$t=t_n$ 时刻的第 n 个循环振幅。

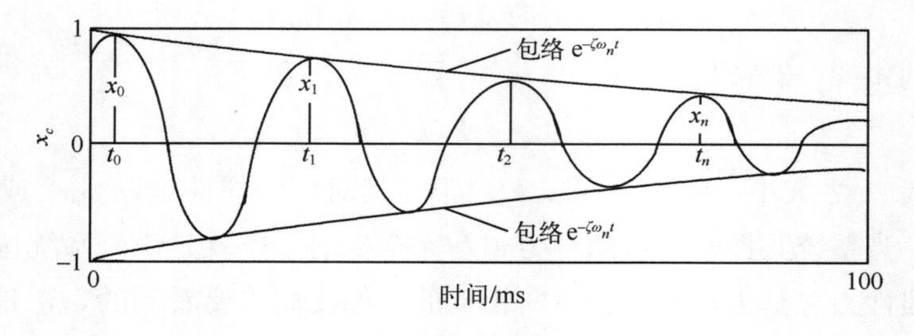

图 3-2-2 线性黏性阻尼系统的暂态响应

不幸的是，因为阻尼的形成原因和机制是多种多样的，故而阻尼经常是个振幅相关量。结构中出现阻尼与振幅相关的现象，一个重要原因是连接点。在小振幅振动中，连接点是刚性的，但在大振幅振动中经常出现滑动。滑动是库仑摩擦现象，而不是线性黏性阻尼现象。让我们看看怎样区分这两种不同的阻尼机制。

对式(3－2－12)稍加演算，可得黏性阻尼系统的指数包络函数为

$$\log(x_n) = \log(x_0) - (0.434\,3\delta)n \tag{3-2-13}$$

上式表明，振幅峰值与循环数 n 的关系曲线在对数坐标下是一条直线，直线的斜率是(－0.434 3δ)。但是，类似地，我们可以证明，库仑阻尼使幅值随着循环数在线性减小，如下式

$$x_n = x_0 - (4F_d/k)n \tag{3-2-14}$$

其中 F_d 是库仑摩擦力。图 3－2－3 画出了循环振幅 x_n 与循环数 n 的函数关系曲线，其中线性黏性阻尼和库仑阻尼都分别采用了线性纵坐标和对数纵坐标两种表示方法。图 3－2－3(a)用线性纵坐标表示指数包络函数，图 3－2－3(b)用对数纵坐标表示式(3－2－13)，结果是一条直线。图 3－2－3(c)用线性纵坐标表示式(3－2－14)时得到的是线性振幅关系，而图 3－2－3(d)显示，采用对数纵坐标时，库仑阻尼幅值与循环数的关系曲线是一条对数曲线。很明显，这些曲线表明：一种阻尼模型与另一种阻尼模型之间有很大不同。这种不同将有助于鉴别阻尼类型。注意，图中所示两种阻尼情况下 $x_0=10$ 和 $x_{30}=1.52$，二者起点相同，终点相同，因此在 30 个振荡周期中消耗的系统能量也相同。

上述讨论表示，这是确定阻尼机制的一种方法。为测量这个系统的固有频率和阻尼特性而对它进行激励，有三种不同的方法。**其一**，施加一个静载荷而后迅速释放，可获得一组初始条件 $x_0=d$(静态偏转)和 $v_0=0$。这种情况下，系统运动受式(3－2－11)中余弦项的支配。**其二**，将一冲激施加于质量上产生初始速度 v_0，但 $x_0=0$。这种情况下，响应运

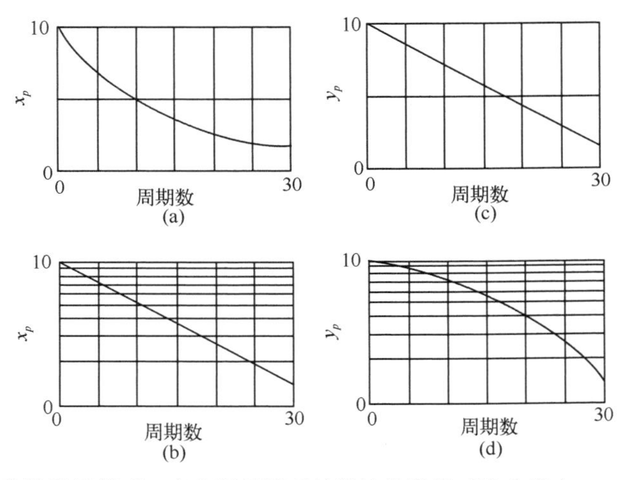

图 3－2－3　黏性阻尼模型、库仑阻尼模型的线性曲线及对数曲线中 $x_0=10$，$x_{30}=1.52$

(a)黏性阻尼的线性曲线图；(b)黏性阻尼的对数曲线图；

(c)库仑阻尼的线性曲线图；(d)库仑阻尼的对数曲线图

动受式(3-2-11)中正弦项的支配，这种激励常常叫做**冲激载荷**。**其三**，使系统在 $t=0$ 时既有初始偏转也有初始速度。这个条件可这样获得：用任何一个力的组合(或装置)在某时刻产生一组初始条件(既有位移，又有速度)，此后将 $f(t)$ 撤销，直到振动衰减到零。这几个方法没有优劣之分。试验目标是为了得到适当的激励，并产生一个清晰可见的衰减信号，通过这些不同的曲线建立基本的阻尼机制才是重要的。

【例】图 3-2-4 是从一个运动机器部件上测得的应变数据。分管处理这个问题的工程师们在建立有限元模型来预测这个部件的动态特性时失败了，因为他们忽略了数据中的警示性信息：库仑摩擦是主要问题所在！

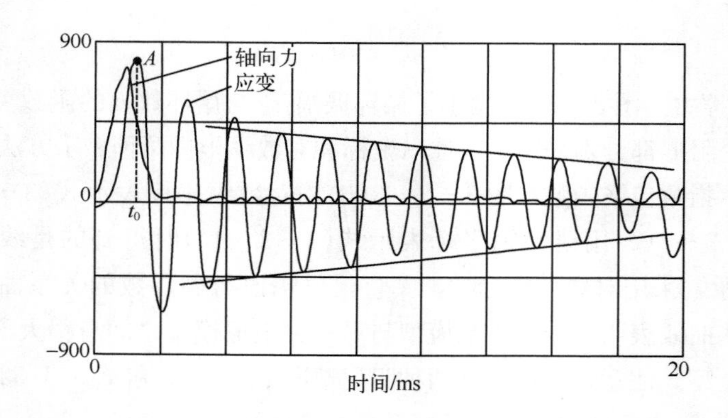

图 3-2-4　在一个机器零件上测出的轴向力与弯曲应变，说明库仑阻尼起主导作用

库仑摩擦，连同轴向载荷与机器的几何变形一起，构成了机器的驱动机制。摩擦力很大，在部分运动段内，这个部件的两个端点好像被焊接在其配接件上一样，于是引起了很大的弯曲应变。之后当轴向载荷开始降低时，弯曲应变在 A 点开始释放。结果弯曲振动的包络看上去基本上是条直线，如图 3-2-4 所示。然后这种应变的积累与释放一次次重复循环。不用说，在建立正确的动态模型时认识不到这种起主要作用的机制，会浪费许多时间。实际上，整个设计问题在一两张纸上就能解决，完全不必作精细的有限元分析。

3.2.4　结构方位与固有频率

考虑一个单摆式刚体结构，如图 3-2-5 所示。刚体被销于水平轴上的 O 点，并与距离原点 O 为 a 的一个弹簧连接。刚体质心在 G，G 与 O 相距 b。容易证明，该结构的自由无阻尼振动的微分方程为

$$I_0\ddot{\theta}+\{ka^2-Wb\cos(\theta_0)\}\theta=\underbrace{Wb\sin(\theta_0)-ka\delta=0}_{\text{静　平　衡}} \tag{3-2-15}$$

式中　I_0——质量相对于过 O 点的水平轴的转动惯量；

θ——描述离开**静平衡位置**的运动变量；

k——线性弹簧；

W——质量的重量；

θ_0——初始静平衡位置；

δ——保持刚体处于静平衡位置的弹簧的初始伸长量。

方程右端是静平衡条件，它表示维持刚体在静平衡位置需要多大的 δ。

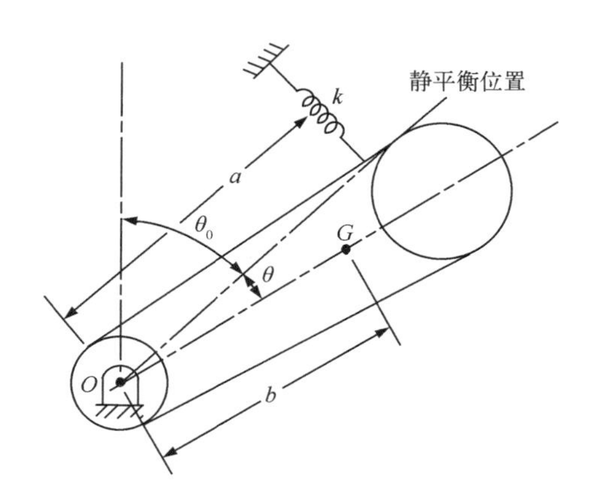

图 3－2－5　单摆式物体，表示固有频率随相对于重力的方位而变化

对于这个简单问题，让人产生兴趣的是固有频率，如下式所示

$$\omega_n=\sqrt{\frac{ka^2}{I_0}\left[1-\frac{Wb\cos(\theta_0)}{ka^2}\right]} \tag{3-2-16}$$

这个式子清楚说明，固有频率决定于系统的初始方位，即 θ_0 角。固有频率的改变量由中括号项给出。比值 Wb/ka^2 越小，方位角的影响就越小。但是在固有频率较低的场合，中括号项可能使试验结果混乱不堪。例如，工程师要测量一个很柔软的梁在竖直平面内不同方位的固有频率，他发现梁的基频随着梁由水平到竖直变动而变化。以上分析表明，重力起着相当大的作用。理论分析——包括对重力的分析——也证明，重力在这种情况下很重要，可能引起测量偏差。

3.3　单自由度强迫响应

本节研究单自由度线性系统的强迫响应。了解了这种响应，就可以对测得的动态响应，以及用以显示并解释这一响应的各种方法有更为深刻的认识。阻尼模型是个关键性的要素。对于许多结构来说，惯常采用的黏性阻尼并不合适。我们将分别用黏性阻尼模型、库仑阻尼模型与结构阻尼模型来描述并解释强迫振动，从而对三种阻尼模型的特性加以比较。这三种模型中，黏性与结构阻尼模型是最有用的。同时还将介绍表示三种常用频响函数——位移导纳、速度导纳与加速度导纳的图解法。

3.3.1　黏性阻尼情形

为了求出式(3－2－1)的稳态解，假定式中激振力 $f(t)$是个**相子**：$f(t)=F_0e^{j\omega t}$，其中

$\boldsymbol{F}_0$ 是激励矢量。那么式(3-2-1)成为

$$m\ddot{x}+c\dot{x}+kx=F_0\mathrm{e}^{\mathrm{j}\omega t} \tag{3-3-1}$$

假定响应相子具有同样的频率 ω，则

$$x(t)=X_0\mathrm{e}^{\mathrm{j}\omega t} \tag{3-3-2}$$

式中 $\boldsymbol{X}_0$ 是响应矢量。式(3-3-2)代入式(3-3-1)得

$$(k-m\omega^2+\mathrm{j}c\omega)X_0\mathrm{e}^{\mathrm{j}\omega t}=F_0\mathrm{e}^{\mathrm{j}\omega t}$$

消去公因子 $\mathrm{e}^{\mathrm{j}\omega t}$，解出 X_0 为

$$X_0=\frac{F_0}{\underset{\text{实部}}{k-m\omega^2}+\underset{\text{虚部}}{\mathrm{j}c\omega}}=\frac{F_0}{k[\underset{\text{实部}}{1-r^2}+\underset{\text{虚部}}{j2\zeta r}]}=H(\omega)F_0 \tag{3-3-3}$$

式中 $r=\omega/\omega_n$ 是**无量纲频率比**，$H(\omega)$叫做**频响函数**(FRF)，它是系统输出(这里是位移)的每个频率(ω)分量与输入(这里是激振力)的该频率分量之比，因此是 ω 的函数。当 x 是结构的位移、F 是激振力时，FRF 叫做**位移导纳**(也叫做**敏感性**、**动柔性**和**动柔度**)。由式(3-3-3)可见，$H(\omega)$是个具有实部、虚部的复数，它的模为 $|H(\omega)|$，相位角为 ϕ，因此稳态输出可以写成

$$x=X_0\mathrm{e}^{\mathrm{j}\omega t}=H(\omega)F_0\mathrm{e}^{\mathrm{j}\omega t}=|H(\omega)|\mathrm{e}^{-\mathrm{j}\phi}F_0\mathrm{e}^{\mathrm{j}\omega t}=|H(\omega)|F_0\mathrm{e}^{\mathrm{j}(\omega t-\phi)} \tag{3-3-4}$$

上式表明，响应相子相对于激励相子移动的相位角是 ϕ 弧度。由式(3-3-3)的实部和虚部可确定相位角 ϕ

$$\tan\phi=\frac{\text{虚部}}{\text{实部}}=\frac{c\omega}{k-m\omega^2}=\frac{2\zeta r}{1-r^2} \tag{3-3-5}$$

式(3-3-4)中指数上的负号是由于实、虚部处于式(3-3-3)中的分母上。注意，使用相子来解式(3-3-1)是将其从时间域变换为频率域的有效方法，在频率域我们只需对复数(实、虚部)代数方程进行操作。

3.3.2 常用频响函数

方程(3-3-4)说明了力和位移的输入—输出关系。但是我们常要测量速度或加速度而不是测量位移。对于速度，我们有

$$v=\dot{x}=\mathrm{j}\omega H(\omega)F_0\mathrm{e}^{\mathrm{j}\omega t}=Y(\omega)F_0\mathrm{e}^{\mathrm{j}\omega t} \tag{3-3-6}$$

这样，**速度导纳** $Y(\omega)$与**位移导纳** $H(\omega)$的关系就是

$$Y(\omega)=\mathrm{j}\omega H(\omega)=\omega|H(\omega)|\mathrm{e}^{\mathrm{j}\theta} \tag{3-3-7}$$

因 $\mathrm{j}=\mathrm{e}^{\mathrm{j}\pi/2}$，所以相位角 θ 由下式计算

$$\theta=\phi+\pi/2 \tag{3-3-8}$$

由上面二式明显看出，速度导纳的幅值简单地是位移导纳幅值的 ω 倍，相位超前 90°。

求速度的时间导数可得加速度与输入力的关系如下

$$a=\dot{v}=\mathrm{j}\omega Y(\omega)F_0\mathrm{e}^{\mathrm{j}\omega t}=(\mathrm{j}\omega)^2H(\omega)F_0\mathrm{e}^{\mathrm{j}\omega t}=A(\omega)F_0\mathrm{e}^{\mathrm{j}\omega t} \tag{3-3-9}$$

因此加速度导纳 $A(\omega)$、速度导纳 $Y(\omega)$及位移导纳 $H(\omega)$的关系为

$$A(\omega)=\mathrm{j}\omega Y(\omega)=\omega\mid Y(\omega)\mid \mathrm{e}^{\mathrm{j}\Theta}=-\omega^2 H(\omega) \qquad (3-3-10)$$

式中角度 Θ 由下式给出

$$\Theta=\theta+\pi/2=\phi+\pi \qquad (3-3-11)$$

这些结果显示，位移导纳、速度导纳和加速度导纳可以很容易地由此推彼。这些比值的名称与定义列在表 3-3-1 中。

利用上述这些关系式可以构造另外三个比值，分别叫做**视在刚度**(单位位移的力)、**机械阻抗**(单位速度的力)和**视在质量**(单位加速度的力)。注意，某些文献中机械阻抗这个名称可指 F/x，亦可指 F/a，所以阅读任何文献时一定要注意“机械阻抗”指的是什么。表 3-3-1 中的名称最常用，因此也是推荐使用的。

表 3-3-1 频响函数的定义

响应	定义	英文名称	中文名称参考①
位移	位移/力(x/F)$=H(\omega)$	• Receptance • Admittance • Dynamic compliance	**位移导纳**(敏感性，导纳，动柔性，动柔度)
速度	速度/力(v/F)$=Y(\omega)=\mathrm{j}\omega H(\omega)$	• Mobility	**速度导纳**(可动性)
加速度	加速度/力(a/F)$=A(\omega)=\mathrm{j}\omega Y(\omega)$	• Accelerance • Inertance	**加速度导纳**(惯性)

注：①黑体字名称优先使用。

3.3.3 强迫响应中的阻尼模型

经验证明，用黏性阻尼模型描述许多实际结构中的阻尼并不恰当，因为我们发现阻尼与频率有时不相关，有时是弱相关。本节我们将考虑三种强迫振动阻尼模型(黏性、库仑和结构阻尼)以及它们的相互关系。比较这些阻尼模型的一种方便做法是考察每个振荡循环内消耗的能量。

假定这三种阻尼模型中的运动都是正弦的，这意味着阻尼力要么近似黏性模型阻尼力，要么足够小，因而只引起微小的运动失真。

对于黏性阻尼模型，一个循环内消耗的能量可用下式计算

$$W_d=\int F_d \mathrm{d}x=\pi c\omega A^2 \qquad (3-3-12)$$

式中 A 是正弦运动的振幅，F_d 是阻尼力。这个阻尼力可借助位移 x 表示

$$F_d=\pm c\omega\sqrt{A^2-x^2} \qquad (3-3-13)$$

方程(3-3-13)示于图 3-3-1(a)中，由图可见，阻尼力随位移的变化路径是个椭圆，最大值出现在 $x=0$，为 $\pm c\omega A$。椭圆包围的面积就是每个循环消耗的能量，如式(3-3-12)所给，这个能量与振幅的平方及频率 ω 成正比。在稳态响应条件下，每个循环

内的能耗等于外力(激振力)在一个循环内对质量 m 所做的功。因此每个循环内激振力所做的净功等于每个循环内消耗的能量，这正是稳态运动得以维持的内在原因。

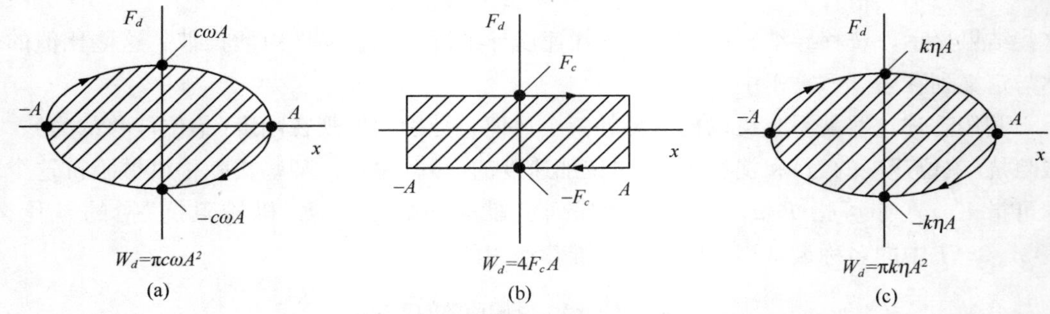

图 3－3－1　三种稳态阻尼模型。阴影面积表示每个循环的耗能

(a)黏性；(b)库仑；(c)结构

库仑阻尼模型示于图 3－3－1(b)，其中 F_c 是库仑阻尼力。曲线包围的矩形面积是每个循环内消耗的能量，可表示如下

$$W_d = 4F_cA \tag{3-3-14}$$

这个能耗模型只随振幅线性变化。在这种情况下，正弦波形是失真的。

经验还证明，许多结构中的能耗与频率无关，而与振幅平方成正比，即

$$W_d = \alpha A^2 \tag{3-3-15}$$

问题是怎样使这种阻尼概念体现在系统的响应方程中。为此我们定义**损耗因子** η 如下

$$\eta = \frac{W_d}{2\pi U} = \frac{\alpha}{\pi k} \tag{3-3-16}$$

即：对于单自由度系统，每个循环内所消耗的能量除以最大势能 U 的 2π 倍($U=kA^2/2$)就是损耗因子。这样，令上述关于每个循环内能耗的几个式子相等，便得出表 3－3－2 中的结果。

表 3－3－2　稳态响应阻尼模型之间的关系

阻尼类型	每循环内能耗 W_d①	等效阻尼系数 C_{eq}②③	等效损耗因子 η_{eq}②③
黏性(c)	$\pi c\omega A^2$	c	$(c\omega)/k$
库仑(F_c)	$4F_cA$	$(4F_c)/\pi\omega A$	$(4F_c)/\pi kA$
损耗因子(η)	$\pi k\eta A^2$	$(k\eta)/\omega$	η

注：①每一次循环的能耗是 W_d；

②③等效阻尼表达式。注意 $\alpha=\pi k\eta$ 而将结构阻尼或迟滞阻尼记为 $h=k\eta$($k\eta$ 是弹簧常数与损耗因子的乘积，是结构复刚度的虚部，记为 h 只是为了方便。例如在图 3－3－3 和图 3－3－4 中的曲线图上就标出了 $h=200$ 的字样。但是因为原著正文中没有提到这一记法，所以译文中就将 $h=200$ 替换成 $\eta=0.2$————译者注)。

从表 3－3－2 第二列可见，在共振频率上(此时 $\omega=\omega_n=\sqrt{k/m}$)

$$c\omega_n = k\eta \rightarrow \eta = 2\zeta \tag{3-3-17}$$

因此在方程式中可以用 $k\eta$ 代替 $c\omega$，或者以 $\eta/2$ 代替 ζ。这样，每次循环内的结构能耗可以

表示为

$$W_d = \pi k \eta A^2 \tag{3-3-18}$$

对应的阻尼力与位移的关系曲线如图 3－3－1(c)所示。图 3－3－1(a)与图 3－3－1(c)的差别是，在结构(损耗因子)阻尼模型中最大阻尼力(当 $x=0$ 时)与频率无关。

能够更好识别黏性阻尼与结构阻尼之间差别的一个方法如图 3－2－2 所示，图中画出了理想情况与实际情况下的 $\eta-\omega$ 曲线，还画出了黏性阻尼的曲线，是条直线。黏性阻尼曲线与 η 阻尼曲线相交时，表示它们有相同的阻尼。共振应当出现在这个交点上，这里的阻尼最重要。既然在固有频率上两种阻尼相等，那么用 $\eta/2$ 代替 ζ 后，暂态包络函数 $e^{-\zeta\omega_n t}$ 就变成了 $e^{-\eta\omega_n t/2}$。这个结果意味着，结构阻尼具有同黏性阻尼一样的暂态特性，同时也意味着可以用暂态方法测量 η 的值。

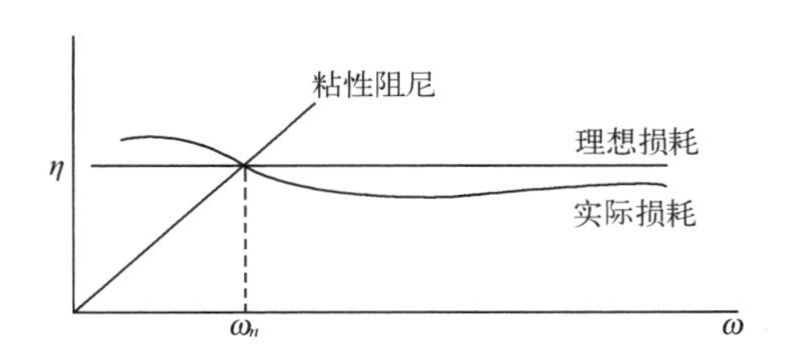

图 3－3－2　作为频率之函数的损耗因子

3.3.4　结构阻尼响应

对于正弦运动，利用 $c\omega=k\eta$ 这一关系式，式(3－3－1)中的阻尼力项与弹簧力项可以写成

$$c\dot{x} + kx = (k + \mathrm{j}c\omega)X_0 e^{\mathrm{j}\omega t} = (k + \mathrm{j}k\eta)X_0 e^{\mathrm{j}\omega t}$$

因此我们定义**复结构刚度**如下

$$k^* = k(1+\mathrm{j}\eta) \tag{3-3-19}$$

这里 k^* 被看成是标准弹簧 k 和结构阻尼的复合项。当式(3－3－17)和式(3－3－19)应用于式(3－3－1)和式(3－3－2)时，式(3－3－3)和式(3－3－5)成为

$$X_0 = \frac{F_0}{\underset{\text{实部}}{k-m\omega^2} + \underset{\text{虚部}}{\mathrm{j}k\eta}} = \frac{F_0}{k(\underset{\text{实部}}{1-r^2} + \underset{\text{虚部}}{\mathrm{j}\eta})} = H(\omega)F_0 \tag{3-3-20}$$

$$\tan\phi = \frac{\text{虚部}}{\text{实部}} = \frac{k\eta}{k-m\omega^2} = \frac{\eta}{1-r^2} \tag{3-2-21}$$

将式(3－3－3)和式(3－3－5)与式(3－3－20)和式(3－3－21)加以比较可知，它们在形式上相同，特性也基本一样。因此，位移导纳、速度导纳和加速度导纳这些频响函数概念也适用于结构阻尼情形。

下面我们讨论怎样用曲线来描画典型的频响函数。有一个事实显而易见：这些频响函数都是复数，有实部有虚部，它们的模与频率可以覆盖很宽的范围。显示这些结果有三种方法：1)波德图；2)实频图与虚频图；3)奈奎斯特图。后面几节我们就用这几种图来显示位移导纳、速度导纳和加速度导纳的曲线。对应于这些曲线图的参数值是 k=1 000 lb/in，m=0.1 lb · s^2/in，c=20 lb · s/in，因此 ω_n=100 rad/s，ζ=0.10，等效 η 值是 0.20。

3.3.5 波德图

(1) 位移导纳

以 FRF 的模及相位作为频率的函数画成的曲线叫做**波德图**。图 3-3-3(a)和图 3-3-3(b)分别是黏性阻尼和结构阻尼情况的位移导纳曲线。这两条曲线幅值上接近相等，但相位角在远低于固有频率的区域内差别比较大。

波德图的横、竖坐标常采用对数刻度有几个原因。首先，响应的动态范围很大，可达 1～10 000 的量级。对于这样大的动态范围，需要采取某种措施以便按不同量级保有细节。对数刻度可以解决这个问题。其次，对幅值与频率都使用对数刻度，可以将线性刻度下的曲线变成对数坐标下的渐近直线。第三，用术语分贝(dB)表示结果是惯常的做法；分贝也是对数刻度，定义为

$$\mathrm{dB} = 20\ \log(x/x_r) \tag{3-3-22}$$

这里 x_r 是参考值，没有参考值 dB 就没有任何实际意义。

图 3-3-3 中的幅值图可以用来估计系统参数。一方面，当 $\omega \ll \omega_n$ 时，无论式(3-3-3)还是式(3-3-20)，对响应起支配作用的参数都是弹簧常数 k，所以我们可以用一条水平**弹簧线**来估计弹簧常数，如图 3-3-3 所示。图中左边竖直向下的箭头表示弹簧常数增大的方向。另一方面，当 $\omega \gg \omega_n$ 时式(3-3-3)或式(3-3-20)中的主导项是 $m\omega^2$，这时的幅值图在对数图上就变成了一条直线，这是因为

$$\log\left(\frac{1}{m\omega^2}\right) = -\log(m) - 2\log(\omega) \tag{3-3-23}$$

这条线叫做**质量线**，因为它的位置受质量 m 的控制，它的斜率受 ω 控制。质量线的斜率是 12 dB/oct(40 dB/decade)，如图 3-3-3 所示，这个斜率可直接从式(3-3-23)计算。曲线右边的向下箭头表示质量增大的方向。质量线与弹簧线交于 A 点，该点横坐标就是系统的固有频率。回忆一下，系统按固有频率振荡时弹簧力与惯性力相抵消。对于 ω_n 附近的频率，剩在式(3-3-3)中的唯一起作用的、与外力相抗衡的力是阻尼力。共振频率附近的响应由 $1/c\omega$ 支配，因此我们定义如下的**阻尼线**

$$\log\left(\frac{1}{c\omega}\right) = -\log(c) - \log(\omega) \tag{3-3-24}$$

上式表明，阻尼线的斜率是 6 dB/oct(20 dB/decade)，如图 3-3-3(a)所示。$H(\omega)$ 在 $\omega=\omega_n$ 时的峰值响应(即点 B)由阻尼系数 c 决定。点 B 是阻尼线与竖直固有频率线的交点。但是，从式(3-3-20)可以看出，在结构阻尼情况下，当频率接近 ω_n 时，峰值由 $1/k\eta$ 控制，所以图 3-3-3(b)中的阻尼曲线可以用下式描述

$$\log\left(\frac{1}{k\eta}\right) = -\log(k) - \log(\eta) \tag{3-3-25}$$

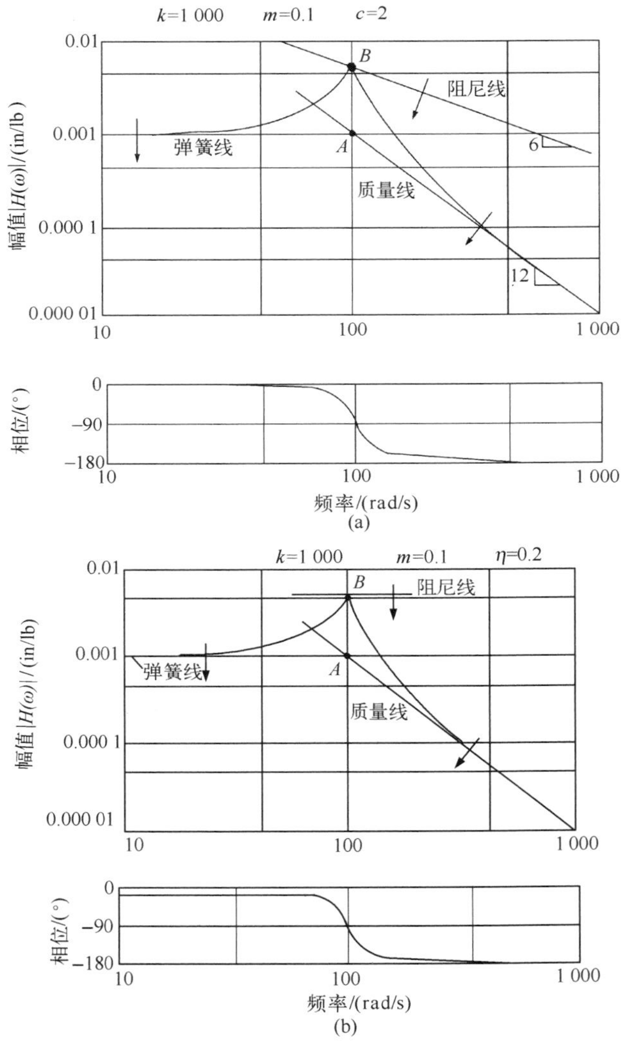

图3－3－3　位移导纳波德图

(a)黏性阻尼模型；(b)结构阻尼模型

所以损耗因子型阻尼之大小由弹簧线到点 B 的距离确定。阻尼的增大方向由箭头指明。A、B 两点间的竖直距离就是系统的品质因数 Q。

从图3－3－3(a)可以看出，当频率通过共振点时，相位角 ϕ 从0变到 $-180°$，而图3－3－3(b)显示，ϕ 从远小于共振点时的 $\phi\approx-\eta$ 变到共振点以上的 $\phi\approx-180°$。在黏性阻尼与结构阻尼这两类物理系统模型中，相位角在共振点上都是 $-90°$。但对于其他系统来说，共振点上的相移可能不是90°，这与一般见解不同。共振点90°相移只对于遵从上述振动模型的系统是正确的，而且人们根据结构阻尼模型在远低于共振频率以下时 $\tan(\phi)\cong-\eta$ 这样一个事实，已经实际测量橡胶和塑性材料的损耗因子了。

(2)速度导纳

如图 3－3－4 所示，我们就黏性阻尼和结构阻尼按波德图形式画出了速度导纳 FRF 的曲线。位移导纳乘以 jω 就使位移导纳图旋转 6 dB/oct，因此弹簧线的斜率变成了正的 6 dB/oct，黏性阻尼线变为水平，而质量线的斜率成为－6 dB/oct，如图 3－3－4(a)所示。结构阻尼线现在成了一条斜率为 6 dB/oct 的斜线，如图 3－3－4(b)所示。固有频率出现在弹簧线与质量线的交点，在图 3－3－4(a)和图 3－3－4(b)中这个交点是 A。点 B 处于峰值，由此可估计各自的阻尼。

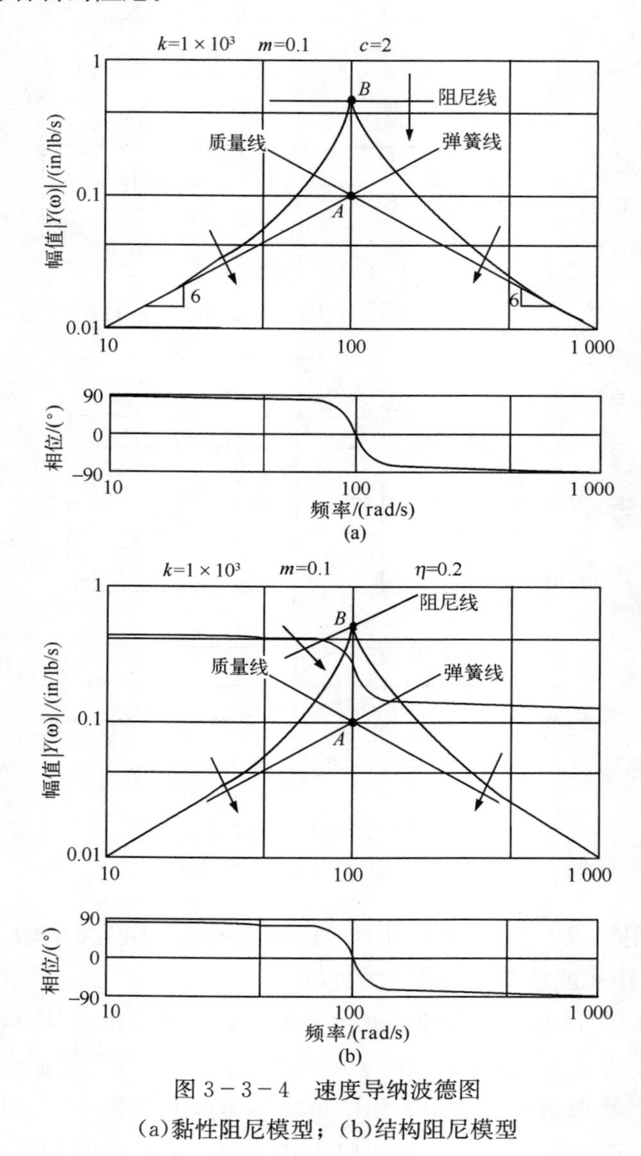

图 3－3－4　速度导纳波德图

(a)黏性阻尼模型；(b)结构阻尼模型

位移导纳与 jω 相乘，结果使黏性阻尼与结构阻尼这两种情形的相位角都移动了 90°，而在共振点的相位角是 0。数据可以描画在标准速度导纳纸上，因而可以从曲线图上估计出系统质量、刚度及阻尼。标准纸利用黏性阻尼模型估计阻尼，进而由之估计损耗因子。

(3)加速度导纳

按波德图形式画出的加速度导纳 FRF 示于图 3－3－5(a)(黏性阻尼)和图 3－3－5(b)(结构阻尼)。速度导纳乘以 jω 就使得速度导纳图转动 6 dB/oct，因而弹簧线的斜率变成了正 12 dB/oct，黏性阻尼线的斜率变为正 6 dB/oct，质量线成了水平线，如图 3－3－5(a)所示。在结构阻尼情况下，阻尼线与弹簧线保持平行，斜率为 12 dB/oct，如图 3－3－5(b)所示。A 点是固有频率，对应于质量线和弹簧线的交点。与 jω 相乘的结果是，相位角再次移动90°。在这两种情形下，共振点的相位角都是正90°。记住，这个90°的相移只对于这两类系统是正确的。

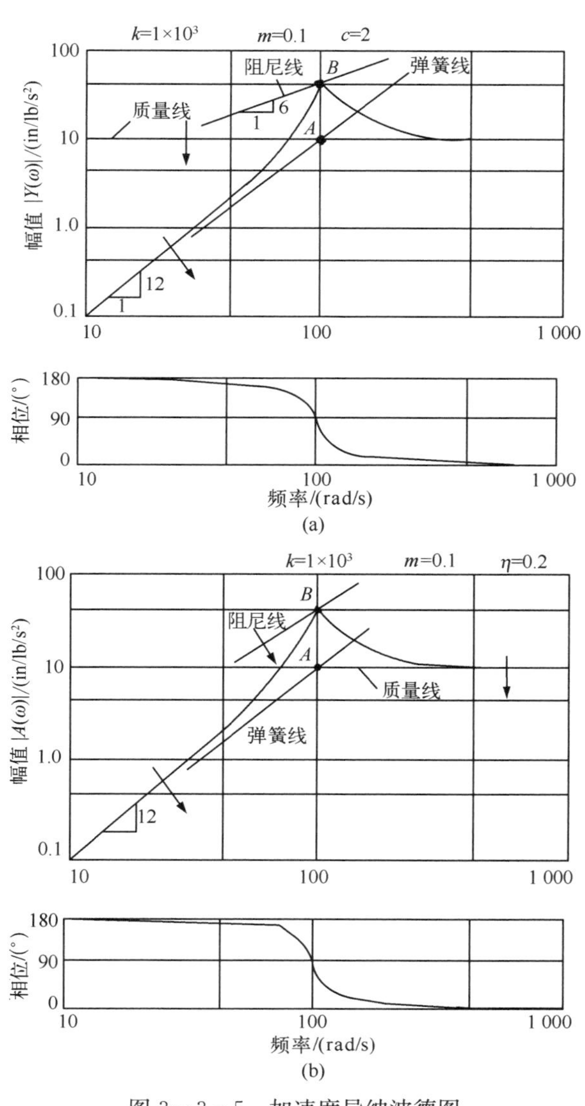

图 3－3－5　加速度导纳波德图

(a)黏性阻尼模型；(b)结构阻尼模型

3.3.6　实频图、虚频图与奈奎斯特图

我们将实虚图与奈奎斯特图放在一起考虑，因为它们关系紧密，相得益彰。这里仅就加速度导纳曲线加以讨论，因为它是最常用的表示方法。位移导纳与速度导纳留给读者去练习。

加速度导纳　黏性阻尼与结构阻尼系统的加速度导纳分别示于图 3－3－6 和图 3－3－7。对于这两种阻尼，加速度导纳的奈奎斯特图都不是圆，因为圆心 O 点不在竖轴上。相位角 θ 从 180°(低频)开始，共振时变为90°，然后随频率的升高而趋近于 0。

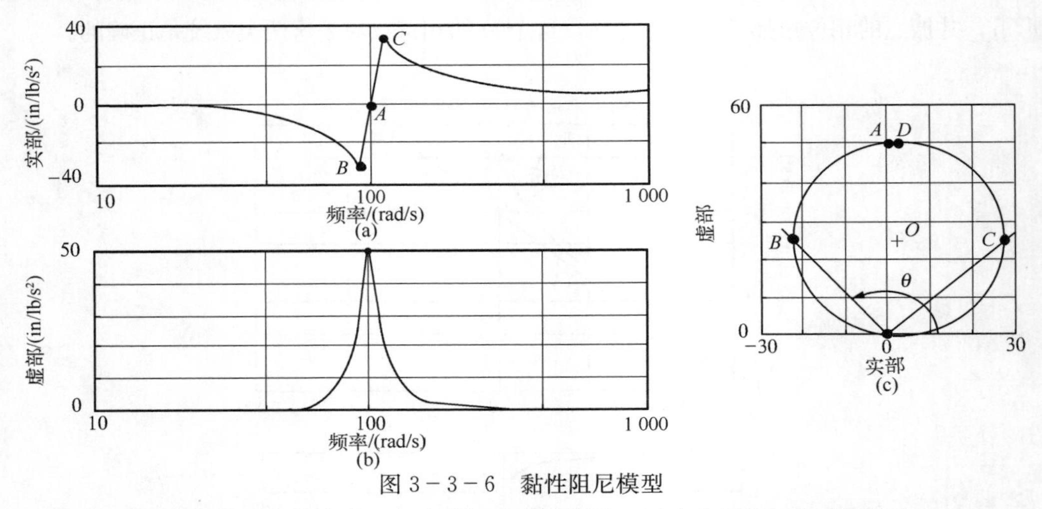

图 3－3－6　黏性阻尼模型

(a)实部加速度导纳图；(b)虚部加速度导纳图；(c)奈奎斯特加速度导纳图

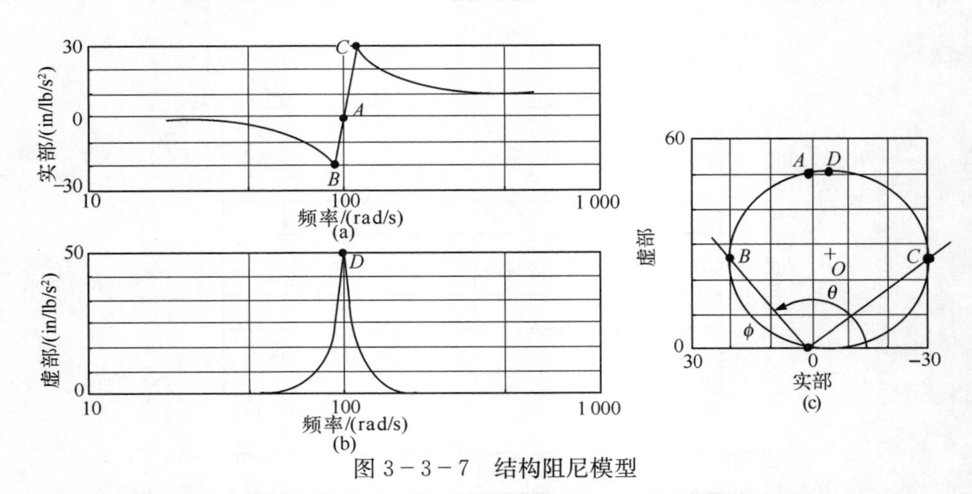

图 3－3－7　结构阻尼模型

(a)实部加速度导纳图；(b)虚部加速度导纳图；(c)奈奎斯特加速度导纳图

显示 FRF 的这三种方法在进行系统参数估计时，波德图是最佳选择②。

---

② J. p. Salter, *Steady State Vibration*, Kenneth Mason Preeess, Homewell Havant Hampshire, UK, 1969, pp. 13－114. This is an excellent book on interpreting physical vibration models from Bode plots.

3.4　线性系统的一般输入—输出模型

我们需要研究线性系统的一般输入—输出关系，这是因为第 2 章已经说明，大多数实际信号都含有许多频率分量，而 3.3 节，特别是式(3-3-4)、式(3-3-6)、式(3-3-9)和式(3-3-20)这几个式子显示，每个频率分量都受到结构频响函数的制约。问题是：就任意输入激励而言，怎样将时间与频响概念联系在一起呢？

3.4.1　频域傅里叶变换法

图 3-4-1 的方框图表示一个线性时不变系统，输入激励是时间历程 $f(t)$，输出响应是时间历程 $x(t)$。如果一个确定性的正弦激励相子

$$f(t) = F_0 e^{j\omega t} \tag{3-4-1}$$

施加于一个线性系统，那么响应就是一个同频率的正弦相子

$$x(t) = X_0 e^{j\omega t} = H(\omega) F_0 e^{j\omega t} \tag{3-4-2}$$

其中：$\boldsymbol{X}_0$ 是输出矢量。$H(\omega)$是复频响应函数，它作为频率的函数，使输出矢量 $\boldsymbol{X}_0$ 的振幅和相位相对于矢量 $\boldsymbol{F}_0$ 发生改变。我们可以将式(3-4-2)简化为

$$X_0 = H(\omega) F_0 \tag{3-4-3}$$

这就是关于每个频率 ω 的一般关系式。

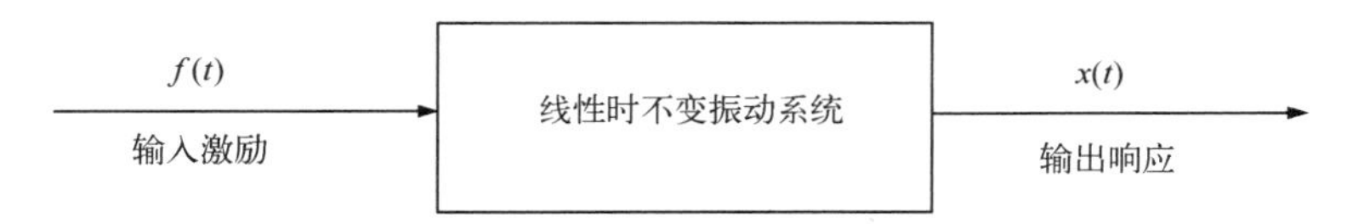

图 3-4-1　一般线性系统的方框图

(From J. W. Dally, W. F. Riley, and K. G. McConnell, Instrumentation for Engineering Measurements, 2nd ed, copyright © 1993 by John Wiley & Sons, NewYork. Reprinted by permission.)

第 2 章已经证明，周期性输入信号是由离散频率分量组成的，用离散频谱来描述；暂态输入信号是由一切频率组成的，用整个频率范围内的连续频谱来描述。既然式(3-4-3)对**每个**频率都正确，因此可写成下式

$$\begin{cases} X_p = H(p\omega_0) F_p & \text{适用于离散频谱} \\ X(\omega) = H(\omega) F(\omega) & \text{适用于连续频谱} \end{cases} \tag{3-4-4}$$

上式表明，测出输入、输出频谱即可获得 $H(\omega)$的函数形式。测量输入、输出频谱时，可以根据离散频率($p\omega_0$)进行，也可以按照连续频谱(包括全部 ω)进行，只要它们能保持幅值信息和相位信息即可。

从式(3-4-4)看到，$H(\omega)$的单位就是 $x(t)$的单位除以 $f(t)$的单位，并且可以从 X_p/F_p 确定，也可以从 $X(\omega)/F(\omega)$确定。例如，如果 $x(t)$的单位是英寸，$f(t)$的单位是磅，那么 X_p 的单位就是英寸，F_p 的单位就是磅，而 $X(\omega)$的单位是 in/Hz，$F(\omega)$的单位

是 lb/Hz，因此 $H(\omega)$的单位就是 in/lb，与采用离散频谱还是连续频谱无关。

回忆，输入频谱取决于是用周期傅里叶变换(PFT)，还是用暂态傅里叶变换(TFT)来确定，即

$$F_p = \frac{1}{T}\int_t^{t+T} f(t)\mathrm{e}^{-\mathrm{j}p\omega_0 t}\,\mathrm{d}t$$

或

$$F(\omega) = \int_{-\infty}^{\infty} f(t)\mathrm{e}^{-\mathrm{j}\omega t}\,\mathrm{d}t \tag{3-4-5}$$

不论用周期傅里叶反变换(PIFT)还是用暂态傅里叶反变换(TIFT)，根据频域输入—输出关系式(3-4-4)都可以计算输出响应 $x(t)$

$$\begin{aligned} x(t) &= \sum_{p=-\infty}^{\infty} X_p \mathrm{e}^{\mathrm{j}p\omega_0 t} = \sum_{p=-\infty}^{\infty} H(p\omega_0)F_p\mathrm{e}^{\mathrm{j}p\omega_0 t} \\ x(t) &= \frac{1}{2\pi}\int_{-\infty}^{\infty} X(\omega)\mathrm{e}^{\mathrm{j}\omega t}\,\mathrm{d}\omega = \frac{1}{2\pi}\int_{-\infty}^{\infty} H(\omega)F(\omega)\mathrm{e}^{\mathrm{j}\omega t}\,\mathrm{d}\omega \end{aligned} \tag{3-4-6}$$

式(3-4-4)、式(3-4-5)和式(3-4-6)指明了我们所希望的输入—输出过程：用式(3-4-5)确定输入频谱，然后用式(3-4-4)求出输出频谱，最后用式(3-4-6)估计输出响应。这个计算过程仅限于线性系统。

3.4.2 时域冲激响应法

用以估计系统对任意输入的响应的一般时域法可以用**狄拉克 δ 函数**导出。假定输入信号由下式给出

$$f(t) = \delta(t-\tau) \tag{3-4-7}$$

狄拉克 δ 函数 $\delta(t-\tau)$除了在 $t=\tau$ 时其纵坐标为无穷大之外，处处为 0，但是在零持续时间内其面积为一个单位。概念上，狄拉克 δ 函数可以用一个宽度为 Δt、高度为 $1/\Delta t$ 的矩形在 $\Delta t\to 0$ 时的极限来解释，如图 3-4-2(a)所示。冲激函数的单位是 $f(t)$的单位乘以时间 t。持续时间极短的输入激励信号通常叫做**冲激信号**，而不管是什么样的变量。根据工程上的传统定义，只有当 $f(t)$是个力信号时，这个冲激信号才是个冲量。

由 $\delta(t-\tau)$引起的系统响应 $x(t)$叫做**冲激响应函数** $h(t-\tau)$，如图 3-4-2(b)所示，其中相对时移 $\varepsilon=t-\tau$ 是相对于哑时间变量 τ 量度的。我们看到，冲激发生之前冲激响应函数等于零，因而 $\varepsilon<0$ 时 $h(\varepsilon)=0$。还看到，实际系统中 $h(\varepsilon)$随着时间而衰减。$h(\varepsilon)$的单位是响应 $x(t)$除以激励 $f(t)$、再除以时间 t 之后的单位。

由任意输入 $f(t)$引起的系统响应 $x(t)$可以用图 3-4-2(c)所示的冲激响应函数的概念求出。为此，要用图 3-4-2(c)中 τ 时刻的冲量代替图 3-4-2(a)中的 δ 冲激函数。τ 时刻的冲量是 $f(\tau)\mathrm{d}\tau$，因此这个冲量所引起的响应在时间 $t(t>\tau)$的值为

$$x_i(t,\tau) = [f(\tau)\mathrm{d}\tau]h(t-\tau) \tag{3-4-8}$$

式中 $x_i(t,\tau)$表示冲量$[f(\tau)\mathrm{d}\tau]$在时刻 τ 所引起的微分响应。因系统是线性的，所以可将诸 x_i **在时域中**时刻 t 的值**叠加**起来求得系统的响应

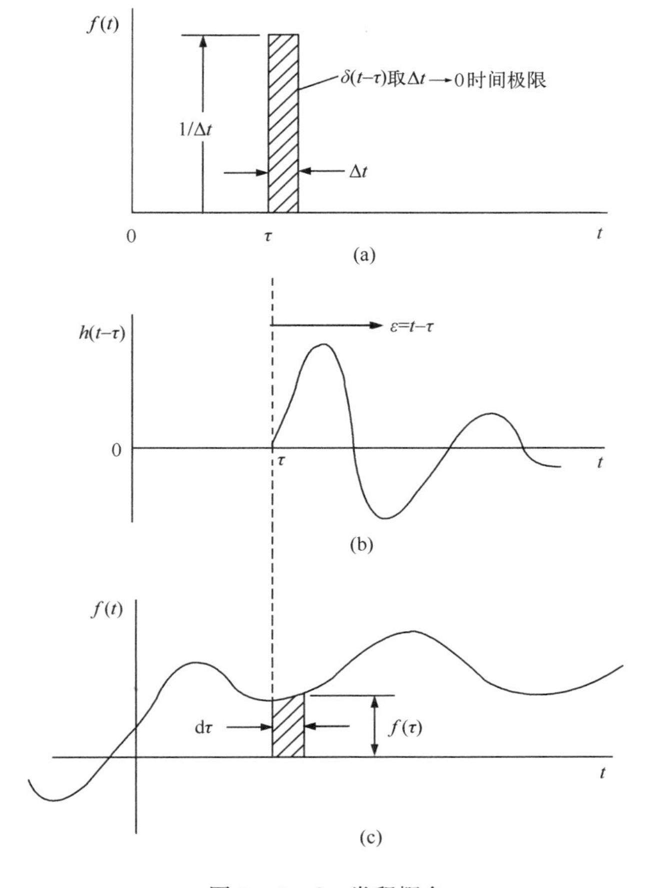

图 3-4-2　卷积概念

(a)狄拉克 δ 函数；(b)特征冲激响应函数；(c)任意输入时间历程，表示在时刻 τ 的冲激

(From J. W. Dally, W. F. Riley, and K. G. McConnell, Instrumentation for Engineering Measurements, 2nd ed, copyright © 1993 by John Wiley & Sons, NewYork. Reprinted by permission.)

$$x(t)=\int_{-\infty}^{\infty} f(\tau)h(t-\tau)\mathrm{d}\tau \tag{3-4-9}$$

因为当 $\tau\to 0$ 时求和变成了积分。上式有许多不同的名称，**卷积积分、褶积积分、杜阿梅尔积分**等。在振动试验中，卷积积分与杜阿梅尔积分的名称最常用。积分上限可以是 t 或 ∞，因为 $h(t-\tau)$在变量 $\varepsilon=t-\tau$ 为负值(即 $\tau>t$)时为零。式(3-4-9)是一般输入—输出关系式，它跟式(3-4-6)给出的 $x(t)$结果完全相同。但是式(3-4-6)与式(3-4-9)描述的过程完全不同。前者是先做频域乘法，然后利用傅里叶变换概念在频域内积分；后者是利用冲激响应函数在时域内积分(求和)。

3.4.3　位移导纳与冲激响应函数

位移导纳频响函数 $H(\omega)$与冲激响应函数 $h(t-\tau)$相互之间有密切关系。为了说明这种关系，我们令 $\tau=0$，使式(3-4-9)中的激励项成为 δ 函数，如此一来，式(3-4-9)变成$x(t)=h(t)$，而式(3-4-5)表明在所有频率上 $F(\omega)=1$。于是式(3-4-6)变成下式

$$h(t)=\frac{1}{2\pi}\int_{-\infty}^{\infty}H(\omega)\mathrm{e}^{\mathrm{j}\omega t}\,\mathrm{d}\omega$$

$$H(\omega)=\int_{-\infty}^{\infty}h(t)\mathrm{e}^{-\mathrm{j}\omega t}\,\mathrm{d}t \tag{3-4-10}$$

此式表明，**冲激响应函数与频响函数**构成一个暂态傅里叶变换对。

图 3-4-3 中，左半边示意的是式(3-4-9)所描述的时域卷积过程，即从时域时间信号 $f(t)$卷积到时域输出响应 $x(t)$。图 3-4-3 的右半边则表示式(3-4-4)描述的频域相乘过程。式(3-4-5)中，不论是周期傅里叶变换还是暂态傅里叶变换，都是从时域到频域的变换。从频域到时域的变换过程可以是周期傅里叶反变换，也可以是暂态傅里叶反变换。

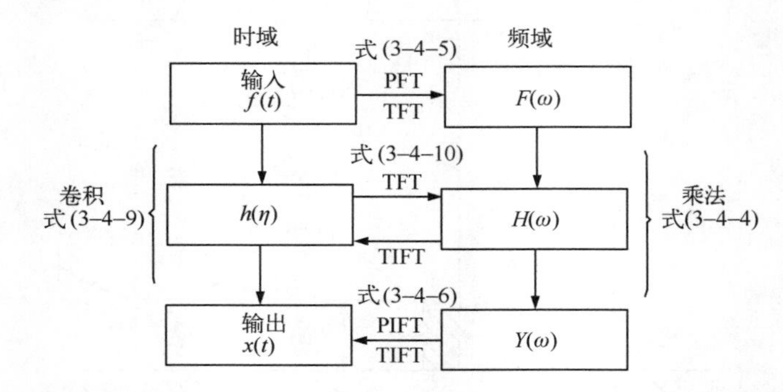

图 3-4-3　线性系统的输入-输出关系，用以说明作为卷积与频域乘法过程之间的桥梁的傅里叶变换

(From J. W. Dally, W. F. Riley, and K. G. McConnell, Instrumentation for Engineering Measurements, 2nd ed., copyright © 1993 by John Wiley & Sons, NewYork. Reprinted by permission.)

从冲激响应函数 $h(t)$变换成位移导纳频响函数 $H(\omega)$的过程是个暂态傅里叶变换，而从位移导纳 $H(\omega)$变换到 $h(t)$的过程是暂态傅里叶反变换，如图 3-4-3 所示。注意，在图示的定义中需要进行暂态傅里叶变换。

【例】推导振动公式的整个过程中出现的二阶运动微分方程如下

$$m\ddot{x}+c\dot{x}+kx=f(t) \tag{3-4-11}$$

如果用狄拉克函数代替 $f(t)$，则这个单位冲激函数的初始条件是 $x(0)=0$，$\dot{x}(0)=1/m$。于是冲激响应函数成为

$$h(t)=\frac{\mathrm{e}^{-\zeta\omega_n t}}{m\omega_d}\sin(\omega_d t) \tag{3-4-12}$$

式中　ω_n——固有频率，$\omega_n=\sqrt{k/m}$；

ζ——阻尼比，$\zeta=c/(2\sqrt{mk})$；

ω_d——阻尼固有频率，$\omega_d=\omega_n\sqrt{1-\zeta^2}$。

式(3-4-12)表明，冲激响应函数在一个指数包络中衰减。这是稳态线性动态系统冲激响应的特征行为。对于式(3-4-11)，**位移导纳频响函数**由下式给出

$$H(\omega)=\frac{1}{k-m\omega^2+\mathrm{j}c\omega}=\frac{1}{m(\omega_n^2-\omega^2+\mathrm{j}2\zeta\omega_n\omega)} \tag{3-4-13}$$

注意，$H(-\omega)$是$H(\omega)$的复数共轭。作为练习，请读者证明式(3-4-12)和式(3-4-13)互为暂态傅里叶变换。

3.4.4 随机输入—输出关系

Bendat 和 Piersol③ 证明，输出自谱密度(ASD)和输入自谱密度的关系为

$$\begin{aligned}S_{xx}(\omega)&=|H(\omega)|^2S_{ff}(\omega)\quad 或\\G_{xx}(\omega)&=|H(\omega)|^2G_{ff}(\omega)\end{aligned} \tag{3-4-14}$$

式中　$S_{xx}(\omega)$和$S_{ff}(\omega)$——输出与输入双边 ASD；

$G_{xx}(\omega)$和$G_{ff}(\omega)$——输出与输入单边 ASD。

类似地，互谱密度(CSD)与输入 ASD 的关系为

$$\begin{aligned}S_{fx}(\omega)&=H(\omega)S_{ff}(\omega)\\G_{fx}(\omega)&=H(\omega)G_{ff}(\omega)\end{aligned} \tag{3-4-15}$$

式中　$S_{fx}(\omega)$——双边输出 CSD；

$G_{fx}(\omega)$——单边输出 CSD。

很明显，在式(3-4-14)中没有保留位移导纳的相位信息，而式(3-4-15)既保留了幅值信息，也保留了相位信息。在随机信号频率分析中，这两个公式用得很多。

3.4.5 冲击响应谱

一个结构经受**冲击载荷**时，设计工程师需要估计结构内产生的应力。冲击载荷是幅值很大而持续时间相对较短的载荷，如图 3-4-4 所示。**冲击响应谱**(SRS)的概念通常用于无阻尼单自由度系统的响应。这个概念是 Biot④ 在 1932 年提出的，并曾用以研究地震事

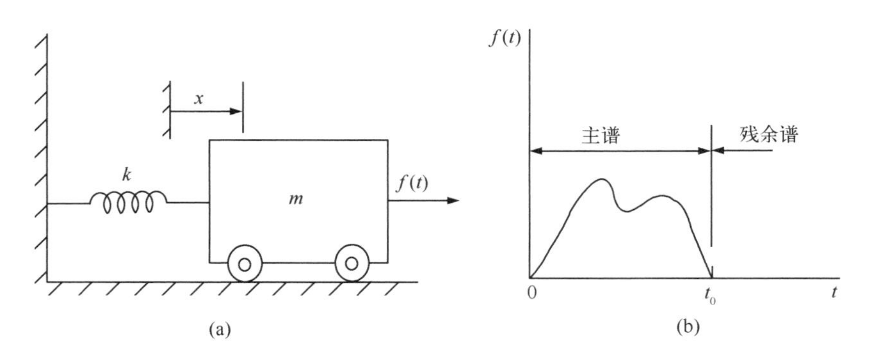

图 3-4-4　冲击响应概念

(a)单自由度机械系统；(b)冲击载荷

③ J. S. Bendat and A. G. Piersol, *Measurement and Analysis of Random Data*, John Wiley & Sons, New York, 1966, pp. 98-99.

④ A. Biot, "Analytical and Experimental Methods in Engineering Seismology," *Proceeding of the ASCE*, Jan. 1942.

件引起的建筑物内的应力。设计者关心的是：当结构受到一特定冲击载荷时它的最大响应(应力或应变)究竟有多大？估计 SRS 时通常使用无阻尼响应，这是因为对于给定的冲击载荷最大可能的响应是在无阻尼情况下出现的。

图 3-4-4(a)所示无阻尼单自由度系统的冲激响应函数 $h(t)$，就是式(3-4-12)中令 $\zeta=0$ 给出的结果。将这个 $h(t)$代入到式(3-4-9)，并采用图 3-4-4(b)所示冲击载荷的积分限时，因 $\tau=0$ 之前没有输入力，故响应就成为

$$x(t)=\frac{\omega_n}{k}\int_0^{t_0}f(\tau)\sin[\omega_n(t-\tau)]\mathrm{d}\tau \tag{3-4-16}$$

对于给定的冲击载荷 $f(\tau)$，最大响应决定于固有频率 ω_n、刚度 k、脉冲持续时间 t_0 以及计算最大响应所用的时间 t。如果刚度一定，根据式(3-4-16)，最大响应就是 $\omega_n t_0$ 的函数。注意，绘制 SRS 时要用到 t_0/T(这里 T 是固有周期)和 $f_n t_0$。SRS 就是由 $x_{\max}$对无量纲参数 $\omega_n t_0$ 或 $f_n t_0$ 的函数曲线构成的。我们发现，可以绘出的冲击谱 SRS 有三种：

1)主 SRS：最大响应出现在时窗 $0<t<t_0$ 之内[见图 3-4-4(b)]。

2)残余 SRS：最大响应出现在 t_0 之后，即 $t>t_0$ 时。

3)最大—最大值 SRS：最大响应出现在任何时间。

最大—最大值 SRS 最有用，因为它可以给出最恶劣的响应。对于单自由度系统来说，SRS 的意义很直接，它表示在给定的冲击载荷下，作为系统固有频率之函数的响应的最大值。注意，这个定义只适用于单自由度系统。

【例】 考虑图 3-4-5(a)所示的斜坡保持激励。$t<t_0$ 时，系统响应由下式给出[5]

$$x(t)=\frac{F_0}{k}\left[\frac{t}{t_0}-\frac{\sin(\omega_n t)}{\omega_n t_0}\right] \tag{3-4-17}$$

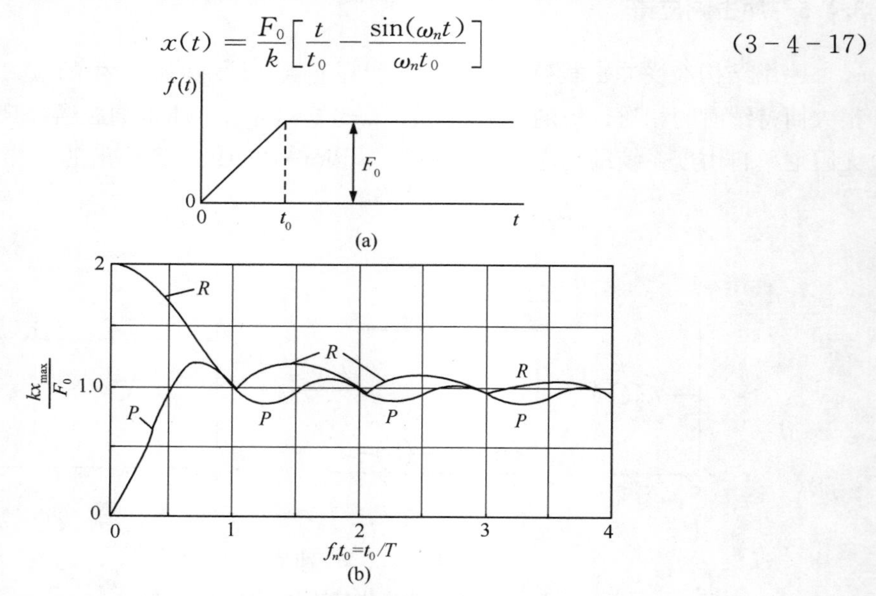

图 3-4-5 斜坡保持载荷的冲击响应谱

(a)斜坡保持输入；(b)冲击响应谱

⑤ See W. T. Thomson, Theory of Vibrations with Applications, 4th ed., Prentice Hall, Englewood Cliffs, NJ, 1988.

类似地，$t>t_0$ 时，系统响应为

$$x(t)=\frac{F_0}{k}\left[\frac{t}{t_0}-\frac{\sin(\omega_n t)}{\omega_n t_0}+\frac{\sin\omega_n(t-t_0)}{\omega_n t_0}\right] \tag{3-4-18}$$

我们看到，根据式(3－4－17)，$t=t_0$ 时出现的主 SRS，因此

$$x_{\max}=\frac{F_0}{k}\left[1-\frac{\sin(\omega_n t_0)}{\omega_n t_0}\right] \tag{3-4-19}$$

为求残余 SRS，我们将式(3－4－18)对时间求导，并令导数等于零从而找出最大响应出现的时刻。这一过程导致

$$x_{\max}=\frac{F_0}{k}\left[1+\frac{1}{\omega_n t_0}\sqrt{2(1-\cos\omega_n t_0)}\right] \tag{3-4-20}$$

式(3－4－19)的主 SRS(标以 P)、式(3－4－20)的残余 SRS(标以 R)以及最大—最大 SRS 作为 $f_n t_0$ 之函数，一同画在图 3－4－5(b)中。最大—最大值 SRS 一定是主 SRS 的最大值或残余 SRS 的最大值。本例中最大—最大值 SRS 与残余 SRS 相同。

这些 SRS 曲线的物理意义是什么？首先，我们考虑图 3－4－5(b)所示的主 SRS。当 $f_n t_0$ 这一项很小时，系统在 t_0 时间之内不能给予充分响应，因为该系统太软。因此主 SRS 必然从接近于零的地方开始。最大主响应出现在 $f_n t_0=0.7$ 附近，此时最大响应近似为 1.22。可以看到，主响应 SRS 在 $f_n t_0>1$ 时的值围绕着 1 振荡。这意味着响应近似等于斜坡终点处的静态偏转。对于一个测量系统而言，这是很理想的特性，同时也说明，只有固有频率较高的传感器才适合于测量冲激斜载荷。

残余 SRS 的起始值为 2，对应着很小的 $f_n t_0$ 值。这是因为对于固有频率很低的系统，这个输入像一个阶跃输入；阶跃输入响应与$[1-\cos(\omega_n t)]$成正比，$[1-\cos(\omega_n t)]$的最大值总是 2。当 $f_n t_0$ 大于 1 时，残余 SRS 的最大值就逐渐接近单位 1。残余 SRS 等于 1 的点有好几个，即出现在 $f_n t_0$ 取整数值之时。很明显，残余 SRS 与最大-最大值 SRS 相同，因为该残余 SRS 大于或等于主 SRS。

图 3－4－6(a)是两个持续时间相同(都是 10 ms)、振幅也相同(皆为 100 个力单位)的时间历程。一个是半正弦，另一个是单正弦。假定它们的结构阻尼都是 5%，对应的最大—最大值 SRS 如图 3－4－6(b)所示。显然，10 Hz 以下半正弦比单正弦要严厉得多(相差 10 倍)。在 70～100 Hz 之间单正弦比半正弦严厉。如果结构的某一固有频率为 10 Hz 左右，实际输入是个单正弦的话，那么用这个半正弦进行冲击就会过试验。同样，如果结构的固有频率是 100 Hz，就会发生欠试验。这个简单例子说明波形对单自由度系统的 SRS 的重要性。对于多自由度系统，情况则更为复杂。

在振动试验中，SRS 是最易引起误解、最易滥用的概念之一。这一概念是基于单自由度线性系统提出的。实际上，经受冲激试验的大部分结构都是多自由度的，并经常表现出非线性特性。此外，我们假定，具有相同冲击响应谱的任意两个时间历程对结构所造成的潜在危害是一样的。但是，除了在极为特定的情况下，这个假定是不正确的。因此在尝试应用 SRS 概念时要格外慎重。

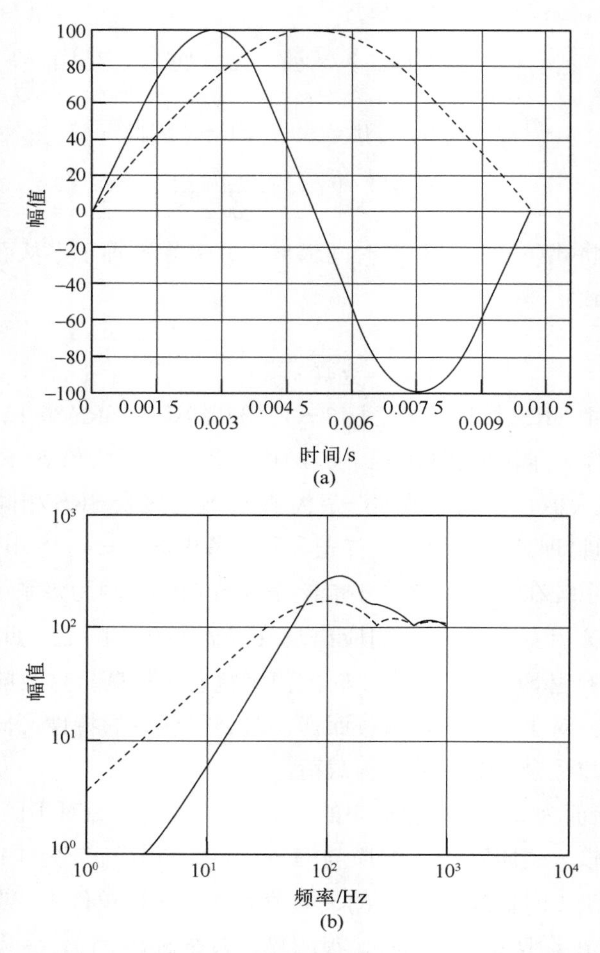

图 3－4－6　(a)半正弦与单正弦冲击载荷曲线；(b)对应冲击谱

3.5　二自由度振动模型

我们在 3.2 节和 3.3 节介绍了单自由度振动模型，就最简单的情形描述了结构的动态特性，目的在于建立固有频率、阻尼、共振等一些基本概念。本节我们来研究比较复杂的二自由度模型，从而建立另外一些重要的振动响应概念，如进行模态试验时用到的多阶固有频率、固有振型及多阶频响函数等。这些概念对我们理解振动试验非常有用。我们将用直接解法与模态综合法这两种方法来推导驱动点模型及传递函数模型。最后，我们要对这两种方法加以比较，以便建立它们之间在描述动态特性方面的等效关系。

3.5.1　运动方程

一个二自由度模型由两个质量(m_1，m_2)、三个阻尼器(c_1，c_2，c_3)、三个弹簧

(k_1, k_2, k_3)和两个外部激励力$(f_1(t), f_2(t))$组成，如图3-5-1所示。描述这两个质量相对于它们各自的静平衡位置(SEP)需要两个坐标x_1和x_2。构成一个二自由度系统所需的最少部件是两个质量m_1和m_2、一个弹簧k_2、一个阻尼器c_2，所以图3-5-1中所有其他参数都可以令其为零。当弹簧常数k_1与k_3以及阻尼器常数c_1和c_3为零时，便构成一种特例，叫做**半定系统**。在半定系统中，两个质量的运动可以是任何可能的振动与通常的刚体运动的叠加。常见的例子是旋转机械、卡车与拖挂车、火车(有许多自由度)、安装在一个结构上的力传感器等。

根据牛顿第二定律，图3-5-1中每个质量都有它自己的运动微分方程。它们是⑥

$$
\begin{aligned}
(m_1)\ddot{x}_1 + (c_1 + c_2)\dot{x}_1 + (-c_2)\dot{x}_2 + (k_1 + k_2)x_1 + (-k_2)x_2 &= f_1(t) \\
(m_2)\ddot{x}_2 + (-c_2)\dot{x}_1 + (c_2 + c_3)\dot{x}_2 + (-k_2)x_1 + (k_2 + k_3)x_2 &= f_2(t)
\end{aligned}
\tag{3-5-1}
$$

每个方程都是惯性力、阻尼力、弹簧力与作用在给定质量上的激励力等这四个力在任何瞬时的平衡。我们可以把上面的方程写成更加一般的形式

$$
\begin{aligned}
m_{11}\ddot{x}_1 + c_{11}\dot{x}_1 + c_{12}\dot{x}_2 + k_{11}x_1 + k_{12}x_2 &= f_1(t) \\
m_{22}\ddot{x}_2 + c_{21}\dot{x}_1 + c_{22}\dot{x}_2 + k_{21}x_1 + k_{22}x_2 &= f_2(t)
\end{aligned}
\tag{3-5-2}
$$

式中双注脚项代表质量、阻尼以及刚度常数，它们的定义由式(3-5-1)中x_1与x_2的括号系数给出。方程(3-5-2)还可以写成矩阵形式

$$
[m]\{\ddot{x}\} + [c]\{\dot{x}\} + [k]\{x\} = \{f\} \tag{3-5-3}
$$

式中质量矩阵$[m]$、阻尼矩阵$[c]$与刚度矩阵$[k]$的定义如下

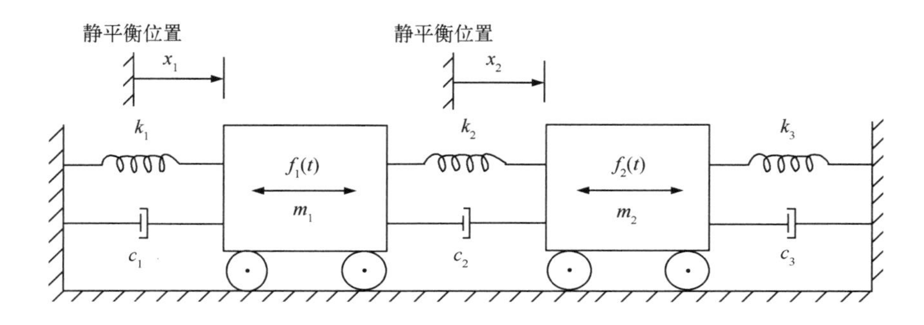

图3-5-1　显示系统参数的二自由度模型

(From J. W. Dally, W. F. Riley, and K. G. McConnell, Instrumentation for Engineering Measurements, 2nd ed., copyright © 1993 by John Wiley & Sons, NewYork. Reprinted by permission.)

⑥ For example, see W. T. Thomson, *Theory of Vibration with Applications*, 4th ed., Prentice Hall, Englewood Cliffs, NJ, 1988.

$$[m]=\begin{bmatrix} m_{11} & m_{12} \\ m_{21} & m_{22} \end{bmatrix}=\begin{bmatrix} m_1 & 0 \\ 0 & m_2 \end{bmatrix}$$

$$[c]=\begin{bmatrix} c_{11} & c_{12} \\ c_{21} & c_{22} \end{bmatrix}=\begin{bmatrix} c_1+c_2 & -c_2 \\ -c_2 & c_2+c_3 \end{bmatrix} \tag{3-5-4}$$

$$[k]=\begin{bmatrix} k_{11} & k_{12} \\ k_{21} & k_{22} \end{bmatrix}=\begin{bmatrix} k_1+k_2 & -k_2 \\ -k_2 & k_2+k_3 \end{bmatrix}$$

式(3-5-3)中的列阵分别是**位移矢量**$\{x\}$，**速度矢量**$\{\dot{x}\}$，**加速度矢量**$\{\ddot{x}\}$以及**激振力矢量**$\{f\}$。对于 N 自由度系统，$[m]$，$[c]$和$[k]$都是 $N\times N$ 阶方阵，而各矢量都是 $N\times 1$ 阶列阵。本书中我们只研究二自由度模型，但适当时候这些结果可推广到 N 自由度系统。

我们关心的是无阻尼自由振动以及有阻尼系统的稳态强迫振动响应。确定这些响应的有效方法是假定激励与响应分别具有相子的形式，即 $f_i(t)=F_i\mathrm{e}^{\mathrm{j}\omega t}$，$x_i(t)=X_i\mathrm{e}^{\mathrm{j}\omega t}$。这样一来，式(3-5-2)就简化为

$$\begin{aligned} D_{11}X_1+D_{12}X_2 &= F_1 \\ D_{21}X_1+D_{22}X_2 &= F_2 \end{aligned} \tag{3-5-5}$$

其中 $\mathrm{e}^{\mathrm{j}\omega t}$ 已被消掉。**动态刚度**定义为

$$D_{ip}=k_{ip}-m_{ip}\omega^2+\mathrm{j}C_{ip}\omega \tag{3-5-6}$$

上式中动刚度 D_{ip} 理解为频率 ω 的函数。在本节，所有公式中的黏性阻尼项都可以被等效结构阻尼项代替。我们采用黏性阻尼，目的只是为了进行推导。式(3-5-5)是个代数方程，它含有与频率有关的系统动态特性。式(3-5-6)则显示出刚度、质量、阻尼以及频率是怎样影响式(3-5-5)中每一动刚度项的。

3.5.2 无阻尼固有频率与模态振型

现在我们来研究系统固有的振动特性，即研究系统的无阻尼固有频率以及按这些频率所做的固有振动。对于无阻尼自由振动情形，我们令式(3-5-5)中的阻尼项与激励项为零，则有

$$\begin{aligned} D'_{11}X'_1+D'_{12}X'_2 &= 0 \\ D'_{21}X'_1+D'_{22}X'_2 &= 0 \end{aligned} \tag{3-5-7}$$

式中撇号表示无阻尼情形。当无阻尼动刚度行列式 $\Delta'=0$，即

$$\Delta'=D'_{11}D'_{22}-D'_{12}D'_{21}=m_1m_2(\omega_1^2-\omega^2)(\omega_2^2-\omega^2)=0 \tag{3-5-8}$$

时，无阻尼自由振动的振幅才不为零。式(3-5-8)的两个根叫做**固有频率**，其中 ω_1 是**基频**，ω_2 是**二阶固有频率**，等等。式(3-5-8)叫做**特征频率方程**，可以借助它的根 ω_1 和 ω_2 写出。可以看出，这个方程是 ω 的四次方程，是 ω^2 二次方程。一般，对于 N 自由度系统，ω 的方次是 $2N$。对于每个固有频率 ω，它的值是一对相反实数，因此方程的解是实正弦函数，与假定解的相子形式相一致。

式(3-5-7)中的 X'_1 与 X'_2 的值对于每个固有频率必定满足一个比值，因此

$$\frac{X'_2}{X'_1}=-\frac{D'_{11}}{D'_{12}}=-\frac{D'_{21}}{D'_{22}}=u_{2i} \qquad i=1,2 \tag{3-5-9}$$

这里 u_{2i} 是个**模态参数**，表示第 i 个固有频率下的第二个坐标的振幅 X'_2 与第一个坐标的振幅 X'_1 的比值。式(3－5－9)表示在每个固有频率下，X'_2 与 X'_1 这两个运动具有怎样的关系。两个振幅之比值描述了在那一阶固有频率下必然出现的**模态振型**(运动的形状)。

推导式(3－5－5)和式(3－5－7)时我们曾假定 $x_i=X_i\mathrm{e}^{\mathrm{j}\omega t}$。我们还导出，$\omega$ 有两个值(因为我们讨论的是个二自由度系统)满足特征频率方程，并且对于每个坐标 X_i 都有两个相应的模态参数。因此无阻尼自由振动的响应可以写成

$$\begin{Bmatrix}x_1\\x_2\end{Bmatrix}=B_1\begin{Bmatrix}u_{11}\\u_{21}\end{Bmatrix}\mathrm{e}^{\mathrm{j}\omega_1 t}+B_2\begin{Bmatrix}u_{12}\\u_{22}\end{Bmatrix}\mathrm{e}^{\mathrm{j}\omega_2 t} \tag{3-5-10}$$

↑第一阶模态　↑第二阶模态

矢量 $\{u\}$ 叫做**模态矢量**，它们决定了固有振动的模态振型。一个振型对应一个固有频率。矢量乘以一个常数不影响模态振型。因此 B_1 和 B_2 叫做运动的**模态振幅**：它们的值决定于初始条件(即 x_1，$\dot{x}_1$，x_2 和 $\dot{x}_2$ 在 $t=0$ 时的值)以及用于每个模态矢量的比例系数。因为乘一个常数不影响模态振型，所以对模态矢量进行归一化(标准化)时可以有多种方案。乘一个数可以改变模态向量的数值，但不能改变模态的实际形状。

用模态矢量可以构成一个**模态矩阵**如下

$$[u]=\left[\begin{Bmatrix}u_{11}\\u_{21}\end{Bmatrix}\quad\begin{Bmatrix}u_{12}\\u_{22}\end{Bmatrix}\right]=\begin{bmatrix}u_{11}&u_{12}\\u_{21}&u_{22}\end{bmatrix} \tag{3-5-11}$$

↑模态 1　↑模态 2

模态参数 u_{ip} 是关于固有频率 ω_p 的坐标 i 的模态振型的值，也就是说，第一个注脚 i 表示坐标，第二个注脚表示第 p 个固有频率。因此，在给定的某一列中全部模态参数的第二个注脚都相同，指明是同一个固有频率。注意，有的作者将模态参数写成

$$u_{ip}=u_i^p \tag{3-5-12}$$

这里注脚 p 指的是第 p 个固有频率。对于无阻尼情况，模态矢量是实值的，因此各个质量的运动要么同相($+u$)，要么反相($-u$)。

可以证明，模态矩阵 $[u]$ 与其转置矩阵 $[u]^{\mathrm{T}}$ 之间具有重要的正交性质，这个性质可以使质量矩阵与刚度矩阵对角化，即

$$[u]^{\mathrm{T}}[m][u]=\begin{bmatrix}\ddots&&\\&m&\\&&\ddots\end{bmatrix},\quad [u]^{\mathrm{T}}[k][u]=\begin{bmatrix}\ddots&&\\&k&\\&&\ddots\end{bmatrix} \tag{3-5-13}$$

因此，只有对角线上的元素不是零。在推导模态响应模型时模态正交性起着重要作用。

3.5.3　稳态强迫振动响应(直接法)

强迫振动响应可以通过许多途径获得。直接法是对式(3－5－5)应用克莱姆(Cramer)

法则，直接求取 X_1 和 X_2，然后写成如下结果

$$
\begin{aligned}
x_1 &= \left(\frac{D_{22}}{\Delta}\right)F_1 e^{j\omega t} + \left(\frac{-D_{12}}{\Delta}\right)F_2 e^{j\omega t} \\
x_2 &= \left(\frac{-D_{21}}{\Delta}\right)F_1 e^{j\omega t} + \left(\frac{D_{11}}{\Delta}\right)F_2 e^{j\omega t}
\end{aligned} \tag{3-5-14}
$$

式中 Δ 为系数行列式，由下式定义

$$\Delta = D_{11}D_{22} - D_{12}D_{21} \tag{3-5-15}$$

行列式 Δ 既有实部也有虚部，当 ω 等于某一阶固有频率时，行列式实部成为零，其绝对值最小，出现峰值响应(或曰共振响应)。式(3-5-14)可以借助位移导纳频响函数写成如下

$$
\begin{aligned}
x_1 &= H_{11}F_1 e^{j\omega t} + H_{12}F_2 e^{j\omega t} \\
x_2 &= H_{21}F_1 e^{j\omega t} + H_{22}F_2 e^{j\omega t}
\end{aligned} \tag{3-5-16}
$$

这里要再次认识到，诸 H_{pq} 是频率 ω 的函数，并且各有专门名称。H_{pp} 叫做第 p(这里为 1 或 2)个质量的**驱动点位移导纳**，H_{pq} 叫做**转移位移导纳**，表示在 q 点激励时引起的 p 点的运动。显然，驱动点位移导纳是转移位移导纳注脚相同时的特殊情况。

3.5.4 稳态强迫振动响应(模态法)

根据模态振型可以导出对一般激励的模态响应。这种方法是将实际空间坐标 x_i 变换到**广义坐标** $q_p(t)$，然后将模态响应求和即可得出强迫振动响应。模态坐标变换公式为

$$\{x(t)\} = [\boldsymbol{u}]\{q(t)\} \tag{3-5-17}$$

将上式代入式(3-5-3)，并两边左乘$[\boldsymbol{u}]^{\mathrm{T}}$ 可得

$$[\boldsymbol{u}]^{\mathrm{T}}[\boldsymbol{m}][\boldsymbol{u}]\{\ddot{\boldsymbol{q}}\} + [\boldsymbol{u}]^{\mathrm{T}}[\boldsymbol{c}][\boldsymbol{u}]\{\dot{\boldsymbol{q}}\} + [\boldsymbol{u}]^{\mathrm{T}}[\boldsymbol{k}][\boldsymbol{u}]\{\boldsymbol{q}\} = [u]^{\mathrm{T}}\{F\} \tag{3-5-18}$$

如果假定阻尼与质量及刚度存在以下的比例关系⑦

$$[\boldsymbol{c}] = \alpha[\boldsymbol{m}] + \beta[\boldsymbol{k}] \tag{3-5-19}$$

这里 α 和 β 是常数，那么根据式(3-5-13)的正交性，式(3-5-18)就成了由 N 个(这里 $N=2$)已解耦微分方程组成的方程组

$$\begin{bmatrix} \diagdown & & \\ & m & \\ & & \diagdown \end{bmatrix}\{\ddot{q}\} + \begin{bmatrix} \diagdown & & \\ & c & \\ & & \diagdown \end{bmatrix}\{\dot{q}\} + \begin{bmatrix} \diagdown & & \\ & k & \\ & & \diagdown \end{bmatrix}\{q\} = \{Q\} \tag{3-5-20}$$

因此第 p 个固有模态受下式支配

$$m_p\ddot{q}_p + c_p\dot{q}_p + k_p q_p = Q_p \tag{3-5-21}$$

其中 m_p，c_p 和 k_p 分别是第 p 阶模态质量、模态阻尼和模态刚度。第 p 个**广义激振力** Q_p 为

$$Q_p = u_{1p}F_1 + u_{2p}F_2 = \sum_{k=1}^{N} u_{kp}F_k \tag{3-5-22}$$

此式表明，如果模态参数 $u_{kp}=0$，则 F_k 这个广义力就不能激发出第 p 个模态，这个结论

---

⑦ When Eq. (3.5.19) is not valid, one obtains complex mode shapes. See: L. D. Mitchell, "Complex Modes: A Review," *Proceedings of the 8th International Modal Analysis Conference*, Kissimmee, FL, 1990, pp. 891-899.

对于静态和动态载荷都是正确的。

在一点或几点用静态载荷或动态载荷对结构进行激振时，广义激振力的概念是非常重要的，因为不管是单个载荷还是组合式载荷，都可能使 $Q_p=0$。不问原因如何，当 $Q_p=0$ 时，任何振动数据中都将缺少第 p 个模态。载荷的具体组合被模态参数 u_{kp} 掩盖着，而对于未知结构，u_{kp} 一直是未知的，直到试验完成之后。由此得出结论，为了不丢失任何重要信息，激振点要一个以上，每次用一个点。

式(3－5－21)是个常系数二阶微分方程，它的稳态解是

$$q_p=\frac{Q_p}{D_p}e^{j\omega t}=\sum_{k=1}^{N}\left(\frac{u_{kp}}{D_p}\right)F_k e^{j\omega t} \tag{3－5－23}$$

式中**模态动刚度** D_p 由下式给出

$$D_p=k_p-m_p\omega^2+jc_p\omega=k_p(1-r_p^2+j2\zeta_p r_p) \tag{3－5－24}$$

式中　r_p——第 p 阶无量纲模态频率比(ω/ω_p)；

ζ_p——第 p 阶无量纲模态阻尼比。

方程(3－5－24)表明，第 p 阶模态固有频率是

$$\omega_p=\sqrt{\frac{k_p}{m_p}} \tag{3－5－25}$$

第 p 阶**模态阻尼比**是

$$\zeta_p=\frac{c_p}{2\sqrt{m_p k_p}}=\frac{\eta_p}{2} \tag{3－5－26}$$

这里 η_p 是第 p 阶模态损耗因子。我们回忆，固有频率是系统固有不变的动态特性，它跟所采用的坐标系与单位无关。仔细研究一下式(3－5－13)可见，模态刚度 k_p 与模态质量 m_p 都跟模态矢量元素的乘积成正比，因此 k_p 与 m_p 的绝对值因模态振型的换算系数的不同而不同，但是固有频率不会变化，因为 k_p 与 m_p 二者具有相同的比例换算系数。无论理论模态振型还是实验模态振型，通常做法是将它们进行标准化，使各模态质量为单位 1。这样一来就可以通过计算式(3－5－13)来判断模态振型的合理性；因为如果所用模态矢量不够精确，则非对角线元素将不会全是零。通常我们无法得到精密模态矢量，只能估计它们的值。我们已经发现，与质量矩阵相比，刚度矩阵对模态矢量中的误差要敏感得多。

如果我们将式(3－5－23)代入式(3－5－17)，即得稳态模态响应如下

$$\begin{aligned}x_1&=\left[u_{11}\left(\frac{u_{11}}{D_1}\right)+u_{12}\left(\frac{u_{12}}{D_2}\right)\right]F_1e^{j\omega t}+\left[u_{11}\left(\frac{u_{21}}{D_1}\right)+u_{12}\left(\frac{u_{22}}{D_2}\right)\right]F_2e^{j\omega t}\\x_2&=\left[u_{21}\left(\frac{u_{11}}{D_1}\right)+u_{22}\left(\frac{u_{12}}{D_2}\right)\right]F_1e^{j\omega t}+\left[u_{21}\left(\frac{u_{21}}{D_1}\right)+u_{22}\left(\frac{u_{22}}{D_2}\right)\right]F_2e^{j\omega t}\end{aligned} \tag{3－5－27}$$

由上式明显可见，小括号中的项代表输入—输出频响函数 H_{ir}。还可看出，每个小括号中的支配项是由分母(模态动刚度)控制的，在模态共振时 D_k 取得最小值[见式(3－5－24)]。

3.5.5　直接法与模态响应法的比较

我们已经用两种方法——直接法与模态法——得到了图 3－5－1 中二自由度系统的输入—输出关系。我们预料，这两种方法应该给出相同的结果。比较式(3－5－14)，式

(3-5-16)及式(3-5-27)可知，频响函数可以表示成下列形式

$$H_{11}=\left(\frac{D_{22}}{\Delta}\right)=\left[u_{11}\left(\frac{u_{11}}{D_1}\right)+u_{12}\left(\frac{u_{12}}{D_2}\right)\right] \quad (3-5-28)$$

$$\begin{cases} H_{12}=\left(\frac{-D_{12}}{\Delta}\right)=\left[u_{11}\left(\frac{u_{21}}{D_1}\right)+u_{12}\left(\frac{u_{22}}{D_2}\right)\right] \\ H_{21}=\left(\frac{-D_{21}}{\Delta}\right)=\left[u_{21}\left(\frac{u_{11}}{D_1}\right)+u_{22}\left(\frac{u_{12}}{D_2}\right)\right] \end{cases} \quad (3-5-29)$$

$$H_{22}=\left(\frac{D_{11}}{\Delta}\right)=\left[u_{21}\left(\frac{u_{21}}{D_1}\right)+u_{22}\left(\frac{u_{22}}{D_2}\right)\right] \quad (3-5-30)$$

上面这三个式子中的第一个括号是根据式(3-5-14)得出的直接稳态解，第二个括号是根据式(3-5-27)得出的模态稳态解。注意，在式(3-5-29)中，$H_{12}=H_{21}$。

式(3-5-14)，式(3-5-16)，式(3-5-27)～式(3-5-30)这六个式子表明，在某一点测到的响应，与全部激振力、全部模态参数以及全部动刚度 D_r 都有关。这就可以解释为什么当一个传感器固定在结构的不同点时所得实验结果大相径庭，其原因在于传感器换到结构的另一个位置时，与位置相关的模态参数也变化了。类似地，如果将一个传感器固定在某个位置，而激振力改变输入位置，输出结果也是不同的。这个结论亦祸亦福。其祸者，用单个传感器只能得到有限信息。其福者，进行实验时如果按照某种顺序方式收集足够多的信息，便可以测出振型、固有频率和阻尼。

从式(3-5-28)～式(3-5-30)可明显看出，如果要测量振型，最好采用单个的激励源，否则输出将与几组模态参数而不是一组模态参数有关。在多激励情况下，会出现响应之间、振型之间以及激振力之间的交叉耦合。稍后我们将证明，激振器与结构之间具有相当大的相互作用，这一点必须考虑。不然的话，实验结果将把激振器当作结构的一部分。

现在来看如何进行振型测量。我们把单个激振力 F_1 施加给结构，令 $F_2=0$，并将激振频率调整到 ω_1。那么响应 x_1，x_2(见 H_{11} 与 H_{21} 项)就反映了模态参数 u_{11} 与 u_{21}，因为模态参数 u_{11} 除以 D_1 所得比值，再乘以 F_1(在频率 ω_1 下)，对于 H_{11} 与 H_{21} 是共同的。这说明，将一个激振力保持在位置点 1，而将运动传感器从 1 点移动到 2 点、3 点等等，如此便可以测出第一阶模态振型，因为模态参数 u_{i1} 随着传感器的位置的不同而不同，并且描述的是第一个模态矢量。类似地，激振频率为 ω_2 时，给出模态参数 u_{i2}。同样类似地，可以令 $F_1=0$，F_2 为单个激振力。这种情况下我们看到，让 ω 先等于 ω_1，后等于 ω_2，即可得到同样的模态振型。但是，如果激振力位于一个节点上(即响应为零的地方，因此 $u_{ii}=0$)，则得不到什么信息。如此看来，应当对未知结构进行重复测量，因为在实验结束并进行数据分析之前，我们不知道哪些点是节点。

对于 N 自由度系统，上面的思想可以推广：将频响函数 H_{pr} 写成

$$H_{pr}=\sum_{k=1}^{N}u_{pk}\left(\frac{u_{rk}}{D_k}\right)=\underset{\text{模态 1}}{u_{p1}\left(\frac{u_{r1}}{D_k}\right)}+\underset{\text{模态 2}}{u_{p2}\left(\frac{u_{r2}}{D_k}\right)}+\underset{\text{模态 3}}{u_{p3}\left(\frac{u_{r3}}{D_k}\right)}+\cdots \quad (3-5-31)$$

式中 u_{pk} 是模态参数，D_k 是模态动刚度。比值 u_{rk}/D_k 表示施加在位置点 r 的激振力 F_r 对

于激发第 k 个模态的有效性，而模态参数 u_{pk} 指的是点 p 对第 k 个模态的响应有效性。公式(3-5-31)是实验模态分析的基础，此式是个求和过程，因此它表示任何一个固有频率上的峰值都搀杂着临近的模态响应。Ewins[⑧] 研究了舍弃式(3-5-31)中某些模态对计算测量数据是否合适所带来的影响。他证明，所测模态是满意的，但是其他频响函数不能加以预测，也不能用作品质检验。

【例】为了体验一下上述那些方程以及模态模型之间是怎样相互联系的，我们来考虑参数如下的一个系统

$$[m]=\begin{bmatrix}1 & 0\\ 0 & 2\end{bmatrix},[c]=\begin{bmatrix}2 & 0\\ 0 & 4\end{bmatrix},[k]=\begin{bmatrix}8\,100 & -7\,200\\ -7\,200 & 7\,200\end{bmatrix} \tag{3-5-32}$$

其中 m，c 和 k 用一组相协调的单位表示。对应的固有频率与模态矩阵为

$$\omega_1=16.85\ \mathrm{rad/s},\omega_2=106.9\ \mathrm{rad/s},[u]=\begin{bmatrix}1 & 1\\ 1.086 & -0.461\end{bmatrix} \tag{3-5-33}$$

于是按照式(3-5-13)，模态质量、模态阻尼与模态刚度矩阵是

$$\begin{bmatrix}\diagdown & & \\ & m & \\ & & \diagdown\end{bmatrix}=\begin{bmatrix}3.357 & 0\\ 0 & 1.424\end{bmatrix},\begin{bmatrix}\diagdown & & \\ & c & \\ & & \diagdown\end{bmatrix}=\begin{bmatrix}6.71 & 0\\ 0 & 2.85\end{bmatrix},\begin{bmatrix}\diagdown & & \\ & k & \\ & & \diagdown\end{bmatrix}=\begin{bmatrix}953 & 0\\ 0 & 16\,300\end{bmatrix} \tag{3-5-34}$$

注意，$[c]$的值与$[m]$成比例，故模态阻尼矩阵是对角的，其模态矢量是实值的。将上述参数值代入式(3-5-28)与式(3-5-29)计算典型的驱动点频响函数 H_{11} 与交叉频响函数 H_{12}，如图 3-5-2 所示。

H_{11} 的模示于图 3-5-2(a)，根据式(3-5-31)，在 $N=2$ 情况下，H_{11} 是两个模态之和，这两个模态构成了组合响应曲线。在共振频率 ω_1 以下，这两个模态同号；在 ω_1 与 ω_2 之间二者反号，模态 1 与模态 2 反相，其模应当相减；在 ω_2 以上区域二者都相移了 180°，故应负向相加。每条曲线的正负号标在图 3-5-2(a)。

我们看到，ω_1 处的峰值受模态 1 的控制，ω_2 处的峰值受模态 2 控制。这两条曲线的模态阻尼比分别是 $\zeta_1=0.059$，$\zeta_2=0.009$。从谷底到峰顶对应的动态范围大约是 2 000。在 ω_1 与 ω_2 之间的 A 点出现了一个很深的谷底。与这个谷底相对应，试件对激振力的作用好像一个“动态吸收器”，就是说，结构按这样一种方式振动，它迫使驱动点具有零响应。当结构与大地连接时，驱动点导纳曲线总能显示出这些谷底。令式(3-6-14)中 D_{22} 的实部等于零，即可确定这个谷底的位置，本例中它应当出现在 $\omega_A=60$ rad/s 处。这个图上可能显示不出最小值，因为画图时用数字方法在离散点进行计算，这些点可能与 ω_A 不会准确对应。不论是理论上还是实验上，处理高度不同的频响函数时，数字计算方法总是有漏掉峰值或谷值的问题。

频响函数从谷底到峰顶的动态范围很大，这对测量可能造成困难。在谷底，运动信

---

⑧ D. J. Ewins, “On Predicting Point Mobility Plots from Measurements of Other Mobility Parameters,” *Journal of Sound and Vibration*, Vol. 70, No. 1, 1980, pp. 69-75.

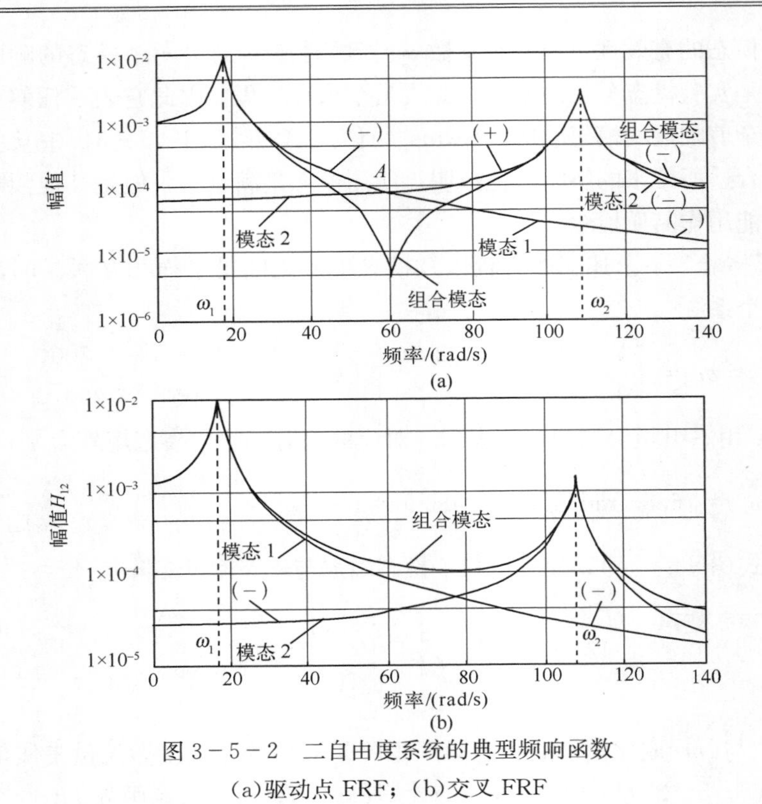

图 3-5-2　二自由度系统的典型频响函数

(a)驱动点 FRF；(b)交叉 FRF

号基本上是零，而力信号相对较大。因为测量仪器设置得是要测量大峰值运动信号的，所以测出来的谷底运动信号可能全是噪声。另一方面我们知道，在峰值处对于给定的力来说运动是很大的，因而相对于运动信号而言，力信号可能充满了噪声。共振峰携带有最多的系统信息——固有频率、模态振型和阻尼等。因此，进行频响函数测量时，力信号最容易被弄糟。另外，在第 4 章我们将发现，力传感器与试件之间具有相当大的相互作用，从而引起结构共振频率附近的额外测量误差。第 6、7 章我们会发现，在试验系统共振点，振动台要承受力跌落现象。所有这些误差源在最好的条件下也会影响测量。

频响函数 H_{12} 画在图 3-5-2(b)中。这个 FRF 在组合曲线上第一、第二个模态相加的区域内没有谷底，原因在于这样的事实：在 ω_1 与 ω_2 之间两个模态的参与量是同号的。

驱动点频响函数 H_{11} 既可以用直接法计算[利用 D_{22} 和 Δ，见式(3-6-28)]，也可以用模态法计算(利用 u_{ip} 和 D_p)。比较这两种计算方法可以证明，百分比误差界定于 $\pm 3\times 10^{-12}$，这跟计算机的数值精度极为接近，理论误差应当是零。故这两种方法给出的结果理论上是一样的。此外我们看到，模态模型对于观察给定结构系统的动态特性是一种有效的方法。不过应当记住，当我们截断式(3-5-31)，只用前几个模态而忽略高阶模态时会产生误差⑨。

⑨ See previous reference to D. J. Ewins in footnote 8.

应当明白，成功的振动试验依赖于准确的实验数据，有了准确的实验数据才能得到适当的频响函数，然后才能从中提取出模态振型、固有频率及模态阻尼等。最严重的实验问题出现在共振之时。

3.6　二阶连续振动模型

我们已经介绍了 3.3 节和 3.4 节的单自由度系统，以及 3.5 节的多自由度系统。多自由度系统显示了在运动方式、频响函数以及相互作用等方面不断增加的复杂性。本节我们来研究二阶连续系统，更加深入地考察振动响应，考察响应如何影响试验方法与结果。事实上，考虑连续系统动力学模型可以使我们看到，用有限量的质量与坐标数来代表实际的连续系统会带来什么样的影响。同样，我们还是先考察运动微分方程，然后再研究无阻尼自由振动模态，以便了解系统怎样按照每一阶固有频率自然地运动。我们将推导强迫振动响应的模态模型，及其对各种不同类型激振力系统的响应。

3.6.1　基本运动方程

图 3－6－1 所示为三种经典线性系统，描述其特性的偏微分运动方程是相同的。这三个系统分别是张弦、轴杆(线性弹簧也用这个模型)和扭杆。图 3－6－1(a)表示长度为 l 的张弦的模型，其中 $u(x,t)$是位置 x 处的点 P 在时刻 t 的横向运动。张弦单位长度的质量是 m，张力 T 为常量。长度为 l 的轴杆的模型示于图 3－6－1(b)，其中 $u(x,t)$是位置 x 处的点 P 在时刻 t 的轴向运动。轴杆单位长度的质量是 m，轴向力为 EA。线性弹簧与图 3－6－1(b)所示一样，只是轴向力为 kl，长度为 l 的扭杆模型示于图 3－6－1(c)，其中$u(x,t)$是位置 x 处的点 P 所在横截面在时刻 t 的转角。扭杆单位长度的转动惯量为 $I=\rho J$，扭矩是 JG。

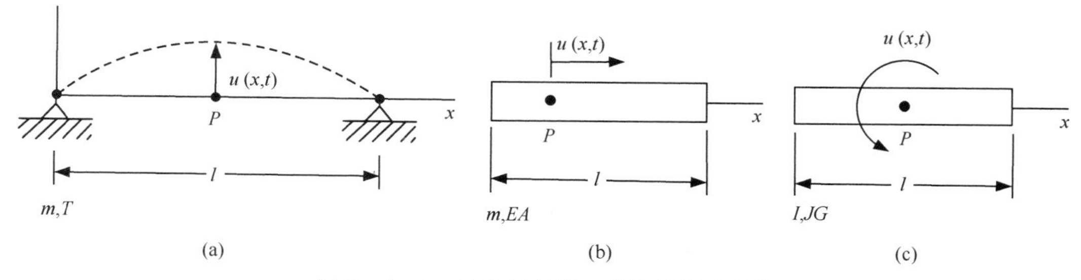

图 3－6－1　三个简单的二阶连续振动系统

(a)张弦；(b)轴杆；(c)扭杆

这些系统的偏微分运动方程均可写成[10]

$$m\frac{\partial^2 u}{\partial t^2}+C\frac{\partial u}{\partial t}-\frac{\partial}{\partial x}\left[K\frac{\partial u}{\partial x}\right]=f(x,t) \tag{3-6-1}$$

惯性力＋阻尼力 ＋ 弹簧力 ＝激振力

[10] See S. S. Rao, *Mechanical Vibrations*, 2nd ed., Addison－Wesley, Reading, MA. 1990.

式中　C——单位长度的阻尼；

$f(x, t)$——单位长度的激振力或力偶。

式(3-6-1)代表这三种简单结构在任意时刻、任意位置所必然存在的动态力或动态扭矩的平衡关系。我们看到，这个动态力(或扭矩)平衡关系式包括惯性项、阻尼项(耗能)、弹簧项(恢复力或恢复力矩)以及激励项。无论单自由度系统还是多自由度系统，组成运动方程的这些项都是一样的。这个方程是任何频率下的力(或力矩)平衡关系式，它决定了系统结构的行为特性，而不管式(3-6-1)应用于结构上的哪个点。

当 $f(x, t)=0$ 时，式(3-6-1)描述的响应是个衰减暂态振动。当激振力存在时，式(3-6-1)给出的响应是强迫振动响应。各种物理参数 m，C 和 K 综合在表 3-6-1 中。

关于薄膜的法向位移 $u(x, y, t)$的方程，类似于式(3-6-1)，由下式给出

$$m\frac{\partial^2 u}{\partial t^2}+C\frac{\partial u}{\partial t}-T\nabla^2 u=f(x,y,t) \tag{3-6-2}$$

惯性力＋阻尼力＋弹力＝激振力

其中记号∇^2是拉普拉斯算子，其意义是

$$\nabla^2=\frac{\partial^2}{\partial x^2}+\frac{\partial^2}{\partial y^2} \tag{3-6-3}$$

表 3-6-1　二阶系统参数

系统	刚性 K	惯性 m	阻尼 C
张弦	张力 T	单位长度质量 ρA	单位长度阻尼力
轴杆	轴向力 EA	单位长度质量 ρA	单位长度阻尼力
线性弹簧	轴向力 kl	单位长度质量 m_s/l	单位长度阻尼力
扭杆	扭矩偶 JG	单位长度质量 $\rho_2 T$	单位长度阻尼力偶

注：E—杨氏模量；

G—剪切模量；

A—截面积；

J—面积的极惯性矩；

k—弹簧常数；

m_s—弹簧质量；

ρ—密度(单位体积的质量)。

如方程(3-6-2)要求，张力 T 在 x 向与 y 向是相同的，m 是单位面积的质量，C 是单位面积的阻尼，$f(x, y, t)$是单位面积的激振力。式(3-6-2)表示单位面积上每个点的力平衡关系式。很明显，薄膜有两个空间坐标，而式(3-6-1)所描述的经典问题仅由一个空间坐标决定。下面的方法适用于式(3-6-2)，也适用于式(3-6-1)。不过与单维情形相比，二维情况要复杂得多。但是我们只学习一些基本响应特性，而不是详尽研究多维问题。

3.6.2　空间变量与时间变量的分离

确定式(3-6-1)和式(3-6-2)所述系统的无阻尼自由振动响应，有一个常用的方

法，就是所谓变量分离法。在式(3-6-1)中我们假定$C=0$，$f(x,t)=0$，且

$$u(x,t)=U(x)\eta(t) \tag{3-6-4}$$

式中　$U(x)$——运动的空间形状；

$\eta(t)$——运动的时间函数。

将式(3-6-4)代入式(3-6-1)时，就得到两个独立的二阶微分方程，一个是关于时间函数$\eta(t)$的方程

$$\ddot{\eta}+\left(\lambda^2\frac{K}{m}\right)\eta=\ddot{\eta}+\omega^2\eta=0 \tag{3-6-5}$$

其中ω是时间函数$\eta(t)$的振荡频率。另一个是关于空间函数$U(x)$的方程

$$U''+\lambda^2U=0 \tag{3-6-6}$$

式中双撇号表示$U(x)$对x的二阶导数。式中的λ叫做**分离常数**，必须根据问题的边界条件来确定。频率ω、分离常数λ与系统参数m和K的关系是

$$\omega=\lambda\sqrt{K/m}=\lambda c \tag{3-6-7}$$

这里c常叫做**波速**。

式(3-6-5)与式(3-6-6)的解都是由正、余弦项组成的，故式(3-6-4)的解为

$$u(x,t)=\underbrace{[A_1\cos(\lambda x)+A_2\sin(\lambda x)]}_{\text{边界条件}}\underbrace{[B_1\cos(\omega t)+B_2\sin(\omega t)]}_{\text{初始条件}} \tag{3-6-8}$$

上式中的边界条件对空间函数有影响，同时我们还可以根据边界条件确定使解存在的λ值。待定常数B_1与B_2的值由初始条件决定。

【例】现在让我们考虑关于张弦的一个简单例子，如图3-6-1(a)所示。边界条件是$u(0,t)=0$，$u(l,t)=0$。因为这两个边界条件对于任何时间都必须满足，所以它们等效于$U(0)=0$和$U(t)=0$。根据第一个边界条件得出$A_1=0$，而第二个边界条件要求

$$A_2\sin(\lambda l)=0$$

假如$A_2=0$，振动问题将不复存在，我们便无事可做了，因此只能是正弦函数等于零。由上式可见，λl必是π的整数倍，即$\lambda l=p\pi$，亦即

$$\lambda_p=\frac{p\pi}{l} \tag{3-6-9}$$

这里λ_p叫做**特征值**，那么根据式(3-6-7)可求得相对应的**固有频率**

$$\omega_p=\lambda_p\sqrt{\frac{K}{m}}=\frac{p\pi}{l}\sqrt{\frac{K}{m}} \tag{3-6-10}$$

对应的空间函数$U(x)$(叫做**特征函数**)则成为

$$U_p(x)=\sin(\lambda_p x)=\sin\left(\frac{p\pi}{l}x\right) \tag{3-6-11}$$

$U_p(x)$是第p阶**固有模态振型**，或叫做第p阶**法向振型**(normal mode)，它是系统在第p个固有频率ω_p下的运动形状。

图3-6-2(a)就$p=1$，2，3，4画出了这些模态振型。注意，所有模态均满足边界条件，高阶模态($p>1$)具有节点，也就是在两个端点之间运动为零的那些点。当离散(集中)

激振力施于某点时，这些节点的位置在强迫振动响应中扮演着重要角色。此外，多自由度系统的模态矢量是将特定的 x 值[比如每隔 $0.2l$ 取一个，如图 3-6-2(a)小圆圈所示]代入式(3-6-11)计算出来的。

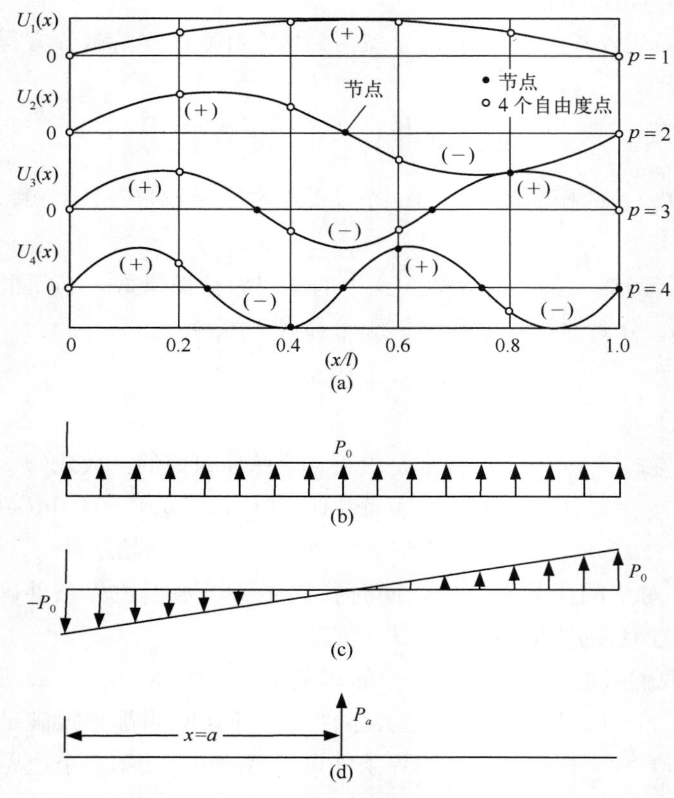

图 3-6-2　模态振型与典型的分布激振力

(a)模态振型 1～4；(b)均匀分布激振力；(c)三角形分布激振力；(d)集中(点)激振力

在描述多自由度系统的高阶模态振型时会产生一个问题，这就是取点太少，以至于不能恰当描述模态振型，如我们在图 3-6-2(a)中所见。这种采点过少的现象被称为**模态混淆或空间混淆**，其原因是被描述的系统具有近无穷多个质量、振型与固有频率，而我们描述系统却用了有限个质量与坐标。因此，就能够恰当表现空间形状所需的模态数而言，多自由度模型受到了限制。

理论上，自由振动的齐次解必定包含 p 趋于无穷时的全部可能的解。但是，由于我们在构造这些简单模型时做了许多假设，因此在计算高阶模态时会出现显著误差。比如我们可以将式(3-6-8)写成

$$u(t,x)=\sum_{p=1}^{N}U_p(x)\eta_p(t)=\sum_{p=1}^{N}\sin(\lambda_p x)\left[B_1\cos(\omega_p t)+B_2\sin(\omega_p t)\right] \tag{3-6-12}$$

这里用 N 是提醒我们这是模态号的上限。根据 $t=0$ 时的初始条件可以求出 B_1 和 B_2。同

式(3－5－10)之于二自由度系统一样，式(3－6－12)之于连续系统扮演着同样的角色。

表 3－6－2 表示了三种常见的边界条件，适用于均匀轴的轴向振动及扭转振动，分别叫做**自由—自由**，**固支-自由**和**固支—固支**边界条件。表中还列出了频率方程、法向模态振型以及固有频率。

表 3－6－2　二阶连续系统常用的边界条件、固有频率及模态振型

端部条件	边界条件	频率方程	模态振型或法向模态	固有频率①
自由—自由	$U'(0)=0$ $U'(l)=0$	$\sin(\lambda l)=0$	$U_p=\cos\left(\frac{p\pi x}{l}\right)$	$\omega_p=\frac{p\pi c}{l}$ $p=0，1，2，3$
固支—自由	$U(0)=0$ $U'(l)=0$	$\cos(\lambda l)=0$	$U_p=\sin\left(\frac{(2p+1)\pi x}{l}\right)$	$\omega_p=\frac{(2p+1)}{2l}\pi c$ $p=1，2，3$
固支—固支	$U(0)=0$ $U(l)=0$	$\sin(\lambda l)=0$	$U_p=\sin\left(\frac{p\pi x}{l}\right)$	$\omega_p=\frac{p\pi c}{l}$ $p=1，2，3$

注：① $c=\sqrt{K/m}$是声在杆件、张弦内的速度。关于黏性系统的 K 和 m 之定义，见表 3－6－1。

3.6.3　正交性条件

固有模态振型具有正交性质，据此可以计算连续系统的模态质量与模态刚度，就像多自由度系统一样。这个正交性质包含在关于相当宽泛条件下二阶系统的 Sturm－Liouville 定理[11]中。质量正交性条件要求在系统的长度 l 内积分，因此

$$\int^{l} m(x)U_n(x)U_p(x)\mathrm{d}x=\begin{cases}0 & n\neq p\\ m_p & n=p\end{cases} \tag{3-6-13}$$

这里 m_p 是第 p 阶模态质量。类似地，刚度正交性也要求在系统的长度 l 内积分，因此

$$-\int^{l}\frac{\mathrm{d}}{\mathrm{d}x}\left[K\frac{\mathrm{d}U_p}{\mathrm{d}x}\right]U_n\mathrm{d}x=\begin{cases}0 & n\neq p\\ k_p & n=p\end{cases} \tag{3-6-14}$$

式中 k_p 是第 p 阶模态刚度。式(3－6－13)与式(3－6－14)对于连续系统建模起着同样的作用，就像式(3－5－13)对于多自由度系统一样。**注意，模态刚度对模态振型的任何误差都比较敏感，因为模态刚度是根据模态振型求导数得出的，而求导过程会使任何模态振型误差凸现出来。**

正交性是振动系统的基本特征，在振动系统中，模态振型表现出的是经过质量分布与刚度分布加权过的正交性质。

---

⑪ See any applied mathematics book such as：L. A. Pipes and L. R. Harvill，*Applied Mathematics for Engineers and Scientists*，3rd ed.，McGraw－Hill，New York，1970.

把式(3-6-12)代入到无阻尼自由振动方程式(3-6-1)，然后乘以$U_n(x)\mathrm{d}x$，并在长度l内积分，且考虑到式(3-6-13)和式(3-6-14)之正交性条件，即可得到第p阶固有频率

$$\omega_p=\sqrt{\frac{k_p}{m_p}} \tag{3-6-15}$$

ω_p的值与模态振型函数的大小无关。例如，如果一个模态振型相对于其他振型增大10倍，那么根据式(3-6-13)与式(3-6-14)，关于这一阶模态的模态质量与模态刚度都将增大100倍，故此对ω_p没有影响。可见，**固有频率是系统的固有特性，跟所采用的物理量的单位及所使用的坐标毫无关系。**

3.6.4 模态模型与强迫振动

我们所关心的是，对于在单位长度内一般激振力或激振力偶，怎样求得式(3-6-1)的特解。首先我们假定，激振力由下式给出

$$f(x,t)=P(x)f(t) \tag{3-6-16}$$

式中 $P(x)$——载荷的空间分布；

$f(t)$——时间历程输入。

其次，我们假定，特解的形式如下

$$u(x,t)=\sum_{p=1}^{N}U_p(x)q_p(t) \tag{3-6-17}$$

式中$q_p(t)$叫做模态空间内的**广义坐标**，是待定之量。注意，式(3-6-17)在用途及一般形式上都与式(3-5-17)相同。将式(3-6-16)与式(3-6-17)代入式(3-6-1)可得

$$\sum_{p=1}^{N}\left\{mU_p\ddot{q}_p+CU\dot{q}_p-\frac{\mathrm{d}}{\mathrm{d}x}\left[K\frac{\mathrm{d}U_p}{\mathrm{d}x}\right]q_p\right\}=P(x)f(t) \tag{3-6-18}$$

此式相当复杂，可以这样化简：用$U_n(x)\mathrm{d}x$乘以两端，在长度l内积分，然后利用式(3-6-13)及式(3-6-14)的正交性条件，并假定阻尼与质量分布和刚度分布成比例[见式(3-5-19)]。如此可得如下结果

$$m_p\ddot{q}_p+C_p\dot{q}_p+k_pq_p=Q_pf(t) \tag{3-6-19}$$

式中m_p，C_p，k_p和Q_p分别是第p阶模态质量、模态阻尼、模态刚度及**模态激振力或广义激振力**。广义激振力由下式给出

$$Q_p=\int^{l}P(x)U_p(x)\mathrm{d}x \tag{3-6-20}$$

式(3-6-20)对于振动试验极其重要，因为它告诉我们，一个给定的分布激振力$P(x)$在多大程度上参与了某个给定模态的激励。下一节我们将仔细研究这个方程的重要性。

当激励时间历程由相子$f(t)=\mathrm{e}^{\mathrm{j}\omega t}$表示时，式(3-6-19)的稳态解为

$$u(x,t)=\sum_{p=1}^{N}\frac{U_p(x)Q_p}{D_p}\mathrm{e}^{\mathrm{j}\omega t}=\sum_{p=1}^{N}U_p(x)H_pQ_p\mathrm{e}^{\mathrm{j}\omega t} \tag{3-6-21}$$

式中**模态频响函数** H_p 定义如下

$$H_p = \frac{1}{D_p} \tag{3-6-22}$$

式中 D_p 叫做**模态动刚度**，根据式(3－5－24)

$$D_p = k_p - m_p\omega^2 + \mathrm{j}C_p\omega = k_p(1 - r_p^2 + \mathrm{j}2\zeta_p r_p) \tag{3-6-23}$$

式(3－6－22)中的模态频响函数 H_p，是对应于每个单位的模态激励 Q_p 的第 p 阶模态输出。因此，根据式(3－6－21)，这个模态输出随着第 p 阶模态振型的形状而变化。很明显，式(3－6－23)表明，实部为零时出现第 p 阶共振。

式(3－5－21)表明，第 p 阶模态在响应中的参与量决定于 H_pQ_p，而 $U_p(x)$则指明，第 p 阶模态响应中有多大的量出现在位置 x 处。当 $U_p(x)$等于零时，第 p 阶模态响应是不可测量的。因此，式(3－6－21)表达的是在给定分布激振力 $P(x)$激励下输入—输出频响函数之间的关系。现在我们将注意力转向对结构进行激振时式(3－6－20)的重要性。

3.6.5 用于分布载荷的广义激振力

式(3－6－20)等效于关于多自由度系统的式(3－5－22)，它描述了已知分布激振力 $P(x)$在激发第 p 阶固有频率和模态振型时有多大的有效性。作为一个例子，我们还用式(3－6－11)描述、用图 3－6－2(a)图示关于张弦的那四个正弦模态振型。我们考虑三种很有用的分布载荷：均匀载荷、三角形载荷与集中载荷(点载荷)，分别如图 3－6－2(b)，图 3－6－2(c)和图 3－6－2(d)所示。这些分布载荷在振动试验(不论是在实验室试验，还是在现场)中都是经常遇到的。

【例】连续载荷：图 3－6－2(b)所示之均匀连续载荷(单位长度的力为 P_0)应用于式(3－6－20)可以求得模态激振力为

$$Q_p = \frac{P_0 l}{p\pi}(1-\cos(p\pi)) = \begin{cases} 0 & p\ 为偶数 \\ 2P_0 l/p\pi & p\ 为奇数 \end{cases} \tag{3-6-24}$$

首先，式(3－6－24)表明，任何实验结果中的偶数号固有频率不存在，这是因为模态激振力 $Q_p=0$。其次，我们看到，所有奇数号固有频率都被激振出来，但由于 $1/p$ 项存在，固有频率会随着号数的增大而趋于零，这表明高频模态不如低频模态容易激发出来。这个特性的物理解释可从图 3－6－2 看出，图中模态振型与激振力的乘积对于第一、第三阶模态具有净正的面积，而对于偶数(第二、第四阶)模态，乘积面积为零。类似地，图 3－6－2(c)中的三角形分布载荷只能激励出偶数号模态，而不能激发出奇数号模态，这一结果读者用式(3－6－20)很容易验证。

这些令人吃惊的结果表明，将一个结构简单连接在一台激振器上使之振动，不一定能激出全部固有频率！事实上，单从激励机制上看，我们会丢失许多固有频率。这些概念对于冲击载荷同样是对的，因为模态载荷 Q_p 与时间函数 $f(t)$无关而只跟分布载荷 $P(x)$与模态振型 $U_p(x)$有关。类似的说法也适用于现场激振的情形。第 7 章我们将进一步讨论这些课题。

【例】集中载荷 ：现在我们看在位置 $x=a$ 处施加集中载荷会有怎样的结果，见图3-6-2(d)。我们用下式来描述这个集中力

$$P(x)=P_a\delta(x-a) \tag{3-6-25}$$

式中 $\delta(x-a)$是狄拉克 δ 函数。将此式代入式(3-6-20)，得

$$Q_p=P_aU_p(a) \tag{3-6-26}$$

式(3-6-26)明确表示，只要 $U_p(a)=0$，第 p 阶模态的固有频率和模态振型就不会被激发出来。图3-6-2(a)说明，施加在中点的激振力将抑制所有偶数号固有频率和模态振型，而在1/4处施加激振力将抑制第四阶固有频率以及与这个固有频率成倍数关系的所有固有频率。

因激励位置而导致某些模态被抑制，这种现象跟时间历程 $f(t)$无关，与激振力的大小也无关。这些结果同样适用于初始条件问题。初始条件是通过一个时间历程而产生的：集中载荷先是缓慢建立起来，然后突然释放。读者可以仔细研究一下有关理论细节，也可以找一把吉他或一根张弦，一个麦克风再加一台频率分析仪，实地演示一下。例如，将一集中力施加在弦的中点，频率分析结果应当显示出基频与基频的奇数倍频率，但不会显示基频的偶数倍频率。类似地，拨一下弦的1/3处，第三阶固有频率及其整数倍的频率将缺失，而拨一下1/4处，则第四阶固有频率及其整数倍频率将丢掉。后面几节我们来说明激振力的分布对用初始条件触发的动态、暂态试验的重要性及影响。

3.6.6 连续模型的频响函数

连续系统有两种频响函数，一种与分布激振力相对应，另一种与集中激振力相对应。

分布激振力 当激振力是分布函数 $P(x)$时，对于每个模态来说，其模态载荷 Q 都有一个特定的值，因此根据式(3-6-21)，位置 b 的响应则为

$$u(b,t)=\sum_{p=1}^{N}U_p(b)H_pQ_p\mathrm{e}^{\mathrm{j}\omega t}=H_b\mathrm{e}^{\mathrm{j}\omega t} \tag{3-6-27}$$

这里，b 点的响应是由下式描述的分布激振频响函数 H_b 引起的

$$H_b=\sum_{p=1}^{N}U_p(b)H_pQ_p \tag{3-6-28}$$

式(3-6-27)清楚地表明，这个输出频响函数包含第 p 个模态振型 $U_p(b)$、模态频响函数 H_p 以及模态激振力 Q_p。显然，我们可以通过测量许多点(即改变 b 的值)的响应来确定第 p 阶模态振型(当然 Q_p 不能是零)。这意味着我们可以将小型结构安装在一个激振器上利用惯性载荷使之振动，从而测量出它们的模态振型，但是，前面讨论的对载荷的限制依然适用。同时我们已经注意到，只给频响函数加了一个注脚，因为输入是分布的，除非特殊情况，一般不可能定出一个具体的输入点，因而这些记法也是视具体应用而定。

集中激振载荷 与上类似，将式(3-6-26)代入式(3-6-21)，就得到集中力施加在

a 点而引起的 b 点的响应

$$u(b,t)=\sum_{p=1}^{N}U_p(b)H_pU_p(a)P_a\mathrm{e}^{\mathrm{j}\omega t}=H_{ba}P_a\mathrm{e}^{\mathrm{j}\omega t} \tag{3-6-29}$$

其中点对点的输入—输出频响函数 H_{ba} 由下式给出

$$H_{ba}=\sum_{p=1}^{N}U_p(b)H_pU_p(a) \tag{3-6-30}$$

我们再次看到，测量出来的 FRF 是两个模态振型与模态 FRF 函数的乘积。在这种情况下，式(3-6-30)表明，要测量第 p 阶模态振型，我们既可以保持激振点固定不变而移动运动测量传感器的位置(即改变 b 的值)，也可以保持测量点位置不动而改变加载位置(即改变 a 的值)，因为第 p 阶模态振型跟位置 a 和 b 都有关。很清楚，如果 $U_p(b)$ 或 $U_p(a)$ 等于零，那么实验数据中将缺少第 p 阶模态的数据。这就告诉我们，如果我们对被测结构的模态振型没有先验的了解，那么就不要采用单点的输入或输出，否则就有丢失重要模态数据的危险。

式(3-6-30)中点对点 FRF 不包含激振力的幅值 P_a，就像前面式(3-6-28)给出的 FRF 一样；但是式(3-6-28)中有模态载荷 Q_p，而且，除非特殊情形，Q_p 不能从和式中移走。这个简单的模态模型提示我们，不管是在现场还是在实验室，设计一个成功的振动试验，是需要具备相当技能的。

【上述概念实际应用举例】 许多年前，作为电厂的一般维修项目的一部分，对一台中型蒸汽轮机和发电机组进行大修。气轮机与发电机各有两个动态液压轴承支撑它们庞大的转子。大修完毕，重新投入运转时，慢慢出现了神秘的振动，几个小时过后振动又消失。显然，这一新情况引起了人们极大的警觉。于是请了一位顾问出主意，采取什么样的措施才能缓解这种情况。对轴承座进行振动测量之后，顾问得出结论说，发电机内部有什么东西因为发热或其他原因而到处乱动，并建议拆开发电机做进一步检查。这样做自然代价高昂。

领导者决定聘请作者再拿一种意见出来。我们初次造访期间并没有发现汽轮发电机组有什么神秘振动，但还是测量了轴承座的基础振动，并记录了润滑油的温度。第二天，神秘的振动出现了，我们在各轴承座上安装了加速度计，记录加速度数据。振动量级与前一天基本相等，并包含着量级很低的与转速相关的振动。我们还注意到，四个轴承的油温上升了大概 10～15℃。电厂经理喊道："啊，这个振动在楼板上 20 英尺开外就能感觉到。"于是我们在地板上安装一个加速度计，测出了一个更大的振动分量，其频率大概是轴的转速的 45%。

此时，神秘振动源问题清楚了，认定有两点很重要。其一，45%转速的振动频率强烈指示，在一个或几个动态液压轴承中发生了"动态液压油涡流"[12]现象。当动态液压轴承负载较轻时，油涡流现象引起的振动频率是工作转速的 42%～48%。轴承油温的升高进一步

⑫ J. P. Den Hartog, *Mechanical Vibrations*, 4th ed, McGraw-Hill Book Company, NY, 1956, pp. 297-299.

说明，能量通过涡流泵效应注入了润滑油中。其二，对于油涡流振动频率而言，汽轮发电机组的那些轴承座是节点。这里引发了一个重要问题：复杂结构中，不仅仅是在固有频率上，而且任何频率上都可能出现节点，因为对那个频率来说，结构在那点的运动是0。因此，对于给定的某个固有频率都有与之对应的节点及对应的振型，同时，对于某个非共振频率，各阶模态振型在某一点合成为零，也形成节点。那位顾问要么不知道这一概念，要么对这一概念理解不透。

这个问题的解决办法非常简单。首先，大修时汽轮发电机组的两根轴是用一台现代化的激光校直系统校准的，和用以前的技术所做校准相比好过头了。第二，就动态液压轴承的功能只是简单地承载转子与转轴的质量这一点来说，轴承是大大过设计了，为的是使它们承受因为以前校准精度不够而可能产生的很大的错位载荷。为了给轴承施加一定载荷，办法是使两根轴错动0.010英寸(0.25 mm)左右，于是振动消除了！

这个例子说明，掌握支配系统振动响应的规律、明了可能存在的物理现象是多么重要。这些经历的确是生活中的趣闻逸事(译注：有专家指出，消除因涡流引起的轴的振动，采用改变润滑油黏性、改变润滑油压力等措施，可能比使轴的对中度错动0.25mm更容易操作)。

3.7 四阶连续振动系统——梁

为了对振动试验中的响应问题有进一步理解，我们来讨论最后一个理论模型。描述一根简单梁式结构的运动微分方程是四阶偏微分方程。这一节我们将在推导模态模型的同时，建立固有频率以及对应的模态振型这样一些概念。我们还将深入研究边界条件对基频的影响。为透彻了解拉伸力或压缩力对结构的影响，我们还要讨论在轴向力作用下的梁。

3.7.1 基本运动方程

考虑图3-7-1所示之梁。梁的参数用横向运动$u(x,t)$、单位长度的质量m、弯曲刚度EI(这里E是杨氏模量，I是梁的横截面对其中心轴的面积惯性矩)、轴向拉伸力T、单位长度的阻尼C以及单位长度的激振力$f(x,t)$来描述。利用这些参数，横向运动微分方程写出如下⑬

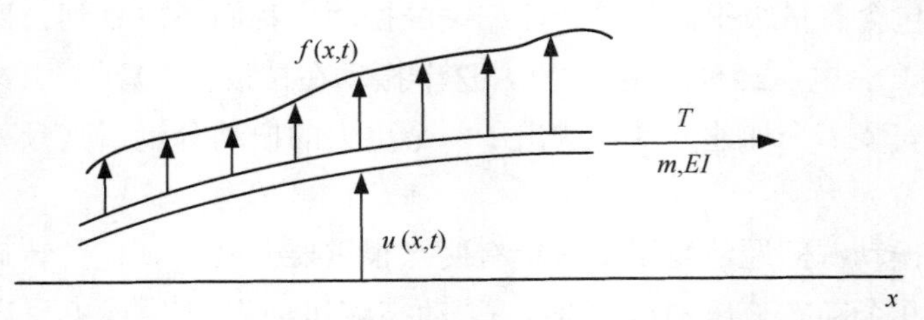

图3-7-1 定义一根梁要用的参数：位移$u(x,t)$，单位长度质量m，激励载荷$f(x,t)$，轴向拉伸力T，弯曲刚度EI，空间坐标x

⑬ See, for example, S. S. Rao, *Mechanical Vibrations*, 2nd ed., Addison-Wesley, Reading, MA, 1990, chapter 8

拉伸　　　弯曲

$$m\frac{\partial^2 u}{\partial t^2}+C\frac{\partial u}{\partial t}-\frac{\partial}{\partial x}\left[T\frac{\partial u}{\partial x}\right]+\frac{\partial^2}{\partial x^2}\left[EI\frac{\partial^2 u}{\partial x^2}\right]=f(x,t) \tag{3-7-1}$$

惯性力　＋　阻尼力　＋　弹簧力　＝　激振力

式(3－7－1)是个四阶偏微分方程，它表示梁的单位长度内每一瞬时每个点上必然出现的力的平衡关系，即惯性力、阻尼力、弹簧力以及激振力之间的平衡。**弹簧可以看成由两项构成：一项是梁的轴向拉伸力 T，另一项是梁的弯曲刚度 EI**。方程(3－7－1)有时叫做**细梁，或欧拉-伯努利梁**。当需要考虑剪切变形和旋转惯性时，这个模型就叫做**铁木辛科梁**。就我们的目的而言，式(3－7－1)的细梁模型就足够了。

3.7.2　固有频率与模态振型

这里考虑轴向拉伸力 T 不存在时等截面(m 与 EI 为常量)细梁的固有频率和模态振型。我们应用 3.6 节用过的变量分离法，有

$$u(x,t)=U(x)\eta(t) \tag{3-7-2}$$

将式(3－7－2)插入到式(3－7－1)，得到如下两个微分方程。一个是关于时间函数 $\eta(t)$ 的微分方程

$$\ddot{\eta}+\left(\lambda^4\frac{EI}{m}\right)\eta=\ddot{\eta}+\omega^2\eta=0 \tag{3-7-3}$$

一个是关于**空间函数 $\boldsymbol{U(x)}$** 的微分方程

$$\frac{\mathrm{d}^4U}{\mathrm{d}x^4}-\lambda^4U=0 \tag{3-7-4}$$

其中 λ^4 是**分离常数**。常数 λ 与频率 ω 的关系为

$$\omega^2=\lambda^4\frac{EI}{m} \tag{3-7-5}$$

式(3－7－3)与式(3－7－4)的解是

$$\eta(t)=B_1\cos(\omega t)+B_2\sin(\omega t) \tag{3-7-6}$$

和

$$U(x)=A_1\cos(\lambda x)+A_2\sin(\lambda x)+A_3\cosh(\lambda x)+A_4\sinh(\lambda x) \tag{3-7-7}$$

我们看到，因式(3－7－4)的四阶性质，式(3－7－7)中含有正弦函数与双曲函数，它代表了关于每个特征值 λ 的固有振型。

Sturm－Liouville 定理[14]称，当模态振型用分布质量和分布刚度加权时，它们是正交的。这些正交性条件是：对于第 p 阶模态质量 m_p 来说

$$\int^l m(x)U_p(x)U_r(x)\mathrm{d}x=\begin{cases}0 & r\neq p\\ m_p & r=p\end{cases} \tag{3-7-8}$$

---

[14] See L. A. Pipes and L. R. Harvill, *Applied Mathematics for Engineers and Physicists*, 3rd ed., McGraw－Hill, New York, 1970.

而对于第 p 阶模态刚度 k_p 来说

$$\int^{l}\frac{\mathrm{d}^2}{\mathrm{d}x^2}\left[EI\frac{\mathrm{d}^2U_p(x)}{\mathrm{d}x^2}\right]U_r(x)\mathrm{d}x=\begin{cases}0 & r\neq p\\ k_p & r=p\end{cases} \tag{3-7-9}$$

【例】一个长度为 l 的均匀简支(铰支—铰支)梁连同其边界条件示于图 3－7－2。很明显，因为梁的两端都是铰支，故而两端不能做直线运动，只能做自由转动而不存在弯矩。我们需要用**欧拉-伯努利**弯矩位移方程(根据基础材料力学)

$$M(x,t)=EI\frac{\partial^2 u(x,t)}{\partial x^2}$$

将边界条件弯矩转化成位移边界条件。因为边界条件时时都在起作用，故可以做如下简化，但必须满足式(3－7－7)。简化后的边界条件是：$U(0)=U(l)=0$，$U''(0)=U''(l)=0$。将这两个条件应用于式(3－7－7)即可得出 $A_1=A_3=A_4=0$，以及下列**特征频率方程**

$$\sin(\lambda l)=0$$

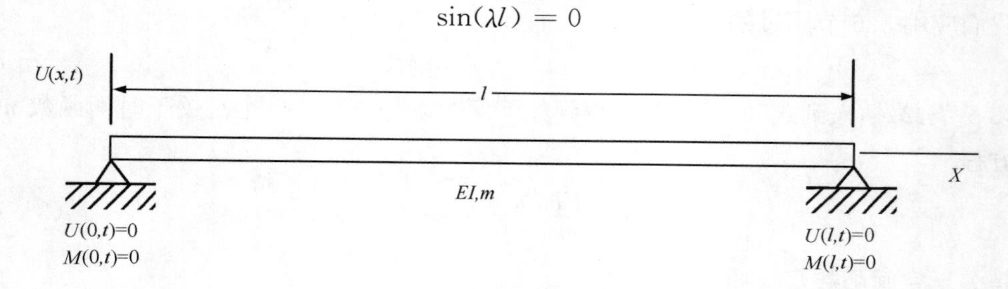

图 3－7－2　长度为 l 的均匀简支梁

这个方程在 λl 等于 π 的整数倍时满足，因此**特征值**是

$$\lambda_p=\frac{p\pi}{l} \tag{3-7-10}$$

由此，根据式(3－7－7)，模态振型(**特征函数**)变为

$$U_p(x)=\sin(\lambda_p x)=\sin\left(\frac{p\pi x}{l}\right) \tag{3-7-11}$$

根据式(3－7－5)，对应于每个 p 值的固有频率则为

$$\omega_p=\lambda_p^2\sqrt{\frac{EI}{m}}=\left(\frac{p\pi}{l}\right)^2\sqrt{\frac{EI}{m}} \tag{3-7-12}$$

对于本例的情形，式(3－7－11)的模态振型与张弦的模态振型是一样的。我们看到，式(3－7－12)中的固有频率按照 p^2 而增大，而在张弦情况下固有频率是随 p 线性增大的。将模态振型 $U_p(x)$(按照式(3－7－11)的换算比例)代入到式(3－7－8)和式(3－7－9)，我们可以发现正交性是满足的，因而模态质量对于所有 p 值都是个常数 $m_p=ml/2$，而模态刚度则是

$$k_p=p^4\frac{\pi^4}{2}\frac{EI}{l^3}=p^4(1.015)k_s$$

这里 k_s 是关于梁的中点的静弹簧常数(即 $k_s=48EI/l^3$)。当 $p=1$ 时，m_p 与 k_p 的值同根据

Rayleigh 能量法估计出来的梁的基频是一样的。将这些值代入固有频率表达式(模态刚度除以模态质量)，即可得到相同的第 p 阶固有频率，如式(3－7－12)所示。

3.7.3　固有频率与边界条件

表 3－7－1 给出了在六种常见的边界条件下 $\lambda_p l$ 的前五个值。这六种边界条件是：1)铰支—铰支(简支)，2)自由—自由，3)固支—固支，4)固支—自由(悬臂梁)，5)固支—铰支，6)铰支—自由。关于 $\lambda_p l$ 的值，我们从表 3－7－1 可以得出几点重要结论。

表 3－7－1　均匀截面梁的一般边界条件、频率方程与 $\lambda_p l$ 值

情况	边界条件	频率方程	$\lambda_p l$ 值
1	铰支—铰支 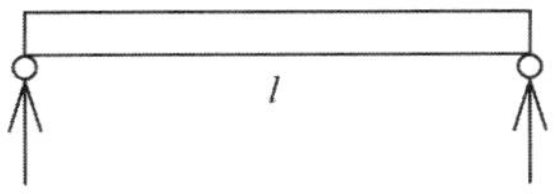	$\sin(\lambda_p l)=0$	$\lambda_1 l=\pi=3.142$ $\lambda_2 l=2\pi=6.284$ $\lambda_3 l=3\pi=9.425$ $\lambda_4 l=4\pi=12.566$ $\lambda_5 l=5\pi=15.708$
2	自由—自由 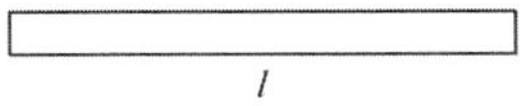	$\cos(\lambda l)\cosh(\lambda l)=1$	$\lambda_0 l=0$ (R. B.)* $\lambda_1 l=4.730$ $\lambda_2 l=7.853$ $\lambda_3 l=10.996$ $\lambda_4 l=14.137$
3	固支—固支 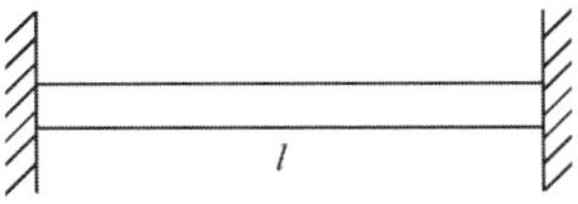	$\cos(\lambda l)\cosh(\lambda l)=1$	$\lambda_1 l=4.730$ $\lambda_2 l=7.853$ $\lambda_3 l=10.996$ $\lambda_4 l=14.137$ $\lambda_5 l=17.278$
4	固支—自由 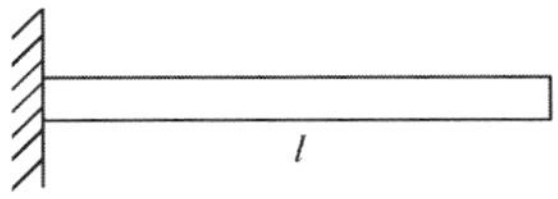	$\cos(\lambda l)\cosh(\lambda l)=-1$	$\lambda_1 l=1.875$ $\lambda_2 l=4.694$ $\lambda_3 l=7.855$ $\lambda_4 l=10.996$ $\lambda_5 l=14.137$
5	固支—铰支 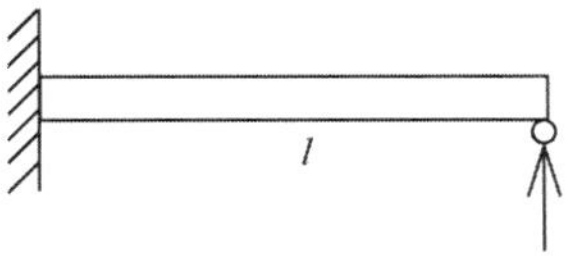	$\tan(\lambda l)=\tanh(\lambda l)$	$\lambda_1 l=3.926$ $\lambda_2 l=7.069$ $\lambda_3 l=10.210$ $\lambda_4 l=13.352$ $\lambda_5 l=16.494$
6	铰支—自由 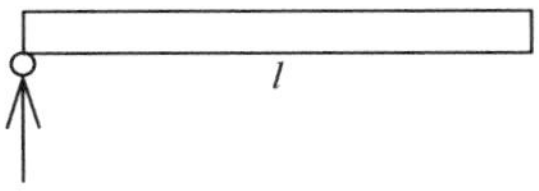	$\tan(\lambda l)=\tanh(\lambda l)$	$\lambda_0 l=0$ (R. B.)① $\lambda_1 l=3.926$ $\lambda_2 l=7.069$ $\lambda_3 l=10.210$ $\lambda_4 l=13.352$

注：①R. B. 表示刚体运动。

首先，自由—自由(情况 2)和铰支—自由(情况 6)可以具有刚体运动，因此第一个 $\lambda_p l$ 的值为零。零值的 $\lambda_p l$ 产生的固有频率也是零，这样的一个系统，我们称它是半定的，它能够进行刚体运动。**所有的车辆，例如飞机、汽车、旋转机械等，都是半定系统，它们的振动是叠加在刚体运动之上的。**

其次，有两组情况，虽然边界条件相反，但 $\lambda_p l$ 的值却相同。第一组是自由—自由(情况 2)和固支—固支(情况 3)，第二组是固支—铰支(情况 5)和铰支—自由(情况 6)。在这两组情况中，都是其中一种情况是带有刚体运动的半定系统，虽然两种情形的频率方程是相同的。在每一组中，都有一种情况可以具有刚体运动，而在另一种情况中则不可能有刚体运动。所以在实际情况中我们必须明白，第一个 $\lambda_p l$ 是允许等于零的。

第三，高阶固有频率具有 $\lambda_p l$ 值趋同的倾向。例如，在情况 2，3，5 ，6 中的 $\lambda_2 l$ 与情况 4 中的 $\lambda_3 l$，它们的值在 7～8 之间，情况 2，3，5，6 中的 $\lambda_3 l$ 与情况 4 中的 $\lambda_4 l$ 具有 10～11 的值，而情况 2，3，5，6 中的 $\lambda_4 l$ 与情况 4 中的 $\lambda_5 l$ 的值为 13.3～14.2。我们不禁要问，是什么东西导致了这种现象?

基频对梁的边界条件具有高度依赖性，这种依赖性示于图 3-7-3(a)，其中画出了铰支—铰支、固支—固支均匀梁的第一阶模态振型。固支梁被约束(它的边界上的斜率为零)，其中点的单位偏移具有比较高的应变能。对于铰支—铰支梁来说，约束的作用分布在整个梁的长度内，因此中点单位偏移的应变比固支—固支梁要小，因而情况 1 的 ω_1 小于情况 3 的 ω_1，也就是说前者的 $\lambda_1 l=3.142$，后者的 $\lambda_1 l=4.730$。

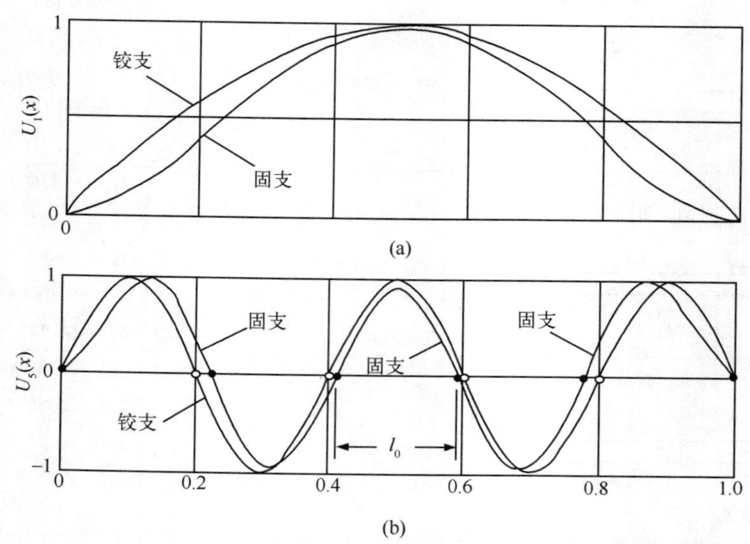

图 3-7-3 铰支—铰支梁和固支—固支梁的第一、五阶标准模态

(a)第一阶模态比较；(b)第五阶模态比较

关于第五阶固有频率的模态振型示于图 3-7-3(b)，其中固定边界条件的作用仅限于第一和第四个四分之一长度之内。梁的中间这一半的行为特性与铰支—铰支梁近乎相同。如果将波长 l_0[即图 3-7-3(b)中固支—固支模态振型的两个节点之间的距离]代入铰支—

铰支梁的基频方程中，则可以预测与之对应的固支—固支梁的基频。在这种情况下，$l_0 \approx 0.183l$，将这个值代入关于基频方程的式(3-7-12)，则有

$$\omega = \pi^2\sqrt{\frac{EI}{ml_0^4}} = \left(\frac{\pi^2}{0.183}\right)\sqrt{\frac{EI}{ml^4}} = (17.136)^2\sqrt{\frac{EI}{ml^4}}$$

情况3中固支—固支梁的$\lambda_5 l$的值是17.278，与17.136相比，误差不超过1%。预测何以如此准确呢？道理在于在梁的中间部分，两个节点之间的那一段梁很像一个长度为l_0的铰支—铰支梁。如果能够测出ω和l_0，并且l_0小于梁的1/4，就可以用这种方法核对梁这种特性。当l_0大于梁的1/4时，边界条件可能对上述结果有重大影响。这些结果是材料力学中**Saint Venant 原理**的动态等效。

柔基悬臂梁：固支—自由(悬臂)梁(情况4)的基频对零斜率转动边界条件极为敏感。图3-7-4(a)所示之模型具有一个扭转弹簧K，允许梁绕支点O做一定量转动，认为点O是铰支边界条件。在此情况下可以证明，该梁的频率方程涉及λl和一个刚度比β，β的定义如下

$$\beta = \frac{EI}{Kl} \tag{3-7-13}$$

O点若是固支边界条件，则对应的扭转刚度K为无穷大，$\beta=0$。就各种不同的β值求解系统的频率方程时，可以计算系统的基频，并构造一个无量纲频率比ω/ω_R，这里ω_R是参考固有频率，也就是$\beta=0$时的理想悬臂梁的固有频率。图3-7-4(b)和图3-7-4(c)表示ω/ω_R与β的函数关系。

β比较大(如$\beta>2$)时，频率方程的解接近于

$$\omega = \sqrt{K/I_0} \tag{3-7-14}$$

式中I_0是梁关于支点O[见图3-7-4(a)]的质量惯性矩。这种情况表明，当铰支—扭转支撑系统的固有频率低到足以跟自由—自由情形的基频相比拟的极限状态时，该模型也包含了梁的刚体特性。

当β比较小时，比值ω/ω_R对β的变化非常敏感，如图3-7-4(c)所示。曲线的起始部分可以用下式来估计

$$\frac{\omega}{\omega_R} = 1 - 1.6\beta \qquad \beta < 0.1$$

这种高度敏感性对于理解实际结构响应与仿真结构响应之间的差别是很重要的。

【实例】当一艘航空母舰大修之后，从甲板中部弹射器弹射飞机时，舰岛桅杆的振动超过了大修前的振动量级[15]。我们关心的问题之一是，与其他类似舰只相比，该舰舰岛桅杆结构的固有频率很低，其测量值是3.2 Hz左右，而舰岛结构的仿真模型所预期的频率大于4.7 Hz；实测值与预期值之比为0.68。研究一下图3-7-4(c)可明显看出，支撑结构及其刚度K对固有频率有着重要影响，同时β值应当在0.3左右。在舰艇上的

---

⑮ K. G. McConnell, "Tracking the Cause of Large Shipboard Vibrations During Catapult Launching," *Proceedings*, *SEM Fall Conference*, Savannah. GA, Nov. 1987.

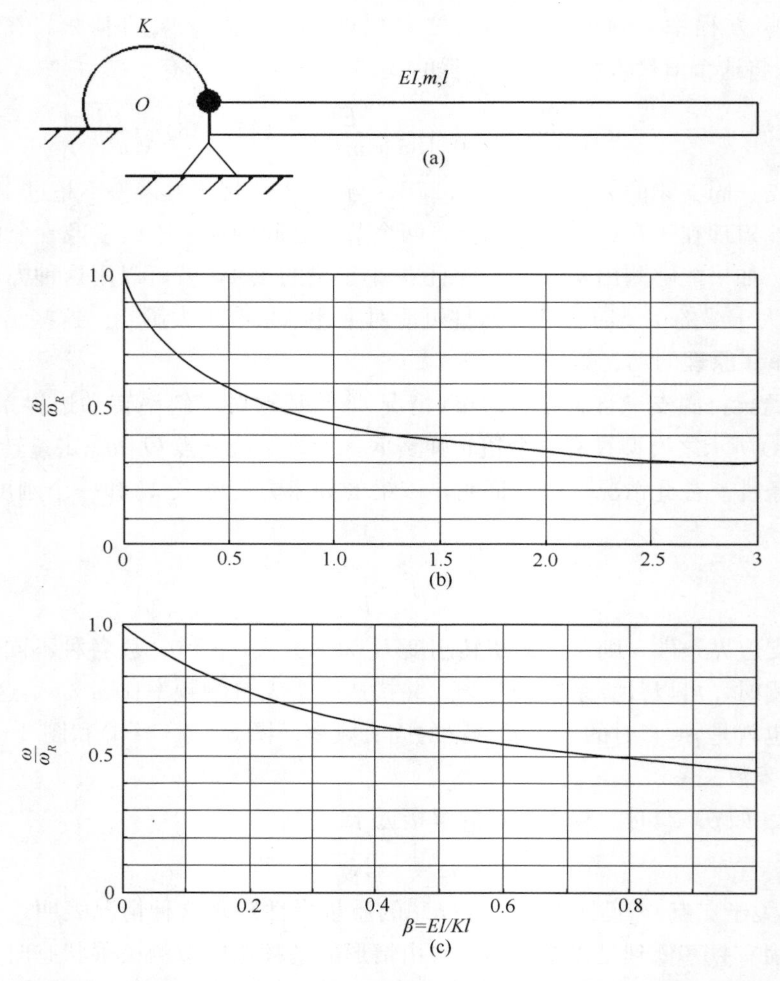

图 3-7-4 (a)铰支—扭转支撑系统；(b)基频比 $\beta(=EI/Kl)$。注意，当 $\beta=0$ 时悬臂梁的固有频率就是参考频率 ω_R；(c)图 3-7-4(b)中曲线的放大

后续测试以及对舰岛的转动结构刚度的进一步研究，所得 K 值彼此一致。理解了舰岛的这些特性，便有可能消除其过量响应，且判断结构完好。我们发现，大修期间一个关键部件被遗漏在了发射控制中心之外，将其复位后，便减小了激励，舰艇恢复到了正常工作状态(译注：本例叙述比较简略，不易明白。有兴趣的读者请查阅注 15 提供的论文)。

这个实际例子说明含有关键系统参数的简单理论模型，对于了解基频的现场实测值与预测值之间的差别是多么重要。了解了基础刚度的意义，就可以有根有据地处理面临的问题。对基础刚度的敏感程度多少令人有些吃惊，因为论文及书籍中经常出现不切实际的固支边界条件，而对零斜率假设的后果只字不提。

我们所以做此冗长讨论，目的是要引出下面关于试验与边界条件的一般说明：

1)边界条件常常是现场测量和实验室测量之间，或现场测量与计算机模拟之间所生误差的根源。

2)试图将力传感器置于结构上的某些重要位置点，很可能极大改变结构的边界条件。最好在实际结构部件上用应变片代替力传感器，因为应变片对大多数结构基本上没有影响。

3)为验证计算机仿真模型而测量结构的动态特性时，自由—自由边界条件优于铰支边界条件，铰支边界条件优于固支边界条件。用柔软的绳索将结构悬挂起来可以近似实现自由状态，从而使刚体固有频率远在第一阶自由边界固有频率之下。一般，这两个频率之比大于5就足够了。

3.7.4 模态模型

很明显，式(3－7－8)及式(3－7－9)的正交性跟3.6节所用的正交性相类似，利用这些正交性可以获得关于广义坐标$q_p(t)$的模态模型运动微分方程，此方程与式(3－6－19)相同，即

$$m_p\ddot{q}_p+C_p\dot{q}_p+k_pq_p=Q_pf(t) \tag{3-6-19}$$

其中广义激振力Q_p由下式给出

$$Q_p=\int_l P(x)U_p(x)\mathrm{d}x \tag{3-6-20}$$

而方程的特解为

$$u(x,t)=\sum_{p=1}^{N}\frac{U_p(x)Q_p}{D_p}\mathrm{e}^{\mathrm{j}\omega t}=\sum_{p=1}^{N}U_p(x)H_pQ_p\mathrm{e}^{\mathrm{j}\omega t} \tag{3-6-21}$$

这里H_p是第p阶模态频响函数，即$H_p=1/D_p$。

概念上，梁与张弦或直杆的第二、第四阶模态模型相同，唯一的重要差别是模态振型函数$U_p(x)$，通常梁的模态振型函数较之张弦或直杆更为复杂。**这意味着3.6节关于在不同分布力激励下的模态响应的讨论，可应用于各种梁以及一般结构。因此，研究轴向拉伸力作用下的梁，对于认识实际结构的特性比重复前面关于分布载荷的讨论更为有益。**

3.7.5 拉伸梁

研究一下简支梁在一拉伸载荷T的作用下的响应很有启示性。我们依然采用图3－7－2所示的均匀梁进行讨论，不过要忽略掉式(3－7－1)中的阻尼项与激励项，只考虑自由振动。这种情况下我们假定响应是频率为ω的正弦振动，如式(3－7－6)所示。现将式(3－7－6)代入式(3－7－2)，得

$$U(x,t)=U(x)[B_1\cos(\omega t)+B_2\sin(\omega t)] \tag{3-7-15}$$

将式(3－7－15)代入式(3－7－1)，且令$C=f(x,t)=0$，则

$$EI\frac{\mathrm{d}^4U}{\mathrm{d}x^4}-T\frac{\mathrm{d}^2U}{\mathrm{d}x^2}-m\omega^2U=0 \tag{3-7-16}$$

$U(x)$必须满足该四阶微分方程。如果令$U(x)=A\mathrm{e}^{sx}$，并代入上式，则得

$$s^4-\frac{T}{EI}s^2-\frac{m\omega^2}{EI}=0$$

它有关于 s^2 的两个根，由下式给出

$$s_1^2, s_2^2 = \left(\frac{T}{2EI}\right) \pm \left[\left(\frac{T}{2EI}\right)^2 + \frac{m\omega^2}{EI}\right]^{1/2} \tag{3-7-17}$$

这里要注意，s_1 是正的，s_2 是负的。如果我们知道了 s_1 或 s_2，则可以确定对应的固有频率 ω。由 s_1 和 s_2 这两个根得出解 $U(x)$ 为

$$U(x) = A_1\cosh(s_1x) + A_2\sinh(s_1x) + A_3\cos(s_2x) + A_4\sin(s_2x) \tag{3-7-18}$$

式中双曲函数与三角函数的幅角不同。s_1 和 s_2 的值用图 3-7-2 所示的边界条件来确定。根据那些边界条件可得 $A_1=A_3=0$，于是下式必满足

$$\sinh(s_1l)\sin(s_2l) = 0 \tag{3-7-19}$$

因为对于 s_1 的任何正值皆有 $\sinh(s_1l)>0$，故此只有当 s_2l 等于 π 的整数倍($s_{2p}=p\pi/l$)时式(3-7-19)才能满足。于是根据式(3-7-17)可得第 p 阶固有频率为

$$\omega_p = \frac{\pi^2}{l^2}\sqrt{\frac{EI}{m}\left(p^4 + p^2\frac{T}{T_{crit}}\right)} \tag{3-7-20}$$

式中 T_{crit} 叫做**临界欧拉弯曲载荷**，表示如下

$$T_{crit} = \frac{\pi^2 EI}{l^2} \tag{3-7-21}$$

将式(3-7-20)代入式(3-7-17)可求得对应的 s_{1p} 的值。结果得到的第 p 阶模态振型为

$$U_p(x) = \sin(s_{2p}x) = \sin\left(\frac{p\pi x}{l}\right) \tag{3-7-22}$$

这跟我们在没有拉伸载荷情况下得到的梁的模态振型相同。因此，根据这一结果可知，拉伸(就振型而言压缩也无妨)力对模态振型没有什么影响。McIvor 和 Bernard[16] 用更先进的分析方法证明，在动态压缩载荷下，结构的动特性有重大不同，更加复杂。

根据式(3-7-20)所得出的固有频率，我们可以得到许多结论：

1)当 $T=0$ 时，式(3-7-20)与式(3-7-12)所得结果相同。

2)当 T 相对于 T_{crit} 是很大拉力时，较低的固有频率($p=1, 2, \cdots$)与张弦的固有频率相接近。但是，当 $p>3$ 时，固有频率受弯曲的控制，即 EI/m 这一项起支配作用，因为 p^4 比 p^2T/T_{crit} 占优。

3)当 $EI=0$ 时，梁的固有频率就是张弦的固有频率。

4)如果 T 是正值，固有频率就高于纯弯曲的固有频率，这是因为拉伸与弯曲对有效弹力都有贡献。

5)如果 T 是负值(像一根柱子受压)，固有频率就低于根据一般梁理论预测的固有频率，因为压缩力减小了纯弯曲时的有效弹簧系数。当 T 接近 T_{crit} 时，固有频率也接近于零，说明这根梁(或柱)要垮了。

---

[16] I. K. McIvor and J. E. Bernard, "The Dynamics Response of Columns Under Short Duration Axial Loads," *Transactions of the ASME, Journal of Applied Mechanics*, Sept. 1973. pp. 688-692.

这个简单例子说明，轴向拉伸力或压缩力可能会大大改变我们通常预计的固有频率，但对于模态振型却没有影响或影响极小。所以我们应该懂得结构响应中的拉伸效应。频率的分布可能与我们的预测不同，试验过程中如果允许拉伸力做相当大的变化，那么不同的试验得出的频率就可能不同。

3.8　非线性

一般说，工程师和科学家接受训练时总是借助线性系统考虑问题，他们最喜欢相信，根据牛顿运动定律的某种确定性形式，利用足够大的计算机就可以计算任何响应。然而，我们常常被非线性现象引起的奇怪特性搞得迷惑不解。对于许多人，当非同寻常的特性出现时，非线性是个容易找到的替罪羊，尤其是很少有人向此类模糊认识挑战。本节的目的是向读者介绍一些基本的非线性响应概念，并鼓励读者既要研究非线性特性，也要研究混沌运动这一新的领域。人们注意到，只有在非线性系统中才会出现混沌运动。

下面是引起非线性的一些因素：

1)非线性弹簧元件和阻尼元件；

2)非线性边界条件；

3)流体结构相互作用；

4)啮合零件中的机械间隙；

5)非线性电磁力；

6)伺服控制器与电子元器件。

本节讨论一些基础性的非线性概念。首先，研究振动响应的非线性时，要求采用另外一些不同的方法，如相平面法。我们用单摆作为一个非线性弹簧的例子，因为单摆中的刚度系数随位置而变化。Duffing 方程是个很好的模型，可解释振动试验中常常遇到的跳跃现象。我们利用 van der Pol 方程来介绍自激振动和极限循环特性。Mathieu 方程用以介绍时变参数激励概念。最后关于混沌特性以及在某些情况下怎样识别混沌特性，我们要简单说几句。

3.8.1　相平面

相平面是速度 $\dot{x}$ 对位移 x 的曲线图。我们知道，线性系统的无阻尼振荡可以写成

$$x = A\sin(\omega_n t) \tag{3-8-1}$$

对应的速度为

$$\dot{x} = \omega_n A\cos(\omega_n t) \tag{3-8-2}$$

速度 $\dot{x}$ 对位移 x 的曲线画在图 3-8-1(a)。显见，点 A 对应着 $\omega_n t=0$，点 B 对应 $\omega_n t=\pi/2$，点 C 对应着 $\omega_n t=\pi$，点 D 对应着 $\omega_n t=3\pi/2$，所以顺时针移动点 P 就画出一个闭合的、重复的椭圆路径。这个相平面图还显示出一个稳定的中心点 O，点 O 对应的是势能最

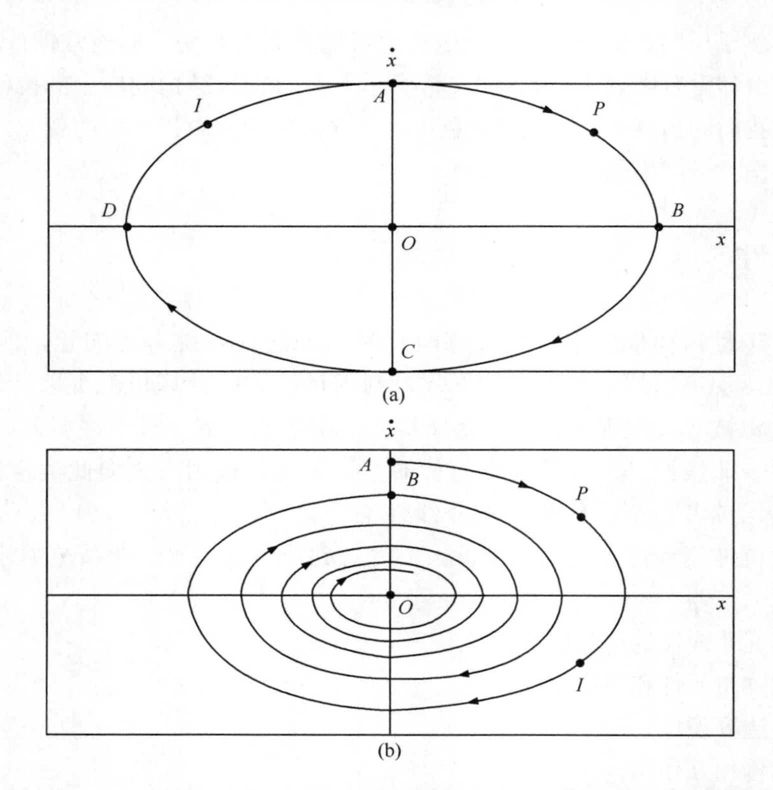

图 3-8-1 无阻尼和阻尼正弦运动的相平面图，两条曲线均从点 A 起始
(a)无阻尼正弦运动的相平面图；(b)阻尼正弦运动的相平面图

小的静平衡点。

类似地，阻尼振荡为

$$x = A\mathrm{e}^{-\zeta\omega_n t}\sin(\omega_d t) \tag{3-8-3}$$

因此

$$\dot{x} = A\mathrm{e}^{-\zeta\omega_n t}\left[-\zeta\omega_n\sin(\omega_d t) + \omega_d\cos(\omega_d t)\right] \tag{3-8-4}$$

式(3-8-3)和式(3-8-4)两个式子的关系曲线是螺旋式衰减路径，如图 3-8-1(b)所示，其中点 p 顺时针方向运动，同前一样。螺旋路径的形成是由于每个循环期间都消耗能量，所以当整个过程从点 A 开始时，一个循环之后衰减到点 B。很明显，图 3-8-1(b)代表一个稳定系统，O 点就是稳定**焦点**，它是静平衡位置，对应着最小势能。如果相平面图表明点 P 围绕点 O 运动而路径连续变化，那么系统可能是不稳定的。稳定系统的标志是 P 点最终以重复路径包围着点 O。

3.8.2 单摆

图 3-8-2(a)是一个单摆，它关于在点 O 的销轴的转动惯量是 I_0，质心为 G，G 和 O 相距 b，单摆相对于竖直线的位置用坐标 θ 表示。该系统的运动方程为

$$I_0\ddot{\theta} + mgb\sin(\theta) = 0 \tag{3-8-5}$$

在小角度下 $\sin(\theta)\cong\theta$，由此可求得线性系统的响应。这时方程(3-8-5)可以写成

$$\ddot{\theta}+\omega_0^2\sin(\theta)\cong\ddot{\theta}+\omega_0^2\left(\theta-\frac{\theta^3}{6}\right)=0 \tag{3-8-6}$$

式中 ω_0 是小角度固有频率($\omega_0=\sqrt{mgb/I_o}$)，$\sin(\theta)$近似等于它的级数展开式的前两项。上式可以写成更一般的形式

$$\ddot{\theta}+\omega_0^2\theta+\alpha\theta^3=0 \tag{3-8-7}$$

在这里 $\alpha=-\omega_0^2/6$。式(3-8-7)叫做**自由无阻尼 Duffing 方程**。当 α 为负数时，式(3-8-7)代表一个软变非线性弹簧，而正 α 代表一个硬变弹簧。

方程(3-8-7)常用 Lindstedt 摄动法[17]近似求解。对于初始条件 $\theta(0)=\theta_0$ 和 $\dot{\theta}(0)=0$，第一次摄动给出下列结果

运动(角位移)

$$\theta=\theta_0\cos(\omega t)+\frac{\omega_0^2\theta_0^3}{192\omega^2}[\cos(\omega t)-\cos(3\omega t)] \tag{3-8-8}$$

固有频率

$$\omega^2=\omega_0^2\left(1-\frac{\theta_0^2}{6}\right) \tag{3-8-9}$$

近似摄动解说明，一个自由振荡至少有两个频率分量：ω 和 3ω，如式(3-8-8)所示。ω 与运动的振幅有关，其值随着振幅的增大而减小，如式(3-8-9)所示。较高频率谐波(叫做**高次谐波**)的产生是非线性系统的特征。这些高次谐波通常是基频的整数倍(如本例所得)。非线性系统还被认为产生次谐波，即 ω/n(n 是整数)。

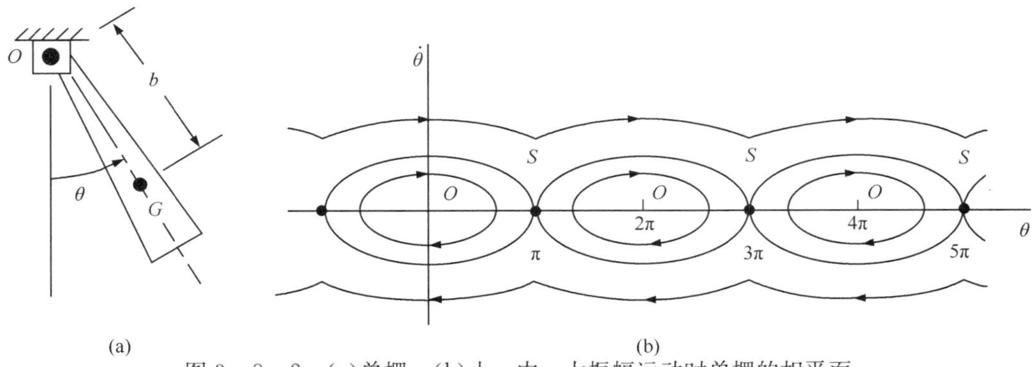

图 3-8-2　(a)单摆；(b)小、中、大振幅运动时单摆的相平面

式(3-8-6)描述的单摆具有一个有趣的相平面，如图 3-8-2(b)所示。它在点 O 具有多重平衡点，位于 2π 的整数倍处。然而，它也具有一个**分离点** S，出现在 π 的奇数倍处。分离点对应着单摆摆动的顶点。穿过 S 点的曲线叫做**分界线**，因为当单摆来来回回摆动时，这条线把振荡运动与 θ 角随着时间增大或减小的连续运动给分离开来。显然，相平面能够提供关于系统特性的一些有价值的信息。

---

[17] See S. S. Rao, *Mechanical Vibrations*, 2nd ed., Addison-Wesley, Reading, MA, 1990, Chapter 13.

3.8.3　强迫振动的 Duffing 方程

Duffing⑱研究了一个与非线性三次硬变或软变弹簧相连接的质量在谐波激励下的运动方程，他导出的方程如今称做 **Duffing 方程**，如下

$$m\ddot{x}+c\dot{x}+kx\pm\mu x^3=F\cos(\omega t) \tag{3-8-10}$$

人们常用该方程的无阻尼标准化形式，写作

$$\ddot{x}+\omega_0^2x\pm\alpha x^3=P\cos(\omega t) \tag{3-8-11}$$

显然，式(3－8－10)两边除以 m 即得式(3－8－11)，ω_0 是线性系统的固有频率，$P=F/m$。解式(3－8－11)通常采用**迭代法**。假定第一个解形如

$$x_0=A\cos(\omega t) \tag{3-8-12}$$

这里 A 待定。将这个解代入式(3－8－11)，并将二阶导数式积分两次，且忽略高次项，则第一次迭代近似式成为

$$x_1=\frac{1}{\omega^2}(\omega_0^2A\pm 0.75\alpha A^3-P)\cos(\omega t)\pm\cdots \tag{3-8-13}$$

Duffing 证明，式(3－8－12)和式(3－8－13)中的振幅必定相同，因此振幅 A 必须满足下式

$$y=\mp\frac{0.75\alpha A^3}{\omega_0^2}=\left(1-\frac{\omega^2}{\omega_0^2}\right)A-\frac{P}{\omega_0^2} \tag{3-8-14}$$

其中 ω_0，ω，α 和 P 为给定值。给定参考频率 ω_0 和 α 的值，画出作为 A 的一个函数即可确定振幅 A。然后对于给定的 P 值和各种不同的 ω/ω_0 画出线性函数即可显示出这两条曲线的交点，这些交点就是满足式(3－8－14)的 A 的值。用这种方法可求得响应曲线的振幅，如图 3－8－3 所示(图中就硬变弹簧和软变弹簧画出)。中间的虚线对应系统的固有频率，是令 $P=0$ 时从式(3－8－14)得出的。因而

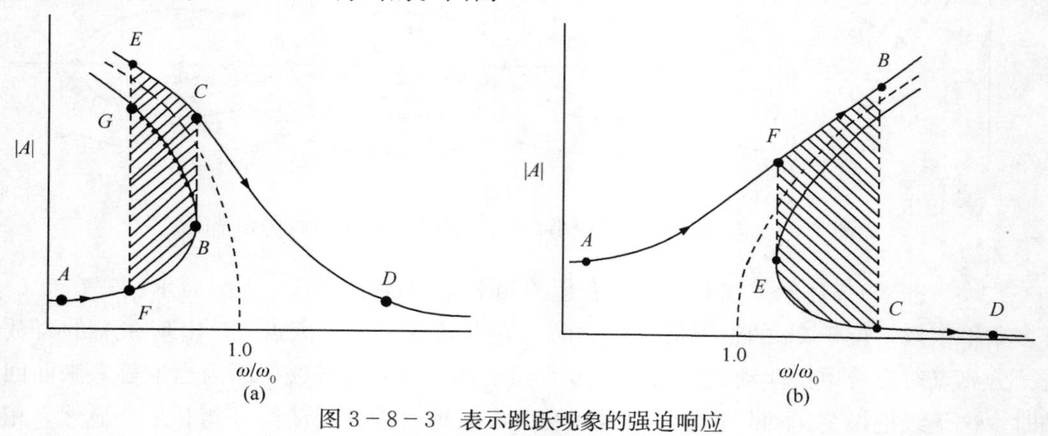

图 3－8－3　表示跳跃现象的强迫响应

(a)软变弹簧；(b)硬变弹簧

⑱ G. Duffing, *Erwugene Schwingungen bei veranderlicher Eigenfrequenz*, F. Vieweg u. Sohn, Braunschweig, Germany, 1918.

$$\frac{\omega^2}{\omega_0^2}=1\pm\frac{0.75\alpha A^2}{\omega_0^2} \tag{3-8-15}$$

与式(3-8-9)一致。

这个简单系统的响应表现出一种有趣的特性，叫做**跳跃现象**。对于图 3-8-3(a)中的软变弹簧，我们从点 A 开始。当频率增加时，振幅也增大到点 B，此处出现一个到点 C 的突然跳变。然后当频率再增大时，我们沿着上边的曲线走向点 D。当频率降低时，我们从点 D 沿着上面的曲线上行，通过点 C 到达点 E，这时由于阻尼的缘故，响应从点 E 直落到点 F。曲线的下分支，起始于点 B，到达点 G 后再延伸，这一段其实是不存在的。这个突然的跳跃现象是一个暗示：弹簧发生了非线性行为。硬变弹簧也有类似的现象：频率从点 A 起逐渐增大，到达点 B，由于阻尼的缘故，曲线从点 B 直落到点 C，然后以小振幅到达点 D。在频率降低过程中，在点 E 发生到点 F 的跳跃，然后响应沿曲线到达点 A。

我们在时间历程记录上看到振动量级因跳跃现象而突然跌落或陡然剧增时，十分惊讶。信号可以在一两个循环之内瞬间跌落一个数量级(10 倍)以上。试验者的第一反应是：设备坏了！

【例】图 3-8-4 演示说明了典型的非线性特性。试件可以模型化为质量 m_1 被库仑摩

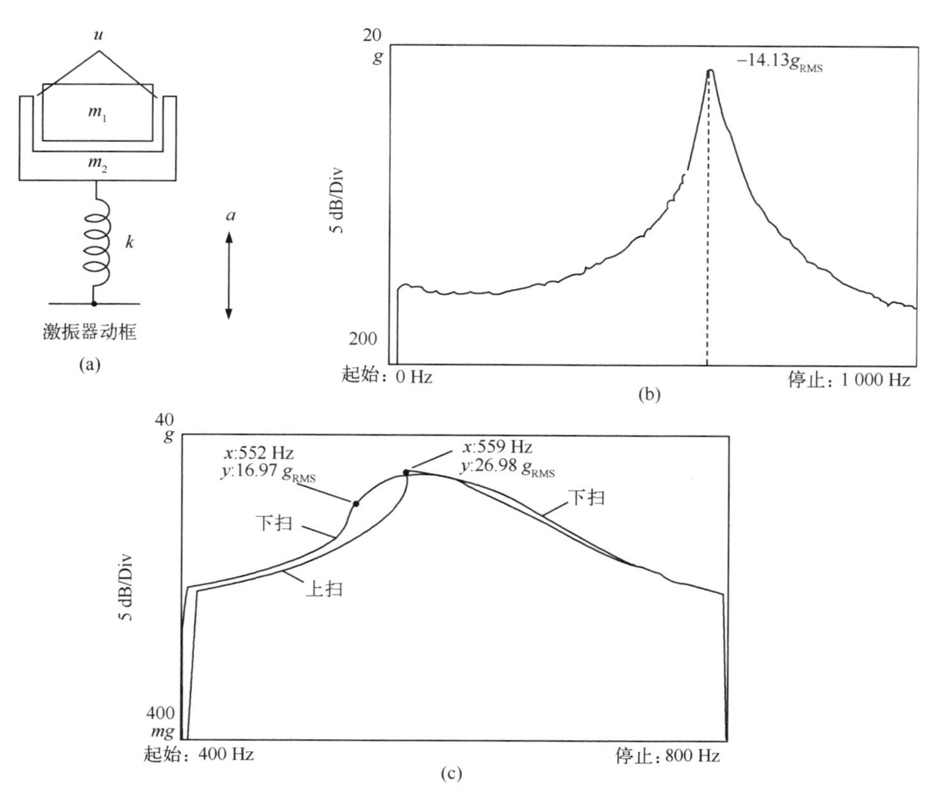

图 3-8-4　实际的非线性试验响应由质量 m_1 和 m_2 之间的库仑摩擦力来控制

(a)试验系统模型；(b)1g 的峰值正弦输入，显示出轻微的软变特性；

(c)5g 的峰值正弦输入，上下频率扫描

擦机制附着在一个小质量 m_2 上。m_2 与弹簧 k 连接，k 又连接在装置的基础上，如图 3-8-4(a)所示。该装置的基础固定在激振器的动圈上进行振动试验。激振器从 20 Hz 到 1 kHz 做扫频振动，正弦输入量级是 $1g$ 峰值。测量到的 m_1 的输出加速度量级，如图 3-5-4(b)所示，在 600 Hz 上出现了峰值，其加速度有效值为 $14.13g$。仔细研究这个响应曲线可以看出，峰值出现以前振幅随频率的增大相当陡峭(斜率较大)，而共振频率过后，与典型的对称共振曲线相比，这个曲线斜率稍微平缓一些。然后输入量级增加到 $5.0g$ 峰值，频率从 400 Hz 向上扫描至 800 Hz，继而回扫，结果示于图 3-8-4(c)。上行扫描时，在 559 Hz 左右响应发生突变，振幅跳到 $26.98g_{RMS}$。下行扫描时响应突变发生在 552 Hz 附近，响应幅值突降至 $16.97g_{RMS}$。很清楚，在这种非线性行为中库仑摩擦起着重要作用。持续的试验由于磨损的缘故，摩擦力逐渐减小，试验将不能再重复进行下去。最后的结果是，设计者不得不重新评估他们的设计及产品环境。

【例】Zanin 和 Varoto 研究了一个典型的非线性强迫振动的例子[19]，如图 3-8-5 所示，一个悬臂梁的自由端附着一个质量 m，悬臂梁侧面还有处于受拉状态的导线。这些导线产生了三次方非线性弹簧效应。质量由一电动激振器激励，运动幅度 u_0 用固定在质量上的一枚加速度计测量。曲线 A 对应着小幅振动，看起来像一条经典线性共振曲线，关于峰值为对称。曲线 B 显示，峰值稍有倾斜，几乎看不到跳变。曲线 C 表现出强烈倾斜及很大的跳变，这是典型的非线性响应。当运动幅度加大时，各曲线的峰值与固有频率也随着运动幅度的增大而增大，如式(3-8-15)所示。

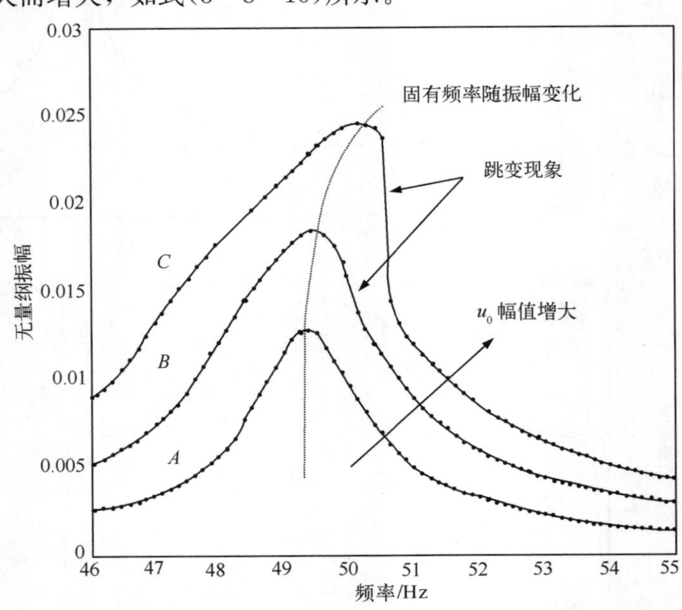

图 3-8-5　非线性响应随着输入运动 u_0 的增大而失真。注意，硬变弹簧特性改变了固有频率，并产生幅值跳变现象

[19] D. Zanin and P. S. Varoto, "Nonlinear vibrations on a cantilever beam with end mass," *Scientific Research Report*, University of Sao Paulo, EESC-USP, Brazil, 2003.

这里揭示的典型的非线性响应曲线常常被随机振动试验所掩盖，因为在随机振动试验中，共振峰变宽而非变窄变斜，跳变不易看出。这对于用随机振动数据检测非线性特性是一个严重限制。如果读者想检查结构的非线性，最好用正弦试验，因正弦振动试验中跳变现象比较明显。

3.8.4　Van der Pol 方程与极限循环

Van der Pol[20]曾通过幅值变化研究过负阻尼效应。Van der Pol 方程描写如下

$$\ddot{x} - \alpha(1 - x^2)\dot{x} + x = 0 \tag{3-8-16}$$

式中参数 α 决定着速度项的重要性。当 α 比较小时($\alpha<0.1$)，上面方程的解近似为

$$x \cong 2\cos(t) + \cdots \tag{3-8-17}$$

其中，忽略了很小的高次谐波。这意味着相平面曲线是个椭圆，如图 3-8-6(a)所示。方程(3-8-16)具有一个有趣的特性，叫做**极限环**。当振幅 $A<2$ 时，速度项将能量泵入系统，而当 $A>2$ 时，速度项又把能量从系统中移出。只有当 $A=2$ 时，速度项才保持常量。因此，对于任何起始于极限环之内的初始条件，运动都将外旋至极限环，而对于起始于极限环之外的任何初始条件，运动都会衰减到极限环。Van der Pol 方程是制造电子振荡器的基础性原理。

当 $\alpha>10$ 时，发生另一种不同的运动，叫做**弛张振荡**，如图 3-8-6(b)所示。在这种情况下(起始于点 A)，在很大的位移范围内速度保持近乎常数正值，直到点 B；在点 B，速度迅速落到 C 点变成负值，之后基本上保持负值常数到达 D 点，然后又迅速升至 A 点成为正值。运动能否变成极限环运动，决定于初始条件是在极限环的内部还是外部，如图所示。

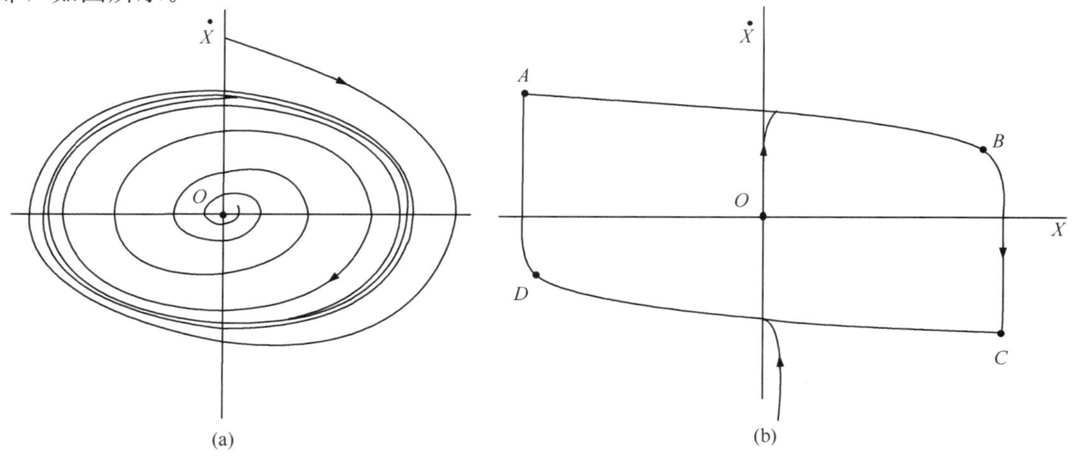

图 3-8-6　表示极限环的 Van der Pol 方程的相平面图

(a)$\alpha=0.1$，产生正弦运动；(b)$\alpha=10$，产生弛张运动

[20] B. van der pol, "Relaxation Oscillations," *Philosophical Magazine*, Vol. 2, 1926, pp. 978-992.

3.8.5 Mathieu 方程

有许多简单的物理系统，它们的运动微分方程的系数因受外部因素的支配而变成时间相关的，这类系统的运动方程就是 Mathieu 方程。例如，我们考虑一个简单倒摆，如图 3-8-7(a)所示，摆长为 l，质量为 m，销支点 O 做竖直正弦运动(这就是外部控制源)。摆的运动微分方程是

$$\ddot{\theta}+\frac{g}{l}\left[-1+\frac{\omega^2 Y}{g}\cos(\omega t)\right]\theta=0 \qquad (3-8-18)$$

显然，θ 的"弹簧率参数"是时间相关的。同样显然，当 $\omega=0$ 时摆会落下，但是 J. P. den Hartog 已经从理论上和实验上说明[21]，对于 ω 的某些取值，此摆将会按照某种稳定形式围绕竖直位置做振荡运动。

方程(3-8-18)可写成如下形式

$$\frac{d^2\theta}{d\lambda^2}+\{a-2b\cos(2\lambda)\}\theta=0 \qquad (3-8-19)$$

这个方程叫做 Mathieu **方程**。式(3-8-19)的稳定范围与不稳定范围示于图 3-8-7(b)。

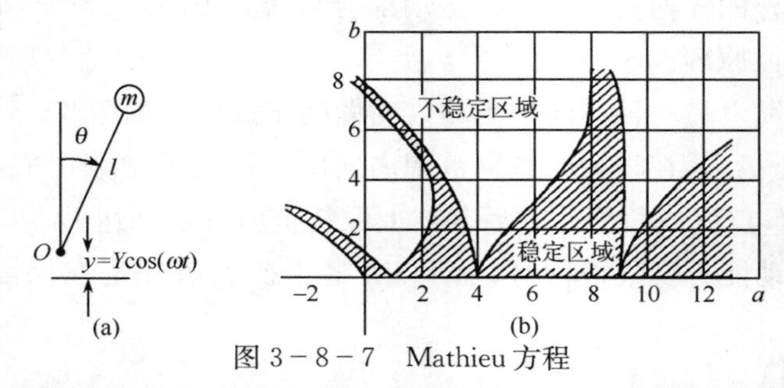

图 3-8-7 Mathieu 方程

(a)倒摆—系统参数是时间相关的；(b)就参数 a 和 b 显示稳定与不稳定范围

3.8.6 混沌振动

过去 35 年发展起来一个全新的研究领域，一般叫做**混沌运动**或**混沌振动**。形成混沌运动，需要非线性系统关系。按过去的术语，人们常说一个系统在一定条件下是"不稳定"的。这种说法经常是指，在特定条件下系统达到了某个工作区域，在这个工作区域内非线性现象可能引起奇怪的、"不稳定"的特性行为。这种不稳定特性常常是一个确定性过程，虽然所产生的运动可能貌似随机运动。

怎样区别混沌振动与随机振动呢？Moon[22] 提出了很多办法，帮助我们识别可能出现的非周期运动或混沌运动。首先，能找出系统中的非线性元件吗？这一点很重要，因为线

---

[21] J p. den Hartog，*Mechancial Vibrations*，4th ed.，McGraw-Hill，New York，1956.

[22] See F. C. Moon，*Chaotic Vibrations：An Introduction to Chaotic Dynamics for Applied Scientists and Engineers*，John Wiley & Sons，New York，1987，chapter 2.

性系统不会是混沌的，唯有非线性系统才有可能是混沌的。其次，有随机源输入到系统中吗？如果没有已知的随机源输入，但是输出却像是随机的，具有很宽的频谱，那么就很可能是发生了某种混沌特性。第三，观察相平面时间历程。虽然这些曲线的解释超出了本书范围，但一般说，混沌相平面曲线往复移动的相位空间很宽，而不是一条很规矩的曲线。混沌运动的进一步表现是在激励频率以下出现多个频率分量。

本节的要旨是：为了明晰地区别什么时候按随机过程处理，什么时候按混沌信号对待，我们需要更加仔细地研究混沌概念与混沌现象。Moon 关于混沌振动的著作是个很好的起点。

3.9　小结

本章的目的是从振动试验的观点温习我们所熟知的振动理论。我们从单自由度系统的暂态振动开始，找到了支配运动的二阶微分方程，这方程反映了每一瞬时惯性力、阻尼力与弹簧力之间的平衡关系。在无阻尼自由振动中，系统按照它的固有频率振动，弹簧力与惯性力相互抵消。这样的系统按照其固有频率被激励时之所以产生共振，正是这两种力相互抵消的结果。有阻尼的暂态响应被限制于一个包络之内：对于黏性阻尼，包络是指数衰减的，而对于库仑阻尼，包络是直线衰减的。我们还证明，低固有频率对结构相对于重力的方位可能比较敏感。

在单自由度系统的强迫响应中，我们介绍了三种非常有用的输入—输出频响函数：位移导纳(位移与单位力之比)、速度导纳(速度与单位力之比)以及加速度导纳(加速度与单位力之比)。这三种频响函数(导纳)之间的关系是，将其中一个导纳乘以或除以 $\mathrm{j}\omega$ 或$(\mathrm{j}\omega)^2$就得到另一个频响函数。我们还讨论了黏性阻尼、库仑阻尼和结构(滞后)阻尼模型，并将它们应用于强迫振动响应。无论是黏性阻尼模型还是结构阻尼模型，通常都可以很好地预测强迫振动响应。各种频响函数可以用波德图(幅值—频率、相位—频率曲线)和奈奎斯特图(虚部—实部曲线)来表示。波德图是最常用的曲线图，它采用对数或分贝数刻度来适应很大的动态范围。结构阻尼情形下奈奎斯特位移导纳图是个圆，其圆心位于竖直虚轴上，而黏性阻尼情况下的奈奎斯特速度导纳图也是一个圆，当系统共振时圆心位于水平轴上，圆拟合的概念由此而来。

线性系统的一般输入—输出模型显示，我们可以采用两种不同的方法进行研究。一种方法是利用傅里叶级数概念与叠加原理，这种方法要用到频域中的频响函数。另一种方法是应用冲激响应函数与时域中的叠加法。已经证明，冲激响应函数 $h(t)$和位移导纳频响函数 $H(\omega)$互为傅里叶变换。冲击响应谱 SRS 是一个单自由度概念，它把一个时间历程转变为单自由度振子的最大响应与其固有频率之间的函数关系。冲击响应谱与信号的傅里叶频谱有关，但是冲击响应谱的用法与重要性曾被严重曲解与滥用。

我们通过二自由度模型介绍了多自由度系统的振动响应概念。我们研究了无阻尼自由响应的固有频率以及每个固有频率下出现的固有运动。多自由度系统的固有运动是用模态矢量来描述的。模态矢量的关于质量矩阵与刚度矩阵的正交性条件是关键性问题。稳态强迫振动响应既可以用直接矩阵法获得，也可以用模态分析法获得。按照后一方法，每个固有模态对响应都有一份贡献。将这些响应模态相加，就构成了输入—输出频响函数。已经证明，如果模态响应数目足够大，那么直接法与模态法给出的FRF相同。但是要认识到，实践中描述系统只能采用有限的自由度数，因此任何用实验方法得到的模态模型之精度都是有限的。

二阶连续系统模型是通过张弦、轴杆(与弹簧)及扭杆的振动来讨论的。我们用变量分离法导出了模态模型。为求得固有频率和模态振型，我们将边界条件应用于空间解$U(x)$。然后再利用这些固有频率与模态振型通过正交性，得到了关于广义坐标$q_p(t)$的模态运动微分方程。广义激振力Q_p的求法，取决于激振力的分布情形。我们对激振力分布的影响做了深入研究，发现有些模态可能因激振力的分布而无法激励出来。有一个例子说明，竟有半数的潜在模态会丢失。最后，在这样的情况下得出的频响函数，一定要根据分布激振力的影响来检查。我们发现，只有在集中激振力的情况下才可以定义点对点的输入—输出频响函数，当激振力是分布力时，点对点的频响函数是不能定义的。不同情况要区别对待。

四阶梁是我们研究的最后一个系统。处于拉伸情况下的梁有两个弹簧项，一项因拉伸力而致，一项由梁的弯曲刚度所致。无阻尼自由振动模型表示，模态振型由双曲函数和正弦函数组成。我们深入研究了边界条件对固有频率的影响，从中看到，处理边界条件时的疏忽大意可能使试验出现严重问题。模态模型给出的结果与二阶连续系统相同，只是模态振型更复杂。梁在拉伸条件下，固有频率会提高，受压时与没有拉伸力情况相比，固有频率会降低。

最后，极为重要的是要有一个理论模型来解释基本的动态特性，以便真正理解测量数据的意义，并采取适当的切实可行的措施。否则实验数据的意义可能被错误解释，丧失进行重大工程设计修改的机会，浪费资源。

例如，处于悬垂状的输电线，其垂跨比一般为2%～5%。传统上，研究电线的固有频率与模态振型时把它当做张弦模型来处理。

Nariboli 和 McConnell 研究出了一种更先进的动态模型[23]，在此模型中考虑到了输电线的曲率和轴向弹性系数。按照这个模型，输电线的固有频率与模态振型同采用张弦模型所得结果差别很大。这是因为固有频率及模态振型决定于电线的参数$EA/\rho gAL_0$(式中E是杨氏弹性模量，A是横截面面积，ρg是电线单位体积的质量，L_0是电线半跨距)以及垂跨比。对于典型的电线参数$EA/\rho gAL_0=14\ 000$的情况，无量纲固有频率($\omega=\omega_n/\omega_R$)与垂跨比($\delta/2L_0$)的关系曲线示于图3-9-1。当垂跨比小于0.001时，固有频率与传统张弦理论的预测值(即张弦基频ω_R的整数倍)非常接近。

但是，当垂跨比增大时，就会发生许多有趣的现象。首先，奇数固有频率沿直线$\omega=\alpha$与偶数固有频率相交，如图3-9-1所示。这表明，当垂跨比在2.25%左右时，第一、第

[23] G. A. Nariboli and K. G. McConnell, "Curvature Coupling of Catenary Cable Equations," *International JournaL of Analytical and Experimental Modal Analysis*, Vol. 3, No. 2, Apr. 1988, pp. 49-56.

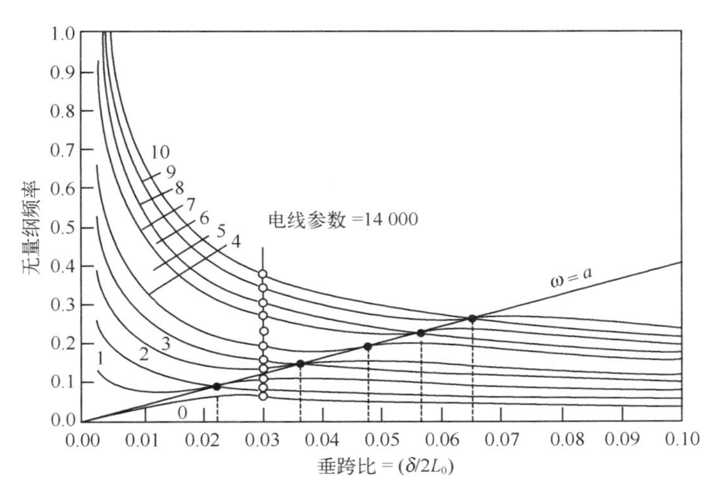

图 3－9－1　电线的无量纲固有频率与垂跨比的关系曲线(电线参数 $EA/\rho AgL_0$ 是 14 000)

二阶电线固有频率相同，而振型不同，如图 3－9－2(b)和图 3－9－2(c)所示。其次，当垂跨比从零增大时，开始出现一个新的固有频率和振型，如图 3－9－1 所示，这叫做零根模态；当垂跨比等于零时，这个零根模态的振型与第一阶张弦模态相同[比较图 3－9－2(a)和图 3－9－2(b)]。第三，当垂跨比大于 5%时，第一阶电线模态振型变得与第三阶张弦模态一样了[见图 3－9－2(b)]。

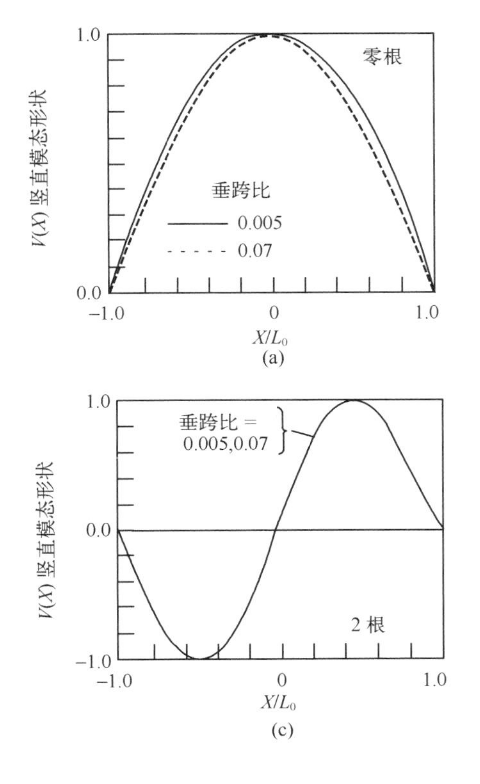

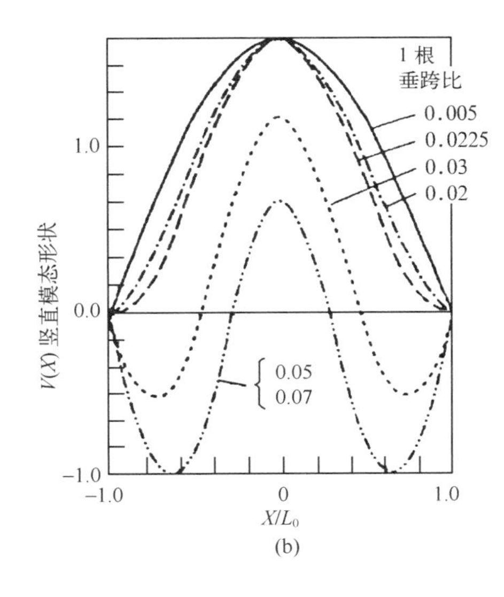

图 3－9－2　弹性悬垂电线的竖直模态振型

(a)零根模态；(b)1 根模态振型，从模态 1 变化到模态 3；(c)2 根模态振型，不随垂跨比变化

为了掌握这些曲线的含义，假定垂跨比为3%，那么将图3-9-1中垂跨比竖直向上移动到3%时，应当观察到的基频与零根模态频率相对应，而且具有图3-9-2(a)的零根模态振型。应当观察到的第二阶频率对应着图3-9-1中的第二条电线频率线，并具有图3-9-2(c)所示的根2模态振型。可观察到的第三阶固有频率对应于第一条张弦频率线(图3-9-1中的曲线1)，并且具有图3-9-2(b)中的根1模态振型(该振型对应的垂跨比是0.03)。此外，当我们沿竖直线向上移动到3%垂跨比时，可以看到，各个固有频率不再是基频的整数倍了。

在这个例子中，各模型之间的模态振型是相似的，并且很难测准。另一方面，固有频率也不像张弦那样是基频的整数倍。还有，如果天太热，所测量出来的固有频率会有所不同，因为垂跨比随温度而改变。虽然这个比较先进的理论模型不很完美，但它还是反映出垂跨比及电线的参数对系统的响应特性有很大影响，因此如果避免误入歧途，就不要采用张弦模型。

非线性影响可以由各种不同的机制引起，如弹簧、阻尼、电磁效应等。为检测非线性特性，我们作为一种方法介绍了相平面(速度对位移)图。线性无阻尼系统走出一个闭合的椭圆路径，而线性有阻尼系统的振荡走的是螺旋式路径，与自激式非线性系统的极限环特性相反。我们举了一个软变弹簧的例子——单摆，得到了基频的奇数倍频率，正是由于软变弹簧的缘故，单摆的固有频率随着运动幅度的增大而降低。我们用Duffing方程检测强迫振动响应中的非线性——共振频率随运动幅度而变化，并出现突然跌落现象。我们用Van der Pol方程说明极限环特性与自激特性，用Mathieu方程演示参数激励的系统，这种系统可以是稳定的，也可以是不稳定的，视系统参数值而定。混沌运动只可能出现在非线性系统中，这个概念很重要，特别是这种运动很容易被初学者误解为随机运动，这时，工程师可能丢失最重要的一部分试验数据。

因此，试图根据从不恰当的模型得来的认识解释数据时，例如数据出现不一致性、不符合我们的预期等，常常发生极大的混乱与无助。

3.10　参考文献

[1] Bandstra, J. P., "Comparison of Equivalent Viscous Damping and Nonlinear Damping in Discrete and Continuous Vibrating Systems", *Journal of Vibration, Acoustics, Stress, and Reliability in Design*, Vol. 105, 1983, pp. 382—392.

[2] Bendat, J. S. and A. G. Piersol, *Measurement and Analysis of Random Data*, John Wiley & Sons, New York, 1966.

[3] Bert, C. W., "Material Damping: An Introductory Review of Mathematical Models, Measures, and Experimental Techniques", *Journal of Sound and Vibration*, Vol. 29, No. 2, 1973, pp. 129—153.

[4] Biot, M. A., "Analytical and Experimental Methods in Engineering Seismology," Proceedings of the ASCE, Jan. 1942.

[5] Blevins, R. D., *Formulas for Natural Frequency and Mode Shape*, Van Nostrand Reinhold, New

York, NY, 1979.

[6] Bogoliubov, N. N. and Y. A. Mitropolsky, *Asymptotic Methods in the Theory of Nonlinear Oscillations*, Hindustan Publishing, Delhi, India, 1961.

[7] Broch, J. T., *Mechanical Vibration and Shock Measurements*, 2nd ed, available from Bruel & Kjaer Instruments, 1980.

[8] Caughey, T. K., "Classical Normal Modes in Damped Linear Dynamics *Systems*", *Journal of Applied Mechanics*, Vol. 27, 1960, pp. 269—271.

[9] Crandall, S. H. and W. D. Mark, *Random Vibration in Mechanical Systems*, Academic Press, New York, NY, 1963.

[10] Crandall, S. H., "The Role of Damping in Vibration Theory", *Journal of Sound and Vibration*, Vol. 11, No. 1, 1970, pp. 3—18.

[11] Den Hartog, J. P., *Mechanical Vibrations*, 4th ed., McGraw - Hill, New York, 1956.

[12] Ewins, D. J., "Measurement and Application of Mechanical Impedance Data, Part 1 Introduction and Ground Rules, Part 2—Measurement Techniques, Part 3—Interpretation and Application of Measured Data", *Journal of the Society of Environmental Engineers*, Dec. 1975—June 1976.

[13] Ewins, D. J., *Modal Testing: Theory and Practice*, Research Studies Press, Ltd, Letchworth, Hertfordshire, England (available from Bruel & Kjaer Instruments, Inc.), 1984.

[14] Harris, C. M. (ed.), *Shock and Vibration Handbook*, 3rd ed., McGraw - Hill, New York, 1988.

[15] Hayashi, C., *Nonlinear Oscillations in Physical Systems*, McGraw - Hill, New York, 1964.

[16] Hurty, W. C. and M. R. Rubinstein, *Dynamics of Structures*, Prentice—Hall, Englewood Cliffs, NJ, 1964.

[17] Klein, L., "Transverse Vibrations of Non — Uniform Beams", *Journal of Sound and Vibration*, Vol. 37, 1974, pp. 491—505.

[18] Kreyszig, E., *Advanced Engineering Mathematics*, 4th ed., John Wiley, New York, 1979.

[19] Maia, N. M. M., J. M. M., Silva, J., He, N. A. J., Lieven, R. M., Lin, G. W., Skingle, W. M., To, A. P. V., Urgueira, *Theoretical and Experimental Modal Analysis*, Research Studies Press Ltd., Baldock, Hertfordshire, England, 1998.

[20] Meirovitch, L., *Analytical Methods in Vibration Analysis*, Macmillan, New York, 1967.

[21] Mickens, R. E., *An Introduction to Nonlinear Oscillations*, Cambridge University Press, Cambridge, England, 1981.

[22] Minorsky, N., *Nonlinear Oscillations*, D. Van Nostrand, Princeton, NJ, 1962.

[23] Mitchell, L. D., Complex Modes: A Review, *Proceedings of the 8th International Model Analysis Conference*, Kissimmee, FL, 1990.

[24] Moon, F. C., *Chaotic Vibrations: An Introduction for Applied Scientists and Engineers*, John Wiley & Sons, New York, 1987.

[25] Nayfeh, A. H. and D. T. Mook, *Nonlinear Oscillations*, John Wiley, & Sons, New York, 1979.

[26] Otts, J. V., "Force—Controlled Vibration Tests: A Step Toward Practical Application of Mechanical Impedance", *Shock and Vibration Bulletin*, Vol. 34, No. 5, Feb. 1965, pp. 45—53.

[27] Perkins, K. A. R., "The Effect of Support Flexibility on the Natural Frequencies of a Uniform Canti-

lever Beam", *Journal of Sound and Vibration*, Vol. 4, 1966, pp. 1—8.

[28] Pipes, L. A. and L. R. Harvill, *Applied Mathematics for Engineers and Physicists*, 3rd ed., McGraw-Hill, New York, 1970.

[29] Rao, S. S., *Mechanical Vibrations*, 2nd ed., Addison-Wesley, Reading, MA, 1990.

[30] Salter, J. P., *Steady—State Vibration*, Kenneth Mason, Hampshire, England, 1969.

[31] Thomson, W. T., *Theory of Vibration with Applications*, 3rd ed., Prentice—Hall, Englewood Cliffs, NJ, 1988.

[32] Timoshenko, T., D. H. Young, and W. Weaver, Jr., *Vibration Problems in Engineering*, 4th Ed. John Wiley, New York, NY, 1974.

[33] Tomlinson, G. R., "A Simple Theoretical and Experimental Study of the Force Characteristics from Electrodynamic Exciters on Linear and Non—Linear Systems," *Proceedings of the 5th International Modal Analysis Conference*, 1987, pp. 1479—1486.

第 4 章

测量传感器

用于振动试验的典型压电加速度计传感器。（照片由 *PCB Piezotronics* 公司提供）

4.1 引言

振动试验要求用传感器测量运动、力及力矩。人们已经研制出了测量振动的各种不同的方法，其中包括全息摄影、激光扫描、光纤、磁传感器等。但本书不准备讨论这几种传感器，因为它们成本太高，目前应用还受到限制。有些光学方法随着成本的不断降低开始普及。对于某些问题，光学方法是唯一可用的手段。

力传感器、扭矩传感器以及力矩传感器常常是用粘贴在结构上的应变片构成的。一位试验工程师向作者表露，他最不喜欢使用应变片，理由是结构发生共振时令测量失效，导致测量结果很难解释。很不幸，这位工程师不了解应变片所传达的信息是结构上某特定点实际的力和/或力矩。同样不幸的是，他把材料力学中的静态概念用在了动态的质量—弹簧系统。依作者之见，仔细确定应变片在结构上的粘贴位置，对于了解结构上特定点的力和/或力矩在每个瞬时的值最具启示性。怎样在结构振动试验中应用应变片传感器，许多优秀文献都有精彩论述，故本书不予讨论。

许多振动测量所用的加速度计和测力计中常常采用压电式敏感元件，故此我们将深入讨论这些压电式传感器及其特性。压电式敏感元件的广泛应用主要是因为它们体积小、刚度高、输出大。但是压电元件是个电荷发生器，它对传感器的低频特性具有很大影响，所以我们还将深入研究两种特殊性能的放大器——**电荷放大器**和**内置电压跟随器**。

加速度计可以用一个二阶单自由度机械地震装置来表示，我们要讨论这个装置对正弦信号和暂态信号的响应问题。力传感器是一种特殊的装置，其特殊性表现为它与所处环境(即它安装于其上的结构)之间具有显著的相互作用。当力传感器安装在大地上、安装在结构上、安装在测量冲击力的冲激锤上、安装在结构与激振器之间时，我们都可用一个独特的二自由度模型来描述它。安装在激振器与结构之间时，可以证明力传感器没有固有频率，这是一个最惊人的结果!

我们发现，在某些条件下加速度计和力传感器的确会罔顾事实而在测量频响函数中引入误差。所以我们也要介绍一些方法，说明测量工作结束后怎样修正 FRF 中的误差。这些修正方法对于减小振动测量数据中的误差，特别是对减少频响函数中的误差极为有益，因为输入计算机进行模态分析的正是这些频响函数。

本章最后将提出若干校准方面的考虑，将给出一些有用的校准方法，用以对传感器进行检测。

4.2 固定参考传感器

这里要讨论三种固定参考传感器，它们是**线性可变差分变压器**(LVDT)，**激光测振仪**及**扫描激光测振仪**。为了认识这些测量设备，需要首先建立起相对运动的概念。在图 4-2-1 中，令点 P 沿直线运动，它相对于固定原点 O 的位置用 x_p 表示，而点 A 相对于点 O 的位

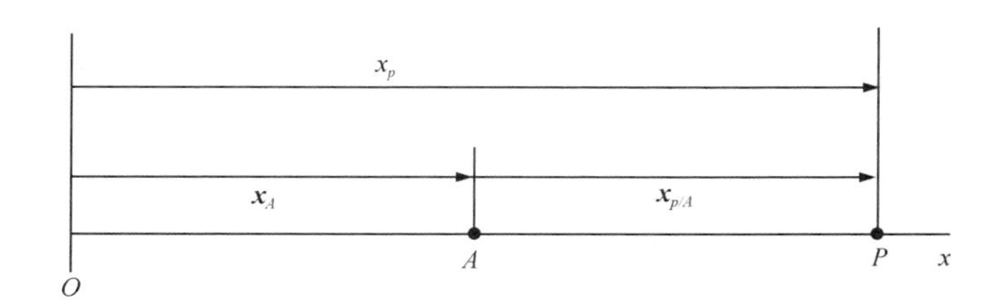

图 4-2-1　x 方向上的相对运动

置用 x_A 表示。点 P 相对于点 A 的位置记做 $x_{p/A}$，它与 x_p、x_A 的关系为

$$x_p = x_A + x_{p/A} \tag{4-2-1}$$

上述测量设备实际测量的是相对运动 $x_{p/A}$，我们需要测量的运动是 x_p，而 x_A 是设备基座的运动。于是我们从上式发现，仪器的实际测量数据是

$$x_{p/A} = x_p - x_A \tag{4-2-2}$$

同时我们看到，x_A 相对于 x_p 越小越好。当我们见到上述三种仪器时要记住式(4-2-2)，这三种仪器不同于地震仪器，如加速度计。

4.2.1　线性可变差分变压器(LVDT)

LVDT 用于线性位移测量。这种位移传感器的典型结构示于图 4-2-2(a)，由图可见，它由绕在绝缘线轴上的三个线圈组成。三个线圈由磁芯产生相互间的磁耦合，耦合松紧取决于磁芯相对于线圈的位置。因此，磁芯相对于线圈的位置就成了相对测量的基础。通常，磁芯用近乎无摩擦的方式支撑着。图 4-2-2(b)是这种传感器的等效磁路，其中初级线圈在两个次级线圈中产生感应电压，电压大小决定于磁芯的位置。因两个次级线圈是反向串联的，故输出电压由下式给出

$$v_0 = v_1 - v_2 \tag{4-2-3}$$

当磁芯处于中点位置时，$v_1 = v_2$，输出电压为零。输入、输出电压都是同频正弦信号，所

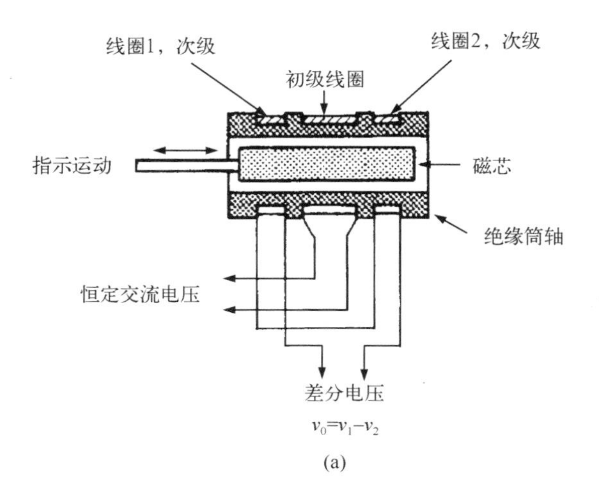

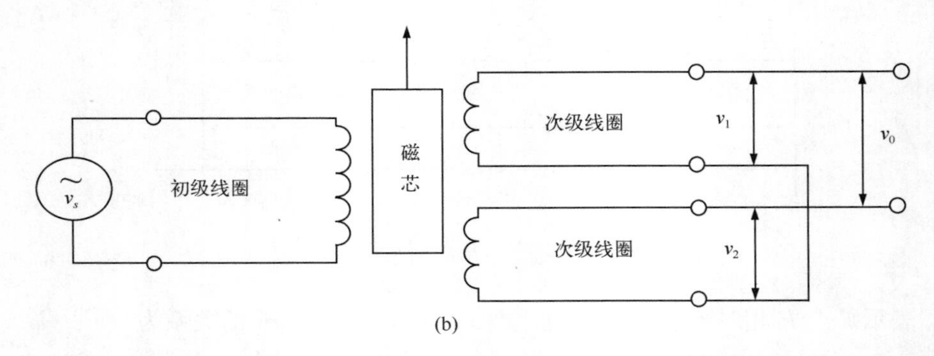

图 4-2-2 (a)线性可变差分变压器的剖面图；(b)电路磁路略图

(From J. W. Dally, W. F. Riley, and K. G. McConnell, Instrumentation for Engineering Measurements, 2nd ed., copyright © 1993 by John Wiley & Sons, NewYork. Reprinted by permission.)

以需要用一个相敏解调器电路来确定输出电压相对于源电压信号是正还是负。主载频与解调电路决定了差分变压器的动态范围。显然，基座(绝缘外壳)的任何运动，都将被测量。

4.2.2 多普勒激光测振仪

20 世纪 90 年代早期，激光测振仪的应用便开始在模态试验与振动试验领域流行起来。激光测振仪，因其非接触测量特性而应用于若干重要的工业领域——从大型结构测量到微型电子机械系统(MEM)。在实验模态分析中，应用单点激光测振仪或扫描激光测振仪，可以完全消除人们不希望有的传感器的质量载荷效应，因而激光技术对于轻型部件与小型部件的应用极具吸引力。

最常见的激光测振仪器是**多普勒激光测振仪**(LDV)，它采用干涉技术测量运动表面的振动。干涉技术的基础是众所周知的多普勒效应。如果我们考虑图 4-2-3 所示略图，多普勒效应就很容易理解。图 4-2-3(a)表示了最一般的情形，激光光源 S 发出频率为 f 的

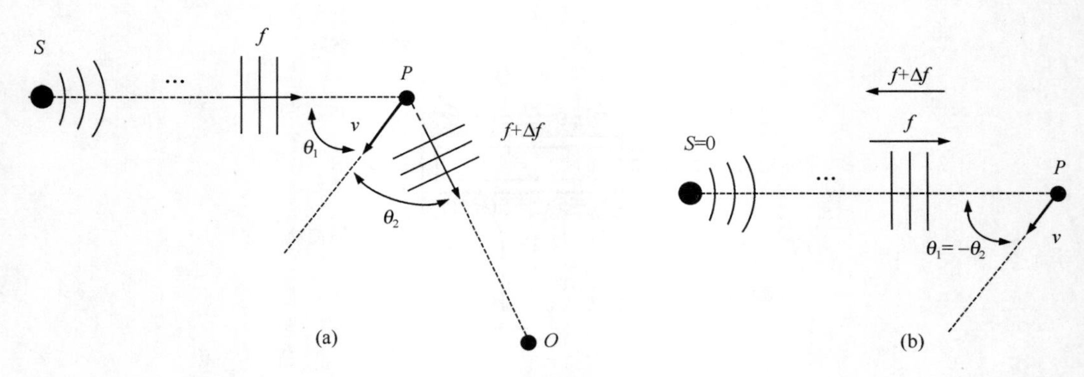

图 4-2-3 多普勒现象的示意图

(a)一般性示意；(b)漫反射回光源

干涉光束，此光束在振动物体上的点 P 被接收。光的入射点 P 具有瞬时速度 $v=v(t)$。运动物体与入射平面波之间的相互作用会产生两束反射光，一束沿物体的瞬时速度 v 的方向，该方向与入射波阵面成 θ_1 角，另一束沿着与 v 成 θ_2 角的方向，如图所示。由于物体与固定不动的光源之间的相对运动，使得不动的观察者(比如在点 O 的人)会看到一束与原频率 f 不同的散射光。这两束光之间的频率差为

$$\Delta f=\frac{2vf}{c}\cos\left(\frac{\theta_1+\theta_2}{2}\right)\cos\left(\frac{\theta_1-\theta_2}{2}\right) \tag{4-2-4}$$

式中　f——光的频率；

　　c——光的速度。

光的频率 f 及速度 c 之间的关系由波的基本方程 $c=\lambda f$ 规定，这里 λ 是光的波长。在 LDV 中，光源与观察者的位置一般是重合的，如图 4-2-3(b)所示，因此 $\theta_1=-\theta_2=\theta$。这种设计叫做 LDV **反向散射构型**(backscattered configuration)。按此构型，式(4-2-4)简化为

$$\Delta f=\frac{2v\cos\theta}{\lambda} \tag{4-2-5}$$

式(4-2-5)是激光干涉测振仪的基础。本质上讲，LDV 是将运动物体的速度 v 转化为频率偏移 Δf，如果测量正确，我们即可根据这个频移估计物体的即时速度或位移。与此频移相对应的相移由下式给出

$$\Delta\phi=\frac{4\pi x\cos\theta}{\lambda} \tag{4-2-6}$$

其中 $x=x(t)$ 是振动物体的位移。

图 4-2-4 是一台单点 LDV 的简化原理图。频率为 f 的激光束(通常是氦—氖激光，波长为 632.8 nm)穿过三个分光镜和两个光电二极管。首先，来自光源的光束通过分光镜 SP1 被分成两束光，一束进入分光镜 SP2，另一束进入布拉格腔室(Bragg cell)。在布拉格

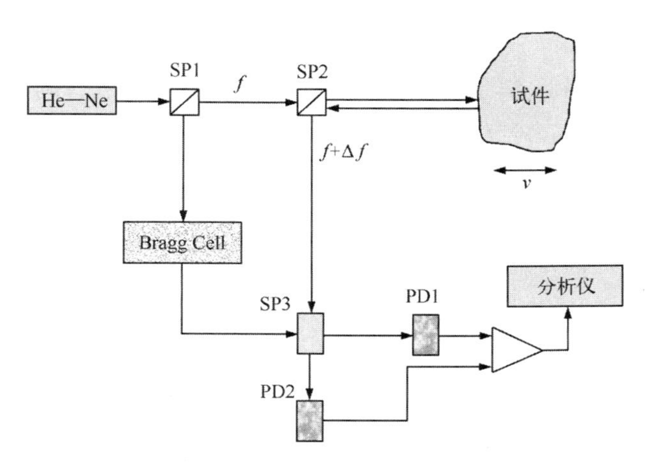

图 4-2-4　带有分光镜、Bragg cell 和光电二极管的 LDV 干涉仪的基本原理

腔室，这路参考激光信号被一载频加以调制，这样做有助于改善信噪比以及光电二极管的灵敏度。通过 SP2 的那一束激光射到被测试件上，并且又被反射回来进入 SP2，但从 SP2 下方出来进入分光镜 SP3，此时这束光的频率变成了 $f+\Delta f$。从布拉格腔室出来的光信号与反向散射回来的激光信号在分光镜 SP3 中相遇，然后分两路，分别通过光电二极管 PD1 和 PD2，从而产生相长相消干涉型输出信号。事实上，图 4-2-3 所示略图就是人所共知的 Mach-Zehnder 干涉仪的简化原理图。这种干涉仪与 Michelson 干涉仪是商业应用最广泛的两种单点激光测振仪。关于这两种测量干涉仪的详细内容可以在E. P. Tomasini 教授①的优秀论文中找到。

为了说明 LDV 的测量原理，我们考虑最简单的情形，令试件按照下式做纯谐波运动

$$x(t)=X_0\sin(2\pi f_b t) \tag{4-2-7}$$

式中 X_0——位移振幅；

f_b——振动频率。

振动速度则可写出如下

$$v(t)=(X_0 2\pi f_b)\cos(2\pi f_b t) \tag{4-2-8}$$

将式(4-2-8)代入式(4-2-5)和式(4-2-6)即可求出频移与相移

$$\Delta f=\frac{(2X_0 2\pi f_b)\cos(2\pi f_b t)\cos\theta}{\lambda} \tag{4-2-9}$$

$$\Delta\phi=\frac{(4\pi X_0)\sin(2\pi f_b t)\cos\theta}{\lambda} \tag{4-2-10}$$

如果我们考虑一个平面波，那么电场随传播距离 x 及传播时间 t 的变化可以表示为②

$$E_s(t)=E_s\cos[2\pi(f_0+\Delta f)t+\phi_1] \tag{4-2-11}$$

或者

$$E_s(t)=E_s\cos\left\{2\pi\left[f_0+(4\pi X_0 f_b)\cos(2\pi f_b t)\frac{\cos\theta}{\lambda}\right]t+\phi_1\right\} \tag{4-2-12}$$

式中 f_0——激光参考频率；

ϕ_1——相位角。

前已指出，在布拉格腔室内，用一个载频 f_C 对参考光束进行调制，从而使光束频率发生变动。频率变动后的参考光束电信号可表示如下②

$$E_r(t)=E_r\cos[2\pi(f_0+f_C)t+\phi_2] \tag{4-2-13}$$

式(4-2-13)清楚说明，所得信号的强度 E_r 受载频 f_C 调制。经过解调之后的信号只含有试件振动频率的那部分了，这部分信号具有如下形式

$$x_m(t)=X_{0m}\cos(2\pi f_b t) \tag{4-2-14}$$

---

① E. P. Tomasini, G. M. Revel, and P. Castellini, "Laser-Based Measurements," *Encyclopedia of Vibration*, Academic Press, London, UK, 2001, pp. 699-710.

② Drain, L. E., The Laser Doppler Technique, John Wiley & Sons, NY, 1980; Metrolaser Inc. Technical Introductory Review: "VIBROMET™ 500V: Single Point Laser Doppler Vibrometer." Available from www.metrolaserinc.com/Literature/MetrolaserSB-LDVpaper.pdf, accessed September 3, 2007, 8: 32 p. m.

式中，X_{0m}是测得信号的振幅，它的大小与实际振动信号的振幅 X_m 及激光参数 α 和 λ 有关。

图 4－2－5 是某一实验得出的结果，其中来自空调机的振动信号是用单点 LDV 测量的。实验时，激光光束通过安装在压缩机护壁上的玻璃窗直接照射到里面压缩机上，监视内表面的运动。图 4－2－5(a)是三个不同的时域测量信号，而 4－2－5(b)则是对应于三个时域信号的频谱。显而易见，测量的谐波运动中起主导作用的频率分别为 15 Hz 和 56 Hz。

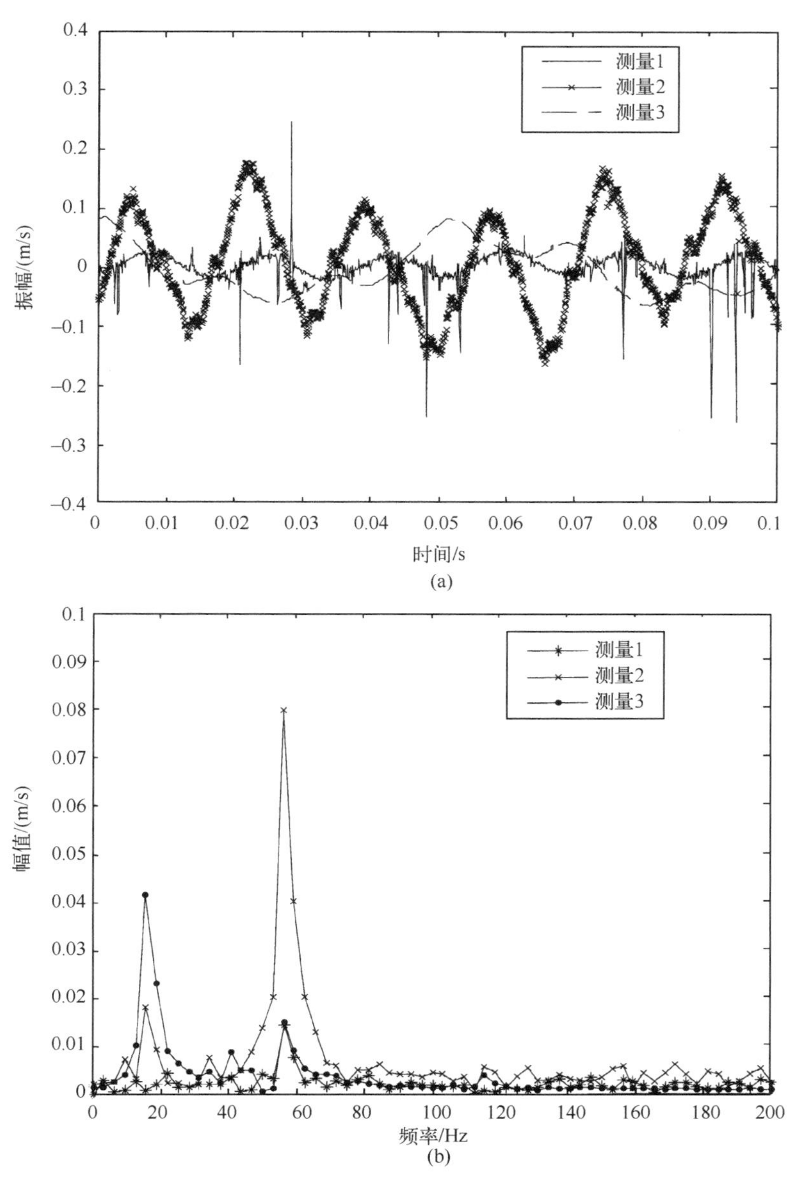

图 4－2－5　用 LDV 测量空调压缩机

(a)时间历程；(b)频谱

4.3 地震传感器的机械模型——加速度计

由于加速度计尺寸小、灵敏度范围宽、可用频率范围广，故而在振动测量中最常使用。另一些传感器如位移和速度传感器，有着加速度计所没有的许多缺点——体积大、质量大、可用频率范围小。有两种最常用的加速度计敏感元件：应变片和压电晶体。二者中，尤以压电晶体最为流行，这是因为它本身可以兼做弹簧与阻尼器，所以用它很容易做出质量小、灵敏度高、固有频率高的传感器。这种传感器的状况正在发生迅猛的变化，利用精密加工技术可以制造更小的新产品。

图 4-3-1 是常见的三种加速度计设计模型，分别是**隔离压缩式**、**单端压缩式**和**剪切式**。每种设计都有一个基座、一块压电晶体和一个封装在保护壳内的**地震质量**。压电晶体和结构外壳相结合，形成一个具有一定刚度的有效弹簧，对地震质量 m 起到支撑作用。**当加速度计安装在可产生很大弯曲应变的结构上时，基座会承受弯曲变形，而剪切式设计降低了传感器对基座弯曲的敏感度**。通常，可利用传感器基座上的螺纹孔将其固定，并用专门的同轴电缆将传感器与相关的电子设备连接在一起。4.4 节将讨论压电晶体电路的特性，本节我们将集中讨论加速度计的机械特性。

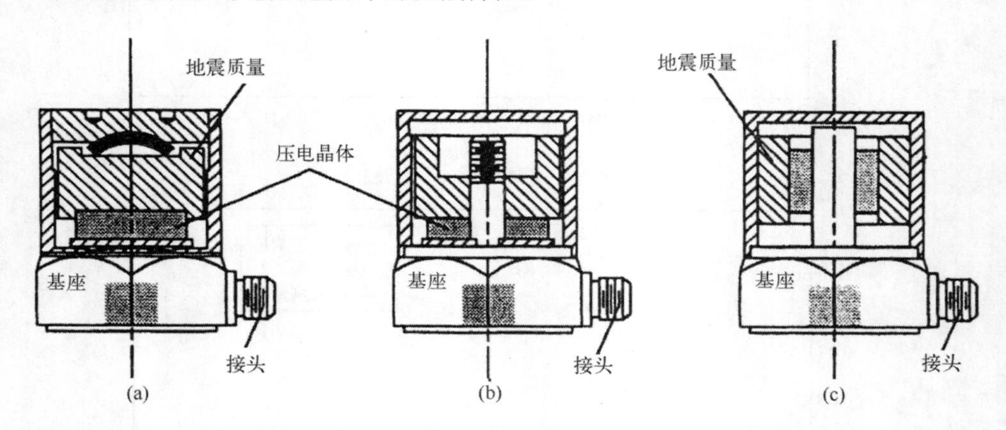

图 4-3-1 常用压电晶体加速度计设计类型

(a)隔离压缩式；(b)单端压缩式；(c)剪切式

4.3.1 基本机械模型

图 4-3-1 的几种加速度计设计可以用图 4-3-2 的模型来表示。从图 4-3-2(a)看到，地震质量 m 通过弹簧 k 和阻尼器 c 连接到基座质量 m_b 上。外力 $f(t)$ 作用在地震质量 m 上，而力 $f_b(t)$ 作用于基座质量 m_b 上。$f_b(t)$ 是将加速度计固定在试验结构上所需要的力。地震质量的运动用坐标 y 描述，基座运动则用坐标 x 表示。如果假定 $x>y$，可得图 4-3-2(b)的自由体图。利用牛顿第二运动定律并考虑到 $z=x-y$ 这一相对运动的定义，可得描述加速度计机械特性的基本运动微分方程如下

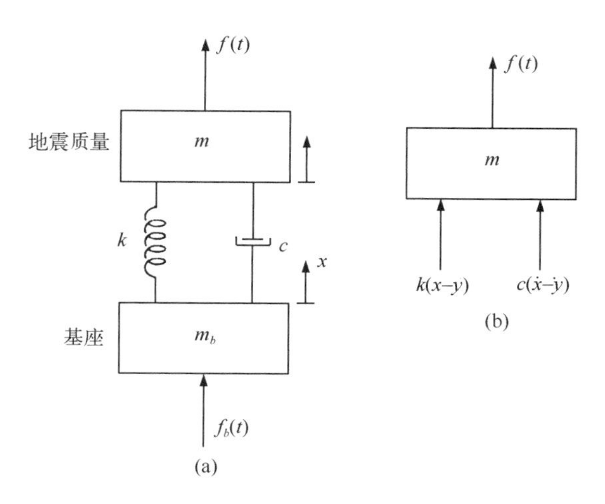

图 4－3－2　加速度计的机械模型

(a)系统草图；(b)自由体图

(From J. W. Dally, W. F. Riley, and K. G. McConnell, Instrumentation for Engineering Measurements, 2nd ed., copyright © 1993 by John Wiley & Sons, NewYork. Reprinted by permission.)

$$m\ddot{z}+c\dot{z}+kz=f(t)-m\ddot{x} \tag{4-3-1}$$

该式是作用在地震质量 m 上的各力的平衡方程。方程的左端是惯性力、阻尼力和弹簧力，右端则是两项激励力。第一个激励力 $f(t)$ 在大多数情况下是个常数，因为传感器的外壳通常是密封的，作用在地震质量上的外力只有重力。第二项激励力是由基座加速度引起的惯性力，即 $m\ddot{x}$；传感器的设计功能就是测量这个惯性力项。方程中出现两个潜在的激励项，这个事实提醒我们注意这样的可能性：传感器对外力和基座加速度都敏感。本节将分别研究这种双重敏感性，但是现在先看看如何测量加速度。

假定基座的运动是个正弦相子 $x=X_0\mathrm{e}^{\mathrm{j}\omega t}$，而响应是相子 $z=Z_0\mathrm{e}^{\mathrm{j}\omega t}$，那么将这两个相子代入式(4－3－1)，可以求得

$$Z_0=\frac{-m\omega^2X_0}{k-m\omega^2+\mathrm{j}c\omega}=\frac{-m\omega^2X_0}{k(1-r^2+\mathrm{j}2\zeta r)} \tag{4-3-2}$$

这是在第 3 章得到的关于单自由度系统的标准强迫振动响应。$-\omega^2X_0=a_0$ 是机壳加速度的幅值，因此可以把式(4－3－2)写成如下形式

$$Z_0=\frac{ma_0}{k-m\omega^2+\mathrm{j}c\omega}=\frac{ma_0}{k(1-r^2+\mathrm{j}2\zeta r)}=H(\omega)a_0 \tag{4-3-3}$$

式中 $H(\omega)$ 是加速度计的**机械频响函数**，由下式给出

$$H(\omega)=\frac{m}{k-m\omega^2+\mathrm{j}c\omega}=\frac{m}{k(1-r^2+\mathrm{j}2\zeta r)} \tag{4-3-4}$$

式中　r——无量纲频率比；

ζ——无量纲阻尼比。

当激励频率远小于传感器的固有频率(即 $r\ll1$)时，Z_0 可用下式表示

$$Z_0 = \frac{ma_0}{k} \tag{4-3-5}$$

这是因为惯性项($m\omega^2$)和阻尼项($c\omega$)与弹簧常数 k 相比可以忽略的缘故。式(4－3－5)显示了这样一种特性——加速度计内弹簧元件的相对运动抵抗着惯性力 ma_0。这一特性决定于式(4－3－4)所示加速度计的频响函数特性。这跟图 3－3－3(a)所示之位移导纳曲线一样，在那里当 ω 与固有频率相比很小时，频响函数的值就变成了常数 m/k，而当 $\omega=\omega_n$ 时达到共振，共振时响应决定于阻尼，然后在共振频率以上，曲线按照 $1/\omega$ 的速率降低。这意味着机械响应随着频率比 r 的变化而显著变化，因为幅值与相位都随 r 改变。

从图 4－3－3(a)与式(4－3－4)可以看出，当 $r<0.2$ 时，式(4－3－5)是成立的，其最大误差为 5%。这种情况表明，只要激励频率在传感器固有频率 20%以下，加速度计被惯性力 ma_0 驱动，而此惯性力又被传感器刚度系数 k **抵消**。当 r 增加到 0.32 时，误差将增至 10%。于是得到一个常用的经验：**1/5 频率比对应 5%误差，1/3 频率比对应 10%误差。**

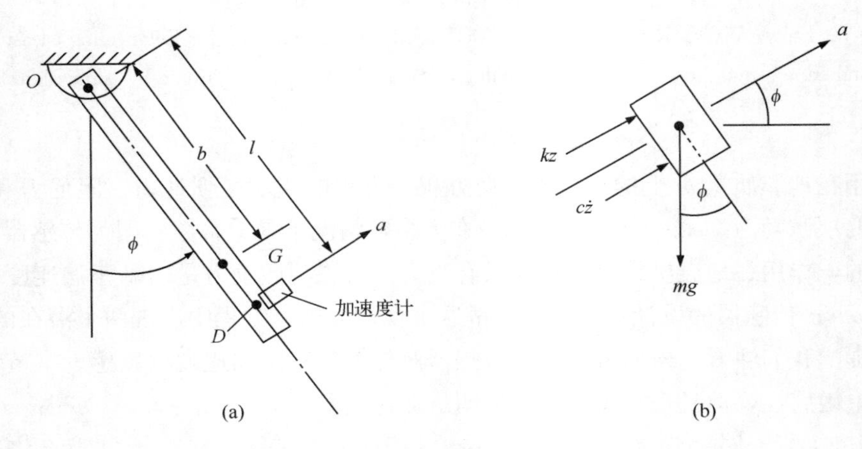

图 4－3－3　安装在摆锤上的加速度计

(a)系统草图；(b)地震质量的自由体图

(Fig. 4－3－3(a) from J. W. Dally, W. F. Riley, and K. G. McConnell, Instrumentation for Engineering Measurements, 2nd ed., copyright © 1993 by John Wiley & Sons, NewYork. Reprinted by permission.)

在预估传感器的可用频率范围时，它的固有频率是个重要参数。问题是，如果传感器悬在空中，不与任何结构相连接，从而形成一个**半定**的二自由度系统，它的固有频率将会怎样？二自由度半定系统的固有频率由下式给出

$$\omega_n^* = \sqrt{\frac{k}{m}\left(1+\frac{m}{m_b}\right)} = \omega_n\sqrt{1+\frac{m}{m_b}} \tag{4-3-6}$$

很明显，当加速度计的地震质量安装在一个很大的基座质量($m_b \gg m$)上时，其固有频率接近于 ω_n，这时我们可以直接将 $\omega_n=\sqrt{k/m}$ 作为加速度计的固有频率。这样一来，使用加速度计时所产生的误差较之将 ω_n^* 作为传感器的固有频率所招致的误差要小。

4.3.2　重力与加速度测量

前一节将式(4－3－1)中的外力 $f(t)$ 考虑为常量，因此可将其作零化处理。零化处理暗含着认为作为外力的重力不随时间变化。此假设不真。重力非但可以随时间而变化，并可具显著影响。现在用一个例子来说明这种情况。

考虑图 4－3－3(a)所示单摆。加速度计安装在摆杆上的点 D，该点到单摆转轴 O 的距离为 l。单摆的质心为点 G，到销轴 O 的距离为 b。角 ϕ 确定了单摆相对于过点 O 竖直线的位置。

用安装在点 D 的加速度计测量单摆在该点的加速度。如果画出地震质量的自由体图，如图 4－3－3(b)则会看到，一个外部重力作用在该质量上，此外力大小为

$$f(t)=-mg\sin\phi \tag{4-3-7}$$

这里设加速度 a 的方向为正方向。同样，单摆的运动方程为

$$I_0\ddot{\phi}+m_p gb\sin\phi=0 \tag{4-3-8}$$

式中，I_0 为单摆对点 O 的转动惯量，m_p 为单摆的质量。点 D 在 a 方向上的加速度由下面的运动学关系式给出

$$\ddot{x}=l\ddot{\phi} \tag{4-3-9}$$

将上式代入式(4－3－8)即可得到关于 $\ddot{x}$ 的表达式，然后将这个表达式以及式(4－3－7)应用于式(4－3－1)，则得到

$$m\ddot{z}+c\dot{z}+kz=m\left(\frac{m_p bl}{I_0}-1\right)g\sin\phi \tag{4-3-10}$$

现在假定单摆的摆动频率远低于传感器的固有频率，那么式(4－3－10)就大大简化为

$$z=\frac{m}{k}\left[\frac{m_p bl}{I_0}-1\right]g\sin\phi \tag{4-3-11}$$

期待值 误差

式(4－3－11)中括号内第一项是期望的测量值，第二项则是重力引起的误差。然而当地的重力会改变这个测量结果，有时改变还相当大。

考虑下面简单而惊人的例子。有一个单摆，如图 4－3－4(a)所示，使两条绳子都通过点 O。这种情况下，$b=l$，$I_0=m_p b^2$，因此式(4－3－11)的值是零。若将此单摆改变成图 4－3－4(b)那样，则质量以平动方式运动，它的(轴线)角度保持不变，加速度计测量的是单摆的实际加速度。这两个摆为什么不同呢？在图 4－3－4(a)中，加速度计的轴线随着物体的轴线一起转动，且二者转动的时间函数相同。如果 ϕ 角是个常量，则不会出现重力造成测量误差的问题。作者的一些学生有时不顾他们面前显而易见的事实而盲目相信传感器的输出，上面这些实例对他们而言是一种宝贵的经验。

这个问题指出了在使用加速度计时一个非常微妙的事实。如果物体转动，加速度计的轴线改变方向，那么重力可能引起明显的误差。当我们处理大型低频结构时(这类结构可能会在试验频率上发生相当大的转动，而加速度量级又比较低)，这个重力问题特别棘手。

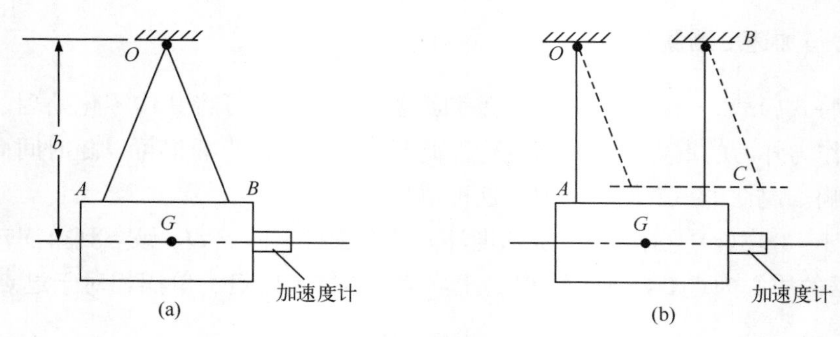

图 4-3-4　(a)安装在一转动摆质量上的加速度计；
(b)安装在一平动质量上的加速度计，质量的吊线平行

我们可以重写式(4-3-11)如下

$$z=-\frac{m}{k}[\ddot{x}+g\sin\phi] \tag{4-3-12}$$

此式对我们要讨论的相对幅值问题可以给出更多的启示。例如，假定加速度计安装在结构某一阶固有频率 ω_1 的一个节点上，那么加速度计的测量值 $\ddot{x}$ 应该是零。但是在此共振条件下加速度计轴线的转动角度为 $\phi=\phi_0\sin(\omega_1 t)$，于是按照式(4-3-12)，加速度计的输出并不是零，而是

$$g_0\phi_0\sin(\omega_1 t)$$

假定激励是个宽带随机信号或一个冲激信号，那么式(4-3-12)表明，加速度计的输出将是线性响应项与旋转重力响应项的混合物。这种效应在加速度相对较小、$\ddot{x}$ 与 $g\phi_0$ 具有相同数量级的低频结构试验中会带来相当大的麻烦。

处理这类误差时问题在于，没有一个简单的方法检测它的存在，除非情况异常特别，特别到没有信号。所以经验证明：**当加速度计敏感轴的方位随时间而改变时，就会因重力产生信号**。应当明白，加速度计不会说谎，它们只是在特定条件下才漠视真实。

力传感器通常与加速度计一起讨论，因为二者具有同样的机械模型。但是对力传感器结构相互作用的最新研究已经发展出更加精细的模型，以替代以前局限性较大的模型。当力传感器安装在冲击锤上，或安装在结构与振动器之间时，就需要有更先进的模型来描述它们的特性，如 4.8 节所论。

4.4　压电晶体传感器的特性

加速度计与力传感器经常采用压电敏感元件来实现特定的固有频率、质量和灵敏度等设计特性。压电敏感元件(晶体)是一种电荷发生装置，在加速度计与记录装置之间需要连接高输入阻抗信号适调仪器。电荷放大器和机内电压跟随器将压电晶体产生的电荷转换成可以测量与记录的输出电压。本节我们要重温这些电路的工作原理与特性。

4.4.1　基本电路与运算放大器

基本电路元件有三种，它们是**电容、电阻**与**电感**。在电子电路中，驱动力或驱动电势叫做**电压**，而无论**电荷**或**电流**，均表示导出量。电压、电容及电荷之间的关系是

$$E = \frac{q}{C} \tag{4-4-1}$$

其中 E 是电荷 q 存在于电容 C 上时的电压降(单位是 V，伏特)。电荷 q 的时间导数就是电流 I

$$I = \dot{q} \tag{4-4-2}$$

电压、电流与电阻之间的关系是

$$E = RI = R\dot{q} \tag{4-4-3}$$

其中 R 是电阻，其单位是 Ω(欧姆)。电压、电感和电流(或电荷)有如下关系

$$E = L\dot{I} = L\ddot{q} \tag{4-4-4}$$

式中　L——电感(单位是 H，亨)。

运算放大器简称运放，在现代仪器设备电路中是个非常重要的装置。它对于我们了解更加复杂的电路如何工作、怎样在这些电路中使用运放等方面是极其有用的。图 4-4-1(a)是运放的符号，它有两个输入端，分别标有“+”和“−”，“+”表示非反相运算，“−”表示反相运算。输出电压与输入电压的关系为

$$E_0 = G(E_1 - E_2) \tag{4-4-5}$$

式中 G 叫做运放的**开环增益** 。G 的值很大，一般有 $G>100\ 000$。欲使运放具备有用的特性，这样大的开环增益是必要的。

电压跟随器电路的连接形式如图 4-4-1(b)所示，其输出电压与输入电压的关系为

$$E_0 = E_i \tag{4-4-6}$$

电压跟随器的优点在于它具有几乎是无穷大的输入电阻(这意味着它从电压源吸收的电流为零)和无穷小的输出电阻，而且具有适当的功率输出能力以驱动长信号电缆。因此电压跟随器是传感器与记录装置之间的近乎理想的隔离放大器。

将运放按照图 4-4-1(c)那样连接，就构成了一个具有增益的反相放大器，其输出电压为

$$E_0 = -\frac{R_f}{R_i}E_i \tag{4-4-7}$$

式中　R_f——反馈电阻；

　　R_i——输入电阻。

这种电路结构使信号变号，并具有电压增益 R_f/R_i。当多个电压通过多个相等电阻 R_i 输入时，就构成了一个电压求和放大器。

带有增益的非反相放大器示于图 4-4-1(d)，其输出、输入电压之关系为

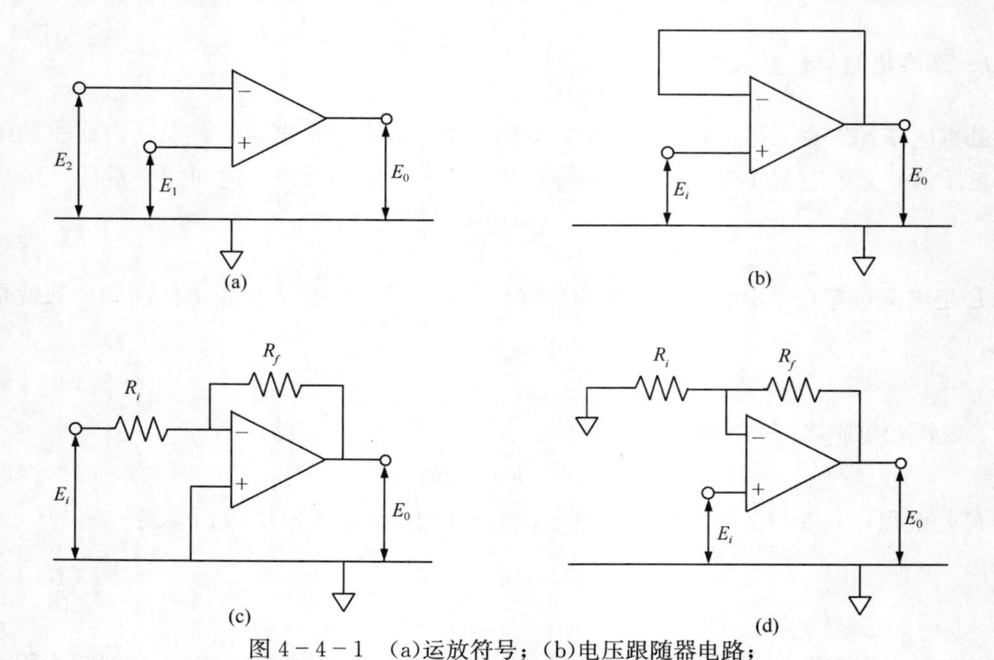

图 4-4-1　(a)运放符号；(b)电压跟随器电路；
(c)具有增益功能的反相放大器；(d)具有增益功能的非反相电路
(Fig. 4-4-1(b) through 4-3-1(d) from J. W. Dally, W. F. Riley, and K. G. McConnell, Instrumentation for Engineering Measurements, 2nd ed., copyright © 1993 by John Wiley & Sons, NewYork. Reprinted by permission.)

$$E_0 = \left(1 + \frac{R_f}{R_i}\right) E_i \tag{4-4-8}$$

式中括号中的两项决定了电压增益。很明显，当 $R_f = 0$ 时，上式就是式(4-4-6)。

应当注意到，只要开环增益 G 足够大，比如说 $G > 100\ 000$，那么所有上述输入—输出关系式就跟 G 无关。与 G 无关这一性质使运算放大器成了一个颇具吸引力的电路器件。在解释压电晶体电路特性时我们就要用到这些性质。不幸的是，上述那些公式受到了放大器可用频率范围的限制，放大器的频率范围一般用**增益带通积**表示。

4.4.2　电荷灵敏度模型

根据压电晶体切割时与其晶格的相对关系不同，切出来的晶体在受到正应力或剪切应力时就会产生电荷。但是作为用户，关心的是从整体上描述晶体的特性，而对怎样切割晶体不感兴趣。已经发现，产生的电荷与晶体的形变成正比，因而有

$$q = S_z z \tag{4-4-9}$$

式中　q——晶体产生的电荷，**微微库仑**(pC)；

S_z——**位移电荷灵敏度**，pC/z 的单位；

z——晶体相对于其零平衡位置的运动。

S_z 的值决定于所用晶体之材料、晶体的横截面面积及晶体长度。式(4-4-9)固然

有用，但人们所关心的是怎样将所产生的电荷与所测物理量的单位（如多少个 g 的加速度或几磅几牛的力）联系起来。前已说过，相对运动与被测量成正比，即 $z=Ka$，故式（4－4－9）成为

$$q = KS_z a = S_q a \tag{4-4-10}$$

式中　S_q——传感器的**电荷灵敏度**（单位是 pC/g，pC/lb，pC/N 等，视 a 代表何量而定）；

K——一个比例常数，对于力传感器，它是 $1/k$，对于加速度计，它是 m/k。这里 k 是传感器的弹簧常数，m 是传感器的地震质量。

本书通篇都采用式（4－4－10）这个线性电荷测量关系式。

4.4.3 电荷放大器

电荷放大器的工作原理可以用两个串联连接的运算放大器来解释，如图 4－4－2 所示。第一个运放的作用是作为一个电荷放大器将电荷 q 转换为电压 E_2，并且以电阻 R_f 和电容 C_f 作为反馈元件。这两个反馈元件经常还接一个校准电容器 C_{cal}，如图 4－4－2 所示。校准电容器的输入端接地时，对正常工作没有影响；当输入端加上已知电压后，其两端就产生一个校准电荷量。

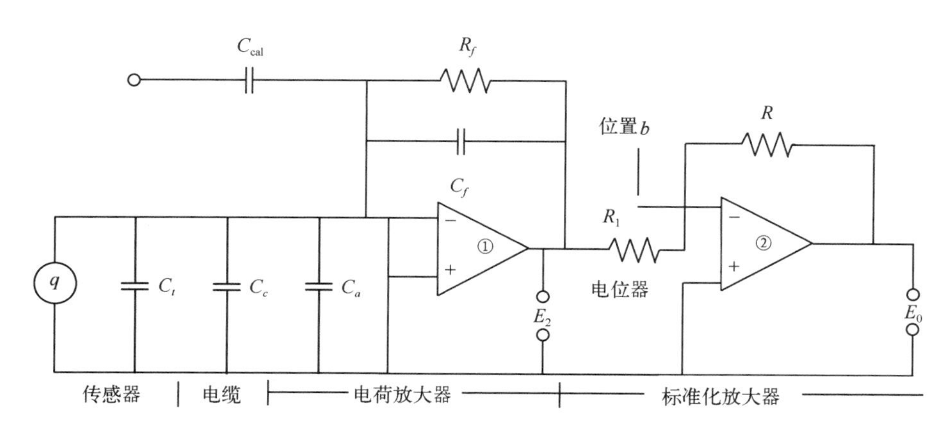

图 4－4－2　与压电传感器相连接的电荷放大器略图

（From J. W. Dally, W. F. Riley, and K. G. McConnell, Instrumentation for Engineering Measurements, 2nd ed., copyright © 1993 by John Wiley & Sons, New York. Reprinted by permission.）

第二个运放用以对传感器的电压灵敏度进行标准化。它有一个输入电阻 $R_1=bR$，这里 b 是电位器移动臂的位置，范围为 0～1，因此 $0<b<1$。

压电传感器由一个电荷发生器 q 并联一个电容器 C_t 构成。传感器有非常大的电阻 R_t 与 C_t 并联，但 R_t 对系统工作特性没有影响，所以图中未画。**注意：必须保持所有连接器清洁，以保证没有低阻路径与这些电容并联。不清洁的连接器将引起严重的测量误差。**电缆有一个特点就是具有电容 C_c，而运放的输入端也有电容 C_a。因传感器、电缆及放大器的电容都是并联的，故可以用单一个电容 C 代替它们，即

$$C = C_t + C_c + C_a \tag{4-4-11}$$

支配电荷放大器输出电压 E 的微分方程[3]可以证明是下式

$$b\left[\frac{C}{G_1}+C_f\left(1+\frac{1}{G_1}\right)\right]\dot{E}+b\left(1+\frac{1}{G_1}\right)\frac{E}{R_f}=S_q\dot{a} \tag{4-4-12}$$

式中 G_1——第一级运放的开环增益；

b——第二级运放的电阻增益。

式(4－4－12)可简化为

$$\dot{E}+\frac{E}{R_fC_{eq}}=\left[\frac{S_q}{bC_{eq}}\right]\dot{a} \tag{4-4-13}$$

其中等效电容 C_{eq} 由下式给出

$$C_{eq}=\frac{C}{G_1}+C_f=C_f\left[1+\frac{C}{C_fG_1}\right] \tag{4-4-14}$$

从式(4－4－14)可以看出，输入电容(也叫源电容)C 对测量系统没有多大影响，这是因为在大多数情况下 $C/(C_fG_1)$ 比 1 小得多(对于大多数运放，$G_1>100\ 000$)。等效电容 C_{eq} 这一项对电荷放大器特性的影响，常常用对每一个反馈电容 C_f 都许可的最大输入电容 C 来加以规范。当输入电容 C 满足了对它的限制时，可以发现等效电容 C_{eq} 就是反馈电容 C_f，于是电荷放大器的微分方程变为

$$\dot{E}+\frac{E}{R_fC_f}=\left[\frac{S_q}{bC_f}\right]\dot{a} \tag{4-4-15}$$

括号中的那个量就是测量系统的电压灵敏度 S_v(单位是“电压单位/a 的单位”，因此常用 V/g，V/lb 等来表示)

$$S_v=\left[\frac{S_q}{b}\right]\left[\frac{1}{C_f}\right]=\frac{S_q^*}{C_f} \tag{4-4-16}$$

其中 S_q^* 是**标准化电荷灵敏度**。从式(4－4－16)明显看出，两个系统参数 b 和 C_f 可用以调整电压灵敏度。使参数 b 在数值上等于传感器的电荷灵敏度，即可将电荷灵敏度 S_q 转换为一个标准的电荷灵敏度 S_q^*。按照这种方法，假定 S_q 的取值范围是 0.1～1，或 1～10，或 10～100 pC/a 的单位，那么相应地，标准电荷灵敏度 S_q^* 则可以分别设置为 1，10，或 100 pC/a 的单位。参数 b 一旦设置好，就可以利用反馈电容 C_f 在很宽的范围内提供一系列标准电压灵敏度。这些标准电压灵敏度通常刻印成一个量程盘。多数电荷放大器所用反馈电容范围在 10～50 000 pF，按 1－2－5－10 次序选取。

假设加速度计的输入(即基座加速度)用相子 $a=a_0e^{j\omega t}$ 描述，输出用相子 $E=E_0e^{j\omega t}$ 描述，那么将这两个相子及式(4－4－16)代入式(4－4－15)，则有

$$E_0=\left[\frac{jR_fC_f\omega}{1+jR_fC_f\omega}\right]S_va_0 \tag{4-4-17}$$

其中 R_fC_f 叫做电路的 RC **时间常数**。对应的频响函数则为

---

③ J. W. Dally，W. F. Riley，and K. G. McConnell，*Instrumentation for Engineering Measurement*，2nd ed，John Wiley & Sons，New York，1993，chapter 9.

$$H(\omega)=\frac{E_0}{S_v a_0}=\frac{jR_fC_f\omega}{1+jR_fC_f\omega}=\frac{\omega t}{\sqrt{1+(\omega t)^2}}e^{j\phi}$$

$$T=R_fC_f \tag{4-4-18}$$

$$\phi=\frac{\pi}{2}-\tan^{-1}(\omega t)$$

式中　T——电路的时间常数(s)；

ϕ——输出相子相对于输入相子的相位角(rad)。

频响函数低频特性示于图4-4-3的波德图上，其中图4-4-3(a)为采用对数—对数坐标的幅值图，图4-4-3(b)是线性—对数坐标相位图。可以看到，幅值曲线起始时是一条斜率为6 dB/oct的直线，照此斜率该直线本该与$\omega t=1$这条竖直线交于单位1，但实际曲线与$\omega t=1$的交点低了3 dB，相差30%左右，因为交点幅值是0.707。然后曲线逐渐趋近于单位1。直线与$\omega t=1$的交点叫做**拐点**，而对应频率叫做**拐点频率**。在技术规范条件中常把拐点频率叫做3dB点。相位角曲线从90°的超前角开始，当$\omega t=1$时降低到45°，最终在$\omega t>100$之后接近于零。

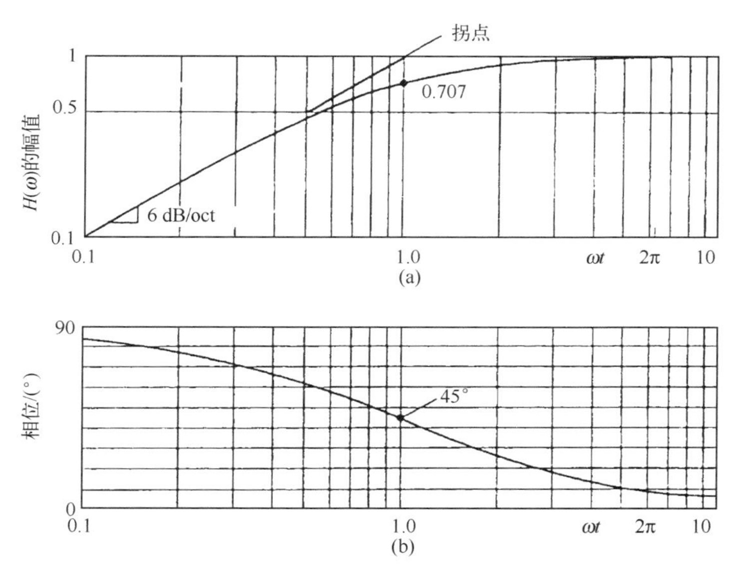

图4-4-3　压电晶体传感器低频特性波德图

(a)对数—对数幅值图；(b)线性—对数相位图

(From J. W. Dally, W. F. Riley, and K. G. McConnell, Instrumentation for Engineering Measurements, 2nd ed., copyright © 1993 by John Wiley & Sons, NewYork. Reprinted by permission.)

当$\omega t=2\pi$或$fT=1$时，幅值误差大约是1%，幅值大约是0.987 6，相位角是9.04°。这两条曲线说明，频响函数的低频特性对幅值和相位信息具有明显影响。在某些测量中，使所有测量通道的低频频响函数相同是很重要的，否则数据通道之间将出现相当大的测量误差。

电荷放大器具有若干独特的优点。首先，系统性能决定于内部反馈电容和反馈电阻，而与来自传感器和电缆的输入电容无关，只要这个输入电容小于最大允许值。其次，输出电压灵敏度可以通过标准电位器位置 b 实现标准化。第三，改变反馈电容即可获得很宽的电压灵敏度范围。下面来看看日益流行的内置电压跟随器的特性。

4.4.4　内置电压跟随器

固态电子学已经发展到这样的程度，可以将一个微型单位增益电压跟随器置于传感器机壳之内。电压跟随器的典型电路如图 4－4－4(a)所示。电源经由一条双股屏蔽电缆连接到电压跟随器和传感器，而输出信号也通过双股屏蔽电缆接到记录设备。

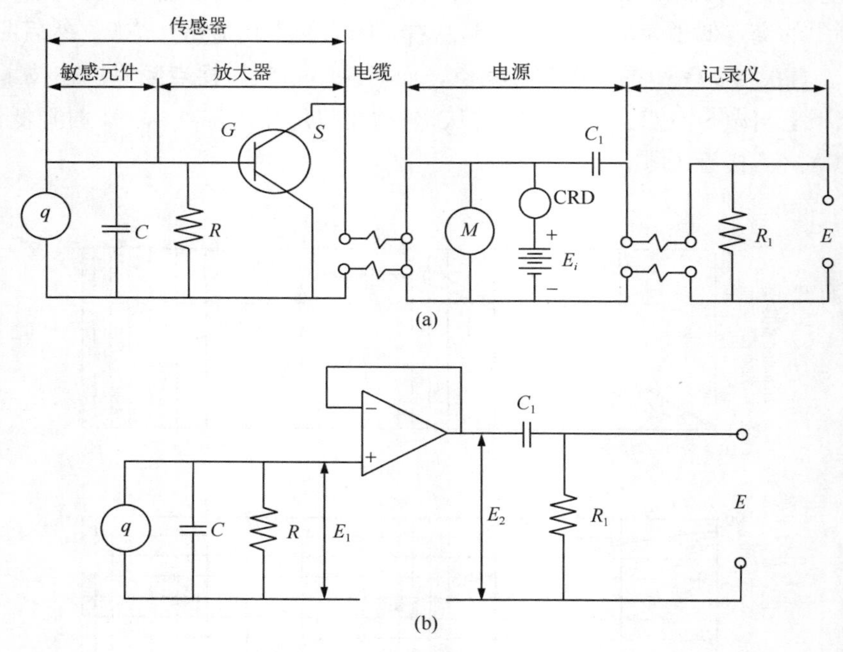

图 4－4－4　机内电压跟随器—传感器系统

(a)电路草图；(b)等效电路

(From J. W. Dally, W. F. Riley, and K. G. McConnell, Instrumentation for Engineering Measurements, 2nd ed., copyright © 1993 by John Wiley & Sons, NewYork. Reprinted by permission.)

电缆电容 C_c 处于跟随器的输出端(低阻端)，对系统性能没有任何影响，故此略去。敏感元件的电容 C 和放大器的输入电阻 R 除温度之外不受其他环境条件的影响，因为这两个元件装在传感器机壳内部。电阻 R 和电容 C 必须加以选择，以便得到一个标称电压灵敏度，从电源吸纳适当的电流，并给定一个合理的**内部时间常数** $T=RC$。

图 4－4－4(a)中的电源由一个电流调节二极管(CRD)(稳压二极管)、一个直流电压源 E_i、一个表头 M 及一个耦合电容 C_1 构成。稳压二极管的作用是当没有输入信号(即传感器信号)时，维持三极管的源极(S)加有 11V 的标称电压。耦合电容 C_1 作用是使记录设备与 11V

的直流电压隔离开来。表头 M 监视传感器电缆的连接情况：如果表头读数是零，则表示传感器电缆连接有短路现象；若表头读数是电源电压 E_i，说明电缆断线。

图 4-4-4(a)电路的工作特性可用图 4-4-4(b)的等效电路解释。等效电路中用单位增益的电压跟随器运放代替了图(a)中的金属氧化物场效应晶体管放大器。电压跟随器的输入边可用一个微分方程描述，输出边可用另一个微分方程表示。输入边的微分方程是

$$\dot{E}_1 + \frac{E_1}{RC} = \left[\frac{S_q}{C}\right]\dot{a} = S_v\dot{a} \tag{4-4-19}$$

输出边的方程为

$$\dot{E} + \frac{E}{R_1C_1} = \dot{E}_2 = \dot{E}_1 \tag{4-4-20}$$

根据上面两式可以得到稳态的输入—输出频响函数如下

$$H(\omega) = \frac{CE_0}{S_q a_0} = \left[\frac{\mathrm{j}RC\omega}{1+\mathrm{j}RC\omega}\right]\left[\frac{\mathrm{j}R_1C_1\omega}{1+\mathrm{j}R_1C_1\omega}\right] \tag{4-4-21}$$

方程(4-4-21)具有两个时间常数

$$T = RC \quad 和 \quad T_1 = R_1C_1 \tag{4-4-22}$$

$T=RC$ **是内部时间常数，决定于制造厂家**。T 应当很大，但是放大器的电流要求限制了 R 的取值，电压灵敏度要求又限制了 C 的值[见式(4-4-19)]。T 的取值范围通常为 0.5～2 000 s。

外部时间常数 $T_1=R_1C_1$ 由仪器用户自己控制。当隔直流电容器 C_1 由电源制造商固定之后，输入电阻 R_1 的值就由用户选择。C_1 的典型值为 10 μF，测量仪表的输入电阻(R_1)可在 0.01～1 MΩ 之间选择，这样得到的外部时间常数 T_1 范围是 0.1～10 s，很容易控制。式(4-4-21)描述的双时间常数仪器的幅值及相位特性示于图 4-4-5。由式(4-4-21)可见，既可以把 T_1 表示为 T 的倍数，也可以把 T 表示为 T_1 的倍数。图 4-4-5 上已经将 T_1 表示成 T 的 1 倍、10 倍与 1 000 倍。

图 4-4-5 的波德图是对数—对数幅值图和线性—对数相位图。这两条曲线反映了时间常数以及各种不同的时间常数比对仪器响应的影响。对应于 $T_1=1\,000T$ 的曲线，以斜率 6 dB/oct 起始，之后在所示频率范围内如同单时间常数仪器的响应那样，逐渐趋近于 1。从对应于 $T_1=10T$ 的第二条曲线可以看出，时间常数对仪器特性没有显著影响。但是，在 $T_1=T$ 情况下，随着 ωt 值由高变低，低频响应按 12 dB/oct 的速率下降，相位角迅速接近 180°；而当 ωt 值由低变高时，直到 ωt 值近似为 10 时，才接近于 $T_1=1\,000T$ 的那条曲线。在 $\omega t=1$ 时的拐点 B，振幅衰减 6 dB(下降 50%)，并产生 90° 的相移。当 $T_1=10T$ 时，曲线在 $\omega t=0.1$ 还有一个拐点 A，此拐点以下曲线按 12 dB/oct 速率衰减，此拐点以上，曲线按 6 dB/oct 速率上升。还可以看到，$T_1=10T$ 这条曲线在 $\omega t>2$ 之后便与单一时间常数曲线很接近了。实际上，最小时间常数比为 10 左右，而理想值应该是 100 比 1。**以上所述要旨是说，作为用户，将电源输出端通过电容 C_1 连接到输入阻抗过低的记录仪表时，会严重改变仪器的低频特性，严重改变仪器的低频响应。**

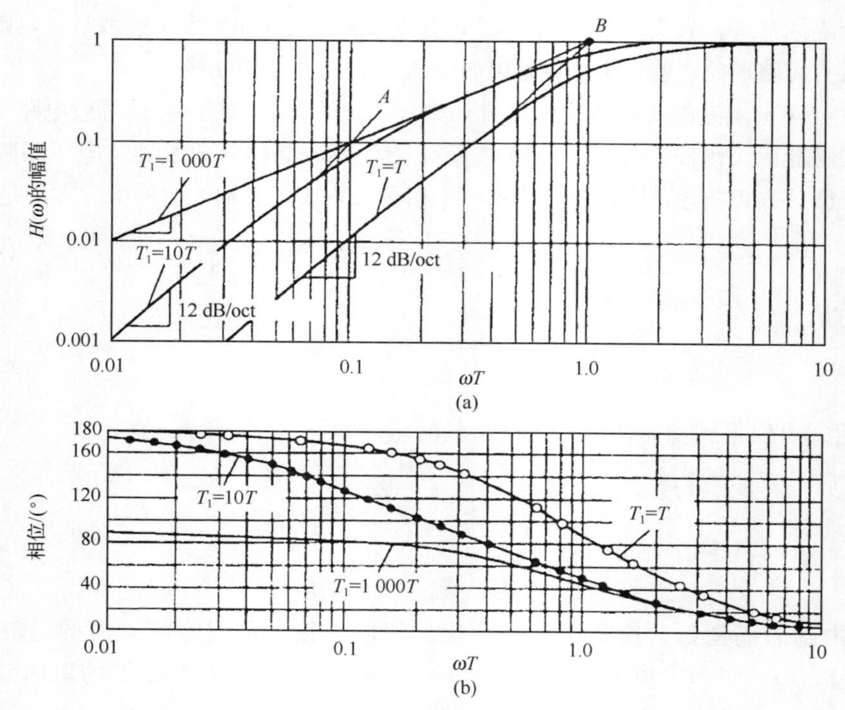

图 4－4－5　双时间常数低频响应波德图

(a)对数—对数幅值图；(b)线性—对数相位图

(From J. W. Dally, W. F. Riley, and K. G. McConnell, Instrumentation for Engineering Measurements, 2nd ed., copyright © 1993 by John Wiley & Sons, NewYork. Reprinted by permission.)

机内电压跟随器有几个优点。首先，厂家固定了仪器的电压灵敏度 S_v，因此用户无须进行电压增益或量程开关的调整；第二，电缆的电容与长度对输出没有明显影响；第三，输出电压信号量级高，噪声小；第四，功耗低，电池供电很适用于现场应用；第五，可直接连接到大多数测量仪表；第六，与更灵活的电荷放大器相比，跟随器的设置几乎不需要技术培训。

关于电压跟随器应用的最新研究成果叫做**传感器电子数据表单(TEDS)**，它克服了需要跟踪仪器灵敏度及序列号的问题。TEDS 芯片储有全部信息，并可通过 PC 或专用手持式计算机进行存取。有些 TEDS 芯片是镶在传感器内部的，有些则放进了连接电缆。在后一种情形下，电缆与其内部装置构成传感器不可分割的一部分。使用 TEDS 式传感器的两个最大优点，一是降低了灵敏度误差，减少了与结构上测点位置相关联的传感器序列号错误，二是缩短了试验设置时间。

4.4.5　加速度计的整机频响函数

我们关心的是研究加速度计的整机频响函数。根据式(4－3－4)所示加速度计的机械频响函数和式(4－4－18)表示的关于电荷放大器的频响函数，可以求出电荷放大器输出电

压如下

$$E_0 = \left(\frac{S_Z}{C}\right)\left(\frac{m}{k(1-r^2)+\mathrm{j}2\zeta r}\right)\left(\frac{\mathrm{j}RC\omega}{1+\mathrm{j}RC\omega}\right)a_0 \tag{4-4-23}$$

此式可以写成

$$\frac{E_0}{S_v a_0} = \left(\frac{\mathrm{j}RC\omega}{1+\mathrm{j}RC\omega}\right)\left(\frac{1}{1-r^2+\mathrm{j}2\zeta r}\right) = H_e(\omega)H_m(\omega) = H_a(\omega) \tag{4-4-24}$$

电气频响函数 机械频响函数

上式之所以成立，是因为电压灵敏度为

$$S_v = \frac{S_q}{C} = \left(\frac{mS_z}{k}\right)\left(\frac{1}{C}\right) \tag{4-4-25}$$

式(4-4-24)表明，**加速度计的整机频响函数是电气频响函数与机械频响函数的乘积**。如果加速度计要采用一个双时间常数放大器系统，那么电气频响函数由式(4-4-21)给出而不是由式(4-4-18)给出。

式(4-4-24)所表达的一般幅值—频率曲线示于图 4-4-6。由图可见，压电电路决定着低频响应，此响应的斜率为 6dB/oct。频率 ω_1 和 ω_2 之间是仪器的理想工作范围，因为在此频段相移最小，振幅失真最小。在 ω_2 以上，响应由机械频响函数决定，共振峰之后按 12 dB/oct 的速率降落。如果敏感元件是应变片，而且与测量仪器进行 DC 耦合，那么低频响应保持单位 1，直至零频。4.6 节将讨论 FRF 低频特性低落对暂态事件测量的影响。

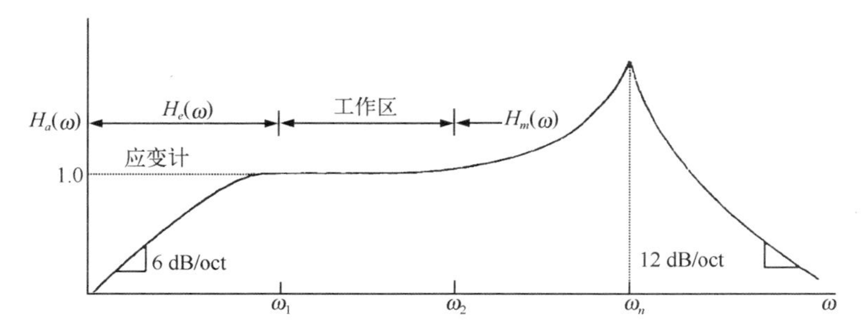

图 4-4-6　加速度计的整体频响函数：显示出电气误差区、机械误差区以及工作区
(From J. W. Dally, W. F. Riley, and K. G. McConnell, Instrumentation for Engineering Measurements, 2nd ed., copyright © 1993 by John Wiley & Sons, NewYork. Reprinted by permission.)

4.5　组合式线加速度计与角加速度计

许多时候，既需要测量结构或刚体上某点的线运动，也需要测量该点的角运动。本节研究两种测量技术：第一种，将两个加速度计彼此隔开直接安装在一个结构上，或专用支架体上。第二种，用最近研制成功的单个加速度计(这种加速度计是一个轻型装置，能够安装在一个点上)，同时测量该点的线加速度和角加速度。先介绍这种新型加速度计的工作原理。

4.5.1　用多个加速度计测量复合运动

用两个加速度计测量线加速度和角加速度的方法示于图 4-5-1。按照这种方法，将两个加速度计安装在一个刚性杆上，使它们的敏感轴线相互平行，二者相距 $2l$，见图 4-5-1(a)。刚性杆的中点与一结构相连。

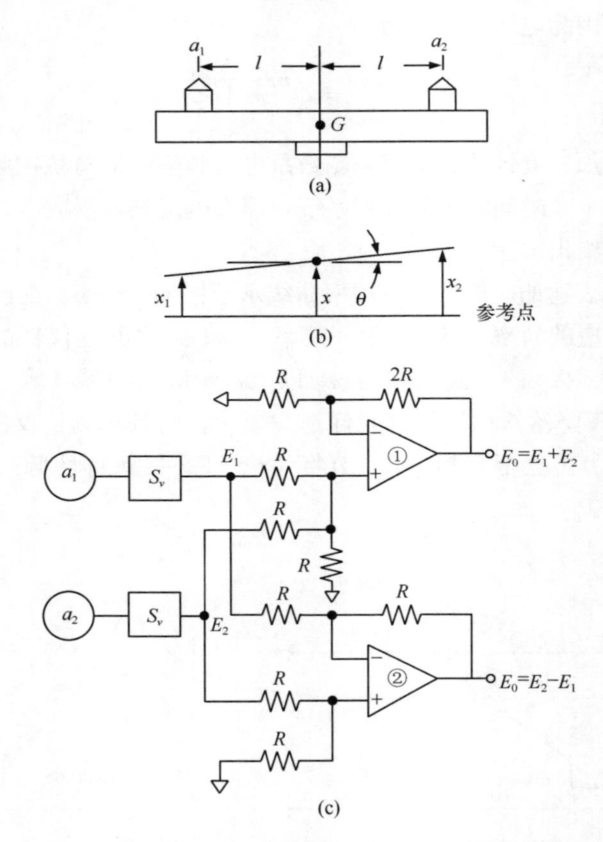

图 4-5-1　组合线加速度和角加速度的测量装置

(a)两个加速度计安装在一个刚性杆上；(b)运动量关系图；(c)加速度信号的加减电路

安装在刚性杆上的每个加速度计在运动学上的运动如图 4-5-1(b)所示。根据这个图，我们可以把中点的平均运动用 x 表示为

$$x=\frac{x_1+x_2}{2} \tag{4-5-1}$$

式中 x_1 是左端的运动，x_2 是右端的运动。将式(4-5-1)微分两次可得中点的平均加速度

$$\ddot{x}=\frac{a_1+a_2}{2} \tag{4-5-2}$$

其中 a_1 和 a_2 分别是左右端的加速度。类似地，角度 θ 为

$$\theta = \frac{x_2 - x_1}{2l} \tag{4-5-3}$$

因此角加速度为

$$\ddot{\theta} = \frac{a_2 - a_1}{2l} \tag{4-5-4}$$

式(4-5-2)是两个加速度相加再平均，式(4-5-4)是两个加速度相减。不论哪种情形，只有其中一个量带有相当大的测量误差。显然，信号越小，误差越大。例如，如果运动主要是平动(即 x 大，θ 小)，那么角度测量就有比较大的误差。但是如果运动主要是转动(即 x 小，θ 大)，那么线加速度信号误差就比较大。所以角加速度的测量误差不一定比线加速度的测量误差大。

两个传感器的输出电压分别是

$$E_1 = S_{v1} a_1 \tag{4-5-5}$$

$$E_2 = S_{v2} a_2 \tag{4-5-6}$$

这里 S_{vi} 是第 i 个加速度计的电压灵敏度。将式(4-5-5)和式(4-5-6)代入式(4-5-2)和式(4-5-4)，可得平均加速度为

$$\ddot{x} = \frac{S_{a2}E_2 + S_{a1}E_1}{2} = \frac{S_a}{2}(E_2 + E_1) \tag{4-5-7}$$

角加速度为

$$\ddot{\theta} = \frac{S_{a2}E_2 - S_{a1}E_1}{2l} = \frac{S_a}{2l}(E_2 - E_1) \tag{4-5-8}$$

上二式中 S_{ai} 叫做第 i 个加速度计的**单位灵敏度**。单位灵敏度就是电压灵敏度的倒数

$$S_a = \frac{1}{S_v} \tag{4-5-9}$$

从式(4-5-7)和式(4-5-8)看得很清楚，如果使各个测量通道都具有相同的单位灵敏度，就方便多了。

用运算放大器构成的求和、求差电路示于图4-5-1(c)。在该电路中假定两个加速度测量通道有着相同的电压灵敏度 S_v，每个通道都含有一个电压跟随器运放作为它的输出端口，因而具有足够的功率来驱动后面与之连接的电路而不引入额外的误差。运放1是一个非反相求和放大器，调整其增益，使其输出简单地等于电压 E_1 和 E_2 之和。调整运放2，使其输出电压等于输入电压 E_1 和 E_2 之差。这个电路也可以采用其他增益值，使两个输出电压为每伏多少个 g 的线加速度，或每伏多少弧度/秒^{2}的角加速度。

图4-5-1所示的测量装置包含了许多假设。首先，“刚性杆”是刚性的。在高频时这一假设不正确，因为那时刚体将变成具有许多共振频率的振动梁。第二，刚体对固定在它上面的结构没有影响。这一点也不真，因为此杆呈现出质量 m 刚体特性以及关于其质心的转动惯量 I_g。质量 m 和 转动惯量 I_g 会改变结构的动态特性，改变量的大小取决于结构的惯性特征与刚性杆的惯性特征。第三，可以省去刚性杆直接将加速度计安装在结构上，从

而避免所有的刚体问题。很不幸，除非结构按刚体模态振动，上述运动学假设皆可能遭到破坏。我们所能指望的最佳情形，是估计结构的平均线运动和平均角转动。再次强调，这个方法仅限于前几阶固有频率。

人们为了用**二加速度计方法**测量结构上某个点的平均线加速度和转动加速度，已经花费了巨大的心血。最近一种新型加速度计已研制成功，它能在一个点同时测量这两个量。下节就来介绍这种组合式线—角加速度计。

4.5.2 组合式线—角加速度计

设计单独的地震式角加速度计而不考虑线加速度，是相当困难的。微切削加工和组装技术应用于合成压电材料，可以将测量线加速度与测量角加速度的两种功能集成在同一个传感器内，构成一种新型的传感器。我们来研究这种传感器的设计工作。

如图 4-5-2(a)所示，这种传感器有一个基座，一个封装机壳，一个中心柱和两个彼此电绝缘的悬臂梁。两个悬臂梁用压电陶瓷材料制成，叫做**压电梁** 1 和 2，压电梁的方位用 xyz 轴规定。传感器测量的就是 y 向的线加速度和 z 向的角加速度。压电梁有 4 个电连接端，分别标以 A，B，C 和 D。两根压电梁的上下表面各有一个电极，它们通过 A，B，C，D 4 个点连接到内部放大器。

图 4-5-2(b)表示在正的线加速度作用下两个压电梁上的电荷分布。电荷分布要求正确定位压电梁材料，使每根梁的顶部是正电荷，底部是负电荷。当压电梁向下加速时，分布电荷的极性反过来。正的角加速度条件示于图 4-5-2(c)。对于这种情况，压电梁 1 的顶部是负电荷，底部是正电荷。与之相反，压电梁 2 顶部是正电荷，底部是负电荷。

图 4-5-2(d)所示电路由两个电压跟随器构成，它们分别与其中的一个压电梁相连接，如 AC 和 BD 所示。跟随器的输出通过一根四芯电缆与求和及求差放大器相连。假定线、角加速度输入信号之频率远低于敏感元件的固有频率，还假定每种运动产生的电荷与该运动成正比。这样，对于图中所示的正加速度，就可以将每个梁的上下表面之间的电荷表示如下

$$\begin{aligned} q_{A/C} &= K_1 a_y - K_2 \alpha_z \\ q_{B/D} &= K_1 a_y + K_2 \alpha_z \end{aligned} \qquad (4-5-10)$$

式中 K_1，K_2 是比例常数，对于相同的压电梁，其值应当一样。假定每个电压跟随器的输出电压正比于相应压电梁所产生的电荷，于是，对于压电梁 1，有

$$E_1 = \frac{q_{A/C}}{C_1} = \frac{K_1 a_y - K_2 \alpha_z}{C_1} = S_1 a_y - S_2 \alpha_z \qquad (4-5-11)$$

式中 S_1 和 S_2 是梁 1 的电压灵敏度。类似地，对于压电梁 2，有

$$E_2 = \frac{q_{B/D}}{C_2} = \frac{K_1 a_y + K_2 \alpha_z}{C_2} = S_3 a_y + S_4 \alpha_z \qquad (4-5-12)$$

式中 S_3 和 S_4 是梁 2 的电压灵敏度。如果像图 4-5-2(d)所示那样将电压 E_1 和 E_2 相加减，则可以得到

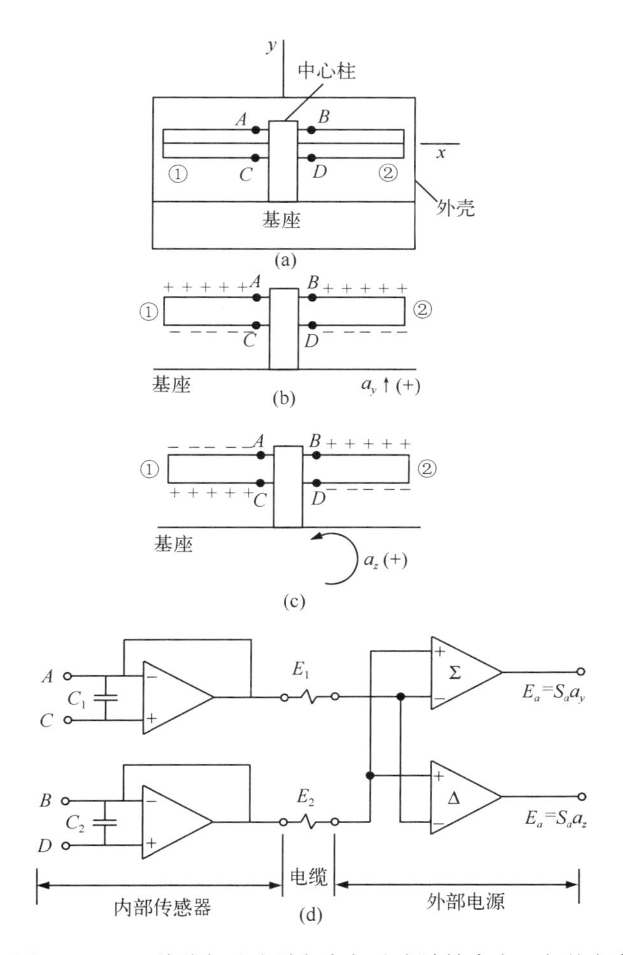

图 4－5－2　将线加速度计与角加速度计结合在一起的方案

(a)双压电梁；(b)线加速度的电荷分布；(c)角加速度的电荷分布；

(d)将线、角加速度信号分开来所用的电路

(From J. W. Dally, W. F. Riley, and K. G. McConnell, Instrumentation for Engineering Measurements, 2nd ed., copyright © 1993 by John Wiley & Sons, NewYork. Reprinted by permission.)

$$
\begin{aligned}
E_a &= E_1 + E_2 = (S_1 + S_3)a_y + (S_4 - S_2)\alpha_z \cong S_a a_y \\
E_\alpha &= E_2 - E_1 = (S_3 - S_1)a_y + (S_2 + S_4)\alpha_z \cong S_a \alpha_z
\end{aligned}
\quad (4-5-13)
$$

式(4－5－13)表明，如果满足 $S_1=S_3$，$S_2=S_4$ 的条件，就可得到期望的结果。理想情况下，可以将两个梁做得一模一样，但实际上调整梁的电压灵敏度使满足条件 $S_1=S_3$，$S_2=S_4$ 几乎是不可能的。一个简单得多的做法是，为每个传感器提供一个电源，从而可仔细调整传感器增益，令两个信号抵消，使仪器满意地发挥功能。这样，加速度计及其电源就成为不可分离的**功能对**。通常设计是在传感器内部放置一个电压跟随器，如上述所示，而将具有增益调节功能的求和、求差放大器置于电源单元内。这个系统的连接要求用四芯电缆，其中两根地线，两根正电源电压线。这个加速度计与记录装置的连接跟 4.4 节所述内置电

压跟随器与记录装置的连接相同，所以该加速度计的两个通道具有相同的低频响应特性，这种低频特性与双时间常数系统相对应。

4.6 传感器对暂态输入的响应

迄今已研究了传感器的稳态响应，求得了它的输入—输出频响函数。本节考虑传感器的低频压电特性与高频机械共振特性对传感器的暂态响应有何影响。暂态输入信号的特点是在很短的时间段内快速变化，在此时间段之前与之后以近乎常数值持续很长时间——持续时间的长短是相对于测量系统的特征响应时间而言的。更重要的是，需要知道当给定被测暂态信号超过传感器的能力时，传感器的响应中会出现怎样的警示性标志。最后，要阐述某冲击载荷对电气响应与机械响应可能产生的各种非同寻常的影响——这些影响在进行其他冲击测量时可能会引起麻烦。

4.6.1 机械响应

我们需要知道传感器的机械结构是怎样响应暂态输入的。阶跃输入与斜坡保持输入都是在理论上研究传感器的暂态响应特性时所采用的经典信号。研究理论上的响应，是为了找到一个方法，用以确定什么情况会超出传感器的响应能力。

阶跃激励 图 4-6-1(a)表示一阶跃输入信号，其中时间为负时加速度为零，时间为正时，加速度等于 a_0，在时间为零的瞬间，加速度发生突变。为求出传感器对这个阶跃输入信号的响应，我们来解传感器的运动微分方程(4-3-1)。此方程在这里形式变成

$$m\ddot{z}+c\dot{z}+kz=-ma_0 \tag{4-6-1}$$

假定初始条件为 $z(0)=0=\dot{z}(0)$，则式(4-6-1)的解为

$$z=z_0\left[1-\frac{e^{-\zeta\omega_n t}}{\sqrt{1-\zeta^2}}\cos(\omega_d t-\phi)\right] \tag{4-6-2}$$

式中 $z_0=-ma_0/k$——在载荷 ma_0 作用下的恒定偏移；

$\omega_d=\omega_n\sqrt{1-\zeta^2}$——阻尼固有频率；

$\tan\varphi=\zeta/\sqrt{1-\zeta^2}$——响应的相位角(正切)。

当阻尼比 $\zeta=0$ 时，响应简化为

$$z=z_0[1-\cos(\omega_n t)] \tag{4-6-3}$$

式(4-6-2)与式(4-6-3)描述的响应示于图 4-6-1(b)。因为在设计加速度计时规定，若输入 $a(t)$为正，则响应亦为正，所以图中纵坐标用无量纲比值 z/z_0 表示。由图可见，传感器的机械响应是一条围绕直线 1 的、在上下两条指数衰减包络之间的阻尼振荡曲线，振荡频率就是传感器的阻尼固有频率。最大过冲出现在无阻尼情形，其值以 2 为限。这个看起来与阶跃输入完全不像的响应，叫做**传感器振铃**，因为传感器会“像个铃一样鸣叫”。振铃响应是个警示：暂态输入对于传感器来说变化太快，它无法在机械上予以响应而描述之。

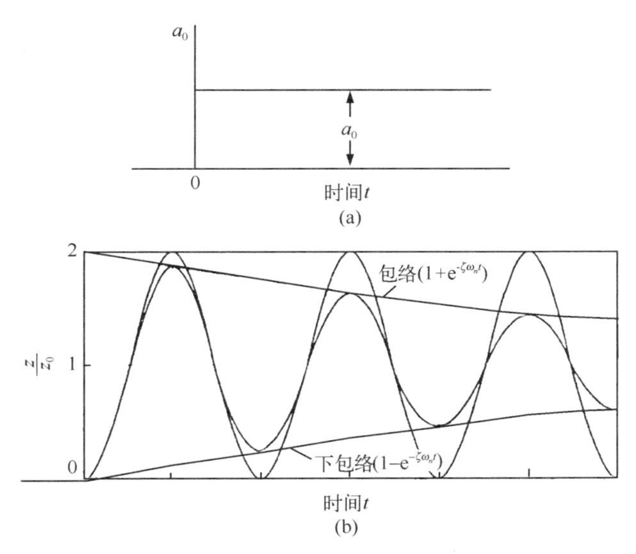

图 4－6－1　(a)典型的阶跃输入加速度；(b)阻尼分别为零和 5％时的机械响应

显然，传感器的“振铃响应”与激励它的阶跃输入没有多少相似之处。这个响应向我们指明，传感器被迫过快响应时所产生的一类测量误差。下面要考虑斜变时间历程，因为这样的时间历程作为一种极限情况，也是一种阶跃。通过对斜坡时间历程的响应分析，可深入了解这一基本问题：传感器对暂态输入的响应究竟有多快？显然，阶跃输入是太快了。

斜变—保持激励　图 4－6－2(a)是个典型的斜坡输入函数。输入加速度在时间 t_0 之内线性地从 0 增加到 a_0，然后在大于 t_0 的时间保持这个加速度值不变。数学上这个输入加速度可表示为

$$\begin{aligned} a(t) &= \frac{a_0}{t_0}t,\quad 0 \leqslant t \leqslant t_0 \\ a(t) &= a_0,\quad t \geqslant t_0 \end{aligned} \tag{4-6-4}$$

关于对这个输入加速度的无阻尼响应，在大多数教科书[④]中都能找到，可以借助于参考偏移 $z_0 = ma_0/k$ 表示如下

$$\frac{z}{z_0} = \frac{t}{t_0} - \frac{\sin(\omega_n t)}{\omega_n t_0},\quad 0 < t < t_0 \tag{4-6-5}$$

在 $t > t_0$ 时段解方程 $m\ddot{z}(t) + kz(t) = ma_0$ 可得下列结果

$$\frac{z}{z_0} = 1 - \frac{\sin(\omega_n t) - \sin[\omega_n(t - t_0)]}{\omega_n t_0} = 1 - \frac{D\sin(\omega_n t - \beta)}{\omega_n t_0},\quad t > t_0 \tag{4-6-6}$$

其中

$$D = \sqrt{2[1 - \cos(\omega_n t_0)]},\quad \tan\beta = \frac{\sin(\omega_n t_0)}{1 - \cos(\omega_n t_0)} \tag{4-6-7}$$

---

④ William T. Thomson, *Theory of Vibration with Practice*, 4th ed, Prentice Hall, Englewood Cliffs, NJ, 1988, pp. 100－101.

式(4－6－5)中的第一项是理想的斜直线，第二项是传感器按自己的固有频率进行的、叠加在斜坡保持输入波形上的、振幅为$1/(\omega_n t_0)$的一个振荡。该响应示于图 4－6－2(b)和图 4－6－2(c)。当$\omega_n t_0$是$\pi/2$的奇数倍时，斜直线终点(A点)的最大误差可以从式(4－6－5)求得，这时

$$\frac{z}{z_0}=1\pm\frac{1}{\omega_n t_0} \tag{4-6-8}$$

其中正负号是由于正弦函数值此时可为±1。

图 4－6－2(b)和图 4－6－2(c)表示的是$\omega_n t_0$等于π的整数倍时的情形。在图 4－6－2(b)中，$\omega_n t_0=2\pi$，因此在A点之后没有振荡，但在输入的斜坡部分有较大误差，特别是$t=0$附近。$t>t_0$之后没有振荡，道理是，在A点振荡的幅值和斜率跟斜坡输入的幅值与斜率完全相等。图 4－6－2(c)是$\omega_n t_0=3\pi$的情形，其中在A点只有振幅与输入相等，但响应之斜率为正，因此有过冲出现。从式(4－6－6)和图 4－6－2(c)看到，$t>t_0$之后传感器的响应是个振荡，振荡频率就是传感器的固有频率，振幅是$D/(\omega_0 t_0)$。当$\omega_n t_0$取值不同时，振荡的振幅也不同，其变化范围可从 0 到$2/(\omega_n t_0)$。当$\omega_n t_0$是2π的整数倍时，D的值为零。之所以如此是因为在斜坡时间t_0之内振荡出现完整的循环，以至于在斜坡输

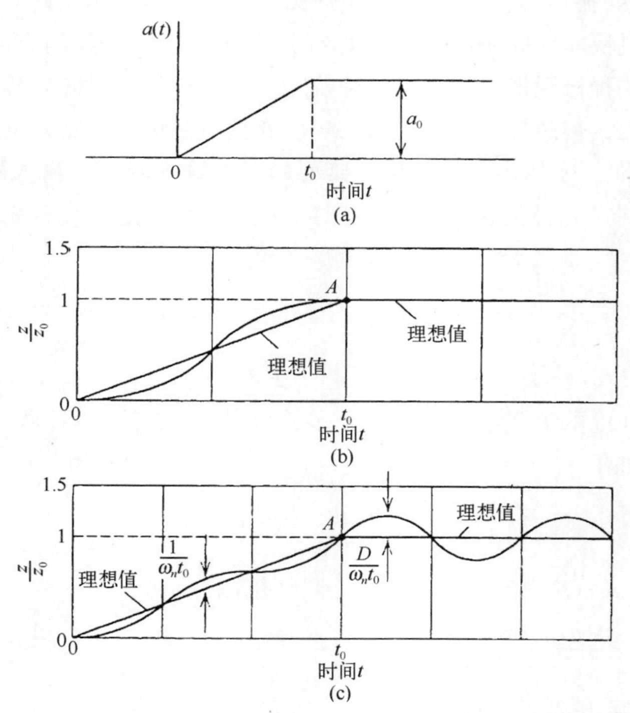

图 4－6－2 (a)斜坡型输入加速度；(b)$t_0=T$情况下的加速度计响应；(c)$t_0=1.5T$情况下的加速度计响应

(Fig. 4－6－2(a) and 4－5－2(c) from J. W. Dally, W. F. Riley, and K. G. McConnell, Instrumentation for Engineering Measurements, 2nd ed., copyright © 1993 by John Wiley & Sons, NewYork. Reprinted by permission.)

入的终点不出现幅值和斜率误差。但是，当 $\omega_n t_0$ 是 π 的奇数倍时，出现最大误差

$$\eta = 2/(\omega_n t_0) \tag{4-6-9}$$

上述分析的实际结果是，如果将 t_0 之后的最大误差限制在 6.4%以内，那么在斜坡期间传感器的振荡至少应出现 5 次，或者说，欲使最大误差小于 3.2%，那么斜坡期间至少需要 10 次传感器振荡。因此，为了减少“振铃”和误差，斜坡的最短持续时间应该是 $t_0 > 5T$。显然，传感器阻尼有助于减少这些误差，但是不要忘记，多数传感器的阻尼比较小，所以用无阻尼模型估计出来的误差在大多数情况下稍微偏保守一些。

两个常用暂态波形和 5－10 规则　可以利用图 4－6－3(a)、图 4－6－3(b)所示半正弦波和三角波，进一步证实根据斜坡函数得到的结论。图中画出了无阻尼传感器对持续时间分别为 T 和 $5T$ 的脉冲的响应曲线(这里 T 是传感器的固有周期)。这些曲线清楚显示，合理的传感器输出要求脉冲持续时间至少 5 倍于传感器的固有周期。当脉冲持续时间小于 $5T$ 时，传感器的输出响应将产生严重失真，如 $t_0 = T$ 时出现的相当大的“鸣铃”情形。因此我们可以给出一个粗略的一般规则——5 **倍规则**：“不论暂态输入信号的上升时间，还

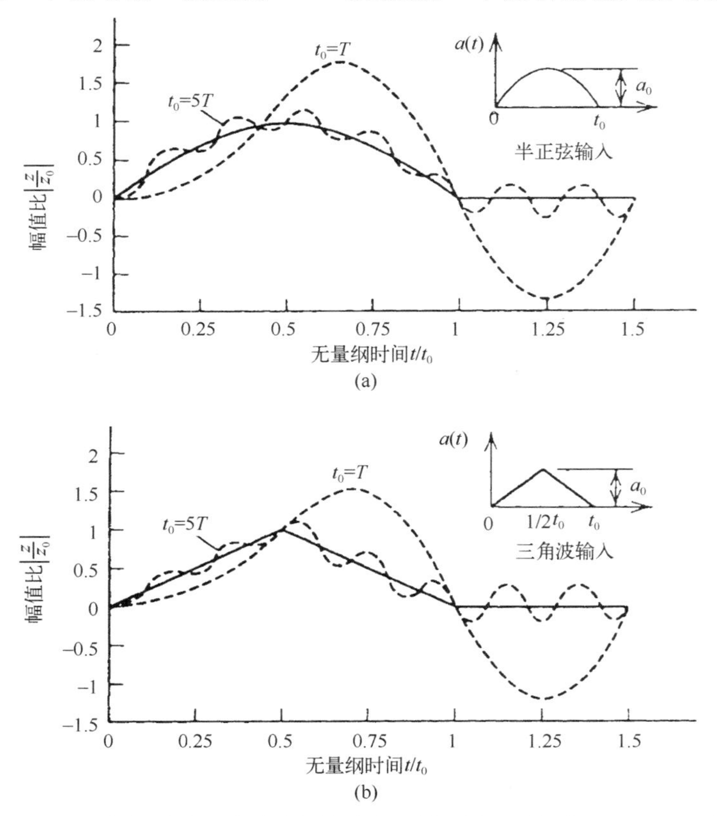

图 4－6－3　加速度计对暂态脉冲的机械响应。脉冲持续时间分别为 $t_0 = T$ 和 $t_0 = 5T$
(a)半正弦脉冲；(b)三角脉冲

(From J. W. Dally, W. F. Riley, and K. G. McConnell, Instrumentation for Engineering Measurements, 2nd ed., copyright © 1993 by John Wiley & Sons, NewYork. Reprinted by permission.)

是下降时间，或持续时间，都必须大于传感器固有周期的 5 倍。"而 5 - 10 规则叙述为："5 倍固好，10 倍更好。"**如果一个传感器在它的安装固有频率上发生"振铃"，则清楚地表明，上述规则被破坏，测量出现问题**。

4.6.2 压电电路对暂态信号的响应

暂态信号含有直流分量，用压电传感器的交流耦合特性可以将直流分量隔断。支配电荷放大器特性的微分方程由式(4 - 4 - 15)给出，可写成

$$\dot{E}+\frac{E}{RC}=S_v\dot{a} \tag{4-6-10}$$

这里 S_v 是电压灵敏度。式(4 - 6 - 10)对于任何暂态信号都有一个特解，可以用下式表示

$$E(t)=S_v\mathrm{e}^{-t/RC}\int_0^t\mathrm{e}^{\tau/RC}\dot{a}(\tau)\mathrm{d}\tau \tag{4-6-11}$$

式中，τ 是形式积分变量。

为了弄清低频信号衰减对暂态信号的测量有何影响，我们来考虑这个压电电路对持续时间为 t_1 的矩形脉冲[如图 4 - 6 - 4(a)所示]的响应。实际上，用机械系统是不可能得到这样一个脉冲的，但是它表示一种极限情况，可用以判断压电晶体电路的低频响应特性。

特解表达式(4 - 6 - 11)中含有输入信号的导数。对于图示矩形脉冲输入，其导数示于图 4 - 6 - 4(b)，由两个**狄拉克冲激函数** $\delta(\tau)$ 构成，以公式表示如下

$$\dot{a}=a_0\delta(\tau)-a_0\delta(\tau-t_1) \tag{4-6-12}$$

狄拉克函数的性质是：幅角不等于零时，其值为零；在包含幅角为零的区间上积分，其值为 1 个单位面积。将式(4 - 6 - 12)代入式(4 - 6 - 11)，并考虑到狄拉克函数的这一特性，则得

$$E=S_va_0\left[u(t)\mathrm{e}^{-t/RC}-u(t-t_1)\mathrm{e}^{-(t-t_1)/RC}\right] \tag{4-6-13}$$

其中 $u(t-t_1)$叫做**单位阶跃函数**。式(4 - 6 - 13)所表示的电压响应画在图 4 - 6 - 4(c)中。这个电路具有两个明显特征。第一，在 $0<t<t_1$ 时段内输出信号指数地衰减。与输入信号相比，这个衰减产生的误差为$(1-\mathrm{e}^{-t_1/RC})$。第二，在脉冲的末尾出现下冲。对于矩形脉冲，响应的最大误差就是这个下冲。

式(4 - 6 - 13)所产生的最大误差可以根据$(1-\mathrm{e}^{-t_1/RC})$的级数展开式来估计。$(1-\mathrm{e}^{-t_1/RC})$的级数展开式是

$$\eta_{\max}=1-\mathrm{e}^{-t_1/RC}=\frac{t_1}{RC}\left[1-\frac{1}{2}\frac{t_1}{RC}+\frac{1}{6}\left(\frac{t_1}{RC}\right)^2-\cdots\right] \tag{4-6-14}$$

如果$\frac{t_1}{RC}$的值很小，那么式(4 - 6 - 14)就简化为

$$\eta_{\max}\cong\frac{t_1}{RC}\quad 或\quad T=RC\cong\frac{t_1}{\eta_{\max}} \tag{4-6-15}$$

上式中 $T=RC$ 是压电电路的时间常数。利用式(4 - 6 - 15)可以就矩形脉冲的情形计算出时间常数与相应的百分比误差，见表 4 - 6 - 1。

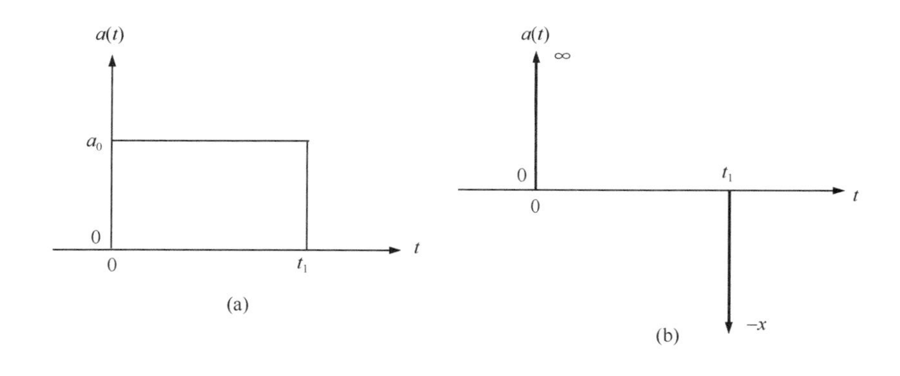

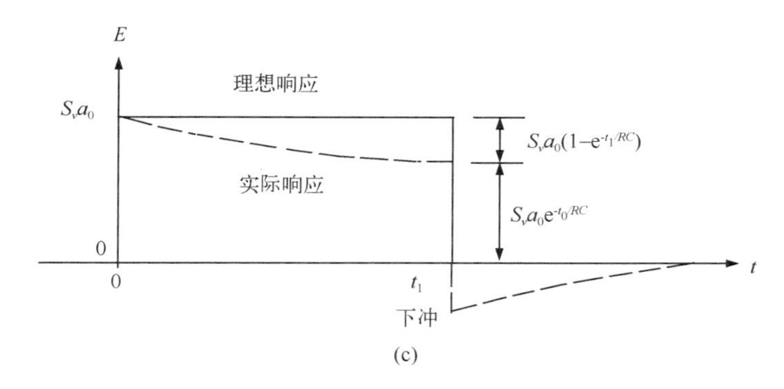

图 4－6－4　电荷放大器对矩形暂态脉冲的响应

(a)暂态脉冲；(b)脉冲的导数；(c)输出电压

(From J. W. Dally, W. F. Riley, and K. G. McConnell, Instrumentation for Engineering Measurements, 2nd ed., copyright © 1993 by John Wiley & Sons, NewYork. Reprinted by permission.)

表 4－6－1　各种误差量级对应的时间常数(*RC*)要求

脉冲形状		时间常数		
		2%误差	5%误差	10%误差
矩形脉冲		$50t_1$	$20t_1$	$10t_1$
三角形脉冲		$25t_1$	$10t_1$	$5t_1$
半正弦脉冲	A	$16t_1$	$6t_1$	$3t_1$
	B	$31t_1$	$12t_1$	$6t_1$

注：From J. W. Dally, W. F. Riley, and K. G. McConnell, Instrumentation for Engineering Measurements, 2nd ed., copyright © 1993 by John Wiley & Sons, NewYork. Reprinted by permission.

测量中经常碰到三角脉冲和半正弦脉冲，因此表 4-6-1 同时给出了用这两种脉冲时为满足规定的误差而需要的时间常数。从表中看到，对于给定的误差，对矩形脉冲的要求最为苛刻。表 4-6-1 可用以估计与此类似的暂态波形的测量误差。在具体的暂态脉冲测量中，判定时间常数 RC 是否适当的一个比较好的标志是下冲百分比以及主脉冲停止后所出现的具有警示性的指数衰减。

具有内置电压跟随器的传感器系统有一个特殊问题：它有两个时间常数。对阶跃输入信号进行分析表明，通过比较双时间常数系统与单时间常数系统二者响应的初始斜率，可以获得等效时间常数 T_e[5] 如下

$$T_e = \frac{TT_1}{T + T_1} \tag{4-6-16}$$

上式的 T_e 值可用以代替表 4-6-1 中的 $T(=RC)$来估计有关某个测量的最大误差。

4.6.3 现场体验冲击载荷

振动试验人员需要试验的频率越来越高，特别是处理爆炸冲击载荷时。为此，设计研制高频传感器及电子系统的性能花费了巨大精力。Chu 在一篇论文中讨论了固有频率很高的“鸣铃”尖峰对电荷放大器输出信号的影响[6]。他用的电路如图 4-6-5(a)所示，其中采用可编程波形发生器产生可重复的输入电压，通过高速放大器加到电荷放大器上。输入电压的变化情况示于图 4-6-5(b)，从中可以看到，输入电压在大约 0.5μs 的时间内幅值增大到近+40 V，而在 1μs 稍多一点的时间内又掉到−40 V 左右。这个波形对于固有频率为 300 kHz 左右的冲击加速度计来说，是典型的爆炸冲击振荡。1 000 pF 的校准电容用以产生电荷输入。输出电压则有三种不同情形：1)电荷放大器闭锁，如图 4-6-6(a)所示；2)良好响应，如图 4-6-6(b)所示；3)因 10 kHz 滤波器而引起的失真响应，如图 4-5-6(c)所示。注意，为显示不同情形采用了不同的时间刻度。

Chu 的这项研究结果表明，某些电荷放大器因其响应不佳而不能用在爆炸冲击场合，另一些则可以满意地使用。给定的某种电荷放大器能用还是不能用，只看它的技术规范条件是否能事先预知。一般情况似乎是这样，电荷放大器可以接受的最大电荷量越多，其 3 dB 带通的上限频率越高，那么其应用机会就越多。但是机内滤波器会引起相当大的失真，因为滤波器的特性改变了暂态脉冲的形状，出现了一个完全虚假的突起，如图 4-6-6(c)所示。根据这个错误的响应计算冲击响应谱(SRS)，必然导致严重失真。我们建议从事爆炸冲击测量的任何工作者都要读一读 Chu 的文章，因为文章的结果可能使那些还没有用类似方式检验他们自己的电荷放大器的人倍感震惊。

多年前一个试验工程师亲口给作者讲述了一个疑似战斗故事。这位工程师使用的是专门设计的、必须承受与试件相同的冲击载荷的电荷放大器。所得数据与以前同类试验数据

---

⑤ See J. W. Dally, W. F. Riley, and K. G. McConnell, *Instrumentation for Engineering Measrements*, 2nd ed., John Wiley & Sons, New York, 1993, pp. 318.

⑥ A. S. Chu, “A Shock Amplifier Evaluation,” *Proceedings Institute of Environmental Sciences*, Apr. 1990, pp. 708-719.

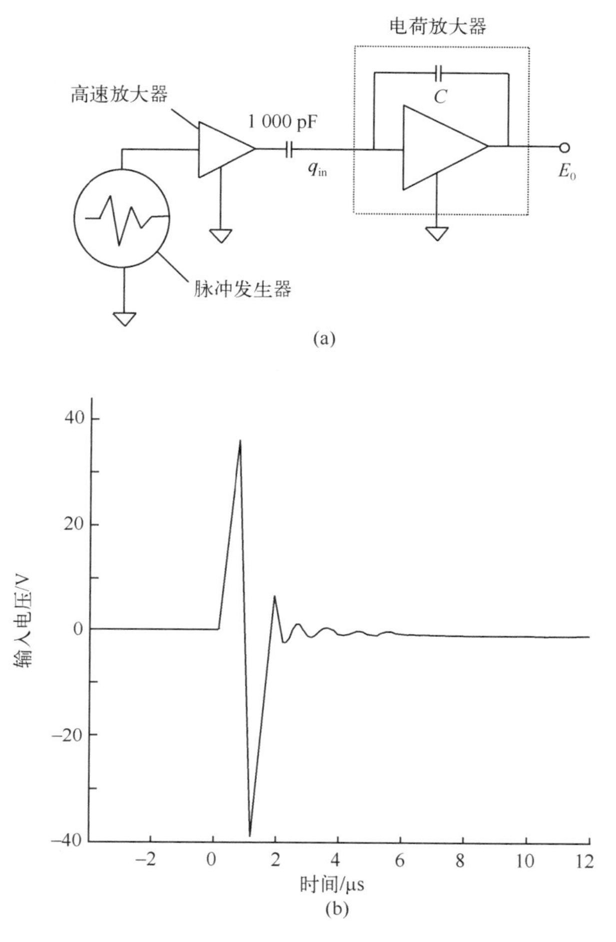

图 4－6－5　用冲击信号检验电荷放大器

(a)检验电路；(b)输入电压波形

(Figure adapted from A. S. Chu, "A Shock Amplifier Evaluation," Proceedings, Institute of Environmental Sciences, Apr. 1990, pp. 708—719. Reprinted with permission.)

相比，显得有些“奇怪”。经过一番思考，他决定用类似的冲击载荷对这个专用电荷放大器进行测试，但不用传感器。试验结果显示，电荷放大器也像一个传感器一样对冲击载荷给予了响应，自己也产生了电信号。电荷放大器的研制程序并未包含这类试验，因此它对冲击加速度的敏感度尚属未知。但是很明显，电荷放大器对正弦载荷的响应方式不同于对冲击载荷的响应，其原因可能是载荷量级与频率范围不同。类似地，我们也正在使用大量的带有内置电压跟随器的传感器，希望这些传感器在大多数环境中都能正常发挥功能。但是，有些情况下，传感器可能像专用电荷放大器一样，对类似的现象很敏感，会给出欺骗性的测量结果。因此，为了检验加速度计和/或力传感器是否适合于和一般振动环境大为不同的冲击环境，建议将所用传感器与已知的能够在给定环境中良好

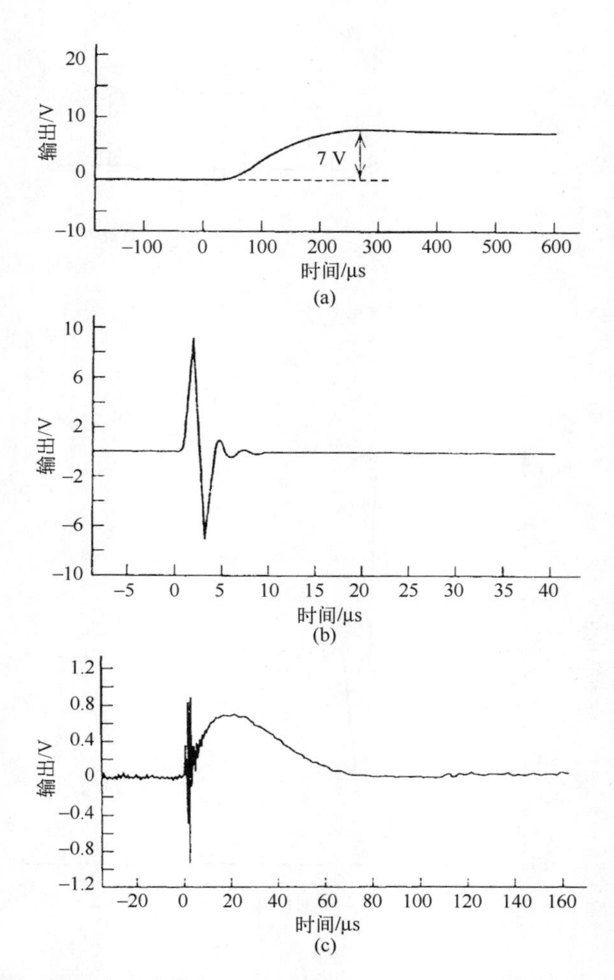

图 4－6－6　电荷放大器受到图 4－6－5(b)所示脉冲的作用时产生的三种不同的冲击输出

(a)闭锁响应；(b)跟踪响应；(c)10 kHz 滤波器响应

(Figure adapted from A. S. Chu,"A Shock Amplifier Evaluation," Proceedings, Institute of Environmental Sciences, Apr. 1990, pp. 708－719. Reprinted with permission.)

工作的传感器进行对比试验。

4.7　加速度计的横向灵敏度

我们喜欢相信加速度计只对一个方向上的运动敏感。但不幸，实际的感受方向并不是我们认为的加速度计的主敏感轴方向。所以我们必须接受这样一个前提：加速度计可以感受与其主轴方向垂直的平面内的运动。我们管加速度计对正交加速度分量的灵敏度叫做**横向灵敏度**。横向灵敏度主要是由于制造工艺缺陷造成的，即使在设计精良的传感器中也是如此。一般，最大横向灵敏度小于 5%，但是 Han 和 McConnell 已经证明⑦，即使如此之小的横向灵敏度也可能使实验频响函数遭到严重污染。进行加速度测量时我们的目的是获取结构上指定点的加速度矢量，以便进行各种不同的振动分析。本节来研究加速度计横向灵敏度的重要性。

4.7.1　单轴加速度计的横向灵敏度模型

McConnell 和 Han⑧ 为解释单轴加速度计的横向特性建立了一个理论模型，并将其推广到了三轴向加速度计。在下面几小节我们来介绍他们用过的方法。

用 z 轴记加速度计的主轴，用 x 轴和 y 轴表示主轴的正交平面，如图 4-7-1 所示。用矢量S_0代表加速度计的电压灵敏度，因此电压灵敏度既有大小又有方向，而且可以用单位矢量 $\boldsymbol{i}$ ，$\boldsymbol{j}$，$\boldsymbol{k}$ 表示

$$\boldsymbol{S}_0 = \{S_0\sin(\phi)\cos(\theta)\}\boldsymbol{i} + \{S_0\sin(\phi)\sin(\theta)\}\boldsymbol{j} + \{S_0\cos(\phi)\}\boldsymbol{k} \qquad (4-7-1)$$

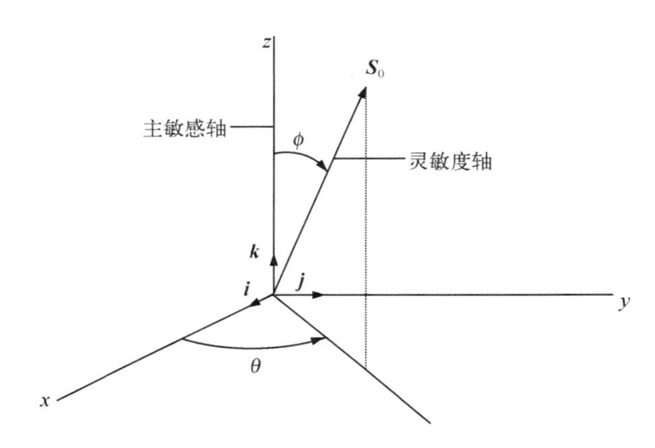

图 4-7-1　加速度计的灵敏度轴、主敏感轴和正交平面方位图
(Courtesy of the Proceedings of the 9th International Modal Analysis Conference，Society for Experimental Mechanics.)

式中 ϕ 是灵敏度矢量$\boldsymbol{S}_0$与 z 轴的夹角，θ 角定义了由矢量$\boldsymbol{S}_0$和 z 轴构成的一个竖直平面。我们要测量的加速度矢量 $\boldsymbol{a}$ 可以用它在这个坐标系中的分量表示为

$$\boldsymbol{a} = a_x\boldsymbol{i} + a_y\boldsymbol{j} + a_z\boldsymbol{k} \qquad (4-7-2)$$

假设输出电压是加速度矢量与电压灵敏度矢量的点乘积，即 $E_z = \boldsymbol{S}_0 \cdot \boldsymbol{a}$ 或

$$E_z = \{S_0\sin(\phi)\cos(\theta)\}a_x + \{S_0\sin(\phi)\sin(\theta)\}a_y + \{S_0\cos(\phi)\}a_z \qquad (4-7-3)$$

因 ϕ 角很小，所以 $\cos(\phi) \cong 1$，$\sin(\phi) \cong \phi$，故式(4-7-3)可简化为

$$E_z = S_{zx}a_x + S_{zy}a_y + S_{zz}a_z \qquad (4-7-4)$$

---

⑦ S. Han and K. G. McConnell, "The Effects of Transducer Cross-Axis Sensitivity in Modal Analysis", *Proceedings of the 7th International Modal Analysis Conference*, Vol. I, Las Vegas, NV, Jan. 1989, pp. 505-511.

⑧ K. G. McConnell and S. Han, "A Theoretical Basis for Cross-Axis Sensitivity in Modal Analysis," *Proceedings of the 9th International Modal Analysis Conference*, Vol. I, Forence, Italy, Apr. 1991, pp. 171-175.

其中两个横向灵敏度为

$$S_{zx} = S_0\sin(\phi)\cos(\theta) \cong (S_0\phi)\cos(\theta) \tag{4-7-5}$$

$$S_{zy} = S_0\sin(\phi)\sin(\theta) \cong (S_0\phi)\sin(\theta) \tag{4-7-6}$$

主电压灵敏度为

$$S_{zz} = S_0\cos(\phi) \cong S_0 \tag{4-7-7}$$

一定要认识到，输出电压是个标量，因为它是根据点乘积计算的，所以与所用坐标无关。现在我们将上述这些公式应用于三轴向加速度计。

4.7.2　三轴加速度计的横向灵敏度模型

将三个单轴加速度计安装在一个立方的三个正交平面上，或者由厂家将三个互相垂直的加速度计封装在一个机壳内，都可以构成一个三轴向加速度计。不论哪种情况，都有三个正交轴，一个轴对应一个加速度计。每个加速度计的输出电压都用一个方程描述，每个方程的注脚由式(4-7-4)稍加变化而来，于是有

$$\begin{aligned} S_{xx}a_x + S_{xy}a_y + S_{xz}a_z &= E_x \\ S_{yx}a_x + S_{yy}a_y + S_{yz}a_z &= E_y \\ S_{zx}a_x + S_{zy}a_y + S_{zz}a_z &= E_z \end{aligned} \tag{4-7-8}$$

上式可写成矩阵形式如下

$$[S]\{a\} = \{E\} \tag{4-7-9}$$

式中$[S]$叫做传感器的**电压灵敏度矩阵**。

三轴向加速度计的横向灵敏度在传感器组装时就确定了。但是前文说过，输出电压与所用坐标轴无关，因为输出电压是点乘积的结果，而点乘积没有坐标依赖关系。这意味着对于一个给定的三轴向加速度计，只要校准时确定其全部电压灵敏度就足够了，用这些灵敏度值便可正确测量任何指定的加速度矢量。现在我们研究一下怎样修正电压读数才能更好地估计实际加速度矢量。

4.7.3　修正三轴加速度电压读数

我们需要解出式(4-7-9)中的加速度矢量$\{a\}$。为此用对应的主电压灵敏度S_{ii}去除式(4-7-8)的每个方程，得到一组关于实际加速度分量a_i与名义加速度分量b_i之关系的线性方程如下

$$\begin{aligned} \varepsilon_{xx}a_x + \varepsilon_{xy}a_y + \varepsilon_{xz}a_z &= b_x \\ \varepsilon_{yx}a_x + \varepsilon_{yy}a_y + \varepsilon_{yz}a_z &= b_y \\ \varepsilon_{zx}a_x + \varepsilon_{zy}a_y + \varepsilon_{zz}a_z &= b_z \end{aligned} \tag{4-7-10}$$

其中

$$\varepsilon_{pi} = \frac{S_{pi}}{S_{pp}}(p,i = x,y,z) \tag{4-7-11}$$

是**横向灵敏度系数**，表示第i个方向的加速度分量在第p个方向上的输出电压中所占的比

例。注意，当第 p 个方向上加速度计的名义加速度为

$$b_p = \frac{E_p}{S_{pp}} \tag{4-7-12}$$

时，$\varepsilon_{pp}=1$。由式(4－7－10)显见，a_i 和 b_i 在某些方向上可以大致相等，但在另一些方向上可能大为不同。现在我们可以写出式(4－7－10)的矩阵形式

$$[\varepsilon]\{a\} = \{b\} \tag{4-7-13}$$

因为我们需要的是实际的加速度矢量$\{a\}$，所以需要求出$[\varepsilon]$的逆。如果令$[C]=[\varepsilon]^{-1}$**为修正矩阵**，则上式可写成

$$\{a\} = [C]\{b\} \tag{4-7-14}$$

业已发现，通常 ε 的值小于 5%～7%，因此修正矩阵可近似为下式

$$[C] = \begin{bmatrix} 1 & -\varepsilon_{xy} & -\varepsilon_{xz} \\ -\varepsilon_{yx} & 1 & -\varepsilon_{yz} \\ -\varepsilon_{zx} & -\varepsilon_{zy} & 1 \end{bmatrix} \tag{4-7-15}$$

根据式(4－7－14)，输入加速度可估计如下

$$\begin{aligned} a_x &= b_x - \varepsilon_{xy} b_y - \varepsilon_{xz} b_z \\ a_y &= -\varepsilon_{yx} b_x + b_y - \varepsilon_{yz} b_z \\ a_z &= -\varepsilon_{zx} b_x - \varepsilon_{zy} b_y + b_z \end{aligned} \tag{4-7-16}$$

McConnell 和 Han 就 ε_{pi} 的值为±5%或±10%时对$[C]$的线性近似进行了误差分析，见表 4－7－1。由表可见，当横向灵敏度系数限制在 5%～7%时，这种近似作为一个修正方案应当可以接受。下一节将根据一些实验数据来看看横向灵敏度对实测频响函数到底有多大影响，到底怎样用修正矩阵$[C]$改善这些频响函数。

表 4－7－1　系数 C_{pi} 以及相对于名义值的误差

ε_{pi}	C_{pp}①取值范围	C_{pi}②取值范围	C_{pi}名义值	C_{pi}最大误差/%
0.05	1.005～1.009 8	0.047 8～0.052	0.05	5.8
0.10	1.021～1.04	0.093～0.113	0.10	7.0～11.3

注：①与单位名义值相比实际值的范围；

②与名义 C_{pi} 值相比实际值的范围。

4.7.4　频响函数的污染与消除

成功的实验模态分析很大程度上决定于高品质的输入—输出频响函数。加速度计的横向灵敏度虽然很小，但却可能严重污染这些频响函数。Han⑨ 在一根自由—自由梁的左端粘贴一个三轴加速度计(如图 4－7－2 所示)，来说明横向灵敏度污染的存在，并说明怎样

⑨ Sangbo Han. “Effects of Transducer Cross－Axis Sensitivity on Modal Analysis”, Ph. D. Dissertation, Iowa State University, Ames, IA, 1988,

用近似修正矩阵[C]成功地将污染从频响函数数据中剔除。

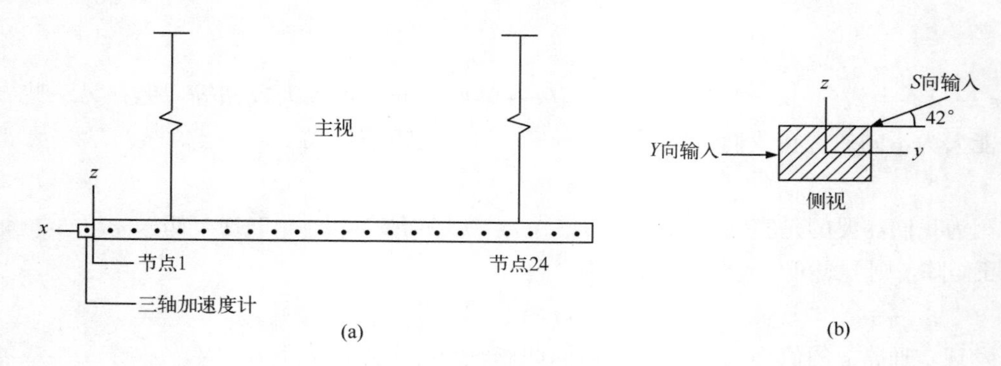

图 4-7-2　自由—自由梁

(a)坐标方向及传感器位置；(b)冲击方向 Y 和 S

(Courtesy of the Proceedings of the 9th International Modal Analysis Conference, Society for Experimental Mechanics.)

一根长 2 337 mm、横截面为 25.4mm×28.6mm 的钢梁作为已知的振动源。在沿梁的长度方向上的 24 个离散点对梁进行冲激激励，并采用标准模态分析法收集数据。冲激脉冲的施加方向为 Y 和 S，见图 4-7-2(b)。S 方向倾斜，与水平方向成 42°角，故该冲激力指向梁的横截面中心，从而防止产生明显的扭转加速度激励。S 方向的输入可同时激励出 y，z 方向的振动，而 y 向激励只能激出 y 向振动。按照这种方式，可以得到一组没有污染的实验数据作为参考数据，被污染的数据——不论是经没经过[C]修正——皆可与这组参考数据进行比较。实验中用的三轴向加速度计的横向灵敏度系数示于表 4-7-2。由表看出，所有这些系数都在±5.1%以内。

表 4-7-2　三轴向加速度计灵敏度矩阵

1.000	0.028	−0.051
−0.045	1.000	0.041
0.020	−0.036	1.000

图 4-7-3(a)表示 Y 向激励得到的 y 向加速度频响函数，其中被污染数据及修正后的数据都显示了出来。这两条曲线是相同的，因为 Y 向输入在 x 向或 z 向基本上没有激励，因而基本没有运动发生，因此也就没有必要进行修正。

S 向冲激在 y 和 z 方向都激励出相当大的振动，因此 y 方向的加速度 FRF 在基频附近受到了明显的横向灵敏度的污染，如图 4-7-3(b)所示。这种污染表现为 A 点和 B 点附近响应发生了根本性的变化，使原始数据与 Y 向输入时得到的数据[图 4-7-3(a)]明显不同。A 点的污染峰值对应于 z 向的共振运动，其大小是由加速度计的横向灵敏度测量的。如果修正矩阵[C]应用于这些原始的 FRF 数据，即可获得修正或补偿后的曲线，如图 4-7-3(b)所示。可以看到，在此情况下，这种补偿方法对于消除横向信

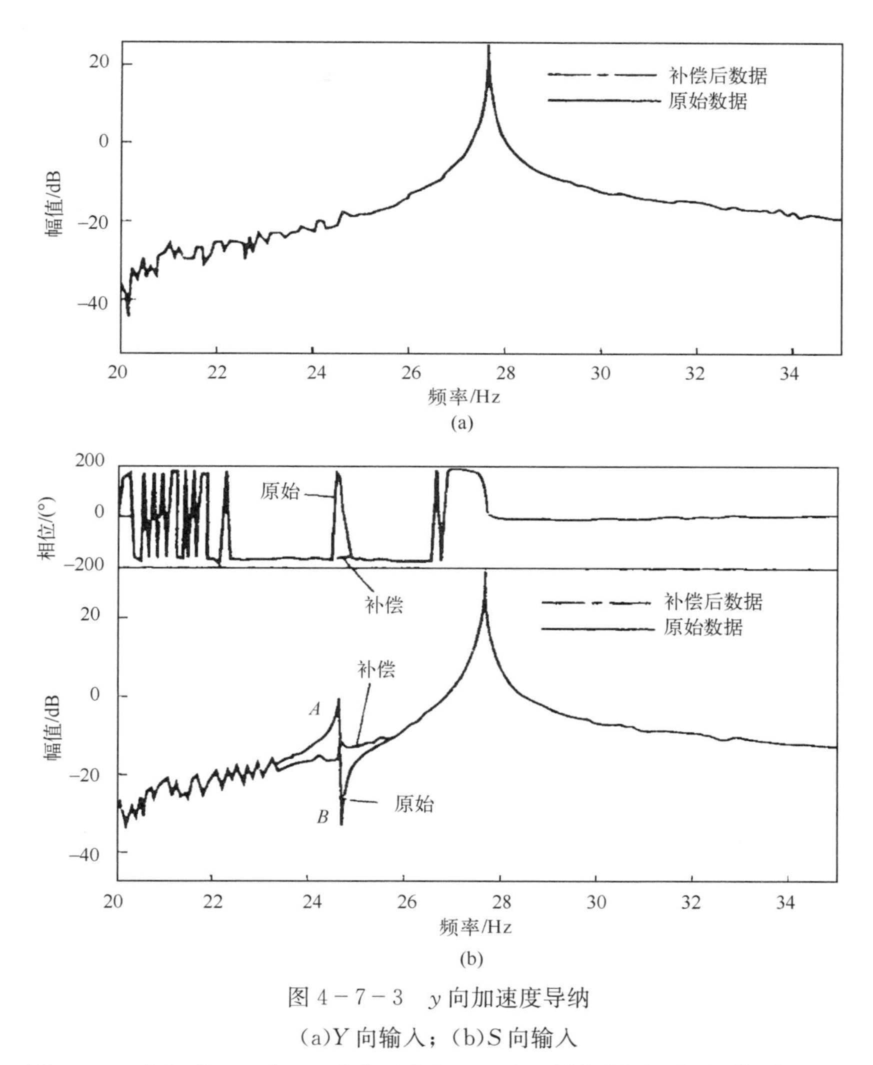

图 4－7－3　y 向加速度导纳

(a)Y 向输入；(b)S 向输入

(Courtesy of the Proceedings of the 9th International Modal Analysis Conference, Society for Experimental Mechanics.)

号造成的污染是非常有效的。事实上，如果将图(a)和图(b)曲线重叠在一起，补偿过的曲线与图(a)曲线相吻合。还可注意到，原始相位角本来有一个额外的相位移动，经过补偿也被消除了。

现在来看看 Han 和 McConnell 的一篇论文[10]中提出的宽带 FRF 分析。点 1 位于梁的左端。图 4－7－4 表示在点 1 在 S 方向激励时该点的 y 向宽带加速度 FRF。由图可见，在 B，C，D 各点都出现了污染峰值，但在 A 点污染不明显，这是因为频率分析仪的分析带

---

[10] S. Han and K. G. McConnell, "Analysis of Frequency Response Functions Affected by the Coupled Modes of the Structure," *The International Journal for Analytical and Experimental Modal Analysis*, Vol. 6, No. 3, Apr. 1991, pp. 147－159.

宽太大的缘故，使本该有的峰值淹没了。当分析仪的带宽大大减小时，点 A 的污染就像图 4-7-3(b)所示那样明显了。这说明，补偿矩阵[C]同样有效地消除了这些污染峰值。现在我们关心的是这种污染对随后通过计算机软件进行的模态分析有何影响。

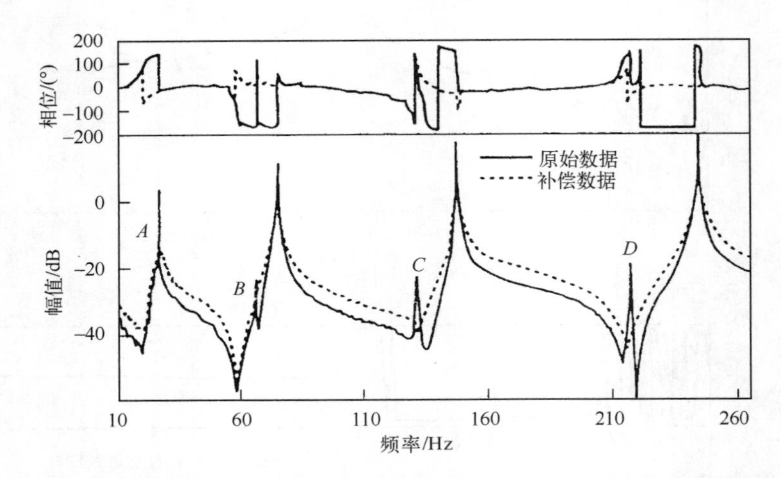

图 4-7-4　S 向冲击激发出的 y 向宽带加速度导纳 FRF 被横向灵敏度污染的情形以及如何消除
(Courtesy of the Proceedings of the 9th International Modal Analysis Conference, Society for Experimental Mechanics.)

在图 4-7-4 所示频率范围内，对 y 向输入数据进行 FRF 分析可以得到四个固有频率、四个模态振型和四个模态阻尼值。前四个模态的固有频率和阻尼值列于表 4-7-3。当用软件对含有污染峰值的原始 FRF 数据进行分析时，会得到表 4-7-3 所列的七个固有频率和七个阻尼值。而如果用同一个软件分析相应的补偿过的 FRF 数据，则只能得到四个固有频率和四个阻尼值，如表 4-7-3 所列。

表 4-7-3　从三组不同的 FRF 提取出来的固有频率及模态阻尼值

模态	Y 输入 固有频率 Hz	y 输出 模态阻尼	S 输入 固有频率 Hz	y 输出 模态阻尼	S 输入 固有频率修正值 Hz	cy 输出 模态阻尼①
1	27.58	0.005 60	27.59	0.004 01	27.59	0.005 01
2	75.86	0.001 54	67.55	0.000 08	75.91	0.001 43
3	148.4	0.001 31	75.91	0.001 42	148.5	0.001 22
4	244.9	0.000 56	132.3	0.000 38	244.9	0.000 60
5			148.5	0.000 73		
6			218.1	0.000 68		
7			244.9	0.000 70		

注：①修正过的输出应当与 Y 输入 y 输出列相比较。

从上表列出的固有频率和阻尼值明显看出，多出来的(被污染的)峰值对模态阻尼值以及名义固有频率造成了相当大的误差。作者在他们的论文中还证明，模态分析软件为了处理横向污染峰值，不得不将它们识别为根本不存在的模态振型和模态参数。这意味着实验数据分析得到了一个错误的实验模型。但是不幸，这个错误的模型经常用来和理论有限元模型加以比较，而有限元模型中根本不存在这些多余的模态和固有频率。实验模态模型和理论模态模型的比较会产生实际问题，因为据此修正理论有限元模型的任何企图都将同样导致不正确的理论模型。所以我们必须得出结论：加速度计的横向灵敏度可能会引起意想不到的重大问题。在此情况下，修正矩阵[C]能够有效地消除最严重的污染。详细信息可查阅 Han 和 McConnell 的文章。

4.7.5　横向共振

上面讨论实验分析时曾假定横向灵敏度在测量频率范围内是常数，但不幸的是，**加速度计会产生横向共振，其共振量级经常是它主轴方向响应值的** 0.5～0.8 **倍**。也就是说，横向灵敏度比主轴灵敏度随频率变化更迅速，会导致修正矩阵[C]随频率产生明显改变。实际上，如果这种随频率的变化可以通过校准确定，那么我们就可以在补偿方案中利用这些变化。校准横向灵敏度的经验表明，在很宽的频率范围内对传感器进行校准是一件极其困难的事，原因在于横向灵敏度比主轴灵敏度小得多。

应当清楚，为了避免实验结果被污染，加速度计的横向灵敏度问题需要认真对待。

4.8　力传感器的一般模型

力传感器(也叫做**载荷元**)是一种更复杂的测量仪器，因为它可以跟被测结构直接发生相互作用。正是因为这种相互作用，当载荷元用于 McConnell 所定义的三种不同环境[11]在地基上；第二种环境是将传感器安装在"锤"型装置上，以便测量冲击载荷；第三种环境是将力传感器置于激振器与试验件之间。假定在我们的推演中载荷元采用压电晶体敏感元件。

4.8.1　一般机—电模型

典型的压电载荷元设计方案示于图 4-8-1，其中基座质量与地震质量几乎相等。压电感受元件将这两个质量隔离开来，并测量它们之间的相对运动。在其他一些设计中，地震质量要小得多，大约是载荷元总质量的 20%，因此对于这样的设计，一定要将传感器的地震质量端与试件相连接。在等质量传感器设计中，哪一端与试件连接没有关系。本节后面将解释为什么要正确连接载荷元。

从图 4-8-1 的载荷元的剖面图可见，力传感器的模型可以由两个质量(一个是地

---

[11] K. G. McConnell. "The Interaction of Force Transducers with Their Test Environment," *Modal Analysis: The International Journal of Analytical and Experimental Modal Analysis*, Vol. 8, No. 2, Apr. 1993, pp. 137-150; I. P. R. Oliveira, "On the Interaction Between Vibration Exciters and the Structure Under Test in Modal Testing." M. Sc. Thesis, School of Engineering of Sao Carlos, University of Sao Paulo, 2003 (in Portuguese).

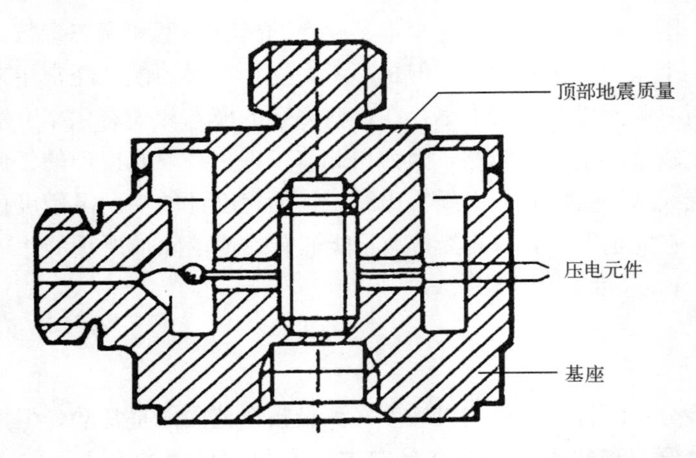

图 4-8-1　地震质量与基座质量基本相等的压电力传感器的剖面图
(Courtesy of Bruel & Kjaer Instruments，Inc.)

震端质量 m_1，另一个是基座端质量 m_2)、一个弹簧 k 和一个阻尼器 c(阻尼作用由载荷元结构及压电感受元提供)与两个外部激振力 $f_1(t)$ 和 $f_2(t)$ 构成，如图 4-8-2 所示。外力 $f_1(t)$ 来自地震质量与试件之间的接触，作用在地震质量端，它就是我们想用敏感元件测量的力。外力 $f_2(t)$ 是将基座质量 m_2 固定在某处使载荷元能正确运动所需要的力，$f_1(t)$ 则是要测的作用在试件上的力。将图 4-8-2 与图 3-5-1 所示二自由度系统加以比较可知，将那里的参数改成 $f_1(t)=-f_1(t)$，$k_2=k$，$c_2=c$，$k_1=k_3=0$，$c_1=c_2=0$，因此式(3-5-1)就变成

$$\begin{aligned}(m_1)\ddot{x}_1+(c)\dot{x}_1+(-c)\dot{x}_2+(k)x_1+(-k)x_2&=-f_1(t)\\(m_2)\ddot{x}_2+(-c)\dot{x}_1+(c)\dot{x}_2+(-k)x_1+(k)x_2&=f_2(t)\end{aligned}\tag{4-8-1}$$

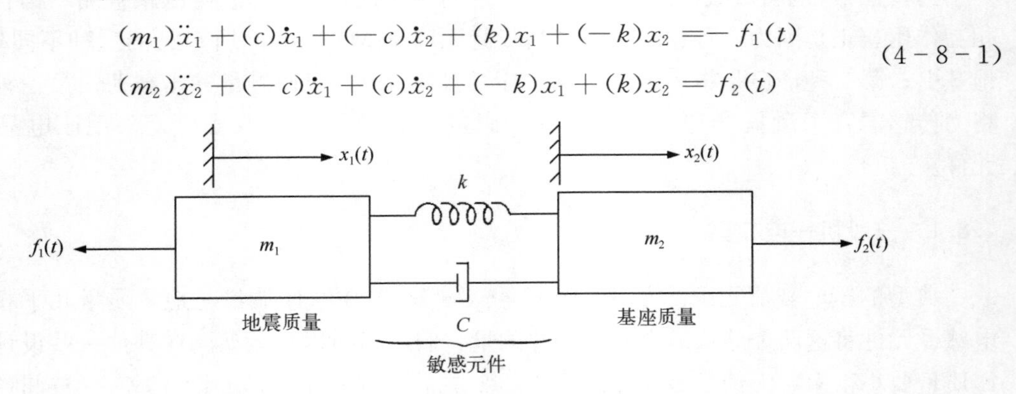

图 4-8-2　力传感器的二自由度模型
(Courtesy of Modal Analysis：The International Journal of Analytical and Experimental Modal Analysis，Society for Experimental Mechanics.)

这就是支配力传感器的两个方程，不管它处于什么环境。

为了得到式(4-8-1)的稳态正弦响应，我们假设

$$f_1(t)=F_1\mathrm{e}^{\mathrm{j}\omega t},\quad f_2(t)=F_2\mathrm{e}^{\mathrm{j}\omega t},\quad x_1=X_1\mathrm{e}^{\mathrm{j}\omega t},\quad x_2=X_2\mathrm{e}^{\mathrm{j}\omega t}$$

将这几个关系式代入式(4-8-1)，消去公因子 $\mathrm{e}^{\mathrm{j}\omega t}$，并令

$$S = k + \mathrm{j}c\omega \tag{4-8-2}$$

为传感器的视在刚度(apparent stiffness)，则可把式(4－8－1)的解写成下面两个代数方程

$$\begin{aligned}(S - m_1\omega^2)X_1 - SX_2 &= -F_1 \\ -SX_1 + (S - m_2\omega^2)X_2 &= F_2\end{aligned} \tag{4-8-3}$$

特征频率方程可根据式(4－8－3)中 X_1 和 X_2 的系数行列式求得，该行列式为

$$\Delta(\omega) = -[(m_1 + m_2)S - m_1 m_2 \omega^2]\omega^2 = -(m_1 + m_2)k[1 - r^2 + \mathrm{j}2\zeta r]\omega^2 \tag{4-8-4}$$

令系数行列式 $\Delta(\omega)$ 的实部等于零即可求得传感器的固有频率。第一个固有频率为零(因为 ω^2 处于中括号之外)，说明传感器在 F_1 和 F_2 作用下可作为刚体自由运动。第二个固有频率以及相应的阻尼比定义如下

$$\begin{aligned}\omega_n &= \sqrt{\frac{k}{m_e}} \\ \zeta &= \frac{c}{2\sqrt{km_e}} \\ m_e &= \frac{m_1 m_2}{m_1 + m_2} \\ r &= \frac{\omega}{\omega_n}\end{aligned} \tag{4-8-5}$$

式中　m_e——系统的有效质量；

　　r——无量纲频率比。

可以看到，有效质量不是单独的地震质量，而是两个质量的组合，因此改变其中任何一个质量都会使传感器的固有频率及有效阻尼发生变化。

应用克雷默(Cramer)准则可以从式(4－8－3)求出运动的稳态振幅

$$X_1 = \frac{SF_2 - (S - m_2\omega^2)F_1}{\Delta(\omega)} \tag{4-8-6}$$

$$X_2 = \frac{(S - m_1\omega^2)F_2 - SF_1}{\Delta(\omega)} \tag{4-8-7}$$

我们在式(4－4－9)，式(4－4－16)和式(4－4－17)已经证明，可以借助相对运动 $z = X_2 - X_1$ 来表示压电传感器的输出电压，即

$$E_f = H_f^e(\omega)\frac{S_z}{C_f}(X_2 - X_1) \tag{4-8-8}$$

式中　S_z——位移电荷灵敏度(单位是：pC/位移单位)；

　　C_f——载荷元电容；

　　$H_f^e(\omega)$——传感器的低频电气特性(以上标 e 表示)，用下式描述

$$H_f^e = \frac{\mathrm{j}T_f\omega}{1 + \mathrm{j}T_f\omega} \tag{4-8-9}$$

这里 T_f 是力传感器的电路时间常数，即 R_fC_f。将式(4－8－6)与式(4－8－7)中的 X_1，X_2 以及式(4－8－4)中的 $\Delta(\omega)$ 代入式(4－8－8)，就得到载荷元的输出电压

$$E_f = S_f H_f(\omega)\left[\frac{m_2 F_1}{(m_1+m_2)} + \frac{m_1 F_2}{(m_1+m_2)}\right] \tag{4-8-10}$$

式中 $S_f = S_z/(C_f k) = S_q/C_f$——电压灵敏度(伏/力单位)；

$S_q = S_z/k$——传感器的电荷灵敏度(库仑/力单位)。

传感器的频响函数由下式给出

$$H_f(\omega) = \underbrace{\left[\frac{\mathrm{j}T_f\omega}{1+\mathrm{j}T_f\omega}\right]}_{\text{电气项}}\underbrace{\left[\frac{1}{1-r^2+\mathrm{j}2\zeta r}\right]}_{\text{机械项}} \tag{4-8-11}$$

式中 r 的定义如式(4-8-5)。r 的参考固有频率是安装固有频率，因而是应用相关的。式(4-8-11)描述的 FRF 是典型的电气响应和典型的单自由度机械响应的频响函数二者之积。但是在式(4-8-10)的输出电压表达式中，力 F_1 和 F_2、质量 m_1 和 m_2 都涉及了。这些变量都是应用相关的。

利用式(4-8-10)和式(4-8-11)预测力 F_1 之前还必须知道 F_1 和 F_2 之间有什么关系。下面来考虑三种一般的应用场合：载荷元安装在固定基础上、安装在冲激锤上、安装在激振器与试件之间。

4.8.2 安装在固定基础上的力传感器

图 4-8-3 表示安装在理想刚性基础上的力传感器，该基础的运动 $x_2(t)=0$，因此 X_2 亦必为零。将条件 $X_2=0$ 代入式(4-8-7)，就可以得到用 F_1 表示的 F_2 的表达式

$$F_2 = \frac{S}{S-m_1\omega^2}F_1 \tag{4-8-12}$$

再将式(4-8-12)代入式(4-8-10)，则有

$$E_f = H_f^e(\omega)\frac{S_z}{C_f}\left[\frac{1}{S-m_1\omega^2}\right]F_1 = S_f H_f(\omega) F_1 \tag{4-8-13}$$

这里 $H_f(\omega)$在形式上与式(4-8-11)相同，其中频率比用接地固有频率(即 m_2 为无穷大时的频率——这就是理想刚性基础)$\omega_n = \sqrt{k/m_1}$ 定义。

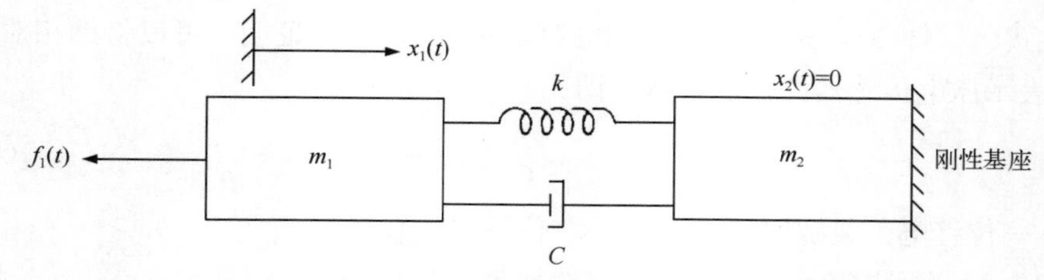

图 4-8-3 安装在刚性基础上的力传感器

(Courtesy of Modal Analysis: The International Journal of Analytical and Experimental Modal Analysis, Society for Experimental Mechanics.)

由式(4-8-13)可见，该系统的行为特性就是一个单自由度机械系统的特性，形式上与加速度计相同。如果地震质量上没有附加质量，其固有频率就是厂家发布的传感器的固

有频率。当传感器与一结构连接时，地震质量 m_1 就增大，并因之降低了载荷元的固有频率。但这种情况下，灵敏度并没有损失，损失的只是可用频率范围。

在上述连接方式下，力传感器的特性勉强类似于加速度计这个事实，令我们对力传感器产生误解，指望它在各种应用中都按此特性行事。现在我们将注意力转向冲激锤应用，其中载荷元表现出类似的但是多少有些不同的特性。

4.8.3　安装在冲激锤上的力传感器

图 4-8-4 是安装在冲激锤上的力传感器的等效动态模型，其中基础质量 m_2 包括锤子的有效质量，地震质量 m_1 包含锤头的质量。对于冲激锤，我们假定输入力主要来自锤子的惯性，因此可以设式(4-8-10)中的力 $F_2=0$。于是输出电压表达式成为

$$E_f=\left[\frac{m_2 S_f}{(m_1+m_2)}\right]H_f(\omega)F_1=S_f^* H_f(\omega)F_1 \tag{4-8-14}$$

其中 S_f^* 是有效电压灵敏度(电压/力单位)，由下式表示

$$S_f^*=\left[\frac{m_2}{m_1+m_2}\right]S_f \tag{4-8-15}$$

显然，锤子的校准灵敏度很容易随 m_1 或 m_2 而变化，这正是我们从此试验转入彼试验时要做的事情。

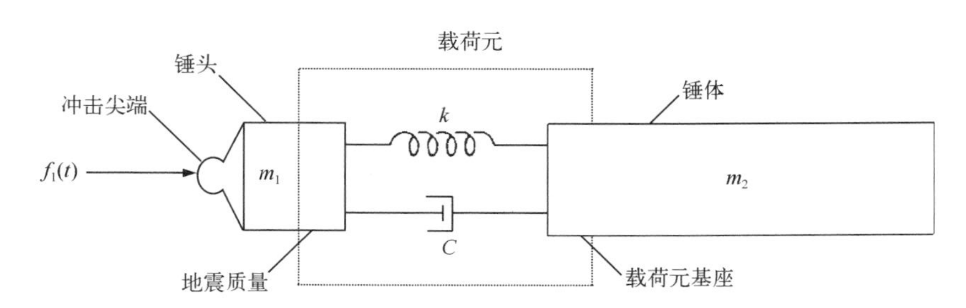

图 4-8-4　冲击锤分为两个质量 m_1 和 m_2

(Courtesy of Modal Analysis: The International Journal of Analytical and Experimental Modal Analysis, Society for Experimental Mechanics.)

改变质量 m_1 和 m_2 可以改变锤激时的接触时间以及锤激力的峰值大小，因为锤激时间决定于锤击面的弹簧常数、力锤的质量以及结构的性质，而峰值力除上述因素之外还决定于锤激的初始速度。从式(4-8-5)也可以看到，传感器的固有频率和阻尼决定于锤头(地震)质量 m_1 和锤体质量 m_2。在式(4-8-5)中用这两个质量定义阻尼比 ζ 和频率比 r[r 用在式(4-8-11)中描述载荷元的频响特性]。这里推导出来的上述方程与 Han 和 McConnell 得出的方程相同[12]，二人证明，这些方程可以在一个很宽的质量比范围内满意地描述冲激锤的特性。

---

[12] S. Han and K. G. McConnell, "Effect of Mass on Force Transducer Sensitivity," Experimental Techniques, Vol. 10, No. 7 1986. pp. 19-22.

我们注意到，人不同，手的质量亦不同。使用比较轻的锤子时，手的不同质量可能引起测量误差，因为在实施冲激的过程中手的惯性部分地转移到了 m_2，因而 $F_2=0$ 的假定不再正确了。m_2 的任何变化都可能改变有效电压灵敏度 S_f^*。因此我们建议，对于轻型冲激锤，使用锤子的人应当是校准锤子的人。

4.8.4　连接激振器与结构的力传感器

考虑图 4-8-5(a)所示情形，其中力传感器一端与被测结构相连接，另一端与激振器相连接。力传感器要通过适当连接装置(如简单的小螺栓或稍大些的安装块等)与结构相接，在与力传感器相同的位置常常再安装一个加速度计，以便测量驱动点的频响函数(如位移导纳、速度导纳和加速度导纳)。在这种连接方式中，将所有各质量(包括螺栓、安装块以及加速度计等)都看成是 m_1 的一部分。同样，m_2 则代表力传感器基座一侧的全部质量。下面将看到，在传感器的基座连接面之下几乎可以任意选择一个点作为连接界面而不改变测量结果。这是一个重要结论，因为据此可以使用任何方便的测试系统。由此可知，质量 m_2 可以包括也可以不包括激振器动框的质量。第 6 章将进一步研究激振器的特性。

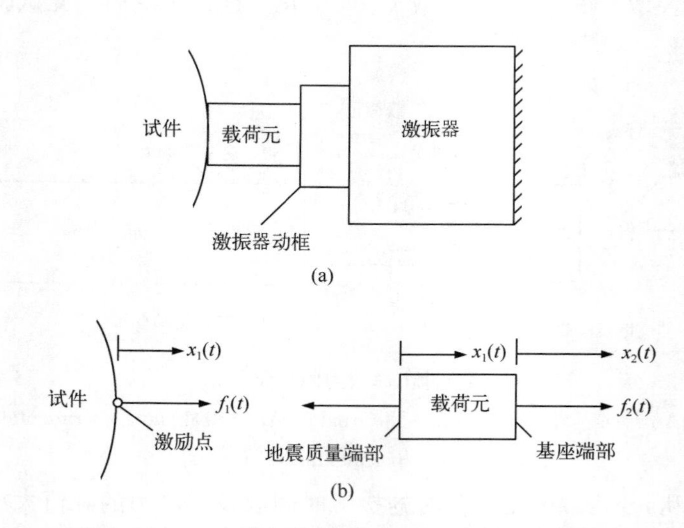

图 4-8-5　与激振器和被测试件一起使用的载荷元

(a)试验示意图；(b)在没有转动运动的理想情况下表示力和运动的自由体图

(Courtesy of Modal Analysis: The International Journal of Analytical and Experimental Modal Analysis, Society for Experimental Mechanics.)

从力传感器与试件相连接的界面上传给试件的力记为 F_1，传感器基座力记为 F_2。为了用式(4-8-10)求得力传感器的输出电压，需要找出 F_1 和 F_2 这两个力之间的关系。根据结构的驱动点位移导纳 $H_s(\omega)$可以导出一个有用的关系式，根据这一关系式，可以用结构的响应特性来描述力传感器。图 4-8-5(b)中结构运动的位移振幅可表示为

$$X_1 = H_s(\omega)F_1 \tag{4-8-16}$$

X_1 还有另一种表述，即式(4-8-6)。因此令式(4-8-6)与式(4-8-16)相等，就得到用 F_1 表达 F_2 的公式

$$F_2 = \left[\frac{\Delta(\omega)H_s(\omega)+S-m_2\omega^2}{S}\right]F_1 \tag{4-8-17}$$

式(4-8-17)说明，结构的驱动点频响函数 $H_s(\omega)$、力传感器的系数行列式 $\Delta(\omega)$项、动刚度 S 以及基座质量 m_2 是怎样改变输入力 F_1 的大小的。在激振频率变化时为保持输入力 F_1 不变，力 F_2 就得经常在很大的范围内变化。式(4-8-17)清楚地显示，输入给结构的激振力与力传感器及试件的动态特性有关。

将式(4-8-17)代入式(4-8-10)，并且仔细计算式(4-8-10)中的 $H_f(\omega)$，则可以求出载荷元的输出电压如下式

$$\begin{aligned} E_f &= S_f H'_f(\omega)[1-m_1 H_s(\omega)\omega^2]F_1 \\ &= S_f H'_f(\omega)[1+m_1 A_s(\omega)]F_1 \end{aligned} \tag{4-8-18}$$

式中 $A_s(\omega)$——结构的驱动点加速度导纳$[A(\omega)=-\omega^2 H_s(\omega)]$；

$S_f=S_q/C_f=S_z/(C_f k)$——载荷元电压灵敏度(电压/力单位)；

$H'_f(\omega)$——传感器的频响函数，由下式给出

$$H'_f(\omega) = \underbrace{\left[\frac{\mathrm{j}T_f\omega}{1+\mathrm{j}T_f\omega}\right]}_{\text{电气的}}\underbrace{\left[\frac{1}{1+\mathrm{j}c\omega/k}\right]}_{\text{机械的}} \tag{4-8-19}$$

式(4-8-19)含有一个惊人的结果——这个传感器没有机械共振，只有很小的信号衰减和相移。这意味着 $\Delta(\omega)$项已经退出了测量问题。

将式(4-8-19)中的机械项表示为下列形式，即可看出它的重要意义

$$1+\frac{\mathrm{j}c\omega}{k} = 1+\mathrm{j}2\zeta_{bt}\frac{\omega}{\omega_{bt}} = 1+\mathrm{j}\eta_{ft} \tag{4-8-20}$$

式中 $\omega_{bt}=\sqrt{k/m_s}$——裸传感器固有频率；

$\zeta_{bt}=c/2\sqrt{km_s}$——裸传感器阻尼比；

m_s——裸传感器的地震质量；

η_{ft}——力传感器的结构阻尼。

阻尼形式可能与应用有关，因此式(4-8-20)写出了两种形式。如果一个载荷元的地震端没有与任何外部结构或外部质量相连接，因而地震质量是自由裸面，而基座与一大质量相连接，在这种情况下，载荷元叫做“裸”传感器。载荷元制造商所给规范条件中引用的就是裸传感器的固有频率。对于小阻尼传感器而言，其裸体相移一般不会大于1°～3°。

由式(4-8-18)清楚可知，质量 m_1 和传感器的驱动点位移导纳 $H_s(\omega)$[或加速度导纳 $A_s(\omega)$]引起了力的测量误差。这个误差在不同的应用场合大小也不同，这是因为有效地震质量 m_1 不同，$A_s(\omega)$或 $H_s(\omega)$也不同。下面就一个简单的单自由度结构系统来研究感受一下这个误差的相对重要性。

建立一个质量为 m_s、阻尼为 c_s、刚度为 k_s 的单自由度系统的模型，使系统的运动特

性可用下列二阶微分方程描述

$$m_s\ddot{x}_1 + c_s\dot{x}_1 + k_s x_1 = f_1(t) \tag{4-8-21}$$

相应地，结构驱动点的频响函数 $H_s(\omega)$为

$$H_s(\omega) = \frac{1}{k_s - m_s\omega^2 + \mathrm{j}c_s\omega} \tag{4-8-22}$$

现在，令 $\hat{E}_f$ 是冲击力引起的实际电压，那么将式(4－8－22)代入式(4－8－18)便可得到电压误差比 ER

$$\frac{\hat{E}_f}{E_f} = ER = \left[\frac{k_s - m_s\omega^2 + \mathrm{j}c_s\omega}{k_s - (m_1 + m_s)\omega^2 + \mathrm{j}c_s\omega}\right] = \left[\frac{1 - r^2 + \mathrm{j}2\zeta_s r}{1 - (1+M)r^2 + \mathrm{j}2\zeta_s r}\right] \tag{4-8-23}$$

式中　$M=m_1/m_s$——质量比；

ζ_s——结构的阻尼比；

$r=\omega/\omega_{ns}$——无量纲频率比。

式(4－8－23)与 McConnell 用另一不同的分析方法获得的结果相同。图 4－8－6 是根据 McConnell[13] 的结果绘制的误差比曲线，其中 $M=0.01$，$\zeta=0.01$，频率范围取在结构

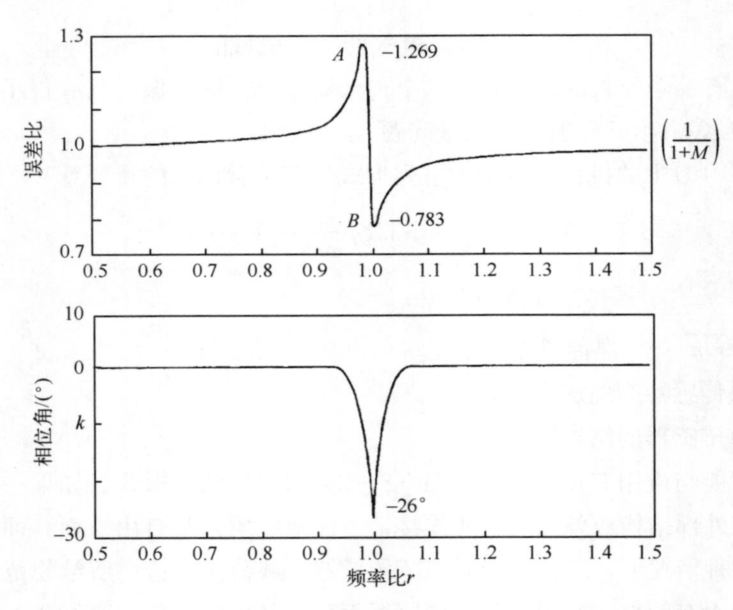

图 4－8－6　误差比(幅值和相位)与频率比 r 的函数关系，

其中质量比为 $M=0.01$，结构阻尼比为 0.01，传感器阻尼比为 0.05

(Courtesy of Modal Analysis: The International Journal of Analytical and Experimental A/lodal Analysis, Society for Experimental Mechanics.)

[13] K. G. McConnell, "Errors in Using Force Transducers," *Prodeedings of the 8th Internotional Modal Analysis Conference*, Vol. 2, Kissimmee, FL, 1990, pp. 884－890.

的共振频率附近，传感器的阻尼为5%。由图可见，在最关键的频率范围内即共振点附近，力的估计误差很大：A点，力被高估，高了27%，而在B点力被低估，低了22%。这些严重误差导致结构的视在共振频率及FRF的峰值发生偏移。可以看到，在此频率范围内，ER相移也很大。所以对于大多数振动分析方法而言，恰巧在我们需要数据最好的频率范围内，力传感器制造了潜在的严重误差。

进一步研究式(4－8－23)可知，当频率远远高于结构共振频率时，测量误差将逐渐趋向于$1/(1+M)$。表4－8－1就几个不同的阻尼比和质量比列出了最大误差值、最小误差值和共振误差值，以及结构共振时的相移[14]。研究一下这个表，即可明显看出，在测量轻型小阻尼结构的强迫响应时，质量m_1(包括力传感器的地震质量、附加质量以及加速度计质量)必须很小才能避免力测量的严重失真。

表4－8－1　对于不同质量比、阻尼比的最大、最小误差(假定力传感器阻尼比为5%)

质量比M	阻尼比ζ	最大误差	最小误差	共振误差	相移(°)
1	0.01	20.9	0.02	0.02	−174
1	0.05	7.07	0.10	0.01	−152
0.1	0.10	1.25	0.765	0.894	−26.9
0.1	0.05	1.56	0.610	0.707	−51.4
0.1	0.01	4.89	0.196	0.196	−135
0.01	0.05	1.05	0.949	0.995	−5.1
0.01	0.01	1.27	0.783	1.013	−26
0.001	0.05	1.005	0.995	1.001	0
0.001	0.01	1.025	0.975	1.001	−2.3

4.8.5　阻抗头

图4－8－7是另一种类型的载荷元，叫做**阻抗头**。当阻抗头安装在结构某点时，能够同时测量该点的力和加速度。“阻抗头”这个词实际上并不正确，因为这种传感器通常测量的是**驱动点加速度导纳**(a/F)，或**驱动点速度导纳**(v/F)，而不是**阻抗**(F/v)。

如图4－8－7所示，加速度计的地震质量和压电晶体敏感元件安装在阻抗头的顶部，载荷元的晶体敏感元件及地震质量安装在底部。加速度计测量的是力传感器的基础的运动，而不是结构的运动。不难想象，如果阻抗头用在某一环境中，而试验系统的质量使力传感器的共振频率降低到试验频率范围之内，那么力传感器基础的运动与结构的运动将有很大差别。这样试验数据可能毫无意义，除非倍加小心。

此外，通常阻抗头比力传感器要大得多，因而具有比较大的质量与质量惯性矩(转动

[14] The force transducer is assumed to have 5 percent damping.

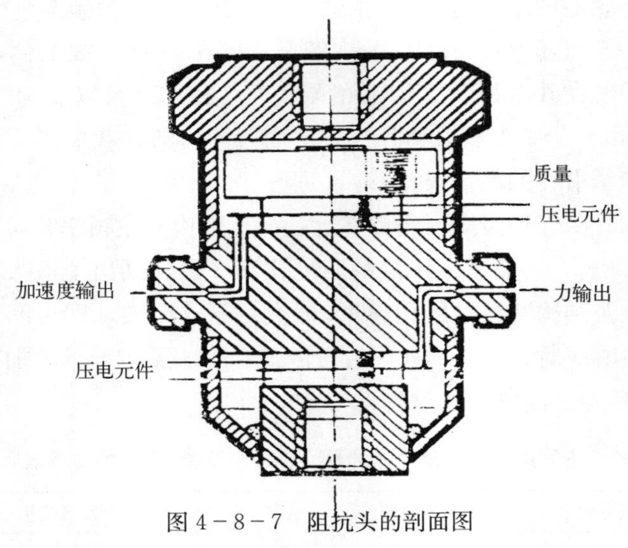

图 4-8-7 阻抗头的剖面图

(Courtesy of Bruel & Kjaer Instruments, Inc.)

惯量)。惯性大会引起另外一些误差，特别是结构转动运动相当大的情形，这时载荷元因其弯矩灵敏度会检测到其他一些额外信号。对于加速度计，弯矩灵敏度类似于横向灵敏度。简而言之，作者的意见是：阻抗头可能会引起相当大的测量误差，而用较小的载荷元和加速度计则可以避免这样的误差。4.9 节将研究怎样利用电路方法或频域方法从测量数据中消除力传感器的误差。

4.9 就力传感器的质量载荷效应修正频响函数数据

4.8 节已经讨论过，力传感器与它所处的环境之间有着相互作用，正是这种相互作用引起了测量误差，并使传感器的特性发生变化。这一节从另一不同角度来研究载荷元，并将看到三种试验环境中的两种可以简化为一个共同的误差项，这种测量误差是可以补偿的。补偿可以在完成数据采集并安全存储之后在频域中进行，也可以在存储数据之前利用电信号加减法(取决于信号相位)在时域中进行。本节将研究时域及频域补偿法。

4.9.1 力传感器的统一模型

这里我们要建立一个统一的力传感器模型，以便能用在所有将地震质量安装在试件上的场合。这个统一模型是根据传感器感受端质量的自由体图建立的，见图 4-9-1(a)。地震质量的运动微分方程同式(4-8-1)中的第一个方程一样，重写如下

$$m_1\ddot{x}_1 + c(\dot{x}_1 - \dot{x}_2) + k(x_1 - x_2) = -f_1(t) \tag{4-9-1}$$

回顾一下，压电传感器测量的量是相对运动 $z(=x_2-x_1)$，因此上式可写做

$$c\dot{z} + kz = f_1(t) + m_1\ddot{x}_1 \tag{4-9-2}$$

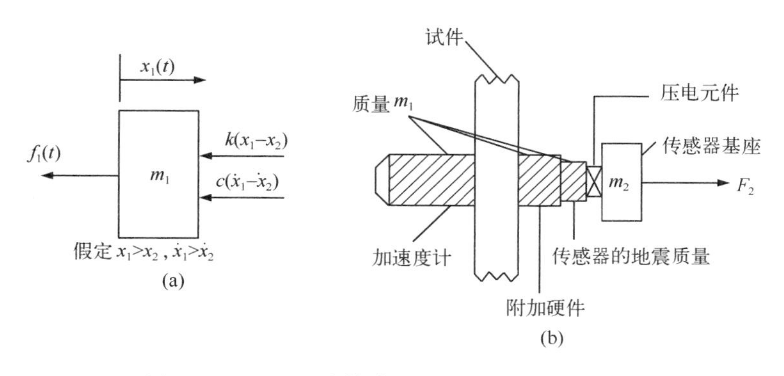

图 4－9－1　(a)力传感器地震质量的自由体图；
(b)安装在试件上的载荷元略图，反映了质量 m_1 的各个组成部分

这个式子反映了相对运动 z 与被测力 $f_1(t)$ 以及惯性力误差项 $m_1\ddot{x}_1$ 之间的关系。回忆，m_1 是传感器感受端的组合质量：由载荷元地震质量、安装硬件质量以及驱动点加速度计质量构成。甚至加速度计不是安装在压电传感器与试件之间，而是安装在驱动点的背面，它的质量也要包含在 m_1 中，如图 4－9－1(b)所示，图中 m_1 是阴影线部分的质量。

假设运动与力都是正弦的，将 $f_1(t)$ 看成是个参考相子，并且力传感器安装在试件上，因而 $A_1=A_s(\omega)F_1$，那么式(4－9－2)就变成

$$SZ = F_1 + m_1A_1 = [1 + m_1A_s(\omega)]F_1 \tag{4-9-3}$$

式中　$S=k+\mathrm{j}c\omega$——传感器的视在刚度[见式(4－8－2)]；

Z——传感器的相对运动相子；

F_1——激振力的幅值，在此也就是分析时的参考相子；

A_1——结构的加速度响应相子(幅值和相位)；

$A_s(\omega)$——结构的驱动点加速度导纳。

可以看到，式(4－9－3)中的误差项完全由 $m_1A_s(\omega)$ 这一项确定。此项的作用因点而异，因为结构上不同的点，其 m_1 也不同。当然，一般而言，试件不同，该项的作用自然亦各异，因为 $A_s(\omega)$ 的幅值和相位频率变化不但因试件而异，同一试件上还因点而异。

将式(4－9－3)和式(4－8－8)与式(4－8－9)相结合，可得载荷元的输出电压为

$$E_f = H'_f(\omega)S_f[1 + m_1A_s(\omega)]F_1 \tag{4-9-4}$$

其中 $H'_f(\omega)$ 是式(4－8－19)给出的力传感器的频响函数，为方便计写为

$$H'_f(\omega) = \underset{\text{电气的}}{\left[\frac{\mathrm{j}T_f\omega}{1+\mathrm{j}T_f\omega}\right]}\underset{\text{机械的}}{\left[\frac{1}{1+\mathrm{j}c\omega/k}\right]} \tag{4-9-5}$$

式(4－9－4)和式(4－9－5)确定了力传感器的特性，而且表明误差项[不同于 $H'_f(\omega)$]是由驱动点组合加速度导纳 $A_s(\omega)$ 和组合质量 m_1 引起的。

这个理论模型对于建立切实可行的修正方法最具指导意义，而且最令人惊讶之处在于：力传感器在其输出信号中并不显示出任何机械共振特性，尽管它可以参与试验设备之

共振！但是，测量传输力时，如果力传感器没有明显的弯矩和/或剪力作用于其上，那么式(4-9-4)对于模拟它的基本行为特性就足够了。现在来研究对误差项 $m_1A_s(\omega)$进行补偿的途径。

4.9.2 在频域中修正驱动点加速度导纳

请回忆，第 p 点的驱动点加速度导纳是借助下式的复数比定义的

$$A_{pp}(\omega)=\frac{A_p}{F_p} \tag{4-9-6}$$

式中 $A_{pp}(\omega)$——各频率上的驱动点加速度导纳；

A_p——各频率上的驱动点加速度；

F_p——各频率上的驱动点的力。

式(4-9-6)中各个量都是复数，具有实部与虚部，或者说具有幅值和相位，这个比值在所有频率必须保持成立。因此可以认为，当这个定义可用时，A_p 和 F_p 分别代表了每赫兹上的加速度频谱和每赫兹上的力。为简单计，后面几节中将 $A_{pp}(\omega)$简记为 A_{pp}。

式(4-9-6)中的 A_{pp}就是我们想从实际测量数据中得到的东西。现在来看，当把两个电压信号输入到频率分析仪时我们实际得到的是什么，然后再研究一下为了获得我们想要的东西[即式(4-9-6)定义的加速度导纳]应当怎样修正频率分析仪的输出。

为了测量驱动点加速度导纳，频率分析仪要求给它输入两个信号电压：一个是力信号电压，由式(4-9-4)定义，另一个是加速度信号电压，由下式给出

$$E_{ap}=H_{ap}(\omega)\frac{S_{ap}}{g}A_p \tag{4-9-7}$$

其中 A_p 的单位是 m/s² 或 in/s²，g 是标准的重力加速度 9.807 m/s² 或 386 in/s²，S_{ap}的单位是 V/g，表示电压灵敏度。因此，这两个电压信号之比就成为

$$\begin{aligned}\frac{E_{ap}}{E_{fp}}&=\left[\frac{H_{ap}(\omega)}{H'_{fp}(\omega)}\right]\left(\frac{S_{ap}}{gS_{fp}}\right)\left(\frac{1}{1+m_1A_{pp}}\right)\left(\frac{A_p}{F_p}\right)\\&=[HI_{pp}(\omega)]\left(\frac{S_{ap}}{gS_{fp}}\right)\left(\frac{1}{1+m_1A_{pp}}\right)\frac{A_p}{F_p}\end{aligned} \tag{4-9-8}$$

式中 $HI_{pp}(\omega)$叫做**测量系统频响函数**，由下式表示

$$HI_{pp}(\omega)=\frac{H_{ap}(\omega)}{H'_{fp}(\omega)}=\left(\frac{T_{ap}}{T_{fp}}\right)\left(\frac{1+\mathrm{j}T_{fp}\omega}{1+\mathrm{j}T_{ap}\omega}\right)\left(\frac{1+\mathrm{j}c\omega/k}{1-r_a^2+\mathrm{j}2\zeta_a r_a}\right)_p \tag{4-9-9}$$

这里必须强调，$H'_{fp}(\omega)$和 $H_{ap}(\omega)$包含了频率分析仪中抗叠混滤波器的特性以及任何放大测量设备的衰减、相移特性。换言之，测量系统频响函数 $HI_{pp}(\omega)$代表了整个测量系统的特性。

式(4-9-8)第二个等号后面的 A_{pp}用式(4-9-6)来定义。很显然，式(4-9-8)包含很多项，而我们想要的只是 A_{pp}的值。为使频率分析仪自动换算输出电压，常常需要将换算系数 S_{ap}和 S_{fp}输入给分析仪。之后，分析仪显示出**实测频响函数**，用 $Hm_{pp}(\omega)$表示

$$Hm_{pp}(\omega)=\left(\frac{gS_{fp}}{S_{ap}}\right)\left(\frac{E_{ap}}{E_{fp}}\right)=HI_{pp}(\omega)\left(\frac{1}{1+m_1A_{pp}}\right)A_{pp} \tag{4-9-10}$$

式(4－9－10)表明，显示出来的频响函数并不是我们所要的驱动点加速度导纳 A_{pp}。这里有两个误差项：一个是设备的 $HI_{pp}(\omega)$，一个是 $m_1 A_{pp}$。

值得庆幸的是，A_{pp} 可直接从式(4－9－10)得到

$$A_{pp} = \frac{Hm_{pp}(\omega)}{HI_{pp}(\omega) - m_1 Hm_{pp}(\omega)} \tag{4-9-11}$$

从式(4－9－11)看出，要想求出 A_{pp}，不仅需要知道 m_1(传感器感受端的有效质量)，而且需要知道整个测量系统的综合频响函数特性 $HI_{pp}(\omega)$。由式(4－9－9)可知，载荷元的时间常数 T_{fp} 和加速度计的时间常数 T_{ap} 在低频情况下扮演着十分重要的角色，这两个时间常数必须相等或非常接近。当二者相等时，除了可以降低低频时每个电压信号中的有效信噪比之外，它们的影响相互抵消。式(4－9－9)中的机械项反映了加速度计特性和力传感器特性合理匹配的重要性。

我们喜欢假设 $HI_{pp}(\omega)=1.0$，这样式(4－9－11)就简化成下式，用以估计驱动点加速度导纳

$$A_{pp}^{e} = \frac{Hm_{pp}(\omega)}{1 - m_1 Hm_{pp}(\omega)} \tag{4-9-12}$$

其中上注脚 e 表示是 $A_{pp}(\omega)$的**估计值**。

式(4－9－11)和式(4－9－12)没有考虑到作用在载荷元上的弯矩或剪力所引起的测量误差。为了减小这类动态伴生弯矩，应当使用质量惯性矩小的力传感器，这一点很重要。此外，使用传力杆(见图 4－9－2)也有助于减小这种弯矩。否则，如果力传感器的基座直接安装在振动器的动框上，我们就把整个动框的质量和转动惯量引入到载荷元的动态特性里面，很容易产生动弯矩和动剪力——力传感器对这两种力都可能比较敏感。通常，载荷元对剪力和弯矩的灵敏度是很小的，但也是高度可变的。对载荷元的使用经验表明，当弯矩很大时，弯曲灵敏度也是高度非线性的。因此，剪力和弯矩是一个棘手的问题，而且也不像处理惯性质量 m_1 那样可用简单方法加以修正。现在的问题是，对转移频响函数能否进行同样的修正？

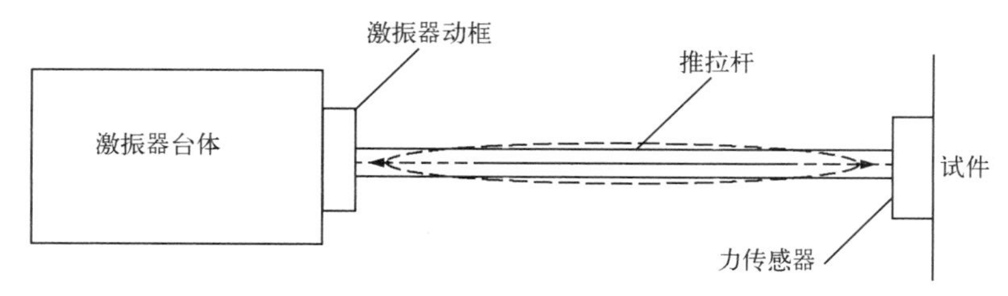

图 4－9－2　振动器动框与力传感器之间采用柔性传力杆以减小作用在传感器上的弯矩

4.9.3　在频域中修正转移加速度导纳

转移加速度导纳定义为

$$A_{qp}(\omega) = \frac{A_q}{F_p} \tag{4-9-13}$$

为简单计，下面几节中把 $A_{qp}(\omega)$ 写成 A_{qp}。

与驱动点加速度导纳情形一样，需要给频率分析仪输入两个电压信号：一个是式(4-9-4)表示的力的电压，另一个是式(4-9-7)给出的加速度电压，不过要把注脚 p 改成 q。这样，电压比则为

$$\frac{E_{aq}}{E_{fp}}=\left[\frac{H_{aq}(\omega)}{H'_{fp}(\omega)}\right]\left(\frac{S_{aq}}{gS_{fp}}\right)\left(\frac{1}{1+m_1A_{pp}}\right)\left(\frac{A_q}{F_p}\right)$$
$$=\left[HI_{qp}(\omega)\right]\left(\frac{S_{aq}}{gS_{fp}}\right)\left(\frac{1}{1+m_1A_{pp}}\right)A_{qp} \quad (4-9-14)$$

由此可以写出分析仪的实测输出频响函数 $Hm_{qp}(\omega)$

$$Hm_{qp}(\omega)=\left(\frac{gS_{fp}}{S_{aq}}\right)\left(\frac{E_{aq}}{E_{fp}}\right)=\left[HI_{qp}(\omega)\right]\left(\frac{1}{1+m_1A_{pp}}\right)A_{qp} \quad (4-9-15)$$

修正过的转移加速度导纳 A_{qp} 可以根据实测的频响函数解出如下

$$A_{qp}=\frac{1+m_1A_{pp}}{HI_{qp}(\omega)}Hm_{qp}(\omega) \quad (4-9-16)$$

其中测量系统的频响函数为

$$HI_{qp}(\omega)=\frac{H_{aq}(\omega)}{H'_{fp}(\omega)}=\left(\frac{\mathrm{j}T_{aq}\omega}{1+\mathrm{j}T_{aq}\omega}\right)\left(\frac{1+\mathrm{j}T_{fp}\omega}{\mathrm{j}T_{fp}\omega}\right)\left(\frac{(1+\mathrm{j}c\omega/k)_p}{(1-r_a^2+\mathrm{j}2\zeta_ar_a)_q}\right) \quad (4-9-17)$$

同样，我们还是认为测量系统是理想的，因而 $HI_{pq}(\omega)=1$，那么式(4-9-16)可简化为

$$A_{qp}=(1+m_1A_{pp})Hm_{qp}(\omega) \quad (4-9-18)$$

从式(4-9-16)和式(4-9-18)可知，必须首先修正驱动点加速度导纳以获得关于 $A_{pp}(\omega)$ 的最佳估计。一旦得出 $A_{pp}(\omega)$ 的最佳估计，便可对所有剩余的加速度导纳进行修正。

遵循以下四个不言而喻的规则，即可制定出令人满意的修正方案：

1)需要对 m_1 有个良好估计；

2)必须确信，测量系统中的所有时间常数都相等；

3)试验频率必须大大低于加速度计的共振频率；

4)所用力传感器和加速度计之间有相类似的阻尼特性和相移。

如此，便可以根据式(4-9-12)和式(4-9-18)对实测分析仪频响函数进行后处理。处理方式简单明了，不需要多少计算资源，只需计算一次即可获得结构驱动点频响函数与转移频响函数的修正估计。这些修正应当在对数据施行横向灵敏度修正(见4.7节)之后进行。因为假定了 $HI_{pp}(\omega)$ 和 $HI_{qp}(\omega)$ 等于1，所以由此而引起的误差需要仔细考虑。

这些误差与结构上安装若干个加速度计而产生的附加质量效应有关，可以这样估计：在结构上粘贴与加速度计等质量的附加物，观察对实测固有频率有何影响。为了确定结构对加速度计质量的敏感性，这件事只能在试验初始阶段进行。回顾，如果加速度计质量包含在 m_1 中，那么驱动点 p 的加速度计的附加质量误差可以按照这里所讲的修正方法进行补偿。

下面研究对力的测量误差进行补偿的两种电气措施。

4.9.4　用地震加速度进行电气补偿

用电气补偿法对质量 m_1 进行补偿的想法是 Ewins[15] 提出来的。为了求得在点 p 处力传感器输出电压信号，可以把式(4-9-4)[将式 4-9-3 与式(4-8-8)和式(4-8-9)相结合]写成如下形式

$$E_{fp} = H'_{fp}(\omega)S_{fp}F_p + H'_{fp}(\omega)S_{fp}m_1A_p \tag{4-9-19}$$

如果从式(4-9-19)减去(或加上，视信号相对相位而定)一个与式(4-9-7)中的驱动点加速度成正比的电压，则可得到

$$\begin{aligned} E &= E_{fp} - GE_{ap} \\ &= H'_{fp}(\omega)S_{fp}F_p + \left(H'_{fp}(\omega)S_{fp}m_1 - GH_{ap}(\omega)\frac{S_{ap}}{g}\right)A_p \\ &\cong H'_{fp}(\omega)S_{fp}F_p \end{aligned} \tag{4-9-20}$$

上式成立的条件是放大器的增益 G 要加以调整，使得

$$G = \left(\frac{H'_{fp}(\omega)}{H_{ap}(\omega)}\right)\left(\frac{S_{fp}m_1g}{S_{ap}}\right) \tag{4-9-21}$$

理想情况下 G 应当是个常数，但是上式包含了系统频响函数，因此要使这种方法奏效，必须使两个时间常数相等，使频响函数的机械部分相同。这些要求与前文关于频响函数的补偿方法的四条规则基本一样。注意，如果通过校准对增益进行适当调整，满足了四条规则，就可以认为实测出来的力是正确的。因而在力传感器的误差条件下，驱动点加速度导纳的实测值是正确的。转移加速度导纳的测量值也是正确的(除非在 q 点对加速度计的质量进行修正)。对其他问题(如弯矩和剪力)的修正措施在这种情况下同样适用。

应当注意，有些运算放大器输入和输出之间会出现很小的相移，在低频段不会引起什么问题。但在高频段，相移就会变大，所以如果一个信号通过一个额外的运算放大器与另一个信号进行比较，则会出现附加相位，式(4-9-20)便因此相移而失效。

McConnell 和 Park[16] 研究出一种电气补偿方法，这种方法利用的是从力的电压信号减去或加上(加或减，视信号相位而定)基础加速度信号的一部分进行补偿。这两个人的方法与 Ewins 的方法之间的唯一差别是，后者未考虑力传感器的共振。

4.9.5　因 $HI_{pp}(\omega)\neq 1$ 而引起的误差

根据 4.9.4 节讨论的 Ewins 的方法采用力的电气补偿法进行实验时，Hu[17] 发现只有

---

[15] D. J. Ewins, *Modal Testing: Theory and Practice*, Research Studies Press. Ltd.. Letchworth, Hertfordshire, UK, 1986, pp. 142-146.

[16] K. G. McConnell and Y. S. Park, "Electronic Compensation of a Forcc Transducer on an Accelerating Cylinder," *Experimenral Techniques*. Vol. 21, No. 4. Apr. 1981, pp. 169-172.

[17] Ximing Hu. "Effects of Stinger Axial Dynamics and Mass Compensation Methods on Experimental Modal Analysis," Ph. D. Dissertation, Iowa State University, Ames. IA, Dec. 1991.

在共振频率附近发生的误差比较大，而我们需要的恰恰是在共振点附近精度要好。这并不令人惊讶，因为共振频率附近的情况是输入力很小，而输出加速度很大，因此任何要补偿的误差都可能变得相当大。McConnell 和 Hu[18] 进而证明，大误差是由于很小的正相移引起的。他们的解释如下。

把式(4-9-10)代入式(4-9-12)，可以得到驱动点加速度导纳[包括仪器的频响函数 $HI_{pp}(\omega)$]的估计

$$A_{pp}^{e}=\frac{HI_{pp}(\omega)A_{pp}(\omega)}{1+m_1A_{pp}(\omega)\{1-HI_{pp}(\omega)\}} \tag{4-9-22}$$

当 $HI_{pp}(\omega)=1$ 时，上式的估计就表示驱动点加速度导纳 $A_{pp}(\omega)$。现在假定驱动点加速度导纳对应的是一个质量为 m_s、刚度为 k_s、阻尼为 c_s 的单自由度系统，那么

$$A_{pp}(\omega)=\frac{-\omega^2}{k_s-m_s\omega^2+\mathrm{j}c_s\omega} \tag{4-9-23}$$

下一步假定，系统的频响函数之比只有相移误差，因而有

$$HI_{p}(\omega)=\mathrm{e}^{-\mathrm{j}\theta}=\cos(\theta)-\mathrm{j}\sin(\theta) \tag{4-9-24}$$

并且定义这个误差函数为

$$\varepsilon(\omega)=\left[\frac{A_{pp}^{e}(\omega)-A_{pp}(\omega)}{A_{pp}(\omega)}\right]\times 100\% \tag{4-9-25}$$

将式(4-9-22)代入式(4-9-25)，则可以用 $HI_{pp}(\omega)$ 和 $A_{pp}(\omega)$ 表示该误差函数如下

$$\varepsilon(\omega)=\left[\frac{\{HI_{pp}(\omega)-1\}\{1+m_1A_{pp}(\omega)\}}{1+m_1A_{pp}(\omega)\{1-HI_{pp}(\omega)\}}\right]\times 100\% \tag{4-9-26}$$

这里若 $HI_{pp}(\omega)=1$，则误差值为零。将式(4-9-23)和式(4-9-24)代入式(4-9-26)，就得到上述单自由度系统假定条件下的误差函数

$$\varepsilon(r)=\left[\frac{-\{1-\cos(\theta)+\mathrm{j}\sin(\theta)\}\{1-(1+M)r^2+\mathrm{j}2\zeta r\}}{\underbrace{1-\{1+M[1-\cos(\theta)]\}r^2}_{\text{实部}}+\underbrace{\mathrm{j}2\zeta r\{1-(Mr/2\zeta)\sin(\theta)\}}_{\text{虚部}}}\right]\times 100\% \tag{4-9-27}$$

式中 $r=\omega/\omega_n$，其中，$\omega_n=\sqrt{k_s/m_s}$——结构的固有频率；

$\zeta=c_s/2\sqrt{k_sm_s}$——阻尼比；

$M=m_1/m_s$——质量比。

研究式(4-9-27)可以发现，对于正值相位角来说存在一个临界相移 θ_c；达到临界相移时，分母的实部和虚部同时趋向于零。此临界相位角(很小，故其正、余弦值可用小角度近似)与相应的固有频率比分别为

$$\theta_c\cong\left[\frac{2\zeta}{M\{1-\zeta^2M\}}\right](\text{弧度}) \tag{4-9-28}$$

---

[18] K. G. McConnell and Ximing Hu, "Why Do Largc FRF Frrors Rcsult from Small Relative Phase Shifts when Using Force Transducer Mass Compensation Methods?" *Proceedings of the 11th International Modal Analysis Conference*, Vol. II. Kissiminee. FL, Feb. 1993, pp. 845-859.

$$r_c \cong \left[\frac{1}{1-\zeta^2 M}\right] \tag{4-9-29}$$

式(4-9-29)表明，高端共振峰值出现在比1稍大一点的频率上，因为$1-\zeta^2 M$这个量非常接近于1。举例来说，如果质量比是0.10，阻尼比为0.5%，那么θ_c等于0.1rad或5.7°，r_c之值为1.000 002 5。许多多通道频率分析仪自夸它们的抗叠混滤波器相移不超过±5°，我们来审视一下这个值。由式(4-9-27)看到，θ的负值不会引起所谓临界相移问题。

临界相移问题所导致的结果是：固有频率的估计基本正确，而幅值估计可疑。那么实践上怎样应用这一测量技术呢？第一，如果幅值误差保持在20%以内，则固有频率是正确的，幅值也大致正确。第二，如果修正后的曲线较之原曲线大幅度增大，固有频率正确但幅值更接近修正前的数据值。检查频率分析仪抗叠混滤波器是否应当质疑的有效方法之一，是将数据通道互换，重新实验。如果结果重复自身，则问题在于传感器通道自身之间存在相位失衡。McConnell和Abdelhamid[19]发现，应变片测量系统与频率之间有一个线性相移，其斜率只有0.026/Hz，这说明在固有频率比较高的情况下误差会增大。因此低频模态可以修正得很好，而高频模态将表现出比较大的误差。

如果相对相移是负值，那么式(4-9-27)表明，对于上述例子中所采用的M和ζ值，最大误差量级为10%。要注意，原论文证明，如果$HI_{pp}(\omega)$的幅值误差是10%，那么式(4-9-27)显示的最大误差在1%～10%之间。因此幅值误差不是我们最为关心的，我们真正关心的是数据通道之间的5°至15°的正相对相移。

采用电气补偿方法是一种自然的倾向，而对上面提到的频域误差补偿法不那么关心，但是回忆一下，我们首次注意到误差问题时所用的补偿是时间电气补偿。因此这两种方法同样都受到正相对相移的困扰。我们相信，频域法更好些，因为正的相对相移引起的是看得到的变化量，而时域法给不出关于症结的任何指示，特别是当我们不知道良好数据该是什么样之时。

4.10　校准

传感器制造商提供了有关他们的产品的电压灵敏度的校准信息。他们通常采用二级标准进行校准，这些标准源自国家科技委员会，而对二级标准进行校准时采用的是绝对运动测量技术。用户自己进行校准时，可用从厂商那里购买的可以追溯到国家科技委的校准标准。

校准是一个过程，在此过程中给仪器设备一个已知的输入，并记录下它的响应，建立起被校设备的输入—输出关系，并由此确定它在某个频率范围内的电压灵敏度及线性度。

---

[19] K. G. McConnell and M. K. Abdelhamid, "On the Dynamic Calibration of Measurement Systems for Use in Modal Analysis," *Modal Analysis: International Journal of Analytical and Experimental Modal Analysis*, Vol. 2, No. 3, July 1987, pp. 121-127.

传感器的电压灵敏度是个非常重要的量，为了确保它功能正常、不因应用或误用而改变，必须对它进行周期性标检。

加速度计的静态校准可以采用当地的重力常数。这种快速标检法要求将加速度计从$+1g$(当地)转到$-1g$(当地)的方位。但是这种方法只能给出粗略的频响和线性度校准。类似地，我们可以用静态载荷(例如重量)校准力传感器。这些重量与当地的重力常数有关，因为牛顿第二定律将重力与不变的质量联系在一起

$$W = mg \tag{4-10-1}$$

用这种方法，可以得到载荷元对静态载荷的线性度。因力传感器采用了压电晶体感受元件，而且静态载荷通常是缓慢施加、而后迅速释放的，故输入近似阶跃。

这一节介绍校准加速度计和力传感器常用的几种方法，包括正弦校准法和暂态校准法。

4.10.1 加速度计校准——正弦激励

电磁振动台产生的正弦振动可以在很宽的频率范围与幅值范围内作为加速度计的输入运动源。被校加速度计安装在一个参考标准加速度计的顶部，标准加速度计再安装到振动台的动框上，如图 4-10-1(a)所示。这种安装方法的细节见图 4-10-1(b)，从中看到参考加速度计测量的是**安装面**的运动。这两个加速度计是背对背安装的，故此种方法叫做**背对背校准**。当然，必须用可靠的方法(见 4.12 节)——包括粘贴面涂膏脂或粘接剂——将两个加速度计相互安装在一起并固定在振动台上，以确保校准过程中有良好的机械紧固性。

参考加速度计必须符合国家标准，其输出通常连接到一专门电荷放大器。该电荷放大器具有特殊的电路来衰减加速度计的共振曲线，以便使其灵敏度在尽可能宽的频率范围内保持常数值(通常 10.00 mV/g)。衰减滤波器可能引起相移问题，因为对一个信号滤波时无法避免出现不想要的相移。参考加速度计与其专用电荷放大器构成一个独立单元。此外，参考加速度计通常对安装在它上面的加速度计的质量很敏感，因为它们的可用频率范围受到该质量的制约。在 100 Hz 上校准较之在 10 000 Hz 上校准要容易得多。为了节省时间和费用，只需在满足需要的频率范围内进行校准。

输出电路如图 4-10-1(b)所示，其中每个传感器或者连接到电荷放大器，或者连接到机内电压跟随器。输出电压应当与示波器上的电压信号加以比较，以确保波形的纯粹与相似。不然，如果用简单的 RMS 电压表，则给出的结果具有相当的误导性，因为波形失真，含有其他频率分量。为避免因量程和比例换算引起的电压读数误差，测量输出电压的电压表以及示波器应当采用相同的量程。使用 FFT 分析仪时，为了使这类测量误差减小，使校准的一致性达到 0.1%，有若干方法已经研究出来[20]。

激振器必须具有良好的 y 向[见图 4-10-1(b)]振动特性。有些激振器的动框在某些

---

⑳ T. R. Licht and H. Anderson, "Trends in Accelerometer Calibration," *Bruel and Kjaer Technical Review*, No. 2, 1987, pp. 23-42.

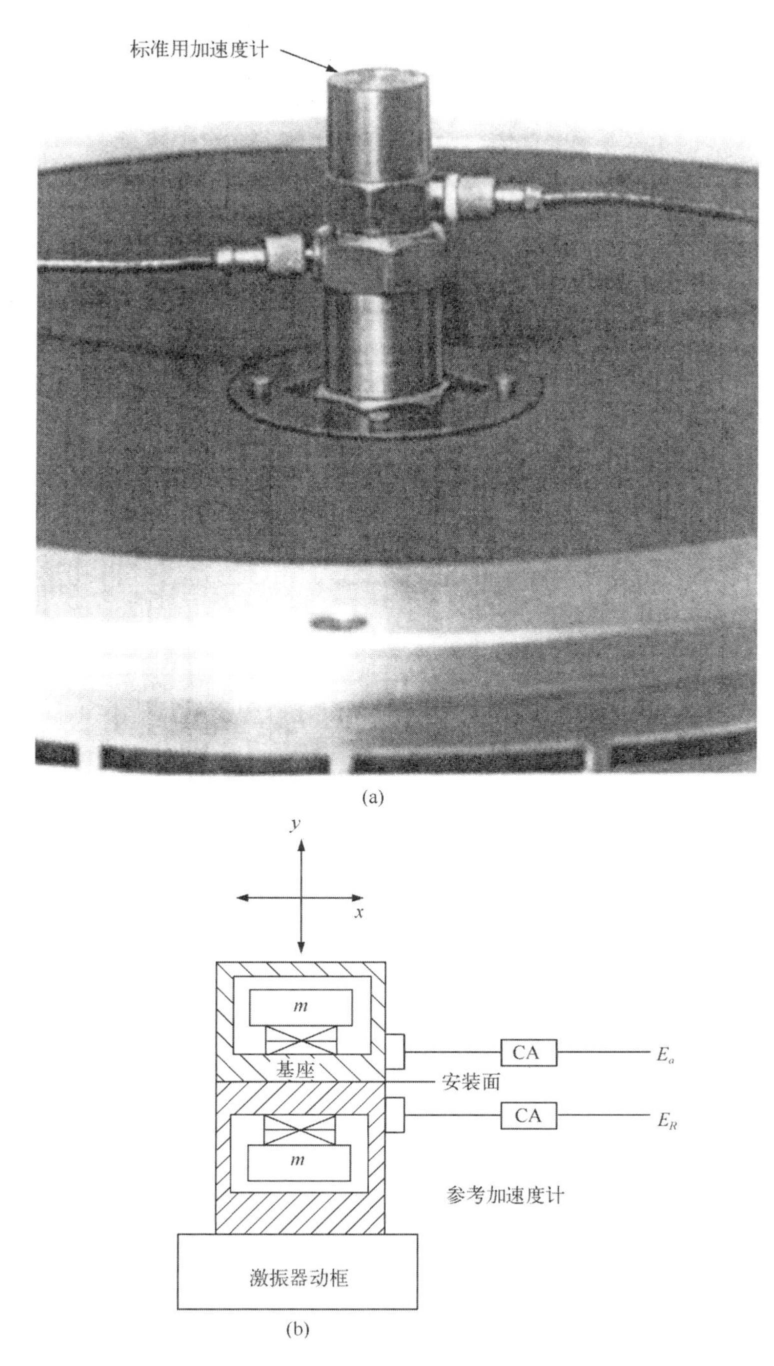

图 4-10-1　(a)背对背校准法——加速度计的安装；(b)加速度计的剖面图

频率上具有摇摆运动的倾向，这是由动框的悬挂系统与安装质量的组合体的中心与动框的质心不重合引起的。摇摆会引起 x 方向上的额外运动，见图 4-10-1(b)。因此校准加速度计时最好利用专用的校准激振器，以减少磨损，使之保持在最佳维修状态。参考加速度计绝不要用于试验环境中，而且应当由专门实验室做定期校准。

4.10.2 加速度计校准——暂态激励

重力校准[21]法采用一个刚性安装在基座上的力传感器和一个安装在自由下落钢质量块上的加速度计，这个钢质量块用一根塑料管导向，如图 4-10-2(a)所示。每个传感器都连接到一个电荷放大器或一个机内电压跟随器，而电荷放大器或电压跟随器再连接到示波器(最好是数字示波器)。

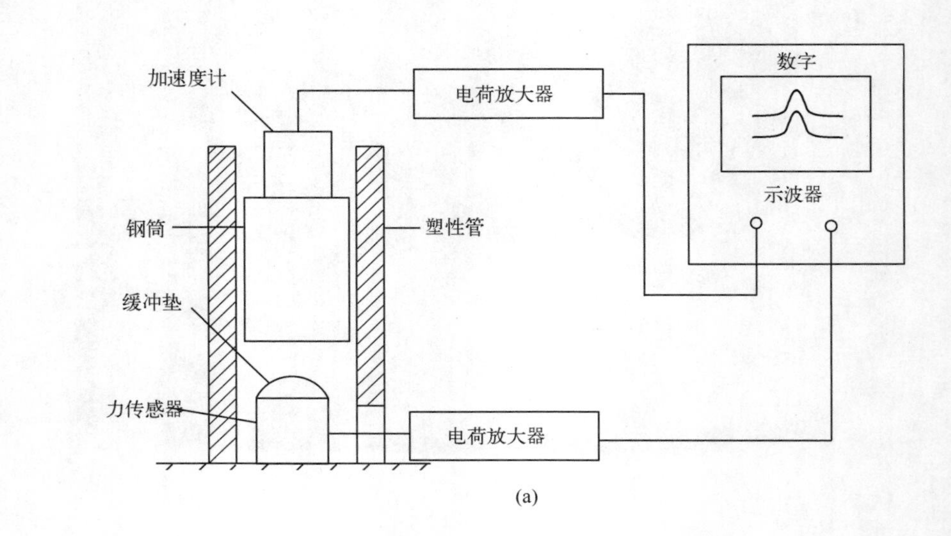

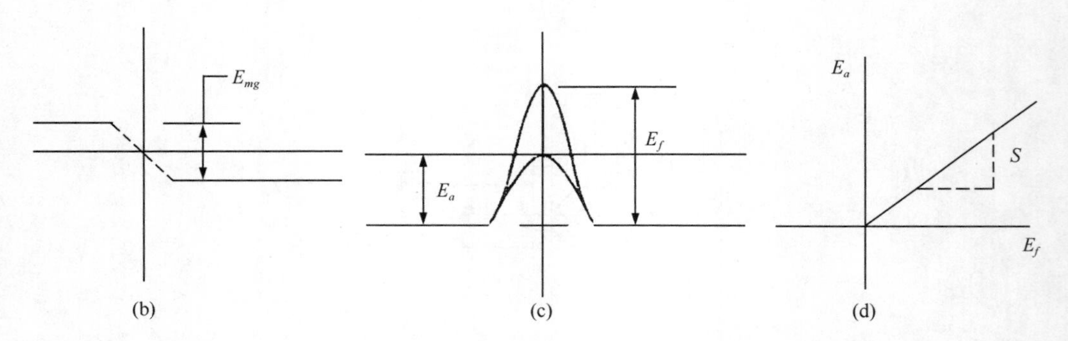

图 4-10-2 重力校准

(a)试验配置；(b)第二步静态力电压 E_{mg}；(c)第三步脉冲时间历程 E_f 和 E_a；
(d)第三步中的脉冲信号之间的相互关系，以表示线性和斜率 E_f/E_a

(From J. W. Dally, W. F. Riley, and K. G. McConnell, Instrumentation for Engineering Measurements, 2nd ed., copyright © 1993 by John Wiley & Sons, NewYork. Reprinted by permission.)

---

[21] R. W. Lally, "Gravimetric Calibration of Accelerometers," available from PCB Piezotronics. Inc. 3425 Walden Ave, Depew, NY 14043-2495.

这一校准方法根据的是牛顿第二运动定律，它描述了冲击力与力传感器以及下落中的钢质量之间的关系，即

$$F = ma = mg(a/g) \tag{4-10-2}$$

校准加速度计时，为了不受力传感器的灵敏度的影响，要在三个不同步骤中测出三个电压。

第一步，将带有加速度计的钢质量块置于力传感器上，停留足够长时间，以便让力传感器的输出电压根据自己的 RC 时间常数降到零；第二步，迅速提起钢质量块，测量力传感器的输出电压 E_{mg}，如图 4-10-2(b)所示；第三步，使钢质量块落回在力传感器上，并同时记录力传感器的暂态电压 E_f 及加速度计的电压 E_a，如图 4-10-2(c)所示。我们知道，输出力和输出加速度等于各自对应的电压除以各自的灵敏度，于是我们有

$$F_{mg} = mg = W = \frac{E_{mg}}{S_f}\text{(第二步)} \tag{4-10-3}$$

$$\begin{cases} F = \dfrac{E_f}{S_f} \\ \dfrac{a}{g} = \dfrac{E_a}{S_a} \end{cases}\text{(第三步)} \tag{4-10-4}$$

如果将式(4-10-3)和式(4-10-4)代入式(4-10-2)，则有

$$\frac{E_f}{S_f} = \frac{E_{mg}}{S_f}\frac{E_a}{S_a} \tag{4-10-5}$$

上式两边消去 S_f，可得加速度计电压灵敏度为

$$S_a = \left(\frac{E_a}{E_f}\right)E_{mg} \tag{4-10-6}$$

由上式清楚可见，如果力传感器是线性的，则加速度计的灵敏度与力传感器灵敏度无关。在脉冲持续时间内，可以自由应用任意共同时刻的 E_a 值和 E_f 值。但是应当使用峰值电压，因为峰值电压具有比较高的信噪比。因为需要的是 E_a 和 E_f 的比值，所以最好画出 $E_a \sim E_f$ 曲线[如图 4-10-2(d)所示]，从中提取出斜率。最后这一步如果用数字示波器来做很方便，因为这种示波器具有直线统计分析功能。从图上也可以看出这两个信号之间的线性度，因此非线性或滞后现象在这个图上一目了然。

脉冲持续时间决定于缓冲垫的材料以及下落的质量大小。缓冲垫材料特性通常近似于线性的，所以冲击时间历程可用半正弦波近似，如图 4-10-2(c)所示。下落的高度与缓冲垫材料决定了脉冲力的幅值。重力校准法的优点是低成本及便携性。但是它有两个缺点：其一，校准结果与当地重力常数有关，因为参考电压 E_{mg} 与重量或 mg 的值有关；其二，校准在频率范围及加速度量值方面受到限制。

对于进行高频、高加速度量值[数量级为(10 000～200 000)g]校准而言，有商业校准系统已经研制成功[22]。商业系统校准法是用一个小型弹射器撞击一个铝杆，在铝杆内产生

[22] R. D. Sill, "Shock Calibration of Accelerometers at Amplitudes to 100 000g Using Compression Waves." Endevco Tech Paper 283, available from Endevco, Rancho Viejo Road, San Juan Capistrano, CA.

冲击波，并用应变片测量这个冲击波。应变片信息中包含有安装在铝杆一端的加速度计所测到的加速度量级的信息。用这种商业校准方法，整个校准精度可达 6%的量级。

4.10.3 力传感器校准——正弦激励

将载荷元通过一根杆连接到电磁激振器动框上，如图 4-10-3(a)所示，可以在很宽的频率范围和幅值范围内校准力传感器。校准质量 m_c 由两条绳索悬挂，并与载荷元的地震质量端相连接，其右端安装一加速度计，该加速度计的质量包含在校准质量 m_c 内。

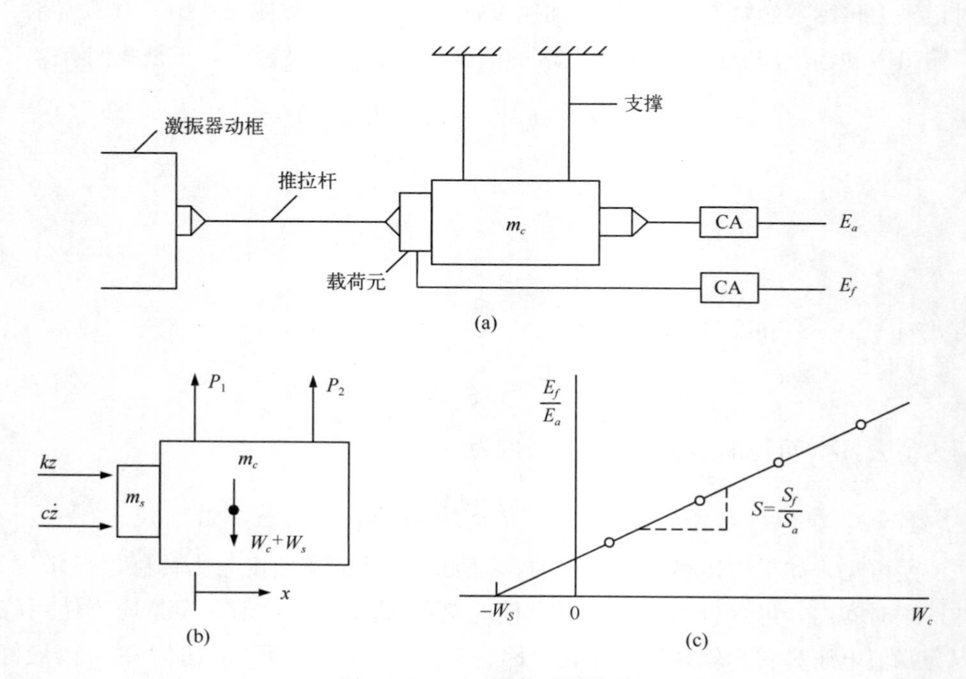

图 4-10-3　力传感器校准

(a)校准装置；(b)校准质量的自由体图；(c)电压比 E_f/E_a 与校准重量 W_c 的关系曲线

(From J. W. Dally, W. F. Riley, and K. G. McConnell, Instrumentation for Engineering Measurements, 2nd ed., copyright © 1993 by John Wiley & Sons, NewYork. Reprinted by permission.)

图 4-10-3(b)中的自由体图显示，压电晶体力传感器测量的是其地震质量 m_s 和校准质量 m_c 的总惯性力，因此载荷元的运动微分方程为

$$c\dot{z}+kz=m_c\ddot{x}+m_s\ddot{x} \tag{4-10-7}$$

式中 x 是校准质量的运动。由此可写出力传感器的输出电压为

$$E_f=H'_f(\omega)S_f[m_cg+m_sg](\ddot{x}/g) \tag{4-10-8}$$

而加速度计输出电压由下式给出

$$E_a=H_a(\omega)S_a(\ddot{x}/g) \tag{4-10-9}$$

如果考虑电压比，则

$$\frac{E_f}{E_a}=\frac{H'_f(\omega)S_f}{H_a(\omega)S_a}[m_c g+m_s g]=\frac{S_f}{S_a}[W_c+W_s] \tag{4-10-10}$$

式中　W_c——校准质量的重量(这里，W_c 的值与当地重力加速度 g 值无关)；

W_s——地震质量的重量。

要想使此校准装置有效工作，式(4-10-10)的两个传感器的频响函数 $H'_f(\omega)$ 和 $H_a(\omega)$ 就必须近似相等(其比值为 1)，也就是说，两个低频时间常数必须相等，而且必须对校准所使用的上限频率加以限制，这样才不至于因式(4-10-10)中的两个频响函数项的降低而带来幅值失真和相位失真。

如果校准质量 m_c 很大，比如说大于地震质量 m_s 的 100 倍，那么可直接从式(4-10-10)解出 S_f

$$S_f=\left(\frac{E_f}{E_a}\right)\left(\frac{S_a}{W_c}\right) \tag{4-10-11}$$

此式表明，在计算比值 E_f/E_a、加速度计的电压灵敏度 S_a 和校准重量 W_c 时，需要用 E_f/E_a 曲线的斜率，或峰值电压(为使信噪比最好)。校准重量必须用天平称量，以抵消当地重力的影响。从式(4-10-11)还可以看到，这种校准方法受到加速度计电压灵敏度精度的影响。

画出电压比与校准重量之间的函数关系曲线，就可以用式(4-10-10)求出载荷元的有效地震质量，见图 4-10-3(c)。通过这些数据点的最佳直线与水平轴的交点就是地震质量的重量 W_s。注意到图 4-10-3(c)中直线的斜率是 $S=S_f/S_a$，因而力传感器的电压灵敏度为

$$S_f=SS_a \tag{4-10-12}$$

据此可对式(4-10-11)给出的校准进行核对。通过精心练习，好于±1%的校准精度是可以实现的，而且能找到力传感器地震质量 m_s 的合理值。

4.10.4　力传感器校准——暂态激励

对力传感器进行冲激校正最常用的方法是将力传感器安装在锤子上，如图 4-10-4 所示。与前一样，校准质量 m_c 作为水平杆件也是用两根平行线绳挂起来，它的一端安装一个加速度计。冲激力 $f(t)$ 作用在校准质量和锤头上。在 4.8 节我们曾看到，冲激锤的输出电压由式(4-8-14)给出，为方便计，重写该式如下

$$E_f=\left[\frac{m_2 S_f}{m_1+m_2}\right]H_f(\omega)F=S_f^* H_i(\omega)F \tag{4-10-13}$$

式中 F 为输入力；力传感器的实际(有效)电压灵敏度 S_f^* 由式(4-8-15)给出

$$S_f^*=\left[\frac{m_2}{(m_1+m_2)}\right]S_f \tag{4-10-14}$$

力传感器的频响函数 $H_f(\omega)$ 则由式(4-8-11)描述

$$H_f(\omega)=\left[\frac{\mathrm{j}T_f\omega}{1+\mathrm{j}T_f\omega}\right]\left[\frac{1}{1-r^2+\mathrm{j}2\zeta r}\right] \tag{4-10-15}$$

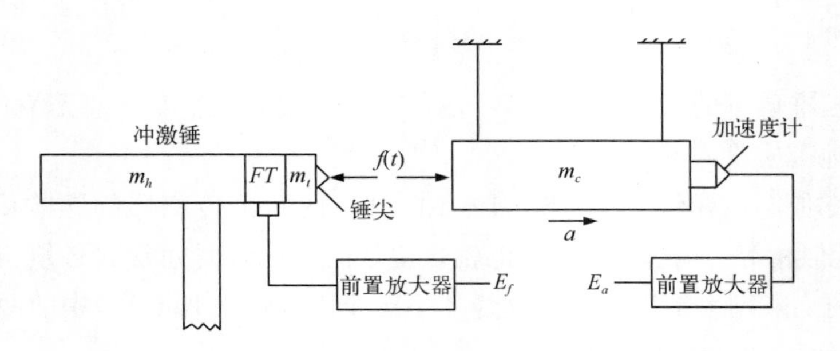

图 4－10－4　安装在冲击锤上的载荷元的冲激校准法

式中 T_f 是力传感器的RC时间常数。传感器的固有频率及阻尼由式(4－8－5)定义。

我们欲将载荷元的输出电压与加速度计的输出电压联系起来。为此应用牛顿第二定律式(4－10－2)、加速度计输出电压表达式(4－10－9)以及式(4－10－13)，可得

$$E_f=\left[\frac{H_f(\omega)}{H_a(\omega)}\right]\left[\frac{S_f^*}{S_a}\right]m_c g E_a \tag{4-10-16}$$

由此，力传感器的电压灵敏度成为

$$S_f^*=\left[\frac{H_a(\omega)}{H_f(\omega)}\right]\left[\frac{E_f}{E_a}\right]\left[\frac{S_a}{W_c}\right]\cong\left[\frac{E_f}{E_a}\right]\left[\frac{S_a}{W_c}\right] \tag{4-10-17}$$

在式(4－10－17)中，希望画出如图 4－10－2(d)所示的 $E_f \sim E_a$ 曲线，从而将该曲线的斜率作为一种统计学估计。从式(4－10－17)还可以清楚看出，两个频响函数中的时间常数应当相等，否则，使用的频率必须高于两个传感器中较高的那个低端截止频率；同样，还要限制输入信号的频率必须低于两个传感器中较低的那个固有频率的 20%。正如第 2 章所论，校准时使用的半正弦冲激信号含有的重要频率分量之频率高达 $1/T$(这里 T 为半正弦脉冲持续时间)。因此校准所用的频率范围通过控制脉冲持续时间即可实现。脉冲持续时间同锤子的质量、锤头刚度以及校准质量有关。

与频率分析仪一起使用时，常常采用上述方法来校准力传感器。通常的做法是：在分析仪中设置加速度计的电压灵敏度，然后敲击校准质量五次或更多次以求得一个平均加速度导纳频响函数，而后在分析仪中调整力传感器灵敏度 S_f^*，使 FRF 判读值等于 $1/m_c$。这是一种很好的校准方法，因为它对分析仪的放大器、抗叠混滤波器(第 5 章)以及模数转换器特性等，作为测试系统也同时进行了校准。这种方法有时叫做**整机系统校准**。

但是很不幸，上述校准方法被人们用 200～300 g 的手持式校准质量到处进行表演。这样轻的一个质量被握在手里时，手便附加了一个未知质量，而且这个未知质量还会随着握紧的程度而变化，因此这样校准很可能是无用的。在这种情况下，校准质量必须用很轻的细绳自由悬挂起来，才能消除手对校准结果的影响。显然，如果有人愿意手握一个 400 磅或更大的校准质量，那将是可以接受的。

这种校准方法最后一个陷阱，是学生上测量课时偶然发现的。学生被要求分别用标称值为 50 磅、5 磅和 0.5 磅的三种不同的校准质量来校准一个冲激锤。他们用 50 磅和 5 磅的质量校准时得到了一致的结果，得到的加速度导纳形如图 4－10－5(a)那样。但是用 0.5

磅的质量进行校准时得到的加速度导纳有许多阶梯，显示出不一致，如图 4－10－5(b)所示。何以至此？

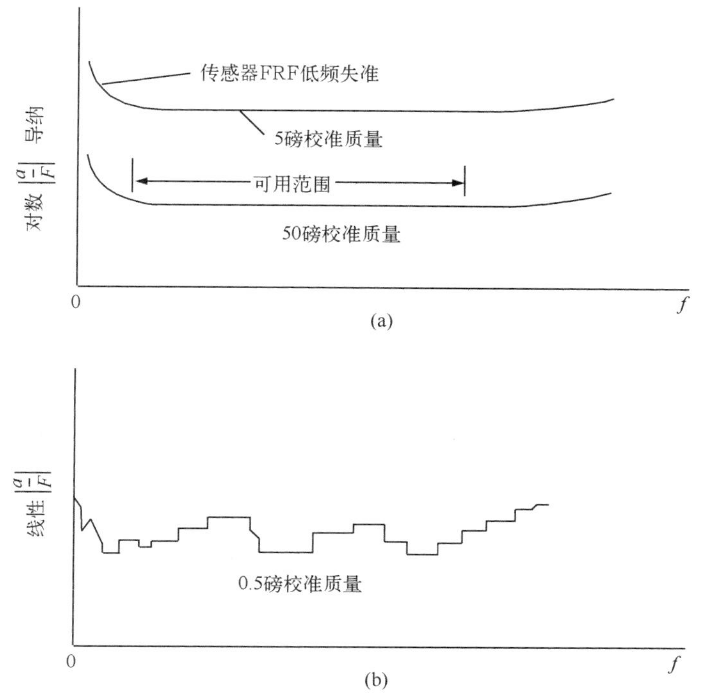

图 4－10－5　加速度导纳的冲击校准曲线——幅频特性曲线

(a)两个满意的校准；(b)不满意校准，原因是噪声太大，A/D 转换器量程不对

过了一段时间学生们发现，当他们从 50 磅换成 0.5 磅时，加速度计通道和力传感器通道的增益从未加以调整。他们使用 50 磅质量时，调整了电荷放大器和分析仪的增益，因此电压信号近似相等，同时他们用的是 A/D 转换器的上半量程。但是换成 0.5 磅质量时，这两个电压值就不同了，可以相差 100 倍之多，极其悬殊。一个 A/D 转换器工作于上半量程(满量程的 50%～100%)，另一个 A/D 转换器却只工作在它的满量程的不足 1% 的范围内。因此加速度导纳输出中只能看到 A/D 转换器的最低有效位或最低的几位数字的变化。小信号信噪比很低是引起这些阶梯式加速度导纳曲线的主因。正确调整电荷放大器和/或分析仪输入放大器的量程和增益，改善信号电平，那么使用小校准质量同样也能得到一致的力传感器校准结果。

按照这种校准方法，阶梯式结果明确显示，A/D 转换器所处理的信号过小，必须调整分析仪的输入电压增益或电荷放大器的电压增益。

最后，图 4－10－5(a)和(b)中的曲线显示出了低频误差，这是由于力传感器的频响函数 $H_f(\omega)$和加速度计的频响函数 $H_a(\omega)$的低频时间常数不相等造成的。这些曲线在高频段上翘，偏离了理想的中频段响应，中频段响应在很宽的范围内是常数。显然，这样的校准曲线很有启示，因为我们可以从中看出使用这些测量传感器时幅值和相位的频率极限。

4.10.5　弯矩对被测力的影响

McConnell 和 Varoto[23] 试图用图 4-10-6 的实际装置校准力传感器对弯矩的灵敏度时，测到了一个非同寻常的响应。力传感器下端安装在一个刚性基础上，上端与一个尺寸为 1 in×1 in×2.25 in 的钢制杆相连接。用冲激锤 IH 分别在中点 1 和端点 2、3 敲击钢制杆。所得输入—输出校准频响函数示于图 4-10-7，图中很明显出现了奇怪的特性。他们预期这些曲线应当是大于或小于 1 的水平直线，但在 200～350 Hz 频率范围内，敲击点 2 和敲击点 3 所得曲线的峰值和谷值大不相同。到底发生了什么？

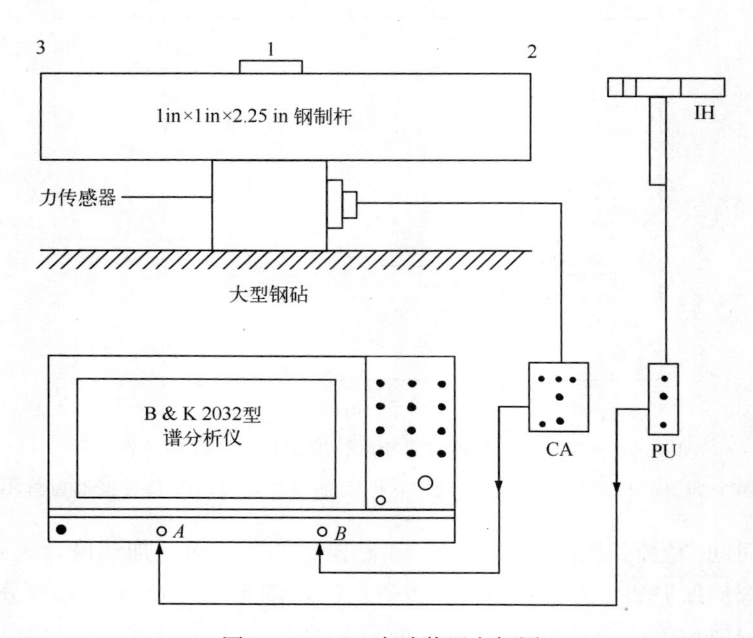

图 4-10-6　实验装置方框图

(Courtesy of the Proceedings of the 11th International Modal Analysis Conference, Society for Experimental Mechanics.)

下面是他们的论文摘要。图 4-10-8 是一个无耦二自由度系统动态模型，其运动微分方程如下

$$m\ddot{y} + c_1\dot{y} + k_1 y = f(t) \tag{4-10-18}$$

$$I_0\ddot{\theta} + c_2\dot{\theta} + k_2\theta = lf(t) \tag{4-10-19}$$

式中　k_1 和 c_1——直线运动的弹簧常数与阻尼常数；

　　　k_2 和 c_2——扭转运动的弹簧常数与阻尼常数；

---

[23] K. G. McConnell and P. S. Varoto, "A Model for Force Transducer Bending Moment Sensitivity and Response During Calibration," *Proceedings of the 11th International Modal Analysis Conference*, Vol. I, Kissimmee, FL, Feb. 1993, pp. 364-368.

$f(t)$——激振力，幅值为 f_0；

m——杆的质量；

I_0——杆对于其质心的转动惯量；

l——直杆的长度的一半；

y 和 θ 用以描述直杆的直线与扭转运动。

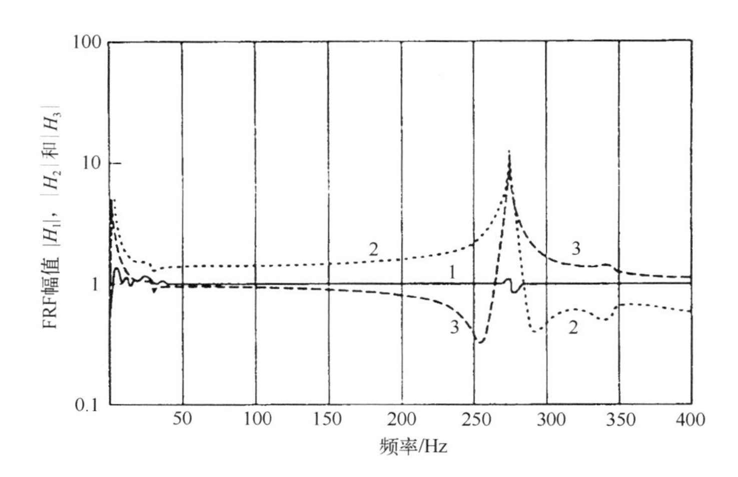

图 4－10－7　按图 4－10－6 所示装置在 1、2、3 点敲击时所得到的载荷元的实验曲线
(Courtesy of the Proceedings of the 11 th International Modal Analysis Conference, Society for Experimental Mechanics.)

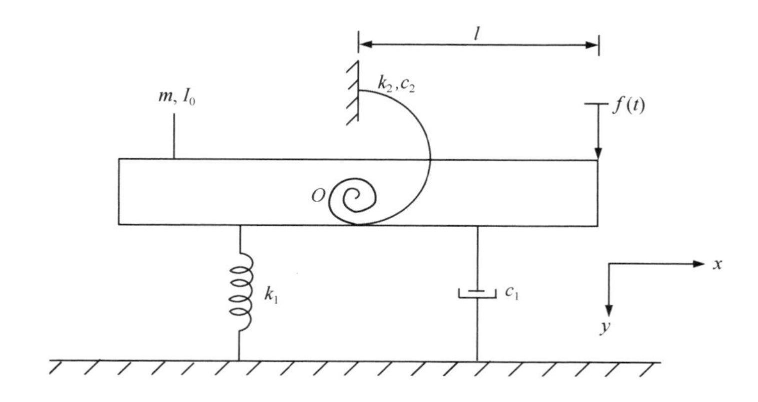

图 4－10－8　力传感器的二自由度系统模型
(Courtesy of the Proceedings of the 11th International Modal Analysis Conference, Society for Experimental Mechanics.)

式(4－10－18)和式(4－10－19)的稳态频域解是复相子，分别由下列二式给出

$$A=\frac{f_0/k_1}{(1-r_y^2)+\mathrm{j}2\zeta_y r_y} \tag{4-10-20}$$

$$B=\frac{lf_0/k_2}{(1-r_\theta^2)+\mathrm{j}2\zeta_\theta r_\theta} \tag{4-10-21}$$

式中无量纲频率比为

$$r_y=\frac{\omega}{\omega_y},r_\theta=\frac{\omega}{\omega_\theta}$$

式中　$\omega_y=\sqrt{k_1/m}$——直线运动固有频率；

$\omega_\theta=\sqrt{k_2/I_0}$—— 扭转运动固有频率。

无量纲阻尼比为

$$\zeta_y=\frac{c_1}{2\sqrt{mk_1}}\text{— 直线运动阻尼比}$$

$$\zeta_\theta=\frac{c_2}{2\sqrt{I_0k_2}}\text{— 扭转运动阻尼比}$$

假定输出电压相子为

$$E_f=S_yA+S_\theta B \tag{4-10-22}$$

这里 S_y 和 S_θ 分别是传感器对直线位移和扭转位移的电压灵敏度。现在把式(4－10－20)、式(4－10－21)代入到式(4－10－22)，并以 $S_F=S_y/k_1$ 和 $S_M=S_\theta/k_2$ 作为对力和弯矩的电压灵敏度，那么可得

$$E_f=\left[\frac{(S_F+lS_M)(1-\alpha r_\theta^2+\mathrm{j}2\zeta_\theta\gamma\alpha r_\theta)}{(1-(r_\theta/\beta))^2+\mathrm{j}2\zeta_y(r_\theta/\beta)(1-r_\theta^2+\mathrm{j}2\zeta_\theta r_\theta)}\right]f_0 \tag{4-10-23}$$

其中无量纲比 β，α 和 γ 分别由下三式给出

$$\beta=\frac{\omega_y}{\omega_\theta} \tag{4-10-24}$$

$$\alpha=\frac{\beta^2S_F+lS_M}{\beta^2(S_F+lS_M)} \tag{4-10-25}$$

$$\gamma=\frac{\beta S_F+lS_M\{\zeta_y/\zeta_\theta\}}{\beta(S_F+lS_M)} \tag{4-10-26}$$

式(4－10－23)具有许多重要特点。首先，低频段力的视在电压灵敏度 S_{Fa} 由下式给出

$$S_{Fa}=S_F+lS_M \tag{4-10-27}$$

这个灵敏度决定于 lS_M 这一项的符号：当 lS_M 为正时，视在灵敏度 S_{Fa} 大于 S_F；当 lS_M 为负时，视在灵敏度 S_{Fa} 小于 S_F。这个结果我们从直觉上就能预见到。

其次，该式分母上有两个共振条件：$r_\theta=1$ 时对应于扭转运动的共振；$r_\theta/\beta=1$ 时对应于直线运动的共振。注意，在此实验中，$\beta\gg1$。

再次，当

$$\alpha r_\theta^2=1 \tag{4-10-28}$$

时出现一个下陷。但是从式(4－10－25)又看到，α 可以大于 1(当 $lS_M<0$ 时)，也可以小于 1(当 $lS_M>0$ 时)，因此这个下陷可以出现在扭转共振之前或之后。

第四，当 $r_\theta \gg 1$ 时，视在力灵敏度成为

$$S_{Fa} \cong \alpha(S_F + lS_M) \approx S_F + \frac{lS_M}{\beta^2} \tag{4-10-29}$$

式(4－10－29)表明，当 β 比 1 大很多时，视在力灵敏度接近于 S_F：当 lS_M 为正值时，S_{Fa} 略大于 S_F；当 lS_M 为负值时，S_{Fa} 略小于 S_F。

式(4－10－23)的曲线图示于图 4－10－9，可以看出，它跟图 4－10－7 中的实验数据有着同样的特性。适当选择式中的参数，可使之与实验值相吻合。

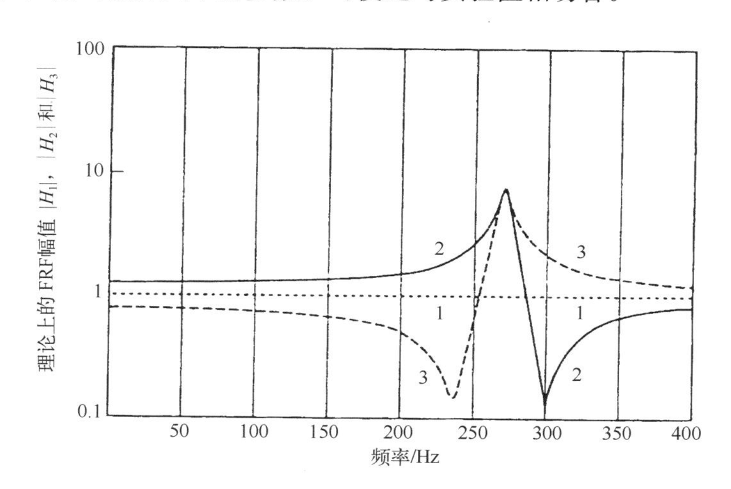

图 4－10－9　冲击输入分别作用在 1、2、3 点时力传感器的理论频响函数
(Courtesy of the Proceedings of the 11th International Modal Analysis Conference，Society for Experimental Mechanics.)

这个例子说明，理解弯矩灵敏度、大质量转动惯量以及低频扭转固有频率等因素对力传感器的影响是多么重要。显然，本例中测量误差很大，足以在实测频响函数中引发幽灵般的共振。

4.11　环境因素

为测力或测加速度而设计的传感器，要能在宽泛的条件下工作。但是有许多环境因素可能使传感器的性能发生改变。下面简要提一下这些因素。

4.11.1　机座应变

传感器的安装面可能会招致相当大的弯曲应变，特别是传感器安装在节点上时，此时传感器感受不到运动，却感受到很大的弯曲应变或表面曲率。此曲率经由机座传递给传感器的敏感元，即使没有运动，机座应变也可能引起很大的输出信号。

在设计上人们想了一些办法来减小或消除这种灵敏度。一般，压缩设计的弯曲灵敏度最大，而剪切设计通常对弯曲应变的灵敏度最小。机座应变灵敏度好像是横向灵敏度，对

方位比较敏感。国际标准组织(ISO)和美国国家标准局(ANSI)规定，检测传感器的基座应变灵敏度时，需将传感器粘贴在一个特制的悬臂梁上，并令悬臂梁产生 250$\mu\varepsilon$ 应变的条件下进行。这种标检方法给出的是传感器之间的比较值，不是绝对灵敏度。

4.11.2　电缆噪声

在电子设备之间采用电荷放大器作为界面连接装置时，传感器与电子设备之间的连接电缆可能会成为一个噪声源。噪声源主要有三类：电磁噪声、接地回路及摩擦生电效应。

1)**电磁噪声**是因传导很大交变电流的动力电缆引起的。这些电缆受到时变强磁场的包围，强磁场会在与之平行的数据传输电缆中产生感应电压。有人常常使数据电缆与电源线在同一个电缆沟中平行走线，还有比这更自然、更方便的事情吗？这是一个严重错误！我们建议，信号电缆要穿过接地钢管走线，并且尽可能远离电源线。任何情况下绝不能将电缆多余部分盘绕起来，无意中精巧盘绕起来的信号电缆可能变成一个变压器。

2)如果加速度计安装在结构上，而结构又在与电荷放大器接地点电位不同的另一个地方接地，自然就形成了**接地回路**。这个电位差引起电流在信号电缆的屏蔽层中流动，好像是传感器发出的信号，虽然实际信号并不存在。

解决办法是使传感器与被测结构在电气上绝缘，或者迫使被测结构与电荷放大器共用同一个接地点。接地回路可能成为最令人烦恼的问题。相当奇怪的接地回路源成了一部“地方电台”，其电磁辐射竟然会激励整个被测结构。辐射源一旦确认，就应当把接地桩深深打入地下，使整个结构及全部电气记录设备良好接地，这样才能抑制这类噪声源。

3)**摩擦生电效应**是由破损电缆引起的。电缆受损后，当其芯线或屏蔽线接头机械损伤，并与共用的电绝缘材料发生“摩擦”时，会产生电荷。摩擦生电效应常常产生与试件机械振动频率相同的电荷，因为电缆弯曲变形是按结构振动频率出现的。

检查电缆什么时候会产生摩擦效应的简单方法之一，是将电荷放大器和记录设备的电压灵敏度设置为试验中要用的电压灵敏度，然后摇动传感器的电缆并观察记录下的输出信号。如果有明显的信号出现，则应当给该电缆一“剪刀奖”，对折一剪两断，弃之一旁，以免什么时候有人捡回来再用。

每次试验之前和之后都要对电缆做摩擦生电检查。最好要保证电缆正确地固定在试件上，并保证电缆固定在试件上运动最小的“无振动”点上，要尽一切可能减小电缆的弯曲，来回弯曲会产生摩擦生电效应。传感器系统的内置放大器不存在摩擦生电效应。

4.11.3　湿度与污垢

通常组装时厂家即把传感器密封，灰尘和潮气对传感器本身来说不是什么主要问题，但对于连接头和连接电缆，则应作别论。现在已知，传感器端和放大器端连接插头插座上的灰尘和潮气可引起很大的测量误差。作者不止一次碰到过连接处被油污弄脏的情况。油脂和灰尘(包括普通的脂性指印)可使电路短路，丢失电荷中包含的重要信息。所以务必使所有连接器保持清洁、清洁、再清洁！在大多数情况下，丙酮是比酒精更理想的清洁剂。

连接插头之前在端头抹一些硅脂，可以使插头座在常温下较短时间内达到防止轻微灰尘的目的。对于水下应用，连接器应当用防酸 RTV 硅橡胶包裹起来，并严格根据说明行事。

4.11.4 安装传感器

传感器安装到结构表面的方法，对于完成高质量测试至关重要。传感器常用螺栓安装在结构表面。结构运动能否高质量传递给传感器，可能受到结构表面光洁度和弯曲应变的影响。我们建议，对结构表面进行打磨抛光，使之没有明显的凹凸，并且安装传感器之前先在表面敷设一层高含量蜡凝脂。在高频振动时，传感器可能因安装螺栓与安装表面的弹簧常数而发生共振。这种场合使用蜡凝脂效果会更好，因为蜡脂的作用像是一种高频胶接剂，在高频情况下蜡脂没有流动性。但是，真的用蜡脂将传感器“紧固”在结构上时，会受到蜡脂的温度特性的限制。

用胶水将传感器安装到被测试件上是常用的方法，因为这样的连接效果比较好，而且，如果仔细操作的话，还可以实现电绝缘。环氧树脂是一种长效黏接剂，并可用于很宽的温度范围内。氰丙烯酸盐黏接剂(俗称快干胶)可简单快速地用于清洁光滑的表面，但与环氧树脂相比，应用温度范围有限。

对于小型加速度计，双面胶带是一种快速安装方法。这种方法仅限于低频应用，建议只在研究性试验中使用，因为这类试验中目的在于找出实验环境是什么样的。除非是低频、大质量、大尺寸结构，手持式探头不推荐使用，因为手的附加质量和附加阻尼将极大地影响轻型结构的振动响应。

4.11.5 核辐射

在核辐射环境条件下，加速度计和力传感器的用法极为专业，用户在购买和/或安装这样的传感器之前应当咨询制造厂商。一般说，制造商对你的环境很有经验，并知道向你推荐什么样的传感器。

4.11.6 温度

温度可引起许许多多不良影响。首先，大多数传感器对温度变化非常敏感，因此会产生虚假信号；第二，传感器的电压灵敏度随温度而变化，这可以归因于电荷灵敏度的改变以及传感器电容的变化；第三，对于传感器，有一个温度极限，超出这个极限，敏感元可能损坏。大部分压电传感器可以经受高达 250℃的温度。温度再高，压电材料将失去压电特性，一旦达到了这个摄氏温度，则完全损坏。

4.11.7 传感器质量

传感器的质量可能大得足以改变结构的固有频率。通过解析方法估计结构对传感器质量的敏感性常常比较困难。检测此敏感性的一个简单方法是：在尽可能靠近加速度计的地方安装一个与加速度计同质量的质量块重复进行振动试验，然后记下共振频率改变了多少。如果改变量超过了百分之几，则需要使用更小、更轻的加速度计。

4.11.8 横向灵敏度

我们已经对加速度计的横向灵敏度以及横向灵敏度对所测 FRF 的影响给予了极大关注，也已研究了一些修正横向灵敏度的方法。力传感器对弯矩和剪力是敏感的。关于弯矩灵敏度或其修正方法，我们没有多少经验，因此必须采取一切可能的预防手段在应用中限制弯矩和剪力的大小，例如使用杆型易弯结构连接力传感器和振动台的动框等。

4.12 小结

本章目的是复习加速度计和力传感器用于振动测量和分析时的有关特性。4.3 节从建立加速度计的机械模型开始，该模型表明，加速度计的行为像一个受到两个力激励的单自由度振子：一个是重力，一个是惯性激振力。正因为惯性激振力的存在，使得这一装置对基座加速度非常敏感，因而才称其为加速度计。测量悬臂梁某点的加速度运动时，加速度计会绕其敏感轴转动，这种情况下重力可以引起惊人的低频测量误差。

压电敏感元件因其体积小、刚度大、阻尼低以及灵敏度高等特点而用在加速度计和力传感器中，所以我们详细讨论了压电元件及其相连接的界面放大器的电气特性。4.4 节首先简要复习了基本交流电路与运算放大器，并建立了压电位移电荷灵敏度模型。电荷放大器的基本特性是借助两个运算放大器描述的。电荷放大器主要优点是，其时间常数决定于内部反馈电阻和电容，而电压灵敏度也可以调整，从而获得标准化电压灵敏度。RC 时间常数会导致低频段的幅值误差和相位误差。内置式电压跟随器构造很简单，但也有两个时间常数，一个是内部的，属于传感器的机内电压跟随器，另一个是外部的，是将输出连接到一个或多个电压记录装置上时形成的，因此是受使用者影响的。因此用户的责任是保证输出不能因连接低输入阻抗的电压记录装置而过载，以免使其中一个时间常数过小。带有内置式放大器的传感器的一个主要优点是，设备对摩擦生电效应不敏感。最后，本节研究了加速度计的整机频响函数：其低频特性受到压电电路的 RC 时间常数衰减影响，而高频特性则受机械系统共振频率的支配。用户的任务是选择能够在这样的频率范围内满意工作的测量传感器。

4.5 节讨论了测量结构上某点的线加速度和角加速度的问题。原理上，需要在一定距离上安装两个传感器，而且要安装在大质量的刚性部件上，才能实现这样的测量。最新研制出来的传感器就是把两个压电梁用某种特殊方式结合在一起制成一种单独的小巧轻便型传感器，既能输出线加速度信号，又能输出角加速度信号。

4.6 节讨论了传感器系统是怎样响应暂态输入信号的。首先研究了当阶跃状的输入施加给传感器系统时会出现的机械“振铃”现象，继之又详细研究了斜坡保持输入，目的是看看传感器对快速变化的斜坡型输入是如何响应的。可以看到，斜坡上升时间必须至少是传感器固有周期的 5 倍。“传感器振铃”是一个明确的指示：输入变化太快，传感器来不及响应。还可以看到，压电传感器对长时间测量的影响。这种响应是通过考察对阶跃输入的响应来证明的。压电电路的响应呈现出一种受 RC 时间常数控制的指数衰减现象。本节还就几种典型的暂态输入信号给出了判定时间常数是否过小的规则。特别地，曲线在下冲之后便指数地衰减，则清楚说明时间常数有问题。

加速度计的横向灵敏度有可能严重扭曲加速度信号与频响函数数据。4.7 节讲了一个理论模型来阐释横向灵敏度的基本特征。这个模型加以推广可包括三轴向加速度计，其修正方案可适用于实验测量数据。通过对一根自由—自由梁的测试可见，横向灵敏度使实测频响函数糟糕到如此程度，以致于标准的模态分析软件竟给出了 7 个固有频率和扭曲了的结构阻尼比，而实际上结构只有 4 个固有频率。修正数据给出了 4 个固有频率和 4 个阻尼值，分别与近似理想条件(数据未被横向灵敏度污染)下所得到的数据极为接近。从实验结果清楚认识到，处理未知结构时要特别注意横向灵敏度这个重要因素。

力传感器与被测结构之间有着相互作用，这一问题在 4.8 节做了详尽研究。本节讨论了一个二自由度模型，并应用于三种普通的测量环境：力传感器与固定基础相连、力传感器安装在冲击锤上、力传感器安装在结构与振动台动框之间。固定基础力传感器的特性很像加速度计，不同之处仅在于地震质量大小与所用的连接质量有关。在这种情况下，力传感器的特性会给人以误导，认为力传感器的共振在所有三种情况下都类似于加速度计。但是在冲击锤的情况下我们看到，不同的地震质量或基础质量都会使力传感器的灵敏度和固有频率发生变化。当力传感器连接在结构与振动台之间时，它就显现出一种十分有趣的特性——没有固有频率，其输出决定于有效地震质量与被测试件的加速度导纳的乘积。这表明力传感器的信号恰巧是被这个力所激励出来的结构响应所改变的。已经证明，这种相互作用在结构的共振附近会引起很大的误差，但在许多振动试验中最需要的正是共振附近数据最佳。关于力传感器测量误差的修正，将在第 7 章详论。

从 4.8 和 4.9 节明显可见，力传感器与它的应用环境密切相关。然而，为了弄清我们究竟要从力传感器信号中获取什么东西，就必须了解怎样使用力传感器，怎样对它产生的信号加以补偿和分析。显然，当力传感器的敏感端与试件相连接时，可以用如式(4－9－4)所给的非常简单的模型来表示所有力传感器电压输出信号。这个信号含有误差，该误差由试件所引起，其大小由 $m_1A_s(\omega)$这一项来决定。该误差项可以在频域补偿，也可以在时域中补偿。实现补偿修正的方法及规则已经列出。应该明确，搞懂怎样解释所得实验数据，怎样实现数据补偿的方案，需要好的理论模型。

4.10 节讨论加速度计和力传感器的校准问题。这两种传感器都可以用正弦激励法和暂态信号激励法进行校准。校准是测量过程极为重要的一步，目的在于确保测量数据的合理性不会受到不良设备或失效的传感器系统的影响。

本章最后介绍了可能引起严重测量误差的各种环境因素。最严重的环境因素是训练不良者对传感器的滥用。这个环境因素只能通过优秀的人事管理、良好的政策以及经常不断的高质量教育来解决。

4.13 参考文献

[1] Baek, T. H. and K. G. McConnell, "Thrust and Motion Measurement of a Rocket Propelled Bar," *Experimental Techniques*, Vol. 11, No. 12, p. 24 - 27, 1987.

[2] Braun, S. editor in chief, D. Ewins and S. S. Rao, editors, *Encyclopedia of Vibration*, three vols., Academic Press, London, 2002. (This is an excellent source of information on vibration.)

[3] Broch, J. T., *Technical Vibration and Shock Measurements*, available from Bruel & Kjaer Instruments, Inc., Marlborough, MA, October 1980.

[4] Bruel & Kjaer Instruments, *Piezoelectric Accelerometer and Vibration Preamplifier Handbook*, available from Bruel & Kjaer Instruments, Inc., Marlborough, MA, March 1978.

[5] Bruel & Kjaer Instruments, *Technical Review*, a quarterly publication available from Bruel & Kjaer Instruments, Inc., Marlborough, MA.

(a) "Vibration Testing of Components," No. 2, 1958.

(b) "Measurement and Description of Shock," No. 3, 1966.

(c) "Mechanical Failure Forecast by Vibration Analysis," No. 3, 1966.

(d) "Vibration Testing," No. 3, 1967.

(e) "Shock and Vibration Isolation of a Punch Press," No. 1, 1971.

(f) "Vibration Measurement by Laser Interferometer," No. 1, 1971.

(g) "A Portable Calibrator for Accelerometers," No. 1, 1971.

(h) "High Frequency Response of Force Transducers," No. 3, 1972.

(i) "Measurement of Low Level Vibrations in Buildings," No. 3, 1972.

(j) "On the Measurement of Frequency Response Functions," No. 4, 1975.

(k) "Vibration Monitoring of Machines," No. 1, 1987.

(l) "Recent Developments in Accelerometer Design," No. 2, 1987.

(m) "Trends in Accelerometer Calibration," No. 2, 1987.

[6] Change, N. D., *General Guide to ICP Instrumentation*, available from PCB Piezotronics, Inc., Depew, NY.

[7] Dally, J. W., W. F. Riley, K. G. McConnell, *Instrumentation for Engineering Measurements*, 2nd ed., John Wiley & Sons, Inc., New York, NY, 1993.

[8] Doyle, James F. and James W. Phillips (editors), *Manual on Experimental Stress Analysis*, 5th ed., published by the Society for Experimental Mechanics, Bethel, CT, 1989.

[9] Endevco Corporation, *Shock and Vibration Measurement Technology: An Applications - Oriented Short Course*, available from Endevco Corporation, San Juan Capistrano, CA, 1987.

[10] Herceg, Edward E., *Handbook of Measurement and Control*, available from Schaevitz Engineering, Pennsauken, NJ, 1976.

[11] Kobayashi, Albert S. (editor), *Handbook on Experimental Mechanics*, 2nd ed., Prentice - Hall, Inc., Englewood Cliffs, NJ, 1993.

[12] McConnell, K. G. and M. K. Abdelhamid, "On the Dynamic Calibration of Measurement Systems for Use in Modal Analysis," *International Jour nal of Analytical and Experimental Modal Analysis*, Vol. 2, No. 3, 1987, pp. 121 - 127.

[13] McConnell, K. G. and P. Cappa, "Transducer Inertia and Stinger Stiffness Effect on FRF Measurements," *Proceedings of the XVII International Modal Analysis Conference—IMAC* 1999, pp. 137 - 143.

[14] McConnell, K. G. , "Modal Analysis," *Phil. Trans. R. Soc. Lon.* , A, Vol. 359, No. 1778, Jan 15, 2001 pp. 11 - 28.

[15] Magrab, Edward B. and Donald S. Blomquist, *The Measurement of Time - Varying Phenomena: Fundamentals and Applications*, Wiley - Interscience, a Division of John Wiley & Sons, Inc. , New York, 1971.

[16] Metrolaser Inc. Technical Introductory Review: "VIBROMETTM 500V: Single Point Laser Doppler Vibrometer." Available from www. metrolaserinc. com/Literature/MetrolaserSB - LDVpaper. pdf, accessed September 3, 2007, 8: 32 p. m.

[17] Pennington, D. , *Piezoelectric Accelerometer Manual*, Endevco Corporation, San Juan Capistrano, CA, 1965.

[18] Peterson, A. P. G. and E. E. Gross, Jr. , *Handbook of Noise Measurement*, available from General Radio Company, Concord, MA, 1972.

[19] Varoto, P. S. and K. G. McConnell, "Force Transducer Bending Moment Sensitivity Can Affect the Measured Frequency Response Functions," *Proceedings of the XI International Modal Analysis Conference - IMAC*, 1993, pp. 516 - 521.

[20] Varoto, P. S. and K. G. McConnell, "A Model for Force Transducer Bending Moment Sensitivity and Response During Calibration, " *Proceedings of the XI International Modal Analysis Conference - IMAC*, (1993), pp. 364 - 368.

第 5 章

数字频率分析仪

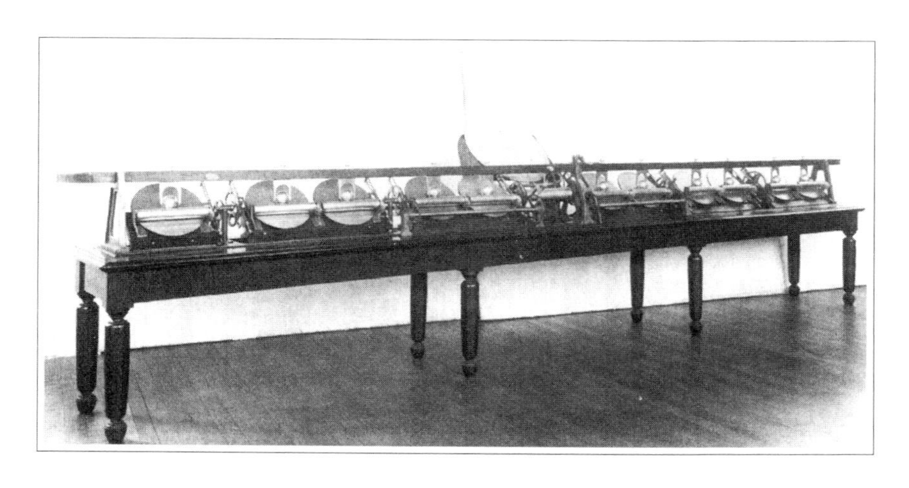

图片一：Lord Kelvin(William Thomson)与其兄弟(James Thomson 教授)为分析潮汐的频率含量而设计的机械式傅里叶频率分析仪。该分析仪建造于1876 至 1879 年，它能够求出均值及前五阶频率分量，真是一个由黄铜齿轮、钢制滚珠与机械指示器构造的奇迹。(图片由英国伦敦国家科学与工业博物馆提供)

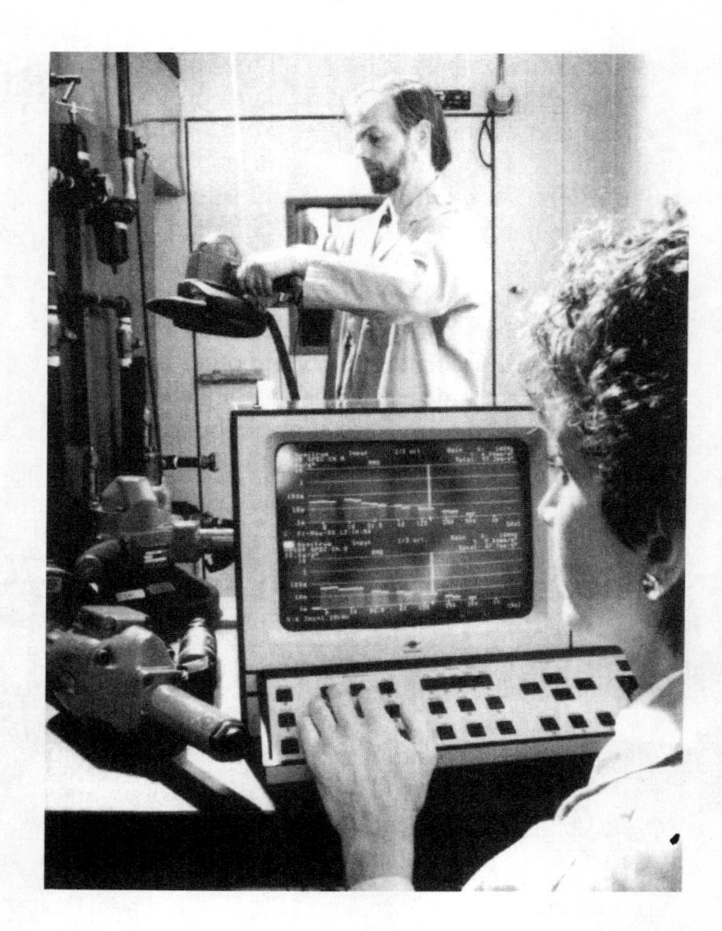

图片二：这是一台能在几毫秒之内计算出 800 个频率分量的现代频率分析仪，图中工作人员根据国际标准 ISO－8662－1 和 ISO－5349 对工业研磨机进行测试。（照片由 *Sound and Vibration* 提供）

5.1　引言

数字频率分析仪研制过程中一个关键要素是 Cooley 和 Tukey[①]1965 年发明的快速傅里叶变换(FFT)算法。然而 20 世纪 70 年代后期高性能低成本的频率分析仪的长足进步，却归功于高性能的微处理器以及模数电压转换器(A/D)的迅猛发展。由于数字频率分析仪性能优越，并具有多功能性，加之在数据采集系统中采用计算机技术从而使成本大为降低，在许多领域正在代替模拟分析仪，因此模拟分析仪本书将不拟考虑。

现代数字频率分析仪可以实时处理通带 0～X kHz 内的数据，这里 X 是上限频率。随着微处理器的快速发展，上限频率 X 每年都在增大。这种分析仪可以按各种显示方式进行频率分析，并提供大量的数据文件。不幸的是，在使用这种性能高超的设备时，许多人对频率分析中涉及到的数据处理过程、唾手可得的显示数据的意义以及各个量之间的相互关联方式等，仅有一点模模糊糊的了解。

整个数据处理过程都是建立在第 2 章所讨论的傅里叶级数概念之上的。用这些概念可以揭示数字分析仪的基本原理与工作特性，并解释诸如叠混、窗函数、数字滤波器、采样函数、滤波器泄漏等重要概念。这里不讨论“**快速傅里叶变换**”一词所涵盖的精确计算过程；就我们的目的而言，只要读者明白，按既定规则收集数据时这一计算过程会给出复数傅里叶级数系数，这就够了。然后，根据要求，分析仪会显示出各种类型的频谱。我们的目标是消除用户对单、双通道数字频率分析仪的神秘感。

5.2　数字频率分析仪的基本过程

数字频率分析仪采用几个基本过程：第一，以恒定速率进行工作的 A/D 转换器在时间段 T 内对一个信号进行采样；第二，认为捕捉到的信号是以 T 为基本周期的周期信号，然后假定“被分析信号的各个分量频率都是其基频的整数倍”，并据此假设算出标准的周期傅里叶级数频率分量；第三，分析仪再对这些频率分量进行操作，进而给出各种形式的频率分析显示。

本节将研究前两个过程，即时间采样与频率分量计算假设。时间采样过程给我们一个重要概念，即时域信号的乘积等同于它们的傅里叶变换的频域卷积。这一基本卷积过程是分析仪的重要数据处理过程，极大地影响着分析仪的性能，也影响着我们对“叠混是怎样发生的？滤波器为什么会泄漏？为什么说窗函数决定数字滤波器的特性？”这些问题的理解。本节将揭示数字频率分析仪的重要特性。

---

① J. W. Cooley and J. W. Tukey, “An Algorithm for the Calculation of Complex Fourier Series,” *Mathematics of Computation*, Vol. 19, 1965, pp. 297－301.

5.2.1 时间采样过程

对于一个周期为 T 的时间历程，假定可以用 N 个数字数据点来表示它，那么 FFT 算法就是用这 N 个离散数据点来计算原始时间历程的复数傅里叶级数的频率分量。FFT 算法要求 N 可以被 2 整除，即要求 N 是 2 的某次幂，通常取为 2^{10}（=1 024）或 2^{11}（=2 048）。现在来看怎样获得这 N 个可以代表原始模拟信号的数字样值。

图 5-2-1 所示为数字信号采样过程，其中原始模拟信号用 $x(t)$ 表示。我们用模数(A/D)转换器在规定的时间段内按照相等间隔对此原始信号进行采样。采样结果是一个离散点序列 $f(t)$，如图 5-2-1(d)所示，用它代表原始信号 $x(t)$。很明显，如果采样速率过低，这些数字点就不能代表原始信号；欲使离散点很好地代表原始信号，采样速率就必须要足够高。

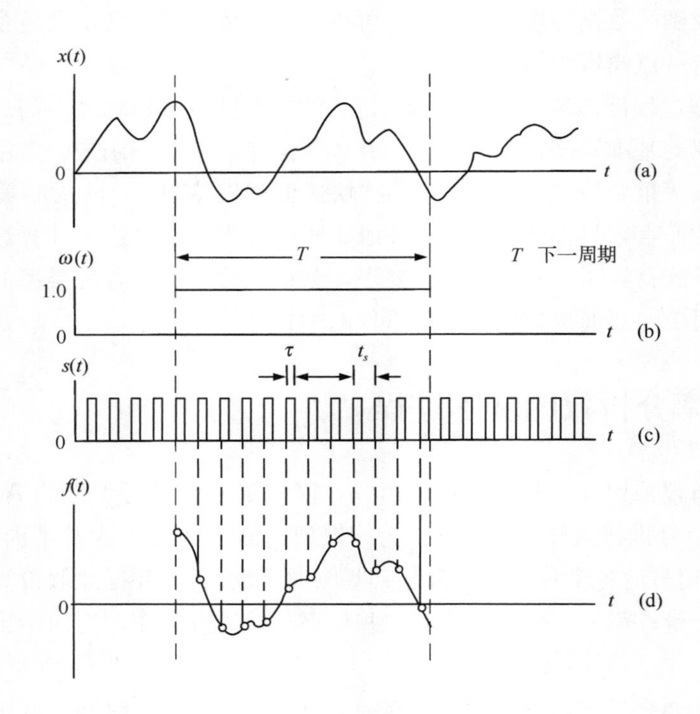

图 5-2-1 数字信号采样过程

(a)要分析的电压信号 $x(t)$；(b)窗函数 $w(t)$；(c)采样函数 $s(t)$；(d)要被分析的模拟信号的数字形式 $f(t)$

(From J. W. Dally, W. F. Riley, and K. G. McConnell, Instrumentation for Engineering Measurements, 2nd ed., copyright © 1993 by John Wiley & Sons, NewYork. Reprinted by permission.)

采样过程是由**窗函数** $w(t)$ 及**采样函数** $s(t)$ 来规定的——窗函数 $w(t)$ 决定采样时间长度 T，采样函数 $s(t)$ 则规定对 $x(t)$ 的采样时刻。图中所示窗函数 $w(t)$ 是一个矩形函数，它在 $t=0$ 之前和 $t=T$ 之后处处为零，而在 $0\sim T$ 之间为 1。这个窗函数选择的是 $x(t)$ 要被分析的那部分。窗函数还决定着分析仪的滤波特性。通过使用不同的窗函数，可以使其中一些数据点比其他数据点受到更多的强调。

采样函数由高度为 1、持续时间为 τ 秒、间隔为 t_s 秒的许多矩形脉冲构成。各个矩形脉冲的持续时间 τ 与其重复周期 t_s 相比很小，因为进行模数转换时只需在给定时刻选择 $x(t)$的一个点。对应的基本采样频率为

$$f_s = \frac{1}{t_s} \tag{5-2-1}$$

要判断采样速率是否足够快，就必须研究最高分析频率与 A/D 转换器采样频率之间的关系。

第 p 个采样发生的时刻为

$$t_p = pt_s \tag{5-2-2}$$

这里 p 的范围从 0 到 $N-1$，即假定第一个数据点出现在 $t=0$ 时刻，最后一个数据点则出现在 $t=(N-1)t_s$。这样好像只有$(N-1)$个数据点，但别忘记第一个数据点对应着 $p=0$ 而不是 $p=1$，故实际上还是 N 个数据点。窗函数的持续时间 T 与采样时间间隔的关系是[②]

$$T = (N)t_s \tag{5-2-3}$$

T 决定分析仪的基频：$f_0=1/T$。

数字化的输出函数 $f(t)$是窗函数 $w(t)$、采样函数 $s(t)$与原始连续函数 $x(t)$三者的乘积，即

$$f(t) = w(t)s(t)x(t) \tag{5-2-4}$$

这是一个时间间隔相等的离散数字序列，如图 5-2-1(d)所示。方程(5-2-4)引发了许多问题：离散数字序列 $f(t)$的分析频率与 $x(t)$的频率含量有何关系？窗函数与采样函数对频率分析有何影响？

5.2.2　时域乘积与频域卷积

我们想找到 $f(t)$与 $x(t)$的频率分量之间有何关系。从式(5-2-4)看到，欲求 $f(t)$的傅里叶变换，则需对这几个时间函数的乘积做傅里叶变换。为了说明这一思想，考虑两个时间函数的乘积，例如

$$y_1(t) = y_2(t)y_3(t) \tag{5-2-5}$$

这里每个时间函数 $y_i(t)$都有它自己的傅里叶谱 $Y_i(\omega)$。按照式(2-4-4)和式(2-4-5)定义，如下傅里叶变换对 $Y_i(\omega)$和 $y_i(t)$

$$Y_i(\omega) = \int_{-\infty}^{\infty} y_i(t)\mathrm{e}^{-\mathrm{j}\omega t}\mathrm{d}t \tag{5-2-6}$$

和

$$y_i(t) = \frac{1}{2\pi}\int_{-\infty}^{\infty} Y_i(\omega)\mathrm{e}^{\mathrm{j}\omega t}\mathrm{d}\omega \tag{5-2-7}$$

② Often $(N-1)$ t_s is used in error. Equation (5.2.3) is correct.

是基本的傅里叶变换对。如果将式(5-2-5)代入式(5-2-6)，则有

$$Y_1(\omega)=\int_{-\infty}^{\infty}y_1(t)\mathrm{e}^{-\mathrm{j}\omega t}\mathrm{d}t=\int_{-\infty}^{\infty}y_2(t)y_3(t)\mathrm{e}^{-\mathrm{j}\omega t}\mathrm{d}t \tag{5-2-8}$$

现在根据式(5-2-7)，将 $y_2(t)$ 和 $y_3(t)$ 的适当形式的傅里叶变换表达式代入式(5-2-8)，透彻理解且仔细运算，则可得到

$$Y_1(\omega)=\frac{1}{2\pi}\int_{-\infty}^{\infty}Y_2(\nu)Y_3(\omega-\nu)\mathrm{d}\nu \tag{5-2-9}$$

式中，ν 是个虚拟频率积分变量。式(5-2-9)叫做**频域卷积**，它在形式上与时域卷积相同。我们发现，频域中的乘积，可转化为时域中的卷积积分[见3.4节，特别是式(3-4-9)]。式(5-2-9)的意义是：对于每个频率 ω，在 ν 的整个范围内对 $Y_2(\nu)Y_3(\omega-\nu)$ 积分，就唯一地得到 $Y_1(\omega)$ 值。式(5-2-9)是理解时间采样过程中出现的连乘结果的基础。

5.2.3 采样函数相乘引起叠混

这一节研究采样函数对频率分析结果的影响，为此暂时忽略窗函数 $w(t)$ 的作用而将式(5-2-4)写成

$$f(t)=s(t)x(t) \tag{5-2-10}$$

式(5-2-10)与式(5-2-5)形式相同，只不过 $y_1(t)=f(t)$，$y_2(t)=s(t)$，$y_3(t)=x(t)$ 而已。为了利用式(5-2-9)与式(2-5-10)这两个等式，需要确定采样函数 $s(t)$ 的频谱的表达式 $S(\omega)$。

回忆2.4节，那里得出了图2-4-1所示脉冲序列(该序列类似于频率为 f_s 或 ω_s 的一个采样函数)的离散频谱的傅里叶系数表达式：式(2-4-3)。仿此，对于采样函数 $s(t)$，可以求得其第 p 个离散傅里叶系数为

$$S(p\omega_s)=\frac{2}{\beta}\left[\frac{\sin(p\pi/\beta)}{(p\pi/\beta)}\right]=\frac{2}{\beta}\mathrm{sinc}\left(\frac{p\pi}{\beta}\right) \tag{5-2-11}$$

实际应用中，$\beta=t_s/\tau$ 是个很大的值。上式表示，采样函数 $s(t)$ 的频谱中各相邻频率分量之间间隔是 ω_s，各频谱幅值的变化遵循 sinc 函数。采样函数时间上正负无穷，因而它也应包含无穷多脉冲。为了能在表达式中反映所有脉冲，将式(5-2-11)重新写成

$$S(\omega)=\int_{-\infty}^{\infty}s(t)\mathrm{e}^{-\mathrm{j}\omega t}\mathrm{d}t=\lim_{n\to\infty}(2\tau n)\mathrm{sinc}\left(\frac{p\omega_s\tau}{2}\right)=\delta(\omega-p\omega_s) \tag{5-2-12}$$

式中 n——矩形采样脉冲的数目；

p——频率分量。

方程(5-2-12)表明，采样函数的频谱是由间隔为 ω_s 的一系列狄拉克 δ 函数(面积为单位1而宽度为零)组成的，如图5-2-2(b)所示。式(5-2-12)中的狄拉克 δ 函数要与输入频谱 $X(\nu)$ 进行卷积。

对于图5-2-2所示情形，可采用式(5-2-9)所包含的频域卷积概念加以解释。图5-2-2(a)是时间历程 $x(t)$ 的原始频谱 $X(\nu)$，采样函数 $s(t)$ 的频谱示于图5-2-2(b)，图中仅画出了无穷多个 δ 函数中的三个。先看中间那个 δ 函数[它与 $\omega-\nu=0$ 相对应，

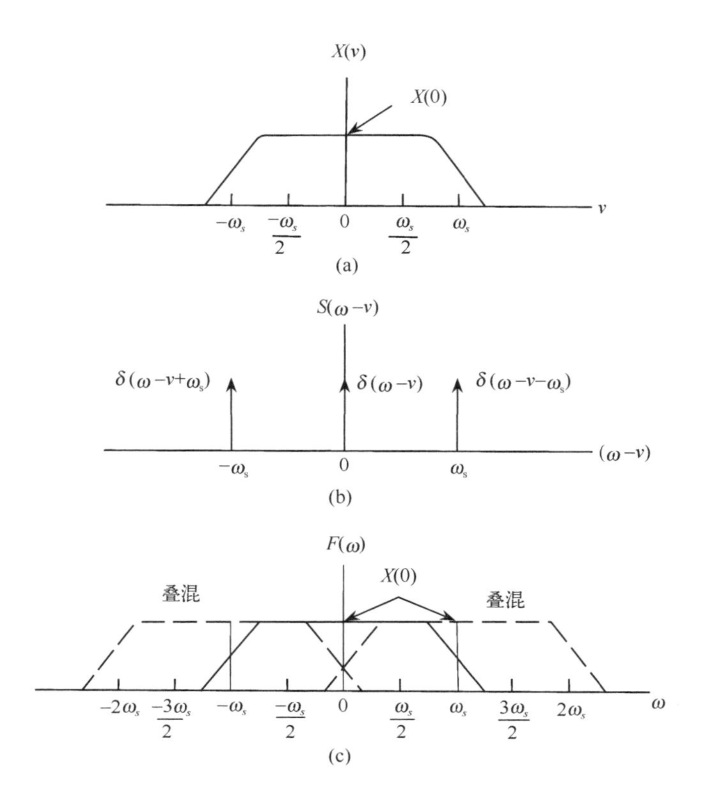

图 5－2－2　采样函数引起的叠混现象

(a)原始频谱 $X(\nu)$；(b)采样函数频谱 $S(\omega-\nu)$；

(c)所得频谱 $F(\omega)$，显示因采样函数的频率分量 $\pm\omega_s$ 所引起的叠混区域

(From J. W. Dally, W. F. Riley, and K. G. McConnell, Instrumentation for Engineering Measurements, 2nd ed., copyright © 1993 by John Wiley & Sons, NewYork. Reprinted by permission.)

或者说与式(5－2－12)中的 $p=0$ 相对应]。将此狄拉克 δ 函数代入式(5－2－9)，该式则成为

$$F(\omega)=\frac{1}{2\pi}\int_{-\infty}^{\infty}\delta(\omega-\nu)X(\nu)\mathrm{d}\nu=\frac{X(\omega)}{2\pi}\int_{\omega-\nu<0}^{\omega-\nu>0}\delta(\omega-\nu)\mathrm{d}\nu=\frac{X(\omega)}{2\pi}\quad(5-2-13)$$

上述结果是因为狄拉克 δ 函数除了 $\omega-\nu=0$ 这一点之外处处为零，而且在 $\omega-\nu<0$ 到 $\omega-\nu>0$ 之间积分时得单位面积 1。上式表明，输出频谱的中心部分与输入频谱相同，只不过差个系数 2π，这个系数很容易消去。可见，图 5－2－2(c)中中间的实线部分是 $S(\omega-\nu)$ 与 $X(\nu)$卷积的结果，而这一卷积是针对使$(\omega-\nu)$这个量等于零的那些 ν 值进行的。

我们可以针对满足关系式 $\omega-\nu=\omega_s$ 的 ν 值重复式(5－2－13)的过程。为此，用 $\delta(\omega-\nu-\omega_s)$[这个狄拉克 δ 函数位于 $+\omega_s$ 处，因为取式(5－2－12)中的 $p=1$]代替式(5－2－13)中的$\delta(\omega-\nu)$，便可得到以 $+\omega_s$ 为中心的 $X(\omega-\omega_s)$的虚线曲线，如图 5－2－2(c)所示。这个曲线可叫做**叠混**曲线，因为它是一个错误结果。类似地，如果用满足

$\omega-\nu=-\omega_s$ 的那些 ν 值进行积分，就是处理位于 $-\omega_s$ 的狄拉克 δ 函数，所得叠混曲线以 $-\omega_s$ 为中心。

在图 5-2-2(c)中看到，$F(\omega)$中原始频谱 $X(\nu)$不仅以 $\omega-\nu=0$ 为中心出现一次，而且分别以$\pm\omega_s$、$\pm 2\omega_s$ 等出现多次，这是因为 $S(\omega)$包含有全部这样的狄拉克 δ 函数。这意味着必须将图 5-2-2(c)中的各个曲线相加才得到输出频谱。假如输入频谱 $X(\nu)$的最高频率分量小于采样频率的一半，也就是 $\omega_{\max}<\omega_s/2$，那么这种相加不会产生什么问题，因为不会发生谱的重叠。$\omega_s/2$ 叫做**奈奎斯特频率**。但是，如果原始信号含有的频率分量超过了奈奎斯特频率，便得不到希望的结果。这时实际频率分量之上叠加了叠混频率分量，从而构成错误的频谱。

如果捕捉到数据之后能够采用数字方法遏制这种叠混问题，那将是令人兴奋的。现代分析仪输入特性设计与此设想很接近，如图 5-2-3 所示。它使用一个低成本可重复低通滤波器(类似一 RC 滤波器)，并具有很高的采样频率——远高于 100 kHz。然后，对数字数据施以某种数字滤波算法，即可得到所希望的滤波特性，如图 5-2-3 所示。这种想法是：滤波器特性从转折频率 ω_b 处的 0 dB 开始，逐渐下降 80 dB，但要求在奈奎斯特频率(即 $\omega_s/2$)处下降 40 dB。如果使用下降速率为 120 dB/oct 的滤波器，则转折频率大约是 $0.4\omega_s$，即被分析信号的最高频率可达到采样频率的 40%。比如采样频率是 1 kHz，那么允许分析的信号最高频率应是 400 Hz。如果要采用不同的采样频率，那么所用抗叠混滤波器的采样频率必须是可变的。这个要求会使旧式的电子滤波器制造成本剧增，但对采用数字式滤波算法的现代滤波器则无须负担这一成本，因为只需改变数字滤波器的参数就够了。

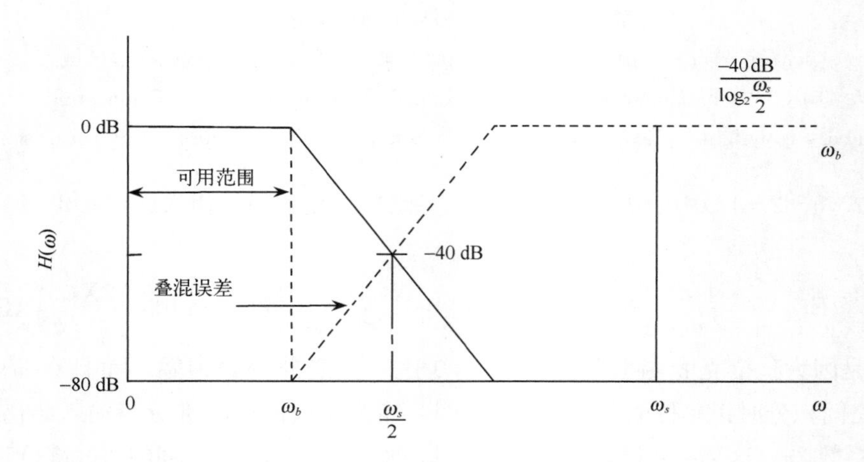

图 5-2-3　理想抗叠混滤波器特征曲线

图中显示怎样消除系统误差以及可用频率范围

设抗叠混滤波器的输出信号是 $y(t)$，输入信号是 $x(t)$，则抗叠混滤波器输出的频谱由下式给出

$$Y(\omega)=H(\omega)X(\omega) \tag{5-2-14}$$

式中 $X(\omega)$是输入频谱。由此可见，抗叠混滤波器对被处理的信号可能产生相当大的影响。为确定某一具体场合抗叠混滤波器使结果失真到多大程度，一个实用的好办法是用若干个不同的采样速率对某个信号进行采样。数字滤波器算法已经很好地克服了这个难题。

上述讨论常常涉及到相当复杂的数学问题。关于叠混现象，图 5-2-4 给出了一个简单的物理解释。图中，未加滤波的信号是个正弦信号，其频率大约是采样频率的 10 倍，因此采样太慢。但是，如果看一看采样得到的数据点便知，这些点构成了完美正弦的一部分，这个正弦貌似存在，实则不然。频率分析仪看到这些数据点，就错误地认为频率只有实际频率的 1/10，而且堂而皇之地在自己的频谱显示屏上报告这一错误的事实。这就是为什么必须使用抗叠混滤波器来避免叠混问题。

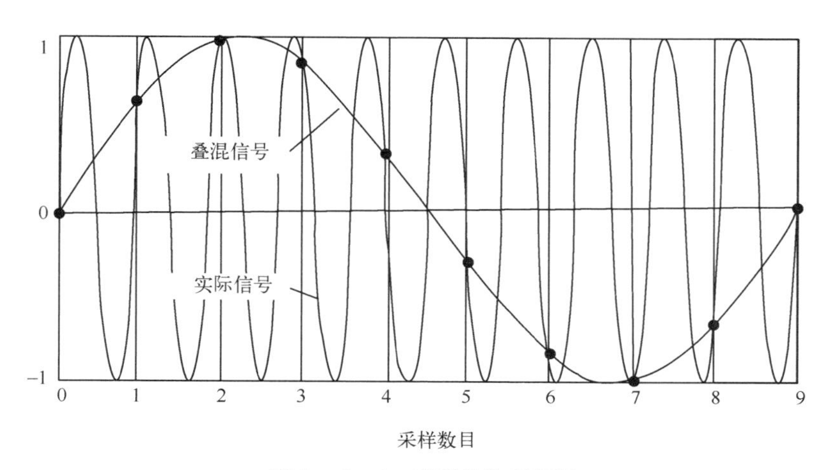

图 5-2-4　叠混的物理解释

采样速率太低，只有 10 个数据点，而正确描述实际信号至少需要 50 个数据点

5.2.4　窗函数决定数字滤波器特性

为便于讨论，我们假定数据不存在任何叠混问题，而将式(5-2-4)写成

$$f(t)=w(t)x(t) \tag{5-2-15}$$

根据时域乘积与频域卷积问题[式(5-2-9)]，来研究上式中窗函数 $w(t)$的意义。鉴于从式(5-2-5)得出式(5-2-9)的思路，从式(5-2-15)可导出与式(5-2-9)相似的下式

$$F(\omega)=\frac{1}{2\pi}\int_{-\infty}^{\infty}X(\nu)W(\omega-\nu)\mathrm{d}\nu \tag{5-2-16}$$

该式表明，加了窗的函数，其频谱是窗函数频谱 $W(\omega)$与输入信号频谱 $X(\omega)$的卷积。

为了认清式(5-2-16)的卷积过程，考虑图 5-2-5 所示情况：其中窗函数频谱 $W(\omega-\nu)$在 $-\pi B\sim\pi B$ 频带内(总带宽是 $2\pi B$ rad/s 或 B Hz)幅值为单位 1，在所有其他频率上其值为零。设 ω 取某一具体值 ω_1，来看图 5-2-5(b)中的 A 点和 C 点会发生什么情形。点 A 与 $\omega_1-\nu_A=-\pi B$ 相对应，因此在图 5-2-5(a)中 $\nu_A=\omega_1+\pi B$，点 A 变成了 A'。

同样地，在图 5-2-5(b)中，点 C 对应于 $\omega_1-\nu_B=\pi B$，因而在图 5-2-5(a)中点 C 变成了位于 $\nu_B=\omega_1-\pi B$ 的点 C'。假如 $\omega=-\omega_1$，可发现图 5-2-5(b)中的 A 和 C 点变成了图 5-2-5(a)中 $-\omega_1$ 两侧的点 A'' 和 C'' 点。

就宽度为 $2\pi B$ 的理想矩形滤波器 $W(\omega-\nu)$[如图 5-2-5(b)所示]应用式(5-2-16)，可得如下结果

$$F(\omega_1)=\frac{1}{2\pi}\int_{\omega_1-\pi B}^{\omega_1+\pi B}X(\nu)\mathrm{d}\nu=\overline{X(\omega_1)}B \tag{5-2-17}$$

式中 $F(\omega_1)$ 代表图 5-2-5(a)中以 $\nu=\omega_1$ 为中心的阴影区域的面积除以 2π。这个面积也可以用滤波器带宽 B(Hz)乘以均值 $\overline{X(\omega_1)}$ 来表示。可以画出一个点 D 来表示 $F(\omega_1)$ 的值，如图 5-2-5(c)所示。类似地，当 $\omega=-\omega_1$ 时，点 E 表示 $F(-\omega_1)$ 的值。

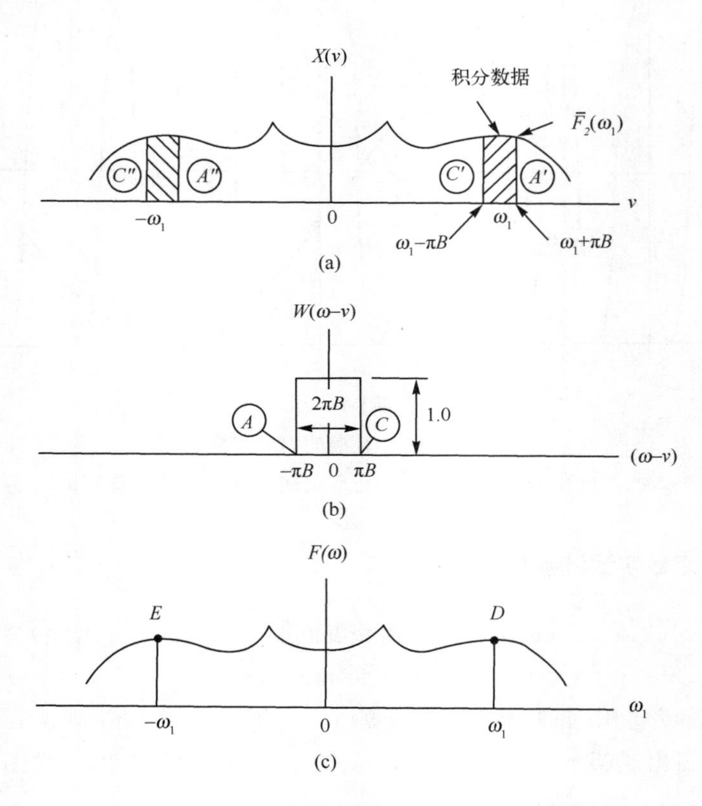

图 5-2-5 决定数字滤波器特性的窗函数

(a) 原始频谱 $X(\nu)$；(b)理想滤波器特性 $W(\omega-\nu)$；(c)输出频谱

显然，当变化 ω 值时，$W(\omega-\nu)$ 的作用就像一个滤波器一样，检测出 $X(\nu)$ 的频率含量。这表明 ω 扮演着滤波器中心频率的角色，且 $F(\omega)$ 跟每个 ω 上 $X(\nu)$ 的频率平均值成正比。式(5-2-17)清楚地显示：当带宽 B 变得越来越小时，$F(\omega)$ 的值就越来越接近于 $X(\nu)$ 的值；当

$B=1$ 时，二者便相等了。还可以看出，$F(\omega)$和 $X(\nu)$具有相同的单位，这是因为 $W(\omega-\nu)\mathrm{d}\nu/2\pi$ 没有单位，事实上，$W(\omega-\nu)$的单位就是 1/Hz，在积分过程中被消掉了。

式(5-2-16)的结果说明，在时域中用适当的窗函数与一个时间历程相乘，便可在频域中获得一个输出，这个输出是被一个特殊的数字滤波器自动滤波而来。这一结论说明了窗函数在数字频率分析中所起的作用，同时也说明了为什么要对不同类型的信号采用不同的窗函数。

5.2.5　滤波器泄漏

数字频率分析仪是建立在这样的假设基础之上的：信号是以 T 为基本周期的周期函数，而不管实际信号是否如此。这意味着数字频率分析仪是借助周期傅里叶级数频率分量来描述信号的；傅里叶频率分量是基频的整数倍，而基频由下式给出

$$\omega_0=\frac{2\pi}{T}=2\pi f_0=\left(\frac{2\pi}{N}\right)f_s \tag{5-2-18}$$

当信号频率是 ω_0(或 f_0)的整数倍时，上述想法没有问题。

然而信号的频率通常并不是 f_0 的整数倍，也就是说，被分析仪分析的数据样本在分析周期的衔接处，幅值和斜率都存在不连续性。这种实际信号的频率分量与分析仪设置的频率分量之间的差异，就使得样本函数 $f(t)$产生了幅值和斜率的不连续性，从而引起**滤波器泄漏**问题。

为了说明信号末端的这种失配现象，考虑图 5-2-6 所示情形。图中有两个分析周期，每个周期长度均为 T。上图中，正弦信号 A 精确地处于周期 T 之内，因此在开头与末尾衔接处幅值与斜率都是连续的。因信号 A 准确处于周期 T 之内，所以其重复单元与周期傅里叶级数理论所认定的基本单元相一致。但是下面一张图显示了基本采样单元的末尾与重复单元的开头在幅值与斜率上的不连续性。分析仪总是认为信号的重复单元与基本单元准确相等，因此它认为自己正在分析图 5-2-6 中下图所示的周期信号，而不是频率稍有差别的一个正弦信号。信号在周期端部出现幅值与斜率的不连续性，迫使分析仪不得不考虑这种情况，于是计算出额外的频率分量。

为了进一步揭示图 5-2-6 所示的周期假设的影响，考虑下式所表示的正弦信号

$$x(t)=\sin(N_c\omega_0 t) \tag{5-2-19}$$

这里 N_c 是信号在持续时间为 T 的分析窗之内循环的次数，ω_0 是分析仪的基频。上式显然是个周期函数，第 p 个傅里叶系数是

$$X_p=\sqrt{2\left(\frac{\operatorname{sinc}^2[(p+N_c)\pi]}{(1-N_c/p)}+\frac{\operatorname{sinc}^2[(p-N_c)\pi]}{(1+N_c/p)}\right)} \tag{5-2-20}$$

这里 p 是可正可负的整数。如果 N_c 是个整数，则只有当 $p=\pm N_c$ 时 X_p 的值为单位 1，p 为其他值时 X_p 皆为零。此外还看到，式(5-2-20)包含 sinc 函数，这是矩形窗的特征。

为理解 sinc 函数的意义，现求出高度为 1，长度为 T 的矩形窗函数的傅里叶变换。这个变换是

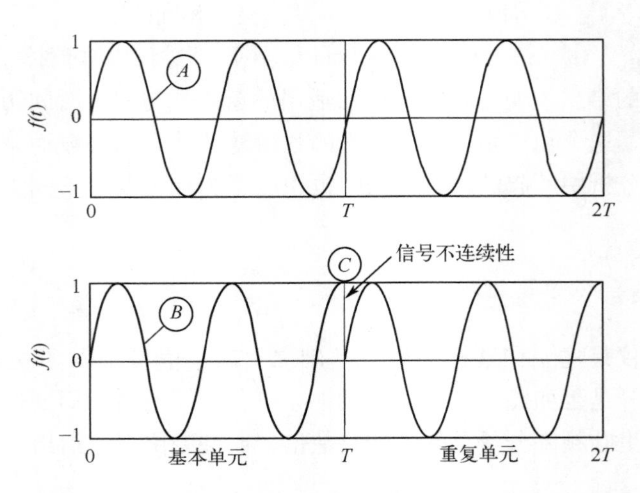

图 5-2-6　两个频率稍有不同的正弦时间历程，其中曲线 A 精确处于时窗 T 内，而曲线 B 在末尾与起始衔接处出现幅值与斜率不连续性

(From J. W. Dally, W. F. Riley, and K. G. McConnell, Instrumentation for Engineering Measurements, 2nd ed., copyright © 1993 by John Wiley & Sons, NewYork. Reprinted by permission.)

$$W(\omega)=\operatorname{sinc}\left(\frac{\omega t}{2}\right) \tag{5-2-21}$$

这里，数字滤波器的特性是自变量$(\omega t/2)$的一个连续函数，当这个变换作为一个数字滤波器应用时，自变量就成为$[(\omega-\nu)T/2]$。下面就不同的 N_c 取值来说明式(5-2-20)与式(5-2-21)的意义。

根据式(5-2-20)，分别取 $N_c=10$，10.25，10.5，将频率分量绘于图 5-2-7，而将式(5-2-21)描述的相应的数字滤波器函数画在图 5-2-8，每种情况都画出前 10 个频率分量。当 N_c 是整数并等于 10 时，在 $p=10$ 得到单一的非零频率分量，如图 5-2-7(a)所示。在这种情况下，被分析的函数精确地吻合于持续时间为 T 的矩形窗内，没有滤波器泄漏。从图 5-2-8(a)我们还看到，信号频率准确地位于数字滤波器函数的中心，如式(5-2-16)所要求的那样。在所有其他分析频率与数字滤波器函数的交点处，这个数字滤波函数是零，因此只有当 $p=N_c$ 时才得到一个频率分量，这是分析仪给出的理想结果。

当 N_c 是非整数 10.25 时，在矩形窗函数内信号端部的幅值和斜率出现严重失配。这种情况下得到的结果如图 5-2-7(b)所示，其中出现了许多新的频率分量，但信号的频率仅仅变化了 2.5%。实际频率 ω 落在分析仪的第 10 个$(10\omega_0)$和第 11 个$(11\omega_0)$频率分量之间。我们发现，当 sinc 函数根据式(5-2-16)的要求加以移动而与信号的某个实际频率最大值重合时，sinc 函数曲线与分析仪的频率分量的所有交叉点处都出现了信号分量振幅，如图 5-2-8(b)所示。

当 $N_c=10.5$ 时，有类似的结果，见图 5-2-7(c)和图 5-2-8(c)。但是在此情况下，

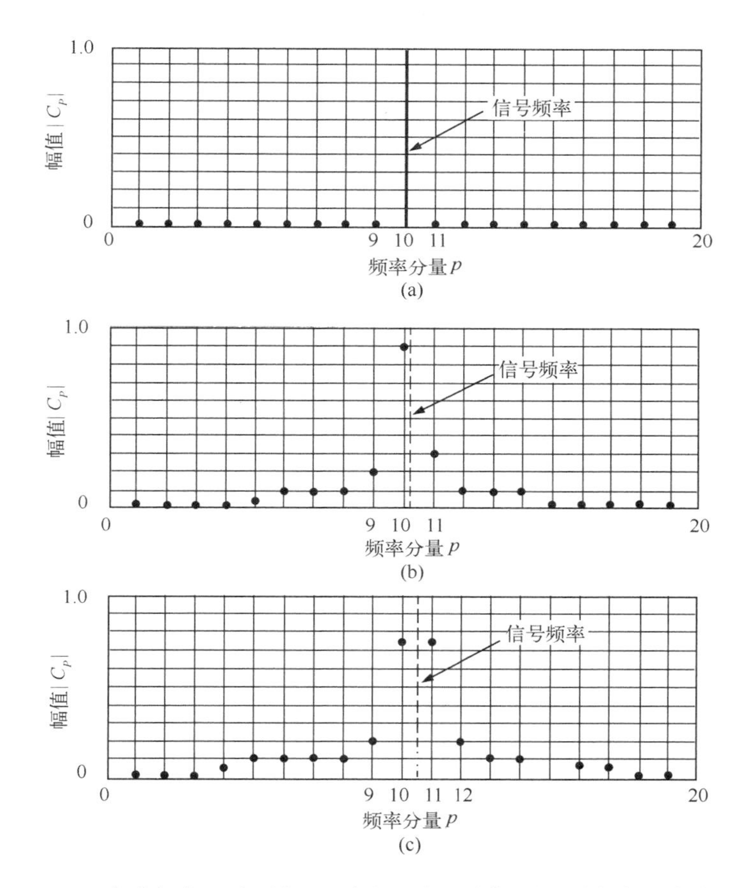

图 5-2-7　在分析窗 T 内重复 N_c 次的一个正弦信号的"分析仪频率分量"

(a) $N_c=10$；(b) $N_c=10.25$；(c) $N_c=10.50$　注意曲线(b)和(c)中的滤波器泄漏

(From J. W. Dally, W. F. Riley, and K. G. McConnell, Instrumentation for Engineering Measurements, 2nd ed., copyright © 1993 by John Wiley & Sons, NewYork. Reprinted by permission.)

中心频率附近有两个幅值相等且很大的频率分量，而不是只有一个大的分量[如图 5-2-8(a)]，也不是一大一小两个分量[如图 5-2-8(b)]。发生这样的情况时，实际频率处在两个等幅分量(即第 10 和第 11 个分量)的中间位置。

由此可见，解释一个频谱并非只是寻找最高值并且声称"这就是被分析信号的幅值与频率"那么简单。比较图 5-2-7(a)与(c) 可知，频率 ω 改变 5%，就会引起完全不同的信息出现。对于 $N_c=10.5$ 来说，峰值分量的大小为 0.637，而 $N_c=10$ 时峰值为单位 1，误差接近 46%。小小的频率变化就能引起如此重大的幅值变化——竟然出现两个数字！我们该报告哪个幅值？该报告哪个频率？是第 10 个分量还是第 11 个分量？这些问题应当使读者明白，为了正确解释那些信息意味着什么，需要了解得到这些信息所采用的基本过程。

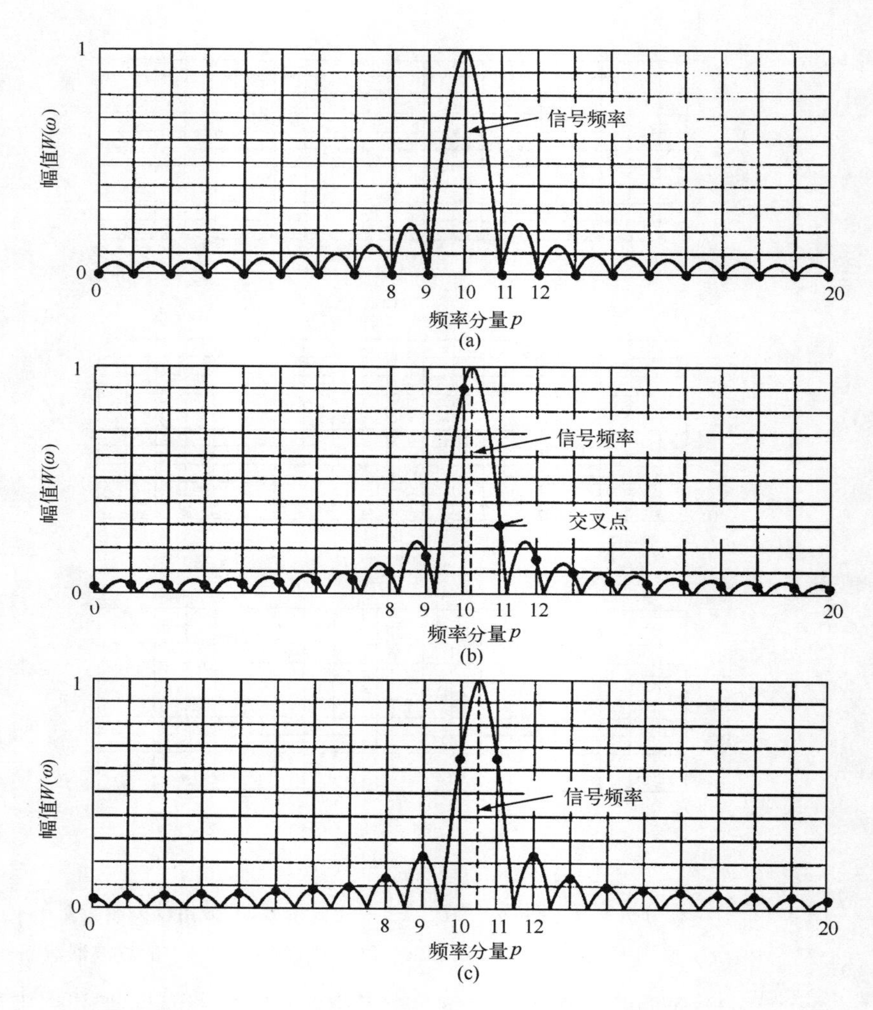

图 5-2-8 根据式(5-2-16)移动窗函数[sinc($\omega t/2$)]

(a)$N_c=10$；(b)$N_c=10.25$；(c)$N_c=10.50$

(From J. W. Dally, W. F. Riley, and K. G. McConnell, Instrumentation for Engineering Measurements, 2nd ed., copyright © 1993 by John Wiley & Sons, NewYork. Reprinted by permission.)

显然，改变窗函数就能够改变数字滤波器的特性，从而改变输出频谱。对各种窗函数的研究推迟到 5.4 节，那里我们将讨论各种窗函数的实际应用。

5.3 数字分析仪工作原理

上一节看到，采样过程产生的信号是原始信号函数、窗函数及采样函数的乘积。时域的乘积等效于频域的卷积。这个基本过程导致了叠混误差与滤波器泄漏的概念，因为我们试图仅仅用很少一些傅里叶级数频率分量来表示全部频率。还看到，原理上信号在分析仪内被采样之前使用抗叠混滤波器，可以控制叠混误差。但是必须认识到，抗叠混滤波器可能会大大改变要分析的信号。卷积积分带给我们一个令人激动不已的结果是：事实上窗函数决定数字滤波器的特性。后面我们将讨论适用于不同信号的四种常用的窗函数的含义。

本节先讨论数字频率分析仪的典型工作框图，然后再看看为提供各种分析与显示结果内部计算是如何进行的。

5.3.1　工作框图

单通道数字频率分析仪一种可能的工作框图示于图 5-3-1。假设该数字分析仪每窗数据有 1024 个数据点。电压输入信号用 $x(t)$表示，该信号加于输入适调器和采样速率可调的抗叠混滤波器单元。适调器的作用是调整输入信号的量级，使之与 A/D 转换器的满量程电压范围相适应。实际上，根据信号的不同类型，我们希望使 A/D 转换器工作在接近其满量程的状态。例如，处理大部分随机信号时，满量程范围应当至少是信号有效值(RMS)的 4～5 倍，以便能够测出最高峰值。大多数分析仪在信号超量程时都会给出一个指示。不幸的是，在欠量程时给不出指示，于是常常导致低劣的信号分辨率。设置正确的适调量程是任何信号分析的重要的第一步，使 A/D 转换器工作在某种最佳模式，以便充分利用仪器的动态范围。

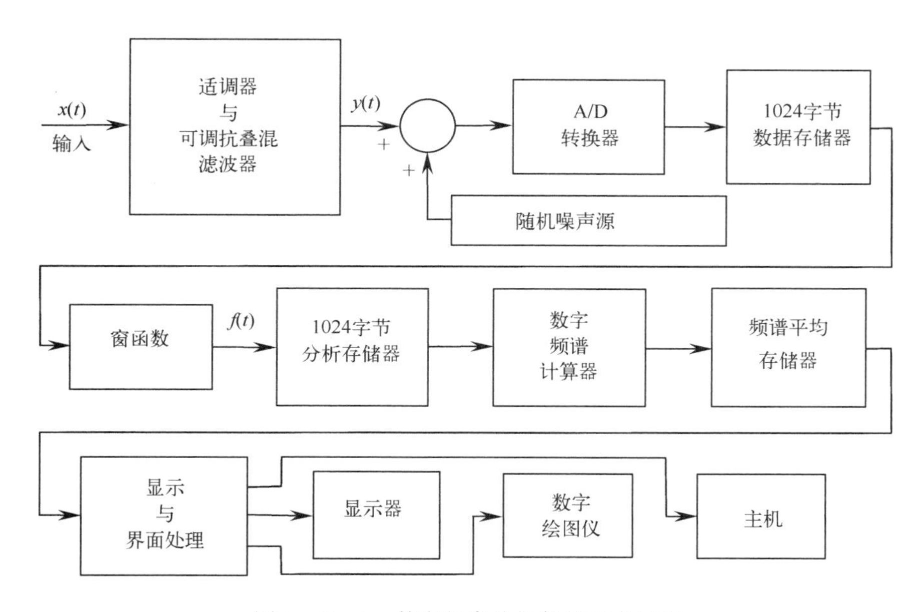

图 5-3-1　数字频率分析仪的基本过程

(From J. W. Dally, W. F. Riley, and K. G. McConnell, Instrumentation for Engineering Measurements, 2nd ed., copyright © 1993 by John Wiley & Sons, NewYork. Reprinted by permission.)

从适调器与抗叠混滤波器方框出来的输出信号是电压 $y(t)$。回顾一下[见公式(5-2-14)]，$y(t)$与 $x(t)$是不同的，因为输出信号是抗叠混滤波器和适调器作用于输入信号的结果。为了减小或掩藏 A/D 转换器的工作噪声，信号 $y(t)$常常掺入一个低量级的随机噪声。下一步，A/D转换器对该信号进行采样，产生一个数值序列；这个数值序列是按照A/D转换器的采样频率 f_s 收集的。这些数值储存在**数据存储器**中，作为一个数据组 $y(t)$，用它代表信号 $x(t)$。

当数据存储器储满之后，存入的数值就与窗函数相乘，相乘结果称为信号 $f(t)$，储存在**分析存储器**中。数字频谱计算器利用周期FFT算法，对储存在分析存储器中的信号 $f(t)$ 进行处理，求得周期傅里叶级数频率分量，并将计算出来的频谱储存在**频谱平均存储器**中。显示与界面单元再对频谱平均存储器中的数据加以处理，以便分析仪进行显示。

5.3.2　内部计算关系

如今可以买到便宜的插入式A/D转换器与PC配用，有些计算机使用多路A/D转换器。转换器经常引起各通道之间因为信号的多路输入而在时间和相位上的偏移。此外，这些转换器所带软件时常包含未知的FFT算法，即计算频谱时采用未知的换算规则，因此必须仔细检测系统的特性。本节我们将给出一组公式，用以核实频率分析仪的工作状态。

FFT算法计算的是周期傅里叶级数频率分量，即对数据窗中的数据应用下式[相当于在式(2-3-3)中令 t 取零值]

$$X_p = \frac{1}{T}\int_0^T x(t)\mathrm{e}^{-\mathrm{j}p\omega_0 t}\mathrm{d}t \tag{5-3-1}$$

通过观察即可求得形如式(5-3-1)的离散傅里叶变换(DFT)：第 n 个数据点 $f(t)=f(n)$ 出现在时刻 $t_n=nt_s=n(T/N)$；对时间变量 t 的积分可以代之以对 n 的求和；注意到 $\omega_0 T=2\pi$；$\mathrm{d}t$ 等同于 $t_s=T/N$。将所有这些关系代入式(5-3-1)，则有

$$X_p = \frac{1}{N}\sum_{n=0}^{N-1} f(n)\mathrm{e}^{-\mathrm{j}(2\pi/N)pn} = \frac{1}{N}\sum_{n=0}^{N-1} w(n)y(n)\mathrm{e}^{-\mathrm{j}(2\pi/N)pn} \tag{5-3-2}$$

式中我们引用了前面的记法，即 $w(n)$ 是窗函数 $w(t)$，$y(n)$ 是经过电子滤波的信号 $y(t)$。2.3节已经说明，X_p 是作为共轭复数对出现的[见式(2-3-4)]，故有

$$\begin{aligned} X_p &= a_p + \mathrm{j}b_p \\ X_{-p} &= a_p - \mathrm{j}b_p = X_p^* \end{aligned} \tag{5-3-3}$$

根据下式[见式(2-3-5)]计算第 p 个频率分量的模与相位：

$$\begin{aligned} |X_p| &= \sqrt{a_p^2+b_p^2} = \sqrt{X_pX_p^*} & \text{模} \\ \tan\phi_p &= \frac{b_p}{a_p} & \text{相位} \end{aligned} \tag{5-3-4}$$

频率分析仪只显示单边频谱，因此 p 的范围取从0到被显示的最高频率分量 N，这 $N+1$ 个频率分量的模与相位都需要计算和显示。为此，我们回想式(2-2-8)，第 p 次谐波振幅与 X_p 的幅值之间的关系是

$$B_p = 2|X_p| = 2\sqrt{X_pX_p^*} \tag{5-3-5}$$

这一峰值的大小与均方根的大小有如下关系

$$B_{\mathrm{RMS}_p} = 0.707B_p = \sqrt{2}|X_p| = \sqrt{2X_pX_p^*} \tag{5-3-6}$$

利用式(5－3－5)和式(5－3－6)，可计算从 $p=0$ 到 $p=N$ 的各频率分量的峰值和有效值频谱，而利用式(5－3－4)来计算每个频谱的相位角。均值关系比较特别，因为对于RMS频谱和峰值频谱而言，它们的均值相等，即

$$B_0 = X_0 \tag{5-3-7}$$

从上面几个式子可以看出，必须储存频率分量的 a_p 和 b_p，以便计算其幅值 $|X_p|$ 和相位角 ϕ_p，或者直接存储 X_p 和相位角 ϕ_p；拥有了这些数据，就可以计算所希望的任何频谱信息。

计算信号的均方值要用帕塞瓦尔公式，如式(2－3－6)与式(2－3－7)。但是在数字分析仪中需要对帕塞瓦尔公式做一些变动，即

$$A_{\mathrm{RMS}}^2 = X_0^2 + 2\sum_{p=1}^{N_d} |X_p^2| = B_0^2 + 2\sum_{p=1}^{N_d} \frac{B_p^2}{2} = B_0^2 + 2\sum_{p=1}^{N_p} B_{\mathrm{RMS}_p}^2 \tag{5-3-8}$$

注意，上式求和只在要分析的频率上进行，而不是像帕塞瓦尔原始公式所要求的那样在全部频率上进行。然而，式(5－3－8)在处理频谱信息方面是极其重要的。

频率分量也叫做**谱线**，或**频率线**。在频谱显示中这些谱线之间的间隔是 Δf Hz，Δf 的值由下式给出

$$\Delta f = \frac{\omega_0}{2\pi} = \frac{1}{T} \tag{5-3-9}$$

因此第 p 个频率就是

$$f_p = p\Delta f \tag{5-3-10}$$

其中 $p=0$，1，2，…，N。不应当把频率分量的间隔与分析仪的有效带宽混淆起来。有效分析仪带宽将在5.4节加以讨论。

我们已经研究了可以用在频率分析仪中计算各频率分量的简单公式。必须强调，计算出来的频率分量是准确的，用它们可以再现由 N 个离散数据点组成的函数 $f(t)$。在分析仪中，除去这最少输入信息之外不含有任何其他信息。下面我们将探讨如何将计算出来的结果进行比例换算，从而得出适用于周期、暂态以及随机时间历程的频谱显示。

5.3.3 显示换算

本节目标是介绍某些概念，根据这些概念可以得到与式(5－3－3)和式(5－3－4)同样的频率分析信息，并且得出适用于周期信号、暂态信号和随机信号的频谱。同时我们对怎样根据信号的单位来解释频谱的单位也感兴趣。

周期时间历程　周期时间历程最容易显示，因其频谱是由傅里叶级数频率分量构成的。信号的频率分量可能处于分析仪的可用频率分量之间，即信号的基本周期 T_0 可能不同于分析仪的基本周期 T，所以我们唯一必须考虑的问题是滤波器的泄漏。

频谱显示通常是频率分量的峰值或均方根值与频率的关系曲线。计算频率分量的峰值显示可用式(5－3－5)，而用式(5－3－6)可以计算频率分量的均方根值显示。应当时刻牢记，不管哪种情况下，计算均值必须用式(5－3－7)。整体信号的均方值或均方根(RMS)

值是用修正过的帕塞瓦尔公式(5-3-8)来计算的。

显示的单位就是 $x(t)$ 的单位。如果 $x(t)$ 代表以重力加速度 g 作单位的加速度，那么显示出来的单位则是峰值 g 或均方根值 g。许多频率分析仪允许用户输入传感器的电压灵敏度(用 mV/g，或 mV/kN 等表示)，这样当你选择了峰值或 RMS 输出格式时，单位也就自动显示出来了。

暂态时间历程 暂态时间历程需要使用傅里叶变换产生连续频谱。2.4 节已经说明，在一定规则下，傅里叶级数频率分量可以用来估计傅里叶变换的谱密度。首先，暂态信号的持续时间应当不大于采样周期 T 的 10%。其次，谱密度分量与傅里叶级数频率分量的关系为

$$F(p\Delta f)=F_p=X_pT=|X_p|T\mathrm{e}^{\mathrm{j}\varphi_p}=F_p\mathrm{e}^{\mathrm{j}\phi_p} \tag{5-3-11}$$

这里，第 p 个频率分量的幅值变成

$$F_p=|X_p|T \tag{5-3-12}$$

相位角与式(5-3-4)给出的一样。由幅值 F_p 构成的频谱在每条谱线上的值与连续频谱将是相同的。

在这种情况下，显示的频谱的单位将是 $x(t)$/Hz。如果 $x(t)$ 表示力，单位是 N，那么显示出来的单位就是 N/Hz。再次注意，一旦你选择输入了电压灵敏度并选择显示暂态谱密度，那么许多分析仪将自动显示这些单位。显示单位表明，这是一个与暂态傅里叶变换分析相对应的谱密度。

暂态信号的均方值由式(2-4-10)给出，这个式子可以按照分析仪的参数写成下面的样子

$$\text{均方值}=X_0^2T+2\sum_{p=1}^{N_d}F_p^2\Delta f=X_0^2T+2\sum_{p=1}^{N_d}|X_p|^2T \tag{5-3-13}$$

式中 $\Delta f=1/T$。

随机时间历程 随机时间历程的特征用双边**均方谱密度**(MSSD) $S(f)$ 来表征，但不幸的是它也被称作功率谱密度(PSD)。$S(f)$ 是在 $-\infty\sim+\infty$ 的整个频率范围内定义的。但是我们发现，使用定义在 $0\sim\infty$ 范围内的单边 MSSD $G(f)$ 更方便

$$G(f)=\begin{cases}S(0) & f=0\\ 2S(f) & f>0\end{cases} \tag{5-3-14}$$

这里 $G(f)$ 表示单位频率上的均方值，即"均方值/Hz"。回忆 2.8 节，关于均方值的帕塞瓦尔公式与双边均方谱密度 MSSD 是有关系的。可以用均方根值的频率分量 $B_{\mathrm{RMS}p}$ 的平方乘以时间 T 来估计 $G(f)$ 的值，像下面这样

$$G(p\omega_0)=G(p\Delta f)=(B_{\mathrm{RMS}_p})^2T=2|X_p|^2T=2X_pX_p^*T,p=1,2,\cdots,N \tag{5-3-15}$$

式(5-3-15)表明，在 ASD 关系式中全部相位信息被丢失了，因为 $X_pX_p^*$ 只含有幅值信息。

回想 2.8 节，均方值、自相关函数与 ASD 的关系为

$$R_{xx}(0)=\frac{1}{2\pi}\int_0^{\infty}G(\omega)\mathrm{d}\omega=\int_0^{\infty}G(f)\mathrm{d}f \qquad (5-3-16)$$

这个连续积分可以用式(5-3-15)的求和参数写成下述形式

$$R_{xx}(0)=B_0^2+\sum_{p=1}^{N}(B_{\mathrm{RMS}\ p})^2=X_0^2+\sum_{p=1}^{N}2\mid X_p\mid^2 \qquad (5-3-17)$$

式(5-3-17)等同于帕塞瓦尔公式。这个结果表明，借助于频率分析仪提供的傅里叶级数算法，可以用关于离散频率分量的帕塞瓦尔等式计算均方值。唯一的要求是必须对信号分析许多次，才能满足随机信号进行长时间平均的需要。此外，必须根据所用窗函数的类型对式(5-3-15)和式(5-3-17)给出的结果进行某些额外修正。5.4节将就四种常用的窗函数详细讨论怎样实施这样的修正。懂得如何将这些修正应用于周期信号、暂态信号与随机信号是很重要的。

均方谱密度(MSSD)中使用的单位是 $x^2(t)/\mathrm{Hz}$ 的单位，因此假如 $x(t)$ 的单位是加速度单位 g，那么MSSD显示单位则是 g^2/Hz。

利用本节中的公式可以检查单通道分析仪中采用的计算方法。有些仪器中，系统设计者使用的系数可能与这里采用的略有不同。我们力荐用户通过几种不同类型的信号以及不同的测量、分析方法，彻底弄清自己的分析仪究竟是如何工作的，这样才能理解分析仪显示的频谱的确切意义。这些知识可以使我们免受难堪，更不会发生严重歧义。

5.4　单通道分析仪的参数

频谱需要解释。在任何测量中，针对不同的信号选择适当的窗函数是非常重要的考虑。因此需要掌握窗函数及与之对应的数字滤波器的特性，了解这些滤波器是怎样处理各类不同信号的。

本节将讨论与单通道分析仪用法有关的各种参数。首先，考虑表征滤波器特性常用的四个参数；其次，考察四种常用数字滤波器的特性，看看它们怎样应用于正弦信号、暂态信号和随机信号；再其次，研究一下测量随机信号时谱线不确定性的概念；最后，针对给定的信号类型选择什么样的窗函数给出一般性建议。

5.4.1　滤波器特性

狄拉克 δ 函数是个理想滤波器，因为它一次检测一个频率分量。但是这个滤波器在实践上是无法实现的。一个代替理想滤波器的次好方法是图5-4-1(a)所示的矩形滤波器。矩形滤波器在从下限频率 f_l 到上限频率 f_u 的带宽 $B\,\mathrm{Hz}$ 之内，其高度为单位1，在所有其他频率上高度为零。于是我们看到，带宽之内的全部频率都可传输，带宽之外的全部频率均被消除。图5-4-1(b)是一个可以实现的实际滤波器，其特性可用四个参数来描述：**中心频率、带宽、纹波**和**选择性**。下面来讨论这几个特征参数。

中心频率： 滤波器常常分成恒定带宽式与恒定百分比带宽式滤波器两类。恒定带宽滤波器的中心频率是上下限频率的算术平均值

$$f_0 = \frac{f_l + f_u}{2} \tag{5-4-1}$$

中心频率可以借助谱线间隔 Δf 的倍数表示，例如第 p 个中心频率就是

$$f_0 = p\Delta f \tag{5-4-2}$$

恒定百分比带宽滤波器的中心频率表示为上下限频率的几何平均值

$$f_0 = \sqrt{f_l f_u} \tag{5-4-3}$$

恒定百分比带宽滤波器一般不用于振动工作，而常用在声学及旧式电子分析仪表中。

带宽：滤波器的带宽指标是其分辨率(即区别频率分量的能力，特别是处理随机信号时)的量度。我们通常使用**有效噪声带宽**和 **3 dB 带宽**的定义。

有效噪声带宽 B 直接来自于式(5-2-9)所表述的卷积定理。使用有效噪声带宽时，假定自谱密度 ASD 曲线是常数单位 1。因此，如果将滤波器的特性平方起来并根据式(5-2-9)积分，那么图 5-4-1(b)所示阴影面积可以被一个带宽为 B 高度为 1 的理想滤波器代替，如图所示。

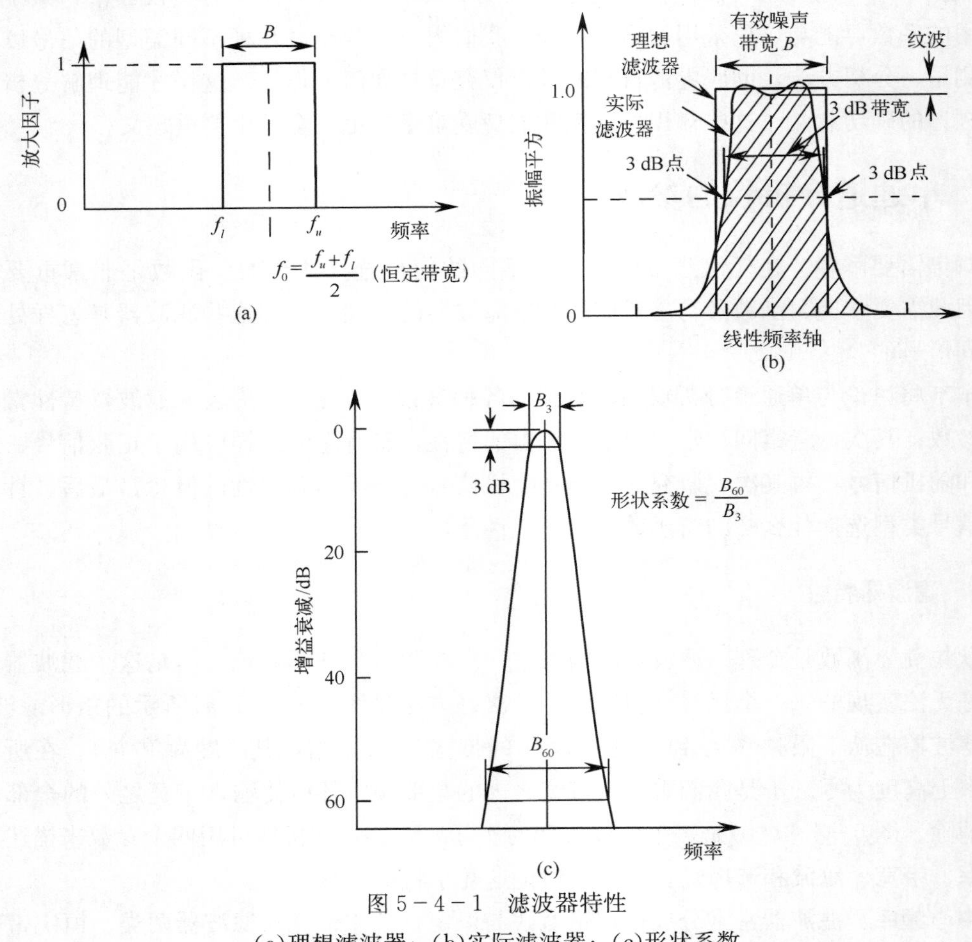

图 5-4-1　滤波器特性

(a)理想滤波器；(b)实际滤波器；(c)形状系数

(Courtesy of Bruel & Kjaer Instruments, Inc.)

3 dB 带宽很简单，就是滤波器的振幅值下降 3 dB(峰值的 0.707 倍)或者是滤波器峰值的 0.5 倍的两个点之间的频率差(以 Hz 计)。在许多滤波器中，3 dB 带宽与有效噪声带宽的差是很小的，但后者总是大于前者。

纹波：纹波代表滤波器一个带宽内的顶部的最大不确定性，如图 5－4－1(b)所示。这个量很容易用百分比来表示，因为理想滤波器的幅值是 1。

选择性：滤波器的选择性是它区分相隔很近的两个频率分量的能力，这两个频率分量的幅值可能相差很多。**形状系数**是描述滤波器选择性时所用的一个参数，如图 5－4－1(c)所示。形状系数用下降 60 dB 带宽 B_{60} 与 3 dB 带宽 B_3 之比来表示

$$\text{形状系数} = \frac{B_{60}}{B_3} \tag{5-4-4}$$

该定义覆盖的幅值动态范围达 1 000 比 1。形状系数总是大于 1；我们希望其值接近 1。

5.4.2　四个常用窗函数

大多数数字频率分析仪都采用两个或更多个窗函数。四个常用的窗函数是**矩形窗，汉宁(Hanning)窗，凯瑟-贝塞尔(Kaiser-Bessel)窗**以及**平顶窗**。这些窗都可以通过下面的一般窗函数来定义

$$w(t) = \begin{cases} = a_0 - a_1\cos(\omega_0 t) + a_2\cos(2\omega_0 t) - \\ \quad a_3\cos(3\omega_0 t) + a_4\cos(4\omega_0 t) & 0 < t < T \\ = 0 & \text{其他} \end{cases} \tag{5-4-5}$$

这里 $\omega_0 = 2\pi f_0$ 是分析仪的基频。系数 a_i 的选择要使各个窗之下的面积相等。表 5－4－1 列出了这些系数，而每个窗的曲线示于图 5－4－2。由该图可清楚看到，矩形窗对所有数据都是平等对待的，其他几个窗的起点与终点都是零，这是为了减小因窗的两端幅值或斜率的不连续性而引致泄漏。后面这几个窗都对中间部位的数据点予以了不同程度的强调。

表 5－4－1　窗函数系数

窗的名称	系数				
	a_0	a_1	a_2	a_3	a_4
矩形窗	1	—	—	—	—
Hanning 窗	1	1	—	—	—
Kaiser-Bessel 窗	1	1.298	0.244	0.003	—
平顶窗	1	1.933	1.286	0.388	0.032

这四个滤波器的特性参数——带宽、纹波和选择性——列在表 5－4－2，实际数字滤波器的特性示于图 5－4－3。表 5－4－2 所列出的带宽特性系数是借助于频率分量谱线间隔 Δf 表示的。显然，噪声带宽与 3 dB 带宽非常接近，但后者总是小于前者。如图 5－4－3 所示，每个数字滤波器的纹波都是在 $\pm\Delta f/2$ 处测量的，并且可以看出，随着窗函数的复杂程度的提高，纹波在迅速减小。很明显，Hanning 窗远优于矩形窗，而平顶窗

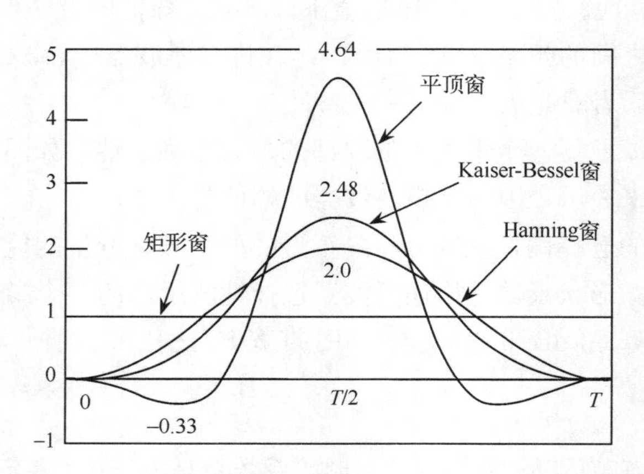

图 5－4－2　矩形窗、Hanning 窗、Kaiser-Bessel 窗以及平顶窗函数的时域描写
(Courtesy of Bruel & Kjaer Instruments, Inc.)

的纹波则印证了它的名称。表 5－4－2 的后四列是关于选择性的，研究各种不同的数字滤波器曲线时，选择性更有意义。

表 5－4－2　四个常用窗函数的带宽、纹波及选择性特性

窗函数类型	带宽		纹波/dB	最高旁瓣/dB	旁瓣降落/(dB/十倍频)	B_{60}	形状系数
	噪声带宽	3dB 带宽					
矩形窗	1.00Δf	0.89Δf	3.94	－13.1	20	665Δf	750
Hanning 窗	1.50Δf	1.44Δf	1.42	－31.5	60	13.3Δf	9.2
Kaiser-Besel 窗	1.80Δf	1.71Δf	1.02	－66.6	20	6.1Δf	3.6
平顶窗	3.77Δf	3.72Δf	0.01	－93.6	0	9.1Δf	2.5

上述每种滤波器的数字特征示于图 5－4－3，其中频率范围为以 f_0 为中心的 $\pm 10\Delta f$，动态范围为 80 dB。在表 5－4－2 中，列出**最高旁瓣**的降落值及**每十倍频程旁瓣降落值**，其用意是以此作为比较滤波器的选择性的量度指标之一。比较不同的滤波器特性时，60dB 带宽(B_{60})的意义比较清楚，而形状系数值的意义更是不言自明。每个中心瓣的底部标出了滤波器的第一对零点间的距离，并且看到，随着中心瓣变宽、旁瓣高度相应降低时，这个距离在增大。比较一下这些滤波器的参数便知，试图减小滤波器的泄漏，就要使旁瓣幅值减小，而这必将以中心瓣宽度增大为代价。这一事实反映在表 5－4－2 中就是噪声带宽增加。因此分析仪的设计者受限于既减小泄漏又保留所需要的其他特性。这样的要求迫使我们按不同的目的采用不同的滤波器。

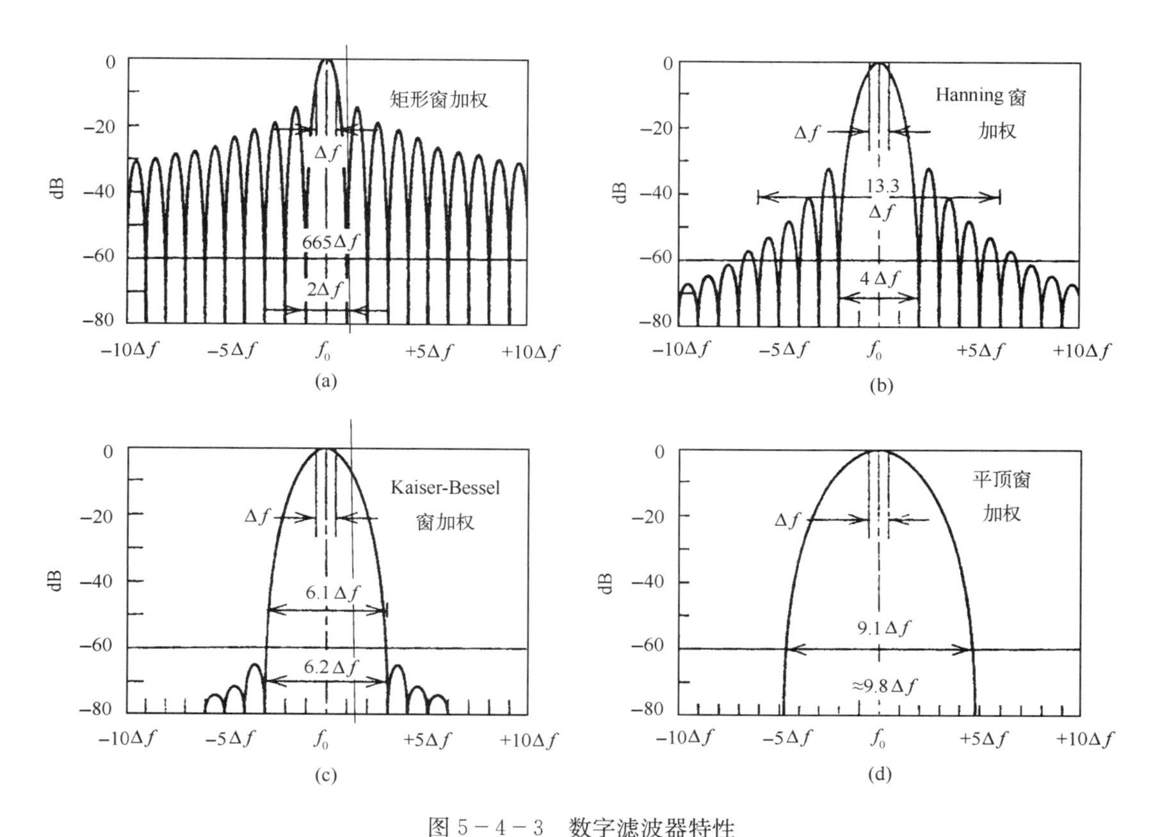

图 5－4－3　数字滤波器特性

(a)矩形窗函数；(b)Hanning 窗函数；(c)Kaiser-Bessel 窗函数；(d)平顶窗函数

(Courtesy of Bruel & Kjaer Instruments，Inc.)

5.4.3　通过两个正弦信号对窗函数进行比较

数字滤波器的一个重要应用是分析周期信号。这一节讨论怎样分析一个单正弦，以及怎样分析两个幅值相差悬殊而频率比较接近的正弦分量。通过这样的分析，让我们感觉一下利用数字分析技术能做些什么。

单正弦信号：有一个 800 条谱线的数字频率分析仪，它有四个窗函数。我们把它设置成 3.2 kHz 的基带工作模式，因而 $\Delta f=4$ Hz，这样便可以分析一个单正弦信号了，分析的结果示于图 5－4－4。有两个正弦频率要分析，每次分析一个。第一个正弦信号的频率是 1 600 Hz，对应着“最佳情形”。第二个正弦信号的频率是 1 602 Hz，这是“最糟情形”，对应着最大的滤波器泄漏。最佳情形峰值用 0 dB 线表示，以便使纹波在频率分量的峰值处明显一些。另外要注意，每个谱都用 60 dB(1 000 比 1)的幅值范围显示。

对于矩形窗函数，在最佳情形谱线只有 1 条，如图 5－4－4(a)所示。在最糟情形，矩形窗的那条谱线峰值下降了 3.9 dB(即相对于 1 下降到了 0.637)，这是滤波器的纹波及相当宽的频率范围内都有泄漏造成的。滤波器最严重的泄漏分量幅值出现在−40 dB 以内的范围。

对于 Hanning 窗函数，在最佳情形[图 5-4-4(b)]具有 0 dB 的峰值谱值，但是显示出三条谱线。与矩形窗的单条谱线不同，这三条谱线源自图 5-4-3(b)所示的中心瓣，其中幅值最小的一条谱线下降了 1.4 dB，这是由滤波器的纹波造成的(对于 Hanning 窗，这个值是 0.851，对于矩形窗该值为 0.637)。最糟情形分析结果表明，泄漏仅出现在 14 条线上。可以看出，Hanning 窗比矩形窗在精度与泄漏方面有了很大改善。

Kaiser-Bessel 窗函数在最佳情形之响应值为 0 dB[图 5-4-4(c)]，出现 7 条线，而 Hanning 窗是 3 条线，这表示频谱中的“中心瓣增宽效应”。在最糟情形，该窗的响应因滤波器纹波而下降 1 dB(下降到 0.891，对照 Hanning 窗的 0.851，矩形窗的 0.637)。在最

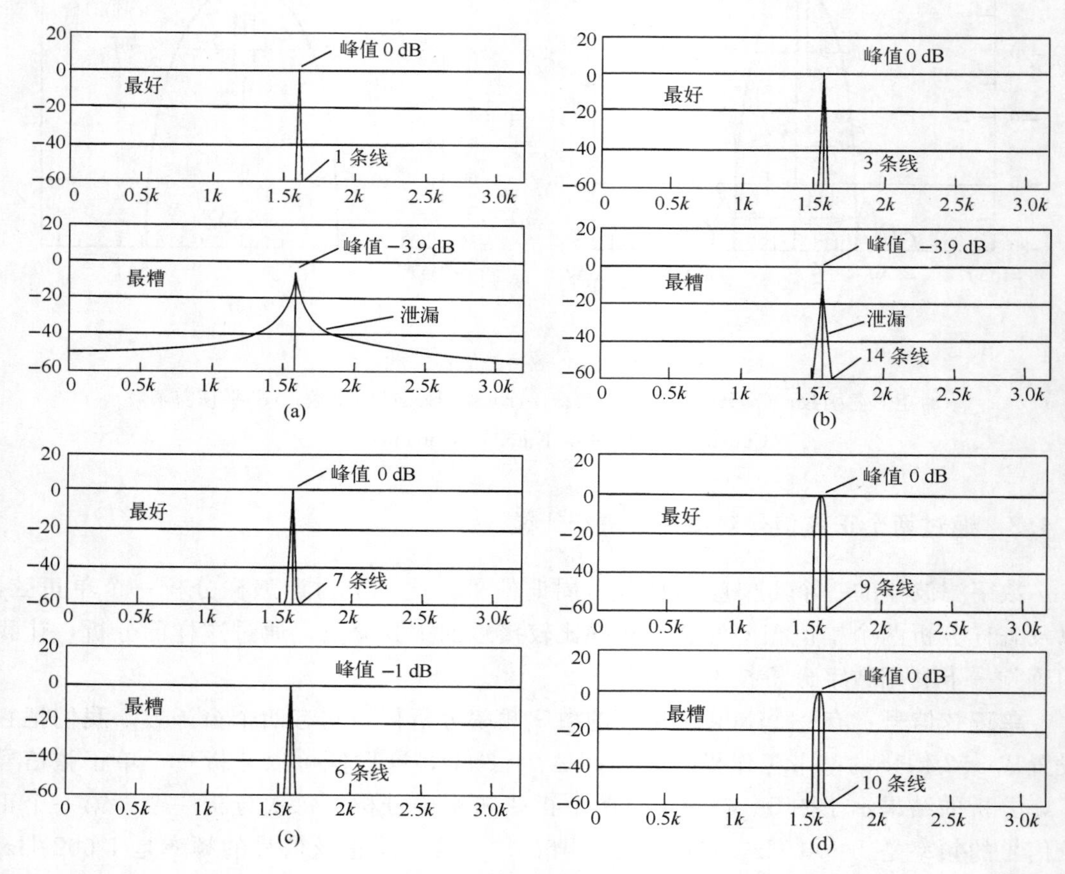

图 5-4-4　将分析仪设置在 3 200 Hz 基带范围，
来分析 1 600 Hz(最佳情形)和 1 602 Hz(最糟情形)两个单正弦
(a)矩形窗函数；(b)Hanning 窗函数；(c)Kaiser-Bessel 窗函数；(d)平顶窗函数
(Courtesy of Bruel & Kjaer Instruments，Inc.)

糟情形仅涉及到 6 条频率线，而 Hanning 窗是 14 条线。

平顶窗函数的分析结果在最佳情形响应值为 0 dB[图 5-4-4(d)]，最糟情形也是 0dB。两种极端情形所涉及到的谱线数分别为 9 条和 10 条，皆处于中心瓣之内。如此看来，似乎平顶窗分析结果与信号的幅值估计最吻合，但是由于它的顶是平的，所以频率分辨率很差(参见图 5-4-3)。

两个间隔很近的正弦分量之分析：展示这 4 个窗函数在分辨正弦频率分量时各具什么特性，一个有效方法是在前述"最糟情况"(滤波器泄漏最大)条件下，分析由两个频率挨得很近、振幅大小差别悬殊的正弦频率分量合成的一个周期信号。假设一台 800 线频率分析仪工作在 3.2 kHz 带宽，$\Delta f=4$ Hz。又设这两个分量的频率分别为 1 626 Hz 和 1 650 Hz，前者处于 1 624 Hz 和 1 628 Hz 这两条分析仪谱线的中间，而后者处于 1 648 Hz 和 1 652 Hz 这两条分析仪谱线中间。这样就出现最糟情形。以 1 626 Hz 正弦分量的振幅作为参考值 0 dB，而设后一个信号分量的振幅比前者小 40 dB(量值是前者的 1/100)。用 4 个不同的窗函数对这个周期信号进行频率分析，结果如图 5-4-5 所示，其中标出的值是在 1 624 Hz 和 1 648 Hz 这两条谱线上测得的。

图 5-4-5(a)是矩形窗函数分析结果。因为这是最糟情况分析，所以 1 626 Hz 这个分量在 1 624 Hz 这条分析仪谱线上有一个峰值，其幅值降低了 3.9 dB，而 1 650 Hz 信号分量完全被滤波器的泄漏给遮盖了——在 1 648 Hz 上出现了一个峰值，其幅值为−24.6 dB，而非接近−40 dB。注意，在峰值处出现两个相等的频率分量，表明实际频率处于这两条谱线中间。但这里的情况清楚表明，滤波器的泄漏将频率相近而幅值悬殊的两个正弦信号中的小者给淹没了。上述情况下只有一个频率峰值能够确定，其值误差为 3.9 dB。那个频率稍高的分量，其振幅接近于大振幅分量的 1/10(低 20 dB)，才能被分辨清楚。

Hanning 窗函数分析结果示于图 5-4-5(b)，其中两个分量分别得很清楚：一个在 1 624 Hz 和 1 628 Hz 这两条谱线之间，另一个在 1 648 Hz 和 1 652 Hz 之间。注意，这两个峰值具有方形(square-type)平顶，这是一个征兆，表明实际频率位于这两条谱线的中间。由于纹波的关系，这两个信号都应当被衰减 1.4 dB，但峰值较小者的衰减不足 1.4 dB，那是因为能量从振幅较大者泄漏到振幅较小者所致。我们的分析结果是：两个频率分量的峰值比是 97.7∶1 而非 100∶1。这一结果远好于矩形窗分析。Hanning 窗以同等的精度分析出了这两个频率。

Kaiser-Bessel 窗分析示于图 5-4-5(c)。由图可见，两个峰值都从它们本来的数值准确地下降了 1 dB，峰值比的计算结果是 100∶1，一如其初。这表明滤波器的泄漏的确很小，对小振幅的读数没有影响。振幅误差是由于信号处于最糟情形造成的：显示为两个相同读数。这种信号分析法优于 Hanning 窗。Kaiser-Bessel 窗分析以相等的幅值精度和同样的频率分辨率给出了信号的两个频率分量。

平顶窗函数分析的结果示于图 5-4-5(d)，其中示出了两个实际的信号幅值。频率分辨率不像前两种窗函数那么好，这是因为平顶窗主瓣含有过多的谱线，不能给出很细的频率分辨率，见图 5-4-3。

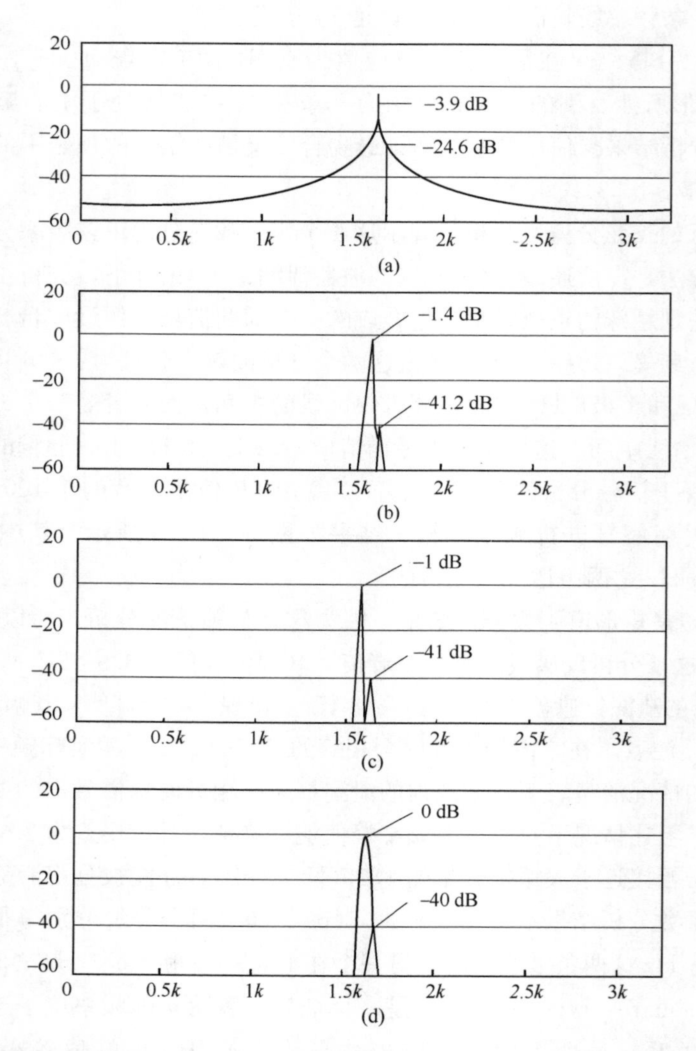

图 5－4－5　最糟情况下(最大泄漏条件下)分析 1 626 Hz(0 dB)和 1 650 Hz(－40 dB)两个信号。所示之值分别与 1 624 和 1 648 Hz 相对应

(a)用矩形窗函数；(b)用 Hanning 窗函数；(c)用 Kaiser-Bessel 窗函数；(d)用平顶窗函数

(Courtesy of Bruel & Kjaer Instruments，Inc.)

上述频率分析结果表明，如果用 Hanning 窗和 Kaiser-Bessel 窗来辨识频率分量，用平顶窗函数准确测量频率分量振幅，那么信号所含两个相邻频率分量之间的频率间隔至少必须有 5～6 条谱线(在我们所举例中，两个分量频率相差 24 Hz，准确地含有 6 条线)，二者的振幅比必须小于 100∶1。当两个分量的振幅相差比较小时，它们的频率可以挨得近一些，但是绝不要少于 4 条线。如果少于 4 条线，就需要应用细化分析技术，见 5.6 节。注意，如果分量频率间隔少于 4 或 5 条线，平顶窗函数处理振幅会有困难，见图 5－4－3。

5.4.4　谱线的不确定性

我们关心信号分析特别是随机信号分析中偏差量的大小，考虑示于图5-4-6(a)的自谱密度(ASD)曲线。实际的自谱密度曲线 $G(f)$ 与频率分量估计值 $\overline{G}(\nu)$ 一同画出。遗憾的是，频谱估计值 $\overline{G}(\nu)$ 有一个**归一化误差** ε_r，其大小决定于许多测量因素，因此估计自谱密度 $\overline{G}(\nu)$ 由下式限定

$$G(\nu)(1-\varepsilon_r)<\overline{G}(\nu)<G(\nu)(1+\varepsilon_r) \tag{5-4-6}$$

可以预料在峰值区、谷值区与相对较为平坦的区域，将会出现不同类型的误差，所以需要确定是哪些因素影响了归一化误差 ε_r。

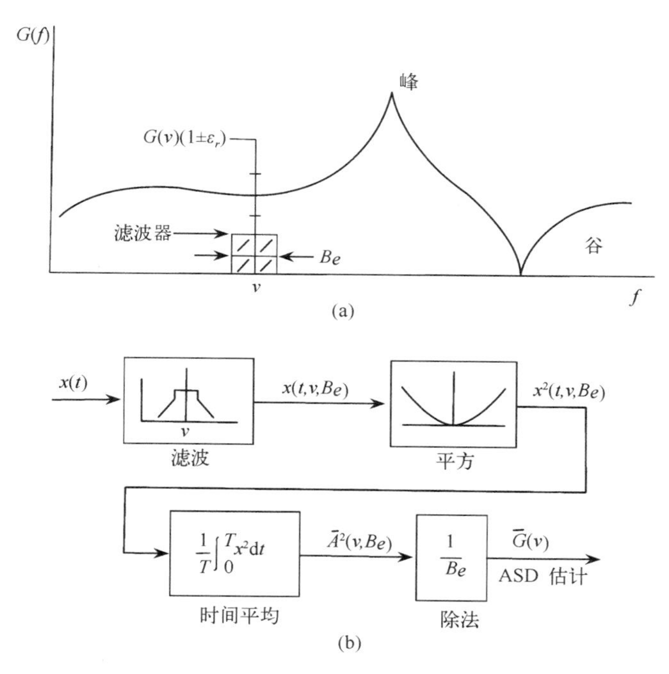

图5-4-6　(a)ASD曲线，表示了滤波器的位置以及在频率 ν 处的测量不确定性；(b)频谱分析的基本过程，估计在中心频率 ν 处的谱密度

现在用图5-4-6(b)所示滤波方案来说明，对于给定的记录怎样估计 ε_r。假定 $x(t)$ 是一平稳的各态历经随机信号，信号 $x(t)$ 通过一个有效带宽为 B_e、中心频率为 ν 的电子滤波器之后，产生一个输出电压信号 $x(t,\ \nu,\ B_e)$。然后对这个电压信号平方、积分，最后在周期 T_r 内取时间平均，于是输出信号就成了时间平均值 $\overline{A}^2(\nu,\ B_e)$。这个值再除以有效带宽 B_e，即得到频谱估计。数学上可将此过程描述为下式

$$\overline{G}(\nu)=\frac{1}{B_eT_r}\int_0^{T_r}x^2(t,\nu,B_e)\mathrm{d}t=\frac{\overline{A}^2(\nu,B_e)}{B_e} \tag{5-4-7}$$

其中

$$\overline{A}^2(\nu,B_e)=\frac{1}{T_r}\int_0^{T_r}x^2(t,\nu,B_e)\mathrm{d}t \tag{5-4-8}$$

是信号通过滤波器之后的**均方估计**，$\overline{G}(\nu)$是$G(\nu)$的似然估计。可以预见，令$T_r\to\infty$，$B_e\to 0$，这个估计就变成了$G(\nu)$本身，即

$$G(\nu)=\lim_{\substack{T_r\to\infty \\ B_e\to 0}}\frac{1}{B_eT_r}\int_0^{T_r}x^2(t,\nu,B_e)\mathrm{d}t \tag{5-4-9}$$

式(5-4-9)意味着，**要实现对实际$G(f)$的准确估计$G(\nu)$，需要很长平均时间，很小滤波器带宽。**

$\overline{A}^2(\nu,B_e)$的方差是输出谱密度$\overline{G}(\nu)$的不确定性的一种量度。Bendat 和 Piersol③证明，$\overline{A}^2(\nu,B_e)$的方差可用下式近似

$$\mathrm{Var}[B_e\overline{G}^2(\nu)]=B_e^2\mathrm{Var}[\overline{G}^2(\nu)]\cong\frac{B_e^2G^2(\nu)}{B_eT_r} \tag{5-4-10}$$

因为B_e是个常数。上式右边除以$G^2(\nu)$，就得到自谱密度估计的归一化误差如下

$$\varepsilon_r[\overline{G}(\nu)]=\left[\frac{\mathrm{Var}[\overline{G}^2(\nu)]}{G^2(\nu)}\right]^{1/2}\cong\frac{1}{\sqrt{B_eT_r}} \tag{5-4-11}$$

式(5-4-11)对于所有频率ν都正确，适用于估计自谱密度值。Bendat 和 Piersol 还证明，均方根频谱的归一化误差是自谱密度归一化误差的一半，即

$$\varepsilon_r[\overline{A}(\nu,B_e)]\cong\frac{1}{2\sqrt{B_eT_r}} \tag{5-4-12}$$

式中$\overline{A}(\nu,B_e)$表示均方根谱密度的估计值。该式说明，均方根谱密度方差应当是自谱密度方差的一半左右。对于式(5-4-11)和式(5-4-12)表示的两种方差，乘积B_eT_r对于减小谱线测量的不确定性是个关键参数。

估计的系统误差　用滤波器测量信号的自谱密度时，如果信号含有很尖峰值或陡峭波谷(如振动中经常出现的)，则会产生系统误差，如图 5-4-7 所示。当滤波器有效带宽相对于峰值或波谷过大，从而导致出现峰值欠估计、波谷过估计，这时就出现系统误差问题。我们看到，矩形的面积用自谱在滤波器带宽内的平均高度$\overline{G}(f_0)$计算而不是用自谱峰值$G(f_0)$计算，因此出现了$\overline{G}(f_0)$与$G(f_0)$之间的偏差$\{b\overline{G}(f_0)\}$。换言之，滤波器矩形上方的面积A_1应当等于A_2和A_3这两个面积的和[不包括曲线$G(f)$以下的面积]，使矩形滤波器的面积等于曲线$G(f)$在带宽B_e上的面积。这样峰值即可表示如下

$$G(f_0)=\overline{G}(f_0)+b\,\overline{G}(f_0) \tag{5-4-13}$$

Bendat 和 Piersol(见注③)已经指出，利用$G(f)$在其峰值处的泰勒级数展开式，就可以根据下式估计该系统误差

$$b\,\overline{G}(f_0)\cong\frac{B_e^2}{24}G''(f) \tag{5-4-14}$$

式中$G''(f)$是 ASD 曲线的二阶导数。这个近似公式对系统误差估计是偏高的，因此当导

---

③ J. S. Bendat and A. G. Pirsol, *Random Data: Analysis, and Measurement Procedures*, 2nd ed., John Wiley & Sons, New York, 1986.

数较大时，这一估计偏保守。

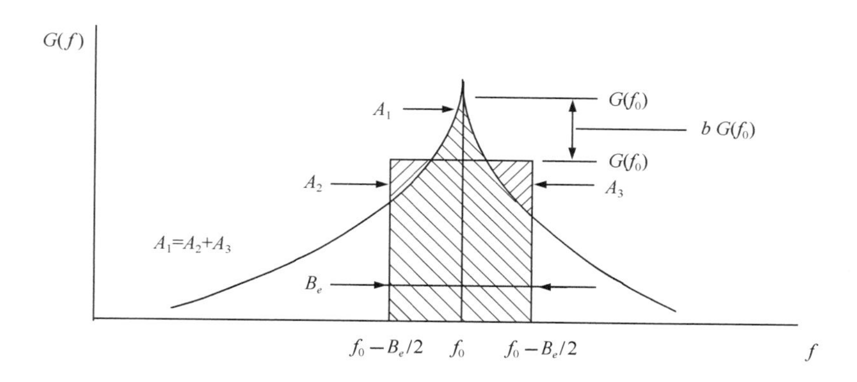

图 5-4-7　ASD 共振曲线与滤波器的交叉，表示峰值(谷值)的系统误差源

我们可以将式(5-4-14)用于高峰值共振机械系统，此类系统的 3 dB 带宽 B_n、机械阻尼比 ζ 及固有频率 f_n 的关系为

$$B_n = 2\zeta f_n \tag{5-4-15}$$

那么在共振点的归一化系统误差就是

$$\varepsilon_b[\overline{G}(f_n)] = \frac{b\overline{G}(f_n)}{G(f_n)} = -\frac{1}{3}\left(\frac{B_e}{B_n}\right)^2 \tag{5-4-16}$$

分析式(5-4-16)即知，如果 $B_e = \frac{1}{3}B_n$，那么将导致 3.7%的系统误差，而当 $B_e = \frac{1}{4}B_n$ 时，系统误差大约为 2%。对滤波器带宽 B_e 的这种苛刻要求，进一步激发了人们研发细化(zoom)频率分析的兴趣，见 5.6 节。

数字分析仪的误差估计　我们已经从模拟滤波器的观点说明了误差。采用数字仪器时，关于误差的这些概念必须转而与许多帧(窗)采样数据相联系，才能达到同样的归一化误差。Bendat 和 Piersol(见注脚③)用 χ^2 统计概念进行了详尽的统计分析。但是同样的结果可以直接从式(5-4-11)和式(5-4-12)获得而不必借助 χ^2 统计概念。我们对式(5-4-9)已经在理论上证明，要在给定的频率上获得良好的谱密度估计，则需要一个长时记录。假定我们要分析一个随机信号，该信号由 N_r 个长度为 T 的独立统计的分析窗组成，因而整个记录的时间长度为

$$T_r = N_r T \tag{5-4-17}$$

分析仪有效带宽为 B_e，即表 5-4-2 所列四个常用窗函数的噪声带宽。由表可见，最小有效噪声带宽为 Δf，所以有效带宽 B_e 总是大于或等于 Δf，即

$$B_e \geqslant \Delta f = \frac{1}{T} \tag{5-4-18}$$

如果将式(5-4-17)和式(5-4-18)代入式(5-4-11)，我们会发现，归一化误差决定于下式

$$B_e T_r = N_r B_e T \geqslant N_r \tag{5-4-19}$$

因此乘积 $B_e T_r$ 总是大于等于 N_r。另外，最大误差由式(5 - 4 - 11)给出，而不是式(5 - 4 - 12)。于是作为一个实际问题，我们可以将数字分析仪给出的 ASD 的误差估计为

$$\varepsilon \leqslant \frac{1}{\sqrt{N_r}} \tag{5-4-20}$$

由式(5 - 4 - 20)可清楚看到，欲使误差小于 10%，必须要有大约 100 个样本。经验证明，一般需要 50 至 100 窗(帧)样本数据，而对于非稳态的随机信号，通常则需要 150 窗以上的样本数据。

有些分析仪用**自由度数** n 规定窗样本数用以计算平均频谱。自由度数的概念来自 χ^2 统计分析，在此情况下由下式给出

$$n = 2N_r \tag{5-4-21}$$

使用者必须明白他们的仪器用的是哪个定义。

计算每一条谱线的幅值时，用的是线性平均。采用标准公式计算平均值时，如果平均过程未完成之前计算过程停止，则出现错误，因为标准公式要除以 N_r。为了克服这个问题，可以使用下列公式对第 r 个样本的第 p 个频率分量的 $X_p(r)$ 进行平均

$$|\overline{X}_p(k)|^2 = \frac{1}{k}|X_p(k)|^2 + \frac{k-1}{k}|\overline{X}_p(k-1)|^2, 1 \leqslant k \leqslant N_r \tag{5-4-22}$$

式中的横杠表示所有以前的幅值的平均值。式(5 - 4 - 22)的优点是，平均过程可以在任意 k 值停止和启动，获得的平均值对达到的那个 k 值是正确的。

5.4.5 窗的推荐用法

本节我们已经研究了四种不同的窗函数，在许多频率分析中都很容易应用。现在我们来看每种信号都适合用什么窗函数。

(1)周期信号

1)**矩形窗** 这个窗函数对一般周期信号不太适用，但是对特殊周期信号——例如**伪随机信号**(它跟分析仪具有相同的频率分量)与**阶次跟踪实验**信号(这里采样速率是基本事件频率的整数倍，如轴速的 128 倍等)却非常适合。对于这两种情形，不存在滤波器泄漏。

2)**汉宁窗** 对于一般周期信号，建议使用这个窗函数。

3)**凯瑟-贝塞尔窗** 对于要求精确分辨频率的周期信号，建议采用这个窗函数。

4)**平顶窗** 确定振幅时平顶窗很优秀，但它的频率分辨率很差。测量距离五六条谱线的两个频率分量的幅值时，该窗非常有效。

(2)暂态信号

1)**矩形窗** 测量暂态信号时一般都使用矩形窗函数，但特殊情况下需要使用指数窗。第 7 章在讨论冲击试验时会详细论述指数窗函数。

2)**汉宁窗** 汉宁窗用于特殊的暂态信号，即信号脉冲间隔大小是随机的，并且在时窗周期 T 之内迅速衰减，因而在一个时窗内出现多个脉冲(一般有五个或更多)。其他暂态情况下如果不加仔细考虑，不应使用汉宁窗。

3）**凯瑟-贝塞尔窗和平顶窗**　这两种窗不适于暂态信号，因此不推荐使用。

（3）随机信号

1）**矩形窗**　这个窗不太适合于随机信号，我们只推荐应用于伪随机信号，因为应用得当的话可使这种伪随机信号实现零泄漏。

2）**汉宁窗**　进行随机信号分析时，建议将汉宁窗作为一种通用窗函数使用。

3）**凯瑟-贝塞尔窗**　对于随机信号分析，虽然这种窗函数可以给出相当好的频率分辨率，但我们不推荐它作为随机信号分析的通用窗函数，因为与汉宁窗相比，它可使某些分析仪的分析速度减慢。

4）**平顶窗**　建议不用此窗分析随机信号。

为了获得满意的分析结果，这一节我们介绍了影响频率分析的许多因素。我们建议任何用户都要通过对已知信号的分析来认真研究他们的分析设备的特点。用已知信号进行实验，是实际专业知识长进的起点。有时对于给定的信号，我们不清楚该用什么样的滤波器，因为该信号可能是若干基本信号类型的混合物（例如周期信号和随机信号）。这时，为了提取或了解信号的重要特性，需要用几种方法来分析。

5.5　双通道分析仪

我们讨论单通道频率分析仪，目的在于了解频率分析的基本过程以及解释振动频谱时所涉及到的一些问题。另一方面我们需要测量结构的频响函数（FRF）。频响函数将结构的响应与给定的激励相联系，是我们描述线性系统所用的基本关系。测量最简单的频响函数也需要用到双通道频率分析仪：一个通道测量输入（激励），一个通道测量输出（响应）。显然，我们可能有多个输入与多个输出，但多通道情况不过是双通道分析仪的倍增复制。因此我们集中研究双通道频率分析仪，作为掌握频率分析基本过程的基础。Bendat 和 Piersol④ 非常详细地研究过多通道分析仪的工作过程。

回忆 3.4 节，线性系统的输入输出关系示于图 5－5－1，其中 $x(t)$是输入时间历程，$h(t)$是特征脉冲响应函数，$y(t)$是输出时间历程。这三个量之间的关系在时域内用下面的卷积积分（也叫做 Duhamel 积分，或 Faltung 积分）表示

$$y(t)=\int_{-\infty}^{t}x(\tau)h(t-\tau)\mathrm{d}\tau \tag{5-5-1}$$

如果我们用 $F[x(t)]$表示 $x(t)$傅里叶变换（或傅里叶级数，视信号类型而定），那么可以写出下式

$$\begin{cases}X(\omega)=F[x(t)]\\H(\omega)=F[h(t)]\\Y(\omega)=F[y(t)]\end{cases} \tag{5-5-2}$$

---

④　J. S. Bendat and A. G. Pirsol, *Random Data: Analysis and Measurement Procedures*, 2nd ed., John Wiley & Sons, New York, 1986.

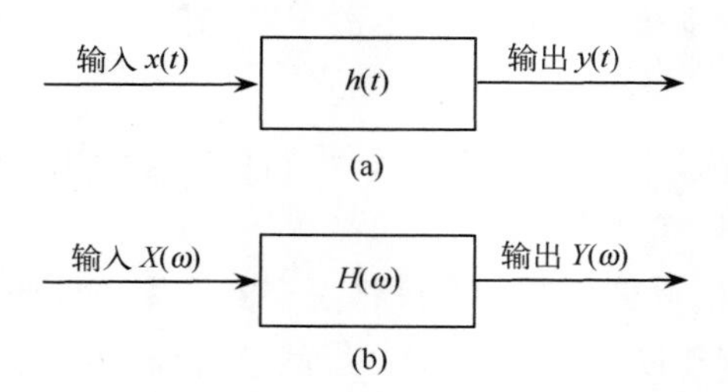

图 5-5-1 线性系统的输入—输出模型

(a)时域卷积；(b)频域乘法

若将 $X(\omega)$的傅里叶反变换写做 $F^{-1}[X(\omega)]$，则式(5-5-2)成为

$$\begin{cases} x(t) = F^{-1}[X(\omega)] \\ h(t) = F^{-1}[H(\omega)] \\ y(t) = F^{-1}[Y(\omega)] \end{cases} \tag{5-5-3}$$

我们从 3.4 节得出的主要概念之一是频域输入—输出关系式

$$Y(\omega) = H(\omega)X(\omega) \tag{5-5-4}$$

此式是求取结构频响函数的基础，就是说，只要我们测出输入频谱与输出频谱，就能直接估计频响函数。

上述式(5-5-1)到式(5-5-4)受到四个基本假设的限制。第一，系统是线性的，因而对于一切频率，输入加倍或减半，则输出也加倍或减半。第二，系统是稳定的，因而下式成立

$$\int_{-\infty}^{+\infty} |h(\tau)| \mathrm{d}\tau < \infty$$

即积分是有界的。第三，系统是物理上可实现的，因此它在激励信号施加给它之前不会予以响应，也就是说，当 $\tau<0$ 时，$h(\tau)=0$。第四，系统是时不变系统，因而 $h(\tau)$与 $H(\omega)$都不随时间而变化，这表明系统的质量、阻尼及刚度在测量期间保持常数。

本节我们将讨论怎样通过某种实际方法来实现式(5-5-4)，怎样通过相干函数确定所测频谱以及所估计出来的频响函数的置信度。我们将讨论信号处理中所用的理想估计法和实际估计法。下一节我们还要讨论输入、输出信号中的噪声对结果的影响。

5.5.1 理想输入—输出关系

估计正弦信号或暂态信号的频响函数时，可以直接应用式(5-5-4)，但估计随机信号的频响函数时不能直接应用此式，因此需要找到对各类信号都适用的一些计算方法。有三种这样的方法可用，下面依次介绍。

频响函数估计 $H(\omega)$**的第一估计方法称为** $H_1(\omega)$**估计**，用下面的方法求出。式(5-5-4)两边同乘以 $X^*(\omega)$，得

$$X^*(\omega)Y(\omega) = H(\omega)X^*(\omega)X(\omega) \tag{5-5-5}$$

继续之前先要明白式(5-5-5)中 $X(\omega)$、$Y(\omega)$的含义。回忆一下 5.3.2 节，那里我们研究

了频率分析仪是怎样计算频谱的。例如，$X(\omega)$可以代表与周期函数相对应的傅里叶级数频谱，在此情况下$X(\omega)$的单位与输入变量的单位相同，如加速度信号单位是g，力信号单位是lb或N等。

如果输入信号是暂态型的，那么$X(\omega)$就是傅里叶变换型频谱，它的各项都是用窗的宽度T乘以频率分析仪的离散频率分量计算出来的，因此其单位就是g/Hz或N/Hz。将$X(\omega)$乘以其复数共轭$X^*(\omega)$时，就得到了自谱，自谱单位则是$(g/\mathrm{Hz})^2$或$(\mathrm{N/Hz})^2$。这一组单位常常写为$g^2\cdot\mathrm{s/Hz}$，或$\mathrm{N}^2\cdot\mathrm{s/Hz}$，叫做**能量密度**，也就是说，能量密度是傅里叶变换频谱的平方。

最后，如果能量密度除以窗的长度T或乘以频率间隔Δf，就可得到随机信号的自谱密度或互谱密度，决定于对式(5－5－5)的哪一边进行操作。因此关键是对式(5－5－5)两边的处理要相同。这样我们就可以以这个方程作为计算的基础，并且要牢记，不管是求自谱还是求互谱，都要根据被测信号的类型加以解释。这也意味着，分析仪的两个通道必须用同样的方式处理各个量。我们也希望系统设计者确保用户不会在一个通道使用能量密度的定义，而在另一个通道使用自谱密度的定义。如果出现这样的情况，则会在测量FRF的数据中引入一个常数误差。

假如遵守规定，用同样的方式处理两个通道的数据，那么式(5－5－5)变成

$$S_{xy}(\omega)=H(\omega)S_{xx}(\omega) \tag{5-5-6}$$

其中$S_{xy}(\omega)$是输入信号、输出信号之间的双边($\pm\omega$)互谱密度，$S_{xx}(\omega)$是输入信号的双边自谱密度。通常，我们只用$G_{xy}(\omega)$和$G_{xx}(\omega)$的单边频谱。于是从式(5－5－6)得到

$$\begin{aligned}H(\omega)&=\frac{S_{xy}(\omega)}{S_{xx}(\omega)}\equiv H_1(\omega)\quad -\infty<\omega<+\infty\\ H(\omega)&=\frac{G_{xy}(\omega)}{G_{xx}(\omega)}\equiv H_1(\omega)\quad 0<\omega<+\infty\end{aligned} \tag{5-5-7}$$

$H(\omega)$的第二估计称为$H_2(\omega)$，在式(5－5－4)两边乘以$Y^*(\omega)$即可求得

$$\begin{aligned}Y^*(\omega)Y(\omega)&=H(\omega)Y^*(\omega)X(\omega)\\ S_{yy}(\omega)&=H(\omega)S_{yx}(\omega)\end{aligned} \tag{5-5-8}$$

式(5－5－8)表明，$H(\omega)$可以用双边自谱$S_{yy}(\omega)$[或单边自谱$G_{yy}(\omega)$]与双边互谱$S_{yx}(\omega)$[或单边互谱$G_{yx}(\omega)$]来计算。这种计算方法给出

$$\begin{aligned}H(\omega)&=\frac{S_{yy}(\omega)}{S_{yx}(\omega)}\equiv H_2(\omega)\quad -\infty<\omega<+\infty\\ H(\omega)&=\frac{G_{yy}(\omega)}{G_{yx}(\omega)}\equiv H_2(\omega)\quad 0<\omega<+\infty\end{aligned} \tag{5-5-9}$$

上述两种估计方法得出的$H_1(\omega)$和$H_2(\omega)$常常不同，主要决定于测量的具体情况，特别是5.6节要讨论的信号噪声。理论上，对$H(\omega)$的两种估计$H_1(\omega)$和$H_2(\omega)$，它们的相位是相同的，这是因为$G_{yx}(\omega)$和$G_{xy}(\omega)$互为共轭复数，即$G_{yx}(\omega)=G_{xy}^*(\omega)$或$G_{xy}(\omega)=G_{yx}^*(\omega)$。

第三种频响函数估计方法叫做$H_a(\omega)$，只用式(5－5－4)两边的幅值来估计

$$Y^*(\omega)Y(\omega) = H^*(\omega)H(\omega)X^*(\omega)X(\omega)$$

或

$$S_{yy}(\omega) = |H(\omega)|^2 S_{xx}(\omega) \tag{5-5-10}$$

式(5－5－10)只含有自谱 $S_{xx}(\omega)$ 和 $S_{yy}(\omega)$，因此在 $H(\omega)$ 的这种估计中一丁点相位信息也没有，只能用以确定幅值。由式(5－5－10)可得频响函数的幅值估计公式如下

$$\begin{aligned} |H(\omega)|^2 &= \frac{S_{yy}(\omega)}{S_{xx}(\omega)} \equiv |H_a(\omega)|^2 \quad -\infty < \omega < +\infty \\ |H(\omega)|^2 &= \frac{G_{yy}(\omega)}{G_{xx}(\omega)} \equiv |H_a(\omega)|^2 \quad 0 < \omega < +\infty \end{aligned} \tag{5-5-11}$$

相干函数　被测结构的输出与其输入之间的关联程度有多大，是需要知道的。作为引导，翻到 2.5 节讨论相关系数时建立起来的一些概念。回忆，式(2－5－7)给出了归一化相关系数 ρ_{xy} 如下

$$\rho_{xy} = \frac{\sigma_{xy}}{\sigma_x \sigma_y} \tag{5-5-12}$$

式中　σ_{xy}——互相关系数；

σ_x——输入信号的标准偏差；

σ_y——输出信号的标准偏差。

归一化相关系数 ρ_{xy} 描述的是 y 值与 x 值的相关程度有多大。当 $\rho_{xy} = \pm 1$ 时，二者完全相关。由前面的几个方程可见，我们处理的量是均方值与互谱，因此用**相干函数** $\gamma^2(\omega)$ 来衡量输出信号与输入信号之间在频率 ω 上的线性相关程度。相干函数与相关系数的平方相对应，表示为

$$\gamma^2(\omega) = \frac{|G_{xy}(\omega)|^2}{G_{xx}(\omega)G_{yy}(\omega)} = \frac{|S_{xy}(\omega)|^2}{S_{xx}(\omega)S_{yy}(\omega)} \tag{5-5-13}$$

相干函数是输出与输入在每个频率 ω 上的线性关系的一种量度，其值在 0～1 之间。注意，相干函数是建立在对 $G_{xy}(\omega)$、$G_{xx}(\omega)$ 和 $G_{yy}(\omega)$ 这些量的统计平均基础上的。如果我们对单个测量数据应用式(5－5－13)，那么即使存在噪声，相干函数也是 1，因为这时没有任何信息可用来表明输出不是因输入而生。只有在对若干测量数据进行平均过后，相干概念才能检测到输出输入关系中的问题。

将式(5－5－6)和式(5－5－8)代入式(5－5－13)可以证明，相干函数可表示如下

$$\gamma^2(\omega) = \frac{H_1(\omega)}{H_2(\omega)} \tag{5-5-14}$$

因为 $G_{yx}(\omega)$ 和 $G_{xy}(\omega)$ 互为共轭复数。式(5－5－14)的含义是，$H_1(\omega) \leqslant H_2(\omega)$，因为 $\gamma^2(\omega)$ 永远不会大于 1。因此可以预期，对于实际的频响函数，当相干函数小于 1 时，$H_1(\omega)$ 估计犹嫌不足，而 $H_2(\omega)$ 估计有过头之虞。我们将在 5.6 节揭示不相关的噪声对 $H_1(\omega)$ 和 $H_2(\omega)$ 估计的影响。

5.5.2　数字分析仪的实际输入—输出估计

前面通过公式揭示了各种计算过程，期间要就每个频率 ω 进行计算。不幸的是，所有

可用以进行计算的不过是双通道频率分析仪估计出来的自谱与互谱，而这些谱又是在离散频率 $\omega=p(2\pi\Delta f)$ 上估计的(这里 Δf 是频率分析仪的谱线间隔)。下面在公式中每个估计量的上方加个“ˆ”号，以与理论计算值相区别。

自谱 $G_{xx}(\omega)$ 和 $G_{yy}(\omega)$ 是从单独测量的频谱的数学期望⑤估计出来的，因而对每个频率 ω 都有

$$G_{xx}(\omega)=E[\hat{X}^{*}(\omega)\hat{X}(\omega)]=\lim_{n_d\to\infty}\frac{1}{n_d}\sum_{p=1}^{n_d}\hat{X}_p^{*}(\omega)\hat{X}_p(\omega) \tag{5-5-15}$$

和

$$G_{yy}(\omega)=E[\hat{Y}^{*}(\omega)\hat{Y}(\omega)]=\lim_{n_d\to\infty}\frac{1}{n_d}\sum_{p=1}^{n_d}\hat{Y}_p^{*}(\omega)\hat{Y}_p(\omega) \tag{5-5-16}$$

其中 n_d 表示被分析的数据的帧数。类似地，互谱密度用下两式估计

$$G_{xy}(\omega)=E[\hat{X}^{*}(\omega)\hat{Y}(\omega)]=\lim_{n_d\to\infty}\frac{1}{n_d}\sum_{p=1}^{n_d}\hat{X}_p^{*}(\omega)\hat{Y}_p(\omega) \tag{5-5-17}$$

和

$$G_{yx}(\omega)=E[\hat{Y}^{*}(\omega)\hat{X}(\omega)]=\lim_{n_d\to\infty}\frac{1}{n_d}\sum_{p=1}^{n_d}\hat{Y}_p^{*}(\omega)\hat{X}_p(\omega) \tag{5-5-18}$$

我们知道，无法采用无穷多帧数据块进行分析，因此必须力求弄清隐含在式(5－5－15)至式(5－5－18)中的那些平均的类型。比如观察式(5－5－15)及式(5－5－16)二式即可发现，无论 $\hat{X^{*}}(\omega)\hat{X}(\omega)$ 还是 $\hat{Y^{*}}(\omega)\hat{Y}(\omega)$，都是正实数。这表明，不同的分量相加，其值只能沿着实—虚图上的实轴增加，如图 5－5－2 所示，因此式(5－5－15)和式(5－5－16)给出的平均值就是简单的实轴长度除以参与相加的矢量个数 n_d。在这种情况下可以发现，再加上一个新的矢量对平均结果只有微小影响，随着平均次数 n_d 的增加，估计的不确定性迅速减小。

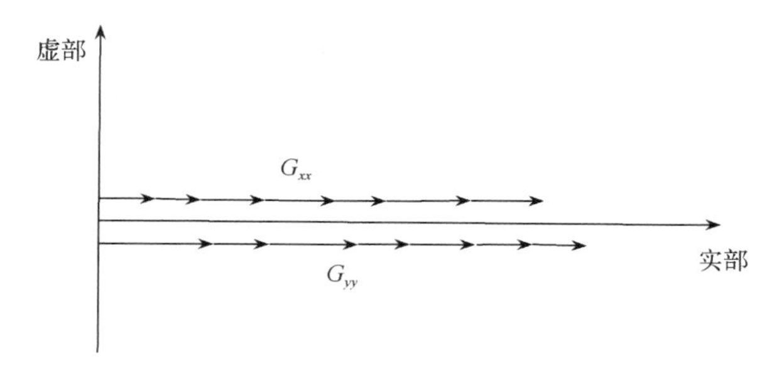

图 5－5－2　平均过程中自谱矢量在给定频率下相加结果为实数

(Courtesy of Bruel & Kjaer Instruments, Inc.)

---

⑤ See J. S. Bendat and A. G. Piersal, *Random Data*: *Analysis and Measurement Procedures*, 2nd ed, John Wiley & Sons, New York, 1986.

5.5.3　自谱平均与互谱平均

互谱平均显示出更为有趣的不确定性。将式(5－5－17)重写如下

$$G_{xy}(\omega) \cong \frac{1}{n_d}\sum_{p=1}^{n_d}\hat{X}_p^*(\omega)\hat{Y}_p(\omega) = \frac{1}{n_d}\sum_{p=1}^{n_d}\left|\hat{G}_{xy}(\omega)\right|_p e^{j\Delta\phi(\omega)_p} \tag{5-5-19}$$

式中相对相位角 $\Delta\phi(\omega)_p$ 由下式决定

$$\Delta\phi(\omega)_p = [\phi_y(\omega) - \phi_x(\omega)]_p \tag{5-5-20}$$

互谱幅值由下式表达

$$\left|\hat{G}_{xy}(\omega)\right|_p = \left|\hat{X}_p^*(\omega)\right|\left|\hat{Y}_p^*(\omega)\right| \tag{5-5-21}$$

式(5－5－19)表明，每个互谱样值的幅值与相位分别由式(5－5－21)和式(5－5－20)给出，而这些互谱样值之和的平均值则是互谱密度 $G_{xy}(\omega)$之估计。互谱样值矢量可以画在实—虚轴图上，如图 5－5－3 所示。理想情况下，对每一帧数据而言，相位角 $\Delta\phi$ 总是相同的，各个分量的幅值也相等，如图 5－5－3(a)所示，极为干净利索。当相位与幅值具有误差时，结果如图 5－5－3(b)所示。在这种情况下，对这 n_d 个互谱样值按矢量规则相加，得出一个和矢量 **A**，再令矢量 **A** 的长度除以 n_d，便求得平均幅值。至于相位角 $\Delta\phi$，可根据 A 点的虚、实部坐标确定。

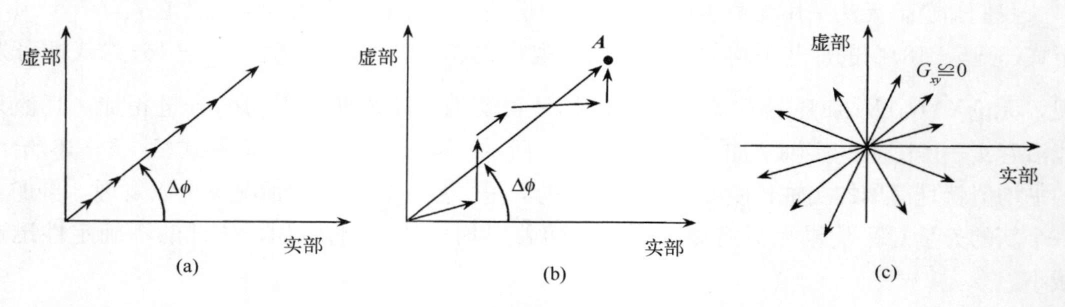

图 5－5－3　互相关函数矢量幅值与相位的相加图

(a)理想相加(无不确定性)；(b)一般情况(有些轻微的不确定性)；(c)相关性几乎等于零

(Courtesy of Bruel & Kjaer lnstruments，Inc.)

当各互谱样值的相位彼此之间变得不相关时，这些矢量指向四面八方，其和接近于零，如图 5－5－3(c)所示。这种情况下，输出与输入不相关，相干函数趋向于零。前已说过，自谱相加总是正实值，而互谱的幅值可以接近于零。图 5－5－3(c)的情况表明，相应的频响函数的不确定性是非常高的。

5.5.4　相干函数值小于 1 的若干原因

有四种常见的原因可引起相干函数的值小于 1：1)非线性结构响应，2)数字滤波器泄漏(也称为**分辨率系统误差**)，3)信号间的时间延迟，4)$x(t)$和 $y(t)$测量值中的不相关噪声。本节讨论前三种原因的意义，第四个原因将在 5.6 节讨论。

非线性结构　非线性结构引起相干函数降低有两个途径。第一个途径是输入与输出之间的相位角与响应的幅值有关，因而进行随机和暂态信号测量时，数据窗不同，输入与输出之间的相位角亦不同，结果就出现这样一种情形：此互相关矢量的相位角不同于彼互相关矢量。这类相位角的不确定性示于图 5-5-3(b)。

第二个途径是，当一个非线性结构在某个频率点被激励时，系统通常在视在共振频率的整数倍频率上产生响应(有时也会同时产生次谐波频率)，从而产生响应谱。不过这些响应谱与输入信号频谱不相关，因此在高频峰值处相干函数的值小于 1。

分辨率系统误差　分辨率系统误差在 5.4 节已经就随机信号详细讨论过了。在图 5-4-7 中可以看到，处在滤波器带宽之内的 FRF 曲线下面的面积是用滤波器的带宽来解释的，滤波器带宽对于测量共振峰来说是过宽了，因此 FRF 的峰值被欠估计。我们可以在时域中从另一个角度来解释这种泄漏。

例如，假定受激振动在数据窗之内未衰减到零，那么数据窗的长度 T 太小，会将响应截断，于是在频率分析时就产生滤波器泄漏。如果频率分析仪的有效基带减低，使有更多时间在数据窗内捕捉响应信号，那么测量误差就会减小，相干函数就会改善。降低基带频率或者采用细化分析，都能增大数据窗的长度。

图 5-5-4 所示为随机激励试验时加长有效分析时间所产生的影响。图 5-5-4(a)中，基带为 12.8 kHz(Δf=16 Hz)，在 1 040 Hz 处的共振幅值为 17.0 dB，相干函数值为 0.759。在图 5-5-4(b)中，由于采用了细化分析，基带变为 800 Hz(Δf=1Hz)，这时我们看到，共振出现在 1 033 Hz，峰值增大到 19.1 dB，而相干函数值增大为 0.999。回忆，细化分析使被分析的时间记录加长，因此响应有更长的时间进行衰减，于是在更长的数据窗内减小了滤波器泄漏。

应当指出，**如果时间函数是确定性的，而且在每个测量窗之内重复自身，则相干函数检测不到泄漏**。在此情况下，如果测量数据中不存在不相关噪声，那么输入频谱、输出频谱以及互谱等，对每个样本都是相同的。上述说法也就是假定测量信号中不存在不相关噪声。

信号中的时间延迟　在振动测量中，不管是试件系统还是所用的测量系统，都会出现时间延迟。例如，在与试件毫无关系的测量放大器[⑥]中，出现了与频率成线性关系的相位滞后。对于这些情况，相干函数根据下式进行估计

$$\gamma^2(\omega) \cong [1-\tau/T]^2 \tag{5-5-22}$$

式中　τ——时移量；

T——数据窗长度。因此，双通道频率分析仪必须具有时移功能，以便能考虑到这种现象。

⑥ K. G. McConnell and M. K. Abdelhamid, "On the Dynamic Calibration of Measurement Systems for Use in Modal Analysis," *International Journal of Analytical and Experimental Modal Analysis*, Vol. 2, No. 3, 1987, pp. 121-127.

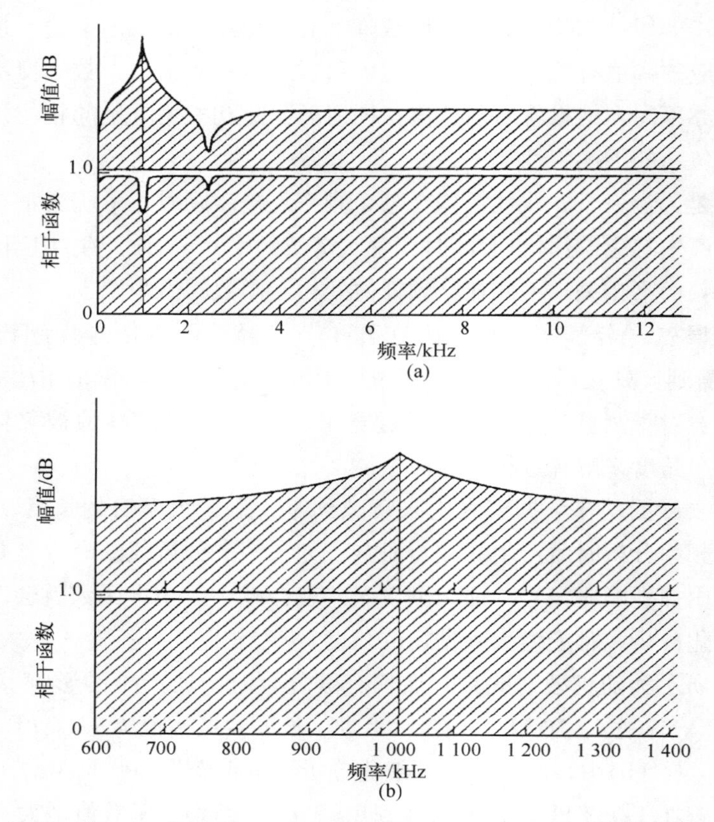

图 5－5－4　数据窗记录长度对 FRF 幅值及相应相干函数的影响

(a)基带 0～12.8 kHz(Δf=16 Hz)；(b)Zoom 分析，基带 608～1 408 Hz(Δf=1.0 Hz)，分析对一线性系统进行激励的随机信号，采样数 n=100

(Courtesy of Bruel & Kjaer Instruments, Inc.)

在上述例子中，80 μs 的时移就能矫正这种误差。

5.5.5　工作框图

为了对信号进行测量、频率分析，并计算需要的各种量，通常我们要按照图 5－5－5 那样来组织双通道分析仪。这样的分析仪有两个输入通道，各带有一个相同的抗叠混滤波器和一个同步的 A/D 转换器，用以记录时间历程。时间历程要乘以适当的窗函数，并进行 FFT 计算，求出每个通道的即时频谱，然后对这两个即时频谱进行平均，产生一个平均自谱及平均互谱，如框图所示。最后再用这些平均自谱、互谱得出频响函数(FRF)与相干函数 $\gamma^2(\omega)$。一旦求出这些信息，那么自相关函数、互相关函数以及冲激响应函数等几乎立等可得。至于为什么我们经常谈及记录、分析、平均、后处理等分析步骤与过程，看看该图流程便了然于胸。

值得注意的是，图中提出的计算方案是普遍适用的，可用于周期信号、暂态信号以及随机信号。

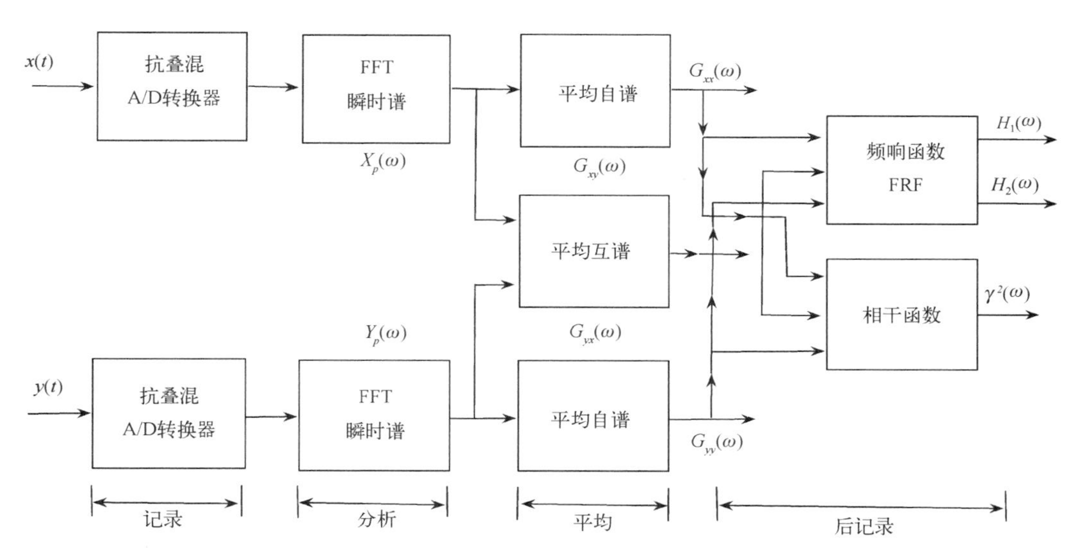

图5-5-5 求取FRF的双通道频率分析仪的方框图

5.6 信号噪声对频响函数测量的影响

5.5节介绍了几种计算方法，测量线性系统的频响函数时，这些方法可用在数字频率分析仪中处理任何类型的信号。前已讲过，估计FRF有三种方法，其中前两个方法可给出相位与幅值结果，第三种方法只给出幅值信息。此外我们还注意到，有四种因素会影响测量结果，上一节已经讨论了其中的三种因素。

这一节来讨论第四种因素，即当输入或输出信号中混有不相关噪声或二者同时混有不相关噪声时，这些信号噪声所带来的影响。另外，还要研究只测量一个输入信号，而另一个输入信号不予测量的情况。不测量的输入端信号可以与被测信号相关，也可以不相关。对多入多出课题有志作进一步研究的读者，应当仔细阅读Bendat和Piersol⑦的著作。

5.6.1 输入信号中的噪声

我们考虑图5-6-1所示测量系统的情况。用$h(t)$和$H(\omega)$表示图中的线性系统，实际输入信号是$f(t)$，其频谱是$F(\omega)$；输入噪声是$n(t)$，对应频谱是$N(\omega)$；测得的输入信号是$x(t)$，其频谱是$X(\omega)$；输出信号是$y(t)$，其频谱是$Y(\omega)$。输出信号$y(t)$与实际输入信号$f(t)$成线性关系。输入噪声信号$n(t)$、与实际输入$f(t)$、输出$y(t)$均不相关，所以相应的互谱为零，亦即下式成立

$$G_{nf}(\omega)=G_{ny}(\omega)=0 \tag{5-6-1}$$

⑦ J. S. Bendat and A. G. Piersol, Random Data: *Analysis and Measurement Procedures*, 2nd ed., John Wiley & Sons. New York, 1986.

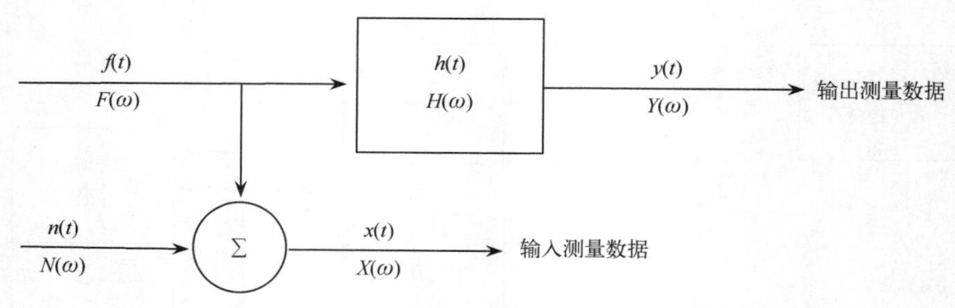

图 5-6-1 关于输入信号中的噪声 $n(t)$ 的线性模型

噪声信号 $n(t)$ 通常是由于测试传感器、电缆、放大器、A/D 转换器等产生的。

下面推导估计实际频响函数 $H(\omega)$ 所需要的一些公式，先从第 p 个估计开始

$$\hat{Y}_p(\omega) = H(\omega)\hat{F}_p(\omega) \tag{5-6-2}$$

$$\hat{X}_p(\omega) = \hat{F}_p(\omega) + \hat{N}_p(\omega) \tag{5-6-3}$$

按式(5-5-15)与式(5-5-16)从 $p=0$ 到 n_d 求和，便得到平均自谱估计如下

$$\hat{G}_{xx}(\omega) = \hat{G}_{ff}(\omega) + \hat{G}_{nn}(\omega) \tag{5-6-4}$$

$$\hat{G}_{yy}(\omega) = |H(\omega)|^2\hat{G}_{ff}(\omega) = |H(\omega)|^2[\hat{G}_{xx}(\omega) - \hat{G}_{nn}(\omega)] \tag{5-6-5}$$

将式(5-6-4)的 $\hat{G}_{ff}(\omega)$ 代入式(5-6-5)第一个等式即得第二个等式。式(5-5-17)的互谱估计则变为下式[注意 $n(t)$ 与 $f(t)$、$y(t)$ 都不相关的假定]

$$\hat{G}_{xy}(\omega) = \hat{X}^*(\omega)\hat{Y}(\omega) = \hat{G}_{fy}(\omega) = H(\omega)\hat{G}_{ff}(\omega) \tag{5-6-6}$$

如果采用式(5-5-7)关于 $H(\omega)$ 的定义，那么可得关于 $H(\omega)$ 的第一估计

$$\hat{H}_1(\omega) = \frac{\hat{G}_{xy}(\omega)}{\hat{G}_{xx}(\omega)} = \frac{H(\omega)\hat{G}_{ff}(\omega)}{\hat{G}_{ff}(\omega) + \hat{G}_{nn}(\omega)} = \frac{H(\omega)}{1 + \hat{G}_{nn}(\omega)/\hat{G}_{ff}(\omega)} \tag{5-6-7}$$

式(5-6-7)表明，当有不相关的噪声存在时，$H_1(\omega)$ 是欠估计的，因为分母项总是大于等于 1。回忆，自谱密度只含有幅值信息；相位信息来自互谱，而互谱在此情况下是没有误差的，因而相位测量是准确的。输入信号中的不相关噪声越小，则用实测频谱估计出来的频响函数 $\hat{H}_1(\omega)$ 就越接近 $H(\omega)$。

式(5-5-9)给出的第二估计 $\hat{H}_2(\omega)$ 如下

$$\hat{H}_2(\omega) = \frac{\hat{G}_{yy}(\omega)}{\hat{G}_{yx}(\omega)} = \frac{|H(\omega)|^2\hat{G}_{ff}(\omega)}{H^*(\omega)\hat{G}_{ff}(\omega)} = H(\omega) \tag{5-6-8}$$

因为 $|H(\omega)|^2 = H^*(\omega)H(\omega)$。式(5-6-8)说明，当输入信号噪声与实际输入时间信号或输出时间信号不相关时，$H_2(\omega)$ 对输入噪声信号是不敏感的。注意到这一点很重要，正如 Mitchell[8] 所证明的。

---

⑧ L. D. Mitchell, "Improved Method for FFT Calculation of the Frequency Response Function," *Journal of Mechanical Design*, Vol. 104, Apr. 1982.

频响函数 FRF 的第三种估计由式(5-5-11)给出

$$|H_a(\omega)|^2=\frac{\hat{G}_{yy}(\omega)}{\hat{G}_{xx}(\omega)}=\frac{|H(\omega)|^2\hat{G}_{ff}(\omega)}{\hat{G}_{m}(\omega)+\hat{G}_{ff}(\omega)}$$

由此可得

$$|H_a(\omega)|=\frac{|H(\omega)|}{\sqrt{1+\hat{G}_{m}(\omega)/\hat{G}_{ff}(\omega)}} \tag{5-6-9}$$

此式表明，因分母是噪声自谱与信号自谱之比加1所得之和的平方根，故 FRF 被欠估计。

根据式(5-5-14)给出的相干函数的表达式，用式(5-6-7)比式(5-6-8)，则有

$$\gamma^2(\omega)=\frac{\hat{H}_1(\omega)}{\hat{H}_2(\omega)}=\frac{1}{1+\hat{G}_{m}(\omega)/\hat{G}_{ff}(\omega)} \tag{5-6-10}$$

由此式显见，在每个频率 ω 上，相干函数对输入信号噪声与实际输入信号之比是很敏感的。相干函数值的降低决定于信噪比。因此我们希望信噪比高，相干函数接近于1。重排式(5-6-10)可得关于输入信噪比 $IS/N(\omega)$ 的一个公式

$$IS/N(\omega)=\frac{\hat{G}_{ff}(\omega)}{\hat{G}_{m}(\omega)}=\frac{\gamma^2(\omega)}{1-\gamma^2(\omega)} \tag{5-6-11}$$

由式(5-6-11)可见，当相干函数值接近于1时，信噪比良好。信噪比在前面几个公式中都是误差项，但 $H_2(\omega)$ 公式除外；只要输入信号中的噪声是不相关的，且输出信号不含噪声，那么 $H_2(\omega)$ 的测量就是正确的。

5.6.2　输出信号中的噪声

输出信号中存在噪声的情况示于图5-6-2，其中输入信号是 $x(t)$，$X(\omega)$；$h(t)$ 和 $H(\omega)$ 表示线性系统；输出信号是 $o(t)$ 和 $O(\omega)$；噪声是 $m(t)$ 和 $M(\omega)$；被测输出信号是 $y(t)$ 和 $Y(\omega)$。噪声 $m(t)$ 与系统输出 $o(t)$ 不相关，与输入 $x(t)$ 也不相关，因此有

$$\hat{G}_{mo}(\omega)=\hat{G}_{mx}(\omega)=0 \tag{5-6-12}$$

但输入 $x(t)$ 与输出 $o(t)$ 是相关的。第 p 个估计输出频谱与噪声及输入的关系如下

$$\hat{Y}_p(\omega)=\hat{M}_p(\omega)+\hat{O}_p(\omega)=\hat{M}_p(\omega)+H(\omega)\hat{X}_p(\omega) \tag{5-6-13}$$

如果对很多帧数据窗样本进行平均，并考虑到式(5-6-12)的不相关互谱，便求得输出自谱估计为

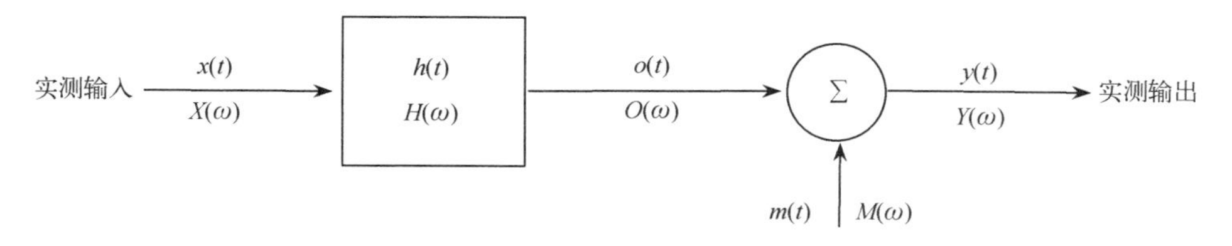

图5-6-2　输出信号中噪声 $m(t)$ 的线性模型

$$\hat{G}_{yy}(\omega)=\hat{G}_{mm}(\omega)+\hat{G}_{oo}(\omega)=\hat{G}_{mm}(\omega)+|H(\omega)|^2\hat{G}_{xx}(\omega) \tag{5-6-14}$$

以及互谱估计为

$$\hat{G}_{xy}(\omega)=\hat{G}_{xo}(\omega)+\hat{G}_{xm}(\omega)=H(\omega)\hat{G}_{xx}(\omega) \tag{5-6-15}$$

可以注意到，此式就是 $H_1(\omega)$的定义，于是

$$H_1(\omega)=\frac{\hat{G}_{xy}(\omega)}{\hat{G}_{xx}(\omega)}=H(\omega) \tag{5-6-16}$$

这是一个理想的结果，因为在这里不相关噪声对 FRF 的测量没有影响。

频响函数 $H(\omega)$的值也可以用 $H_2(\omega)$估计法来估计如下

$$\hat{H}_2(\omega)=\frac{\hat{G}_{yy}(\omega)}{\hat{G}_{yx}(\omega)}=\frac{|H(\omega)|^2\hat{G}_{xx}(\omega)+\hat{G}_{mm}(\omega)}{H^*(\omega)\hat{G}_{xx}(\omega)}$$

上式可化简为

$$\hat{H}_2(\omega)=H(\omega)\left(1+\frac{\hat{G}_{mm}(\omega)}{\hat{G}_{oo}(\omega)}\right)=H(\omega)\left(1+\frac{\hat{G}_{mm}(\omega)}{|H(\omega)|^2\hat{G}_{xx}(\omega)}\right) \tag{5-6-17}$$

式(5－6－17)表明，$H_2(\omega)$比实际频响函数 $H(\omega)$值偏高，高出的量反映了结构输出信号中的信噪比。要注意，尽管频响函数估计值 $H_2(\omega)$的幅值有误差，但相位是正确的。还要注意，当 $H(\omega)$在距离其某个高峰值过近的地方出现低谷时，上式第二个括号中的分母项 $|H(\omega)|^2\hat{G}_{xx}(\omega)$可能引起严重误差，因为窗滤波器会在此高峰值处产生泄漏。这一说法的正确性通过比较图 5－4－3(a)和图 5－4－3(b)便可明了，那里峰值与谷底的频率差限制在 $10\Delta f$ ⑨之内。

两个自谱密度之比给出的频谱的幅值

$$|H_a(\omega)|^2=\frac{\hat{G}_{yy}(\omega)}{\hat{G}_{xx}(\omega)}=\frac{|H(\omega)|^2\hat{G}_{xx}(\omega)+\hat{G}_{mm}(\omega)}{\hat{G}_{xx}(\omega)}$$

可简化为下式

$$|H_a(\omega)|=|H(\omega)|\sqrt{1+\hat{G}_{mm}(\omega)/\hat{G}_{oo}(\omega)} \tag{5-6-18}$$

显然，频响函数的幅值因$\sqrt{1+\hat{G}_{mm}(\omega)/\hat{G}_{oo}(\omega)}$被高估了，这个误差比式(5－6－17)中 $\hat{H}_2(\omega)$的误差小。

同样，如果用式(5－6－16)和式(5－6－17)求解相干函数，则有

$$\gamma^2(\omega)=\frac{H_1(\omega)}{H_2(\omega)}=\frac{1}{1+\hat{G}_{mm}(\omega)/\hat{G}_{oo}(\omega)} \tag{5-6-19}$$

用此式可解得输出信噪比 $OS/N(\omega)$，并借助相干函数表示之

⑨ See a paper by K. G. McConnell and P. S. Varoto, "The Effects of Windowing on FRF Estimations for Closely Spaced Peaks and Valleys," *Proceedings 13 International Modal Analysis Conference*, Nashville, TN, February 1995, Vol. I, pp. 769－775, for more details.

$$OS/N(\omega)=\frac{\hat{G}_{oo}(\omega)}{\hat{G}_{mm}(\omega)}=\frac{\gamma^2(\omega)}{1-\gamma^2(\omega)} \tag{5-6-20}$$

该式形式上与式(5－6－11)一样，不过后者情况是噪声出现在测量系统的输入信号中。要注意，式(5－6－11)与式(5－6－20)都仅限于近乎理想的情形，即分别针对输入不相关噪声或输出不相关噪声。

5.6.3　输入与输出信号中的噪声

在输入信号与输出信号中都混有不相关噪声的情形示于图 5－6－3，其中各个变量的定义与图 5－6－1 和图 5－6－2 相同。因为 $n(t)$，$m(t)$，$f(t)$和 $o(t)$等四个量除后两个之外互不相关，故下式

$$G_{nm}(\omega)=G_{nf}(\omega)=G_{mf}(\omega)=G_{no}(\omega)=G_{mo}(\omega)=0 \tag{5-6-21}$$

对于适用于这种情况的所有公式都成立。

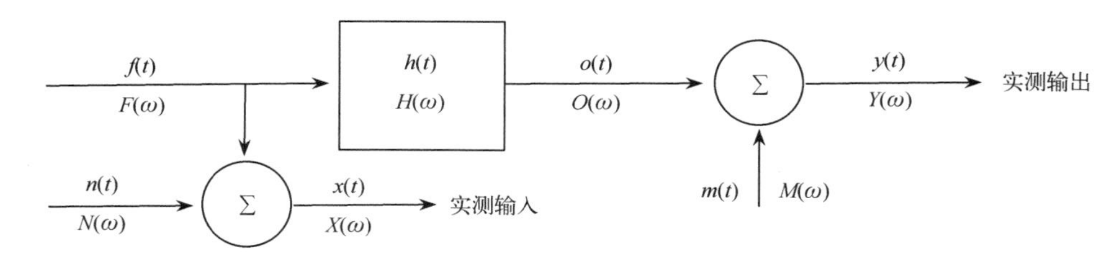

图 5－6－3　在输入、输出信号中分别混有噪声 $n(t)$与 $m(t)$的线性系统模型

平均估计可以写成

$$\hat{G}_{xx}(\omega)=\hat{G}_{ff}(\omega)+\hat{G}_{nn}(\omega) \tag{5-6-22}$$

$$\hat{G}_{yy}(\omega)=\hat{G}_{mm}(\omega)+\hat{G}_{oo}(\omega)=\hat{G}_{mm}(\omega)+|H(\omega)|^2\hat{G}_{ff}(\omega) \tag{5-6-23}$$

$$\hat{G}_{xy}(\omega)=\hat{G}_{fo}(\omega)=H(\omega)\hat{G}_{ff}(\omega) \tag{5-6-24}$$

利用式(5－6－22)、式(5－6－23)及式(5－6－24)，可以确定

$$\hat{H}_1(\omega)=\frac{\hat{G}_{xy}(\omega)}{\hat{G}_{xx}(\omega)}=H(\omega)\frac{1}{1+[\hat{G}_{nn}(\omega)/\hat{G}_{ff}(\omega)]} \tag{5-6-25}$$

$$\hat{H}_2(\omega)=\frac{\hat{G}_{yy}(\omega)}{\hat{G}^*_{xy}(\omega)}=H(\omega)\left(1+\frac{\hat{G}_{mm}(\omega)}{\hat{G}_{oo}(\omega)}\right)=H(\omega)\left(1+\frac{\hat{G}_{mm}(\omega)}{|H(\omega)|^2\hat{G}_{ff}(\omega)}\right) \tag{5-6-26}$$

$$|\hat{H}_a(\omega)|^2=\frac{\hat{G}_{yy}(\omega)}{\hat{G}^*{}_{xx}(\omega)}=|H(\omega)|^2\left(\frac{1+\hat{G}_{mm}(\omega)/\hat{G}_{oo}(\omega)}{1+\hat{G}_{nn}(\omega)/\hat{G}_{ff}(\omega)}\right) \tag{5-6-27}$$

在此情形下的相干函数为

$$\gamma^2(\omega)=\frac{H_1(\omega)}{H_2(\omega)}=\frac{1}{\left(1+\frac{\hat{G}_{mm}(\omega)}{\hat{G}_{\infty}(\omega)}\right)\left(1+\frac{\hat{G}_{m}(\omega)}{\hat{G}_{ff}(\omega)}\right)} \tag{5-6-28}$$

观察此式，无法用相干函数表示输入、输出信噪比，因为二者在任何频率上都使相干函数的值降低。

据式(5－6－26)、式(5－6－27)和式(5－6－28)可知，$H_1(\omega)$低估了$H(\omega)$，$H_2(\omega)$高估了$H(\omega)$，$H_a(\omega)$则介于$H_1(\omega)$和$H_2(\omega)$之间，于是有下式

$$\hat{H}_1(\omega)<\hat{H}_a(\omega)<\hat{H}_2(\omega) \tag{5-6-29}$$

所以，实际的频响函数处于$H_1(\omega)$估计和$H_2(\omega)$估计之间。如果不存在不相关噪声，上述三种估计都能给出系统的频响函数。我们发现，估计频响函数峰值时，$H_2(\omega)$优于$H_1(\omega)$，因为在共振频率上，输入信噪比趋向于恶化。输入信号的降低是试件与激振器之间复杂的相互作用引起的，在共振频率上为结构提供的激振力会出现“降低”。关于激振力的降低问题，将在第6章、第7章进行透彻讨论。

类似地，在反共振条件下，输出信号非常小，信噪比减小，相干函数也倾向于降低。这种情况下，$H_1(\omega)$给出的实测FRF估计比较好。因此为了找出共振、反共振附近相干函数降低(见图5－5－4)的原因，需要仔细研究实测频响函数，以求获得结构的频响函数的最佳估计。不要忘记，这里研究的是随机信号，因而任何给定频率上的信号幅值都远远小于总均方根值。这意味着，在某些频率上，输入力的减小或输出运动的减小，可导致信号过于接近噪声量级，从而使信噪比降低。读者已经看到，这样的频率常常出现在共振或反共振状态。对于我们来说，共振状态是最重要的 。然而从式(5－6－26)又看到，一个峰值旁边的深谷可在$H_2(\omega)$估计中作为一个峰值出现。因此，为找出这类问题，$H_1(\omega)$和$H_2(\omega)$都需要研究。

第四种频响函数估计算法叫做$H_3(\omega)$，已经研究出来，旨在减小输入、输出信号中都存在的噪声的影响。这种方法在计算两个平均互谱时采用一个参考源信号(例如可以是功率放大器的输入信号)$r(t)$。第一个互谱是结构的输入实测信号与参考信号之间的互谱$G_{rx}(\omega)$，第二个互谱是结构输出实测信号与参考信号之间的互谱$G_{yr}(\omega)$。于是定义第四种估计$H_3(\omega)$为

$$H_3(\omega)=\frac{\sum_{n=1}^{p}G_{ry}(\omega)}{\sum_{n=1}^{p}G_{rx}(\omega)} \tag{5-6-30}$$

显然，随着求和项数的增加，输入信号$x(t)$中那些与参考信号相对应的频率分量，跟输入端不相关的随机噪声相比，将得到加强，对于输出信号$y(t)$也可以这样说。因此这种估计主要由与系统驱动信号相关的数据构成，而随机的输入输出噪声受到了抑制。$H_3(\omega)$估计的主要缺点是必须单辟出第三个通道作为参考信号通道。应当注意，在某些条件下，电网

频率及其倍频可能会潜入这种估计方法，从而在工频及其二倍、三倍频率上出现高峰或低谷，这些峰、谷应当怀疑为相关噪声。

第五种估计方法叫做 $H_v(\omega)$ 估计，是由 Maia 和 Silsva[⑩] 提出的。这种方法用的是 $H_1(\omega)$ 和 $H_2(\omega)$ 的几何平均值，因为这两个估计是频响函数的最大值和最小值，频响函数的真值处于二者之间的某个地方，所以定义

$$H_v(\omega) = \sqrt{H_1(\omega)H_2(\omega)} \tag{5-6-31}$$

$H_v(\omega)$ 估计的主要问题是相位信息弄丢了。Varoto 和 Oliveira[⑪] 在输入力和输出加速度中掺杂了一些噪声，进行实验测试。他们得出结论：在输入端和/或输出端混有噪声的条件下，$H_3(\omega)$ 很容易实现，而且给出的结果满意，$H_v(\omega)$ 给出的结果与 $H_3(\omega)$、$H_2(\omega)$ 相差无几。

5.6.4　一个以上的外部输入

有些情况下，对一个结构进行激励时，该结构还有其他激励输入。例如，当被激励的结构与一基础相连，而这个基础又受到交通车辆的激励，这就是多个激励的情形。在多激励情况下，如果激振器不是直接固定在基础上，我们可以指望第二个输入信号与输入激励信号 $x(t)$ 不相关。但是，如果激振器与基础连接，这两个输入则可能相关。现在借助图 5-6-4 来研究其中最简单的情形：设定 $x(t)$ 是实测输入，$n(t)$ 是非测量外部输入，它与 $x(t)$ 可以相关，也可以不相关，这两种情形我们都将讨论。

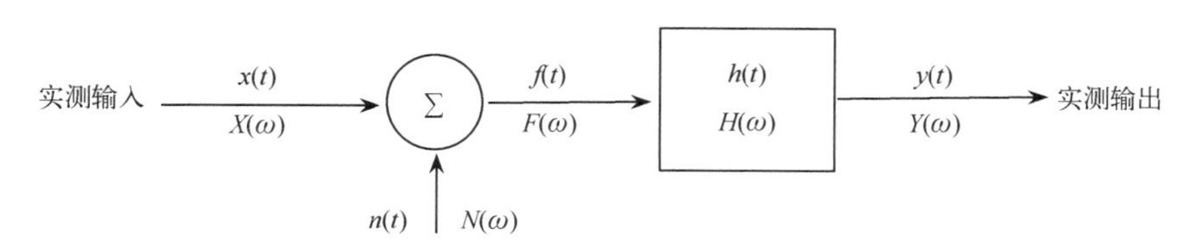

图 5-6-4　未知输入信号 $n(t)$ 的线性模型

不相关输入　$n(t)$ 与 $x(t)$ 不相关时，它们之间的互谱密度为零

$$\hat{G}_{nx} = 0 \tag{5-6-32}$$

第 p 个输出幅值谱密度用下式估计

$$\hat{Y}_p(\omega) = H(\omega)\hat{F}_p(\omega) = H(\omega)[\hat{X}_p(\omega) + \hat{N}_p(\omega)] \tag{5-6-33}$$

相应的自谱、互谱估计为

$$\hat{G}_{yy}(\omega) = H^*(\omega)H(\omega)[\hat{G}_{xx}(\omega) + \hat{G}_{nn}(\omega)] \tag{5-6-34}$$

---

⑩ N. M. M. Maia and J. M. M. Silsva, *Theoretical and Experimental Modal Analysis*, lst ed., Research Studies Press Ltd., England, 1997.

⑪ P. S. Varoto and L. P. R. de Oliveira, "Improving Data Quality in Shaker Testing," *Proceedings of the X DINAME*, Ubatub-SP-Brazil, March 2003.

和

$$\hat{G}_{xy}(\omega)=H(\omega)\hat{G}_{xx}(\omega) \tag{5-6-35}$$

显然，从式(5－6－35)里得到 $H_1(\omega)$的估计为

$$\hat{H}_1(\omega)=\frac{\hat{G}_{xy}(\omega)}{\hat{G}_{xx}(\omega)}=H(\omega) \tag{5-6-36}$$

而 $H_2(\omega)$估计为

$$\hat{H}_2(\omega)=\frac{\hat{G}_{yy}(\omega)}{\hat{G}_{yx}(\omega)}=H(\omega)\left[1+\frac{\hat{G}_{nn}(\omega)}{\hat{G}_{xx}(\omega)}\right] \tag{5-6-37}$$

$H_a(\omega)$估计为

$$|\hat{H}_a(\omega)|^2=|H(\omega)|^2\left[1+\frac{\hat{G}_{nn}(\omega)}{\hat{G}_{xx}(\omega)}\right] \tag{5-6-38}$$

从式(5－6－36)和式(5－6－37)明显看出，$H_2(\omega)$对 $H(\omega)$的高估量与噪信比的大小有关，而 $H_1(\omega)$与 $H(\omega)$相等，估计没有系统误差，并且 $H_1(\omega)$和 $H_2(\omega)$估计都包含正确的相位角。$H_a(\omega)$估计介于 $H_1(\omega)$和 $H_2(\omega)$估计之间，与以往一样。

相关输入　在 $n(t)$与 $x(t)$相关时，它们的互谱密度不为零，前面的几个方程式变成

$$\hat{Y}_p(\omega)=H(\omega)\hat{F}_p(\omega)=H(\omega)[\hat{X}_p(\omega)+\hat{N}_p(\omega)] \tag{5-6-39}$$

$$\hat{G}_{yy}(\omega)=H^*(\omega)H(\omega)[\hat{G}_{xx}(\omega)+\hat{G}_{nn}(\omega)+\hat{G}_{xn}(\omega)+\hat{G}_{nx}(\omega)] \tag{5-6-40}$$

$$\hat{G}_{xy}(\omega)=H(\omega)[\hat{G}_{xx}(\omega)+\hat{G}_{xn}(\omega)] \tag{5-6-41}$$

相应地，几个频响函数估计公式变为

$$\hat{H}_1(\omega)=\frac{\hat{G}_{xy}(\omega)}{\hat{G}_{xx}(\omega)}=H(\omega)\left[1+\frac{\hat{G}_{xn}(\omega)}{\hat{G}_{xx}(\omega)}\right] \tag{5-6-42}$$

$$\hat{H}_2(\omega)=\frac{\hat{G}_{yy}(\omega)}{\hat{G}_{yx}(\omega)}=H(\omega)\left[1+\frac{\hat{G}_{nn}(\omega)+\hat{G}_{xn}(\omega)}{\hat{G}_{xx}(\omega)+\hat{G}_{nx}(\omega)}\right] \tag{5-6-43}$$

$$|\hat{H}_a(\omega)|^2=|H(\omega)|^2\left[1+\frac{\hat{G}_{nn}(\omega)+\hat{G}_{xn}(\omega)}{\hat{G}_{xx}(\omega)+\hat{G}_{nx}(\omega)}\right] \tag{5-6-44}$$

式(5－6－42)至式(5－6－44)表明，由于输入信号之间的相关性，每一种估计都有内在的系统误差。这就是为什么要把激振器底座与固定试件的基础隔离开来的原因。否则，通过公共基础会出现相关的输入信号。

输入相关的这种情况示于图 5－6－5(a)，一个简单质量 m 被两个弹簧连接到基础上，基础上安装一个激振器。输入激振力由力传感器 FT 测量，结构响应用加速度计测量。但是，实际生活中刚性基础是不存在的，因此激振器与基础之间的反作用力会通过基础的运动传递给结构的弹簧。基础运动引起的力与力传感器测到的施加给质量 m 的力是相关的。因此，激振器必须由柔软隔离弹簧来支撑，如图 5－6－5(b)所示，才能阻断激振能量通过

基础反作用力传递到结构的途径。否则，将无法实现预期目标：不因相关噪声而产生明显测量误差。

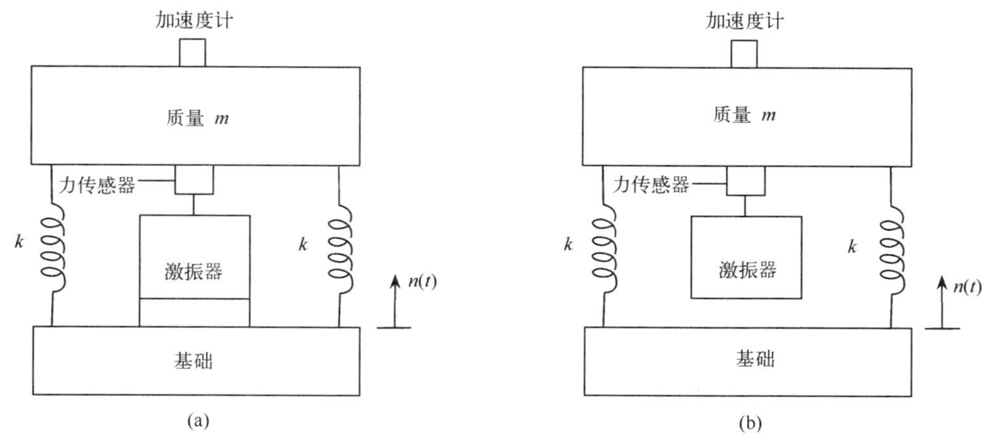

图 5－6－5　试验系统

(a)相关激振器连接到基础上；(b)不相关激振器与基础隔离

我们可以看到外部激励 $n(t)$（如过往车辆引起）与 $x(t)$ 不相关的情形，如图 5－6－5(b)所示，其中两个激振源相互完全隔离。

本节涉及到了许多公式，总结在表 5－6－1 中。回忆，只有当噪声仅仅出现在输入信号或输出信号中时，才能根据相干函数计算输入和输出信噪比。如果在输入和输出信号中同时存在噪声，则不能计算信噪比，这一点从表 5－6－1 中的相干函数公式看得很清楚。最后，应当明了，相干函数值低表示试验存在问题。另一方面，相干函数值高也不能保证试验没有问题，而只是表明我们按照自己所用的数据分析方法没有检测到问题。

表 5－6－1　随机信号频响函数估计法总结

量	输入与输出①	外部输入②	
	不相关噪声	不相关的	相关的
$H_1(\omega)$	$H(\omega)\dfrac{1}{(1+[\hat{G}_{nn}(\omega)/\hat{G}_{ff}(\omega)])}$	$H(\omega)$	$H(\omega)\left(1+\dfrac{\hat{G}_{xn}(\omega)}{\hat{G}_{xx}(\omega)}\right)$
$H_2(\omega)$③	$H(\omega)\left(1+\dfrac{\hat{G}_{mm}(\omega)}{\hat{G}_{oo}(\omega)}\right)$	$H(\omega)\left(1+\dfrac{\hat{G}_{nn}(\omega)}{\hat{G}_{xx}(\omega)}\right)$	$H(\omega)\left(1+\dfrac{\hat{G}_{nn}(\omega)\hat{G}_{xn}(\omega)}{\hat{G}_{xx}(\omega)\hat{G}_{nx}(\omega)}\right)$
$\gamma^2(\omega)$	$\dfrac{1}{(1+[\hat{G}_{mm}(\omega)/\hat{G}_{oo}(\omega)])(1+[\hat{G}_{nn}(\omega)/\hat{G}_{ff}(\omega)])}$	单个相干函数不适用于这种激励情形④	

注：①$n(t)$是不相关输入噪声，$m(t)$是不相关输出噪声，$x(t)$是实测输入信号，$y(t)$是实测输出信号，$f(t)$是输入到系统试件的实际信号，$o(t)$是系统试件的实际输出。只有输入信号噪声时，设 $G_{mm}(\omega)=0$，只有输出信号噪声时，设 $G_{nn}(\omega)=0$。

②外部输入 $n(t)$不予测量，但输入 $x(t)$和输出 $y(t)$要测量。

③注意 $G_{oo}(\omega)$和 $G_{xx}(\omega)$含有 $|H(\omega)|^2$ 型项。

④在此情况下需要多个相干函数，如 Bendat 和 Piersol 列出的，参见注⑦。

5.7 重叠信号分析节省时间

5.4节已经看到，为了减小随机信号的频谱不确定性，必须将大量独立的谱线进行平均。还看到，汉宁窗、凯瑟—贝塞尔窗以及平顶窗，这些窗函数都使信号在窗的尾端逐渐减小到零，从本质上说是忽视了部分信号。分析仪将一帧数据处理成一个平均频谱所需要的时间，叫做**处理计算时间** T_c，这个时间随着微处理器的发展而不断缩短。我们的问题是：能否将数据窗重叠起来进行数据处理、更快地获得平均频谱呢？如果能，那么应用重叠信号分析法分析随机信号，其意义何在？本节要讨论重叠分析法的一些基本问题，诸如实际滤波器纹波、有效带宽平均时间乘积 BT 以及实际频谱平均等。全部重叠分析都是在时域内通过窗函数实现的。

所有窗函数都能用于重叠分析。但是已经清楚，最适合于重叠分析的是汉宁窗，因此本节将重点讨论汉宁窗函数，但为了比较目的，其他窗函数也稍有提及。

5.7.1 重叠与波纹

窗的重叠概念示于图5-7-1(a)，其中相对于参考窗函数移动了三次的窗函数也画在图上。参考窗函数从 $t=0$ 到 $t=T$。现在要把这个窗函数移动它的持续时间 T 的一部分，并用一个**时移系数** r 来表示移动量。那么第一次移动了的窗函数起始于 $t=rT$，终止于 $t=(1+r)T$，第二次移动后的窗函数从 $t=2rT$ 开始，到 $t=(1+2r)T$ 结束。第三个移动之后的窗函数则起始于 $t=3rT$，如此等等。窗的时移系数是 r，因而它与参考窗的重叠量 OL 的关系为

$$OL = 1 - r \tag{5-7-1}$$

式中，OL 常用百分数表示。

现在我们关心的是重叠窗函数的**实际**效果如何。被分析的信号是随机信号，所以我们感兴趣的是信号之平方有何表现。也就是说，对任何时移量 r，重叠起来的窗函数的平方究竟有何行为特征。Gade 和 Herlufsen[⑫] 已经证明，实效窗函数的平方 $w_e^2(t)$ 等于各重叠窗函数在给定时刻 t 的平方和的平均值，即

$$w_e^2(t) = \frac{1}{N}\sum_{i=1}^{N} w^2(t - irT) \tag{5-7-2}$$

式中 r——时移系数；

T——窗的长度；

i——和式中的窗号；

N——时刻 t 所涉及到的窗的数量。

---

⑫ S. Gade and H. Herlufsen, "Use of Weighting Functions in DFT/FFT Analysis (Part Ⅲ)," *Technical Review*, Nos. 3 and 4, 1987, available from Bruel & Kjaer Instruments.

令 $r=1/4$，对图5-7-1(a)中的汉宁窗应用式(5-7-2)，所得结果如图5-7-2(b)所示。注意，当 $t>\cong0.7T$ 时，实效窗函数变成了常数值1.5，而当没有更多窗参与求和的话，它在 $t=1.1T$ 左右开始向零返回。因此可以预料，在中间部位的所有时间数据都被一视同仁，唯有首尾两端的数据待遇打了折扣。

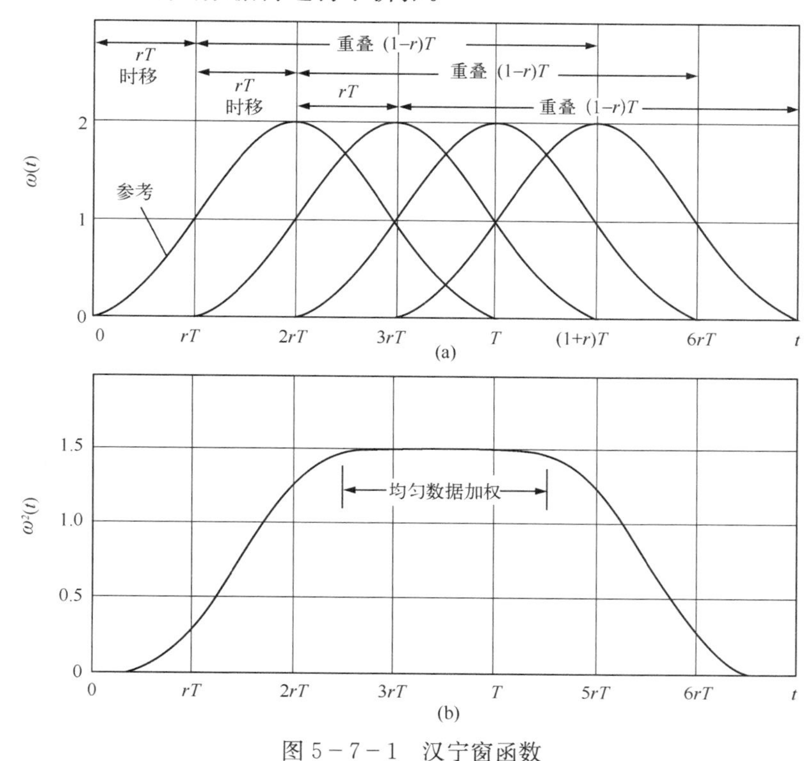

图5-7-1 汉宁窗函数

(a)时移和重叠的定义($r=1/4$)；(b)图5-7-1(a)中 $w^2(t)$ 和的平均值之曲线，显示了汉宁窗的均匀数据加权功能，窗的两端渐趋于零

实效窗函数是随重叠量的大小而变化的，图5-7-2表示重叠窗函数 $w(t)$ 和实效平方窗函数 $w_e^2(t)$ 的曲线图，这些曲线是根据式(5-7-2)计算出来的，重叠量分别为 $OL=0$、50%、66.7%和75%。图5-7-2(a)表示没有重叠的情形，从中可以看到，相应的 $w_e^2(t)$ 曲线具有波浪式的形状，幅值从0到4在变化。因此一些数据实际上被忽略了，另一些数据则被大大加强了。Gade 和 Herlufsen 已经证明(见注⑫)，没有重叠时，汉宁窗的有效时间是 $0.375T$。

当 $r=0.5$(重叠50%)时，对于汉宁窗来说，式(5-7-2)简化为

$$w_e^2(t)=1+\cos^2\left(\frac{2\pi}{T}t\right) \qquad (5-7-3)$$

见图5-7-2(b)。式(5-7-3)的平方等效窗(也叫做**功率加权**)的幅值从1到2，故此该窗有3 dB的纹波。但是一个令人惊讶的结果是，当 $r=1/3$ 和 $r=1/4$ 时，自谱密度(ASD)有效滤波器变成了平顶的。图5-7-3表示纹波的分贝数与窗的移动系数 r 之间的函数关系，

从中可清楚看到，$r<1/3$ 时，纹波可忽略不计；将 r 写成下式

$$r=\frac{1}{n} \tag{5-7-4}$$

则当 $n\geqslant 3$ 时，纹波可视为零。因此通常采用 2/3 或 3/4 重叠量。

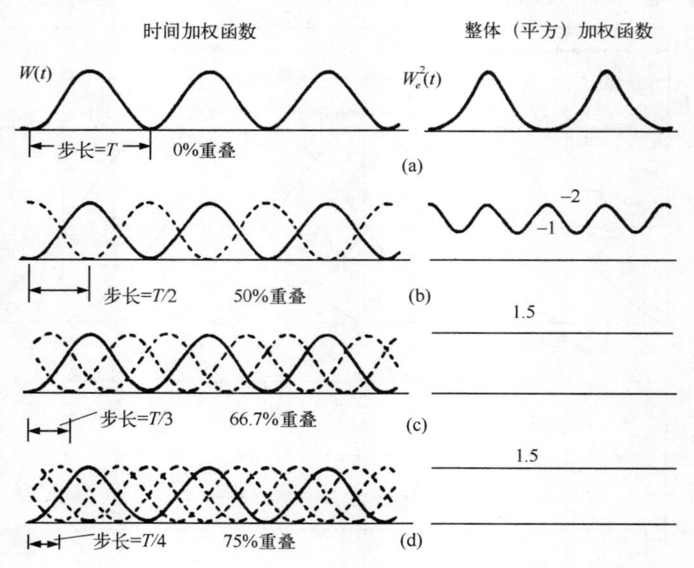

图 5-7-2　汉宁窗和平均平方窗函数

(a)重叠量为零；(b)重叠量为 50%；(c)重叠量为 66.7%；(d)重叠量为 75%

(Courtesy Bruel & Kjaer Instruments, Inc.)

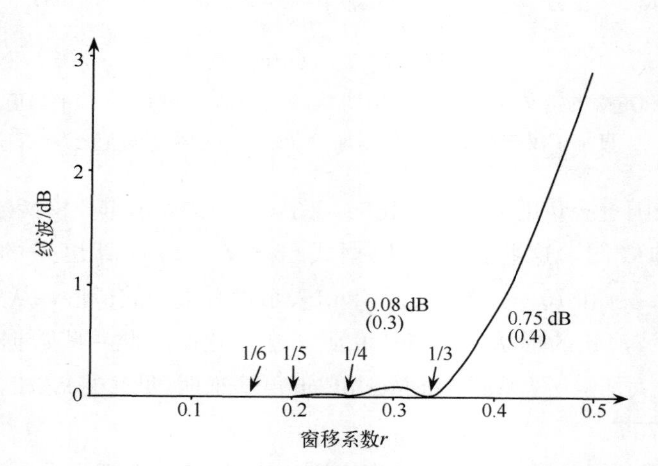

图 5-7-3　作为窗移系数 r 的函数的、能够显示纹波的汉宁窗平方及平均

(Courtesy Bruel & Kjaer Instruments, Inc.)

纹波特性出现图 5-7-3 所示的样子，原因是用时移量不同的窗函数测量出来的谱分量之间会发生相位移动。不难证明(应用傅里叶级数的定义)，窗函数时移量为 rT 时，所有频谱分量都产生一个基本相移，由下式给出

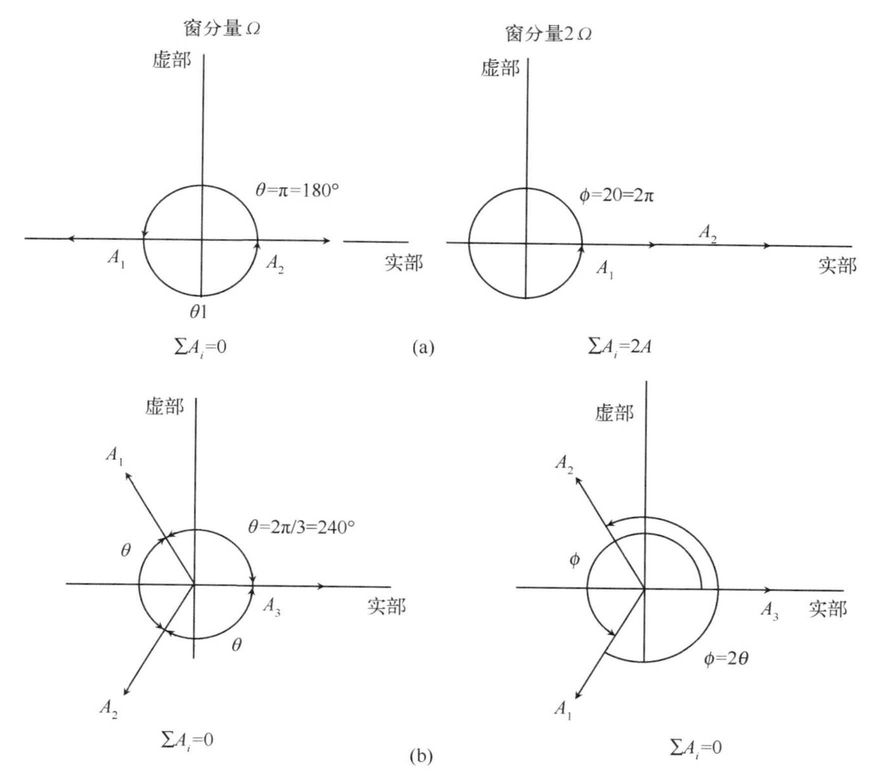

图5－7－4　重叠分析时，因窗函数频率分量Ω和2Ω，会在结果中产生的同样的频率分量

(a)$r=1/2$；(b)$r=1/3$

$$\theta = r(2\pi) \tag{5-7-5}$$

同时平方等效汉宁窗函数则成为

$$w_e^2(t) = 1.5 - 2\cos(\Omega t) + 0.5\cos(2\Omega t) \tag{5-7-6}$$

由上式可见，这个平方等效汉宁窗函数由三部分构成：常数项1.5，频率分别为$\Omega(=2\pi/T)$和2Ω的两个分量。当式(5－7－6)与随机信号卷积时，我们只想让常数项1.5起作用，也就是希望$w_e^2(t)$中Ω和2Ω两个频率分量在卷积过程中被消除，否则它们将出现在最后的分析结果中。

考虑$r=0.5$的情形，这时只有两个窗函数重叠，也意味着给定的振幅为A的频率分量被分析两次，一次被窗1分析(叫做振幅A_1)，一次被窗2分析(叫做振幅A_2)。根据式(5－7－5)，频率为Ω的分量的相移为$\theta=\pi$，2Ω的频率分量的相移为$\phi=2\theta=2\pi$，这些情况示于图5－7－4(a)。对于Ω分量，两次测量值相位相差180°，所以它们的和是零。而对于2Ω的频率分量，两次测量结果应当相加。可见，这两个分量在一种情形相互抵消，在另一种情形产生了3 dB的纹波。

类似地，当$r=1/3$时，有三个重叠窗，每个窗都产生三个频率分量：直流、Ω和2Ω。在这种情况下，根据式(5－7－5)，对应的基本相位角是$\theta=2\pi/3$(120°)，因此$\phi=4\pi/3$(240°)。这三类频率分量分别相加时，频率为Ω和2Ω的各项之和等于零，只剩下直流分量，如图 5-7-4(b)所示。对于 $r=\frac{1}{4}, \frac{1}{5}, \frac{1}{6}, \cdots$，也发生同样的情形。因此，如果取 $r\leqslant 1/3$，则在整个时域中，有效滤波器是平顶的(最大纹波小于 0.1dB，见图 5-7-3)。这是我们求之不得的结果。

5.7.2 有效带宽时间积与测量不确定性

我们在 5.4.4 节已经看到，自谱密度(ASD)相对标准偏差与有效带宽时间积 $B_eT_r=n_d$ 有关。对给定的一个记录作单次分析时，该记录的有效带宽时间积(BT_e)变成

$$BT_e=\frac{B_eT_r}{n_d}\cong 1 \tag{5-7-7}$$

此式表明，用单个窗函数对随机信号进行分析具有很高的不确定性，这种不确定性大得就像测量值本身一样。现在我们要找出重叠处理是怎样影响 BT_e 值的。注意，BT_e 是指每帧记录的有效带宽时间积。

有效带宽时间积的值与重叠窗之间的相关性有关。两个重叠窗函数之间的相关性可以写成

$$c(r)=\frac{\int_0^T w(t)w\{t+(1-r)T\}\mathrm{d}t}{\int_0^T w^2(t)\mathrm{d}t} \tag{5-7-8}$$

表 5-7-1 就 100%，75%，50%和 25%四个重叠系数列出了四个窗函数相关值。很清楚，对于某一设定的重叠量来说，矩形窗函数与汉宁窗函数跟重叠量的相关性比其他两种窗函数好得多。Harris⑬ 和 Welch⑭ 已经证明，当被分析的记录帧数 $N_r>10$ 时，单帧记录的**有效带宽时间积**可以估计如下：

对于 50%的重叠系数 $$BT_e(50\%)\cong\frac{1}{1+2c^2(50\%)} \tag{5-7-9}$$

对于 75%的重叠系数 $$BT_e(75\%)\cong\frac{1}{1+2c^2(75\%)+2c^2(25\%)} \tag{5-7-10}$$

表 5-7-1 四个窗函数的相关系数和窗的重叠系数

窗的类型	重叠系数 r/%			
	100①	75	50	25
矩形窗	1.00	0.750 0	0.500	0.250 0
Hanning 窗	1.00	0.659 2	0.166 7	0.007 5
Kaiser-Bessel 窗	1.00	0.538 9	0.073 5	0.001 4
平顶窗	1.00	0.045 5	0.015 3	0.000 5

注：①无重叠。

---

⑬ F. J. Harris, "on the Use of Windows for Harmonic Analysis with Discrete Fourier Transform," *Proceedings of the IEEE.* Vol. 66, No. I, Jan. 1978, pp. 51-83.

⑭ P. D. Welch, "The Use of Fast Fourier Transform for the Estimation of Power Spectra," *IEEE Transactions on Audio Electro Acoustics*, Vol. AU-15, June 1967, pp. 70-73.

Gade 和 Herlufsen 给出了有效带宽时间积的测量值，计算时对 40 条谱线做了 100 次平均，对自谱密度进行了 100 次估计。他们的测量值以及根据式(5-7-9)和式(5-7-10)的计算值，列于表 5-7-2。由表可见，对每个窗函数而言，测量值与计算值仅相差百分之几。

表 5-7-2　进行随机信号分析时每帧记录的有效带宽时间积 BT_e①

窗的类型	重叠系数 r/%					
	0		50		75	
	理论值	测量值	理论值	测量值	理论值	测量值
矩形窗	1.00	0.954	0.660	0.674	0.363	0.368
Hanning 窗	1.00	0.995	0.947	0.940	0.520	0.535
Kaiser-Bessel 窗	1.00	1.009	0.989	0.996	0.628	0.628
平顶窗	1.00	0.990	1.00	1.00	0.995	0.994

注：①用表中的 BT_e 值乘以数据帧数 N，就得到有效平均次数 $n_d=BT_eN$。

表 5-7-2 中汉宁窗的结果说明，时窗的重叠量为 75%时，在一个窗的宽度 T 内会进行 4 次平均，而没有重叠时只进行 1 次平均。每个重叠窗的有效带宽时间积为 $BT_e \cong 0.52$，四个重叠窗的有效带宽时间积为 $BT=4\times0.52=2.08$，而无重叠单窗有效带宽时间积为 1，这意味着四窗重叠的处理速度比无重叠的单窗处理至少快一倍。考察这个结果还有另一种方法：无重叠时如果取 $N_r=100$ 次平均，那么分析时间是 $100T$(秒)。现在要用 75%的重叠率，且要做 $N=200$ 次平均，那么有效平均次数 $N_r=104$($N_r=N\times BT_e=200\times0.52\cong104$)；但是做这些平均只需 $50T$(秒)就够了，因为完成分析所需时间等于数据帧数乘以相邻二窗之间的时间间隔，即 $N_rT=200\times(1-0.75)T=50T$。因此在这种情况下分析效率提高了一倍，也就是说，获得同样的分析不确定性所需时间减少了一半，这是一个重大改进。

5.7.3　实时分析

数据处理速度足够快，使按相等时间间隔对该数据进行采样的过程能够照样进行，这样的分析叫做**实时分析**。进行实时分析时，计算时间 T_c 必须小于无重叠时数据窗的时间长度 T。描述实时处理能力的一个常用的参数是**实时带宽**，而基带(从 $0\sim f_{\max}$ 这一频段)则用以设定分析仪的工作条件。当实时带宽大于基带带宽时，分析仪才能够工作在实时模式。表 5-7-3 给出了 B & K 公司的 2032 型双通道频率分析仪在对随机信号进行无重叠自谱密度分析时的实时带宽。由表很清楚，矩形窗、汉宁窗在速度方面占优。2032 型分析仪中可用基带自 25.6 kHz 始，按照 2 的幂次降低，顺次为 12.8 kHz，6.4 kHz，3.2 kHz，1.6 kHz 等。显然，在单通道模式下，用汉宁窗函数，最大基带为 12.8 kHz，而 3.2 kHz 是双通道工作模式下的最大实时带宽。现在来看采用重叠处理方式时会发生什么事情。

表 5-7-3 B&K 2032 型频率分析仪在单、双通道工作模式下的实时带宽①

窗的类型	带宽/kHz	
	单通道	双通道
矩形窗	17.7	5.8
Hanning 窗	16.6	5.4
Kaiser-Bessel 窗	10	3.8
平顶窗	10	3.8

注：①随机信号的自谱密度，窗无重叠。

采用窗函数重叠处理方式时，计算所占用的时间 T_c 受到窗的时移 rT 的限制，因为全部处理工作必须在下一窗数据准备就绪之前完成，因此要满足下式之关系

$$T_c \leqslant rT \tag{5-7-11}$$

实践上重叠量取 2/3 或 3/4。令 800 条谱线的 B&K 2032 型双通道分析仪工作在单通道模式，并采用汉宁窗函数进行处理，其计算时间大约是 50 ms。也就是说，谱线间距为 $\Delta f=20$ Hz，因而**实时带宽设定**为 16.6 kHz(略多于 Δf 的 800 倍)，这就是表 5-7-3 给出的值。当使用 2/3 重叠时，$r=1/3$，重叠实时带宽就变成 16.6/3 或 5.5 kHz。但用 3/4 重叠时，$r=1/4$，重叠实时带宽则为 $16.6/4\approx4.15$ kHz。因分析仪在此频率范围内的带宽选择不是 6.4 kHz 就是 3.2 kHz，所以很明显，选择 3.2 kHz 带宽时，2/3 或 3/4 的重叠可以实时工作，而如果选择 6.4 kHz 或更高的频带或更少的重叠，则不能实时工作。

当 B&K 2032 型分析仪工作在双通道模式时，从表 5-7-3 可以看出，计算时间将增大近乎 3 倍。双通道工作模式的处理时间之所以大大加长，是因为必须分析两个通道的数据以及交叉通道间的信息。表 5-7-3 列出的数据是手册中给出的典型值。我们必须知道怎样解释和应用这些数据。5.5 节和 5.6 节已详细讨论了双通道频率分析仪的特性。

5.8 细化分析

我们已经看到，频谱分辨力由谱线间隔 Δf 决定。同时前面几节也举了几个例子说明提高分析仪频率分辨力的必要性。一般需要进行细化分析的情况是：1)含有多个较低频率的信号，如滚珠轴承中出现的；2)含有两个或更多个间隔很近的共振峰值的信号；3)含有一个或多个基频的大量谐波，如变速箱中出现的那些信号等。问题是：在保持同样的从 0 到 f_{max} 的基带频率范围不变情况下，怎样提高频率分辨力？大家知道，采用比较低的采样频率 f_s，可以拉长窗的周期，从而减小谱线间隔 Δf，但是同时也降低了基带频率范围，因此这个办法很难被接受。有一个既能提高频率分辨力又能保持基带频率范围不变的方法，就是将数据窗的长度增大 N 倍，而依然采用同样的采样频率 f_s。这样新的谱线间隔 Δf_n 就变为原来的 N 分之一

$$\Delta f_n=\frac{f_s}{N_r}=\frac{f_s}{NN_0}=\frac{\Delta f}{N} \tag{5-8-1}$$

式中　N_0——基带频率分析时所用的数据点数(一般取 1024 或 2048 或 4096)；

N——一个整数，表示分辨力扩大系数，它必须是 2 的方幂；

N_r——记录中数据点的总数。

式(5-8-1)表明，分辨力扩大了 N 倍，因此我们可以在某一给定的频段细化，获得某个局部更为详细的数据信息，如图 5-8-1 所示。

图 5-8-1 中的细化过程类似于照相术中使用变焦镜头，将画面局部放大以获得其细节。所以名之为**细化频率分析**，是因为我们对基带频谱上的一小段进行更为精细的观察。照相时，变焦过程减少了进光量，因此需要更长的时间让胶片曝光。但是，曝光时间一长，期间难免发生相机或景物晃动的情形，照片很容易**模糊不清**。进行细化频率分析时也会出现类似的现象，因为需要记录一个加长了 N 倍的时间历程，在此较长的采样时间内，信号可能发生轻微变化，从而引起**模糊频谱**。

进行实际的细化 FFT 分析时有两种基本方法。第一种方法采用外差概念，或者叫**频移**概念，这种方法的实质是：时域乘积导致频域卷积。第二种方法是用数字方式记录下比标准数据窗(通常含有 1024 或 2048 个数据点)长 N 倍的信号。这个长时信号需要的时间数据存储器以及频谱存储器都是原来的 N 倍以上，而且做 FFT 计算所需要的时间也大为增加。鉴于昔日数字存储器非常昂贵，数字处理器又比今天的装置慢，因此最先采用的是外差技术，后来存储器不那么贵了，方采用直接的长时记录方法。下面先简单介绍一下外差法，然后再较为详细地说明长记录法(因为长时记录法除细化分析外还可以用在其他一些地方)，最后讨论细化分析的实际应用。

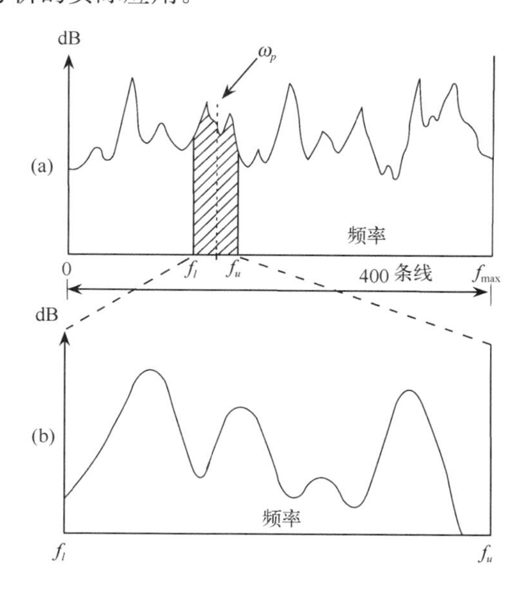

图 5-8-1　细化扩展演示

(a)基带分析，$0 \sim f_{max}$；(b)图 5-8-1(a)中阴影区域(从 f_l 到 f_u)的细化放大，两图所用谱线数相同

(Gourtesy of Bruel and Kjaer Instruments, Inc.)

5.8.1 用外差法进行细化分析

外差法因其初期成本低廉而成为最常用的 FFT 细化分析工具。按照标准做法，外差分析过程包括使用抗叠混滤波器和 A/D 转换器，如图 5-8-2 所示，其中采样频率保持不变，因此基带频率范围也不变，并且可以对这个频率范围的任何一部分进行细化。采样所得数字数据不是直接进入时域数据存储器，而是在存储之前必须先通过一个细化处理器。进入细化处理器的时域数据要乘以下面的外差时间函数

$$f(t) = \mathrm{e}^{-\mathrm{j}\omega_p t} \tag{5-8-2}$$

式中 $\omega_p = 2\pi f_p$ 是基频分量，细化放大就在该基频附近进行。根据时域乘积与频域卷积定理可以证明，频谱向左移动 f_pHz，则名义上的零频刻度移到了 f_p，见图 5-8-3。图中阴影基带区就是要被细化放大的部分。实现细化放大的做法是，先让采样数据通过数字低通滤波器加以滤波，然后对滤波后的信号重新进行采样。在基带频谱上要进行细化分析的这一区域，受到数字低通滤波器的控制，因为低通滤波器将这一区域之外的所有频率都滤除了。经过数字滤波后剩下的时间数据，每过 N 个数据点就抽取一个样值，并将这些样值送到时间数据存储器，以备 FFT 分析之用。因此，尽管数据记录时间很长($T_r = NT$)，但要进行分析的只有 N_0 个数据点，这 N_0 个数据点是从总数 NN_0 个数据点中抽取出来的，它们代表时间历程中频率含量处于细化窗之内的那些分量。FFT 要对这 N_0 个数据点进行分析，分析结果谱线数不变，但是它们之间的间隔为 Δf_n，符合式(5-8-1)的要求。这个细化谱以 f_p 为中心频率。

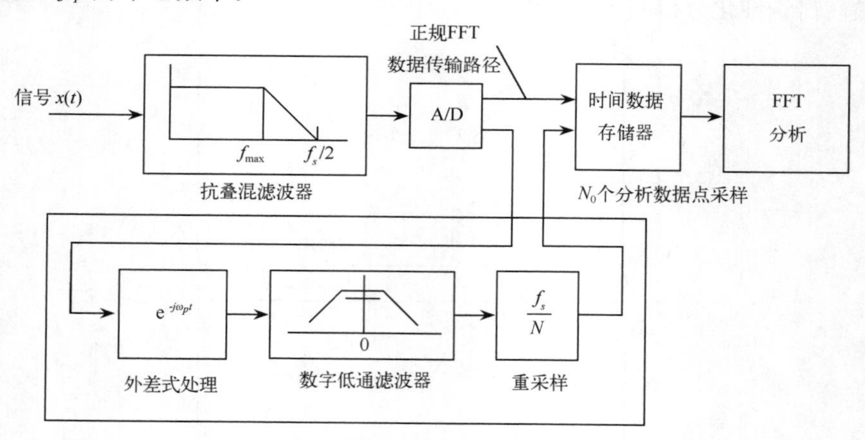

图 5-8-2 外差(频移)细化分析过程方框图

外差式细化 FFT 分析的优点是细化系数 N 很大，进行实时分析的设备最为廉价。其缺点是不保存初始时间函数(因此不能对原始模拟信号再行处理而无法做进一步数据分析)；数据处理误差在中心频率 f_p 会有积累[15]。在要求对暂态信号或低频信号进行长时间

[15] Private conversation with D. Robb, Imperial College, London, UK, 1991.

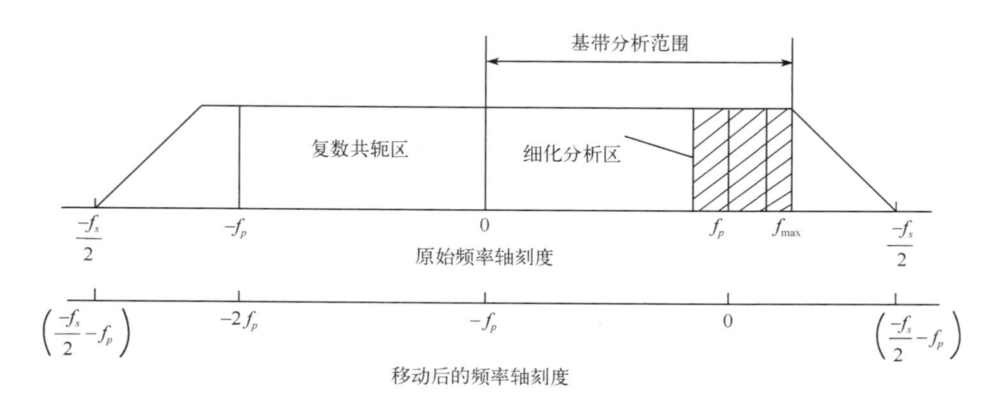

图5－8－3 基带频谱表示原始频率分度和移动后频率分度，以及细化分析区域

采样时，处理过程中信号数据的丢失可能是个严重问题。为避免信号丢失，必须将模拟信号储存在磁带上以便进行重复分析，但这样做会增加额外成本，同时还会引起噪声问题。此外，如果有若干个区域都要进行细化分析，那么必须对每个区域进行重采样，这是很耗时的过程，间接地增加了本不算贵的这类分析仪的成本。

在中心频率 f_p 附近的误差积累可能引起显著的测量误差。比较好的做法是使中心频率 f_p 远离我们最为关心的频段。这方面的训练要交给用户，因为用户在建立细化分析方式时，很自然地将自己关心的频率范围选在细化显示的中心部位。建立细化分析过程，包括选择中心频率 f_p、细化范围，或者细化窗的上下限频率。为了使这种细化分析仪的固有误差(只有细化分析才产生这种误差)减到最小，不论设置哪个参数，都要清楚这个中心频率误差，并且使最重要的频率远离 f_p。

5.8.2 长时记录细化分析

长时记录细化分析需要很大的内存，用以存储时间数据以及累积起来的、谱线间隔为 Δf_n 的高分辨率频谱，如式(5－8－1)所示。图5－8－4是一个长时记录，由 N 个长度为 T_0 的标准窗组成。该长时记录的采样频率仍取 f_s，以保持基带的最高频率(通常 $f_{max}=f_s/2.56$)不变。由图可见，当一个个长度为 T_0 的标准窗衔接起来后，时间记录的总长度为

$$T_r = N_r\Delta t = NN_0\Delta t \tag{5-8-3}$$

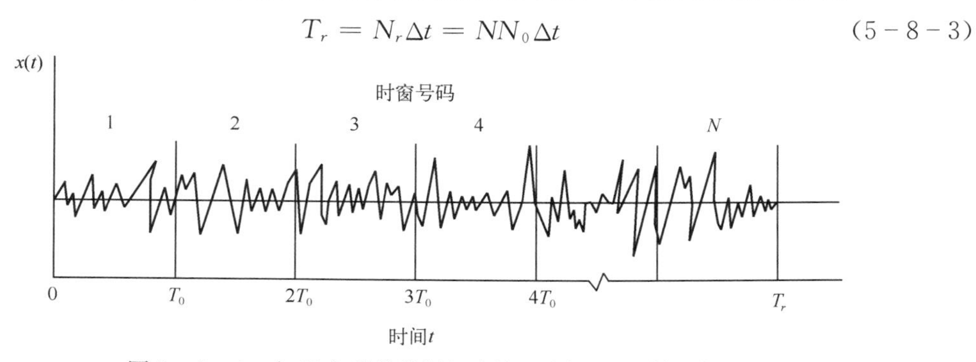

图5－8－4 由 N 窗采样数据组成的一个长记录时间历程

现在要问：怎样处理这个长时记录才能避免同时对全部 N_r 个数据点进行 FFT 分析？为了加快处理进程，能否对长度为 N_0 的标准数据组处理 N 次，以获得与分析全部数字数据同样详尽的频谱，而且用的硬件内存还少？我们来研究这种想法的数学逻辑。

对于这个大数据窗来说，当 $x(t)$ 是连续信号时，其第 p 次谐波的傅里叶系数可如下式计算

$$X_p=\frac{1}{T_r}\int_0^{T_r}x(t)\mathrm{e}^{-\mathrm{j}p\omega_0 t}\mathrm{d}t \tag{5-8-4}$$

当 $x(t)$ 是离散的数字式信号时，可写出等效于式(5-8-4)的公式来表示其傅里叶系数

$$X_p=\frac{1}{N_r}\sum_{k=0}^{N_r-1}x(t_k)\mathrm{e}^{-\mathrm{j}pk(2\pi/N_r)} \tag{5-8-5}$$

式中 p 的取值范围从 0 到奈奎斯特值 $N_r/2$。这些频率分量之间的间隔是 Δf_n Hz，频率分量的数目等于 $N_0/2$ 的 N 倍，这里 $N_0/2$ 是单个标准窗数据分析所得频率分量的个数。现在将上式中的求和指数 k 用另外两个指数 q 和 m 表示为

$$k=Nq+m \tag{5-8-6}$$

式中　N——数据采集标准窗个数；

m——选样移位指数(offset)，范围从 0 至 $N-1$；

q——一个新的求和指数，其值从 0 到(N_0-1)。

式(5-8-6)表示，对每个移位指数 m，当 q 从 0 变化到(N_0-1)时，k 每隔 N 个数位取一次值；当 m 从 0 变到 $N-1$ 时，式(5-8-6)就将全部 N_r 个数据点涵盖其内。于是这 N_r 个数据点就按移位指数分成了 N 个独立数据组，每组都由 N_0 个数据点组成，相邻两个数据点在原长时记录中相差 N 个点位。

将式(5-8-3)和式(5-8-6)代入式(5-8-5)，并应用式(5-8-6)的结果重新排列求和过程，则可将式(5-8-5)表示为下列形式

$$X_p=\frac{1}{N}\sum_{m=0}^{N-1}\mathrm{e}^{-\mathrm{j}pm(2\pi/N_r)}\left[\frac{1}{N_0}\sum_{q=0}^{N_0-1}x_{Nq+m}\mathrm{e}^{-\mathrm{j}pq(2\pi/N_0)}\right] \tag{5-8-7}$$

中括号项是对 N_0 个数据点进行的标准傅里叶分析，中括号左边那项表示相位修正，因为用于傅里叶分析的数据都是以 m 为起点每 N 位取一个选出来的。因此，如果把

$$X_{pm}=\frac{1}{N_0}\sum_{q=0}^{N_0-1}x_{Nq+m}\mathrm{e}^{-\mathrm{j}pq(2\pi/N_0)} \tag{5-8-8}$$

看成是对一个移动 m 位、长度为 N_0 的记录进行标准傅里叶分析所得频谱，那么可以将式(5-8-7)写成

$$X_p=\frac{1}{N}\sum_{m=0}^{N-1}\mathrm{e}^{-\mathrm{j}pm(2\pi/N_r)}X_{pm} \tag{5-8-9}$$

最后，从式(5-8-8)及图 5-8-5 可以看到，那些频率分量每隔 N_0 个分量就重复自身一次，所以可以将式(5-8-8)和式(5-8-9)中 X_{pm} 的下标 p 写成下面形式

$$p' = p - nN_0 \tag{5-8-10}$$

其中 $0<n<(N/2-1)$，使 p' 总是从 0 到 N_0-1 取值。这意味着，计算过程中需要将 N_0 个频谱信息(即 $N_0/2$ 个谱线数据及其复数共轭，见图 5-8-3 和图 5-8-5 中的 CCR 复数共轭区)存储起来，然后使这些频率分量按照式(5-8-10)进行循环。此外，定义相移函数如下

$$PS(N_r,p,m) = e^{-jpm(2\pi/N_r)} \tag{5-8-11}$$

这样，式(5-8-9)变为

$$X_p = \frac{1}{N}\sum_{m=0}^{N-1} PS(N_r,p,m)X_{(p-nN_0)m} \tag{5-8-12}$$

式(5-8-12)说明，求出 N 个独立的 FFT，并根据式(5-8-12)对它们进行平均，就得到了全部数据的一个完整的 FFT。式(5-8-12)得出的频率分量与式(5-8-5)(对整个时间记录直接做傅里叶分析)所求结果相同。按式(5-8-12)进行 FFT 分析所需时间大约是分析单组 N_0 个样点的 N 倍。$N=10$ 时，式(5-8-12)分析时间是单组分析的 11 倍，而对整个长时记录做 FFT 分析一次需时为单组分析的 13.3 倍。可见式(5-8-12)可节约大量时间。还可以看出，这种分析方法可以使细化分析所需内存大为节省。

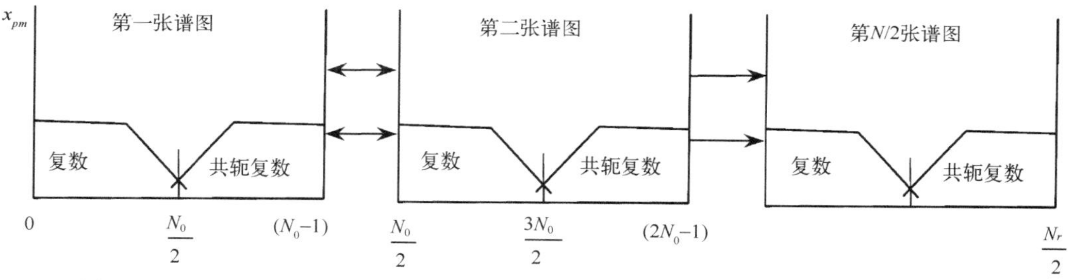

图 5-8-5　重复的常规频率分量及其复数共轭合起来构成 $N_r/2$ 个频率分量，这些频率分量就是式(5-8-12)的计算结果

现在我们借助图 5-8-6 所列数据处理过程，总结一下前面几个公式的意义。第一，模拟信号 $x(t)$ 经由标准的抗叠混滤波器滤波，之后用 A/D 转换器按照标准速率对该模拟信号进行采样。第二，采集 N 帧(窗)数据，每帧 N_0 个样值，总共有数据点 N_r 个，并将它们永久性地存入存储器中。第三，从这 N_r 个数据记录中筛选出 N_0 个数据点。筛选方法是：令移位指数取 m 值，求得第 m 个数据组(当 m 从 0 变到 $N-1$ 时，这一筛选过程就重复 N 次)，并把它临时保存在新的时间数据存储器中。第四，计算第 m 个数据组的 FFT，同时临时保存这 N_0 个频谱信息($N_0/2$ 个复数共轭对)。第五，根据式(5-8-12)对这一频谱信息进行相移、平均，计算出 $N_r/2$ 个潜在频率分量。第六，上述对永久储存的时间数据进行抽样、计算 FFT、对相移频谱进行平均等过程，需要重复 N 次。实践上，N 通常取 10 或更小，这是细化分析法的主要局限性。

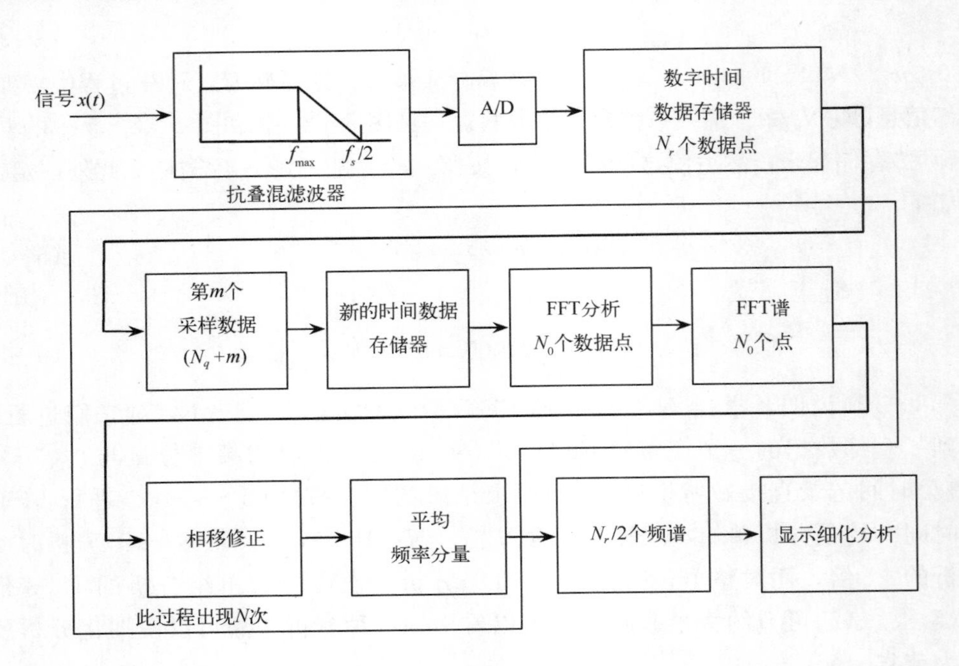

图 5-8-6　对长时记录进行细化 FFT 分析的框图。所得频率分量有 $N_r/2$ 个，频率间隔为 Δf_n Hz。细化分析显示一般为 400 或 800 条线

5.8.3　细化分析：带样本跟踪与不带样本跟踪

前已提到，在数据窗内部轻微的频率偏移所产生的影响，也提到进行细化分析时频率的变化会使频谱变得模糊。下面研究一个典型的旋转机械的细化分析，看看转速的微小变化对所得频谱有何影响，然后讨论怎样避免频谱变得模糊。

图 5-8-7 是监测旋转机器的典型实验装置。在被测机器上安装一个加速度计，测量机器的振动量级，而用另一个传感器(通常是磁性传感器)监测轴的转速。

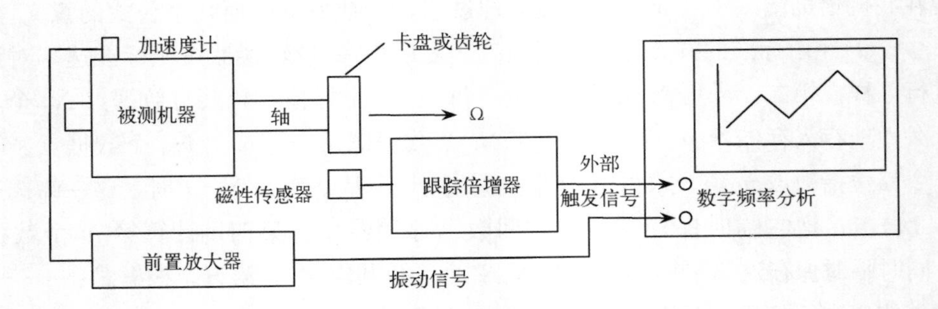

图 5-8-7　测量旋转机械振动的典型实验装置
频率分析仪的外部触发信号由一个磁性传感器提供

设置外部采样速率有两种基本方法：一种方法是每转一周测量一个脉冲，并用频率跟踪倍增器生成足够快的采样速率；另一个方法是利用安装在转轴上的高质量齿轮箱。齿轮传动过程中所产生的脉冲被传感器测出，作为一个外部产生的脉冲序列。采用齿轮方案可能引发一个严重问题，即外部采样速率被轴的扭转振动予以调制的现象，而轴的扭转振动与轴的平均转速无关。因此我们建议采用高质量的频率倍增器，除非用户认定安装齿轮的轴不可能发生扭转振动。齿轮法还有一个缺点，就是采样频率需要大幅变动时，必须更换齿轮。

要求采样速率足够快，可能是个有趣的问题。通常，应当进行标准基带测量，以便确定所关心的频率范围。然后根据公式 $f_s=2.56f_{max}$，确定最小外部采样频率应当至少三倍于我们关心的最大频率。但是**记住，频率分析是根据这个基本外部采样速率进行的，属于阶次分析，即分析频率是轴的转动基频的整数倍**。

对安装在一部小型电机上的加速度计的信号进行细化频谱分析[16]的结果示于图 5-8-8，其中频率范围是 230～280 Hz。上部频谱是用分析仪的内设固定采样速率得到的，下部频谱是用外部采样速率获得的。这两个结果有些有趣的差别。首先，

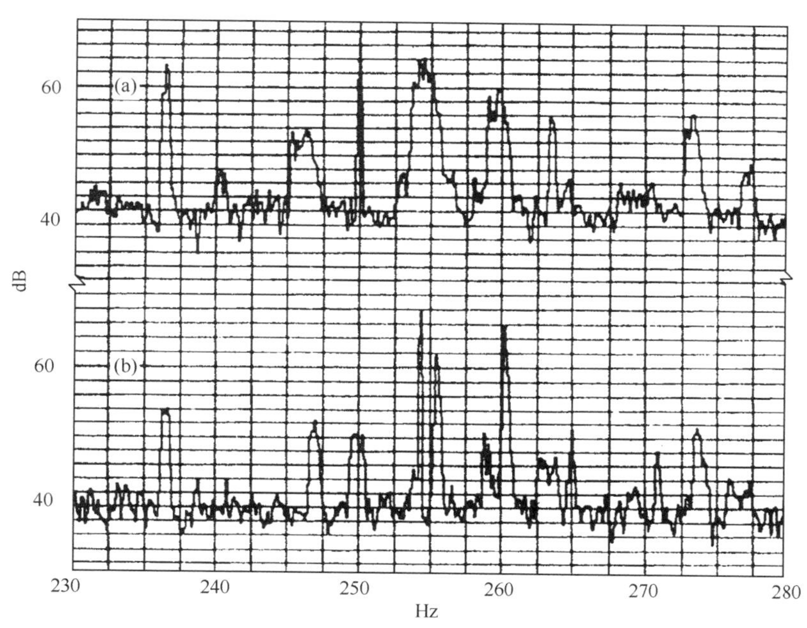

图 5-8-8 说明频谱模糊现象的小电机细化频率分析

(a)内设采样频率，表现模糊；(b)外设采样频率，没有模糊，因为转速随负载变化很小

(Courtesy Bruel and Kjaer Instruments, Inc.).

[16] N. Thrane, "Zoom FFT," *Technical Review*, No. 2, available from Bruel and Kjaer Instruments, Inc., 1980.

250 Hz的频率分量对应50 Hz工频的第五次谐波，上部频谱显示一尖峰，下面频谱对应峰值比较模糊。其次，下部频谱中235 Hz、245 Hz、260 Hz和273 Hz附近的几个峰值在上部频谱中是模糊的。第三，上谱中263 Hz附近的峰值在下谱中几乎什么也没有。最后，上谱253.5 Hz左右的峰值在下谱中变成了两个峰，分别在253.6 Hz和254.2 Hz。比较一下这两个细化分析谱，结果有些混乱不堪。因此对旋转机器进行细化测量时一个重要考虑是，与轻微的速度变化保持正确的同步。下一节将讨论另外一些测量考虑以及频谱的模糊问题。

5.9 扫描分析与扫描平均，再说谱的模糊性

时间历程一旦安全存入数字存储器，便可以用另外一些方法进行分析。本节将研究长时记录分析。长时记录的意义在于可以在空闲时利用扫描分析及扫描平均再对它们进行分析。本节还将进一步研究由于非稳态信号而产生的频谱模糊不清的问题。扫描分析与扫描平均，跟任何可以利用的细化分析没有关系，但任何结果都受到频谱模糊性的影响。频谱模糊是分析任何实际信号时都会存在的一个问题。

长记录频率分析仪有几个重要特点，也是优点。例如，为了快速审视一下记录长度内的基带频率含量，可以进行一下扫描分析。扫描分析可以显示出需要进行细化分析的区域，继而可进行长时记录式细化分析。完成细化分析后，便很容易显示并研究这个长时记录从$0\sim f_{max}$的高分辨率频谱的任何部分。没有必要做更多分析，因为整个细化谱在高分辨率频谱存储器中都有了。显见，数据是实时记录下来的，但分析不必实时进行。而且可以对原始时间历程数据进行各种类型的分析，而无须重新试验。对于一次性试验，这是个极大的优点。

为本节讨论的需要，假定分析仪与B&K 2033型单通道频率分析仪特性类似。标准窗的尺寸是$N_0=1\ 024$个数据点，有400条谱线可显示，窗的扩展系数是$N=10$。该分析仪做一次标准FFT分析，从启动到完成平均需时110 ms。

5.9.1 扫描分析

扫描平均过程示于图5-9-1。此过程首先是记录包括$10N_0$(10个1k窗)的长时数据点。这个长时信号可以是稳态或非稳态的周期信号、暂态信号以及稳态或非稳态的随机信号。可以选择该长时信号的任何一部分进行分析，分析时可以对所选部分应用矩形窗或汉宁窗，如图5-9-1所示。所选部分包含N_0个数据点，分析仪对这些数据点进行单独的FFT频率分析，并显示出相应频谱，如图5-9-1所示。在特定的扫描平均条件下，对暂态信号、周期信号及随机信号均可使用汉宁窗。

要分析的那部分具体信号可以人工选择，也可以自动选择。选择自动扫描方式，则不管选矩形窗还是选汉宁窗，都按图5-9-1一步步进行。**时移系数** r(见5.7节)与**步长尺寸** N_s(每次分析时窗函数都要移动的数据点数)之间的相互关系为

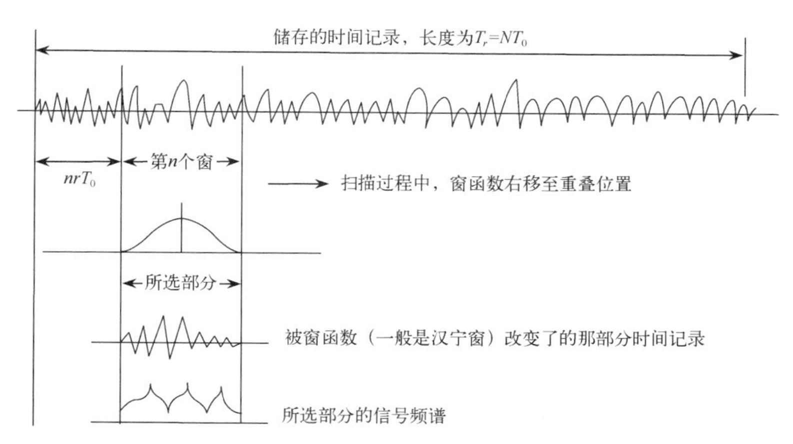

图 5－9－1　扫描分析过程演示：标准窗函数沿记录移动，选择部分信号进行分析

$$N_s = N_0 r = 1\,024r \qquad (5-9-1)$$

式中 N_0 是一个标准 FFT 窗所含数据点数(本例中为 1 024)。对于给定的时移系数，对长度为 T_r 的一段记录做扫描分析，合适的频谱平均次数可以根据 $T_r=(N_a-1)rT_0=NT_0$ 这个事实求出，因此有

$$N_a = \frac{N-1}{r} + 1 \qquad (5-9-2)$$

式中　N_a——每次扫描分析中频谱平均次数；

N——记录时间 T_r 内分析窗的个数。

表 5－9－1 的前三列数据就是根据式(5－9－1)和式(5－9－2)得出的。第一列表示时移系数，其值从 1～1/128，每次都减半。第二列步长由式(5－9－1)计算而来，第三列是每次对时间数据进行扫描分析所得频谱数，按式(5－9－2)计算。第四列是按照给定的步长完成一次扫描所需时间。这个扫描时间约等于每次扫描的**频谱数**乘以进行一个 FFT 处理所花的时间 0.11 s，由表 5－9－1 可见，扫描时间从 1～120 s 不等。

表 5－9－1　B&K 2033 型分析仪进行扫描分析及汉宁窗扫描平均时所用参数

扫描分析				扫描平均	
时移系数 r ①	步长(数据点)	每次扫描的谱线数	扫描时间/s	BT_e积	有效记录长度(窗数)
1	1 024	10	1	10	—
1/2	512	19	2	18.5	—
1/4[a]	256	37	4	20	$9\frac{1}{4}$
1/8	128	73	8	20	$9\frac{1}{8}$
1/16	64	145	15	20	$9\frac{1}{16}$
1/32	32	289	30	20	$9\frac{1}{32}$
1/64	16	577	60	20	$9\frac{1}{64}$
1/128	8	1 153	120	20	$9\frac{1}{128}$

来源：引自 N. Thrane 的“Zoom－FFT”一文，B&K 公司技术学报，1980 年第 2 期。

注：①时移系数小于 1/4 时，没有什么用处。

分析暂态信号(如在快速机器启动试验)时，自动扫描特别有用。在分析窗前进扫过记录数据的同时，频谱应迅速更新可见，不然信息可能会丢失在任何平均过程中。扫描分析的另一个好处是：**扫描平均**是在扫描分析过程中自动完成的。扫描平均是全部所得频谱的线性平均，很适用于暂态信号、周期信号及随机信号，对确定细化分析的区段很有帮助。对于 $N=10$、基本分析窗有 400 条谱线这样的规范条件，细化分析结果应当有 4 000 条谱线。现在需要更加仔细地看看，扫描平均到底意味着什么。

5.9.2 扫描平均及所得频谱

在 5.7 节我们发现，当汉宁窗重叠系数设置为 1/3 时，对随机信号可以进行满意的分析。图 5-9-2 给出了三种汉宁窗平方的曲线，分别对应时移系数 1、1/2 和 1/4。在表 5-9-1 中，时移系数按照 2 的方幂衰减(未给出 1/3)，$r=1/4$ 是第一个符合平顶窗加权要求的时移系数，就是说在时间记录的中间平坦部分的全部数据都给予同样的加权，如图 5-9-2 所示。在图中所示每条曲线中，汉宁窗函数的平方都是从 0 变化到 4。

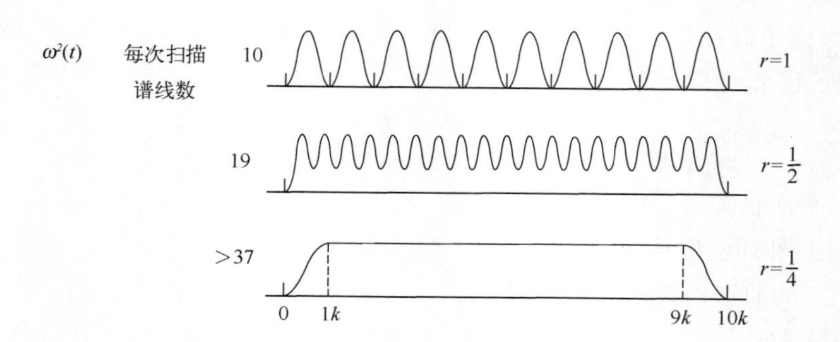

图 5-9-2 汉宁窗函数平方的曲线，其中时移系数分别为 $r=1$，$r=1/2$，$r=1/4$，对应每次扫描分析产生的频谱数为 10 、19 和 37 。注意，最小幅度为 0，最大幅度为 4
(Courtesy of Bruel & Kjaer Instruments, Inc.)

5.7 节还指出，BT_e积大于 70 才能保证均方谱密度(MSSD)的不确定性要求。对于时移系数为 25%的情况(重叠率为 75%)，每次分析的有效时间常数为 0.52(见表 5-7-2)，因此对 37 个记录进行分析给出的 BT_e值为 20 左右，这个值处于勉强可以接受的随机信号分析的边缘。假定置信度为 95%，那么该 BT_e值转化为不确定性就是±15%。如表 5-9-1 所示，对于所有其他时移系数值 BT_e值都相同。因此，用这种方法可以获得周期信号的良好估计，但对于随机信号只能给出勉强可以接受的估计。如果需要，可以进一步利用细化分析来估计周期信号。

从表 5-9-1 还能明显看出，当时移系数小于 1/4 时(这要求大约 4 秒钟的分析时间，这个时间与所用带宽无关)，就没有什么好处了。分析时间决定于每次扫描的频谱数和 FFT 算法的处理时间，这两方面的因素跟采集数据所需要的时间毫无关系。由于 BT_e值保持不变，所以再怎么增加平均次数及分析时间，有效记录长度也只能有轻微的变化。

利用这类分析仪进行扫描平均的一个重要应用是对存储器中的长时暂态信号进行分

析。以前已知，暂态信号要求使用矩形窗函数；在图 5-9-2 也看到，采用汉宁窗，并做 37 窗扫描平均，便得到一个近似的矩形窗函数——它中间 80%以上的部分近似矩形。此窗函数是平顶的，两端的锥度各为 $\{1-\cos(\omega t)\}^2$。头尾的锥度使有效分析时间 T_{eff} 从 $10T_0$ 减小到 $9.25T_0$。这个有效分析时间是这样得到的：求出分析曲线下面的面积，然后用此面积除以中间部分的窗高，结果就是 T_{eff}。

用这种方式进行暂态信号分析的规则也有几条。首先，暂态信号用 37 窗扫描平均时，必须具有像图 5-9-2 所示的那样的具有中间部分的有效窗函数。其次，平均时至少要用 28 窗扫描，对应的时移系数应为 $r=1/3$；37 窗扫描平均($r=1/4$)可以满足这一要求。第三，频谱的比例换算一定要正确；不同类型的分析仪，其换算系数常常有细微的差别。换算问题决定于具体的分析设备；设备的设计者有可能考虑到了换算问题，也可能未予考虑。

5.9.3　暂态信号的扫描平均分析

对于图 5-9-3(a)所示的近乎理想的暂态信号，应该怎样进行扫描分析呢[17]？这是个猝发型声音信号，由频率为 980 Hz 的正弦波的三个周期构成，位于宽度为 2 秒钟的分析时窗的中心部分。分析基带为 0～2 kHz，因此 $\Delta f=5$ Hz，而单个数据窗的周期为 $T_0=0.20$ s。

这个猝发信号可以看成是整个时窗乘以一个高度为单位 1、持续时间为 3.06 ms(被分析信号的三个周期)矩形加权函数所形成的一个 980 Hz 的正弦波，而整个时窗长度为 $T_r=2.0$ s。第 2 章已经讲过，持续时间为 T、重复周期(等于时窗周期)为 T_r($T_r=\beta T$)的单位矩形脉冲，其频率含量由式(2-4-3)给出

$$X_p=\frac{1}{\beta}\frac{\sin(p\pi/\beta)}{(p\pi/\beta)}=\frac{1}{\beta}\mathrm{sinc}\left(\frac{\omega t}{2}\right)\qquad(5-9-3)$$

在此例中，$T=0.003\ 06$ s，于是 $\beta=654$。只要幅角是 π 的整数倍，上式的 sinc 函数就是零，亦即每隔 327 Hz 出现一次零值。卷积定理证明，该信号(即 980 Hz 的一个正弦信号与一个矩形窗加权函数的乘积)应当是以 980 Hz 为中心的 sinc 函数。以 980 Hz 为中心，两边每隔 327 Hz 就出现一个零，例如 0 Hz、327 Hz、653 Hz、1307 Hz、1634 Hz、1961 Hz 等都是零点。图 5-9-3(b)和 5-9-3(c)所示基带扫描平均分析也支持这一结论。

现在让我们更仔细地看看图 5-9-3(b)和图 5-9-3(c)所得之扫描平均分析。首先，信号处于时窗中心部分，符合要求。第二，扫描平均采用 37 窗频谱，满足表 5-9-1 中的要求。为了获得图 5-9-3(b)所示的自谱密度，采用矩形窗；为得到图 5-9-1(c)的自谱密度而采用汉宁窗。因为矩形窗函数在整个时窗内具有一致的加权系数 1，所以要调节分析仪，使其读数为 0 dB。当用汉宁窗进行扫描平均时，在 980 Hz 频率点上读数应高于

---

[17] This example is directly from N. Thrane, "Zoom-FFT," *Technical Review*, No. 2, available from Bruel & Kjaer Instruments, 1980.

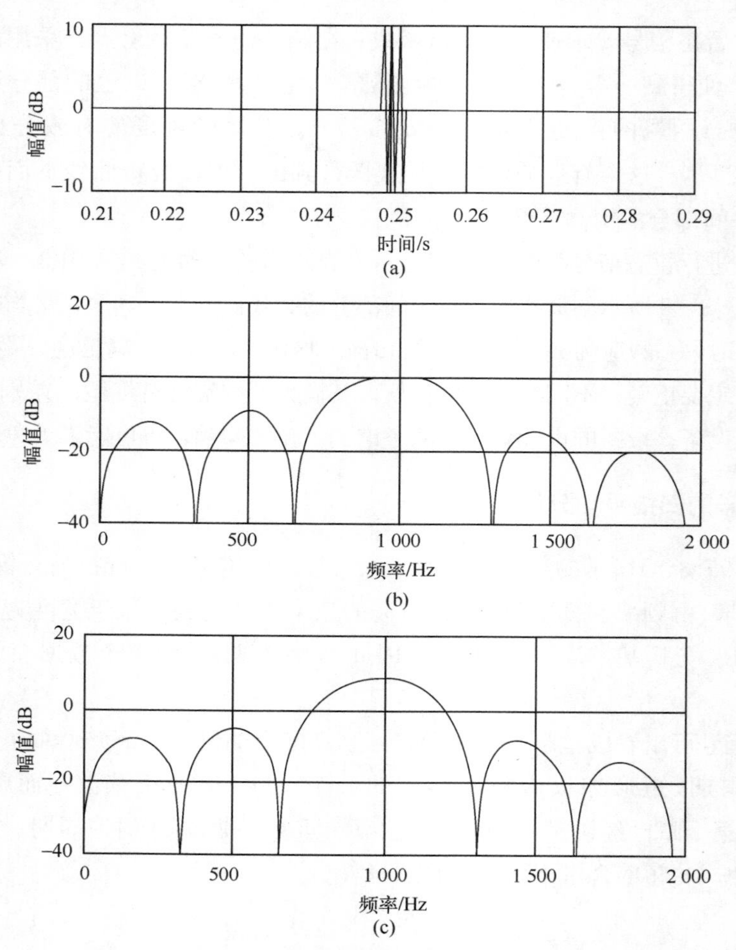

图 5－9－3 (a)猝发时间函数；(b)矩形窗；(c)汉宁窗

6 dB，这是因为窗函数要平方(见图 5－9－2)，中间部分的值为 4，而对于矩形窗，其值平方还是 1。因此，10 log(4)＝6 dB 就是计算出来的增加值。很显然，我们应当仔细阅读分析仪的使用手册，以便弄清楚是否需要做一些修正，它们的软件是否会自动加以修正。

5.9.4 再说谱的模糊性

下面通过一个实验来说明导致频谱模糊的、初看起来比较隐蔽的几个因素。弹簧在某些应用中失效率很高。图 5－9－4(a)中的弹簧，受到如图 5－9－4(b)那样的位移时间历程的激励：弹簧被迅速压缩并保持约 $T_0/4$ 的时间，然后又迅速释放，这一激励信号的周期为 T_0s。弹簧没有变形($\delta(t)=0$)时，其固有频率大约 250 Hz。将一应变片粘贴在弹簧的中部(接近 $0.6l$)，可以预期弹簧应变的频谱与图 5－9－4(c)所示类似。但是，应变频谱却更像图 5－9－4(d)那样。不是在 250 Hz 附近出现陡峭的共振峰，而是呈现出两个凸起，一个接近于 250 Hz，一个接近 300 Hz 。这两个测量数据都不能用以解释弹簧的高失效率。那么是测量不对，还是我们对这些结果的理解有问题？

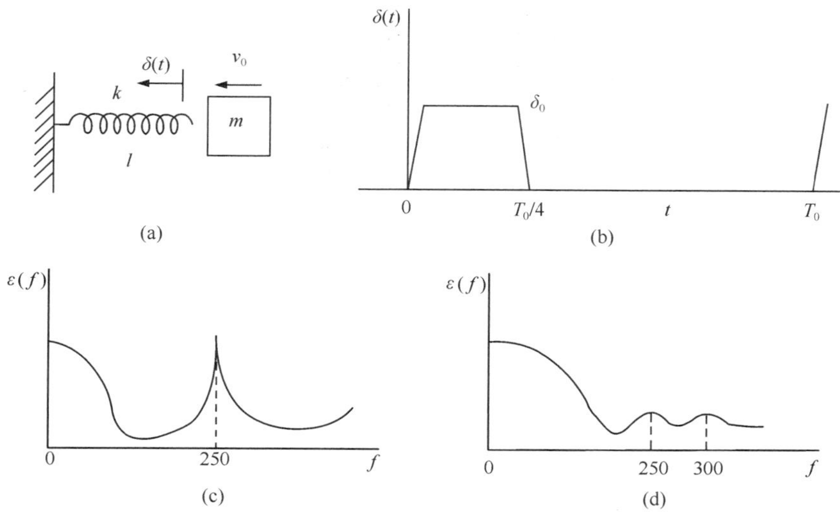

图 5－9－4 一个实际系统，其频谱表现模糊：没有共振峰，不定的窗函数。
(a)弹簧；(b)理想的输入运动；(c)预期的应变频谱；(d)实测应变频谱

首先可以发现，在一种工作模式下，图 5－9－4(a)中的质量 m 以量级为 1.8m/s 的速度剧烈冲击弹簧右端，而不是按照 $\delta(t)$所描述的那样施加一个正常的凸轮运动；这个冲击载荷肯定将弹簧激发到了它的轴向共振。其次，应变片粘贴位置接近弹簧第一阶模态振动的应变节点，所以任何可能出现的共振读数都被大大衰减了。这个应变片的位置，对于测量由位移 $\delta(t)$引起的近似静态应变是正确的，与实测应变频谱一致。第三，进一步分析与实验证明，当弹簧被充分压缩 δ_0，它的第一阶固有频率将从 250 Hz 提高到 300 Hz 左右。因此出现了这样的情况：在 $\delta(t)$持续的 1/4 周期内，信号频率接近 300 Hz，而在其余的 3/4 周期内弹簧的固有频率为 250 Hz。

为了解释上述频率分析中到底发生了什么问题，致使共振峰值被掩盖，却显示出两个相对平坦的凸起，我们考虑用两个理论上的信号来模拟这两个凸起，如图 5－9－5 所示。第一个信号，前 1/4 周期内信号频率为 300 Hz，后 3/4 周期内频率为 250 Hz，如图5－9－5(a)所示。第二个信号跟第一个信号是同一个信号，只不过经过一段时移，使 300 Hz 的部分移到数据窗的中部，见图 5－9－5(b)。现在来分析这两个信号，先用矩形窗，后用汉宁窗。

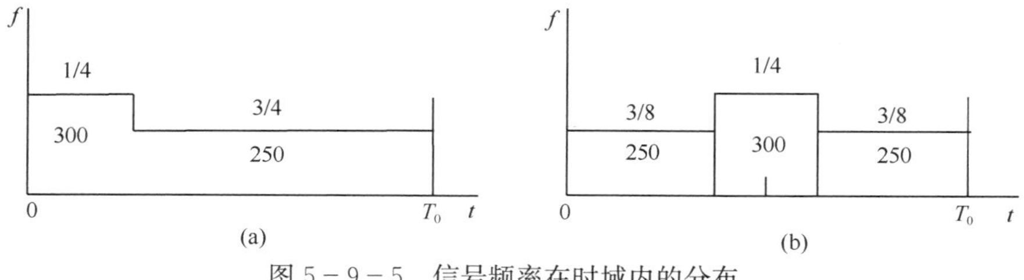

图 5－9－5 信号频率在时域内的分布

(a)情形 1：300 Hz 的频率分量处于分析窗内前 1/4 段，250Hz 的分量处在分析窗的后 3/4 段。这是分量未加移动的情形；(b)情形 2：将 300 Hz 频率分量移动到分析窗中心部位的 1/4 段，其余 3/4 时段给 250 Hz 分量占用。这是移动后情形用矩形窗对原始信号与时移后的信号进行分析的结果示于图 5-9-6(a)。不用惊讶，两种分析结果相同。因为时移之后的信号数据保持不变，就是说，我们分析的是同一个数据。

汉宁窗分析的结果示于图 5-9-6(b)。图中显示，两个频谱差别巨大，是由于 300 Hz的信号在时间上与汉宁窗函数中心的相对距离。第一个信号中出现的 300 Hz 分量在第二个信号中几乎消失了，因为当此信号一出现在汉宁窗的起始段就被基本上移走了，而 250 Hz 的那个分量幅值较大(接近于 9)，还伴有明显泄漏。

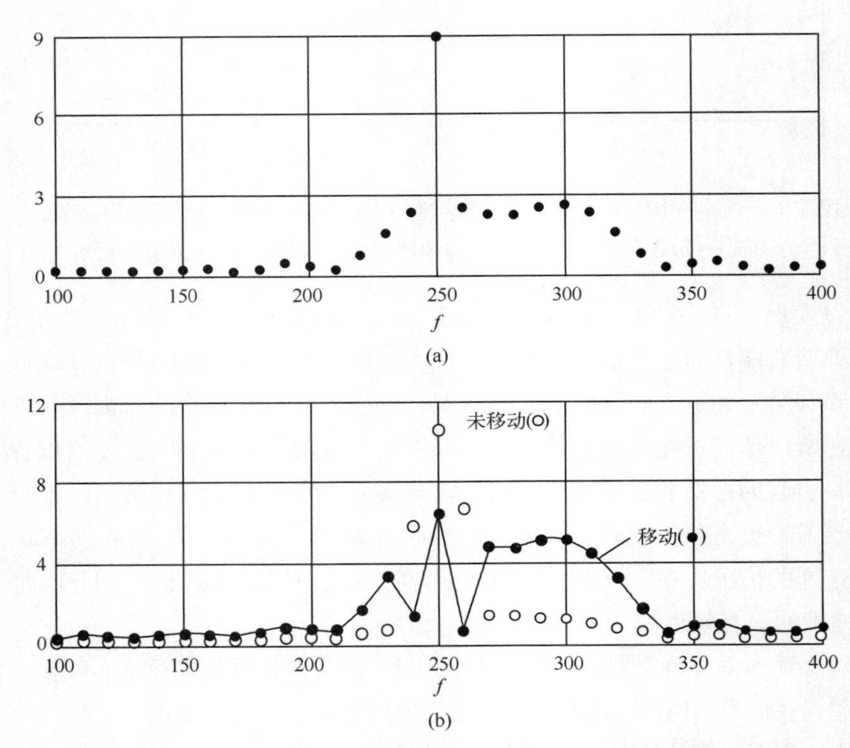

图 5-9-6 对图 5—9—5 所示两种情形的信号进行频率分析的结果
(a)用矩形窗函数分析的结果；(b)用汉宁窗函数分析的结果

在第二个信号情况下，300 Hz 的频率段处在汉宁窗函数的中心部位，所以在频谱上这个频率显得更突出一些，而 250 Hz 的频率显著降低。不难想象这样一种情况，进行许多次平均的同时，被分析的信号在数据窗内连续移动，那么信号的 300 Hz 频率段就相对于窗的中心发生移动。如果信号的这个频率成分有比较高的值，那么分析的结果就是两个凸起的包，一个在 250 Hz 左右，一个在 300 Hz 附近。因此在此情况下测不到确定的共振峰，而只得到两个在主要频率附近随时出没的凸包。另外，在实际情况下，频率不会像本例的理论模型那样陡然改变，而是快速而连续地变化。

总之，影响应变频谱的因素很多。第一，应变片粘贴位置选择得不好，过于靠近应变节点上，因而不能准确测量第一阶共振频率响应，共振信号过小，且淹没在信号噪声之中。第二，弹簧的尺寸与质量分布变化太大，引起固有频率从 250 Hz 变到 300 Hz 左右，变化达 20%。第三，分析采用了汉宁窗，加之实验中又未采取同步措施，因而记录中 300 Hz 的短时正弦振动就在窗函数的中心两侧游动。

这些因素一经了解，我们便可以选择一个更好的应变片的粘贴位置，并以矩形窗函数进行频率分析，这样某频率分量的位置就不会对结果有多大影响，甚至完全没有影响。为了消除信号在窗函数内的游动现象，必须付出的代价是更大的窗泄漏。

5.10　小结

本章从数据采样开始，叙述了数字信号分析仪中所进行的频率分析过程。数据采样将连续信号转换成数据窗中有限量的离散数据点。采样函数从 A/D 转换器中选点，而窗函数则决定数据窗的大小。可以证明，两个时间函数的乘积导致频域卷积。当用离散点代表一个模拟信号时，作为频域卷积定理的一个自然结果，出现叠混现象；换言之，发生这种现象的原因是对信号采样太慢。为移除信号中的高频分量，在采样之前应当使用抗叠混滤波器。数字滤波器有数字泄漏，其表现为试图用邻近的若干频率分量来表达一个分析仪中并不存在的频率分量。滤波器泄漏的程度决定于它本身的特性。

5.3 节讨论了用在数字分析仪中的数据分析原理、计算步骤和各种频谱的显示方法。我们发现，在处理代表周期频谱、暂态频谱以及随机均方谱密度的离散傅里叶频率分量时，帕塞瓦尔公式非常有用。各种显示方法的主要区别在于是用离散频率分量乘以周期 T 还是除以谱线间隔 Δf。

5.4 节讨论了影响单通道分析仪应用的几个因素。首先考虑的是怎样表征和比较不同的窗函数及相应的数字滤波器。根据中心频率、带宽、纹波和选择性等参数，可以对四种常用的窗函数——矩形窗、汉宁窗、Kasier-Bessel 窗和平顶窗——进行比较。接着，将这四种滤波器应用于一个单正弦信号，目的在于了解这四种滤波器是如何分析与解释这个最基础的信号的。再后，研究了用四个窗函数对频率相差很小而振幅分别为 100 和 1(相差 40 dB)的两个正弦波进行分析的结果。这个练习使我们认识了用各种不同的滤波器分析周期信号时的频率分辨率。我们阐述了试图分析随机信号时出现谱线不确定性的基本理论。一般而言，乘积 BT(滤波器带宽 B 乘以窗函数长度 T)等于数据窗数目，或计算自谱密度时采样并加以平均的记录数目。谱线误差近似为参与平均的数据窗样品数的平方根分之一。作为 5.4 节的结束，给出了关于周期信号、暂态信号与随机信号应该使用什么窗函数的若干建议。

5.5 节介绍了可用于测量系统频响函数的双通道频谱分析仪概念。为了建立可用于周期信号、暂态信号及随机信号的计算方法，本节研究了线性系统的理想输入—输出关系。作为输出信号与输入信号的相关性的一种量度，我们介绍了相干函数。之后又说明了分析仪是怎样实际估计自谱密度与互谱密度，怎样应用平均过程的。本节还研究了相干函数值小于 1 的三个原因：一是结构的非线性，二是导致分辨率系统误差的数字滤波器泄漏，三是信号之间的时延。本节最后给出了关于双通道分析仪的一个典型方块图，说明数据处理的主要步骤。

5.6节论述了随机信号噪声源的问题，以及这些噪声源是如何影响不同的频响函数估计的。首先考察的是输入信号中不相关噪声对频响函数估计的影响，然后考虑输出信号中不相关噪声对频响函数估计的影响，接着再讨论输入、输出信号中不相关噪声对频响函数估计的影响，最后又揭示了未予测量的外部系统输入的影响问题。在一种情况下，外部输入与实测输入是不相关的，但另一种情况下二者又是相关的。我们看到，所得结果整体上是不同的，所以将激振器与支撑试件的基础隔绝开来明显是个很重要的问题。分析表明，$H_1(\omega)$是系统实际频响函数$H(\omega)$的下限估计，而$H_2(\omega)$是$H(\omega)$上限估计。为了适应输入、输出中混有噪声的情形，我们引入了频响函数估计算法$H_3(\omega)$和$H_v(\omega)$。相干函数值越高，这两种估计算法就越接近。然而要记住，虽然相干函数低说明测量有问题，相干函数高表示测量质量好，但也有这样的情形，若输入测量和输出测量中混杂有相干噪声，那么所得相干函数值很高，而测量却是劣质的。当一激振器和试件安装在一公共基础上时可能发生这种情况。

5.7节讲了为加速数据处理过程而采用重叠窗的办法。窗的重叠使用会引起明显的滤波器纹波。但是，当时移系数是1/3或更小以致于信号重叠2/3或更多时，纹波会迅速降低到零，或接近于零。我们发现，在保持相同的谱线不确定度的条件下，75%的重叠率会使频率分析速度提高1倍。最后介绍了实时分析的概念。

5.8节讨论细化分析问题，提出了两个不同的方法：**外差法**和**长记录法**。为了保持分析仪的基带宽度不变，这两种方法采用统一的采样频率。外差法是令采样后的信号与一个正弦窗函数相乘，这样一来，就使频域轴的移动量等于该正弦窗函数的频率。然后，让重采样数字数据通过一低通数字滤波器，并且每隔N个数据点抽取一个，保存下来以便进行频率分析。这种分析结果就是对频谱上的某个区域细化。采样数据的长度增加到N倍。这种细化分析的一个缺点是数据处理过程中原始数据会丢失，因此每次细化分析都需要重复这一长时间采样。按照长记录法，全部数据都一次记录下来，而后采用移位采样组进行分析，因此能快速产生很详尽的频谱。长记录法的主要优点是，原始采样数据一直保留着以备进一步分析，如果愿意，我们可以对详细频谱的任何一部分进行细化分析。细化分析的一个问题是，在长时间采样过程中信号频率的微小变化，会使频谱变得模糊不清。某些情况下，利用外部触发，使采样速率随机器的工作速度而变化，即能克服这个问题。

5.9节关注扫描分析、扫描平均以及更多频谱模糊问题。一旦一个长时间历程被记录在数字存储器中，可以用各种方法对这个数据进行分析。扫描分析可以详细图解频谱是怎样随着时间记录在时间轴上位置的不同而变化的。扫描平均用汉宁窗函数即可对暂态信号或随机信号进行分析。最后根据实际的现场数据讨论了谱的模糊性问题，说明了一个弹簧的固有频率在一个周期内从一个值迅速变成另一个值时，会怎样严重地模糊并抑制其两个共振峰；这是一种典型的情形：当弹簧实际发生共振时，频率分析结果中共振峰却不明显。

应当明确，了解扫描分析的过程以及在求取可靠频谱、解释频谱、估计频响函数等行为中所出现的误差，是需要大量知识的。我们鼓励读者多看一些参考资料，以便更加深刻地理解并正确使用像多通道数字分析仪这样功能强大的工具。

5.11 参考资料

[1] Bendat, J. S. and A. G. Piersol, *Random Data: Analysis and Measuremeur Procedures*, 2nd ed., John Wiley & Sons, New York, 1986.

[2] Braun, S., editor in chief, D. Ewins, and S. S. Rao, editors, *Encyclopedirt of Vibration*, three vols., Academic Press, London, 2002.

[3] Broch, J. T., *Mechanical Vibration and Shock Measurements*, available from Bruel & Kjaer Instruments, Inc., Marlborough, MA, October 1980.

[4] Broch, J. T., *Non-Linear Systems and Random Vibration*, available from Bruel & Kjaer Instruments, Inc., Marlborough, MA, January 1972.

[5] Bruel & Kjaer Instruments, *Technical Review*, a quarterly publication available from Bruel & Kjaer Instruments, Inc., Marlborough, MA.

(a) "Laboratory Tests of the Dynamic Performance of a Turbocharger Rotor - Bearing System," No. 4, 1973.

(b) "On the Measurement of Frequency Response Functions," No. 4. 1975.

(c) "An Objective Comparison of Analog and Digital Methods of Real - Time Frequency Analysis," No. 1, 1977.

(d) "Digital Filters and FFT Technique," No. 1, 1978

(e) "Measurement of Effective Bandwidth of Filters," No. 2, 1978.

(f) "Discrete Fourier Transforms and FFT Analyzers," No. 1, 1979.

(g) "Zoom - FFT," No. 2, 1980.

(h) "Cepstrum Analysis," No. 3, 1981.

(i) "System Analysis and Time Delay Spectrometry," Part I, No. 1; Part II, No. 2; 1983.

(j) "Dual Channel FFT Analysis," Part I, No. 1; Part II, No. 2, 1984.

(k) "Hilbert Transform," No. 3, 1984.

(l) "Vibration Monitoring of Machines," No. 1, 1987.

(m) "Signals and Units," No. 3, 1987.

(n) "Use of Weighting Functions in DFT/FFT Analysis," Part I, No. 3; Part II, No. 4; 1987.

[6] Cooley, J. W. and J. W. Tukey, "An Algorithm for the Calculation of Complex Fourier Series", *Mathematics of Computation*, Vol. 19, pp. 297 - 301, 1965.

[7] Crandall, S. H. and W. D. Mark, *Random Vibration in Mechanical Systems*, Academic Press, New York, 1963.

[8] Ewins, D. J., *Modal Testing: Theory and Practice*, Research Studies Press Ltd, Letchworth, Hertfordshire, UK (also Available from Bruel & Kjaer Instruments, Inc., Marlborough, MA).

[9] Hammond, J. K. and T. P. Waters, "Signal Processing for Experimental Modal Analysis", *Phil. Trans. R. Soc. Lon.*, A, Vol. 359, No. 1778, Jan 15, 2001, pp. 41－59.

[10] Harris, F. J., "On the Use of Windows for Harmonic Analysis with the Discrete Fourier Transform", *Proeedings of the IEEE*, Vol. 66, No. 1, Jan. 1978, pp. 51－83.

[11] Kobayashi, Albert S. (editor), *Handbook on Experimental Mechanics*, Prentice－Hall, Inc., Englewood Cliffs, NJ, 1987.

[12] McConnell, K. G. and M. K. Abdelhamid, "On the Dynamic Calibration of Measurement Systems for Use in Modal Analysis", International Journal of Analytical and Experimental Modal Analysis, Vol. 2, No. 3, pp. 121－127, 1987.

[13] Mitchell, L. D., "Improved Method for the FFT Calculation of the Frequency Response Function", *Journal of Mechanical Design*, Vol. 104, April 1982.

[14] Newland, D. E., *An Introduction to Random Vibrations and Spectral Analysis*, Longman Group Limited, London, 1975.

[15] Pandit, S. M., *Modal and Spectrum Analysis: Data Dependen Systems in State Space*, John Wiley & Sons, New York, 1991.

[16] Papoulis, A., *Signal Analysis*, McGraw－Hill, New York, 1977.

[17] Peterson, A. P. G. and E. E. Gross, Jr., *Handbook of Noise Measurement*, available from General Radio Company, Concord, MA, 1972.

[18] Randall, B., *Application of B & K Equipment to Frequency Analysis*, 2nd ed., available from Bruel & Kjaer Instruments, Marlborough, MA, September 1977.

[19] Rhodes, J. D., *Theory of Electrical Filters*, John Wiley & Sons, New York 1976.

[20] Welch, P. D., "The use of Fast Fourier Transform for the Estimation of Power Spectra", *IEEE Transactions Audio Electro－Acoustics*, Vol. AU－15, June 1967, pp. 70－73.

第 6 章

激振器

一位试验工程师在安装于振动台面的发射架上粘贴若干加速度计，准备利用振动控制与分析系统进行系统级振动试验。(照片由 *Sound and Vibration* 提供)

6.1 引言

在模态试验及振动试验中，激励器对结果的好坏往往起着重要作用。对试件进行激励有许多方法，但是不论是现场条件下还是实验室条件下，激励器与试件之间都会表现出强烈的相互作用，这很可能是个更为重要的问题。

宽泛而言，振动激励方式可以分为两大类：1)工作性激励；2)功能性激励。机器或结构在其现场条件下工作时所受到的激励就是工作激励，例如不平衡的转动质量以及流体诱发载荷等，都是工作激励的典型例子。工作激励如果发生在共振频率附近，可能使结构严重受损，在此情况下工作激励表现为有害影响。多数情况下，工作激励不易直接测量，只有在为数不多的场合可以利用运动量的实测数据，通过反卷积法(deconvolution)对工作输入载荷进行估计。工作模态分析正是根据这些现场工作激励条件来识别结构的动态特性的。

功能性激励方式在振动试验及模态试验中扮演着非常重要的角色，因为这种方法可以直接测量施加给结构的输入载荷。功能性激励一般用在实验室中对试件进行宽频激励，从而确定结构的动态特性。有两种广泛使用的功能激励机制，一种叫做**激振器**(vibration exciter)，通常也称为**振动台**(shaker)，另一种叫做**冲激锤**(implse hammer)。激振器形式很多，可以是施加一静载荷而后突然释放的机制，也可以是机器本身的自然激励源；可以是令一辆载有试件的车子撞击一面砖墙，也可以是高度受控的实验室环境。冲激锤是能够将可测量脉冲施加在试件上的一种灵活方法。

本章研究更加常用的功能性激励技术，并说明这些技术的特征。结构试件与激振器之间存在着相当大的相互作用，对于试验结果具有巨大影响，但设备的使用者常常忽略或者不理解这一点。

6.1.1 静态激振法

一种常用的激振方法是给结构施加一个静载荷，然后将该载荷突然释放，如图6-1-1所示。这种很有吸引力的激振方法叫做**阶跃释放法**，因为可以用方便的办法在$0\sim T_0$这段时间内缓慢地将载荷加上，而在$T_0\sim T_1$的时间内让所加载荷平稳下来(令任何微小振动衰减殆尽)，然后利用某种简单的机械装置迅速将载荷释放，在T_1时刻产生一个近似阶跃的载荷，如图6-1-1所示。这样的载荷能够激励出很宽范围的频率。但是采用

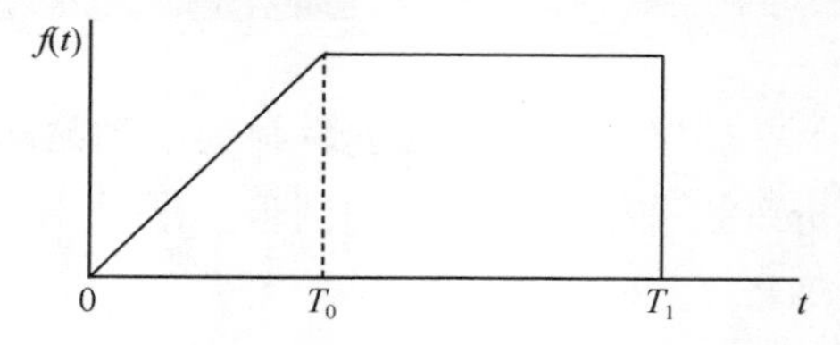

图6-1-1　缓慢施加的静载荷突然释放以激励结构

这种方法时常常被忽略的一点是，对静载荷法的加载限制与任何动态点载荷法是一样的。

我们可以用第 3 章导出的关于连续系统的模态模型来说明对静载荷法的限制。回忆，第 p 阶模态响应由式(3-6-19)给出

$$m_p\ddot{q}_p + C_p\dot{q}_p + k_p q_p = Q_p f(t) \tag{6-1-1}$$

式中　q_p——第 p 个广义坐标；

m_p——第 p 个模态质量；

C_p——第 p 个模态阻尼；

k_p——第 p 个模态刚度；

Q_p——第 p 个模态广义激振力；

时间函数 $f(t)$——外部载荷。

式(6-1-1)中广义激振力 Q_p 由式(3-6-20)给出

$$Q_p = \int^{l} P(x)U_p(x)\mathrm{d}x \tag{6-1-2}$$

式中　$U_p(x)$——第 p 个模态振型；

$P(x)$——激振力的空间分布。

式(6-1-1)的特解由式(3-6-21)给出

$$u(x,t) = \sum_{p=1}^{N} U_p(x)H_p(\omega)Q_p \mathrm{e}^{\mathrm{j}\omega t} \tag{6-1-3}$$

式中　$H_p(\omega)$——第 p 个模态频响函数。

方程(6-1-3)描述了结构在图 6-1-1 中从 $0 \sim T_1$ 这段时间内缓慢加载时的响应，同时也描述了动态响应衰减殆尽过程中的偏移，描述了达到静态平衡时结构保持的静态偏移。这些静态偏移构成了在 T_1 时刻施加的阶跃输入卸载时的初始条件。

考察一下施加一个单点静载荷会导致什么样的结果，是一个重要思想。施加在位置 x_0 的点载荷可以表示为

$$P(x,t) = P_0\delta(x-x_0)f(t) \tag{6-1-4}$$

式中 P_0 为力的幅值，$\delta(x-x_0)$是狄拉克函数。将式(6-1-4)代入式(6-1-2)就很清楚，第 p 个广义激振力求得为

$$Q_p = P_0U_p(x_0) \tag{6-1-5}$$

上式的意义在于：当载荷 P_0 突然释放时，在 $x=x_0$ 具有节点的那些模态[即 $U_p(x_0)=0$]不参与振动，**因为当结构突然卸载时，只有那些在生成静态偏转过程中予以响应的模态才能被激发出来**。因此当结构突然卸载时，与 $x=x_0$ 的那些节点所对应的那些模态在结构响应中是不存在的！

用一把吉他做个简单实验可以充分说明这一现象。比如，第一次试验我们在弦的中点拨动一下，第二次试验在弦的 1/4 处拨动一下。对发出的声音进行频率分析后发现，让中点偏转而后释放时弦的谐波隔一个缺失一个。在 1/4 处拨动时，第四次谐波会缺失。如果借助正弦模态振型来分析吉他琴弦的直线初始静态偏转，可以得出同样的结果。在载荷作

用点上具有节点的固有频率，不会出现在被激发出来的模态之列。

所以，当静载荷突然释放法不能激发出给定频率范围内应当出现的全部模态时，我们不应当惊讶！只有在悬臂梁类的结构中，在梁的自由端施加静载荷并突然释放才能激发出全部模态，因为在梁的自由端没有节点。所以说，平坦的静载荷突然释放激振法所受到的限制，与结构模态振型施加给动态激振力的限制是相同的。

6.1.2 动态冲激载荷法

利用结构的一部分产生动态载荷有多种方法。例如，利用所谓“抛锚”法，将锚释放并允许其自由下落，然后突然停止，便可激发巨轮的振动。这种冲激激励法能够激发出船的许多弯曲与扭转模态，被证明对于大型结构来说是一种简单有效的激励方法。

另一种常用的冲激载荷激励方法是用另一个结构与试件发生碰撞。这种试验的一个简单模型示于图 6-1-2，可以认为是两个单自由度系统。系统 1 代表试件，由质量 m_1、阻尼 c_1 和弹簧 k_1 组成。系统 2 代表撞击结构，由质量 m_2、阻尼 c_2 和弹簧 k_2 组成。每个系统都有自己的固有频率，互不耦合，分别为

$$\omega_{11} = \sqrt{k_1/m_1} \tag{6-1-6}$$

$$\omega_{22} = \sqrt{k_2/m_2} \tag{6-1-7}$$

假定 $\omega_{22} \gg \omega_{11}$，并假定撞击发生前的瞬时，系统 2 的初始速度为 v_0，而系统 1 处于静止状态。冲激过程中弹簧 k_2 与阻尼器 c_2 构成两个系统之间的界面，并且假定它们只承受压缩载荷。进一步，如果再假定 m_1 的质量比 m_2 大得多，那么可以证明冲激力由下式给出

$$F(t) = \begin{cases} \dfrac{m_2 v_0 \omega_n}{\sqrt{1-\zeta^2}} \mathrm{e}^{-\zeta\omega_n t} \sin(\omega_d t + \varphi) & 0 < t < T/2 \\ 0 & t > T/2 \end{cases} \tag{6-1-8}$$

式中 $\omega_n = \omega_{22}$；

$\zeta = \dfrac{c_2}{2\sqrt{k_2 m_2}}$；

$\omega_d = \omega_n \sqrt{1-\zeta^2}$。

$$\tan\varphi = \frac{2\zeta\sqrt{1-\zeta^2}}{1-2\zeta^2} \tag{6-1-9}$$

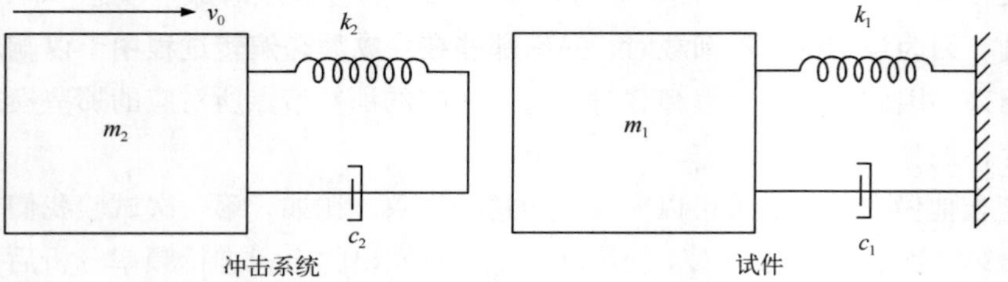

图 6-1-2 冲激试验中冲击结构(系统 2)与试件(系统 1)的定义

如果阻尼很小，式(6-1-8)就简化为

$$F(t)=\begin{cases}m_2 v_0 \omega_n \sin(\omega_d t) & 0<t<T/2\\0 & t>T/2\end{cases} \tag{6-1-10}$$

这就是我们熟知的无阻尼半正弦冲激。

式(6-1-8)表示，峰值力 F_0 受控于初始冲量 $m_2 v_0$ 与冲激结构的固有频率 ω_n。只要冲激结构与被冲激结构的惯性相差悬殊，并且 $\omega_{11} \ll \omega_{22}$，因而冲激作用时间与结构的固有周期相比很短(作用时间通常小于 $0.1T$)，那么该式就是正确的。

当质量 m_1 和 m_2 相差无几时，会出现一个很有趣的双击现象(冲激两次)，其中结构1在一个周期的后半程似乎停止了振动。道理何在?

现在忽略 k_1 和 c_1 的作用而考虑一种传统的线性冲量分析方法。设碰撞后 m_1 的速度为 V_1，m_2 的速度是 V_2，传统恢复系数为 e，并假定 V_1 和 V_2 与 v_0 速度的方向相同。那么我们可以将碰撞后两个质量的速度写成

$$V_1=\left(\frac{m_2(1+e)}{m_1+m_2}\right)v_0=\left(\frac{M(1+e)}{M+1}\right)v_0 \tag{6-1-11}$$

$$V_2=\left(\frac{m_2}{m_1+m_2}-\frac{m_1 e}{m_1+m_2}\right)v_0=\left(\frac{M-e}{M+1}\right)v_0 \tag{6-1-12}$$

其中

$$M=m_2/m_1 \tag{6-1-13}$$

是系统质量比。当 M 很小时，从上面两个式子可清楚看出，传递给结构1的速度只占速度 v_0 的很小百分比，而结构2基本上以速度 $-ev_0$ 反弹。但是无论何时，只要 $V_2=0$，就会出现上述双击现象，因为结构2滞留在结构1附近，因此结构2将被反弹回来的结构1第二次撞击。事实上，质量比 M 等于反弹系数 e 时，式(6-1-12)表明，碰撞结构系统2静止不动，直到系统1经过半个固有周期后返回来撞上它为止。

可见，双击现象的发生说明质量比不合适。要降低质量比 M，需要减小碰撞质量 m_2。如果 $M<1/5$ 左右(注意，早期采用的是5-10的旧规则)，那么碰撞结构(系统 m_2)将以它撞击时初速度 v_0 的50%～60%速度弹回，甚至当试件(系统1)度过其固有周期的70%时，二者也离得很开。可见，减小碰撞结构的质量就可以消除双击现象。初学者刚刚学过冲激试验之后，对将会发生什么事情一片茫然，因此双击现象对他们来说是个令人惊奇的实验。给他们解释了双击现象之后，他们应当明白，任何结构，只要条件适当，这一现象都可能发生，而且希望他们在这一问题出现时能够正确认识，并能够恰当地调整质量比。如此，双击问题便迎刃而解。

冲击激励的概念用与图6-1-2相同的结构来说明。图中，试件安装在质量2上(质量2至少是试件质量的10倍以上)，试件的输入载荷是碰撞产生的半正弦加速度。如果用 m_2 去除式(6-1-10)，就得到 m_2 的加速度为

$$a_2(t)=\begin{cases}v_0 \omega_n \sin(\omega_n t) & 0<t<T/2\\0 & t>T/2\end{cases} \tag{6-1-14}$$

其中输入加速度的峰值用下式估计

$$a_0 = v_0 \omega_n \tag{6-1-15}$$

由式(6-1-15)明显看出，为了增大最大加速度的幅值，最容易的办法是增大初始速度 v_0，而不是增大 ω_n。这种激励方法产生的激励频率的范围决定于冲击频率 ω_n。对半正弦时间历程进行频率分析可知，频谱中第一个零点出现在 $1.5/T$(或者说 $1.5f$，因为 $f=1/T$)，这里 T 是撞击频率 ω_n 的固有周期。

应当明确，利用这种类型的方法可以设计出各种各样的冲激试验方案，如垂直跌落式，直线轨道式以及摆锤式等。用这些线性系统会自然产生半正弦冲击。当初始速度增加时，半正弦波形可能因弹簧的非线性被削波。但是，这种削波只改变输入频谱，对整体试验概念无影响。事实上，一种特殊形状的铅质碰撞面已经研制成功，用它可以产生近似三角形冲击波形。有此冲击要求的读者可以咨询冲击试验机生产厂家。

6.1.3 受控动载荷方法

振动试验中动载荷控制方法有各种各样。图 6-1-3 所示为一典型控制系统框图，其中包括控制器、电源(能源)、激励装置，以及测量输入力(或运动)和输出运动的设备。输入信号可以是周期的(最常用的是正弦的)，暂态的或随机的。控制器可以是模拟式的，也可以是计算机式的。控制器向能源装置发出信号，能源装置再去驱动激振器。通常，要对输入力信号 $P(t)$ 或输入加速度信号 $a(t)$ 进行测量，并经前置放大器放大后反馈到控制器，产生适当的输出控制信号，驱动能源装置。也有这样的情况，为了对输入或输出响应加以限制，结构的响应也可作为反馈信号。

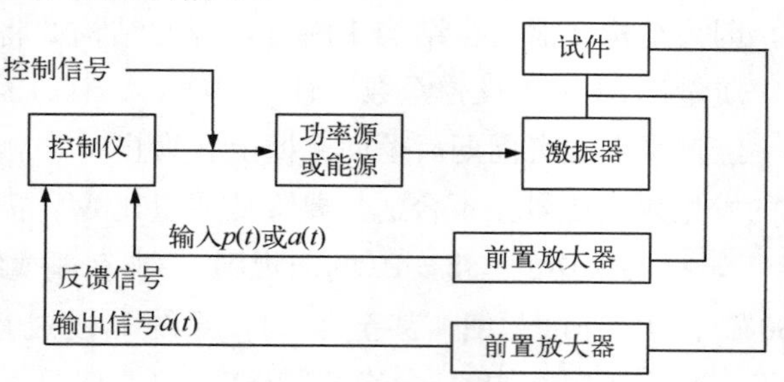

图 6-1-3 动态试验系统的控制框图

后面几节重点讨论激振器的特性以及激振器与试件如何相互作用。这些问题尚未受到应有的重视，因为我们发现在最关键的区域(比如结构的共振频率附近)激振器的特性会出现相当大的差别。控制问题在本章结束时将更详细地加以讨论。

6.2 机械激振器

机械式激振器一般分成两类：**直接驱动式**与**转动不平衡式**。直接驱动式既可以用做**反作用**激振器，也可以用作**振动台式激振器**。转动不平衡式激振器只能用做反作用式激振器。反作用式激振器通过一个惯性载荷产生激振力，因此惯性载荷是由加速运动的反作用质量引起的。

直接驱动机械式激振器含有一个被限制于做直线运动的台面，台面可以由曲柄滑动机构、挡叉机构驱动，也可以由 A、C 两点之间的凸轮机构驱动，如图 6-2-1(a)所示。在曲柄滑动机构驱动的情况下，台面相对于其基础做近似的正弦运动；用挡叉机构驱动时，台面做正弦运动；而在凸轮机构情况下台面运动方式可因凸轮的设计不同而变化。直接驱动式激振器可以按两种方式工作：一种是反作用式，即激振器基座安装在试件上；另一种是振动台式——试件安装在激振器台面上。

转动不平衡式激振器属于反作用式，如图 6-2-1(b)所示，其中有两个不平衡质量按相反方向转动，以产生只在 y 方向起作用的动态反作用力。直接式与不平衡式机械激振器具有共同的概念和特征，本节将一一介绍。

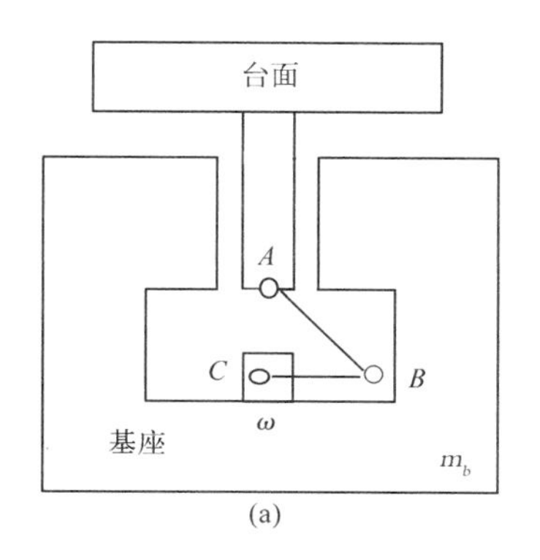

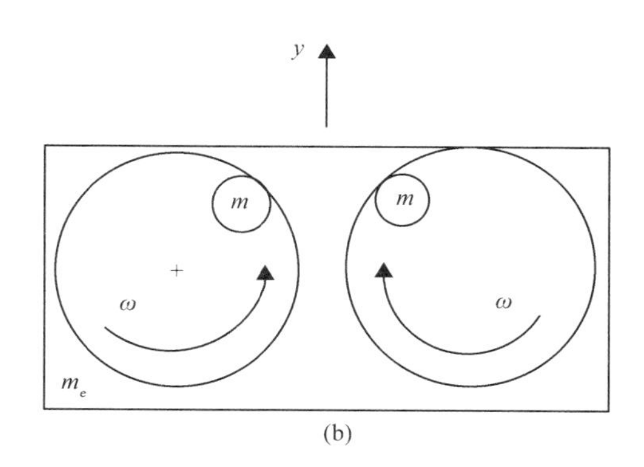

图 6-2-1　两种基本的机械激振器

(a)直接驱动式；(b)转动不平衡式

6.2.1　直驱式激振器模型

直驱式机械激振器的模型示于图 6-2-2。这个模型可以代表两种基本的试验情形：1)激振器基座安装在试件上；2)试件安装在激振器台面上，而激振器的基座安装在某个支撑基础上。系统 1 由 m_1，c_1 和 k_1 组成：质量 m_1 包括激振器台体质量加支撑基础质量(或者加试件质量)；c_1 和 k_1 分别表示支撑基础或试件的阻尼与刚度。台面的模型用系统 2 表示，由台面质量 m_2、阻尼 c_2 和弹簧 k_2 组成。阻尼 c_2 因台面与激振器基座之间的相对运动引起，k_2 则代表驱动连接装置的刚度系数。激振机构所产生的 m_1 与 m_2 之间的相对机械运动用 $y(t)$表示，而台体和台面的惯性运动分别用 $x_1(t)$和 $x_2(t)$表示。

该系统的运动方程我们直接写出如下(见第 3 章)

$$\begin{cases} m_1\ddot{x}_1 + C_{11}\dot{x}_1 + C_{12}\dot{x}_2 + K_{11}x_1 + K_{12}x_2 = -k_2y(t) \\ m_2\ddot{x}_2 + C_{21}\dot{x}_1 + C_{22}\dot{x}_2 + K_{21}x_1 + K_{22}x_2 = k_2y(t) \end{cases} \tag{6-2-1}$$

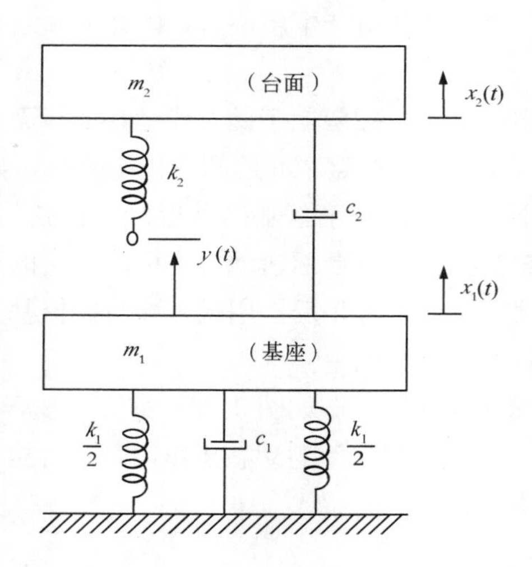

图 6-2-2　安装在地基或试件上的直接驱动激振器的模型

其中

$$[C]=\begin{bmatrix} c_1+c_2 & -c_2 \\ c_2 & c_2 \end{bmatrix},\quad [K]=\begin{bmatrix} k_1+k_2 & -c_2 \\ -c_2 & k_2 \end{bmatrix} \tag{6-2-2}$$

表示阻尼矩阵与刚度矩阵。

假定图 6-2-1(a)中 A、C 两点之间的机械输入运动为

$$y(t)=y_0\mathrm{e}^{\mathrm{j}\omega t} \tag{6-2-3}$$

相应地，基座与台面的运动假设为

$$\begin{aligned} x_1(t)&=A_1\mathrm{e}^{\mathrm{j}\omega t} \\ x_2(t)&=A_2\mathrm{e}^{\mathrm{j}\omega t} \end{aligned} \tag{6-2-4}$$

其中 A_1 和 A_2 是两个具有幅值与相位的相子。这样即可求出激振器的稳态响应。将式(6-2-3)和式(6-2-4)代入式(6-2-1)，可得一代数方程，从中可解出 A_1 和 A_2。

但是为方便计算，在求解 A_1 和 A_2 之前定义几个无量纲参数。

1)首先定义系统的两个无耦合固有频率：即对于激振器的基座(系统 1)，其固有频率为

$$\omega_{11}=\sqrt{k_1/m_1} \tag{6-2-5}$$

对于激振器台面(系统 2)，其固有频率为

$$\omega_{22}=\sqrt{k_2/m_2} \tag{6-2-6}$$

2)定义质量比

$$M=m_2/m_1 \tag{6-2-7}$$

3)定义固有频率比

$$\beta=\omega_{22}/\omega_{11} \tag{6-2-8}$$

4)定义无量纲频率比：将式(6-2-3)和式(6-2-4)代入式(6-2-1)，便可得到(以

A_1 和 A_2 为变量的二元方程的)系数行列式

$$\Delta(\omega)=[K_{11}-m_1\omega^2+jC_{11}\omega][K_{22}-m_2\omega^2+jC_{22}\omega]-[K_{12}+jC_{12}\omega]^2=\frac{k_1k_2}{\beta^2}\Delta(r) \tag{6-2-9}$$

式中 $\Delta(r)$是 $\Delta(\omega)$的无量纲表示形式，由下式给出

$$\Delta(r)=[(1+\beta^2M)-r^2+j(2\zeta_1+2\zeta_2\beta M)r][\beta^2-r^2+j2\zeta_2\beta r]-[\beta^2M][\beta+j2\zeta_2r]^2 \tag{6-2-10}$$

其中 r 是无量纲频率比

$$r=\frac{\omega}{\omega_{11}} \tag{6-2-11}$$

令式(6-2-9)或式(6-2-10)的实部等于零，可求出两个根：ω_1 和 ω_2。与此相对应的系统的两个频率比如下：

第一阶固有频率为

$$r_1^2=\left(\frac{\omega_1}{\omega_{11}}\right)^2=\frac{1}{2}\left[1+(1+M)\beta^2-\sqrt{(1+(1+M)\beta^2)^2-4}\right] \tag{6-2-12}$$

第二阶固有频率为

$$r_2^2=\left(\frac{\omega_2}{\omega_{11}}\right)^2=\frac{1}{2}\left[1+(1+M)\beta^2+\sqrt{(1+(1+M)\beta^2)^2-4}\right] \tag{6-2-13}$$

应当指出，根号下的量永远是正实数，因此固有频率也是正实数。

典型应用中，β 应大于 1，M 应小于 1。在这样的条件下，式(6-2-12)可近似为

$$r_1\cong\frac{1}{\sqrt{1+M}} \tag{6-2-14}$$

可见系统的基频小于 ω_{11}。系统基频对应的是 m_1、m_2 像一个刚体同相一起运动的情形，这时弹簧 1 是唯一起作用的变形弹簧。因此第一阶模态振型对应着两个质量的刚体运动。

式(6-2-13)给出的第二阶固有频率可以近似为

$$r_2=\beta\sqrt{1+M} \tag{6-2-15}$$

在此情形，两个质量反相运动，$x_1\cong-Mx_2$，弹簧 k_2 是有效弹簧，k_1 对响应没有很大影响。从式(6-2-15)表明，$\omega_2>\omega_{22}$。总之，一阶固有频率小于 ω_{11}，二阶固有频率大于 ω_{22}。

现在可以写出基座运动的振幅为

$$A_1=\left[\frac{k_2}{\Delta(\omega)}\right]m_2\omega^2y_0=\left[\frac{\beta^2Mr^2}{\Delta(r)}\right]y_0 \tag{6-2-16}$$

台面的运动振幅为

$$A_2=\left[\frac{k_1-m_1\omega^2\omega+jc_1\omega}{\Delta(\omega)}\right]k_2y_0=\left[\frac{1-r^2+j2\zeta_1r}{\Delta(r)}\beta^2\right]y_0 \tag{6-2-17}$$

从式(6-2-16)可清楚看出，基座之运动受到一个反作用力的激励，这个反作用力就是激振器台面的惯性力，由下式给出

$$反作用力 = m_2(\omega^2 y_0) = m_2 \times 加速度 \tag{6-2-18}$$

在式(6-2-17)中，台面的运动与 y_0 有关，但是被中括号量修正了，中括号量则决定于频率比 r。

基座与台面的典型运动分别示于图 6-2-3(a)和图 6-2-3(b)。式(6-2-16)和式(6-2-17)的无量纲量为 $\beta=40$，$M=0.5$，$\zeta_1=\zeta_2=0.01$。为图示目的，质量比 M 用了比较大的值，以便使响应的突出特点看得更清楚。通常 $M \ll 0.5$。

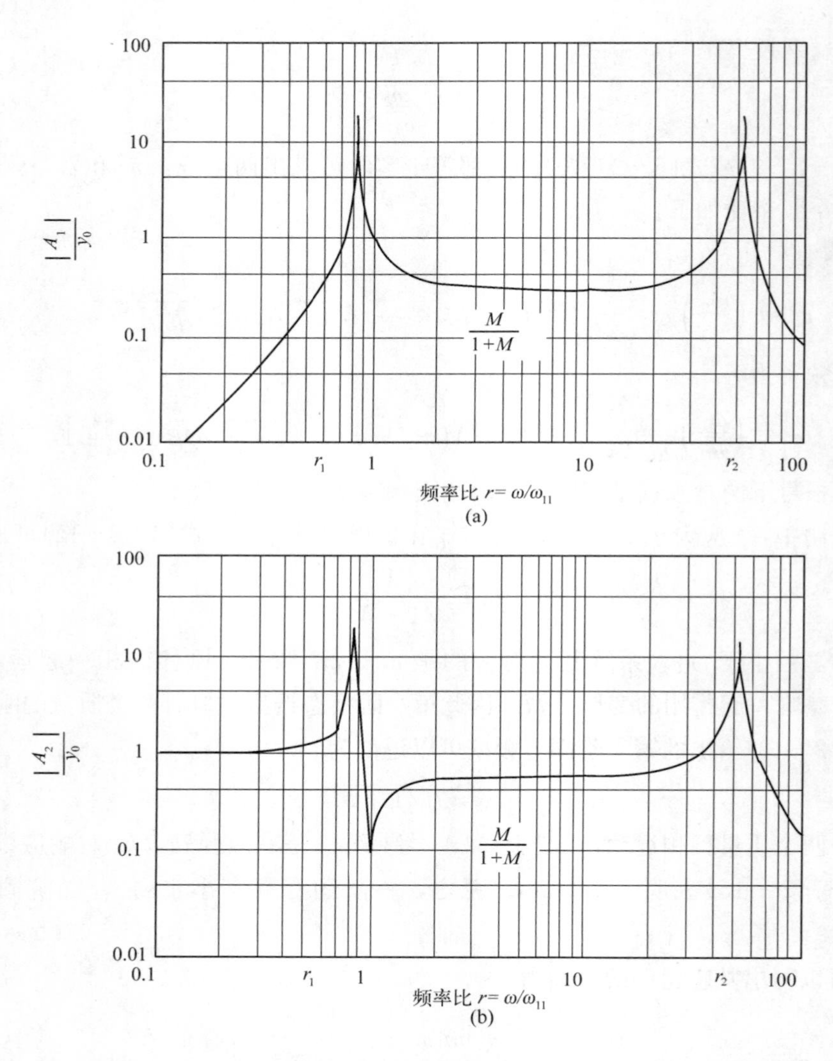

图 6-2-3 直接驱动振动响应，$\beta=40$，$M=0.5$，$\zeta_1=\zeta_2=0.01$

(a)激振器基座的运动；(b)激振器台面的运动

现在研究一下图 6-2-3(a)所示的基座响应。可以看到，基座的运动在基频 r_1 以下沿着一条斜率为 12 dB/oct 的直线增大，通过频率 r_1 附近的一个共振之后，在 r_1 和 r_2 之间近似不变，然后通过频率 r_2 附近的第二个共振，最后在 r_2 以上的频率上按 12 dB/oct 的斜率下降。这两个共振出现在 $r_1 \cong 0.82$ 和 $r_2 \cong 49$，分别如式(6-2-14)和式(6-2-15)所描述。

图6-2-3(b)所示的台面响应起始于单位1，在 r_1 处通过第一个共振，在 $r=1$ 处突然降落，在 r_1 和 r_2 之间的区域内近似不变，通过 r_2 的共振后，按12 dB/oct的速率下降。在 $r=1$ 处的显著降落是因为当 $r \cong 1$ 时，式(6-2-17)的分子变得很小的缘故。在此频率上，对于激振器的台面(系统2)而言，基座(系统1)的作用就像是个动态减振器。事实上，此时基座运动的振幅近似为1，而相位落后于台面运动近乎180°。现在我们来看怎样把这个系统用做一个激振器。

6.2.2　直驱式激振器台面

对安装在激振器台面上的试件进行激励，直驱式激振器有两种安装方法：第一种方法是采用小阻尼基座；第二种方法是采用大阻尼基座。现就台面上只固定一个惯性负载的情况，来说明这两种安装方法。

带有小阻尼基座的裸台面　这种情况示于图6-2-3(a)。该图显示出两个共振峰，而在 r_1 和 r_2 之间具有平坦部分，此平坦区域内振幅由下式估计

$$A_1 = \frac{M}{1+M} y_0 \tag{6-2-19}$$

对于所示之图，该值大约为0.33。图6-2-3(b)显示，在 $r \cong 2$ 到 $r \cong 30$ 之间，台面的振动相对变化不大。在中频区域内，A_2 的幅值近似为

$$A_2 = \frac{1}{1+M} y_0 \tag{6-2-20}$$

具体到该图，此值约为0.67。很明显，这个输入运动也受到安装在台面上的试件的动态特性的影响。因此这是我们可以期待的最好的输入响应。所以，激振器的使用范围被限制在基座固有频率 r_1 之上、激振器内台面的固有频率 r_2 之下。

注意，激振器台面增加任何质量都会使 m_2 增大，从而使 ω_2 减小，使可用频率范围降低。另外，给台面附加一个质量为 m_s、刚度为 k_s 的试件，那么对于台面的输入运动而言，会在试件的固有频率 $\omega_s = \sqrt{k_s/m_s}$ 附近形成又一个“动态减振器”①。因此，机械振动试验机在我们关心的频率范围内不会有恒定不变的运动幅值。

带有大阻尼基座的裸台面　采用大阻尼基座可以有效地扩展激振器的有效范围，如图6-2-4所示，图中将 ζ_1 增大到0.7，而质量比仍然是0.5。质量比保持较大的值是为了显示基座的阻尼作用。在此情况下，在第一阶固有频率 r_1 以下基座的运动按12 dB/oct的速率上升，在 r_1 和 r_2 之间近似为平坦的常值，如式(6-2-19)所示。通过 r_2 处的共振之后，又按12 dB/oct的速率下降。从图6-2-4(b)可以看到，在 r_1 以下激振器台面的运动起始于振幅 y_0，在 r_1 和 r_2 之间降到由式(6-2-20)给出的振幅值，通过 r_2 处的共振之

① C. M. Harris and C. S. Crede (editors), *Shock and Vibration Handbook*, Vol. 2, McGraw-Hill, New York, Chapter 25 by K. Unholtz, “Vibration Testing Machines,” pp. 25-7-25-9.

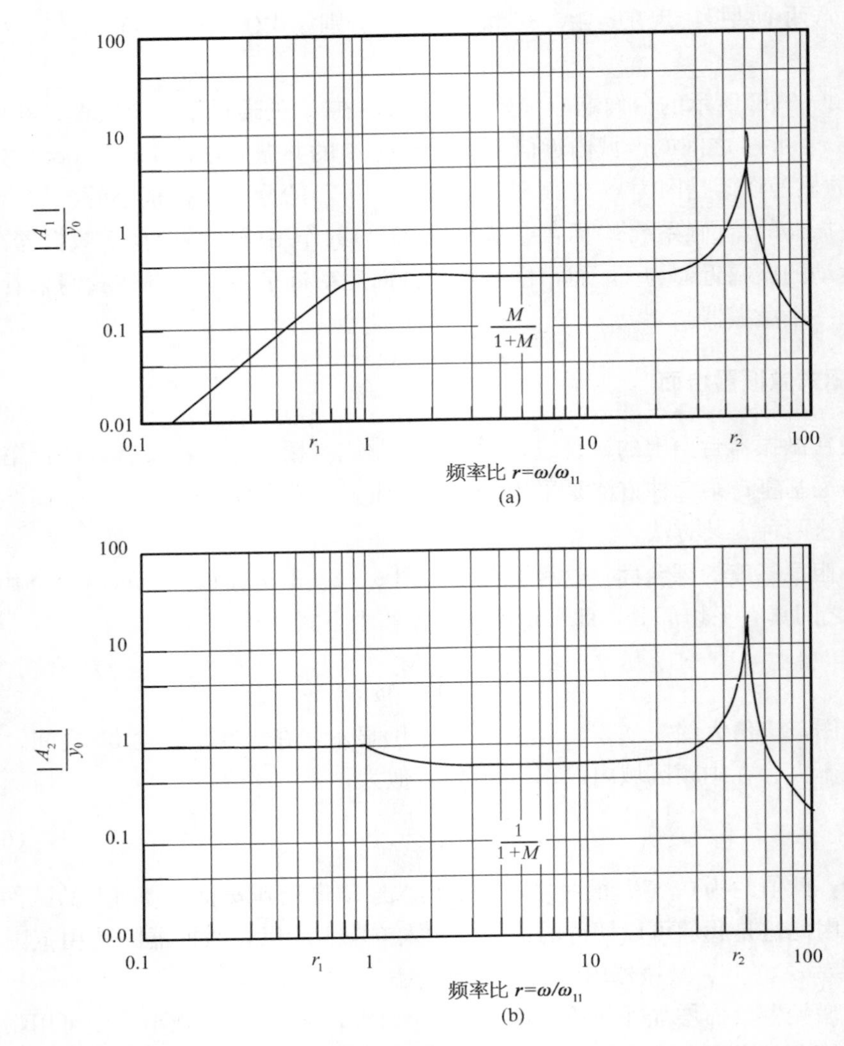

图 6－2－4　直接驱动振动响应，$\beta=40.9$，$M=0.5$，$\zeta_1=0.7$，$\zeta_2=0.01$
(a)激振器基础的运动；(b)激振器台面的运动

后，按 12 dB/oct 的速率下降。显然，由于基座阻尼的增大，使得有用的频率范围也增大了。从式(6－2－19)和式(6－2－20)还可以看出，使基座质量大于台面质量，也就是减小质量比 M，是一个好主意。这样，$A_1 \cong My_0$，$A_2 \cong y_0$。

第二种安装方法的主要缺点是有一定量的振动传输给周围结构。因此在尽量按实际需要采用比较小的质量比 M 时，应当把激振器安装在一个小阻尼隔离体上。这样，由 m_1 和 k_1 决定的 ω_1 就比较低，ω_2 由激振器设计决定，因而可获得激振器的最大可用频率范围。

6.2.3　直驱反作用式激振器

直驱反作用式激振器的应用可直接用图 6－2－3 的响应曲线来说明。激振器基座安装在试件上，这表示质量 m_1 是试件质量 m_s 与激振器基座质量 m_b 之和。图 6-2-3(a)说明了从低频到 r_1 以上很宽频率范围内试件是如何对惯性激振力 $m_2\omega^2 y_0$ 给予反应的。这就是我们所期待的结构对这样的惯性力的响应的精确形式。但遗憾的是，测量结构的固有频率 ω_1 时用的是下列公式[同式(6-2-14)]，可能产生相当大的误差

$$\omega_1 = \sqrt{\frac{k_1}{(m_s + m_b) + m_2}} \tag{6-2-21}$$

很明显，$(m_s + m_b)$表示激振器的质量，这个质量一定不同于作为频率测量误差源的结构质量 m_s。对于转动不平衡激振器来说，存在同样的频率误差问题。

6.2.4　转动不平衡激振器

大多数振动教科书对转动不平衡激振器都有描述。为便于讨论，我们把这种激振器表示成偏心度为 e 的两个质量 m 的反向转动，如图 6-2-5 所示。在此情况下，总质量 m_t 由下式表示

$$m_t = m_s + m_e \tag{6-2-22}$$

这里 m_s 是试件质量，m_e 是激振器的质量(即两个转动的不平衡质量 m 的和)。众所周知，该系统运动微分方程是

$$m_t\ddot{y} + c\dot{y} + ky = 2me\omega^2\sin(\omega t) \tag{6-2-23}$$

显然，对试件形成激励的惯性力是两个 $me\omega^2$ 之和，如图 6-2-5 所示。两个转动惯性力的水平分量相互抵消，这就是采用两个转向相反的不平衡质量产生激振力的好处。

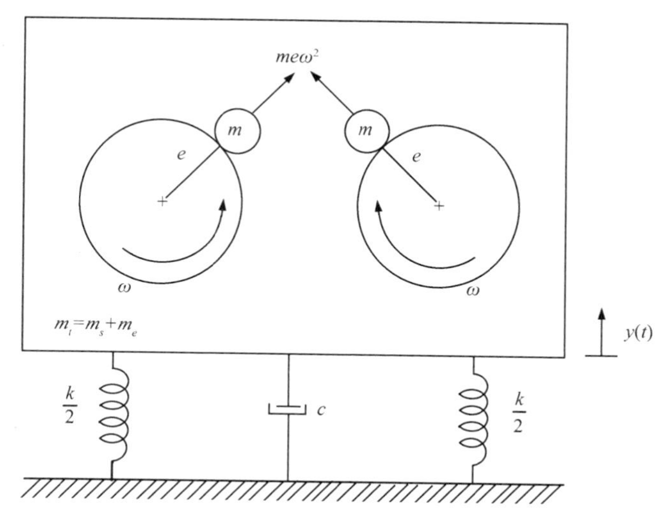

图 6-2-5　安装在被测结构上的转动不平衡激振器的模型

按照式(6-2-23)求稳态振幅得

$$A = \frac{2me\omega^2}{k - m_t\omega^2 + \mathrm{j}c\omega} = \left[\frac{2me}{m_t}\right]\frac{r^2}{1 - r^2 + \mathrm{j}2\zeta r} \tag{6-2-24}$$

其幅频曲线画在图 6－2－6，其中参数值为 $\zeta=0.05$，$2m/m_t=1$。从图上可清楚看出，在固有频率以下，响应振幅随着频率以 12dB/oct 的速率增大，固有频率附近达到峰值，最后振幅稳定在

$$A=\frac{2me}{m_t} \tag{6-2-25}$$

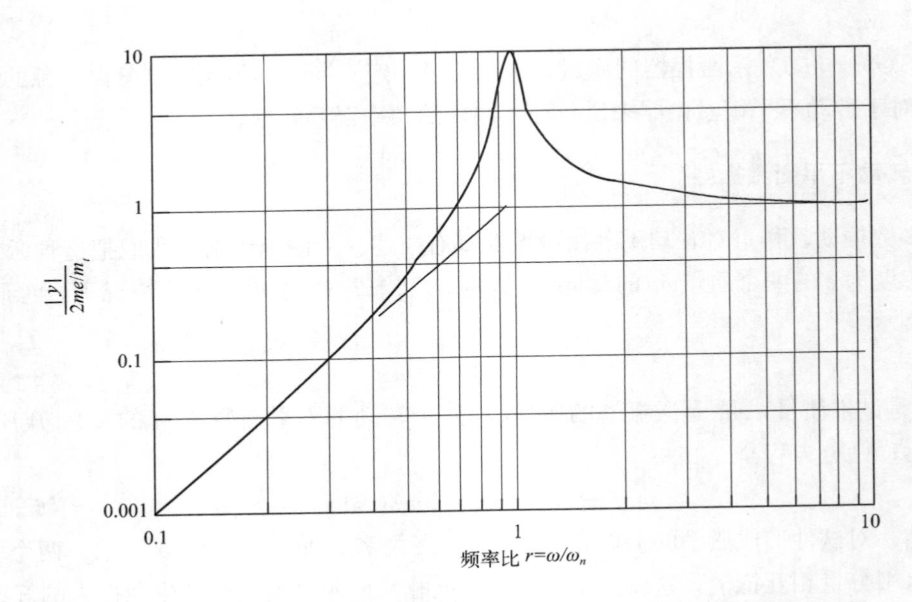

图 6－2－6 被测结构由转动不平衡式激振器激振时，试件响应的幅值。$\zeta=0.05$，$m=0.5$，$m_t=1$，$e=1$，因而 $2m/m_t=1$。实际固有频率事实上高于测量值

式(6－2－25)指出，最终的振动状态是：激励惯性力被总质量引起的惯性力反向平衡掉了。同时也很清楚，因为激振器的质量被包含在被测结构的总的视在质量中，所以按此式计算，共振幅值是欠估计的。研究这样的系统时，可以估计激振器的质量对试验结果的影响如下：因为激振器的质量对一复杂结构的各阶模态振型的影响是不同的，所以，我们可以给被测结构在同一个位置附加一个等于激振器质量的质量，重复进行实验，并注意固有频率改变了多少。这些改变量就是激振器质量对实测固有频率影响的粗略估计。

6.2.5 驱动扭矩考虑

假定输入频率 ω 不变是一回事儿，用恒定输入频率驱动机械激振器是大不相同的另一回事儿。对于有两个转动质量的激振器，维持恒定转速所需要的扭矩可以用下式估计

$$T=-\left[\frac{2m}{m_t}\left\{\frac{r^2}{1-r^2+\mathrm{j}2\zeta r}\right\}+1\right]me^2\omega^2\sin(2\omega t) \tag{6-2-26}$$

虽然式(6－2－26)是近似的，但仍可以给人某些启迪。首先，扭矩按激励频率的 2 倍做正弦变化；其次，低转速扭矩的振幅大约是 $me^2\omega^2$；第三，当激励频率接近于被测结构的固

有频率时，r接近于1，中括号内的值决定于共振项。共振发生时，在激励频率ω、结构的响应以及激振器的驱动电机扭矩之间开始出现一种非常复杂的相互作用。

实际上我们常常无法测量共振时试件的峰值响应。如果激振器的马达是开环的，除了为之提供能量之外，不能对其转速进行精确控制，就会出现这种情况。这样的激振器在频率由低到高接近结构共振频率时，转速会突然加快而通过共振。如果为了降低激励频率而减小功率输入，并且从频率高端悄悄接近共振频率，我们会发现，运动振幅受到了令人鼓舞的限制。但是结果，恰巧在响应曲线的共振频率附近出现了断点。在激振器设计中用一个很大的惯性轮，并采用具有良好速度控制的电机，那么扭矩变化所引起的频率改变量就可以控制。关于扭矩的这些讨论同样也适用于直接驱动激振器。

由于频率范围有限、结构刚性差、质量大、轴承磨损(会导致猛冲撞击载荷)严重、共振区速度难以控制等原因，机械激振器的应用一般仅限于普通用途的试验。但有许多低频应用场合，特别是试验频率和输入量级近似恒定的情况，很适合使用这种机械激振器。在低频试验中它们最大的竞争者是下节要讨论的电动液压激振器。

6.3　电动液压激振器

电动液压激振器通常用于低频激励环境，这种环境要求推力大、速度较低。频率范围从近似0 Hz到40～100 Hz。准确频率范围决定于油泵、伺服阀流量等诸多因素。本节将较为详细地讨论这些因素。

电动液压激振器最初是作为液体材料试验机来研发的。在疲劳试验机应用中，要求这些机器加载频率高一些，以便使试验更快捷。另外一些应用包括进行流体结构相互作用研究用的波形发生器、地震模拟器等。当这种技术发展起来时，可用频率的上限范围扩大了，直到电动液压激振器付诸应用。在这些应用中，电动液压作动筒成了图6-2-1和图6-2-2中运动$y(t)$的发生器。因此，6.2节中的全部动力学研究都适用于要求一个反作用质量和一个运动台面质量的那些装置。

6.3.1　电动液压系统部件

典型的闭环液压激振器的方框图示于图6-3-1。其主要部件是系统控制器(它可以是模拟式的，也可以是数字式的)、阀门驱动器、伺服阀、液压泵(动力源)、液压作动筒、激振器台面以及有关仪器设备。误差信号用以驱动阀门驱动器，这个驱动器是个电动液压装置，其作用是驱动更大的伺服阀，伺服阀控制注入液压作动筒的油量。作动筒推动台面，台面再去激励安装在它上面的试件。台面的输入力和/或输入运动量作为反馈信号，用以建立所期望发生的运动。

液压动力源系统通常由一个带有适当减压阀的高性能液压泵和一些油路冷却装置等部分组成。与适当伺服阀结合起来的液压泵系统的流量特性随频率而变，如图6-3-2所示。处于较高频率区域的曲线的虚线部分反映了伺服阀、作动筒以及试验系统的动态特性的影响。

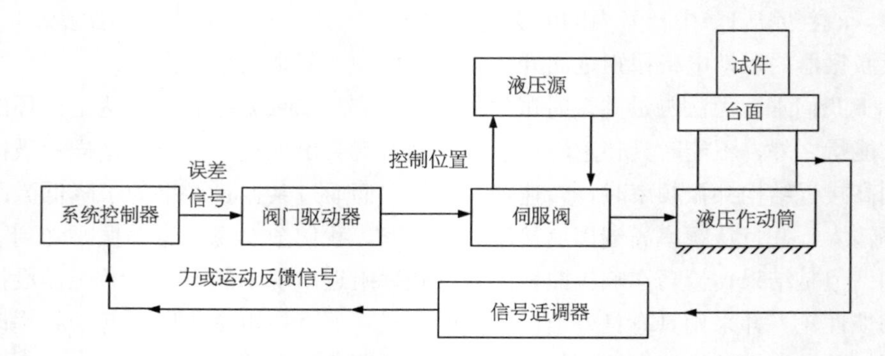

图 6-3-1 由主要部件组成的典型的闭环控制系统

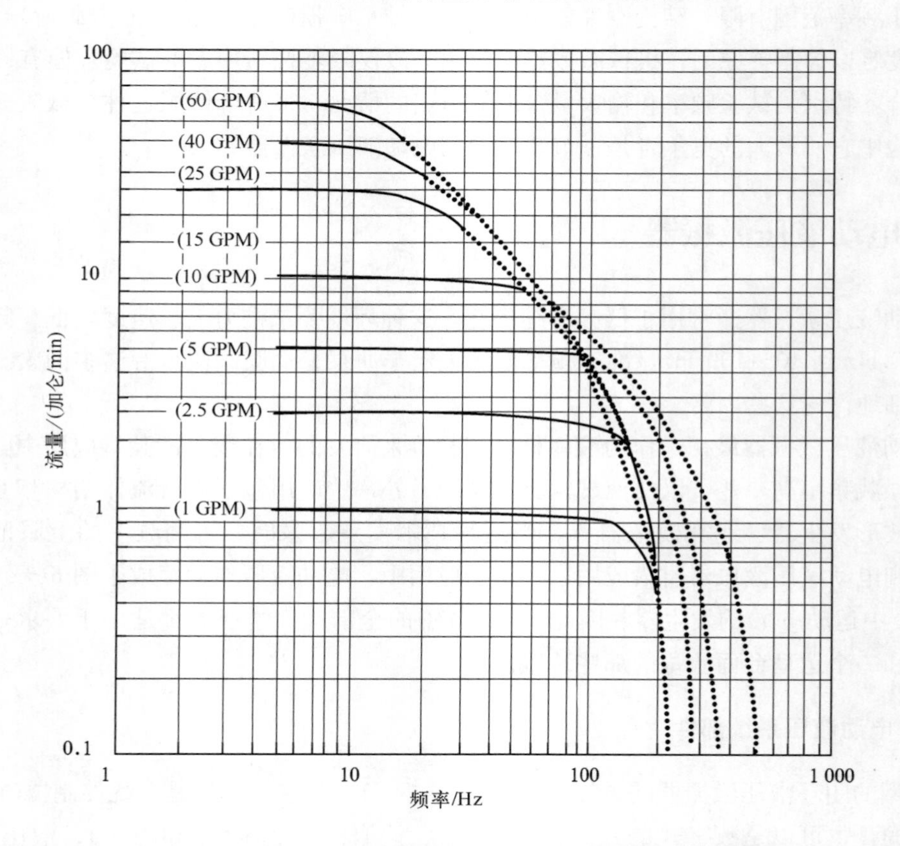

图 6-3-2 各种不同的伺服阀和作动筒的典型的流量—频率关系曲线
(Courtesy MTS Systems Corp.)

四通伺服阀及执行器的液路连接示于图 6-3-3，其中伺服阀的位置 α 控制着液油从液压泵的高压管路 P 流向作动筒的活塞，以及从活塞低压端流向泵池管 R。当 α 为正时，阀芯被推向中位以右，从而允许高压油进入作动筒活塞的右侧，低压油则排入活塞左边的油池，这样便使活塞以正向速度 v 向左运动，对试件或台面施加一个正向力 F。

阀芯位置变量 α 标定为最大值±1 之间的一个数。标定力 F_s 也在±1 之间变化，并以

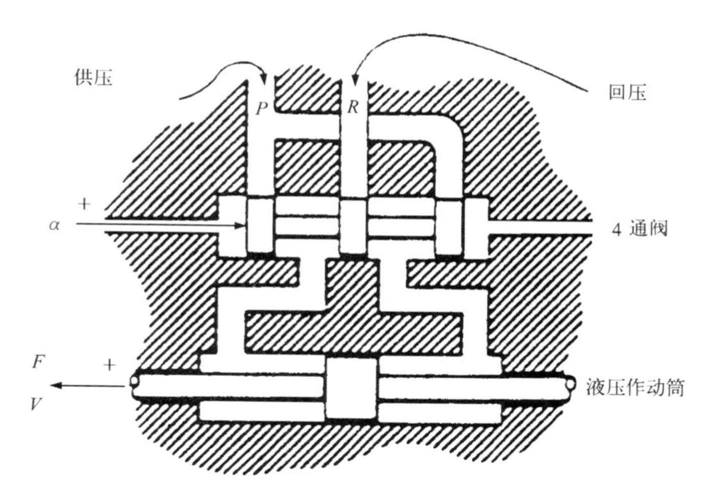

图 6－3－3　为描述系统变量而设计的伺服阀与作动筒略图
（Courtesy MTS Systems Corp.）

下式定义

$$F_s = \frac{F}{F_{max}} \tag{6-3-1}$$

这里 F_{max}是作动筒最大驱动力，对应于作动筒两端全部有效的液压降。类似地，标定速度 v_s 也在±1 之间变化，并定义如下

$$v_s = \frac{v}{v_{max}} \tag{6-3-2}$$

其中 v_{max}是伺服阀两端施加最大有效液压降时的最大速度。标定力、标定速度及阀芯位置三者之间有如下关系[②]

$$F_s = \frac{|v_s|}{v_s}\left[1 - \frac{v_s^2}{\alpha^2}\right] \tag{6-3-3}$$

式(6－3－3)描述的关系在图 6－3－4 中用 F_s—v_s 曲线表示，其中每条曲线与不同的 α 值相对应。系统设计时通常使 α 值满足 $-0.8<\alpha<0.8$ 条件，使控制能力有一定的富余量。从图6－3－4 和式(6－3－3)可清楚看到，这几个变量之间的关系是非线性的。在Ⅱ、Ⅳ象限标定速度会大于 1，这是因为伺服阀是个耗能装置的缘故。注意，曲线的奇对称性能使速度通过零点时的斜率发生改变。因此我们希望将力的曲线平滑为其最大值的 0.95 倍左右。显然，这种应用需要对控制器进行精心设计。

---

② See A. J. Clark, “Sinusoidal and Random Motion Analysis of Mass Loaded Actuators and Valves,” *Proceedings of the National Conference on Fluid Power*, Vol. XXXVII, 39th annual meeting, Los Angeles, CA, 1983.

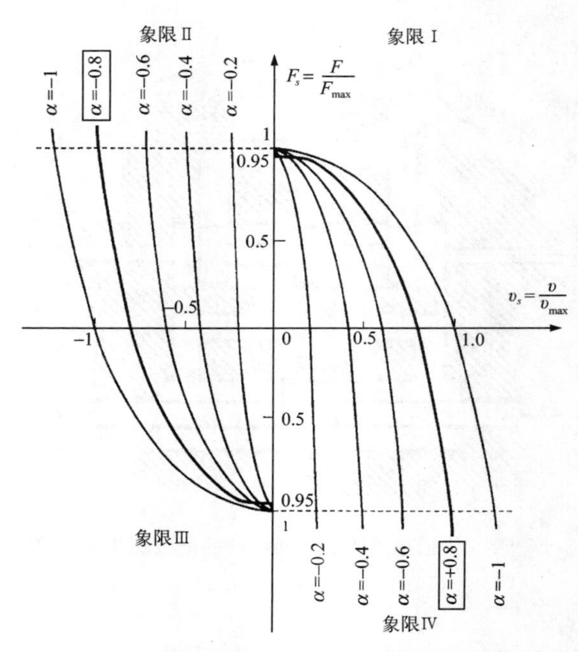

图 6－3－4 伺服阀与作动筒之间典型的力与速度的相平面图

其中控制位置参数 α 取不同值

(Courtesy MTS Systems Corp.)

6.3.2 用做地震模拟器

Clark③ 描述的地震运动振动台方案的参数及构造分别示于表 6－3－1 和图 6－3－5。这是个六自由度系统：三个线运动，三个角运动。大型试验台 6m 见方，质量 40 t，通过 12 个液压作动筒(每个 250 kN)与 4 000 t 的**反作用**质量相连接。**反作用质量**通过独立的空气弹簧支撑系统与大地隔离开来，支撑系统的纵向固有频率为 0.8 Hz，阻尼比为 16%；转动固有频率为 1.0 Hz，阻尼比为 20%。表 6－3－2 显示出各个控制装置的固有频率及阻尼比。

表 6－3－1 方案设计系统参数

条目	参数
平台尺寸	6.0 m×6.0 m
试件质量	50 000 kg
台面质量	40 000 kg
作动筒移动质量	5 000 kg
试件高度	6.0m
试件倾覆力矩	1 000 kN · m
台面运动极限	

③ A. J. Clark, "Dynamic Characteristics of Large Multiple Degree of 'Freedom' Shaking Tables," *Earthquake Engineering, Tenth World Conference*, Balkema. Rotterdam. Holland, 1992, pp. 2823－2828.

续表

条目		参数
位移/m	纵向，横向	±0.2
	竖直	±0.1
速度 m/s	纵向，横向	±1.0
	竖直	±0.5
加速度/g	纵向，横向	±1.0
	竖直	±0.5
工作频率		0.4～40 Hz
每个作动筒力		±250 kN
基础质量		4 000 000kg
基础尺寸		16 m×16 m×7 m

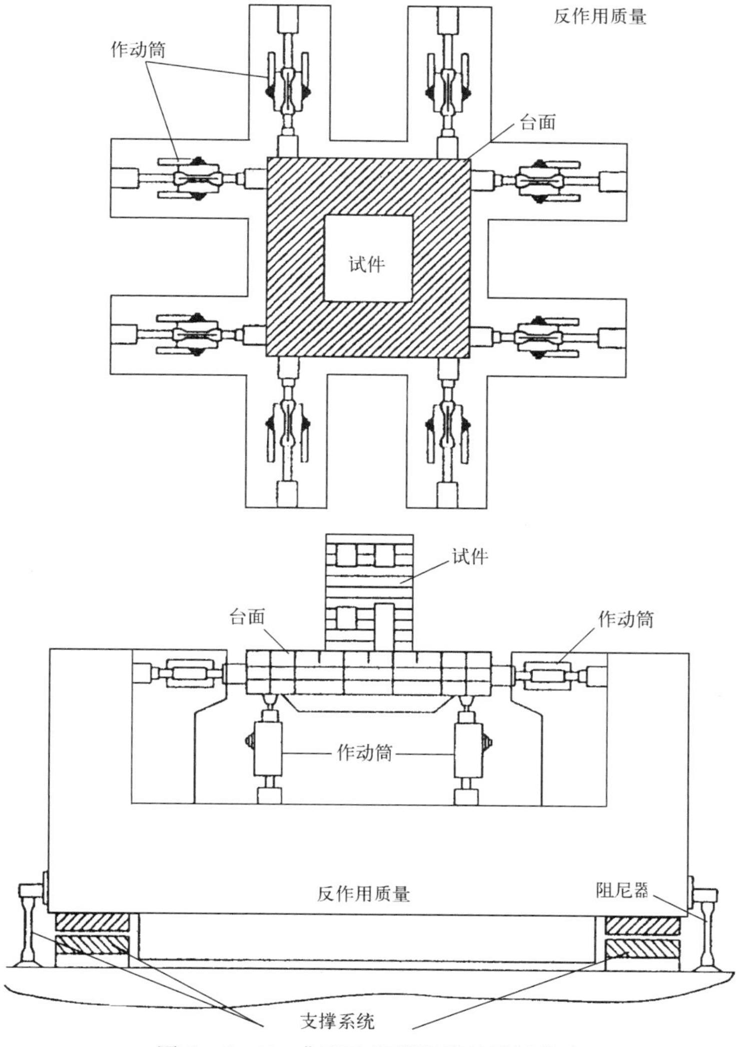

图 6－3－5　典型地震模拟器的机械构造

由 12 个作动筒支撑，每个作动筒端部都安装有全方位旋转球轴承

（Courtesy MTS Systems Corp.）

为了说明可能出现的各种相互作用，图 6-3-6 中画出了该系统在 0.2～200 Hz 带宽内单位误差信号电压(见图 6-3-1)的纵向台面加速度频响函数(频率轴按对数刻度)。这些曲线表现出“受控工厂”的特征。空载响应示于图 6-3-6(a)，可以看出，在 18 Hz 附近有一个共振。近似 20 dB/decade(每 10 倍频程 20 分贝)的线性增长速率说明伺服阀输入电压和台面惯性之间进行相互作用的情况。45 Hz 附近有一个共振突起，它对应于作动筒的横向弯曲。

表 6-3-2 各分系统固有频率与阻尼比

控制分系统	固有频率/Hz		阻尼/%	
	轴向	俯仰	轴向	俯仰
空气弹簧支撑系统	0.8	1.0	16	20
反作用质量柔性系统	60	70	1.0	1.5
负载链柔性系统	40	60	5.0	5.0
伺服阀响应系统	100	100	70.0	70.0
油柱柔性装置	20	40	10.0	15.0
作动筒横向弯曲	45	50	5.0	5.0
台面内部柔性	110	90	1.0	1.0
试件柔性	10	80	1.0	1.0

在台面上竖直安装一个质量为 50 t、水平固有频率为 10 Hz、竖直固有频率为 80 Hz 的试件时，从图 6-3-6(b)看出，试件的固有频率从 10 Hz 下降到了 7 Hz 左右。还看出，跟在共振峰之后 8 Hz 处有一个动态减振器低谷，在 20 Hz 明显出现了油柱柔性共振。20 Hz 后的降落情况与空载时几乎一样。但是，仔细研究表明，在这个响应中同样会出现其他共振频率。

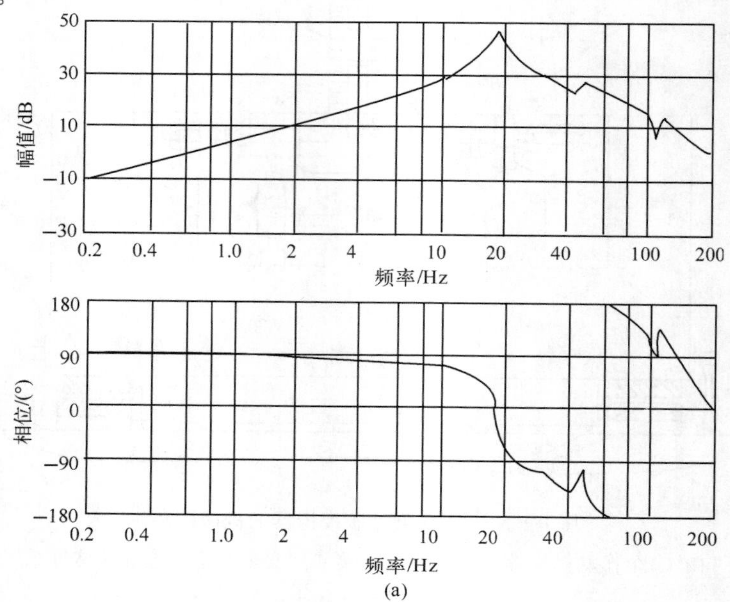

(a)

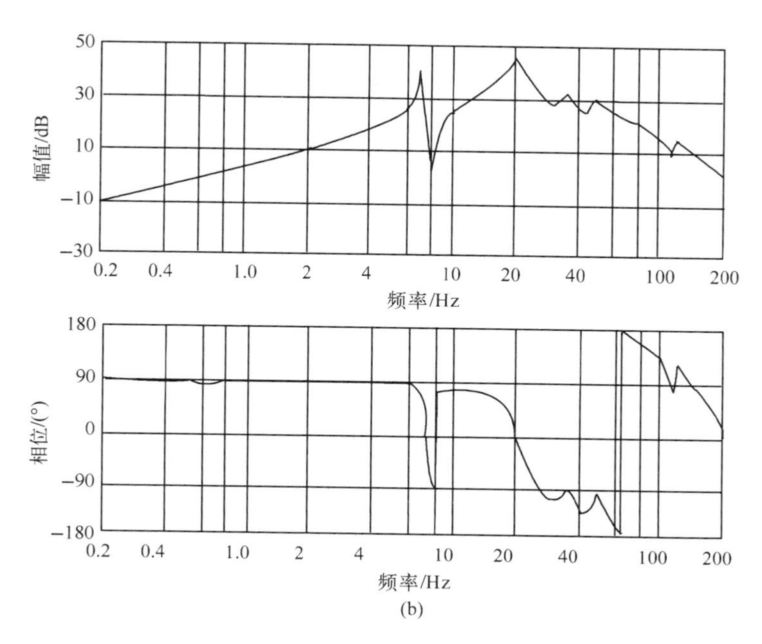

图 6-3-6　激振器纵向振动时典型的 FRF

(a)空载；(b)负载为 5 000 kg 刚性质量

(Courtesy MTS Systems Corp.)

比较图 6-3-6(a)和(b)，可清楚看到试件的动态特性怎样改变了“受控工厂”。比较结果使设计者面临挑战：设计控制系统。应当用什么样的信号作为反馈信号？为了不使试件的动态特性影响控制，应当怎样修正控制信号？值得庆幸的是，作为用户，不必关心这些问题。

6.4　电磁激振系统模型

电磁激振器因其很宽的驱动力范围及频率范围而在振动试验中获得了极其广泛的应用，尺寸的大小也灵活多变。小型激振器频率范围可以做到低频近乎 0 Hz，高频可超过 10 kHz，其正弦推力峰值可小于 11 磅(5 kg)。大型电磁激振器正弦推力可达 40 000 磅(18t)，频率范围从接近于 0 到大约 3 kHz。

电磁激振器用在振动试验时，试验系统的一般构成示于图 6-4-1。**控制器**产生输出电压信号 $V(t)$作为功率放大器的输入电压。电压 $V(t)$的大小由反馈加速度信号或反馈力信号决定。本章后面将讨论各种不同的控制器构成。

功率放大器产生输出电压 $E(t)$或电流 $I(t)$来驱动激振器。功放有两种工作模式：其一叫**电压式**，即功放的输出电压 $E(t)$跟它的输入电压 $V(t)$成正比；其二叫**电流式**，即功放的输出电流 $I(t)$与功放的输入电压 $V(t)$成正比。电磁激振器把电能转换为热能和机械能，机械能被传输给试件(SUT)。

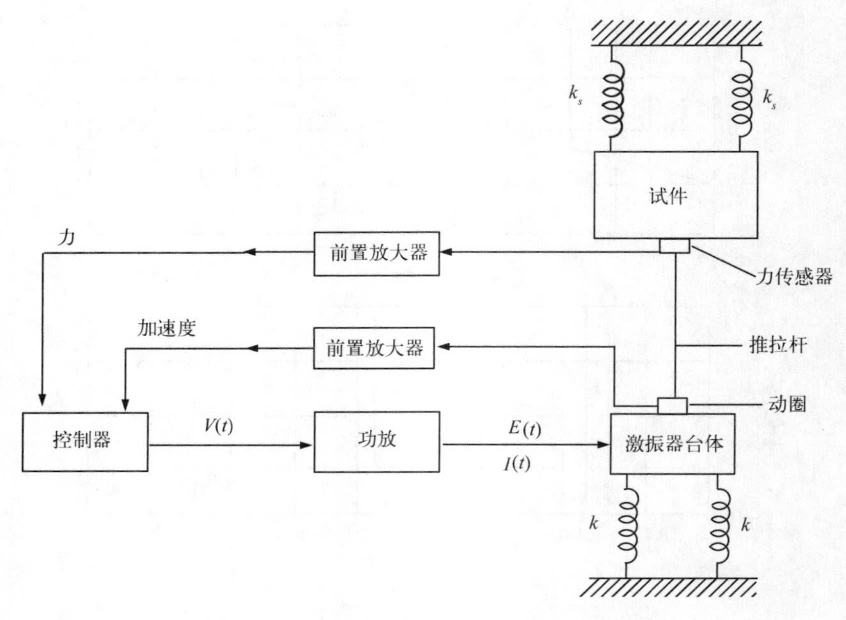

图 6-4-1　电磁激振器系统的一般布局
其中包括控制仪、力或加速度的反馈装置、
功率放大器、支撑杆、激励器及试件支撑系统等

动框是激振器的移动部件，试件通过**推杆**与激振器动框相连接。推杆是一个连接杆，它的轴向刚度很大，而弯曲刚度很小，这是为了减小传输给动框(推杆的一端)以及力传感器和试件(推杆的另一端)的弯矩。动框上常安装一个加速度计，其加速度信号作为反馈信号使用。同样地，在试件的激励点上也可以安装一个加速度计或力传感器，作为反馈控制用。

试件可以**接地**(这种情况下支撑弹簧 k_s 成了理想的刚体)，也可**不接地**(这种情况下，支撑弹簧 k_s 较之试件的刚度来说很软)。在不接地情况下，试件在空间是自由的，具有频率很低的刚体振动模态，这些模态决定于试件的质量与刚体转动惯量，以及支撑弹簧 k_s。试件最高的低频刚体模态应当低于自由结构的最低固有频率的 1/5，这一点非常重要，否则支撑弹簧 k_s 将显著影响结构在自由支撑条件下的第一阶甚至第二阶固有频率。

同样，激振器也可以接地，也可以通过它的支撑弹簧 k 浮地。

一般电动激振器的大致构造示于图 6-4-2。激振器的主要部件有两个，一个是形成磁场的很重的**台体(基座)**，一个是叫做**动框**的移动部件。

动框由三部分组成：**台面**、**骨架**和**线圈**。台面是动框的端部，可与试件相接。骨架是将动框台面与线圈连接在一起的结构，它可以由许多柱状物构成，也可以用薄壁圆筒构成。线圈是将导线卷绕在轻型非铁质磁芯(如铝制或镁制薄壳)上形成的。有些情况下用实心铝导体绕在圆筒上作为线圈代替比较重的铜线。不管什么情况，重要的是要在线圈可以自由运动的同心柱磁极气隙之间产生强大磁场。动框由弯曲弹簧 k_f 支撑，这些弯曲弹簧对任何横向运动或转动运动都很刚硬，但是对轴向运动比较软。弯曲弹簧安装在**台面导环**

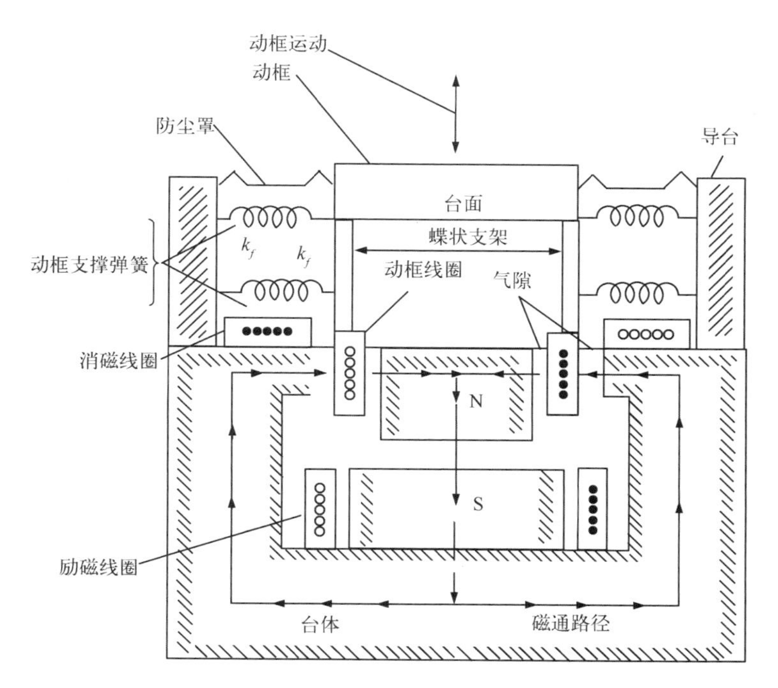

图 6-4-2　电磁激振器的剖面图

其中表示出了台体、磁通路径、台面、线圈和气隙等

上，台面导环又安装在台体上。

台体通常非常笨重，它具有一个磁路。比较小的激振器中(最大推力 100 磅)，磁通是由永久磁铁产生的，而大型激振器利用**磁场线圈**产生磁通。因为气隙的缘故，台面顶部可能存在比较大的杂散磁场。采用**去磁线圈**可以减小杂散磁场，去磁线圈产生一个强度相等而方向相反的磁场。为了防止外部杂物进入气隙，要用一个柔性**防尘盖**保护动框。为了带走磁场线圈的热量，经常用冷却空气吹入动框。还要注意，有些动框在台面与磁筒之间形成一个空气弹簧，当骨架是个密闭的壳体时，线圈附近有一个小的泄气口。

本节讨论对激振器特性起关键作用的各种参数。因为这样的参数很多，我们只能分组研究它们的特性，并利用这些结果简化模型的复杂性，以便掌握每种参数所产生的各种作用。激振器与试件的相互作用，将在第 7 章详细讨论。

6.4.1　激振器支撑动力学

本节关注激振器处于其工作环境时的动力学问题。激振器的低频动态模型可以用图 6-4-3 的二自由度系统表示，其中 $F_1(t)$ 和 $F_2(t)$ 表示同时作用在动框和台体上的电动力，因此二者大小相等方向相反，即

$$F_1(t) = -F_2(t) = -F(t) \qquad (6-4-1)$$

弹簧 k_1 与阻尼器 c_1 表示激振器的地基，k_2 和 c_2 代表动框的支撑挠性构件(图 6-4-2 中的水平弹簧 k_f)。这里的分析不考虑电、磁之间的相互作用问题，因为我们只关心基本机

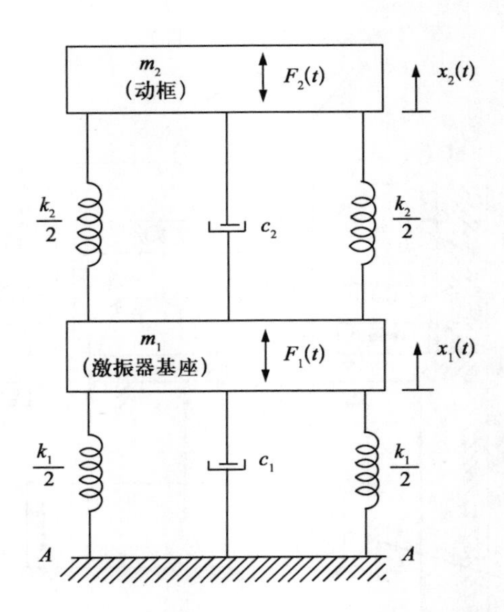

图 6-4-3　电动激振器的低频动力模型：激振器由安装在基础 A—A 上的台体和动框构成

械系统对作用在动框与台体之间的正弦力会有什么样的响应。

支配系统行为特性的运动微分方程由式(6-2-1)给出，因此我们有

$$\begin{aligned} m_1\ddot{x}_1 + C_{11}\dot{x}_1 + C_{12}\dot{x}_2 + K_{11}x_1 + K_{12}x_2 &= -F(t) \\ m_2\ddot{x}_2 + C_{21}\dot{x}_1 + C_{22}\dot{x}_2 + K_{21}x_1 + K_{22}x_2 &= F(t) \end{aligned} \tag{6-4-2}$$

其中

$$[C]=\begin{bmatrix} c_1+c_2 & -c_2 \\ -c_2 & c_2 \end{bmatrix},\ [K]=\begin{bmatrix} k_1+k_2 & -k_2 \\ -k_2 & k_2 \end{bmatrix} \tag{6-4-3}$$

为阻尼矩阵与刚度矩阵。如果我们假定 $F(t)$ 是个频率为 ω 的正弦相子，$x_1(t)$ 和 $x_2(t)$ 是同频率的正弦相子，那么式(6-4-2)就具有稳态相子解，对于台体的运动 $x_1(t)$ 有

$$X_1=\left[\frac{m_2}{\Delta(\omega)}\right]\omega^2 F_0=\left[\beta^2 M\frac{r^2}{\Delta(r)}\right]\frac{F_0}{k_2} \tag{6-4-4}$$

对于动框的运动 $x_2(t)$ 有

$$X_2=\left[\frac{k_1-m_1\omega^2+\mathrm{j}c_1\omega}{\Delta(\omega)}\right]F_0=\left[\frac{1-r^2+\mathrm{j}2\zeta_1 r}{\Delta(r)}\beta^2\right]\frac{F_0}{k_2} \tag{6-4-5}$$

变量 ω_{11}，ω_{22}，M，β，$\Delta(\omega)$，$\Delta(r)$ 以及 r 的定义由式(6-2-5)和式(6-2-11)给出，即无耦合固有频率为

$$\omega_{11}=\sqrt{k_1/m_1},\omega_{22}=\sqrt{k_2/m_2} \tag{6-4-6}$$

质量比和频率比为

$$M=m_2/m_1,\quad \beta=\omega_{22}/\omega_{11} \tag{6-4-7}$$

特征频率方程为

$$\Delta(\omega) = [K_{11} - m_1\omega^2 + jC_{11}\omega] \times [K_{22} - m_2\omega^2 + jC_{22}\omega] - [K_{12} + jC_{12}\omega]^2 = \frac{k_1 k_2}{\beta^2}\Delta(r) \tag{6-4-8}$$

其中 $\Delta(r)$ 为

$$\Delta(r) = [(1+\beta^2 M) - r^2 + j(2\zeta_1 + 2\zeta_2\beta M)r] \times [\beta^2 - r^2 + j2\zeta_2\beta r] - [\beta^2 M][\beta + j2\zeta_2 r]^2 \tag{6-4-9}$$

r 为无量纲频率比

$$r = \omega/\omega_{11} \tag{6-4-10}$$

首先需要确立 M 和 β 的典型值。对一个厂家的生产线进行分析显示，对于推力为 2～1 000 磅的激振器，M 的范围为 0.5% ～ 1.2%，平均为 0.8%。为方便计，我们计算时取 1%。对该厂家生产线的分析还表明，典型动框的固有频率为 ω_{22}＝20～90 Hz。

其次需要明白，当采用两种不同的安装方法时，典型系统具有怎样的动态特性。地基的固有频率要么低于 2 Hz，要么大大高于 200 Hz。低于 2 Hz 的地基对应于激振器被隔离的情形，高于 200 Hz 的地基固有频率表明试图将激振器台体刚性安装。所以，对隔离式激振器来说，M＝0.01，β＝10，对于“刚性安装”激振器而言，M＝0.01，β＝0.10。动框及台体的不同响应示于图 6－4－4 和图 6－4－5。

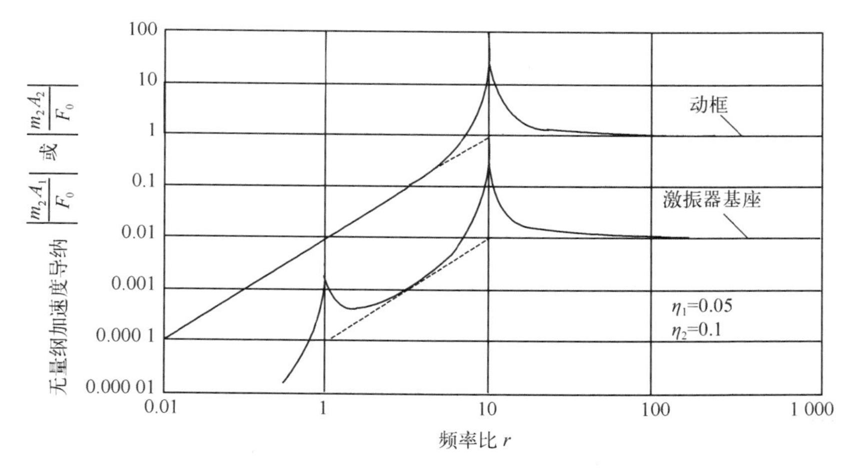

图 6－4－4　当激振器安装在**柔软地基**上时
动框与台体的加速度导纳幅值曲线(作为无量纲频率 r 的函数)，
其中 M＝0.01，β＝10

图 6－4－4 是台体和动框的无量纲加速度导纳频响函数曲线。台体加速度导纳曲线是根据下式描画的

$$\frac{m_2 A_1}{F_0} = -\left[\frac{\omega^2}{\Delta(\omega)}\right] = -\left[\frac{r^4}{\Delta(r)}\right]M \tag{6-4-11}$$

这里 A_1 为台体加速度。动框加速度导纳根据式(6－4－5)求得

$$\frac{m_2A_2}{F_0}=-\left[\frac{k_1-m_1\omega^2+\mathrm{j}c_1\omega}{\Delta(\omega)}\right]m_2\omega^2=\left[\frac{1-r^2+\mathrm{j}2\zeta_1 r}{\Delta(r)}\right]r^2 \qquad (6-4-12)$$

式中 A_2 是动框的加速度。式中阻尼项($2\zeta_1 r$)在画图时用损耗因子 η_1 代替，($2\zeta_2 r$)用损耗因子 η_2 代替，因为 Tomlinson④ 对大量的激振器的实验研究表明，动框的阻尼基本上不随频率而变化。台面与线圈上带有小气隙(见图 6-4-2)的磁体之间的空气弹簧对这种结构阻尼可以起很大作用。我们知道，当空气被迫进出一个小孔时，会使弹簧刚度明显增大，并增加磁滞损耗。为了便于计算，我们假定 η_1 和 η_2 分别为 0.05 和 0.10。频率比 r 由式(6-4-10)给出，并且以激振器的台体的固有频率 ω_{11}(主要决定于 k_1 和 m_1)为基准。

可以看到，动框的加速度按照 40 dB/dec 的速率增大，直到动框在弯曲支撑固有频率 ω_{22}($r=10$)上发生共振。共振频率过后，当 $r\gg10$ 时，动框加速度逐渐趋于单位 1。根据动框的损耗因子($\eta_2=0.1$)，这条加速度曲线峰值应当为 10 左右，但实际却接近 70。阻尼越小，激振器台体的运动对动框加速度的影响就越大。所以试图用动框加速度曲线峰值与最终趋于稳定的水平直线相比较来估计动框的阻尼时，上述结果有可能被忽略。另外还要注意，在 $r=1.0$ 附近动框没有表现出共振，但详尽研究表明，通过第一阶共振频率 $r=1.0$ 时，动框加速度曲线会出现轻微的不连续性，这跟台体的第一阶共振相对应。

从图 6-4-4 还可以看出，台体加速度在 $r<1$ 频率范围内按 80 dB/dec 的速率增大，在$r=1$ 时出现台体共振，然后在 $1<r<10$ 范围内按 40 dB/dec 的速率增大，通过动框的弯曲支撑共振频率($r=10$)之后，逐渐向 0.01 的值靠近。我们看到，台体运动幅度是 0.01，而动框运动幅度是单位 1。不出我们所料，这是一种精确的响应：在自由空间中两个质量被一个弹簧连接起来，它们受到大小相等方向相反的激振力的作用。换句话说，$r>10$ 之后的动态特性与自由空间中去掉任何地基弹簧 k_1 的系统是相同的。

图 6-4-5 所示为 $\beta=0.10$ 的情形。这种情况下，动框的弯曲支撑共振出现在 $r=0.1$，而台体支撑系统的共振出现在 $r=1.0$。动框的加速度还是以大约 40 dB/dec 的速率增大，经过一个轻微的共振后，其值呈现为 1。台体的响应情况类似，像以前一样，在动框出现共振的地方台体响应没有明显的共振，只是出现斜率的少许突变。动框的加速度曲线在弯曲支撑共振频率处显现出来的阻尼比前一种情况要大得多。这是对动框阻尼的又一次误解，其实这不过表示激振器的这种安装方式最佳，响应测量时无须考虑台面与基座之间的相对运动。另外还看到，在高频区域动框与台体的加速度与图 6-4-4 所示情况相同，即台体为 0.01，动框为 1。

图 6-4-5 所示情况的唯一缺点是，传输到支撑地基上的振动能量比较多，因为支撑弹簧 k_1 硬得多。优先考虑选择的安装方法应当是令弹簧 k_1 软一些，使传输给支撑环境的力减到最小。这时我们可以认为激振器台体的加速度等于动框加速度的 M($M=m_2/m_1$)

---

④ Private conversation with Professor G. R. Tomlinson from the University of Manchester, Manchester, UK, July 1991.

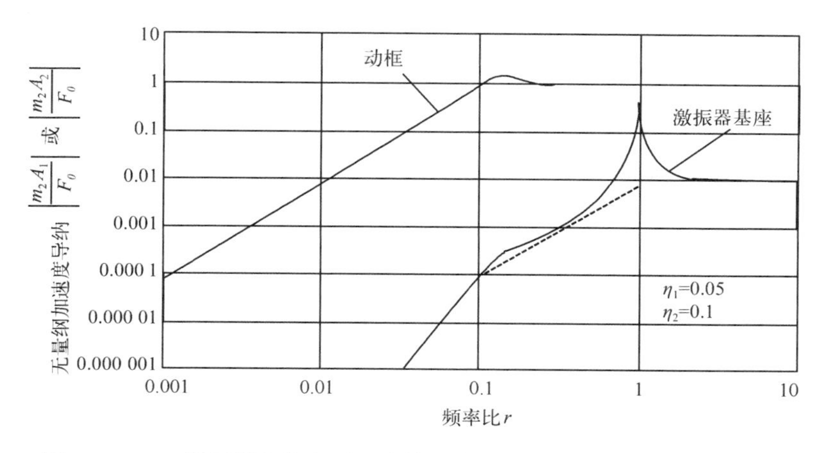

图 6－4－5　激振器安装在**刚硬地基上**时动框与台体的加速度导纳曲线

M=0.01，β=0.1

倍。**因此在进一步的模型中我们假定，激振器的台体是固定的**。

将激振器进行隔离的进一步理由示于图 6－4－6。其中将地基模型化为一个简支梁或一个平板。在图 6－4－6(a)中，激振器和试件安装在同一个地基上，因此地基的任何运动都直接传输到试件上。所以力传感器只能测出传给试件的那部分力。在图 6－4－6(b)中，被隔离的激振器台体大大减小了传给地基的能量。因此，优秀的试验方法是采用软支撑激振器，以便阻隔通向地基的能量传输路径。

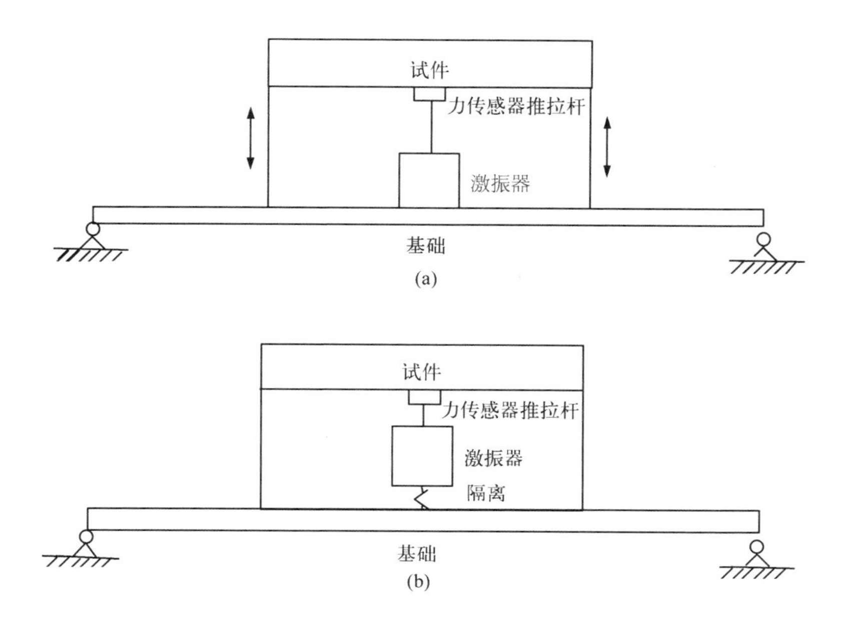

图 6－4－6　试件与地基的两种连接方式

(a)激振器与试件通过共同的地基运动相耦合；(b)激振器与试件的基础相隔离

6.4.2 动框动力学

动框的模型示于图 6-4-7，其中 $m_1(=m_t)$为台面质量，k_1 是挠性支架的弯曲刚度，k_2 是骨架的刚度，$m_2(=m_c)$是线圈的质量。因此动框的质量为

$$m_a = m_1 + m_2 = m_t + m_c \tag{6-4-13}$$

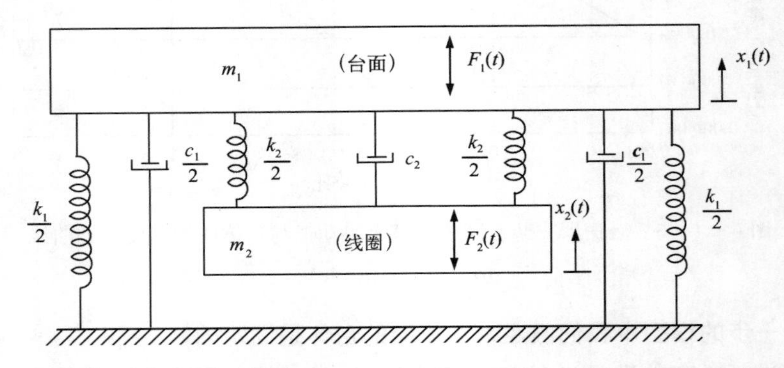

图 6-4-7　电动激振器动框的振动模型，动框由台面、线圈、挠性弹簧 k_1 和骨架弹簧 k_2 组成。阻尼是黏性的，但实际是结构阻尼

假定台体刚性地安装在大地上，跟 6.4.1 节情况一样，动框的运动方程如下

$$\begin{aligned} m_1\ddot{x}_1 + C_{11}\dot{x}_1 + C_{12}\dot{x}_2 + K_{11}x_1 + K_{12}x_2 &= F_1(t) \\ m_2\ddot{x}_2 + C_{21}\dot{x}_1 + C_{22}\dot{x}_2 + K_{21}x_1 + K_{22}x_2 &= F_2(t) \end{aligned} \tag{6-4-14}$$

式中诸[C]和[K]如式(6-4-3)描述。式(6-4-14)的稳态加速度响应相子为

$$A_1 = \frac{A_{11}(\omega)}{m_a}F_1 + \frac{A_{12}(\omega)}{m_a}F_2 \qquad \text{台面} \tag{6-4-15}$$

$$A_2 = \frac{A_{21}(\omega)}{m_a}F_1 + \frac{A_{22}(\omega)}{m_a}F_2 \qquad \text{线圈} \tag{6-4-16}$$

上二式中 A_1 和 A_2 是加速度相子，$A_{pq}(\omega)$为在 q 点施力、在 p 点所产生的动框的无量纲加速度响应相子。F_1 和 F_2 分别是作用在台面和线圈上的力。四个无量纲加速度导纳为：

由 F_1 引起的台面加速度是

$$A_{11}(\omega) = \frac{m_a A_1}{F_1} = \frac{-r^2(1+M)(\beta^2 - r^2 + \mathrm{j}\beta\eta_2)}{\Delta(r)} \tag{6-4-17}$$

由 F_1 引起的线圈的加速度或 F_2 引起的台面的加速度

$$A_{12}(\omega) = A_{21}(\omega) = \frac{m_a A_1}{F_2} = \frac{-r^2(1+M)(\beta^2 + \mathrm{j}\beta\eta_2)}{\Delta(r)} \tag{6-4-18}$$

由 F_2 引起的线圈加速度

$$A_{22}(\omega) = \frac{m_a A_2}{F_2} = \frac{-r^2(1+M)[(1+M\beta^2) - r^2 + \mathrm{j}(\eta_1 + \beta M\eta_2)]}{M\Delta(r)} \tag{6-4-19}$$

上面这些加速度导纳公式中各无量纲变量之定义见式(6－4－6)～式(6－4－10)。

如果画出上面这些无量纲加速度导纳函数的曲线，便可以了解动框的动态特性。假定动框的支撑系统的损耗因子为 $\eta_1=0.05$(同以前一样)，又假定动框的阻尼很小，为 $\eta_2=0.001$，质量比 M 通常在动框质量的 5%到 20%之间，频率比的范围从 100 到 200 多。为使计算作图容易些，取 $M=0.1$，$\beta=100$，这样就得到图 6－4－8 所示的曲线。

三个加速度导纳 FRF $A_{11}(\omega)$，$A_{12}(\omega)$和 $A_{22}(\omega)$都画在图 6－4－8 上，这三条曲线在 $r=0.1$ 到$r=10$ 的频率范围内相同。在此范围，它们都按 40 dB/oct 的斜率增大，然后在 $r_1\cong 1/\sqrt{1+M}=0.95$ 点通过动框悬挂系统的共振(此共振受 k_1 与动框质量 m_a 的支配)，

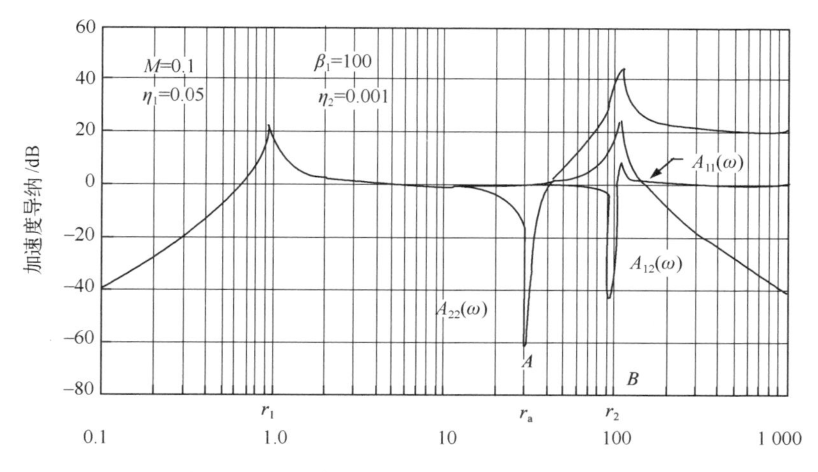

图 6－4－8　激振器动框的无量纲加速度导纳

$A_{11}(\omega)$—台面响应与激振力 F_1 之比；$A_{12}(\omega)$—台面响应与线圈激励之比；

$A_{22}(\omega)$—线圈响应与线圈激励之比

注意：$A_{11}(\omega)$和 $A_{22}(\omega)$两条曲线分别在 B 点和 A 点产生减振效应

继而下降，基本保持在 0 dB(对应幅值为 1)量级。理想情况下，我们希望响应曲线在后面更高的频率范围一直保持 0 dB 不变，但不幸的是，这些曲线在 $10<r<1\,000$ 范围内大大偏离单位 1。

首先考虑线圈的加速度导纳 $A_{22}(\omega)$，它描述的是作用在线圈上的力所引起的线圈的运动。可以看到，这个加速度导纳在 $r_a\cong 31.6$ 有个明显的下沉，这与式(6－4－19)预测相同。而在 $r_2\cong\beta\sqrt{1+M}=105$ 发生共振，最终趋平，量级为$(1+M)/M\cong 11$(合 20.8 dB)。出现这个下沉，原因是台面质量 m_t 对于线圈而言变成一个**动态减振器**。因此线圈响应幅度在很宽的动态范围内(大约 100 dB，即 1×10^5)变动，而且线圈共振频率 r_2 过后仍具有相当大的加速度。

其次考虑台面的无量纲加速度导纳 $A_{11}(\omega)$，它描述的是作用在台面上的外力所引起的台面的运动。这个导纳在 $r_b=\beta=100$ 大幅降落，如式(6－4－17)所指。降落之后紧跟着就是 $r_2\cong 105$ 处的共振。共振过后，在 $r\gg r_2$ 时，曲线达到一个稳定值$(1+M)$。$A_{11}(\omega)$

的稳定值大于1，而$A_{22}(\omega)$的稳定值大于10，其间原因是，在无量纲化这两个值时用的是同一个质量——动框质量m_a，而不是分别用台面质量m_t和线圈质量m_c。

第三，再考虑台面的无量纲转移加速度导纳$A_{12}(\omega)$，这是作用在线圈上的力引起的台面的加速度导纳。由图可见这个响应在r_2通过共振之后即按40 dB/dec的速率下降。由此曲线很清楚，在$r=300$(在此点导纳下降了20 dB)以上，从线圈端有效地驱动台面是不可能的。这说明激振器有效可用频率范围的上限受第二个共振点r_2的制约。r_2共振是因为质量较小的线圈与质量较大的台面通过动框弹簧k_2发生的，或者说因为$r_2=\beta\sqrt{1+M}$。这个频率几乎与附加在台面上的任何质量无关，因为裸台面时质量比M最大($M=m_2/m_1$)。

上述分析的结果是，**从0到r_2这个频率范围内，裸台面的运动特性使动框好像是安装在弹簧上的一个刚体，因而在r_1和r_2之间裸台面的加速度为**

$$a_{\text{bare}}=\frac{F_0}{m_a} \tag{6-4-20}$$

瞥一眼$A_{12}(\omega)$即可知道，我们用一枚加速度计就可以测量裸台面的特性。$A_{12}(\omega)$这个简单曲线常常被误解，以为激振器与试件连接时动框也可以按此曲线方式振动。但情况不是这样。不过我们可以根据加速度导纳$A_{12}(\omega)$做一个合理的假设：**只要我们将振动频率限制在裸台面线圈共振频率r_2的一半以下的范围内，则动框可以视为安装在弹簧上面的、质量为m_a的一个刚体。**

6.4.3 机电耦合关系

电压、电流、机械力和机械运动在线圈磁场界面上发生相互作用。这些相互作用受安培定律与楞次定律支配，相互作用结果既有线性的也有非线性的，取决于激振器的设计。

安培定律描述的是线圈所受到的力F_c与线圈导体中电流I之间的关系。气隙间强度为B的磁场与线圈导体中流动的电流形成的磁场，二者之间相互作用产生力F_c。此力为

$$F_c=(Bln)I=K_fI \tag{6-4-21}$$

式中 l——一匝线圈的长度；

n——线圈的匝数；

K_f——**力-电流常数**，等于Bln。

简单的电磁理论指出，磁场强度B与磁通量的关系为

$$B=\frac{\mathrm{d}\Psi}{\mathrm{d}t} \tag{6-4-22}$$

Tomlinson[⑤]已经证明，有效磁场强度B与线圈的位置x之间的关系是非线性的，如下

$$B=\frac{\mathrm{d}\Psi}{\mathrm{d}x}=B_0\left[1-\left(\frac{x+x_0}{x_{\max}}\right)^2\right] \tag{6-4-23}$$

式中 B_0——最大有效磁场强度；

⑤ G. R. Tomlinson. "Force Distortion in Resonance Testing of Structures with Electro-Dynamic Vibration Exciters," Journal of Sound and Vibration, Vol. 63, No. 3, 1979, pp. 337-350.

x_0——一个偏置位置，线圈正是围绕这个位置按振幅 x 运动的；

x_{max}——台面最大许可位移。

将式(6-4-21)与式(6-4-23)相结合即得下述关系式

$$F_c = (B_0 ln)\left[1-\left(\frac{x+x_0}{x_{max}}\right)^2\right]I = K_f\left[1-\left(\frac{x+x_0}{x_{max}}\right)^2\right]I \qquad (6-4-24)$$

当 x 与 x_{max} 相比比较小时，对于一切实际应用，式(6-4-24)显示出一种线性关系。然而我们发现，在低频结构做共振试验时情况不是这样，这时 x 可能与 x_{max} 具有同样的量级。

楞次定律描述：一个导体以速度 $\dot{x}$ 在强度为 B 的磁场中运动时，该导体中会形成感生电压(叫做**反电动势**)E_{bemf}，可用下式表示

$$E_{bemf} = (Bln)\dot{x} = K_v\dot{x} \qquad (6-4-25)$$

式中 l——每一匝线圈的长度；

n——线圈的匝数；

K_v——**反电动势电压常数**。

将非线性特征式(6-4-23)代入式(6-4-25)时，便得到反电动势电压与振幅 x 的非线性关系式

$$E_{bemf} = (B_0 ln)\left[1-\left(\frac{x+x_0}{x_{max}}\right)^2\right]\dot{x} = K_v\left[1-\left(\frac{x+x_0}{x_{max}}\right)^2\right]\dot{x} \qquad (6-4-26)$$

所以当动框运动行程比较大时(如低频结构振动试验时)，反电动势电压与动框位移间的关系是非线性的。

离开这一专题之前我们需要说明，有的作者坚持认为 $K_f = K_v$。我们指出，当采用国际单位制 SI 时这是正确的，但是力的单位用磅、速度单位用英寸/每秒时，二者是不等的。前一种情形，比值 K_f/K_v 的单位是"(N·m/s)/W"或者"W/W"，是单位1；而后一种情形下，K_f/K_v 的单位是"(in·lb/s)/W"，并不是单位1。因此本书自始至终采用明确的注脚表示 K_f 与 K_v，用在给定的方程中不会出错，读者可自由选择方便的单位制。

6.4.4 功率放大器特性

概念上，功率放大器有两种类型：**电压型**和**电流型**。这两种类型的基本电路结构示于图6-4-9，图中也考虑了线圈的电特性。线圈的电特性包括了它的电阻，有些设计中还包括放大器的输出电阻。这些电阻集中起来用电阻 R 表示，与线圈的电感 L 以及反电动势 E_{bemf} 一起构成线圈的电特性。

电压型工作 电压型电路见图6-4-9(a)，其中功放增益为 $G_v(\omega)$，增益特性曲线示于图6-4-9(b)。功放的输出电压 $E(t)$ 与其输入电压 $V(t)$ 在频域中的关系如下

$$E(\omega) = G_v(\omega)V(\omega) \qquad (6-4-27)$$

增益的高低不同，可以改变 $G_v(\omega)$ 的特性，如图6-4-9(b)中 G_1 和 G_2 所示。如果增益为 G_1，曲线在 ω_1 开始转折，按20 dB/dec的速率下降，这是许多放大器的典型特性[⑥]。如果

⑥ R. J. Smith. *Electronics: Circuits and Devices*, 3rd ed., John Wiley & Sons, New York, 1987.

增益降低到 G_2，转折频率就增大到 ω_2。20 dB/dec 的下降速率的含义是：增益减小 10 倍，就使转折频率增大 10 倍。需要避免的是不要使转折频率过于接近动框线圈的共振频率 ω_{ac}，因为如果 $\omega_1 \gg \omega_{ac}$，放大器便可以作为没有明显相移的常增益放大器使用。设计者要想设计出良好的系统，就必须考虑这些因素。

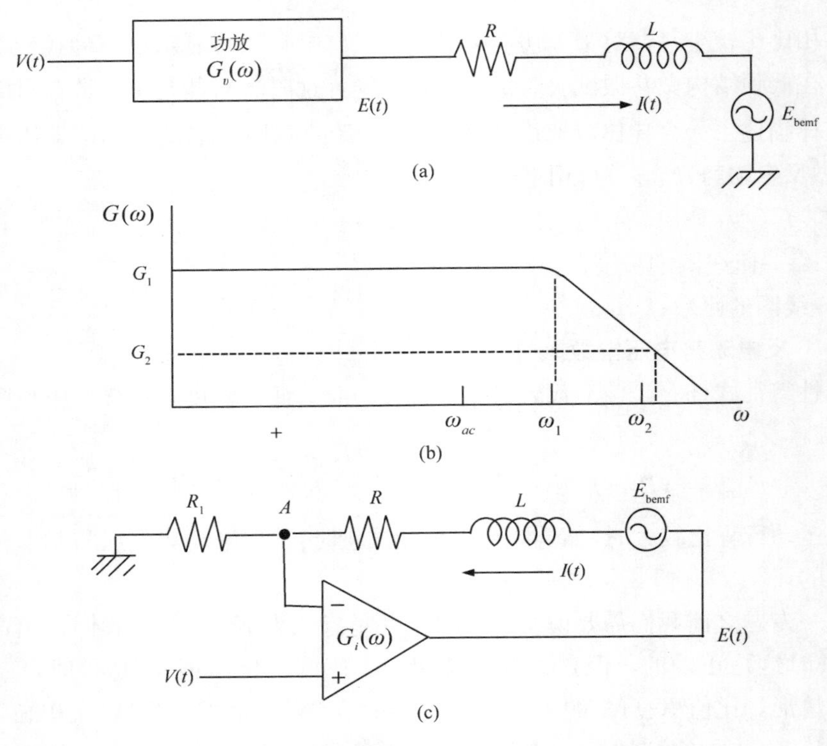

图 6－4－9　与激振器连接的功率放大器的基本电路

(a)电压式；(b)在可用频率范围内的放大器传递函数及其增益效应；(c)电流式

将各段电压降相加，即可得到线圈驱动电压 $E(t)$与电流的关系的微分方程

$$RI + L\dot{I} + E_{\mathrm{bemf}} = E(t) \tag{6-4-28}$$

该式中的反电动势代之以式(6－4－25)，得

$$RI + L\dot{I} + K_v\dot{x} = E(t) \tag{6-4-29}$$

这个方程反映了电流、电压与机械力之间的相互作用。

电流型工作　电流式工作示意图见图 6－4－9(c)，设计常电流工作模式时，特性线圈接在功率放大器的反馈电路中。为了使通过电阻 R 的电流 I 保持不变，要对功放的输出电压 $E(t)$加以调整，使 A 点电压与输入电压 $V(t)$相等。按照这种方式，在频域中电流与输入电压的关系为

$$I(\omega) = G_i(\omega)V(\omega) \tag{6-4-30}$$

如果 $G_i(\omega)$的频率特性类似于图 6－4－9(b)所示，那么电流 $I(\omega)$与频率无关。正如所见，

被试结构的运动幅值覆盖了很宽的动态范围，这将限制式(6－4－30)的可用性，因为最大输出电压被限制于 E_{max}。式(6－4－24)和式(6－4－26)的非线性将进一步侵蚀这些简单的线性模型的正确性。

6.5 节将把所有这些方程集成起来揭示激振器的裸台面响应，而第 7 章将考虑激振器与试件的相互作用问题。

6.5　激振器系统的裸台面特性

本节将讨论功率放大器工作在电压模式或电流模式时，机械特性与电气特性结合在一起的试验系统的特性。讨论这一特性时激振器台面不安装任何试件，这样激振器的特性要明显一些。6.6 节将考虑激振器与接地单自由度结构的相互作用，而激振器与不接地单自由度结构相互作用问题将在 6.7 节研究。

6.5.1　电动模型

6.4 节曾建立了关于动框的低频单自由度动态模型，但它仅在线圈共振频率的一半以下的频率范围内是正确的。这个模型示于图 6－5－1(a)。系统的运动微分方程为

$$m_a\ddot{x} + c_a\dot{x} + k_a x = F_c(t) = K_f I(t) \tag{6-5-1}$$

式中　x——动框的位移运动；

　　m_a——动框质量；

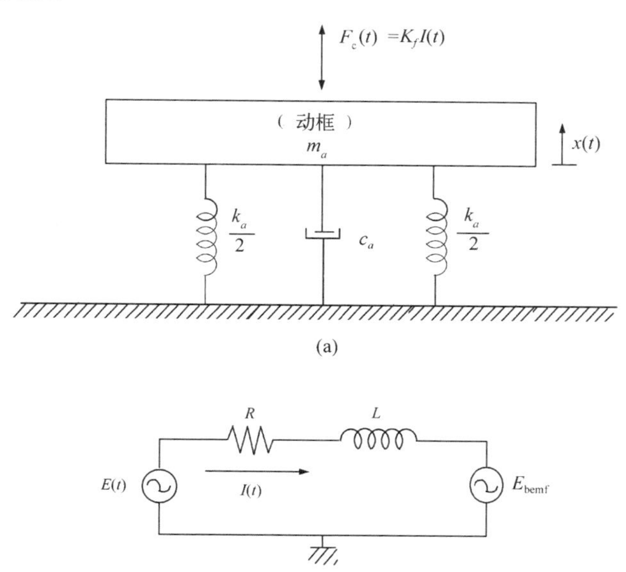

图 6－5－1　激振器的机、电部件

(a)动框的单自由度模型；(b)线圈的电路

c_a——动框阻尼；

k_a——动框刚度；

$F_c(t)$——线圈激励力，由线圈中的电流 $I(t)$决定，见式(6-4-21)；

K_f——线性电磁力电流常数。

根据图 6-5-1(b)，输入电压 $E(t)$与线圈电流 $I(t)$、线圈电阻 R、线圈电感 L 以及反电动势 E_{bemf}之间的关系如式(6-4-29)，重写如下

$$RI + L\dot{I} + K_v\dot{x} = E(t) \tag{6-5-2}$$

这里应用了式(6-4-25)给出的反电动势。我们所关心的是，当功放工作在电压模式或电流模式时这些方程如何相互作用。

6.5.2 电流型功率放大器

按照电流型工作模式，如果假定电流 $I(t)$是个幅值为 I_0 的参考相子，那么式(6-5-1)和式(6-5-2)就可以转化为频域中的代数方程

$$(k_a - m_a\omega^2 + \mathrm{j}c_a\omega)X = K_f I_0 \tag{6-5-3}$$

以及

$$(R + jL\omega)I_0 + \mathrm{j}K_v\omega X = E_0 \tag{6-5-4}$$

式中 X 和 E_0 是两个未知相子，分别代表动框运动与所需要的激励电压。式(6-5-3)的解是台面的稳态运动量，而式(6-5-4)的解则表示在电流 I_0 已知条件下驱动激振器线圈所需要的电压量。由式(6-5-4)明显看出，激励电压决定于动框的响应 X。

我们关心的是无量纲加速度导纳，因为它是激振器可以提供的最大加速度量级的量度。无量纲加速度导纳可由式(6-5-3)求出

$$A(\omega) = \frac{m_a(-\omega^2 X)}{K_f I_0} = \frac{-r^2}{1 - r^2 + \mathrm{j}2\zeta_a r} = \frac{-r^2}{1 - r^2 + \mathrm{j}\eta_a} \tag{6-5-5}$$

式中 r——以动框固有频率$\sqrt{k_a/m_a}$为参考的无量纲频率比；

ζ_a——动框的无量纲阻尼比；

η_a——动框的损耗因子。

在式(6-5-5)中采用黏性阻尼或结构阻尼，它们的效果说明如下。产生一个恒定输出电流所需要的激励电压，可以根据式(6-5-4)求出，为此先求无量纲电压比

$$E(\omega) = \frac{E_0}{RI_0} = 1 + \mathrm{j}\left[\beta_l + \frac{2\xi_e}{1 - r^2 + \mathrm{j}\eta_a}\right]r = 1 + \mathrm{j}\left[\beta_l + \frac{2\xi_e}{1 - r^2 + \mathrm{j}2\zeta_a r}\right]r \tag{6-5-6}$$

第二个等号适用于结构阻尼模型，第三个等号适用于黏性阻尼模型。β_l 为无量纲频率比，由下式定义

$$\beta_l = \omega_a/\omega_l \tag{6-5-7}$$

式中 ω_l 是式(6-5-4)中由 R 和 L 决定的拐点频率，即

$$\omega_l = R/L \tag{6-5-8}$$

ξ_e 是**电磁阻尼比**，由下式定义

$$\xi_e = \frac{C_m}{2\sqrt{k_a m_a}} = \frac{C_m}{2\omega_a m_a} \tag{6-5-9}$$

这里 C_m 叫做**电磁阻尼**，定义为

$$C_m = \frac{K_v K_f}{R} \tag{6-5-10}$$

这个电动阻尼项来源于线圈电路的有效电阻所消耗的反电动势电流。在电流放大器情况下，放大器对反电动势电压呈现出无限大的阻抗，因此不消耗能量。这种无限大阻抗表现形式为：不管反电动势是多大，为了维持所需要的电流不变，激励电压必然增大。然而在电压工作模式中，反电动势电压产生一个电流，这个电流被电路阻抗消耗掉了。这种消耗好像是线性黏性阻尼一样，见下节。下标"m"表示磁阻尼项。应当注意，当动框大幅度运动时，C_m 可能变成高度非线性的，这是因为磁场的非线性造成的，见 6.4 节及式(6-4-24)和式(6-4-26)。这些非线性可能使 Tomlinson 测定的结构阻尼也具有了同样的非线性。

式(6-5-6)表明，动框在共振时要求很大的输入电压以维持所需要的动框输入电流。$E(\omega)$受比值 $C_m/c_a=(2\xi_e)/(2\zeta_a)$的影响很大。我们先考虑一下常电压工作模式，然后再通过图线比较系统的特性。

6.5.3 电压型功率放大器

本节假定式(6-5-1)和式(6-5-2)中的参考相子都是幅值为 E_0 的电压 $E(t)$，则式(6-5-1)和式(6-5-2)的频域表达式与式(6-5-3)和式(6-5-4)相同。在这种情况下，需要从式(6-5-4)中解出电流 I_0，然后代入式(6-5-3)。所得稳态运动方程根据阻尼模型之不同可以写成两种形式。首先假定阻尼模型为黏性阻尼，则有

$$A_v(\omega) = \frac{m_a(\omega^2 X)}{K_f(E_0/R)} = \frac{-r^2}{1-(1+M_L)r^2+\mathrm{j}[2(\zeta_a+\xi_e)+\beta_l(1-r^2)]r} \tag{6-5-11}$$

式中 ζ_a 和 ξ_e——分别是动框黏性阻尼比与电磁黏性阻尼比；

M_L——无量纲质量比。

$$M_L = m_l/m_a \tag{6-5-12}$$

式中 m_l——电阻 R、电感 L 以及黏性机械阻尼 c_a 之间的耦合作用所形成的**感应质量**，表示如下

$$m_l = Lc_a/R \tag{6-5-13}$$

式(6-5-13)清楚表明，增加动框的阻尼会增大感应质量，感应质量能够影响动框的行为特性。

如果动框是结构阻尼，那么无量纲加速度导纳成为

$$A_s(\omega) = \frac{m_a(-\omega^2 X)}{K_f(E_0/R)} = \frac{-r^2}{1-(1+M_L)r^2+\mathrm{j}[\eta_a+2\xi_e r+\beta_l(1-r^2)r]} \tag{6-5-14}$$

式中　η_a——动框的结构阻尼。

应当指出，式(6-5-11)和式(6-5-14)是近似模型，因为在动框共振处支配性的阻尼受式(6-5-10)中 C_m 的制约。这个线性阻尼项实际上是非线性的，因为 K_f 和 K_v 是振幅相关量。计算出来的响应最好也是近似值，这可以解释为什么在试图测量动框阻尼时会受误导。现在来比较这些响应。

6.5.4　裸台面动框响应之比较

现在来看按照常电流和常电压方式工作时典型的裸台面响应是什么样子。现以 Ling 公司 201 型激振器参数为例，激振器参数如下：

$$L=0.400\times10^{-3}\,\mathrm{H}$$

$$R=1.5\Omega$$

$$K_f=5.78\ \mathrm{N/A}$$

$$K_v=5.78\ \mathrm{V/m/s}$$

$$m_a=0.020\ \mathrm{kg}$$

$$k_a=3\,500\ \mathrm{N/m}$$

$$\eta_a=0.2$$

$$\xi_a=0.10(\text{共振点等效黏性阻尼比})$$

就本例计算出来的对应参数为：

$$\omega_l=R/L=3\,750\ \mathrm{rad/s}$$

$$\omega_a=\sqrt{k_a/m_a}=418\ \mathrm{rad/s}$$

$$\beta_l=\omega_a/\omega_l=0.112$$

$$C_m=(K_fK_v)/R=22.27\ \mathrm{N-s/m}$$

$$\xi_e=C_m/2m_a\omega_a=1.331$$

$$M_L=m_l/m_a=0.022(\text{与 1 相比可以忽略})$$

对于电流型和电压型功放工作模式，无量纲加速度导纳作为 Bode 图示于图 6-5-2。对于电流型功放情形，加速度导纳类似于图 6-4-8 中关于 $A_{12}(\omega)$ 在线圈共振以下的部分。在图 6-5-2(a)与图 6-4-8 中，在 $r=1$ 以下，加速度导纳按照 40 dB/dec 的速率增大；在 $r=1$ 通过动框的共振；当 $r>1$ 时，趋向于恒定值 1。从图 6-5-2(b)看出，相位角起始于 180°($r\ll1$)，在 $r=1$ 处通过 90°，而当 $r\gg1$ 时趋向于零。这是理想特性。

图 6-5-3 显示，对于本例来说，输入电压必定要增大到大约 13.3 倍[此倍数在式(6-5-6)中是由($\beta_l+\xi_e/\zeta_a$)这个量决定的]。输入电压起始于 $r\ll1$ 处的单位 1，在 $r=1$ 处峰值接近于 13.3，而当 $r\gg1$ 时，电压又重归于单位 1。在远离动框共振处激振器被高量级输入信号驱动时，激励电压的陡增可能导致功放削波(饱和)，因此在操作电流模式功放时，必须时刻监视激振器的输入电压，否则不要采用电流工作模式。

为了进行比较，图 6-5-2 还画出了常电压型功放的无量纲加速度导纳。从中看到，在电压模式中加速度导纳大大不同了，这是由于固有的高电磁阻尼 C_m 造成的。按 C_m 算出的阻尼比为 $\xi_e=1.331$，说明 C_m 比动框的临界阻尼还大，更不用说动框的实际阻尼了。图 6－5－2(a)显示，因为电磁阻尼比较大，加速度导纳曲线增加比较缓慢，在 $r\cong4\sim6$ 的地方达到峰值 1，然后在 $r>10$ 以后按 20 dB/dec 的速率下降。20 dB/dec 的下降速率受式(6－5－11)分母中($\beta_l r$)这一项的控制，因为当 $r\gg1$ 时，式中分子分母上的 r^2 项互相抵消了。感应惯性 m_l 对所示结果没有影响。

电压工作模式下相位角在 $r\ll1$ 时从 180°开始，在 $r=1$ 时减为 90°，而在 $r\cong5$ 时通过 0°，当 r 值增大时，相位角继续减小，一直到接近－90°。

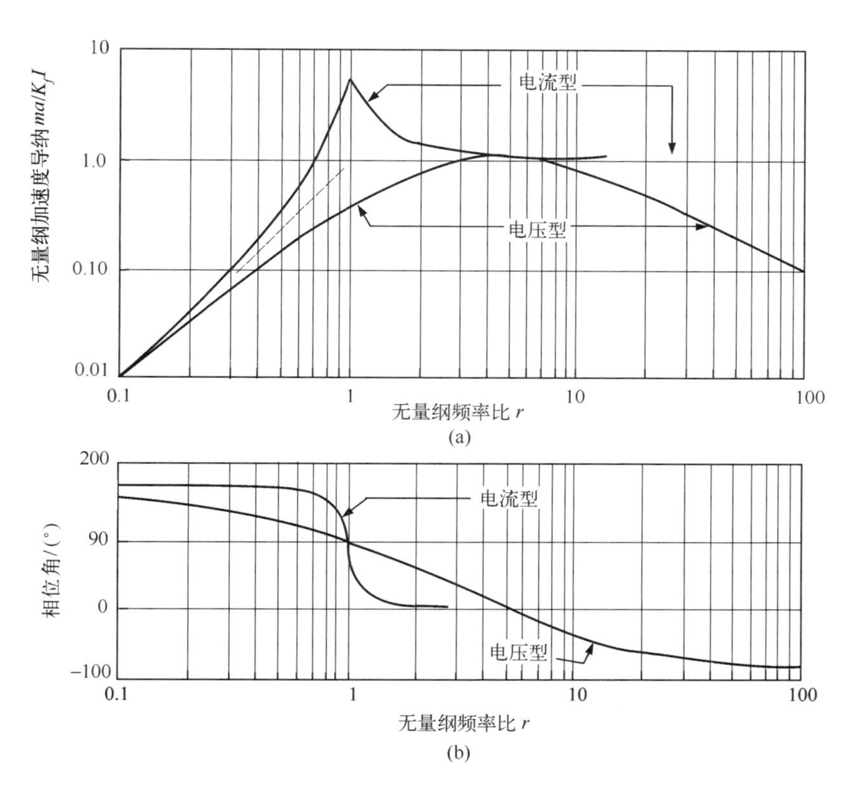

图 6－5－2　裸台面的无量纲加速度导纳 Bode 图，电流和电压工作模式下加速度导纳和相位角作为无量纲频率比($r=\omega/\omega_a$)的函数画出

(a)加速度导纳；(b)相位角

通过对无量纲加速度导纳的比较，可以清楚地看出，裸台面激振器的响应与功率放大器的工作模式高度有关。这两种行为特性之间的主要差别是由于很大的电磁阻尼项形成的。很大的电磁阻尼对于动框共振时出现的大振幅运动来说也是非线性的；动框共振一般出现在相当低的 25～50 Hz 频率上。例如共振频率为 50 Hz，峰值加速度为 50g，那么动框位移振幅大约是 0.2 in，这是一般动框最大行程的 40％左右。

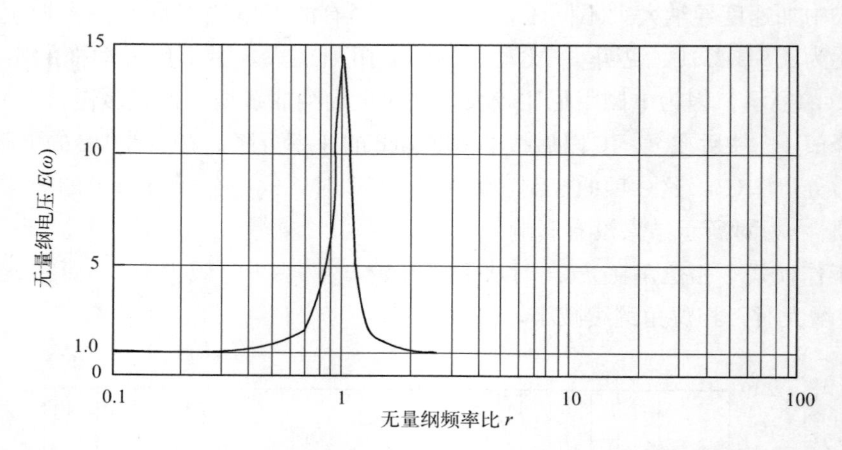

图 6－5－3　当激振器由电流型功放驱动时，通过动框共振所需要的无量纲电压

6.6　激振器与接地单自由度结构间的相互作用

至此，我们仅仅考虑了激振器裸台面响应问题，目的在于抓住激振系统技术规范中各种参数的意义。这一节来讨论试件本身对试验系统特性的影响。我们知道，试验系统的特性可能因与被试结构之间的相互作用而大大改变。此外也发现，传输到被试结构上的力在结构的共振点附近会经历“力降落”或“电涌”现象。Tomlinson⑦，Olsen⑧ 和 Rao⑨ 已经研究激振器与结构相互作用的各个方面。

6.6.1　单自由度试件与电动激振器模型

考虑图 6－6－1 所示的试验系统，其中 m_s，k_s 与 c_s 代表试件，m_a，k_a 和 c_a 代表激振器动框。一般动框的质量 m_a 大于它的裸台面值，因为起连接功能的一些硬件(例如近乎刚性的连接杆质量的一半)必须包括在 m_a 中。

质量 m_s 和 m_a 用刚度为 k_c 的、近似刚性的部件连接在一起。如果连接部件足够硬，那么结构的运动 $x_s(t)$ 与动框的运动 $x_a(t)$ 相等。所以我们假定

$$x(t)=x_s(t)=x_a(t) \tag{6-6-1}$$

如果连接件的刚度 k_c 大于 5 倍的 (k_a+k_s)，则可以说式(6－6－1)对于 $0.5\omega_c$ 以下的频率是合理的正确的，这里的 ω_c 由下式给出

⑦ G. R. Tomlinson, “Force Distortion in Resonance Testing of Structures with Electro－Dynamic Vibration Exciters,” *Journal of Sound and Vibration*. Vol. 63. No. 3. 1979, pp. 337－350.

⑧ N. L. Olsen, “Using and Understanding Electrodynamic Shakers in Modal Applications,” *Proceedings of the 4th International Modal Analysis Conference*. Vol. 2, 1986, pp. 1160－1167.

⑨ D. K. Rao. “Electrodynamics Interaction between a Resonating Structurc and an Exciter,” *Proceedings of the 5th International Modal Analysis Coference*, Vol. 2., 1987, pp. 1142－1150.

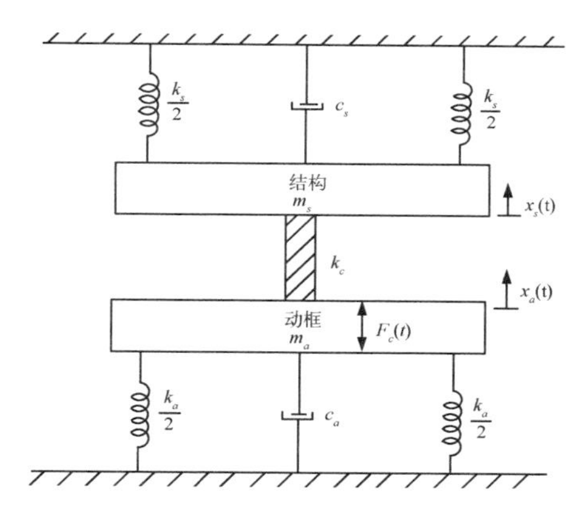

图 6－6－1　一单自由度试件与激振器动框用一个近似刚性杆连接

$$\omega_c = \sqrt{\frac{k_c(m_a + m_s)}{m_a m_s}} \tag{6-6-2}$$

频率 ω_c 对应的是两个质量 m_s 和 m_a 反相振动时的频率，这时两个质量好像处在自由空间中，因而弹簧 k_s 和 k_a 似乎不存在。于是图示简单模型的频率范围限制在 $0.5\omega_c$ 以下。

描述图 6－6－1 所示系统之运动的微分方程为

$$m\ddot{x} + c\dot{x} + kx = F_c(t) = K_f I(t) \tag{6-6-3}$$

式中

$$\begin{aligned} m &= m_a + m_s = m_s(1+M) \\ c &= c_a + c_s = c_s(1+C) \\ k &= k_a + k_s = k_s(1+K) \end{aligned} \tag{6-6-4}$$

这里 M，C，K 分别是无量纲质量比、无量纲阻尼比和无量纲刚度比。考虑以上这些等式，主要是方便测量结构的固有频率和阻尼；需要借助结构的刚度、阻尼和质量来表达动框的刚度、阻尼和质量。还有一个常用的参数是动框与结构的固有频率比

$$\beta_s = \frac{\omega_a}{\omega_s} = \frac{\sqrt{k_a/m_a}}{\sqrt{k_s/m_s}} \tag{6-6-5}$$

其中 ω_a 和 ω_s 分别是动框与结构的固有频率。于是，式(6－6－4)中的刚度比 K 就成为

$$K = \frac{k_a}{k_s} = \beta_s^2 M \tag{6-6-6}$$

而式(6－6－4)中的阻尼比 C 则为

$$C = \frac{c_a}{c_s} = \frac{\xi_a \beta_s M}{\xi_s} \tag{6-6-7}$$

其中质量比 M 由下式给出

$$M = \frac{m_a}{m_s} \tag{6-6-8}$$

这几个无量纲参数在本节剩余部分很有用。

本节电路方程与式(6－5－2)一样，即

$$RI + L\dot{I} + K_v\dot{x} = E(t) \tag{6-6-9}$$

下面讨论时，还是分电流型与电压型功率放大器工作模式。

6.6.2 试件的加速度导纳响应

被测试件的位移导纳响应、速度导纳响应及加速度导纳响应与功率放大器的工作模式有关。为方便计，用无量纲加速度导纳来表示这些响应。这里先就电流型工作模式研究加速度导纳，然后再就电压型工作模式讨论。

电流型工作模式 对于电流型工作模式，假定参考相子是振幅为 I_0 的电流，位移相子的复振幅为 X，电压相子的复振幅为 E_0。这样，关于位移，我们利用式(6－6－4)、式(6－6－6)、式(6－6－7)和式(6－6－8)可将式(6－6－3)和式(6－6－9)的时域描述变成下面的频域描述

$$X = \frac{K_f I_0}{k - m\omega^2 + jc\omega} = \frac{K_f I_0}{k_s[(1+\beta_s^2 M) - (1+M)r^2 + \mathrm{j}2(\zeta_s + \zeta_a\beta_s M)r]} \tag{6-6-10}$$

式中 $r=\omega/\omega_s$。

而相对于电流相子 I_0，所需要的电压为

$$E_0 = R\left[1 + \mathrm{j}\frac{L}{R}\omega + \mathrm{j}\left\{\frac{K_v K_f}{R}\right\}\left\{\frac{\omega}{k - m\omega^2 + \mathrm{j}c\omega}\right\}\right]I_0 \tag{6-6-11}$$

从式(6－6－10)可求得结构的无量纲加速度导纳为

$$A(\omega) = \frac{m_s(-\omega^2 X)}{K_f I_0} = \frac{-r^2}{(1+\beta_s^2 M) - (1+M)r^2 + \mathrm{j}2(\zeta_s + \zeta_a\beta_s M)r} \tag{6-6-12}$$

而从式(6－6－11)可得出下面的无量纲电压比

$$E(\omega) = \frac{E_0}{RI_0} = 1 + \mathrm{j}\left[\frac{\beta_l}{\beta_s} + \frac{2\xi_e\beta_s M}{(1+\beta_s^2 M) - (1+M)r^2 + \mathrm{j}2(\zeta_s + \zeta_a\beta_s M)r}\right]r \tag{6-6-13}$$

其中 β_l 定义如式(6－5－7)，ξ_e 定义如式(6－5－9)。

从式(6－6－12)明显看出，加速度导纳的峰值出现在

$$r_p = \sqrt{\frac{1+\beta_s^2 M}{1+M}} \tag{6-6-14}$$

而不是出现在 $r\cong 1$。还可以明显看出，测量的阻尼为

$$2\zeta_m = 2\zeta_s + (\beta_s M)(2\zeta_a) \tag{6-6-15}$$

式(6－6－15)表明，测量得出的阻尼包含有激振器动框的阻尼 ζ_a。式(6－6－14)和式(6－6－15)二式清楚地证明，为什么用电流型工作模式测定试件的固有频率和阻尼是不适当的，原因在于所测响应中包括激振器的响应在内。因此，**如果要测量试件的真实特性，则必须用力传感器直接测量作用在试件上的力**。

式(6－6－12)描述的加速度导纳示于图 6－6－2，其中质量比为 $M=0.2$，β_s 分别取

0.1，1和10。激振器的参数与6.5节相同。在$\beta_s=0.1$的情况下试件的固有频率是动框固有频率的10倍，曲线峰值出现在$r=0.91$左右，见图6-6-2。试件阻尼是1%，故响应峰值当为50上下。但是动框的结构阻尼η_a为10%，所以在式(6-6-12)中用结构阻尼代替黏性阻尼将得出峰值为38，大约比它本该的取值低32%。

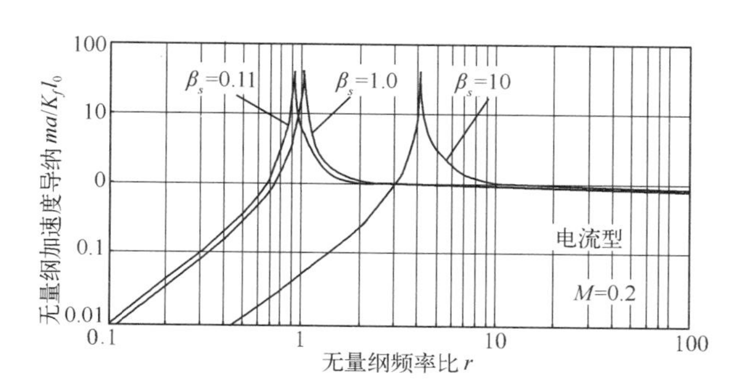

图6-6-2 被电流型功放驱动时单自由度结构的加速度导纳，表现了与激振器动框刚性连接所产生的效应

同样，当$\beta_s=1$时，固有频率是正确的，因为根据式(6-6-14)，r_p的值是1。但是阻尼是6%，峰值是16.7而不是所示的50，因此峰值比它本应的取值几乎小67%。最后，当$\beta_s=10$时，结构的固有频率增加到4.18，如式(6-6-14)给出，有效阻尼增加到大约0.48。然而由于r^2相乘的结果，峰值约为36而不是2。在这种情况下，所测频率由动框的弹簧决定，所测峰值由动框的阻尼支配。

这些结果清楚表明，如果试图用电流作为传输给结构的力来测量该结构的动态特性，那么激振器动框对被测结构的响应可能产生破坏性影响。这并不是说我们不能进行共振疲劳试验——但试验中要监视结构中的应变；也不意味着不能进行驻频共振试验——即在试件与动框结合体的固有频率上进行振动试验。为锁定疲劳共振试验，将电流与应变或加速度之间的相位角控制在90°是可以接受的控制方案。但是如果要寻求试件的动态特性，那么电流与应变或加速度之间90°的相移是不能接受的。这两种试验的目的完全不同。目的各异，方法自然也应该不同。

图6-6-3是电流工作模式下驱动激振器所需要的无量纲电压，条件是$M=0.2$，β_s分别取0.1，1和10。在这种情况下，激振器的频率比是$\beta_1=0.112$，电磁阻尼为$2\xi_e=2.662$。由图6-6-3可见，当$\beta_s=0.1$时所需驱动电压急剧增大。驱动电压之所以如此增大，是因为驱动的是激振器的电感，根据式(6-6-13)，驱动电压决定于$[(\beta_l/\beta_s)r]$这一项。在此情况下，共振频率处没有显现出什么峰值。在$\beta_s=1$的情况中，因共振响应而出现一点峰起，但在高频时激振器又表现出明显的电感特性。最后，当$\beta_s=10$时，支配性的峰值是结构的共振。这些曲线表明，电流型功放的反馈回路中电磁间的相互作用方式具有高度可变性，这种可变性主要决定于结构固有频率ω_s与电感拐点频率ω_l[见式(6-5-8)]的相对大小。

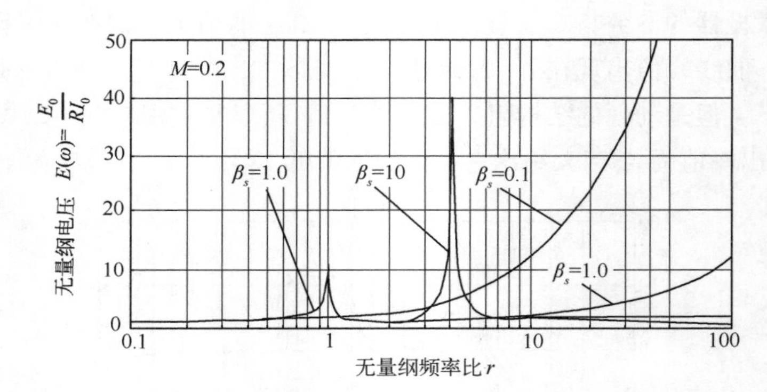

图 6-6-3 单自由度系统与激振器动框刚性连接时无量纲电压比 E_0/RI_0 与无量纲频率比 r 之间的函数关系。条件是 $M=0.2$，β_s 分别取 0.1，1 和 10

电压工作模式 根据以前的思路我们可以得出位移响应的频域表达式如下

$$X=\frac{K_f(E_0/R)}{k-(m+m_l)\omega^2+\mathrm{j}[c+\{L(k-m\omega^2)/R\}+(K_fK_v/R)]\omega} \tag{6-6-16}$$

式中电感性质量 m_l 由下式给出

$$m_l=\frac{cL}{R}=\frac{(c_a+c_s)L}{R}=\left\{\frac{c_aL}{R}\right\}\left\{1+\frac{2\zeta_s}{\zeta_a\beta_sM}\right\} \tag{6-6-17}$$

其中(c_aL/R)是裸台面电感性质量。从式(6-6-17)很清楚看到，在电压模式中，结构的阻尼可以构成电感性惯性的一个因素。方程式(6-6-16)还表示，另一种附加的视在阻尼——**电动阻尼**——已经突显出来，由下式表示

$$c_e=\frac{L(k-m\omega^2)}{R} \tag{6-6-18}$$

这个式子说明了电感、机械动态响应与电阻三者怎样结合在一起而显示出一种视在阻尼效应。还有一点应当指出，这个阻尼可以而且时常改变符号。最后，式(6-6-16)中最末的阻尼相关项 K_fK_v/R 是式(6-5-10)描述的电磁阻尼。从式(6-6-16)可以得出无量纲加速度导纳如下

$$A(\omega)=\frac{m_s(-\omega^2X)}{K_f(E_0/R)}=\frac{-r^2}{\Delta(r)} \tag{6-6-19}$$

其中

$$\Delta(r)=(1+\beta_s^2M)-(1+M+M_l)r^2+\mathrm{j}\left\{2\zeta_s+\beta_sM(2\zeta_a+2\zeta_e)+\frac{\beta_l}{\beta_s}[1+\beta_s^2M-(1+M)r^2]\right\}r \tag{6-6-20}$$

式(6-6-20)表明，在电压模式中，响应的测量值中激振器的特性成分要多于电流模式。另外两个支配性的激振器参数是电磁阻尼 $\xi_e=\frac{C_m}{2\omega_am_a}$ 和电动阻尼 $c_e=\frac{L(k-m\omega^2)}{R}$。

利用式(6-6-19)和式(6-6-20)可以画出无量纲加速度导纳，如图 6-6-4 所示，从中清楚看出，结构响应整体上不同于图 6-6-2，其显著差别主要是由于电动阻尼项和

电磁阻尼项的存在，而在电流模式中出于试验考虑，这两项阻尼被电流型放大器移除了。为了克服这些综合系统特性，必须使用控制器，而且必须测量传递给结构的力。这两条曲线与Rao⑩提供的那些曲线不同，因为两种计算中所采用的激振器参数不同。

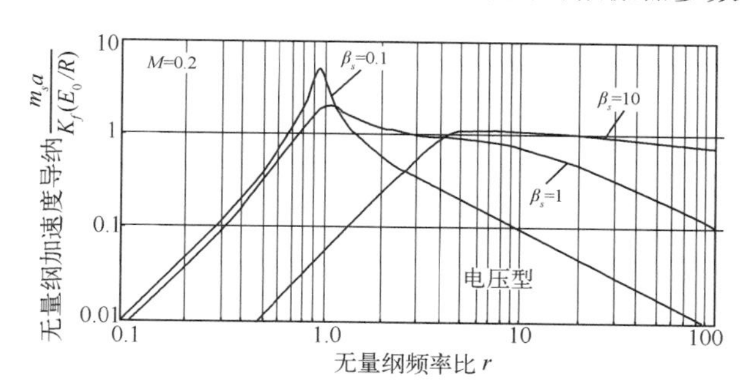

图6－6－4　用电压式功率放大器驱动时单自由度结构的加速度导纳，显示了试件与动框刚性连接对系统响应的影响

6.6.3　传输给试件的力与力的降落

传输到被测试件上的力记做 $F_s(t)$，并可以从下式求得

$$m_s\ddot{x} + c_s\dot{x} + k_s x = F_s(t) \tag{6-6-21}$$

将式(6－6－10)或式(6－6－16)中的 X 分别代入式(6－6－21)的频域形式，即可求出在电流模式或电压模式中传输给结构的力。下面将依次考虑这两种情形。

电流工作模式　在电流模式激励情况下，将式(6－6－10)代入式(6－6－21)可求得**力传输比**的频域表达式如下

$$TR = \frac{F_s}{K_f I_0} = \frac{k_s - m_s\omega^2 + \mathrm{j}c_s\omega}{k - m\omega^2 + \mathrm{j}c\omega} = \left[\frac{1}{1+M}\right]\left[\frac{1-r^2+\mathrm{j}2\zeta_s r}{r_p^2 - r^2 + \mathrm{j}2\zeta_t r}\right] \tag{6-6-22}$$

其中 $r=\omega/\omega_s$，频率比 r_p 由式(6－6－14)给出，试验系统的阻尼 $2\zeta_t$ 则由下式表示

$$2\zeta_t = \frac{2\zeta_s + (\beta_s M)(2\zeta_a)}{1+M} \tag{6-6-23}$$

看一看式(6－6－22)即知，当 $r=1.0$ 时出现下陷，而且有一个峰值可能出现在 $r=1.0$ 之前或之后，视 r_p 的值而定。当 $r_p<1$ 时，出现峰值的频率在下陷之前的 $r=0.935$，如图6－6－5所示(其中 $\beta_s=0.5$)，这是一种结构固有频率大于动框固有频率的情形。在此情况下，对于比较小的 r 值，力传输比的起始值为 $1/(1+\beta_s^2 M)$。这个力传输比受弹簧比 K 的控制，K 的定义见式(6－6－6)。力传输比的最小值为

$$\frac{F_s}{K_f I_0} = \left[\frac{1}{1+M}\right]\left[\frac{\mathrm{j}2\zeta_s}{r_p^2 - 1 + \mathrm{j}2\zeta_t}\right] \tag{6-6-24}$$

式中 $r=1$。在实验人员的控制情况下，欲将力传输比中的这种下陷或者说跌落减到最小，

⑩ D. K. Rao, "Electrodynamic Interaction Between a Resonating Structure and an Exciter," Proceedings of the 5th International Modal Analysis Conference, Vol. 2, 1987. pp. 1142－1150.

质量比 M 是个重要的考虑因素。M 值尽可能小，才能针对给定结构的阻尼将下陷尺度降到最小。实验者对结构的阻尼无法控制，也不能直接控制试验系统阻尼比 ζ_t 的大小，因 ζ_t 决定于结构与动框的阻尼，见式(6-6-23)。由图 6-6-5 可见，r 的值很大时，力传输比曲线取值为 $1/(1+M)$。

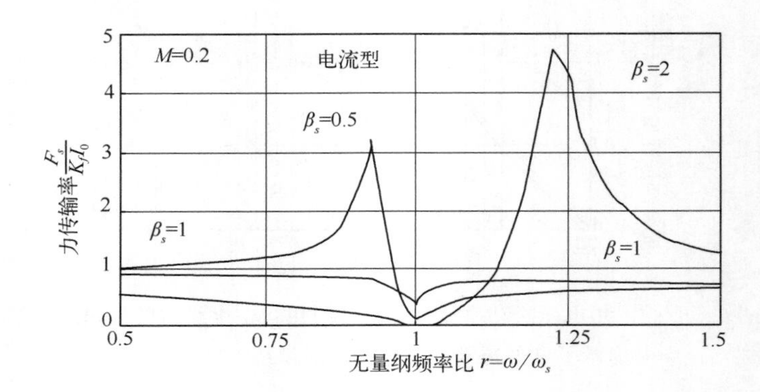

图 6-6-5　采用电流型功放时无量纲力传输比与无量纲频率比 $r=\omega/\omega_s$ 的关系曲线。这里 $M=0.2$，$\beta_s=0.5$，1，2

当 $\beta_s=1.0$，r_p 亦为一个单位时，式(6-6-22)所表示的力传输比起始于 $1/(1+M)$，然后出现一个下陷，这个下陷由系统阻尼唯一地控制，因为在此情况下式(6-6-22)变成

$$\frac{F_s}{K_f I_0}=\left[\frac{\zeta_s}{\zeta_s+(\beta_s M)(\zeta_a)}\right] \tag{6-2-25}$$

如图 6-6-5 所示。我们看到，当 r 稍大于 1 时，力传输率迅速返回到值 $1/(1+M)$。读者很容易看出，动框的阻尼和质量比 M 对于减小下陷都很重要，在这两个参数中，质量比更容易控制。

在 $\beta_s=2.0$ 时 $r_p=1.23$(图中 $M=0.2$)，力传输率同以前一样，起始于 $1/(1+M)$，然后缓慢减小到几乎为零，因为当 $r=1$ 时$(r_p^2-r^2)$这一项的值为 0.5。这个值连同激振器的阻尼比一起，明显助长了下陷的加大。紧接着下陷之后，在试验系统共振处是一个其值大约为 5 的共振峰，而当 r 变大时此共振峰值渐渐趋于 $1/(1+M)$。

以上分析所得结论是：**我们希望动框质量与结构质量之比 M 尽可能小，动框固有频率与结构固有频率之比 β_s 也尽可能小。**使 β_s 变小的途径之一是采用没有动框支撑弹簧的激振器，此时 $r_p^2=1/(1+M)$，下陷几乎不存在。还有一个最佳条件就是使用固有频率很低、阻尼很小的动框，这样的动框能很好工作，只要结构的固有频率不是太小。

电压工作模式　将式(6-6-16)表达的电压型功放响应代入式(6-6-21)并灵活应用无量纲比值，可得下面的传输比

$$TR=\frac{F_s}{K_f(E_0/R)}=\left[\frac{1}{1+M+M_l}\right]\left[\frac{1-r^2+\mathrm{j}2\zeta_s r}{r_t^2-r^2+\mathrm{j}2\zeta_t r}\right] \tag{6-2-26}$$

式中　M_l——电感性质量比 m_l/m_s[m_l 的定义如式(6-6-17)]；

r_t——试验系统的固有频率，定义如下

$$r_t^2=\frac{1+\beta_s^2 M}{1+M+M_l} \tag{6-6-27}$$

ζ_t 是系统阻尼比，由下式定义

$$2\zeta_t=\frac{2\zeta_s+\beta_s M\{2\zeta_a+2\zeta_e\}+\beta_l\{1+\beta_s^2 M-(1+M)r^2\}/\beta_s}{1+M+M_l} \tag{6-6-28}$$

式(6-6-28)表明，如果 β_s 不是很小，那么激振器的阻尼项——$2\zeta_e$——可能很容易将其他项淹没，在此情况下电动阻尼项可能在远离共振点的频率上引发过度阻尼出现。式(6-6-27)和式(6-6-28)显示，在某些条件下电感性质量可能是个重要参数。这里我们再次看到，为了减小下陷[由式(6-6-26)的分母代表]的尖锐程度，重要的是要使质量比 M 尽可能小。式(6-6-26)画在图 6-6-6 中，其中 M=0.20，β_s=0.5，1 和 2，激振器与 6.5 节所用者相同。结果不言自明，对于每种情况，共振频率附近都出现底部很宽的下陷，电磁阻尼是如此之大，以致于在这一频率范围内没有峰值出现，犹如电流型工作模式一般。

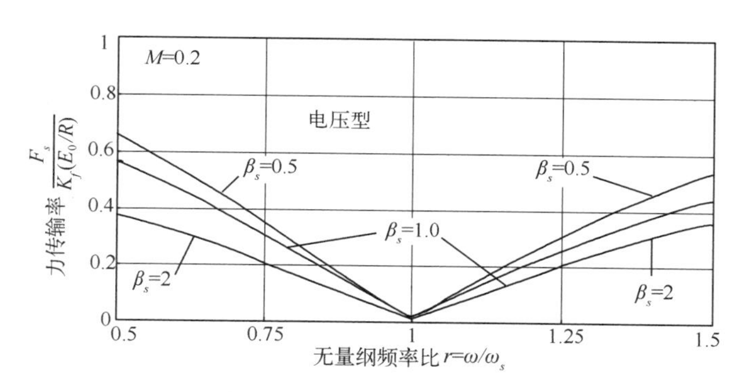

图 6-6-6　采用电压型功放时无量纲力传输比与无量纲频率比 $r=\omega/\omega_s$ 的关系曲线。这里 M=0.2，β_s=0.5，1，2

我们已经看到，激振器的参数可以显著改变结构的响应。显然，从减小这种相互作用的角度看，电流型功放模式优于电压型功放模式。但是，用输入线圈的电流作为输入给结构的力的直接量度，从而测量结构的动态特性的愿望是缺乏根据的。在比结构的共振频率低得多的频率范围内，传输给结构的力被弹簧比衰减了，并在共振频率处显示出一个相当大的下陷，而峰值却出现在共振频率以上或以下。很清楚，如果要准确测量结构的动特性，就必须测量作用在结构上的力。

6.7　激振器与非接地试件之间的相互作用

我们来研究电动激振器与直接安装在动框上的结构之间的相互作用。为此，我们采用一个安装在电动激振器上的二自由度结构，如图 6-7-1 所示。结构有两个质量 m_1 和 m_2，刚度为 k_s，阻尼为 c_s。试件基座质量 m_1 与动框之间有一个力传感器，假定力传感器的刚度为 k_f。动框质量为 m_a，刚度及阻尼同以前一样分别为 k_a 和 c_a。电流通过动框的线

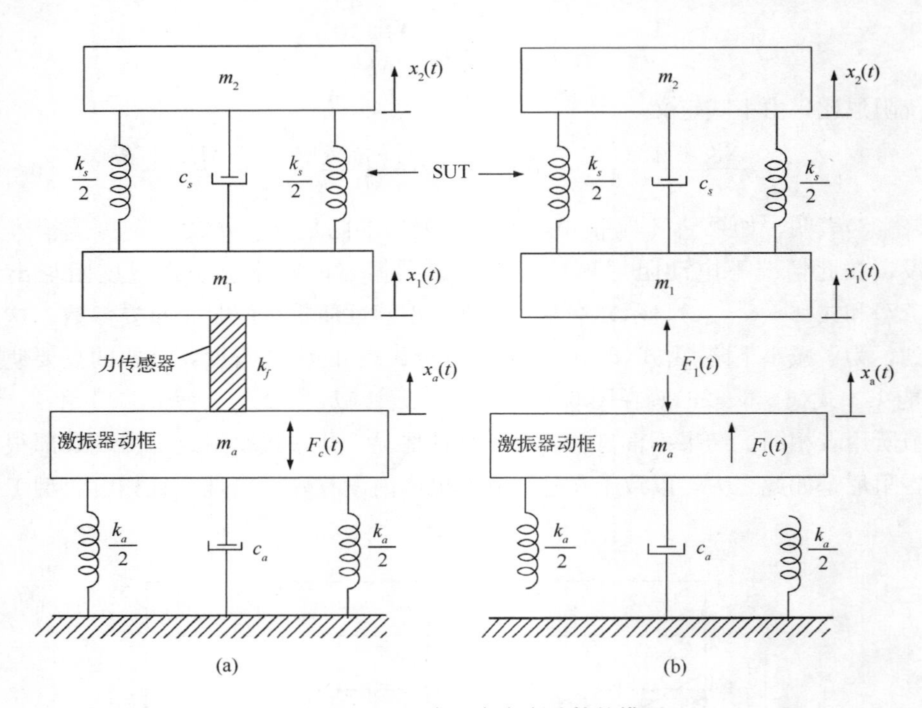

图 6-7-1 一个二自由度试件的模型。
试件由一个近似刚性的力传感器连接到激振器动框
(a)参数定义；(b)界面力

圈流动时有一个电动力 $F_c(t)$ 作用在动框之上。质量 m_1，m_2 以及动框的位移运动分别记为 $x_1(t)$，$x_2(t)$ 和 $x_a(t)$。假定力传感器足够刚硬(即 k_f 足够大)，因而可以认为质量 m_1 与动框之间是刚性连接，于是

$$x_1(t) \cong x_a(t) \tag{6-7-1}$$

力传感器测量的是 m_1 和 m_a 之间的相互作用力 $F_1(t)$。

我们利用加速度导纳概念建立一组频域运动一般方程，这些方程是就一般情况推导出来的，然后再具体化到所示系统。讨论时还是分电流型和电压型两种工作模式。

6.7.1 用驱动点加速度导纳和转移加速度导纳建立一般动态模型

试件有两个加速度频谱：$A_1(\omega)$ 和 $A_2(\omega)$。前者是 m_1 和 m_a 之界面频谱，后者是输出频谱。这两个加速度频谱与界面力的频谱 $F_1(\omega)$ 关系为

$$A_1(\omega) = A_{11}(\omega)F_1(\omega) \tag{6-7-2}$$

$$A_2(\omega) = A_{21}(\omega)F_1(\omega) \tag{6-7-3}$$

式中 $A_{11}(\omega)$——试件的驱动点加速度导纳；

$A_{21}(\omega)$——试件的转移加速度导纳。

动框的运动是由线圈力 $F_c(t)$ 和界面力 $F_1(t)$ 共同引起的，$F_1(t)$ 从负方向作用在动框上，如图 6-7-1(b)所示。因此动框的加速度频谱由下式给出

$$A_a(\omega)=A_1(\omega)=A_{aa}(\omega)F_c(\omega)-A_{aa}(\omega)F_1(\omega) \tag{6-7-4}$$

将式(6-7-2)代入式(6-7-4)即可借助系统的驱动点加速度导纳和输入力的频谱 $F_c(\omega)$ 解出界面力频谱 $F_1(\omega)$[注意到 $F_c(\omega)=K_fI(\omega)$]

$$F_1(\omega)=\left[\frac{A_{aa}(\omega)}{A_{11}(\omega)+A_{aa}(\omega)}\right]F_c(\omega)=\left[\frac{A_{aa}(\omega)}{A_{11}(\omega)+A_{aa}(\omega)}\right]K_fI(\omega) \tag{6-7-5}$$

式(6-7-5)清楚地说明，加在动框线圈上的力会受到动框的驱动点加速度导纳 $A_{aa}(\omega)$ 与试件的驱动点加速度导纳 $A_{11}(\omega)$ 的影响。因此应当清楚，试件与激振器之间会发生相当大的相互作用，如果仅仅测量输入电流，那么可能会改变输入到试件的力。

将式(6-7-5)代入式(6-7-2)和式(6-7-3)可以获得试件的加速度谱密度

$$A_1(\omega)=\left[\frac{A_{aa}(\omega)A_{11}(\omega)}{A_{11}(\omega)+A_{aa}(\omega)}\right]K_fI(\omega) \tag{6-7-6}$$

$$A_2(\omega)=\left[\frac{A_{aa}(\omega)A_{21}(\omega)}{A_{11}(\omega)+A_{aa}(\omega)}\right]K_fI(\omega) \tag{6-7-7}$$

这里，线圈力是用电流频谱表示的。从上面两个方程应当明确，测量出来的输出加速度频谱密度(或自谱密度)是试件驱动点加速度导纳和动框驱动点加速度导纳以及电磁相互作用等共同作用的结果。上面两个谱密度的共振点由其分母决定，而两个分母都是两个驱动点加速度导纳之和，**所以，这两个谱密度的共振是试验系统的共振而不是试件的共振**。

试件输入加速度与输出加速度之间的传输比常常用以量度试件的动态特性。传输比由下式定义

$$TR(\omega)=\frac{A_2(\omega)}{A_1(\omega)}=\frac{A_{21}(\omega)}{A_{11}(\omega)} \tag{6-7-8}$$

该式之值受转移加速度导纳和驱动点加速度导纳的控制。这两个加速度导纳的分母相同，在式(6-7-8)中抵消了，所以这个传输比就决定于这两个函数的分子。**因此传输比与激振器的动态特性无关。**

对激振器而言，其电压电流关系由式(6-5-2)表示，现借用谱密度和试件的驱动点加速度导纳重写此关系式于下

$$E(\omega)=\left[R+\mathrm{j}\left\{L\omega-\frac{K_vK_fA_{11}(\omega)}{\omega}\right\}\right]I(\omega) \tag{6-7-9}$$

式中 $-A_{11}(\omega)/\omega$ 是试件驱动点的速度导纳。据式(6-7-9)可以证明，激振器的电气参数与试件的机械参数之间可以发生明显的相互作用。下面研究一个具体的二自由度试验结构。

6.7.2　非接地试件与激振器加速度导纳特性

图 6-7-1(b)所示二自由度系统的驱动点加速度导纳与转移加速度导纳分别是

$$A_{11}(\omega)=\frac{k_s-m_2\omega^2+\mathrm{j}c_s\omega}{k_sm-m_1m_2\omega^2+\mathrm{j}mc_s\omega} \tag{6-7-10}$$

和

$$A_{21}(\omega)=\frac{k_s+\mathrm{j}c_s\omega}{k_sm-m_1m_2\omega^2+\mathrm{j}mc_s\omega} \tag{6-7-11}$$

其中 m 是试件的总质量

$$m=m_1+m_2 \tag{6-7-12}$$

很显然，上面两个加速度导纳表达式分母相同，而分子不同。当试件质量 m_2 对其底座质量 m_1 的作用相当于一个动态减振器时[此时式(6-7-10)中的分子实部等于零]，在减振器的频率

$$\Omega_a=\sqrt{k_s/m_2} \tag{6-7-13}$$

上，驱动点加速度导纳 $A_{11}(\omega)$有一个很深的下陷。当分母的实部等于0时，试件有一个不接地的固有频率，即

$$\Omega_n=\sqrt{\frac{k_sm}{m_1m_2}} \tag{6-7-14}$$

根据式(6-7-8)，传输比变成

$$TR(\omega)=\frac{A_{21}(\omega)}{A_{11}(\omega)}=\frac{k_s+\mathrm{j}c_s\omega}{k_s-m_2\omega^2+\mathrm{j}c_s\omega} \tag{6-7-15}$$

传输比的上述形式是所有振动教科书中采用的标准形式。注意，式(6-7-15)的传输比概念中所包含的固有频率是式(6-7-13)给出的振动减振器频率，这个频率同我们在“试件底座质量 m_1 变得无限大因而底座不动”条件下从式(6-7-14)得出的频率相同。式(6-7-6)，式(6-7-7)，式(6-7-10)，式(6-7-11)和式(6-7-15)的结果表明，如果只是简单看一看最大的加速度频谱、最大加速度导纳或最大传输比，那么对“一个结构的固有频率到底决定于什么?”这个问题的答案可能是五花八门的。

激振器的动框有一个驱动点加速度导纳，由下式给出

$$A_{aa}(\omega)=\frac{-\omega^2}{k_s-m_a\omega^2+\mathrm{j}c_a\omega} \tag{6-7-16}$$

现在需要就一个具体系统来计算这些加速度导纳。这个系统就是我们在振动实验室研究非接地系统的动态特性时使用过的那个结构，如图 6-7-1 所示，其物理参数为：m_1=0.242 kg，m_2=0.352 kg，因此 m=0.594 kg，c_s=0.2 N·s/m，k_s=84 500 N/m。激振器的特性已在 6.5.4 节中给出。

所得各加速度导纳示于图 6-7-2，其中频率范围为 0～200 Hz，加速度导纳的单位是(m/s^2)/N。可以看到，驱动点导纳 $A_{11}(\omega)$之值起始 $1/m$(在 0 Hz 附近)，在 81.25 Hz 通过一个低谷，然后在 124.25 Hz 又通过一个共振，最后在 200 Hz 附近达到一个值为 $1/m_1$，这符合式(6-7-10)的要求。还可以看到，这条加速度导纳曲线的动态范围(从低谷到峰顶)超过了 100 000。再看转移加速度导纳 $A_{21}(\omega)$，起始于 $1/m$(0 Hz 附近)，在 124.25 Hz 通过一个共振，然后遵从式(6-7-11)，按照 $1/\omega$～$1/\omega^2$ 之间的某个速率下降。动框的驱动点加速度导纳 $A_{aa}(\omega)$起始于零(0 Hz)，共振峰位于 66.6 Hz 左右，然后随频率的增大而渐渐接近于 $1/m_a$。由图 6-7-2 可见，动框阻尼很大。

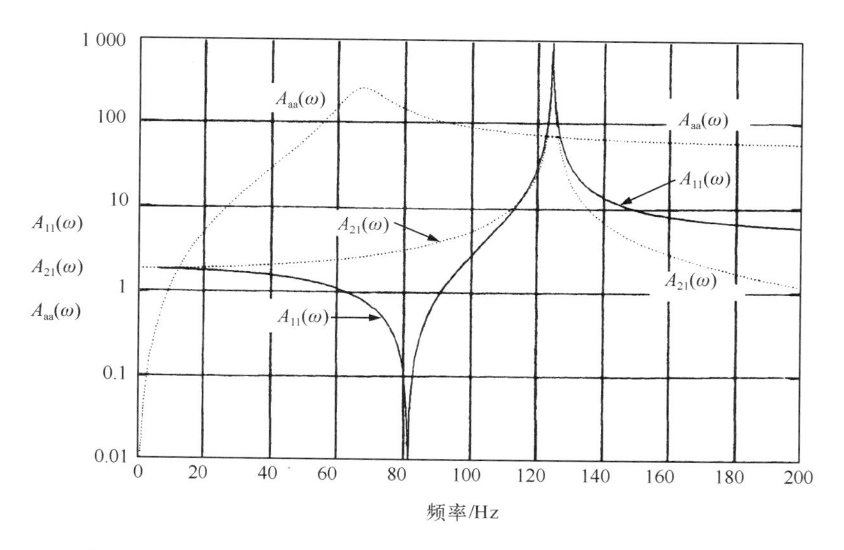

图6－7－2　一个二自由度试件的驱动点加速度导纳、转移加速度导纳以及动框作为一个单自由度模型的驱动点加速度导纳

6.7.3　电流型及电压型功率放大器的响应

现在就电流型功放和电压型功放来讨论响应问题。

电流型功放　对于电流型功放，电流的频谱 $I(\omega)$是个常数，因此我们很容易计算每一安培的电流增减所产生的响应输入—输出关系。所有与电流型功放相关的变量都加一个下标 I，这样式(6－7－5)的界面力频谱就成为

$$F_{1I}(\omega)=\left[\frac{A_{aa}(\omega)}{A_{11}(\omega)+A_{aa}(\omega)}\right]K_f I(\omega) \tag{6-7-17}$$

在电流型功放情形，界面的加速度频谱由式(6－7－6)给出，输出加速度频谱由式(6－7－7)计算。以常值电流驱动激振器所需要的电压由式(6－7－9)确定。将系统的物理参数代入式(6－7－10)和式(6－7－11)时，所得输出[单位是$(m/s^2)/A$]示于图6－7－3，其中频率范围为0～200 Hz。这两条曲线的第一个显著特点是，$A_{1I}(\omega)$和$A_{2I}(\omega)$都有两个明显的共振：第一个共振位于12.25 Hz，此频率是试件和连接到动框支撑弹簧k_a上的动框所组成的复合体系统的基频；第二个相同的共振出现在122.25 Hz，很明显，动框的质量使结构的视在固有频率发生了移动，减小了2 Hz。$A_{1I}(\omega)$曲线在81.25 Hz出现一个深深的低谷，在此频率上，试件质量m_2对于试件质量m_1和动框质量m_a都相当于一个减振器。

产生一个常振幅输入电流所需要的电压$E_{1I}(\omega)$根据式(6－7－9)计算，并示于图6－7－4；图中还画出了界面力$F_{1I}(\omega)$，界面力是根据单位电流所产生的力而由式(6－7－17)计算出来的。因此$E_{1I}(\omega)$和$F_{1I}(\omega)$的单位分别是电压/安培(V/A)和牛顿/安培(N/A)。很明显，所需要的电压值近似平坦，直到接近试件的非接地共振频率124.25 Hz。在124.25 Hz曲

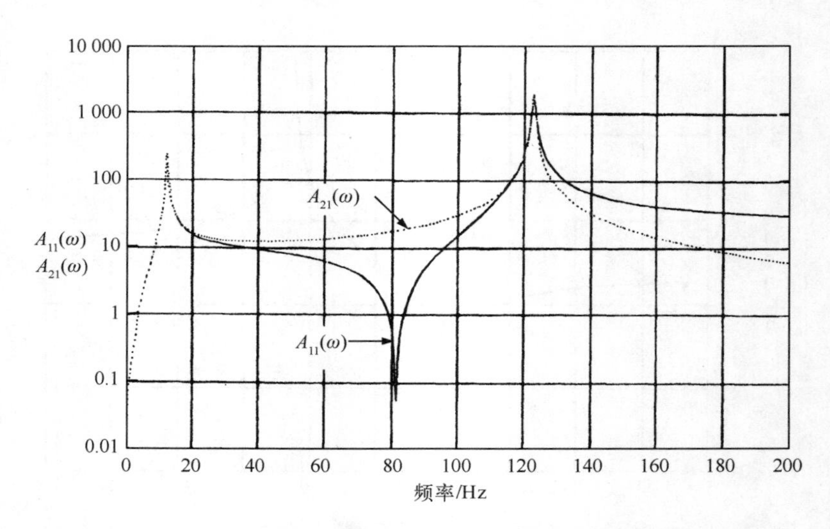

图 6-7-3　电流工作模式中界面加速度频谱 $A_{1I}(\omega)$ 和输出加速度频谱 $A_{2I}(\omega)$ 的频率函数曲线，两者单位均为 $(m/s^2)/A$

线出现峰值，而后又返回到所需电压的平坦值。界面力显示出一系列有趣的不同变化：第一个峰值出现在 12.25 Hz，与试验系统的第一个共振相对应。这是一个很大的力，是控制质量 m 使之随同动框一起运动所必需的。存在这样一个很大的力，说明这个共振不是由于试件本身而是由整个试验系统引起的。第二个峰值力出现在 122.25 Hz，这也是试验系统组合体的第二个共振频率，如我们在图 6-7-3 所看到的。这个峰值貌似试件的共振，实则是被测结构不得已而为之。然而我们看到，界面力在 124.25 Hz 处有一个非常尖锐的降落，这个频率才是试件的非接地固有频率，因为使试件产生这样的运动几乎不需要什么力。

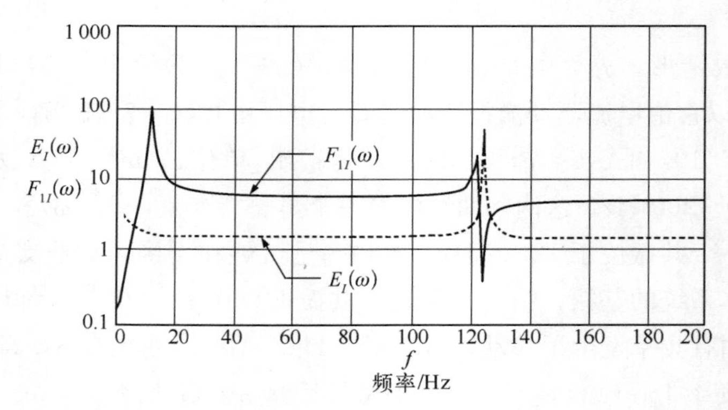

图 6-7-4　电流工作模式中界面力频谱 $F_{1I}(\omega)$（单位：N/A）和所需要的激振器电压频谱 $E_I(\omega)$（单位：V/A）

电压型功放　与电压型功放相关的所有变量都带有一个下标 V。为了计算试验系统在电压型功放工作模式时的行为特性，我们回到式(6-7-9)，解出电流为

$$I(\omega)=\frac{E(\omega)}{R+\mathrm{j}\{L\omega-[K_v K_f A_{11}(\omega)]/\omega\}} \qquad (6-7-18)$$

将此式代入式(6－7－6)和式(6－7－7)即可算出加速度频谱 $A_{1V}(\omega)$和 $A_{2V}(\omega)$，而代入式(6－7－17)则可计算出界面力频谱 $F_{1V}(\omega)$。这两个加速度频谱以单位(加速度/伏)/[(m/s^2)/V]画在图 6－7－5 中。实际电流频谱 $I_V(\omega)$的单位是安/伏(A/V)，界面力频谱 $F_{1V}(\omega)$的单位牛/伏(N/V)，它们画在图 6－7－6 中。由图 6－7－6 看得很清楚，在试件的非接地固有共振频率 124.25 Hz 力和电流都出现相当大的降落，这个频率也与图 6－7－5 出现的低谷相对应。输入电流和界面力之所以出现下陷，原因在于两件事情同时发生：一件事是共振时动框的运动引起了很大的反电动势，使通过激振器的电流减小；第二件事是在结构的共振频率 124.25 Hz 处，很小的一点力就能产生很大的运动。结果，在此频率上出现严重的力的降落，由于信号中存在噪声，这个降落可能引起相当大的测量问题。

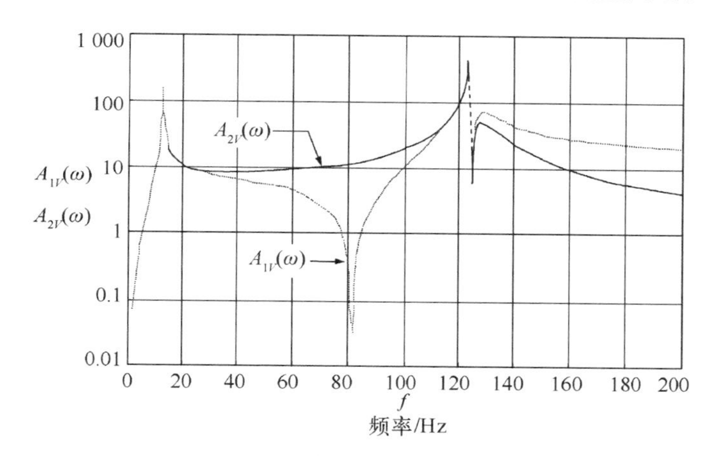

图 6－7－5　功放电压工作模式中界面加速度频谱 $A_{1V}(\omega)$和输出加速度频谱，二者单位均为(m/s^2)/V

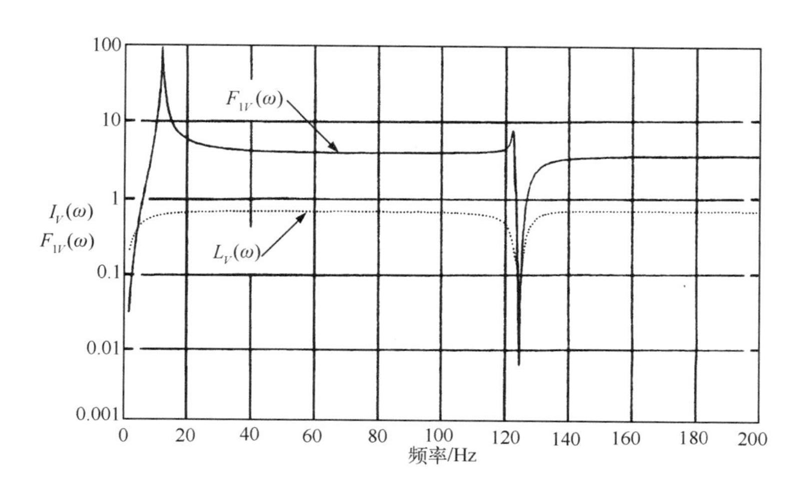

图 6－7－6　电压工作模式中界面力频谱 $F_{1V}(\omega)$(单位：N/V)和激振器电流频谱 $I_V(\omega)$(单位：A/V)

电流型响应与电压型响应之比较 电压工作模式中的界面加速度频谱 $A_{1V}(\omega)$(单位是 m/s²/V)和电流模式中的加速度频谱 $A_{1I}(\omega)$(单位是m/s²/A)示于图 6-7-7(a),而输出加速度频谱 $A_{2V}(\omega)$和 $A_{2I}(\omega)$示于图 6-7-7(b)。对应的电压、电流模式中界面力频谱 $F_{1V}(\omega)$(N/V)和 $F_{1I}(\omega)$(N/A)示于图 6-7-8。

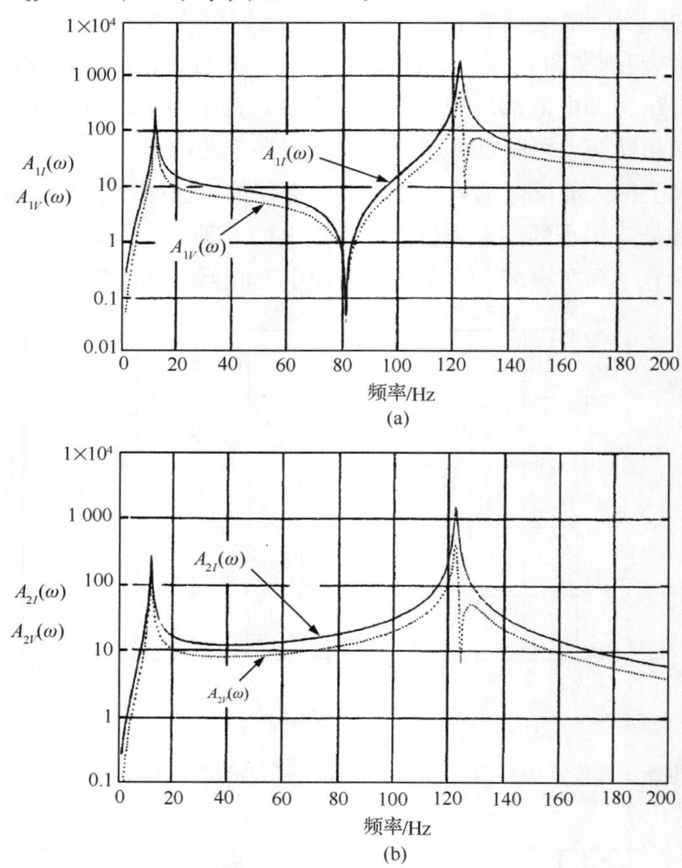

图 6-7-7 电压工作模式或电流型工作模式中加速度频谱之比较。注意,单位是m/s²/A 或m/s²/V
(a)界面加速度频谱;(b)输出加速度频谱

从这些图上可明显看出,电流型工作模式优于电压模式,这是因为力的下陷出现在试件的非接地固有频率 124.25 Hz。按照电流模式,每安培的力从 5.95 N/A(100 Hz)到峰值 27.0 N/A(122.25 Hz),再到一谷值 0.316 N/A(124.25 Hz),对应的动态范围是 85.4 倍。但在电压模式中,每伏的力从 3.84 N/V(100 Hz)到峰值 7.14 N/V(122.25 Hz),再到一谷值 0.005 8 N/V(124.25 Hz),对应动态范围是 1 230 倍。

显然,在两种模式下,力的降落都出现在试件的非接地固有频率(124.25 Hz)上,只是电压模式的力降落比电流模式糟糕 15 倍之多。因此,这个过大的电压降落使得电压模式下的加速度谱密度在 124.25 Hz 出现又一个低谷,见图 6-7-7。由于仪器噪声的存在,这些低谷是潜在的测量误差源。因此,如果测界面力频谱和加速度频谱,会发现相干函数

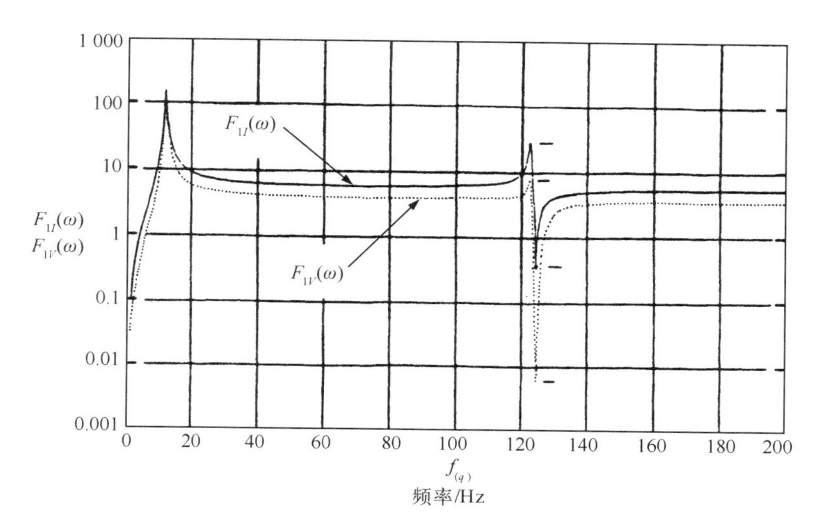

图 6-7-8 电压工作模式或电流工作模式中界面力[电流模式中为 $F_{1I}(\omega)$，电压模式中为 $F_{1V}(\omega)$]频谱之比较。注意，单位是 N/A 或 N/V

在实际结构的共振频率 124.25 Hz 处显示出比较低的值。

不管是电流型还是电压型工作模式，只要信噪比不成为主要问题，则加速度传输比是一样的。但是视在共振频率实际上是被测结构的非接地动态减振器的频率，而不是试件的固有频率，除非试件与一刚性基础连接从而使 m_1 不产生运动。

6.8 测量激振器的实际特性

前面几节讨论了决定电动激振器动态特性的基本理论，并通过综合模型得到了数字模拟结果，这些结果对于我们了解激振器的动态特性以及激振器与试件之间的相互作用很有帮助。我们不免要自问，在实际试验方案中预测激振器特性时，这些模型具有代表性吗？

因此，在本章的最后一节，看一看对实际激振器的测试结果是适宜的。尽管前面几节曾假设激振器的各部件只进行直线运动，但长期使用激振器的经验表明，许多原因可以引起激振器部件作摇摆运动，这些原因包括(但不限于)动框制造上的几何公差、安装公差、使用磨损、试件质心与动框质心不重合等。

鉴于此，本节我们先建立动框的既有直线运动自由度又有转动运动自由度的模型。然后将激振器分别安装在“刚性基础”上和“柔性基础”上，用锤激试验确定动框的动态特性。下一步，进行锤激试验，确定动框的转动自由度及直线刚体特性。而后用另一台激振器来激励被测的激振器动框，并显示后者的动特性。最后，为了演示动框/结构之间可能出现的各种相互作用，我们用一根简单的梁，在与激振器的不同连接方式下测量其端点和中点的加速度导纳。读者将发现，在自己的激振器上做类似的试验也颇有启示性。

6.8.1 理论模型

为了讨论方便，将动框模型化为一个二自由度(直线运动自由度与转动自由度)系统，如图 6-8-1 所示，对照地研究低频共振与音频线圈共振；音频线圈共振一般在几千赫兹以上，见关于图 6-4-7 和图 6-4-8 的讨论。描述此系统的参数为：弹簧 k_a，阻尼 c_a，动框的惯性质量 m_a 及其转动惯量 I_a。大多数设计中，动框都是轴对称设计，所以我们假定这两种运动不会耦合，于是加速度导纳为

$$A_{aa}(\omega)=\frac{\ddot{Y}(\omega)}{F_a(\omega)}=\frac{-\omega^2}{k_a-m_a\omega^2+\mathrm{j}c_a\omega}\qquad \text{对于直线运动} \tag{6-8-1}$$

$$A\theta_{aa}(\omega)=\frac{\ddot{\theta}(\omega)}{M_a(\omega)}=\frac{-\omega^2}{k_al^2-I_a\omega^2+\mathrm{j}l^2c_a\omega}\qquad \text{对于角运动} \tag{6-8-2}$$

其中 l 是弹簧阻尼器之间间隔的一半。从这两个式子可清楚看出，这里既有直线固有频率 $\sqrt{k_a/m_a}$，也有角运动固有频率 $\sqrt{k_al^2/I_a}$。

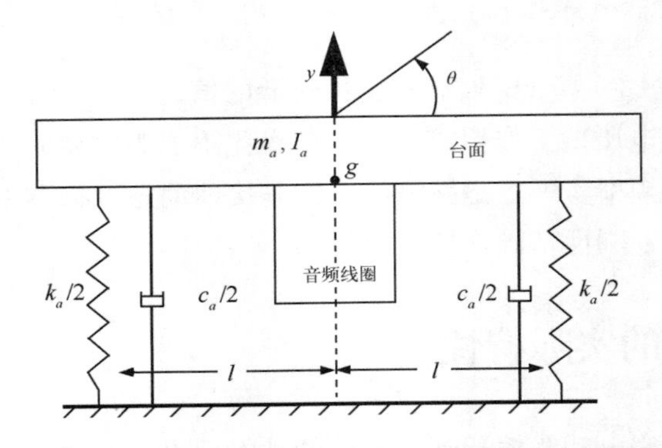

图 6-8-1 表示直线及转动低频动态特性的动框模型

6.8.2 动框在刚、柔支撑条件下的冲激试验

该冲激试验是由 de Oliveira 和 Varoto[11] 在 B&K4812 激振器上进行的，如图 6-8-2 所示。激振器安装在两个不同的支撑系统上，一个是柔软支撑，一个是刚性支撑。用冲激锤敲击激振器动框的中央位置。在功率放大器关闭与开启时都要测量加速度与力，功放开启才能形成音频线圈的闭合回路。

图 6-8-3 表示在关闭功放，激振器分别安装在柔性与刚性基础上时，动框的驱动点加速度导纳。从中可以看到，在这两种安装条件下，刚体动框的共振均出现在 61 Hz 左

---

⑪ L. P. R. Oliveira and P. S. Varoto, "The Effects of Armature Rotation on Data Quality in Base Driven Shaker Testing," *Proceedings of the ISMA Conference*, Leuven, Belgium, 2002, Vol. 1, pp. 911-918. "On the Interaction between vibration Exciters and the structure under Test in Model Testing," M. Sc. thesis, School of Engineering of Sao Carlos, University of Sao Paolo, 2003 (In Portuguese).

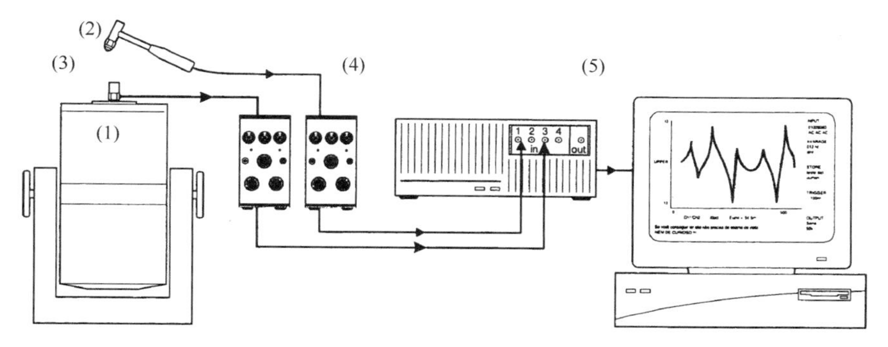

图 6-8-2　实验装置

(1)激振器；(2)冲激锤；(3)加速度计；(4)电荷放大器；(5)频率分析仪

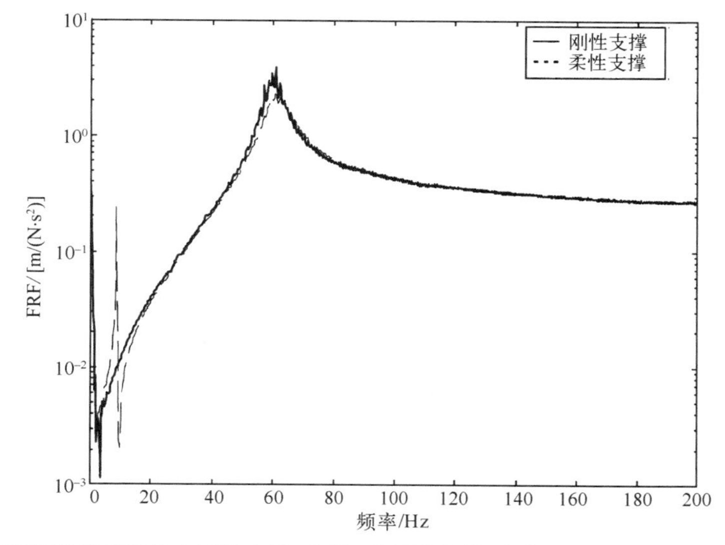

图 6-8-3　激振器基础安装在刚性支撑(实线)和柔性支撑(虚线)上时动框的驱动点加速度导纳

(From L. P. R. Oliveira, "On the Interaction between Vibration Exciters and the Structure under Test in Modal Testing." M. Sc. Thesis, School of Engineering of Sao Carlos, University of Sao Paulo, 2003 [in Portuguese].)

右。除动框的共振外，在 8.5 Hz 附近还有一个共振，该共振对应的是整个激振系统置于柔软支撑上的振动。在大约 11 Hz 上，有一个下陷或低谷，它反映了动态减振器作用，这是驱动点加速度导纳的典型特点。

当功率放大器开启、激振器安装在柔性支撑系统上、敲击动框中心时，得到的加速度导纳如图 6-8-4 中虚线所示。与功放关闭情况(实线)相比，很明显，虚线导纳反映出动框—放大器系统具有很大的电动阻尼。还可以看到，下陷频率(11 Hz)之前，这两个加速度导纳相等，该段响应受支撑系统刚度以及作为单个装置而运动的激振器总质量的支配。

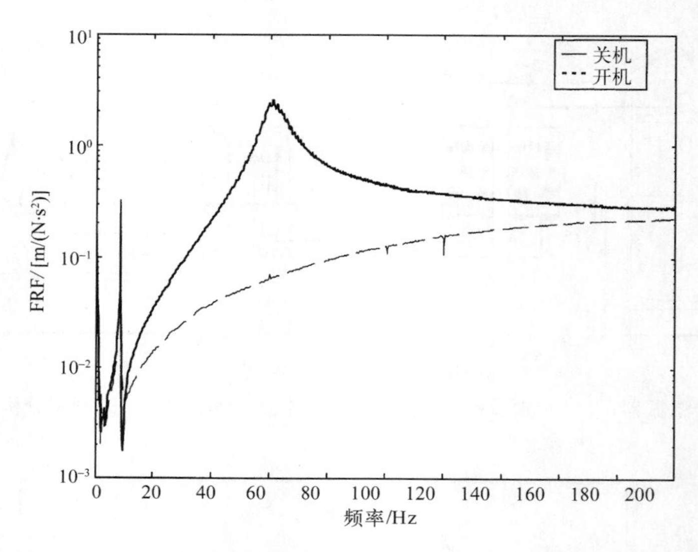

图 6-8-4　激振器基座安装在柔性支撑上时动框的驱动点加速度导纳
其中实线表示功放关闭，虚线表示功放开启
(From L. P. R. Oliveira, "On the Interaction between Vibration Exciters and the Structure under Test in Modal Testing." M. Sc. Thesis, School of Engineering of Sao Carlos, University of Sao Paulo, 2003 [in Portuguese].)

6.8.3　被另一个激振器驱动的动框

这是一个激振器对激振器的试验，如图 6-8-5 所示，其中较大者是 B&K 的 4812 型激振器，它被较小的 MB Dynamics 的 50 型激振器驱动。这两个激振器的动框通过一个力传感器和一根短杆连接在一起；界面力 F 由力传感器测量，动框的加速度 A 由加速度计测量。为了感受一下电动阻尼，我们还要测量 B&K 激振器在功放赋能情况下所产生的反电动势 E。当频率范围为 0～200 Hz 的一随机信号施加于驱动激振器时，便同时得到界面力 F、动框加速度 A 及反电动势 E，见图 6-8-6。从加速度曲线看到，出现一个激振器安装频率约 8.5 Hz，其后在 11 Hz 附近有一下陷，而在 60～200 Hz 内加速度基本上保持不变。61 Hz 上并没有显示出加速度共振，这是因为电动阻尼相当大。另一方面，力的曲线在 8.5 Hz 与 61 Hz 附近都有一个降落，其中前者是因为激振器安装造成的，后者是因为激振器动框相对于其主体的共振引起的。由图 6-8-6 可见，当加速度基本不变时，反电动势随频率增加而降低，这是因为加速度幅值不变时速度随频率增大而减小。

在 1～10 kHz 频率范围内进行宽带正弦扫描试验，动框驱动点加速度导纳曲线示于图 6-8-7，其中虚线表示功放开启条件下的结果，实线表示功放关闭条件下的结果。可以看出，两条曲线都有两个共振，一个是 7.0 kHz，另一个是 7.7 kHz。前者是音频线圈与动框台面质量之间相互共振引起的，如 6.4.2 节所述。后者可能是下列三个原因中的一个或几个引起的：1)动框支撑弹簧系统共振；2)动框上部台面共振，如某些激振器设计中

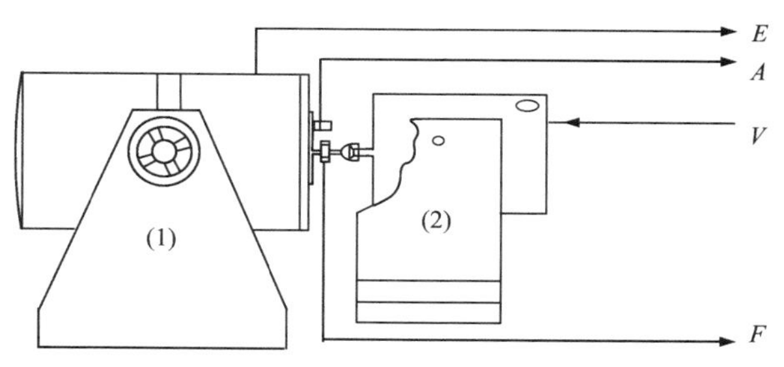

图 6－8－5　激振器对激振器试验

(1)B&K 被驱动激振器；(2)MB Modal 50 型驱动激振器

(From L. P. R. Oliveira, "On the Interaction between Vibration Exciters and the Structure under Test in Modal Testing." M. Sc. Thesis, School of Engineering of Sao Carlos, University of Sao Paulo, 2003[in Portuguese].)

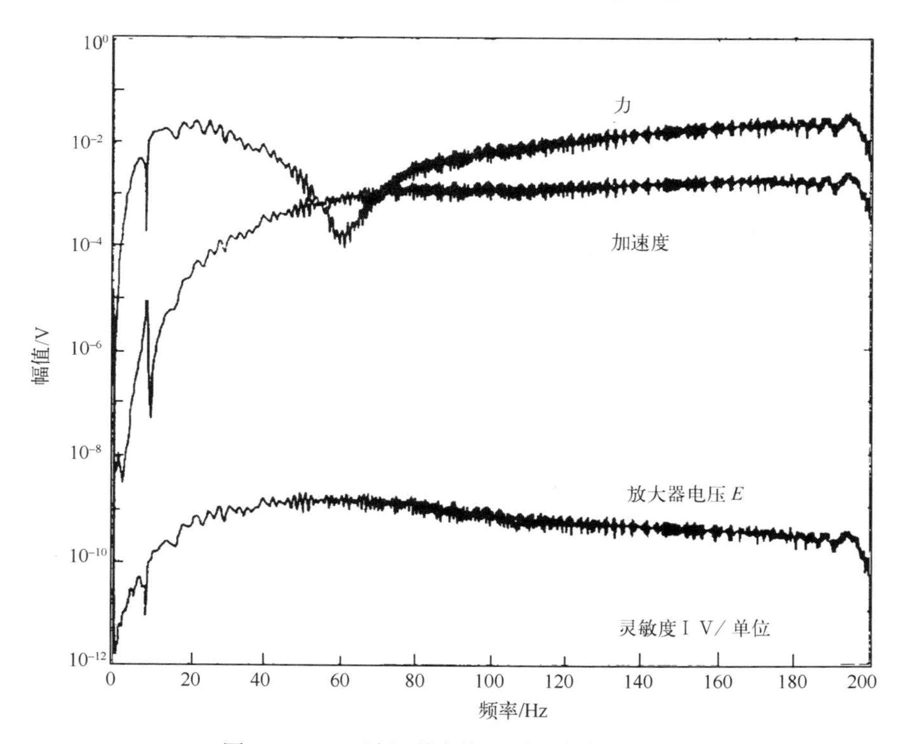

图 6－8－6　随机噪声输入到驱动激振器时，

被驱动激振器的动框所受到的力、加速度以及反电动势的频率分析

(From L. P. R. Oliveira, "On the Interaction between Vibration Exciters and the Structure under Test in Modal Testing." M. Sc. Thesis, School of Engineering of Sao Carlos, University of Sao Paulo, 2003[in Portuguese].)

的平板共振；3)动框的摇滚运动。只有进行详尽试验才能确定共振究竟是什么原因导致的。

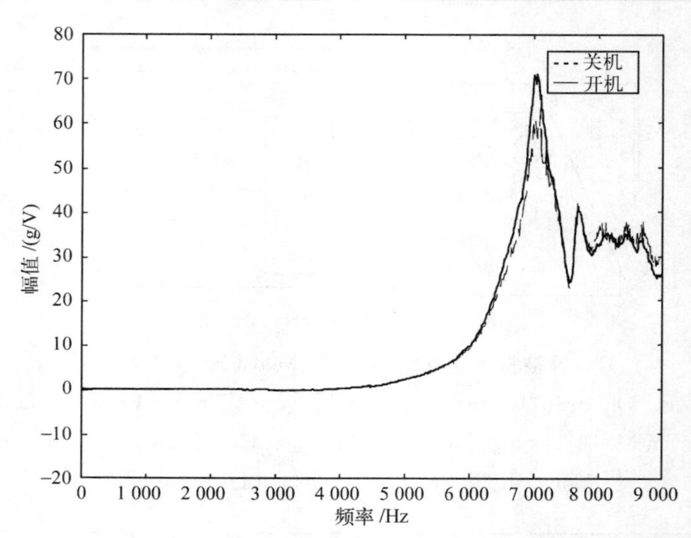

图 6－8－7　用扫描正弦在 1～10 kHz 范围内激励时，动框驱动点加速度导纳曲线。可以看出，在 7 kHz 出现音频线圈共振，实线表示功放关闭，虚线表示功放开启

(From L. P. R. Oliveira, "On the Interaction between Vibration Exciters and the Structure under Test in Modal Testing." M. Sc. Thesis, School of Engineering of Sao Carlos, University of Sao Paulo, 2003[in Portuguese].)

6.8.4　动框的转动自由度

研究动框的转动自由度时，将一枚加速度计安装在动框的偏心处，然后敲击动框头部不同的位置。图 6－8－8 表示激振器的俯视图，并标出了 5 个附着点。加速度计安装在其中某一点，用力锤敲击其他位置便可获得不同的加速度导纳。

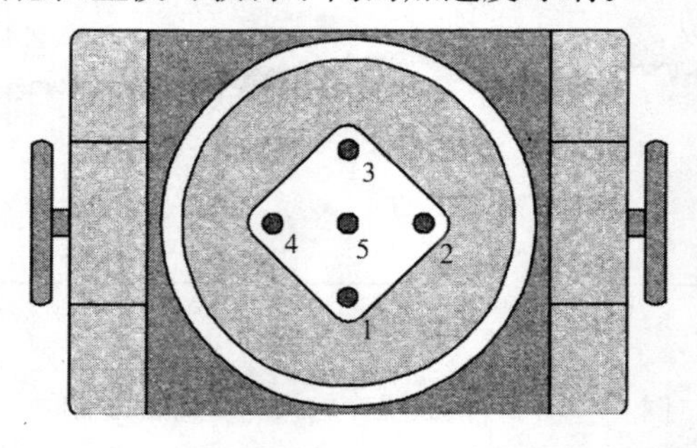

图 6－8－8　标示出附着点号码的动框俯视图

(From L. P. R. Oliveira, "On the Interaction between Vibration Exciters and the Structure under Test in Modal Testing," M. Sc. thesis, School of Engineering of Sao Carlos, University of Sao Paulo, 2003 [in Portuguese].)

第一组敲击测试，要关掉功放，将加速度计安装在位置 4，用力锤先敲击中心位置 5，然后再敲击点 2，测量结果示于图 6－8－9(a)。敲击中心点时，只能引起直线运动，如实线所画的 $A_{45}(\omega)$曲线，只有 61 Hz 左右的刚体共振。敲击点 2 时，由于偏心，既可引起转动，又能引起直线运动，如虚线 $A_{42}(\omega)$ 所示，在 290 Hz 附近又出现一个共振峰，并且在 305 Hz 左右出现一个下陷。

在第二组敲击试验时，功放依然关闭，加速度计安装在位置 3，力锤敲击位置 1，得到加速度导纳 $A_{31}(\omega)$，它跟 $A_{42}(\omega)$ 的比较画在图 6-8-9(b)中。由图可见，动框支撑系统的对称性相当好，因为两个加速度导纳互相重合在一起。

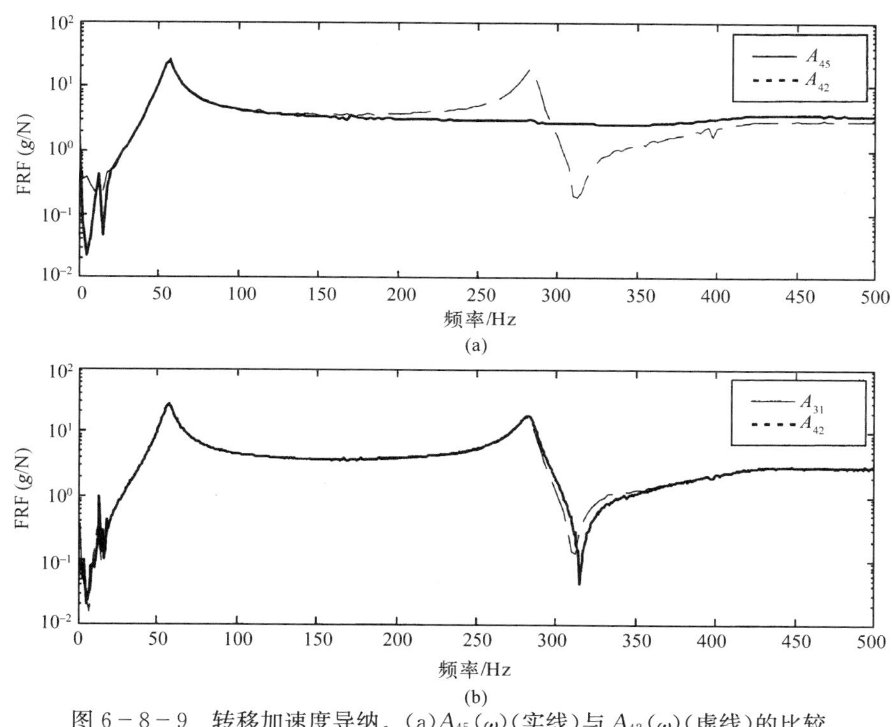

图 6-8-9　转移加速度导纳。(a)$A_{45}(\omega)$(实线)与 $A_{42}(\omega)$(虚线)的比较
(b)$A_{31}(\omega)$(实线)与 $A_{42}(\omega)$(虚线)的比较

(From L. P. R. Oliveira and P. S. Varoto "The Effects of Armature Rotation on Data Quality in Base Driven Shaker Testing." In Proceedings of the ISMA Conference, Leuven, Belgium, 2002, Vol. 1, pp. 911: 918.)

第三组敲击试验时，加速度计装在位置 4，敲击位置 2，功放开启。功放开启与功放关闭时的加速度导纳对比如图 6-8-10 所示。功放开启后，61 Hz 左右直线运动受到了很大的阻尼，而在 295 Hz 附近转动运动减小，但比直线运动受到的电动阻尼小很多。因此，当试验过程中出现小阻尼转动效应时，不应惊讶。

最后，分别将角加速度计安装在位置 4 和 5，敲击位置 2，两种情况下的结果示于图 6-8-11。很明显，290 Hz 处共振是由于动框转动产生的。61 Hz 附近的峰值可能是角加速度计对直线运动加速度比较敏感(见 4.4.2 节)造成的，也可能是对 60 Hz 的电网频率比较敏感的缘故。只有仔细分析才能揭示现象的本质。要时刻注意频率分析曲线上的电网频率及其倍频。

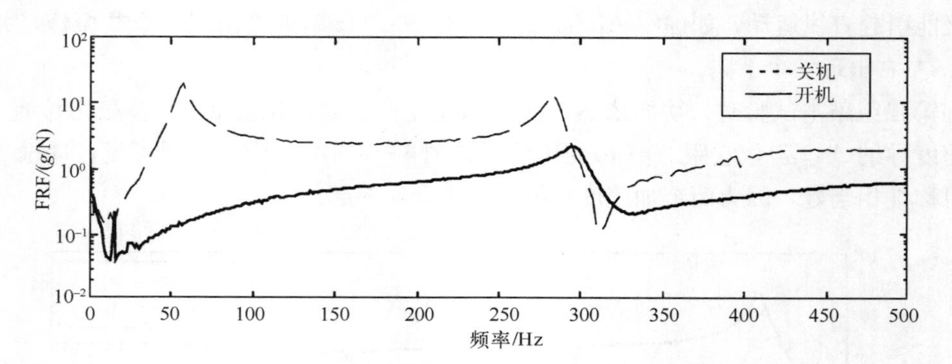

图 6-8-10 反映电动阻尼效应的驱动点加速度导纳 $A_{42}(\omega)$：
功放开启时为实线，功放关闭时为虚线
(From L. P. R. Oliveira and P. S. Varoto "The Effects of Armature Rotation on Data Quality in Base Driven Shaker Testing." In Proceedings of the ISMA Conference, Leuven, Belgium, 2002, Vol. 1, pp. 911：918.)

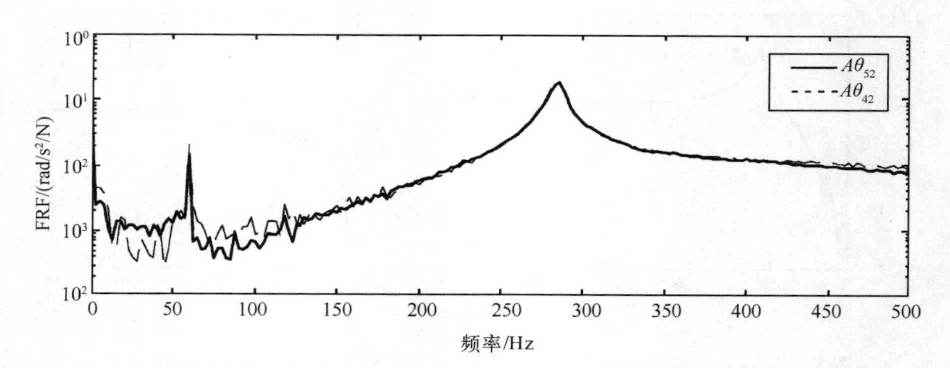

图 6-8-11 转移角加速度导纳 $A\theta_{52}(\omega)$(实线)与 $A\theta_{42}(\omega)$(虚线)的比较，
凸现在 290Hz 附近的角共振
(From L. P. R. Oliveira and P. S. Varoto "The Effects of Armature Rotation on Data Quality in Base Driven Shaker Testing." In Proceedings of the ISMA Conference, Leuven, Belgium, 2002, Vol. 1, pp. 911：918.)

6.8.5 试验过程中激振器结构的相互作用

将一根尺寸为 25.4 mm×9.5 mm×1 000 mm 的钢梁作为一个自由悬挂结构来研究有许多理由。首先，它的动态特性我们很清楚。其次制作容易，读者可以作为练习自己进行此类试验。此梁安装在动框上有 4 种不同的方法，如图 6-8-12 所示，其中要测的量是安装点的加速度 A_1，动框加速度 A_2 以及作用在梁上的力 F。

在图 6-8-12(a)中，梁的一端通过一细杆与一力传感器固定在动框上，以便测量梁的端点转动。在图 6-8-12(b)中，梁的一端通过力传感器直接固定在动框上，通过力传感器与动框对梁的转动运动起一定限制作用。这两种安装方法能激发出梁的全部模态。

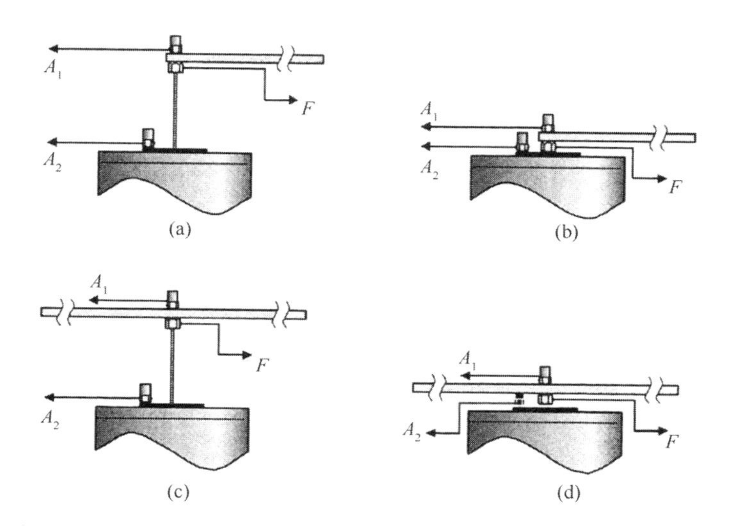

图 6－8－12　简单试件安装在激振器动框上的四种方法

(a)梁一端的力传感器与动框之间用连杆连接；(b)梁通过力传感器直接与动框相连；

(c)用连杆将梁中点的力传感器与动框相连；(d)梁通过中点的力传感器直接与动框相连

注意，(b)和(d)两种安装方法可以使力传感器承受相当大的弯矩

(From L. P. R. Oliveira and P. S. Varoto "The Effects of Armature Rotation on Data Quality in Base Driven Shaker Testing." In Proceedings of the ISMA Conference, Leuven, Belgium, 2002, Vol. 1, pp. 911：918.)

在图 6－8－12(c)中，梁的中点通过一根细杆和力传感器固定在动框上，而在图 6－8－12(d)中，梁的中心直接固定在动框和力传感器上。这两种情况下，固定点都是梁的质心，转动最小，因为围绕梁的中点转动的偶数号模态不存在。回忆，在此情况下，梁的中点是所有偶数号模态的节点。

图 6－8－13 中的试验结果对应于图 6－8－12(a)的情形，画的是梁的端点的驱动点加速度导纳(如实线所示)，曲线有许多尖峰与低谷，这跟理论相一致。虚线是动框加速度与输入力之比，可以看到，在 200 Hz 之内它与梁的驱动点加速度导纳相当一致。200 Hz 以上，动框转动特性便自行其"舞"，出现了另外两个共振峰与低谷。因此，我们不应当将动框的加速度当做梁的响应的测量值。

图 6－8－14 对图 6－8－12(a)中梁的驱动点加速度导纳 $A_{11}(\omega)$(虚线)与图 6－8－12(b)中梁的 $A_{11}(\omega)$(实线)进行比较。很明显，200Hz 以上发生了相当大的失真，即在 200Hz 以上动框的动力学特性大大改变了测量结果。

参考本节所述试验，读者可以通过自己的试验去估价、掌握试验设备的工作情况。

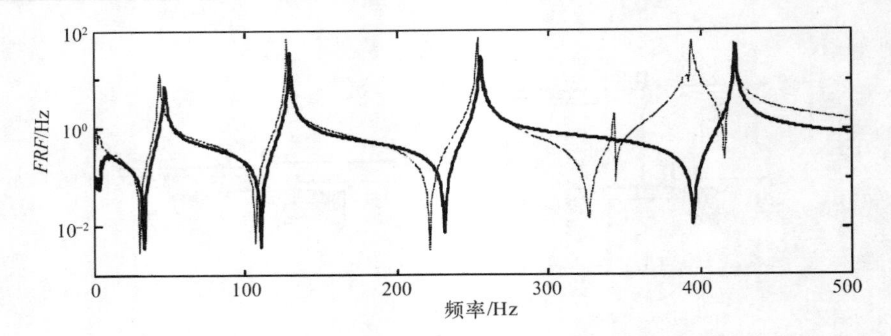

图 6－8－13　图 6－8－12(a)中两个加速度测量值的比较：

实线为 $A_1(\omega)$，虚线为 $A_2(\omega)$。比较显示，台面的运动相对于梁的运动产生了失真

(From L. P. R. Oliveira and P. S. Varoto "The Effects of Armature Rotation on Data Quality in Base Driven Shaker Testing." In Proceedings of the ISMA Conference, Leuven, Belgium, 2002, Vol. 1, pp. 911：918.)

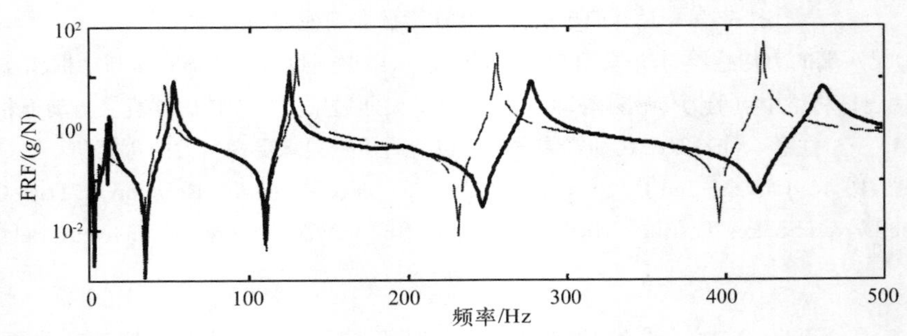

图 6－8－14　图 6－8－12(a)中驱动点加速度导纳 $A_{11}(\omega)$(虚线)与图(b)中驱动点加速度导纳 $A_{11}(\omega)$(实线)之间的比较。

注意，在 200 Hz 以上，动框的转动产生了影响

(From L. P. R. Oliveira and P. S. Varoto "The Effects of Armature Rotation on Data Quality in Base Driven Shaker Testing." In Proceedings of the ISMA Conference, Leuven, Belgium, 2002, Vol. 1, pp. 911：918.)

6.9　小结

振动试验所用激振器装置类型繁多，包括突然释放静载荷、冲激载荷、机械转动激振器、电液激振器、电动激振器和机器本身的激励源等。在所有情况下，它跟试件(SUT)之间一定存在着相互作用。

振动激励过程中模态响应的基本规则总是表现出来：当用以激发某个模态的广义激振力为零时，这个模态将不出现。当一个集中力作用在某个模态的节点上时，或者当分布力与模态振型的乘积在激励范围内求和得到零值时，那么这个模态的广义力就是零。

冲激载荷分析法证明，冲激力基本上是半正弦的，其峰值冲击力与冲击质量的动量

(mv)以及冲击频率(π/T，这里 T 是半正弦的周期)成正比。还证明，当冲击质量与结构的有效质量之比接近恢复率时很容易出现双击现象。注意，双击在冲激试验中未必是坏事，只要各次冲激都能被正确测量。

我们已经分析过直接驱动式和旋转不平衡式机械激振器，台面质量及基础质量对激振器的特性的影响已经讨论。已经证明，驱动扭矩的变化速率两倍于旋转频率，并且在试件的固有频率附近变大。扭矩变大解释了为什么在试件共振频率附近获取良好的振动数据比较困难，因为机械激振器为了驱动这个剧烈变化的扭矩而倾向于突然转到一个比较高的频率。两倍于旋转频率解释了为什么在输出运动中会观察到两倍转速的激励信号。

电液激振器一般用于 0～40 Hz、40～100 Hz 的频率范围内，且要求推力比较大的场合。因为伺服阀及管路的特性，所用液压系统是高度非线性装置。因此，当不同的试件连接到这样的系统上时要谨慎，一定要有一个稳定的控制系统。

电动激振器的应用较之任何其他激振器都要广泛，因此我们做了相当详细的研究。一般而言，这类激振器都有一个支撑在柔软弹簧上的笨重基座。按照这种设计，传到支撑结构上的运动最小，因而通过一公共地基传输到试件上的激振能量也最小。大型激振器的基座本身的惯性就是一个基础，可以认为，当激振频率高于低频支撑系统的固有频率时，以基座当基础可近似视为刚性安装。

电动激振器的动框有两个固有频率，一个是低端固有频率，对应于其弯曲支撑装置上总的动框质量，另一个是高频反相共振，即电流线圈与动框台面顶端相互反向振动。在第二次共振频率以上时，线圈力传递给动框台面的有效性迅速降低。还可以看到，线圈共振频率随着连接到动框上质量的增大而减小。因此激振器的可用频率范围小于其制造商提供的裸台面频率范围数据。

线圈在气隙磁场中的位置变化时，线圈力与输入电流的关系是非线性的。对于台面运动所产生的反电动势也存在同样的非线性。一般而言，台面运动足够小时，这些非线性不是什么严重问题。但是在低频振动时，台面运动比较大，这些非线性对试验结果可能产生明显的影响。

驱动动框线圈的功率放大器有两种工作模式：电压模式和电流模式。在电压模式中，加在线圈电路上的输出电压与功率放大器的输入电压成正比。在电流模式中，通过动框线圈的电流正比于功率放大器的输入电压。电流模式的优点是：加在动框线圈上的电压会进行自动调整，以反抗因线圈在磁场中运动而产生的任何反电动势。当功率放大器工作在电流模式时，在被测结构的固有频率上力的降落比电压模式要小。

功放工作在电压模式还是电流模式，会使裸台面动框显示出完全不同的动态特性。在电压模式中，动框没有低频共振，这是因为线圈电路的反电动势和阻抗要消耗很大的能量，从而引起很大的电动阻尼。但在电流模式中，动框的低频共振会很明显，因为加在线圈电路上的输入电压要产生一个常振幅正弦电流(和力)加给动框。只要线圈产生一恒定力所需要的驱动电压不超过功率放大器的输出能力，就会出现这样的特性。

我们已经就电压模式和电流模式分析了激振器动框与简单的单自由度接地结构以及二

自由度非接地结构之间的相互作用问题。通过分析已很清楚，试件与激励系统之间存在着相当大的相互作用。不论功放处于电流模式还是电压模式，功放对测量结果都有重要影响。通过学习我们知道，必须透彻了解某个具体试验的特殊要求，并且要知道需要什么样的信息。利用电流输入控制一个疲劳试验是一回事，而利用电流作为一个试件的输入力并试图测量试件的固有频率和阻尼是完全不同的另一回事。在后一种情况下我们测量的是试验系统的特性而不是试件的特性。从非接地试验模拟看得很清楚，测量界面力或界面加速度是个好的想法，因为这样可消除激振器的影响。

我们利用锤击法和另一台激振器进行实地测量，研究了激振器动框的动态特性。对实际激振器进行的这组试验，说明了激振器支撑条件怎样改变了低频特性——出现了一个共振，而且这个共振与功放的开、关有关系，并与激振力施加在动框的什么位置有关系。中心敲击不能激发转动共振；激发转动共振只能用偏心锤击。然后用激振器通过两种连接方法驱动一根简单的梁：一种连接方法是通过推杆，一种方法是直接连接到动框上。实测结果显示，如果试验装置不恰当，动框与结构就会产生相互作用。总之，该试验方法告诉我们应该怎样确定我们自己的激振器的特性，特别是如何确定它的转动共振特性。

第 7 章我们将考虑一些特殊的试验环境，并研究激振器及其他试验设备如何与试验结构相互作用，从而怎样影响试验结果。

6.10　参考文献

[1] Anderson, I. A., “Avoiding Stinger Rod Resonance Effects on Small Structures,” *Proceedings of the 8th International Modal Analysis Conference*, Vol. 1, Kissimmee, FL, 1990, pp. 673 - 678.

[2] Braun, S. (editor in Chief) D. Ewins and S. S. Rao (editors), *Encyclopedia of Vibration*, three vols, Academic Press, London, 2002.

[3] Clark, A. J., “Sinusoidal and Random Motion Analysis of Mass Loaded Actuators and Valves,” *Proceedings of the National Conference on Fluid Power*, Vol. XXXVII, 39th annual meeting, Los Angeles, CA, 1983.

[4] Clark, A. J., “Dynamic Characteristics of Large Multiple Degree of Freedom Shaking Tables,” *Earthquake Engineering*, *10th World Conference*, Balkema, Rotterdam, Holland, 1992, pp. 2823 - 2828.

[5] Foss, G., “Enhancement of Modal Swept Sine Data by Control of Exciting Forces,” *Proceedings of the 8th International Modal Analysis Conference*, Vol. 1, Kissimmee, FL, 1990, pp. 102 - 108.

[6] Harris, C. M. and C. S. Crede (editors), *Shock and Vibration Handbook*, Vol. 2, McGraw - Hill, New York, Chapter 25 by K. Unholtz, “Vibration Testing Machines,” pp. 25 - 7 - 25 - 9.

[7] Hunt, F. V., *Electroacoustics*: *The Analysis of Transduction*, *and Its Historical Background*, American Institute of Physics, for the Acoustical Society of America, 1954.

[8] Kobayashi, Albert S. (editor), *Handbook on Experimental Mechanics*. Prentice - Hall, Englewood Cliffs, NJ, 1987.

[9] Oliveira, L. P. R. “On the Interaction between Vibration Exciters and the Structure under Test in Mo-

dal Testing," M. Sc. thesis, School of Engineering of Sao Carlos, University of Sao Paulo, 2003 (in Portuguese).

[10] Oliveira, L. P. R. and P. S. Varoto, "The Effects of Armature Rotation on Data Quality in Base Driven Shaker Testing," *Proceedings of the ISMA Conference*, Leuven, Belgium, 2002, Vol. 1, pp. 911 -918.

[11] Olsen, N. L., "Using and Understanding Electrodynamic Shakers in Modal Applications,"*Proceedings of the 4th International Modal Analysis Conference*, Vol. 2, 1986, pp. 1160 - 1167.

[12] Otts, J. V., "Force Controlled Vibration Tests: A Step Toward Practical Application of Mechanical Impedance," *The Shock and Vibration Bulletin*. No. 34, Part 5, Feb. 1965, pp. 45 - 53.

[13] Rao, D. K., "Electrodynamic Interaction Between a Resonating Structure and an Exciter,"*Proceedings of the International Modal Analysis Conference*, Vol. 2, 1987 pp. 1142 - 1150.

[14] Rogers, J. D., "An Introduction to Shaker Shock Simulations,"*Proceedings of the 8th International Modal Analysis Conference*, Vol. 2, Kissimmee, FL, 1990, pp. 905 - 911.

[15] Sharton, T. D., "Analysis of Dual Control Vibration Testing,"*Proceedings, Institute of Environmental Sciences*, 1990, pp. 140 - 146.

[16] Sharton, T. D., "Dual Control Vibration Tests of Flight Hardware,"*Proceedings, Institute of Environmental Sciences*, 1991, pp. 68 - 77.

[17] Smith, R. J., *Electronics: Circuits and Devices*, 3rd ed., John Wiley &Sons, New York, 1987.

[18] Smallwood, D. O., "An Analytical Study of a Vibration Test Method Using Extremal Control of Acceleration and Force,"*Proceedings, Institute of Environmental Sciences*, 1989, pp. 263 - 271.

[19] Szymkowiak, E. A. and W. Silver, "A Captive Store Flight Vibration Simulation Project,"*Proceedings, Institute of Environmental Sciences*, 1990, pp. 531 - 537.

[20] Tomlinson, G. R., "Determination of Modal Properties of Complex Structures Including Non - Linear Effects," Ph. D. thesis, University of Salford, UK, May 1979.

[21] Tomlinson, G. R., "Force Distortion in Resonance Testing of Structures with Electro - Dynamic Vibration Exciters,"*Journal of Sound and Vibration*, Vol. 63, No. 3, 1979, pp. 337 - 350.

[22] Worden, K. and G. R. Tomlinson, "Nonlinearity in Experimental Modal Analysis,"*Phil. Trans. R. Soc. Lon.*, A, Vol. 359, No. 1778, Jan. 15, 2001, pp. 113 - 130.

第 7 章

振动基本概念在振动试验中的应用

图片一：桑迪亚实验室利用阶跃释放法对加拿大 365 ft 高、额定功率为 4MW 的 ECOLE 竖向风力发电轮机进行试验，验证设计阶段使用的理论模态模型。(照片由 *Sound and Vibration* 提供)

图片二：这里展示的是一个典型的振动试验系统，由激振器、推拉杆、力传感器、加速度计、频率分析仪以及试件组成。注意，质量较大的加速度计安装在轻型圆盘形试件上，可能引发严重的测量问题。（照片由 *Sound and Vibration* 提供）

7.1　引言

本章要研究典型振动试验环境的特性。这里要把前面所讲的各种基本概念结合起来，看看它们之间是怎样相互影响的。我们的目的是要了解不同的试验要素，如传感器、数据处理方法、试验设备以及试件等，这些要素都可能会改变试验结果。为了获得有关各种影响的切实体验，我们采用多种简单而常用的试验环境，详尽描述每个试验的设计，并鼓励读者自己建立类似的实验系统当做一种学习经历。

我们要考虑的试验装置包括：

1)静载荷突然释放，这种方法常称为**阶跃释放法**(SRM)。为了获得满意的频响函数(FRF)，此方法对信号适调及数据处理有独特要求。

2)直接安装在激振器上的简支梁的强迫振动。在此情况下，将演示传感器质量的影响。这是一种常用的实验室试验环境，在这样的环境中对结构进行试验，使之满足特定的试验规范，如固有频率等。

3)冲击试验。通过冲击试验我们将认识到，数据加窗对于获得满意的结果极为重要。

4)使用激振器对结构进行点载荷驱动。该实验采用一根自由—自由梁，梁上安装一台力传感器，激振器与梁之间用一根传力杆连接。此应用中将讨论各种试验信号以及数据窗的影响。

5)通过测量材料的低频阻尼，揭示数据处理中因为连续数学过程被数字化近似而产生的一些微妙的问题。

有一种非常有效的技术叫做**加权加速度求和技术**，或简称为**SWAT(Sum of Weighted Accelerations Technique)**，即利用在许多不同点上测量到的加速度来重构作用在自由弹性结构上的力。此项技术是20世纪80年代中期[①]在桑迪亚国家实验室(Sandia National Laboratories)首先研发出来的，其后又有其他人进行了发展与补充。该项技术背后的主要思想是质量中心运动原理，即合力与质心运动有如下关系

$$\bar{R} = m\bar{a}_g = \sum_{i=1}^{N} m_i \bar{a}_i \tag{7-1-1}$$

式中　$\bar{R}$——作用在结构上的合力；

m——结构的总质量；

$\bar{a}_g$——质心的加速度；

m_i——第 i 个质量；

$\bar{a}_i$——第 i 个质量的加速度。

该方法主要的秘诀是确定各个加速度计的位置，然后对各信号进行适当加权，最后给

① D. L. Gregory, T. G. Priddy, and D. O. Smallwood, "Experimental Determination of the Dynamic Forces Acting on Non-Rigid Bodies," SAE Technical Paper Series, Paper No. 861791, Aerospace Technology Conference and Exposition, Long Beach. CA, Oct. 1986.

出合力。这里不讨论这个方法，但是对承受高强度动态载荷的弹性体进行的广泛研究——如炮弹穿透研究、核潜艇的下潜试验等——证明此方法是非常有用的。

7.2 突然释放法(阶跃释放法)

SRM 常用来对大型结构如空间网格结构②、竖向风力轮机③及近海石油平台④等进行试验。基本方法十分简单，如图 7-2-1(a)所示。在 $T_1 \sim T_2$ 时段内用缓慢变化的载荷给结构加载，直到载荷达到其最大值 F_0，此后便保持这一静载荷不变直到 T_3。$T_2 \sim T_3$ 这段时间不必特别规定，能完成测试准备即可。然后在 T_3 时刻近似阶梯式地突然将载荷释放。释放机制可以是爆炸螺栓，也可代之以熔断式装置，如拉断式螺栓或剪切式螺栓。

本节研究与阶跃激励振动试验有关的一些问题。以图 7-2-1(b)所示简支梁作为试验结构，因为它的模态形状和固有频率很容易计算。静载荷加在梁的中点，并计算出中点的加速度。还需要确定怎样测量简支梁的暂态响应，怎样从实测数据求得结构的正确的驱动点加速度导纳。之后在梁长的1/4 处(1/4)施加静载荷，而在1/3 处测量加速度，并考虑怎样比较转移加速度导纳的测量值与理论值。整个试验方案用 3.7 节和 3.8 节讨论的模态分析原理来模拟。

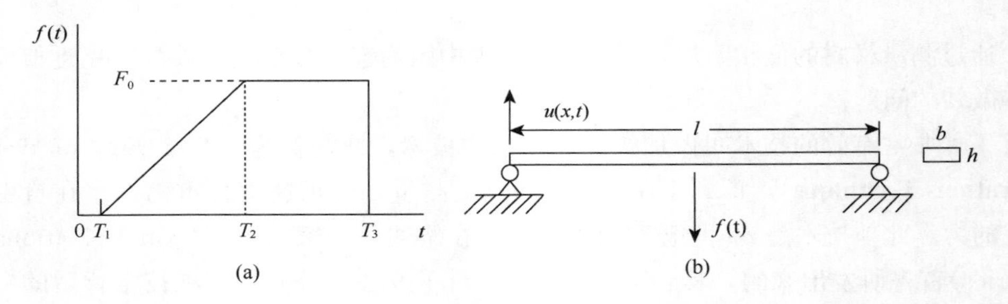

图 7-2-1 用于简支梁的阶跃释放法

(a)缓慢加载，突然释放；(b)简支梁结构

7.2.1 理论模态振型

假定图 7-2-1(b)所示简支梁是用钢材料制成的($E=29\times10^6$ psi，$\gamma=0.283$ lb/in)，矩形截面宽为 b(=1.00 in)，深为 h(=0.357 in)。长度选为 l(=41.12 in)，目的是使前五

② C. Mutch et al.，"The Dynamic Analysis of a Space Lattice Structure via the Use of Step Relaxation Testing，" *Proceedings of the 2nd International Modal Analysis Conference*，Orlando，FL.，Feb. 1984，pp. 368-377.

③ J Lauffer et al.，"Mini-Modal Testing of Wind Turbines Using Novel Excitation，" *Proceedings of the 3rd International Modal Analysis Conference*，Feb. 1985，pp. 451-458.

④ M. Martinex and P. Quijada，"Experimental Modal Analysis of Offshore Platforms，" *Proceedings of the 9th International Modal Analysis Conference*，Florence，Italy，April 1991，pp. 213-218.

阶固有频率分别为 20 Hz，80 Hz，180 Hz，320 Hz 和 500 Hz。对应的模态振型由不同的正弦波形给出，如第 p 阶模态振型为

$$U_p(x) = \sin\left(\frac{p\pi x}{l}\right) \tag{7-2-1}$$

第 p 阶模态载荷 Q_p 根据式(3－6－20)为

$$Q_p = \int_0^l P(x)U_p(x)\mathrm{d}x \tag{7-2-2}$$

式中　$P(x)$——单位长度内的分布激振载荷。

因为静态力仅仅施加在一个点上，所以，载荷分布可以用狄拉克 δ 函数来描述，即

$$P(x) = F_i\delta(x - x_i) \tag{7-2-3}$$

式中　x_i——静载荷施加的位置。

将式(7－2－3)代入式(7－2－2)可得模态载荷力如下

$$Q_p = F_i\sin\left(\frac{p\pi x_i}{l}\right) \tag{7-2-4}$$

于是，在位置 x_0 的输出响应根据式(3－6－21)可求出

$$u(x_0,t) = \sum_{p=1}^{N}\frac{O_pU_pF_i}{k_p - m_p\omega^2 + jc_p\omega}\mathrm{e}^{\mathrm{j}\omega t} = H_{oi}F_i\mathrm{e}^{\mathrm{j}\omega t} \tag{7-2-5}$$

式中　$H_{oi}(\omega)$——在位置 i 施加单位力时位置 o 的输出频响函数；

k_p——第 p 阶模态刚度；

m_p——第 p 阶模态质量；

c_p——第 p 阶模态阻尼；

N——求和所用模态数，这里是 5。

7.2.2　中点激励与响应

当激励与响应都在中点测量时，驱动点位移导纳(单位是 in/lb)可根据式(7－2－5)求出，如图 7－2－2(a)所示。由图可见，只有奇数号频率(即 20 Hz，180 Hz 和 500 Hz)存在，原因是 Q_p 的全部偶数号的模态值为零，由式(7－2－4)可知。驱动点位移导纳对应的的位移冲激响应函数 $h(t)$示于图 7－2－2(b)，从中可以看到，在长度为 3s 的时窗内，2 s 之内运动便衰减殆尽。因为这个模拟采用了时域中的 4 096 个数据点覆盖 3s 长的数据窗，所以满足暂态信号分析的傅里叶变换(FFT)要求：零初始条件、最终幅值为零以及斜率为零。

对阶跃释放载荷的位移响应及加速度响应　输入力信号的时间历程示于图 7－2－3(a)，力的最大值是 25.0 lb，斜坡阶段开始时刻为 T_1＝36.6 ms，保持阶段开始时刻为 T_2＝437 ms，因此斜坡的持续时间是 400 ms，突然释放时刻为 1.0s。为不使系统出现振荡，斜坡的持续时间应当是 50 ms 的整数倍，因为系统的基频周期是 50 ms。简支梁的中点位移响应示于图 7－2－3(b)，由图可见，系统响应几乎以完美的方式跟踪着输入，只是在保持期间出现了一个很小的过冲振荡，不过这个小过冲振荡响应迅速衰减到

零。在实际试验中，上升时间多半不会像这里那样短，而且 $T_2 \sim T_3$ 这段时间也将比较长。计算中需要做的是模拟某些特性，这种模拟通过选择输入(激励)信号是可以实现的。在保持段的平均偏移是在 25.0 lb 载荷作用下的静偏移($l^3/48EI \cong 0.284$ in)，本应如此。我们看到，突然释放引发了一个由梁的基频支配的阻尼位移振荡 。

以 g 为单位的加速度时间历程示于图 7-2-3(c)。由图可见，从 $T_1 \sim T_2$ 这段斜坡载荷引起的加速度很小，之后是平静的 $T_2 \sim T_3$ 保持期，保持期内加速度静止于 0，再后来是相当剧烈的大振幅高频率加速度振荡，但由于 $\xi_p \omega_p$ 这一项对于高频比对于基频更大，因此加速度振荡曲线迅速衰减掉了。

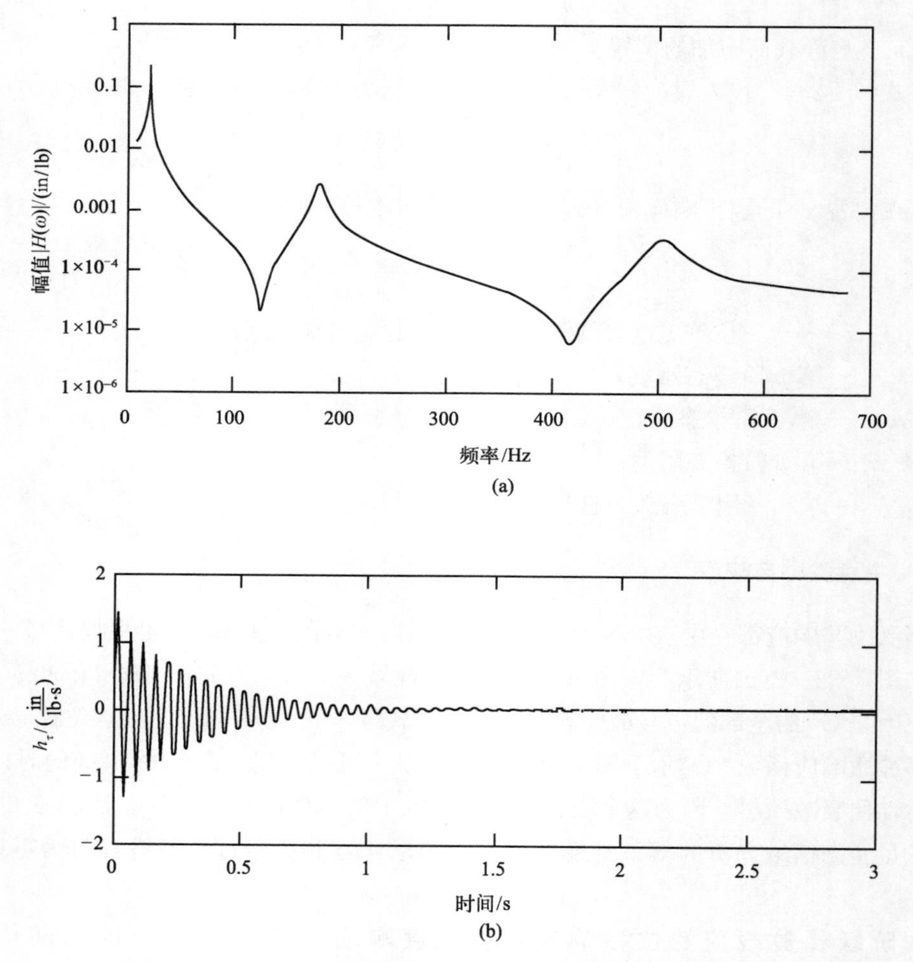

图 7-2-2 简支梁中点激励时的位移函数

(a)频响函数；(b)冲击响应函数

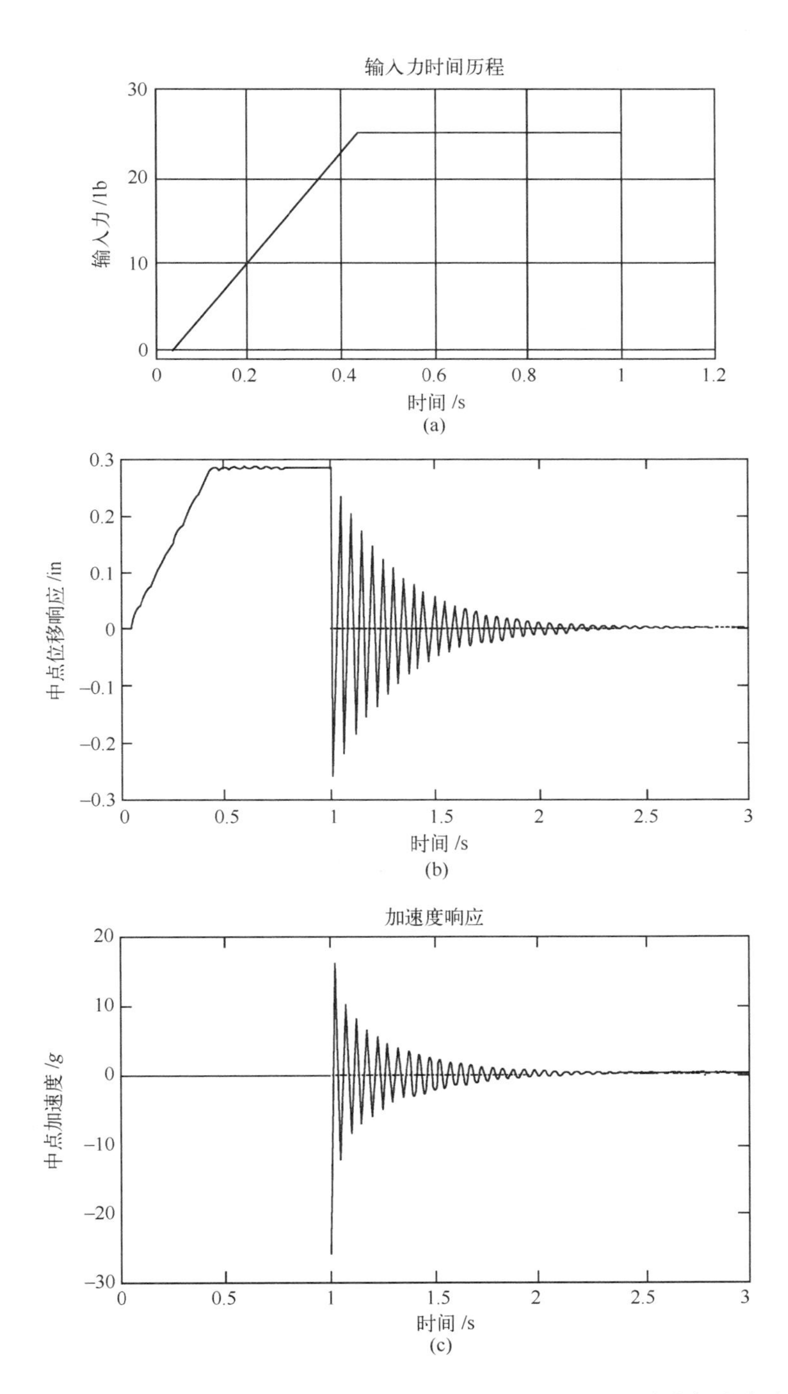

图7-2-3　(a)中点力载荷时间历程；(b)中点位移响应时间历程；(c)中点加速度响应时间历程

7.2.3　解决测量难题

如果有了完整的输入力及输出响应(位移或加速度)的时间历程，如图 7-2-3 所示，便可以计算驱动点的位移导纳或加速度导纳，不会有任何问题。但在实际振动试验中，输入输出时间记录太长而不能全部收集。缓慢施加静载荷时，加载过程可能需要几分钟到几个小时不等，而计算响应只需要几秒钟的记录数据[见图 7-2-3(b)和图 7-2-3(c)]。因此我们不得不将每个时间历程截断，像图 7-2-4(a)和图 7-2-4(b)那样，将最初的那段

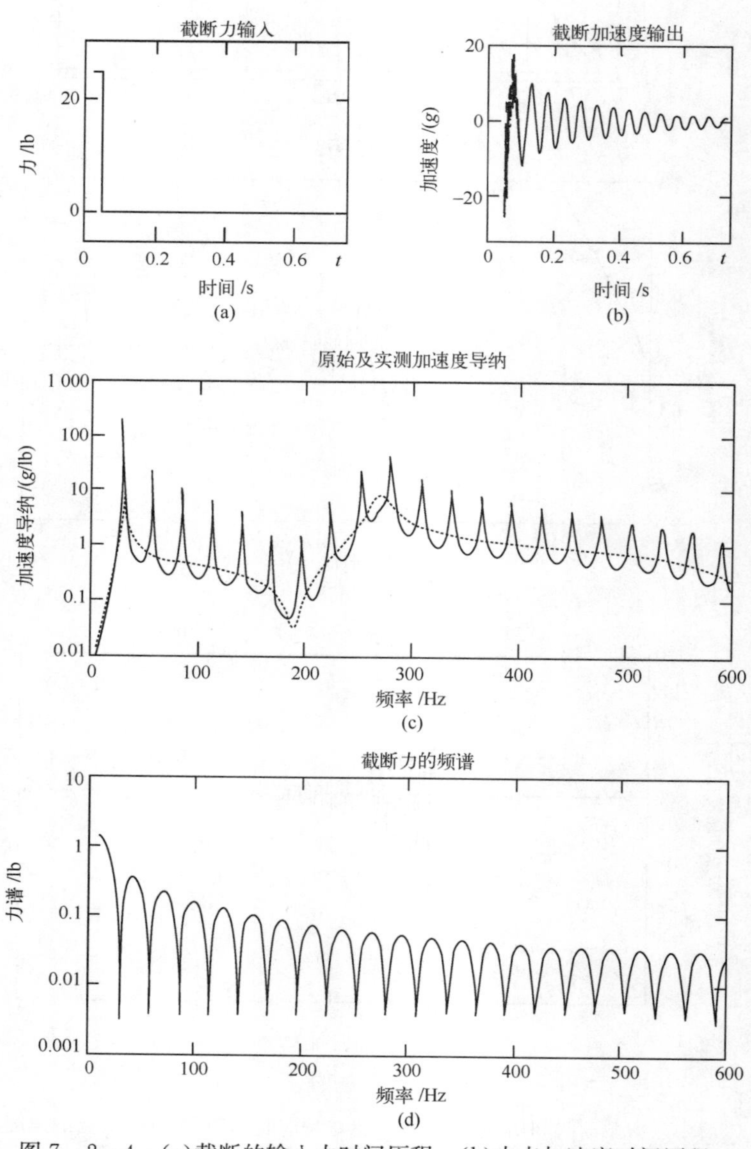

图 7-2-4　(a)截断的输入力时间历程；(b)中点加速度时间历程；(c)实际驱动点加速度导纳的估计值；(d)截断输入力频谱

斜坡保持输入信号掐掉。本例中，截断后的记录含有 1 024 个数据点，因此数据窗长度仅为 749 ms。相应的加速度导纳实测值与系统的实际加速度导纳一道示于图 7-2-4(c)。实测加速度导纳曲线上之所以呈现许多峰值，原因在于输入力的频谱中有许多低谷值，见图 7-2-4(d)。事实上，截断后的输入力频谱就是第 2 章、第 5 章讨论的 sinc 函数，因为实际输入力已经被转化成了时长大约为 52 ms 的一个小矩形脉冲，相应地，其频谱中每隔 29 Hz 左右就出现一个下陷频率，如图 7-2-4(d)所见。

怎样解决这一困境呢？Lauffer⑤ 等人提出了一个实用办法。按此办法，令输入信号与输出信号都通过交流耦合传输，因而输入载荷中的直流偏置就被转换成一个指数冲激载荷。AC 耦合与 DC 耦合情况下完整的输入力与输出加速度的时间历程分别示于图 7-2-5(a)和图 7-2-5(b)。显然，只要保持时间足够长，输入力则从零值开始，如图中 A 区所示，因此输入力的起始时刻并不像要从整个时间历程中取某个子样品时那么重要。起始段加速度的变化看起来更加微妙，但是 McConnell 和 Sherman⑥ 已经证明，对加速度信号也必须施以同样的交流耦合，使两个信号中都存在的交流耦合的影响在 FRF 函数中消除。原始输入力的频谱与交流耦合力的频谱在低频段的比较示于图 7-2-5(c)，由图显见，这两个输入频谱基本相同。在较高频段，两条谱线变成同一条曲线了。因此，交流耦合措施仅仅影响最低频率，输入频谱的其余部分完整无损。

因交流耦合而改变的输入力与输出加速度的典型时间历程分别示于图 7-2-6(a)与图 7-2-6(b)。未加窗的输出加速度时间历程显示出潜在的滤波器泄漏，因为其曲线终点的斜率非零、值亦非零。如果我们使用图 7-2-6(b)这样的原始加速度时间历程，会得到图 7-2-6(c)所示的驱动点加速度导纳测量值，图中也画出了理论加速度导纳值以资比较。我们看到，在各共振峰附近，测量值与理论值吻合得相当好，但是滤波器泄漏在 FRF 测量曲线的谷底附近产生了纹波。

消除 FRF 中振荡纹波的途径之一是采用指数窗，减少泄漏的量。施加于输出信号的指数窗显示[见图 7-2-6(b)]，在 750 ms 长的指数窗的末端，其值为 $e^{-T/\tau_e}=0.129$。这意味着在窗的末端只用到了信号初始值的 13%，也意味着 $\tau_e=0.362$ s。与 τ_e 这个值相对应，第一阶模态阻尼(人为地)多增了 110%，第三阶模态阻尼多增 27.5%，第五阶模态阻尼增加了 4.4%以上。相应的驱动点加速度导纳示于图 7-2-6(d)，由图可见谷底值干净了[即图 7-2-6(c)所示的振荡没有了]。消除振荡的代价是明显减小了 FRF 某些峰值的幅度，低频段受到的影响比高频段更大，因为指数窗的效果表现为由下式给出的模态阻尼

$$\zeta_p=\frac{1}{2\pi\tau_e f_p} \tag{7-2-6}$$

式中　f_p——第 p 阶固有频率。

比较图 7-2-4(c)和图 7-2-6(c)与图 7-2-6(d)可以清楚看到，对每个通道都实行

---

⑤ See footnote 3.

⑥ K. G. McConnell and P. J. Sherman, "FRF Estimation under Non-Zero Initial Conditions," *Proceedings of the 11th International Modal Analysis Conference*, Kissimmee. FL, Feb. 1993, pp. 1021-1025.

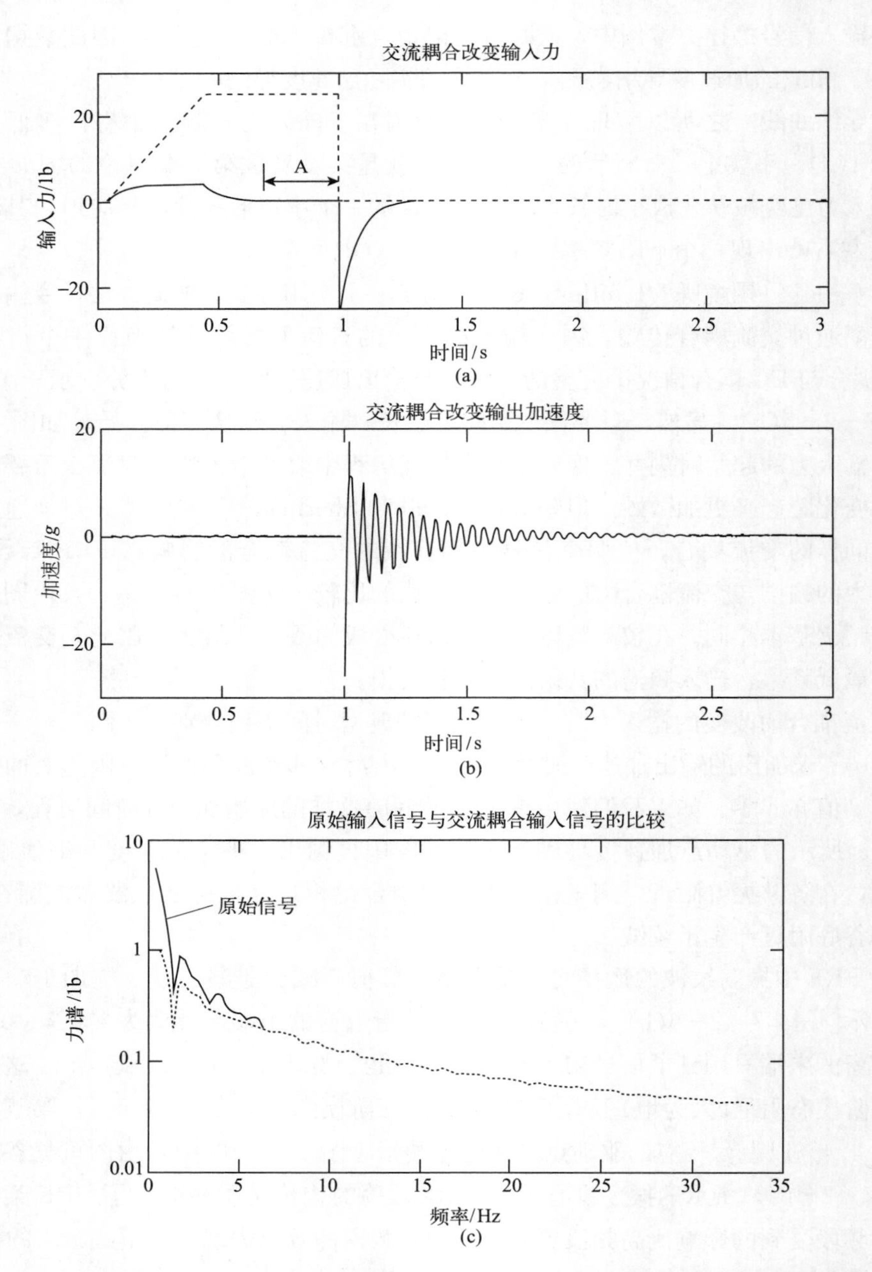

图 7－2－5　(a)原始输入力信号与 AC 耦合输入力信号的比较；(b)AC 耦合输出加速度信号；(c)原始输入频谱与修正后的输入频谱在低频段的比较

等同的 AC 耦合，极大地改善了 FRF 测量。

在 1/4 处激励、在 1/3 处测量响应所得转移加速度导纳　用与图 7－2－1(a)相同的载荷时间历程在同一根梁的四分点(1/4)激励，而在三分点(1/3)测量输出响应。相互对应的 AC 耦合输入力时间历程及输出加速度时间历程分别示于图 7－2－7(a)与图 7－2－7(b)。

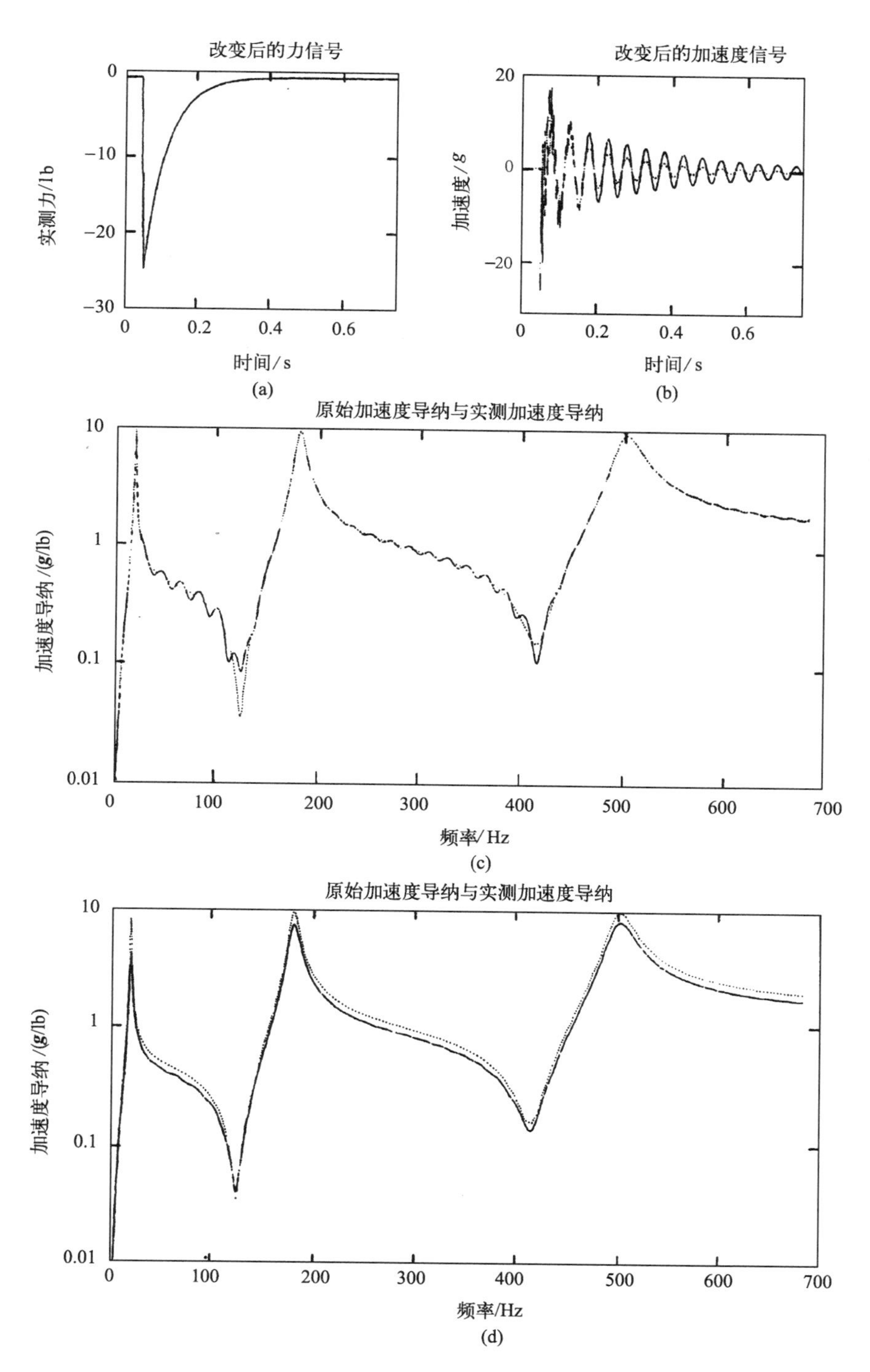

图 7-2-6　(a) 截断的 AC 耦合输入力时间历程；(b) 中点的 AC 耦合输出加速度信号，一个带有指数窗以减小滤波器泄漏，一个不带指数窗；(c) 加速度导纳的理论值与用有泄漏滤波器实测值的比较；(d)加速度导纳的理论值与用无泄漏滤波器实测值的比较

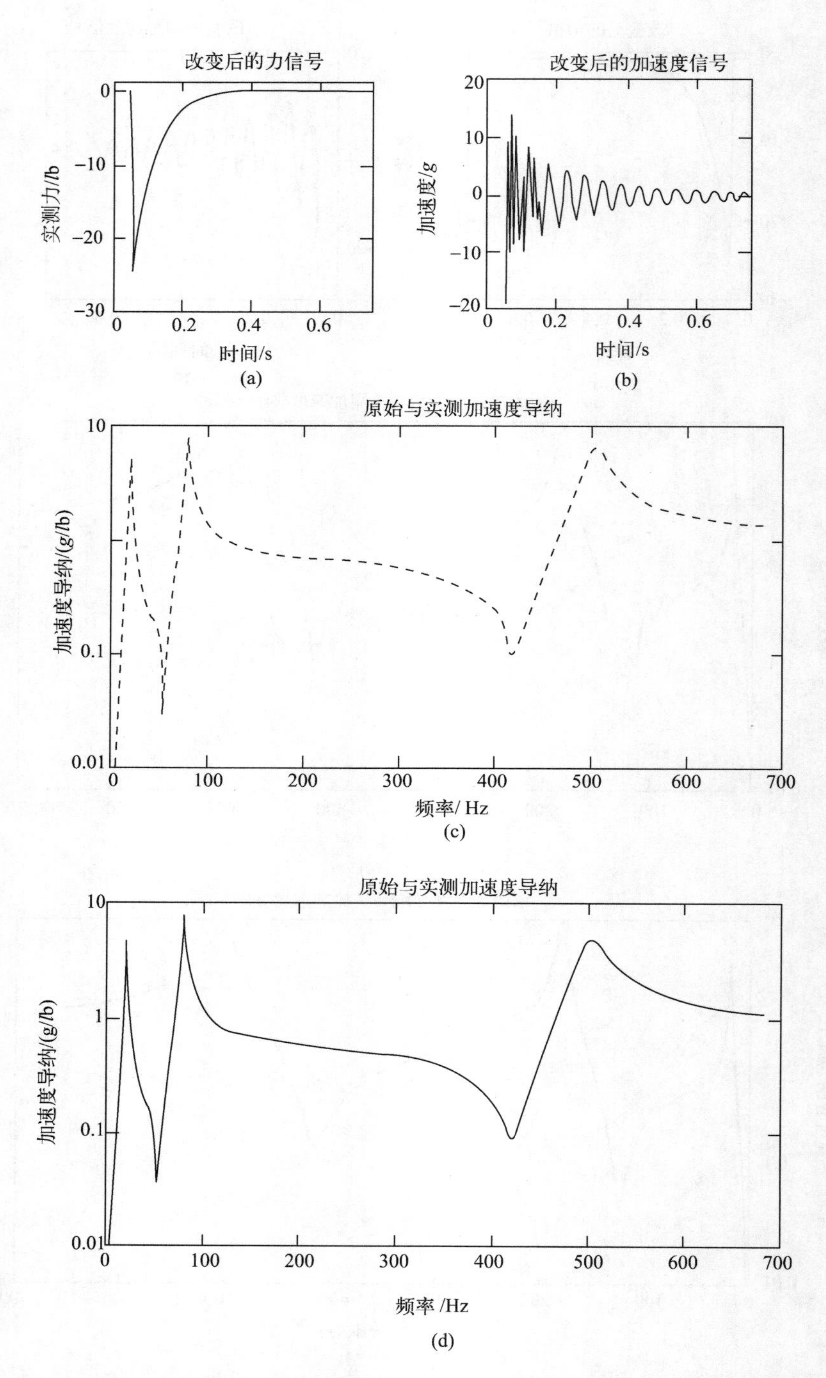

图 7－2－7　(a)在四分点施加的截断 AC 耦合输入力时间历程；(b)在三分点的 AC 耦合加速度信号(不带指数窗，或带有指数窗以减小滤波器泄漏)；(c)加速度导纳的理论值与带有滤波器泄漏的实测值的比较；(d)加速度导纳的理论值与没有滤波器泄漏的实测值的比较

输出显示，1 s 长的信号被前例用过的同样的指数窗改变了。采用原始 AC 耦合数据时，转移 FRF 曲线的理论值与实测值示于图 7-2-7(c)；采用加了指数窗的 AC 耦合数据时，转移 FRF 的理论值与实测值示于图 7-2-7(d)。由于滤波器的泄漏，图 7-2-7(c)中特征性的滤波器纹波显而易见；但在图 7-2-7(d)中，指数窗的使用降低了纹波峰值。在这两幅图上，理论 FRF 与实测 FRF 都很好。

与图 7-2-6(c)、图 7-2-6(d)相比较，图 7-2-7(c)和图 7-2-7(d)一个显著特点是显示的共振频率不同。前者，固有频率是 20 Hz，180 Hz 和 500 Hz，分别对应第 1、3、5 阶振动模态，而偶数号模态不存在。但在后者，固有频率是 20 Hz，80 Hz 和 500 Hz，对应的模态是第 1、2、5 阶，而缺失第 3、4 阶模态。这些结果与式(7-2-1)及式(7-2-4)是一致的。从式(7-2-1)我们看到，第 3 阶固有频率缺失是因为加速度计安装在第 3 阶模态的节点上，第 4 阶固有频率缺失是因为激励施加在了式(7-2-4)给出的那个节点上。于是我们清楚了，在此类试验中某一阶共振频率的缺失，其原因可能有两个：输入力施加在了某个节点上，以及/或输出加速度计安装在了某一节点上。因此，对于大多数结构，为了获得我们所需要的固有频率，需要在一个以上的点对结构进行激励。

7.2.4 实际试验结果

这里所呈现的结果取自一个学生的试验项目⑦，用阶跃释放法给一个龙门架加载，如图 7-2-8 所示。钢梁宽 1.50 in，厚 0.75 in，两根钢柱支点间的长度为 36.0 in，钢柱直径 0.75 in，钢梁中心到底座距离 48.0 in。钢柱根部固定在一大块铸铁紧固平台上。静态激励力用一个 50 lb 重的钢块产生，钢块通过承重绳索、吊钩与一个力传感器相连。当绳子被剪断时，重物便被释放。所使用的数字滤波器不带有抗叠混滤波器，因此所有数据都用 5.0 kHz 的采样速率采集，以便使可能产生的叠混量减到最小。每个时间样本

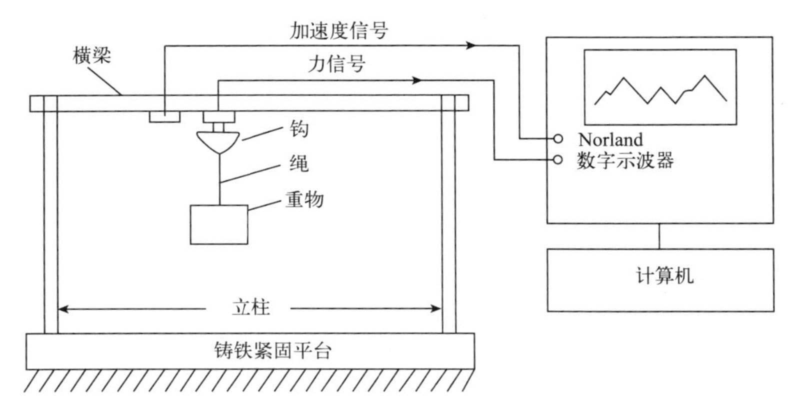

图 7-2-8　龙门架的阶跃释放法试验方案

⑦ J. Gruening, C. Clover, and S. Rittmueller, "Exciting a Portal Frame by Applying and Releasing Static Loads," term project report, Engineering Mechanics 545x. Iowa State University, Ames, IA, Spring 1994.

都包含 16 384 个数据点，把它们输入微机进行处理。

AC 耦合对力信号的频域影响 这里要讨论交流信号耦合对实际力信号的频谱影响。所用力传感器是双时间常数型的设备，将它通过 DC 耦合连接到数字示波器上时，其有效时间常数可长达 21.7 s，而通过 AC 耦合连接到数字示波器上，其有效时间常数是 0.1 s(对应着低端 3dB 截止频率 1.6 Hz)。将交、直流耦合力信号同时记录下来，如图 7－2－9(a)和图 7－2－9(b)所示。由图 7－2－9(a)看到，静载荷斜坡段在 0.5 s时刻

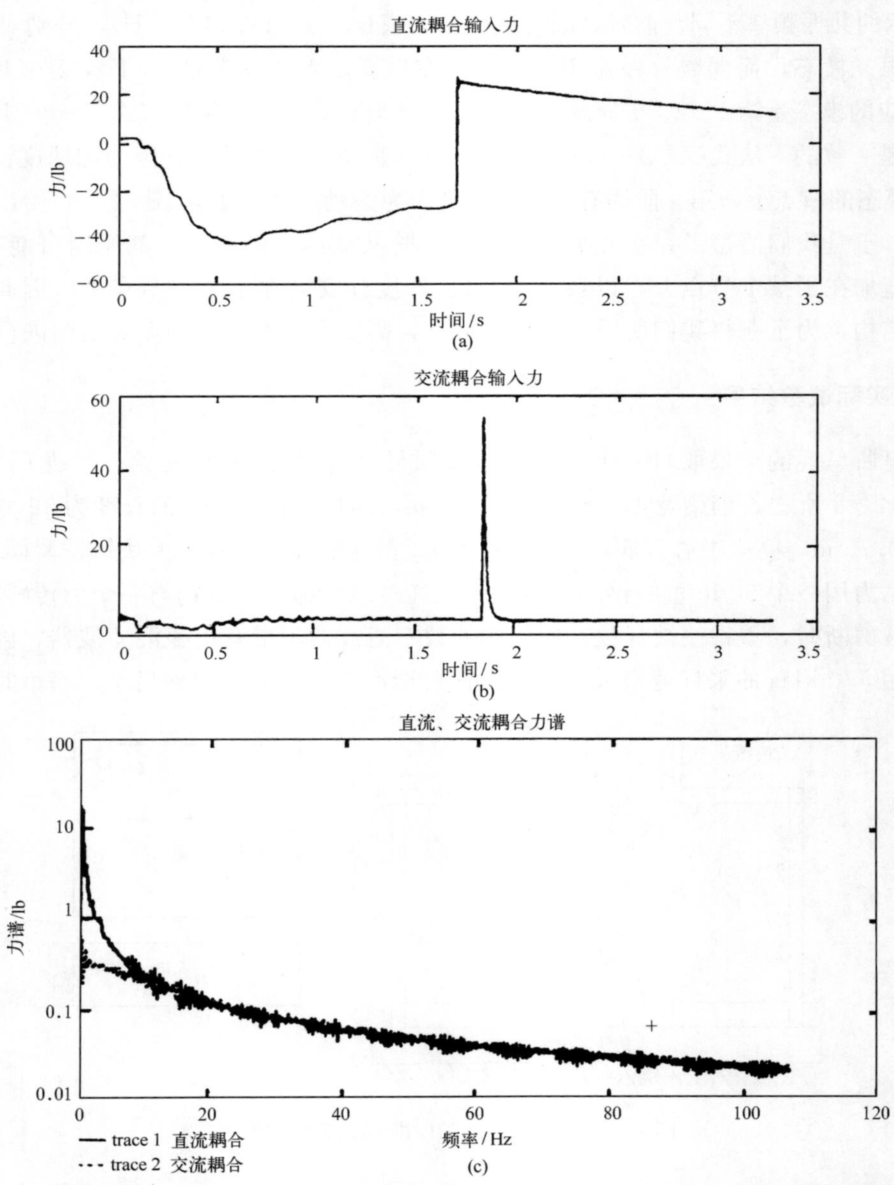

图 7－2－9 (a)直流耦合输入力；(b)交流耦合输入力；(c)交、直流耦合输入力频谱在低频段的比较
(Adapted from J. Gruening, C. Clover, and S. Rittmueller, “Exciting a Portal Frame by Applying and Releasing Static Loads,” term project report, Engineering Mechanics 545x, lowa State University, Ames, IA, Spring 1994.)

施加上去，之后跟着一段静载荷状态大约持续 1.2 s，在此期间，力传感器的双时间常数一直在使力信号缓慢衰减。然后剪断绳索，载荷突然释放，出现一近似阶跃，产生一个过冲，这个过冲以传感器的双时间常数指数地向着 0 缓慢衰减。在图 7-2-9(b)中，交流耦合信号在绳索剪断之前基本上是零，剪断瞬间出现一个指数脉冲，它按照交流耦合时间常数迅速消失。图 7-2-9(c)对这两个信号的频谱在 0～110 Hz 频率范围内做了比较。直流耦合信号具有较高的低频分量和比较明显的滤波器泄漏振铃现象(叠加在一般曲线上)。交流耦合信号则平滑得多，而且当频率高于 6 Hz 后，与直流信号就很接近了。事实上，将比较的频率范围扩大到 2.0 kHz 即可证实，两个信号就彻底一致了。因此，交流耦合得到的实际力谱估计是可以接受的，如前所述。

试验结果　典型的试验结果示于图 7-2-10，其中图(a)是输入力频谱，图(b)是输出加

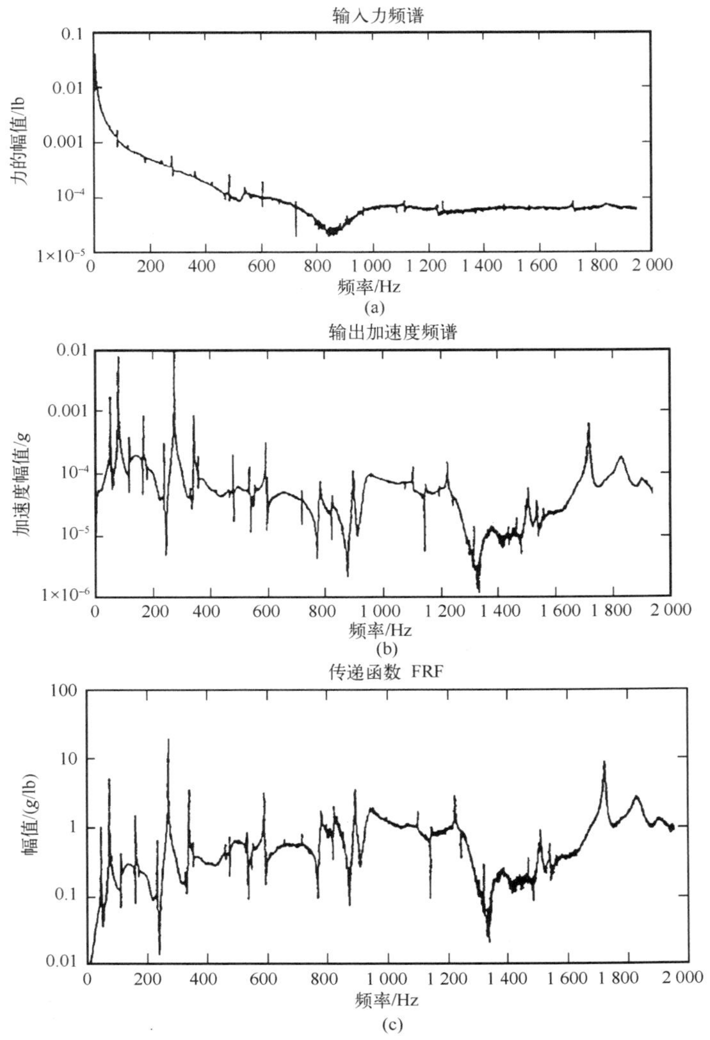

图 7-2-10　(a)三分点输入力谱；(b)四分点输出加速度频谱；(c)龙门架的转移加速度导纳
(Adapted from J. Gruening, C. Clover, and S. Rittmueller, "Exciting a Portal Frame by Applying and Releasing Static Loads," term project report, Engineering Mechanics 545x, Iowa State University, Ames, IA, Spring 1994.)

速度频谱，图(c)则表示钢梁的三分点输入、四分点输出所得转移加速度导纳。图(a)中的输入力频谱显示出许多小毛刺，与图(b)中较大的共振峰值相对应。这些毛刺是吊挂重物的挂钩质量引起的，由于钢梁加速度比较大，所以力传感器能够感受到吊钩质量的惯性力。还注意到，力谱在 600 Hz 以上(或者幅值在 0.000 1 以下)时变得多噪声，而且在 800 Hz 左右出现一个下陷小坑。多噪声的原因是使用了 12 比特的 A/D 转换器，其动态范围为 5×10^{-5} 左右，这意味着图 7-2-10(c)中的加速度导纳的高频幅值被放大了，必定噪声增大，不确定性也增大。

钢梁作为一个简支梁，其前 5 阶固有频率列于表 7-2-1。表中同时还列出了两根支撑立柱的前 5 阶弯曲固有频率，其中每一列中的较低值与固支—铰支边界条件相对应，较高值与固支—固支边界条件相对应。这两种边界条件应当能大致决定立柱的固有频率范围。此外，立柱的轴向固有基频(固定—自由边界条件)为 1 035 Hz 左右。对应的三个最大共振峰测量值也标示在表中。由表 7-2-1 和图 7-2-10(b)和(c)可见，钢梁的第 1、2、5 阶模态的峰值最为突出，而第 3、4 阶则小了很多。考虑到我们学过的理论以及力传感器、加速度计的安装位置，这一现象在预期之中。一般而言，立柱的弯曲振动模态频率较之钢梁小得多，并处于预计范围之内。

表 7-2-1　被测龙门架固有频率的理论值与实测值

模态号	钢梁的竖直运动		柱子的水平运动	
	理论值/Hz	实测值/Hz	理论值/Hz	实测值/Hz
1	70	84.5[a]	40～57.7	56.9
2	281	280[a]	129～159	123
3	632	600	268～312	243，347
4	1 124	1 119	459～515	484
5	1 756	1 728①	701～771	—

注：① 最大的三个响应。

弹跳结果　假定令 50lb 的重物跌落在紧固平台的软垫上，从而给平台施加一个温和的冲击载荷，并重复多次。有一次，不经意将软垫撤掉，使重物直接落到了铸铁平台上。通过 AC 耦合方式捕捉到了力信号与加速度信号，二者示于图 7-2-11(a)与图 7-2-11(b)。从这两个信号明显看出，各自都在 0.25 s 左右出现明显反应。这个反应是从基础平台经立柱上传至钢梁的能量造成的。无疑，钢梁不仅受到突然释放的重物的激励，同样也受到反弹重物的激励。此例清楚地说明了进入基础的力是怎样引起振动响应的，因此，正确地使激振器与基础相隔离是时时都需考虑的问题。

学生们对这些测量结果感到高兴，因为他们有机会认识相干函数怎样能够指明主要的试验问题，即有些未加测量的输入信号引起了相当大的响应！当计算出来的相干函数在全部频率上都是单位 1 时，他们被震惊了。这个结果怎么可能对呢？一个学生对计算方法多次检查并思索之后认为，在这种情况下相干函数应当是单位 1，因为计算过程中仅仅用到了一个数据组。回顾一下，相干函数是个统计概念。当我们仅有单一组数据而没有其他数据挑战所得结果时，所有项都约分，便导致单位 1。因此，我们又得到一个重要经验，相干函数需要若干组数据进行平均才有意义！

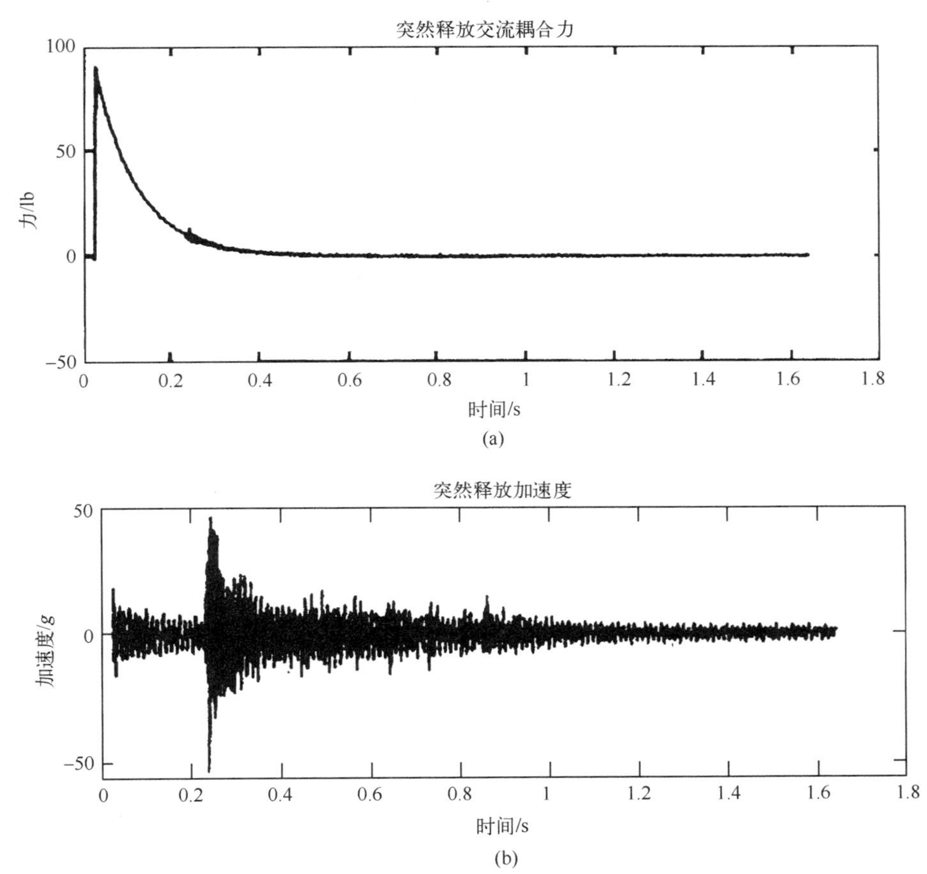

图 7－2－11　(a)重物从固紧平台上弹起时实测到的输入力时间历程；
(b)同一事件的加速度时间历程

(Adapted from J. Gruening, C. Clover, and S. Rittmueller, "Exciting a Portal Frame by Applying and Releasing Static Loads," term project report, Engineering Mechanics 545x, lowa State University, Ames, IA, Spring 1994.)

7.3　安装在激振器上的简支梁强迫响应

进行振动试验时，我们经常将试件安装在激振器动框上，驱动动框使之满足所规定的振动试验输入：固定正弦，慢扫描正弦，随机或冲激条件等。图 7－3－1 所示物理系统，是将一个简支梁通过试验夹具安装在激振器的动框上，它代表了这种振动试验的基本构成。在此例中，试验夹具是个 1.0 in×1.0 in×11.750 in 的钢梁，在四个位置螺接在激振器动框顶端，两端各有一个钢制弯边连接件，其尺寸为：厚$h=0.050$ in，宽$b=0.500$ in，长$=1.26$ in。简支梁是一根铝制梁，其尺寸为长$l=11.750$ in，厚$h=0.250$ in，宽$b=0.750$ in。在两端用螺栓通过端帽将简支梁固定在钢梁上，如图 7-3-1 所示。

用安装在试验夹具上的加速度计测量激振器动框的输入加速度，见图 7-3-1。输出加速度可以在中点(1/2)C测量，也可以在三分点(1/3)B测量。加速度计的型号为 Endevco 2222 型，其质量为 1.0 g。大小不同的质量块(以虚线框表示)固定在中点C或四分点(1/4)A。我们将根据许多理论结果与试验结果说明此类系统的基本特征，从而确定进行此类试验时可能出现的一些情况。

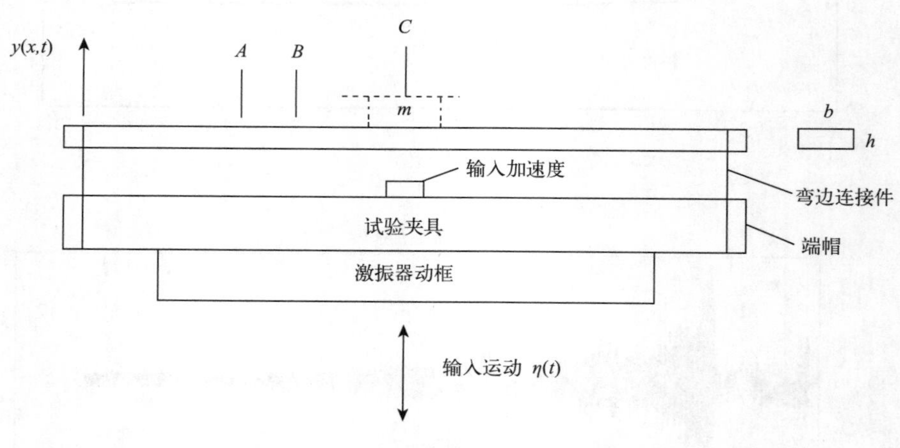

图 7-3-1 本例所用实验装置略图

7.3.1 试验环境的模态模型

这里所说的试验环境是指 3.6 节和 3.7 节阐明的关于二阶梁与四阶梁的振动概念及其在一根梁上的实际应用。

动态激励载荷 我们需要确立驱动机制是什么，以及这一机制对试验结果有何影响。首先，需要描述梁的运动，这件事我们用图 7-3-2 所示运动学草图来说明。图中，梁的绝对运动$y(x,t)$与试验夹具的绝对运动$\eta(x,t)$以及梁相对于夹具的运动$u(x,t)$三者之间的关系是

$$y(x,t)=\eta(x,t)+u(x,t) \tag{7-3-1}$$

试验夹具的运动还可以借助中点运动$\eta_0(t)$及动框的转角$\theta(t)$表示如下

$$\eta(x,t)=\eta_0(t)+x\theta(t) \tag{7-3-2}$$

式中x表示到激振器中心的长度。其次，借助y坐标重写关于梁的公式(3-7-1)如下

$$\rho\frac{\partial^2 y}{\partial t^2}+C\frac{\partial y}{\partial t}+\frac{\partial^2}{\partial x^2}\left[EI\frac{\partial^2 y}{\partial x^2}\right]=f(x,t) \tag{7-3-3}$$

式中 $\rho[=\rho(x)]$——单位长度的质量；

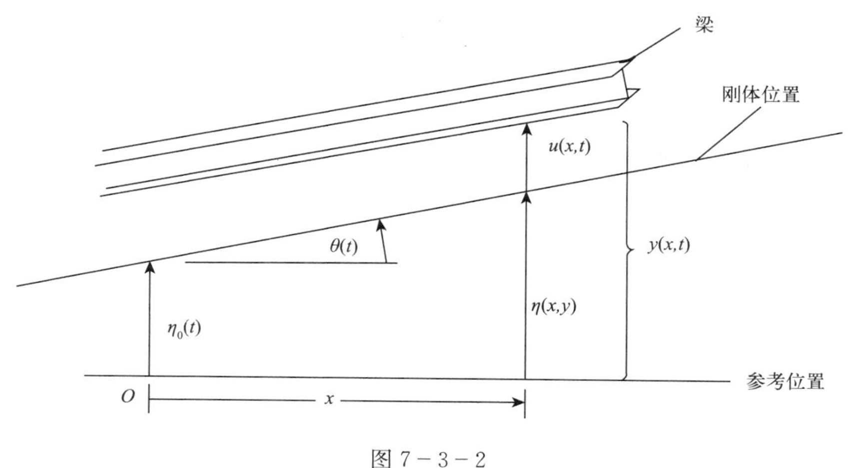

图 7－3－2

C——单位长度的阻尼；

EI——梁的弯曲刚度；

$f(x,t)$——单位长度上的外部激励，本例中其值为 0。

再将式(7－3－1)代入式(7－3－3)，可得

$$\rho\frac{\partial^2 u}{\partial t^2}+C\frac{\partial u}{\partial t}+\frac{\partial^2}{\partial x^2}\left[EI\frac{\partial^2 u}{\partial x^2}\right]=-\rho\frac{\partial^2 \eta}{\partial t^2} \tag{7-3-4}$$

此式已经假定，主要阻尼成分来自内部能量消耗机制，因此 $C\dot{\eta}(x,t)$相对于 $C\dot{u}(x,t)$来说是次要的。注意，因为 $\eta(x,t)$是刚体运动，$\eta(x,t)$是 x 的线性函数，所以 $\partial^2\eta/\partial x^2=0$。

式(7－3－4)表示，使梁产生相对运动 $u(x,t)$的单位长度内的驱动激励是基础加速度引起的惯性力，即 $\rho\ddot{\eta}(x,t)$。若将式(7－3－2)代入式(7－3－4)，则得到

$$\rho\frac{\partial^2 u}{\partial t^2}+C\frac{\partial u}{\partial t}+\frac{\partial^2}{\partial x^2}\left[EI\frac{\partial^2 u}{\partial x^2}\right]=-\rho[\ddot{\eta}_0(t)+x\ddot{\theta}(t)] \tag{7-3-5}$$

此式清楚说明了激振器动框转动对输入的影响。我们看到，试件安装到激振器上时，有两个输入信号叠加在一起：一个是不因梁的位置而变的均匀分布输入力，由 $\ddot{\eta}_0(t)$产生；另一个是由激振器动框转动加速度 $\ddot{\theta}(t)$所引起的输入力，是位置 x 的线性函数。因为设计一个没有角运动的激振器动框是不可能的，如第 6 章 6.8 节所述，所以必须对这种与频率有关的“双输入”有足够的思想准备。

理想响应　利用 3.6 节讲的模态分析法可以得到理想响应。首先我们假定，激励可以被分离成空间函数 $P(x)$与时间函数 $f(t)$的乘积[见式(3－6－16)]，即

$$P(x)f(t)=-\rho(a_0+x\alpha_0)f(t) \tag{7-3-6}$$

式中　a_0——输入线加速度的大小；

α_0——输入角加速度的大小；

$f(t)$——普通时间变量输入函数。

然后我们再假定，梁的响应可以用振型函数 $U_p(x)$ 和模态广义坐标 $q_p(t)$[见式(3-6-17)]写出

$$u(x,t)=\sum_{p=1}^{N}U_p(x)q_p(t) \tag{7-3-7}$$

将式(7-3-7)代入式(7-3-5)，并在梁的长度 l 内积分，根据正交性我们便可得到关于广义模态坐标的微分方程如下[见式(3-6-19)]

$$m_p\ddot{q}_p+C_p\dot{q}_p+k_pq_p=Q_pf(t) \tag{7-3-8}$$

式中，Q_p 是第 p 阶模态激振力，由下式确定[见式(3-6-20)]

$$Q_p=\int_0^l P(x)U_p(x)\mathrm{d}x \tag{7-3-9}$$

m_p 是第 p 阶模态质量，由下式给出[见式(3-7-8)]

$$m_p=\int_0^l \rho(x)U_p^2(x)\mathrm{d}x \tag{7-3-10}$$

ω_p 是简支梁的第 p 阶固有频率，由下式给出[见式(3-7-12)]

$$\omega_p=(p\pi)^2\sqrt{\frac{EI}{\rho l^4}} \tag{7-3-11}$$

k_p 是第 p 阶模态刚度，确定如下

$$k_p=\omega_p^2m_p \tag{7-3-12}$$

因此，由频率为 ω 的谐波激励引起的梁的相对运动就变成[见式(3-6-21)]

$$u(x,t)=\sum_{p=1}^{N}U_p(x)H_p(\omega)Q_p\mathrm{e}^{\mathrm{j}\omega t} \tag{7-3-13}$$

式中 $H_p(\omega)$——第 p 个广义坐标的 FRF，其表达式如下

$$H_p(\omega)=\frac{1}{k_p-m_p\omega^2+\mathrm{j}c_p\omega} \tag{7-3-14}$$

简支梁的模态形状由式(3-7-11)给出，如下式

$$U_p(x)=\sin\left(\frac{p\pi x}{l}\right) \tag{7-3-15}$$

其模态形状以及均匀分布激振力、线性分布激振力均可在图 3-6-2 中看到。就我们的目的而言，假定输入角加速度 $\alpha_0=0$。于是，单位长度内的均匀载荷激振力可以从(7-3-9)求出[见式(3-6-24)]

$$Q_p=-\frac{\rho la_0}{p\pi}(1-\cos(p\pi))=\begin{cases}0 & p\text{ 为偶数}\\ -\dfrac{2\rho la_0}{p\pi} & p\text{ 为奇数}\end{cases} \tag{7-3-16}$$

式(7-3-16)清楚地说明，所有偶数号模态都不能用这种方法激励出来，因而只有一半的固有频率受到激励。如果试件是一根简支均匀板梁，那么这种方法只能激出 1/4 的固有频率！所以，采用这种激励方法时，应该想到可能还有一些重要的、未知的(有限的)固有频率存在。

利用式(7-3-11)我们可以计算出这根简支梁的前三阶固有频率为 161.4 Hz,

646 Hz 和 1 453 Hz。用前面那些公式中关于该梁的物理参数，则可以根据下式计算出沿梁的长度任何一点 x 处的加速度传输比频响函数

$$H_b(\omega) = 1 - \omega^2 \sum_{p=1}^{N} \frac{U_p(x) H_p(\omega) Q_p}{a_0} \tag{7-3-17}$$

对于 $x=1/2$(中点)，理论计算的加速度传输比[⑧]与实测值对比地画在图 7-3-3 中，其中可见，第一阶共振频率预示得很好，158 Hz 对 161.4 Hz。第二阶固有频率 650 Hz 左右，没有反映出来，这是因为惯性力 $Q_2=0$[见式(7-3-16)]，而且加速度计又安装在第二阶模态的节点上，因此第二阶模态的参与量被这两个动态特性——激励与传感器位置——抑制住了。第三阶共振频率实测值为 1 372 Hz，而计算值是 1 453 Hz，降低了 5.6%。降低原因是多方面的，比如端部弯帽的轴向弹性等。

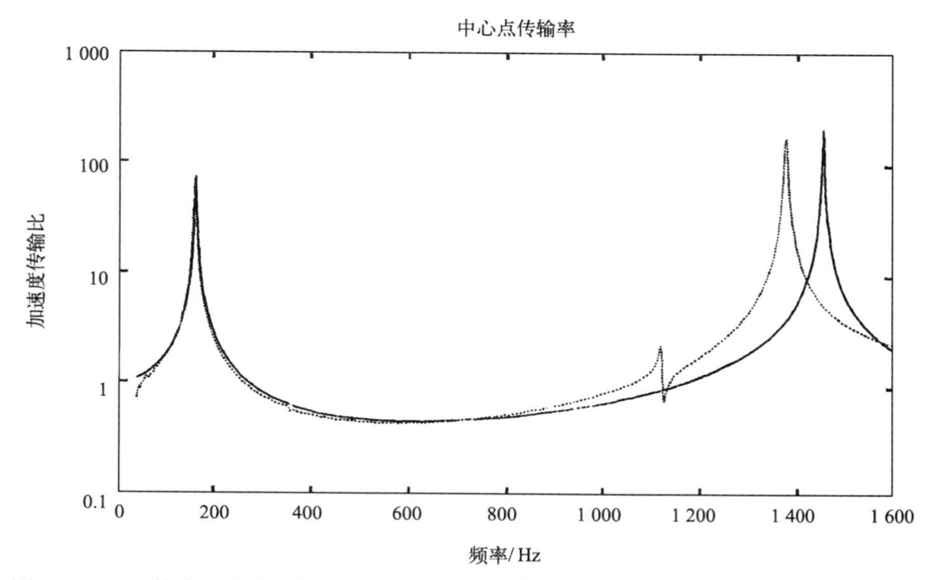

图 7-3-3　简支梁中点与激振器动框之间实测传输比(虚线)与计算传输比(实线)的比较

在 1 060 Hz 左右有一小刺，这是加速度计在 b 方向上的位置(见图 7-3-1)引起的。如果安装加速度计时使其质心重合于梁的中心，则此小刺消失。如果加速度计移动过多，则小刺又恢复了，但其峰与谷的位置对调了。结果，我们看到，质量为 1g 的加速度计的位置能够引起小的峰—谷对出现，如果拆下加速度计后重新安装，这种现象可能被消除。

7.3.2　加速度计质量对测量结果的影响

加速度计 1 g 质量便可引起频率测量值小于实际值。为了说明这种影响，在原来那枚加速度计的位置再安装一个质量为 1g 的加速度计，这样当分析仪的频率分辨率

---

⑧ All experimental data presented here was obtained by Professor Maximo Alfonzo and Mr. P. S. Varoto during the 1994 visit by Professor Alfonzo to Iowa State University.

设置为 0.25 Hz 时，基频实测值便从 157.25 Hz 下降到 156.0 Hz(降低约 0.8%)，而当分析仪分辨率设为 2.0 Hz 时，第三阶固有频率从 1 372 Hz 降为 1 360 Hz(降幅约 0.9%)。

质量载荷效应是由 Dossing⑨ 提出的。其基本想法是：附加质量很小，对原始模态振型不会产生明显影响，因而模态刚度 k_p 也保持不变，但模态质量会因附加质量而发生改变。就本例而言，梁的质量分布由下式给出

$$\rho(x)=\rho+m\delta(x-x_0) \tag{7-3-18}$$

式中 ρ——梁的单位长度质量；

$\delta(x-x_0)$——狄拉克 δ 函数；

x_0——附加质量 m 所处位置。

将式(7-3-18)与式(7-3-15)代入式(7-3-10)，可得模态质量为

$$m_p=\frac{\rho l}{2}+m\sin^2\left(\frac{p\pi x_0}{l}\right) \tag{7-3-19}$$

式中 ρ 在梁的长度内是个常数。对于本例物理系统，$x_0=1/2$，$\rho l=100$ g，$m=1.0$ g，故 157.25 Hz 和 1 372 Hz 这两个固有频率，是在原始质量为 50+1=51 g 情况下测得的。增加第二个加速度计后，质量变为 51+1=52 g，实测频率为 156.0 Hz 与 1360 Hz，而根据式(7-3-12)的计算值为

$$f_1=\sqrt{51/52}\times(157.3)=155.7\ \text{Hz}$$

$$f_3=\sqrt{51/52}\times(1\,372)=1\,359\ \text{Hz}$$

这两个计算频率与实测值非常接近。注意，在修正过程中我们使用的是质量比，所以用 g 作单位是允许的，因为它们会相消。类似地，我们还可以预计实际固有频率为

$$f_1=\sqrt{51/50}\times(157.3)=158.8\ \text{Hz}$$

$$f_3=\sqrt{51/50}\times(1\,372)=1\,386\ \text{Hz}$$

通过本例看到，将第二个加速度计固定在尽量靠近实际测量加速度计的位置，记下固有频率的变化，便能够估计加速度计质量对固有频率的影响。下面我们来研究这个简单公式在预示固有频率变化时的局限性。

7.3.3 修正固有频率时模态质量法的局限性

现在研究一下在梁的中点附加一个比较大的质量会带来什么样的影响。首先观察到，激励来自惯性载荷，因此需要重新计算模态激振力 Q_p。假定输入运动中不存在角加速度，故而同前一样，$\alpha_0=0$。然后，将式(7-3-18)的 $\rho(x)$ 和式(7-3-15)中的模态振型函数 $U_p(x)$ 应用于式(7-3-9)，得

$$Q_p=-\left\{\frac{\rho l}{p\pi}\{1-\cos(p\pi)\}+m\sin\left(\frac{p\pi x_0}{l}\right)\right\}a_0 \tag{7-3-20}$$

式中 a_0——频率为 ω 的输入加速度信号的幅值。

⑨ Ole Dossing, "The Enigma of Dynamic Mass," *Sound and Vibration*, Nov. 1990, pp. 16-21.

当 $x_0=1/2$ 时，前三阶奇数号模态激振力成为

$$Q_1=-\left\{\frac{2\rho l}{\pi}+m\right\}a_0$$

$$Q_3=-\left\{\frac{2\rho l}{3\pi}-m\right\}a_0$$

$$Q_5=-\left\{\frac{2\rho l}{5\pi}+m\right\}a_0 \tag{7-3-21}$$

而前三个偶数号模态激振力均为 0

$$Q_2=0$$

$$Q_4=0$$

$$Q_6=0 \tag{7-3-22}$$

附加质量 m 不会使偶数号模态被激发出来，因为它处于中点，这是各个偶数号模态的节点。我们还可以看到，这个附加质量使得第一、五阶模态激振力增大，而使第三阶模态激振力减小。

根据式(7-3-19)可求出模态质量，前三阶奇数号模态质量为

$$m_1=m_3=m_5=\frac{\rho l}{2}+m \tag{7-3-23}$$

$$m_2=m_4=m_6=\frac{\rho l}{2} \tag{7-3-24}$$

可见，在梁的中点附加一个质量不改变偶数号模态质量，因为该附加质量处于这些偶数号模态的节点上。

一、三阶固有频率的实测值(带菱形小块者)与理论值(实线)随中点附加质量的变化情形，示于图 7-3-4[理论值是根据上述模态质量值利用式(7-3-12)计算出来的]。图 7-3-4(a)显示，附加质量在梁的实际质量的 1.6 倍以下(或模态质量的 3.2 倍以下)时，第一阶固有频率的实测值与理论值相当一致。而由图 7-3-4(b)可以看出，第三阶固有频率的实测值远大于理论预测值。何以如此不同?

第一阶模态振型是半正弦波。如果在简支梁的中心施加一个静载荷，则静态偏转曲线是抛物线形状，与半正弦函数很接近，因此第一阶模态振型没有什么变化，模态刚度 k_1 也基本保持不变，与附加质量关系不大。但第三阶模态情况不同，其振型被附加质量大大改变了，因而模态刚度与模态质量也被改变了。对梁的中心具有附加质量这种情形所做理论研究可以证明，情况的确是这样的。我们发现，第一阶模态振型基本保持原状，没有明显变化；偶数号模态完全不受影响；高阶奇数号模态在模态振型、模态质量以及模态刚度上都有很大变化。因此，我们在这里引用的、由 Dossing 所提出的公式(这些公式假定模态刚度不受影响)有很大的局限性，它要求附加质量应当小于结构质量的某个百分数，量级大概是 10%或更小。

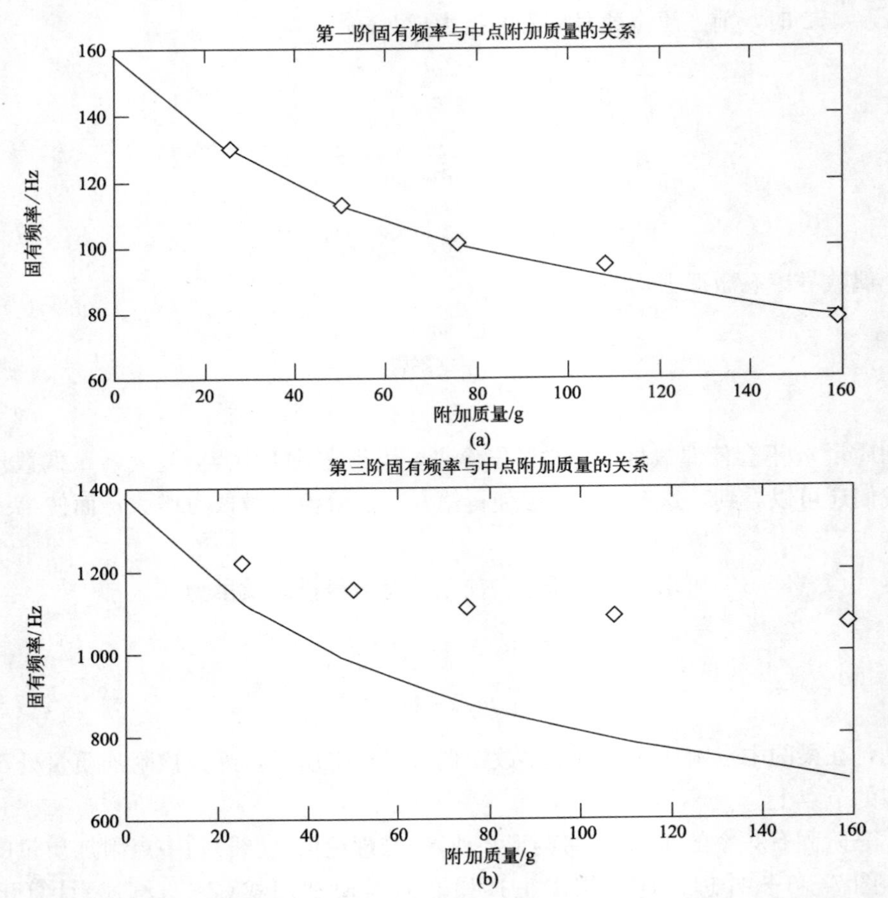

图 7－3－4　简支梁中点的附加质量对固有频率的影响：菱形小方块表示实测值，实线表示理论值

(a)第一阶固有频率；(b)第三阶固有频率

(From a report by Maximo Alfonzo and P. S. Varoto, 1994, during visit to Iowa State University, Ames, IA.)

7.3.4　附加质量在 1/4 点

为了说明附加质量位置的影响，把附加质量移到 $x_0=1/4$ 处(即图 7－3－1 中的 A 点)。这样一来，式(7－3－20)的模态激振力就成为

$$Q_p=-\left\{\frac{\rho l}{p\pi}\{1-\cos(p\pi)\}+m\sin\left(\frac{p\pi}{4}\right)\right\}a_0 \tag{7-3-25}$$

由此式可得奇数号模态激振力为

$$\begin{aligned}Q_1&=-\left\{\frac{2\rho l}{\pi}+0.707m\right\}a_0\\Q_3&=-\left\{\frac{2\rho l}{3\pi}+0.707m\right\}a_0\\Q_5&=-\left\{\frac{2\rho l}{5\pi}-0.707m\right\}a_0\end{aligned} \tag{7-3-26}$$

偶数号模态激振力为

$$Q_2 = -ma_0$$
$$Q_4 = 0$$
$$Q_6 = ma_0 \tag{7-3-27}$$

比较式(7－3－26)、式(7－3－27)与式(7－3－21)、式(7－3－22)可知，在此情况下第二、第六阶模态被激振出来，而第四阶模态没有激振出来，这是因为在附加质量处出现一个节点。

将 $x_0=1/4$ 代入式(7－3－19)时，模态质量计算公式成为

$$m_p = \frac{\rho l}{2} + m\sin^2\left(\frac{p\pi}{4}\right) \tag{7-3-28}$$

由此可得模态质量为

$$m_1 = m_3 = m_5 = \frac{\rho l}{2} + \frac{m}{2}$$
$$m_2 = m_6 = \frac{\rho l}{2} + m$$
$$m_4 = \frac{\rho l}{2} \tag{7-3-29}$$

由上式可见，只有第四阶模态质量并没有因附加质量被置于它的一个节点上而改变。由是亦可预料第四、第八、第十二等阶模态质量也是 $\rho l/2$。全部奇数号模态都具有相同的模态质量，而第四阶之外的其他偶数号模态具有最大模态质量。

将加速度计安装在三分点上(图7－3－1中的 B 点)，则相应加速度传输比的实测值与理论计算值示于图7－3－5(a)。从中显然可见，实测曲线(虚线)第一阶共振出现在158 Hz左右，其后有一个小峰—谷对(glitch)，由此可期待第二阶模态就在稍高于600 Hz处。第三阶模态很突出，出现在1 400 Hz不到的地方。理想的理论响应曲线(实线)显示，在图示频率范围内只有基频响应(158 Hz左右)，因为加速度计安装在第三阶模态的一个节点上。为何理论计算值与实测结果差别如此之大呢?

理论模型采用120个点描述梁的长度，相邻各点之间的距离是0.097 9 in。我们来计算两个点的加速度传输比：一个点位于三分点 B 的左侧，另一个点位于 B 点的右侧。这样两个点的传输比与理想的三分点的传输比比较于图7－3－5(b)。由图7－3－5(b)可见，左侧点的传输比(点线)在共振之前出现一个谷点，而右侧点的传输比(虚线)在共振峰之后出现一个谷点。将这些计算曲线与图7－3－5(a)中的实测曲线相比可知，实测曲线在共振峰值后边出现了一个谷值，说明加速度计安装位置偏离到了三分节点的右侧。由此可见，当传感器安装在第三阶模态的节点附近时，测试结果对加速度计的安装位置是非常敏感的。测量更高阶固有频率时，节点之间的距离将愈发减小，传感器的精确位置就成了一个重要考虑。

下面来研究附加质量位于四分点上时对固有频率的影响问题。按照式(7－3－29)，如果在四分点上施加50.1 g的质量，那么模态质量可计算出来为 $m_1=m_3=50.0+\frac{50.1}{2}=$

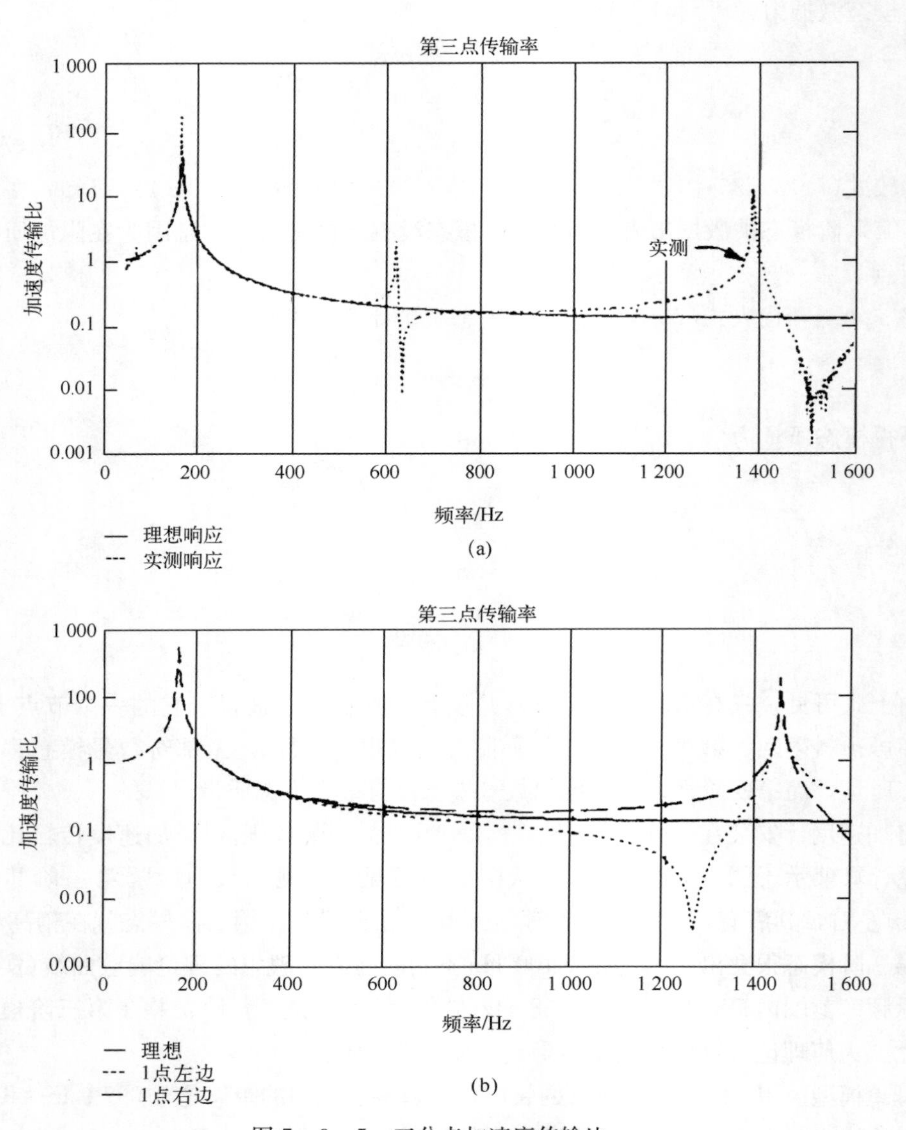

图 7-3-5 三分点加速度传输比

(a)实测值与理论值的比较；(b)当传感器位置稍微偏离一点时三个理论传输比的比较

(From a report by Maximo Alfonzo and P. S. Varoto, 1994, during visit to lowa State University, Ames, IA.)

75.1 g。基频按式(7-3-12)估计为

$$f_1 = \sqrt{50/75.1} \times 158 = 129.1 \text{ Hz} \tag{7-3-30}$$

该值与 128 Hz 的测量值相当接近

$$f_3 = \sqrt{50/75.1} \times 1\ 374 = 1\ 124 \text{ Hz} \tag{7-3-31}$$

此值与 1 302 Hz 的测量值相去较远。我们再次看到，第一阶模态频率因附加质量而发生的变化预测比较准(0.9%)，而第三阶模态频率预测误差比较大(13.6%)。

如果在梁的中点安装一个加速度计，并在四分点处附加一个50.1 g的质量载荷，便可得到一条饶有兴趣的加速度传输比曲线，如图7－3－6(a)所示。可以看到，有两个共振峰离得很开(一个在1 000 Hz附近，另一个在1 350 Hz左右)，我们预计这里只应有第三阶固有频率。50.1 g的附加质量是用一枚10—32铜螺栓将两个25 g的质量连接在一起构成的，螺栓轴肩为0.007 in，因而附加质量被螺钉分成了 m_1 和 m_2 两部分，如图7－3－6(b)所示。若将两个质量无间隙地重新组装在一起，则传输比曲线如图7－3－6(a)虚线所示(标有"刚性"二字)，此曲线只有1300 Hz附近一个共振峰。显然，1000 Hz处的那个峰值是因为梁在四分点的角运动引起了质量 m_1 的共振——铜螺栓的作用好像一个以较低频率做弯曲振动的弹簧。一旦两个质量之间消除了间隙，它们便构成一个刚体。

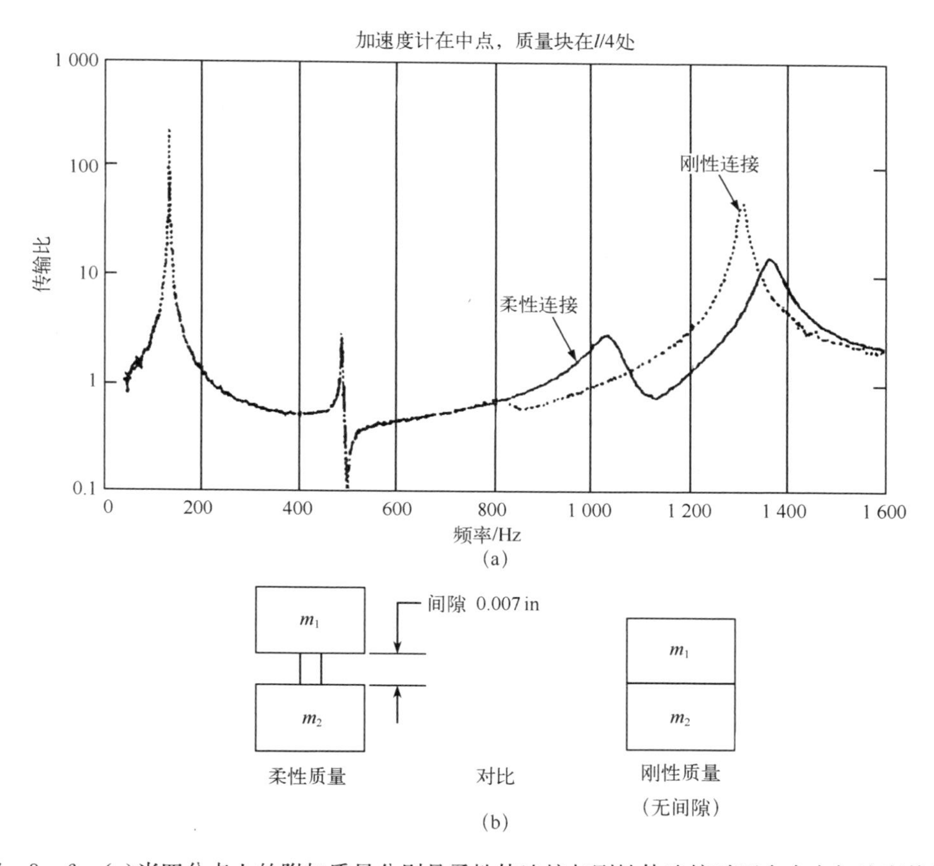

图7－3－6　(a)当四分点上的附加质量分别是柔性体连接与刚性体连接时两个中点加速度传输比实测值的比较；(b)符合柔性条件与刚性条件的50.1g质量的实际构成

(From a report by Maximo Alfonzo and P. S. Varoto, 1994, during visit to lowa State University, Ames, IA.)

通过上述这些简单试验应当知晓，细微之处可能引起显著变化。第一，如果传感器质量在结构质量的1%量级，则最好是在传感器位置上增加一个相等的质量来检查传感器的影响是否严重。如果此时共振频率的改变量可以接受，试验则继续进行。如果改变太大，则要选择更小质量的传感器。本例中我们看到，较高的固有频率对传感器质量的敏感性低于基频对传感器质量的敏感性。Dossing 给出的修正公式对于高频与大质量可能不合适，因为他假定模态振型与模态刚度不受质量的影响。

第二，传感器安装位置可能是个需要仔细斟酌的重要因素。如果在同一结构的不同振动试验中改变传感器的粘贴位置，那么我们改变的不仅是固有频率与模态振型，而且也改变了实测振动响应。在处理小尺寸小质量结构时，质量载荷效应与传感器位置考虑通常都更为重要。

7.4 冲激试验

冲激振动试验是一种试验方法，就是用功能化的冲击质量或 6.1 节所描述的冲激锤对被测试件进行激励，以便得到持续时间很短的力。这种试验方法常常用在线性结构系统的实验模态分析中，因为激励源很容易在试件上从一个位置移动到另一个位置，而加速度计可保持在某些固定位置上。因此，在最短时间内可以获得大量必需的输入—输出频响函数。这一节与 7.5 节将讨论进行冲激试验需要满足什么要求。

7.4.1 冲激要求

冲激锤敲击一线性结构时，冲激力的时间历程基本上是半正弦的，如图 7-4-1(a)所示。表征此力的参数有两个：峰值 F_0 与持续时间 τ。该冲激所产生的输入频谱示于图 7-4-1(b)。所以重要的是要了解对于数据采集所用时窗，这个冲激力应满足什么样的要求。

就图 7-4-1 之例而言，已经假定 $F_0=100$ lb(或 N)，$\tau=0.010$ s，采样速率每秒 1 023 次，因此样值之间的间隔为 0.977 5 ms。1 024 个样值的数据窗其周期为 1 s，故频率分辨率为 $\Delta f=1.0$ Hz。显见，图 7-4-1(b)中的相应频谱有许多零值(或近似零值)频率分量。第一个零值出现在 $1.5/\tau$(此例为 150 Hz)附近，之后零值频率分量都是等间隔的，以增量约等于 $1/\tau$ 增大，即依次为 250 Hz，350 Hz 等。这些零值或近似零值频率分量可能会引起测量问题或者结果的解释问题。

零值频率分量说明不能在该频率为结构提供能量，同时也意味着，即使结构在零值频率实际存在共振，任何输出加速度频谱实测曲线也不会清楚地显示这一共振状态。零值频率分量还会影响到频响函数的计算，因为输出频谱中的任何噪声信号都将被输入频谱中的近似零数来除，从而引发事实上并不存在的“魔鬼”共振峰出现。由输入频谱中的零值频率分量造成的这两方面后果都是需要克服的。

上述零值频谱招致的两个问题可以这样解决：令冲激持续时间 τ 变小，从而使第一个零值频率被推后到分析仪工作频率范围之外。对于给定的结构，欲减小冲激时间，有两个参数可以利用，即锤头刚度与锤子质量，如 6.1 节所述。一个切实可行的办法是选择这两个参数，使得 $1/\tau>f_{\max}$，这里 $f_{\max}$是分析仪的频率范围。这样一来会使输入变得更有效，

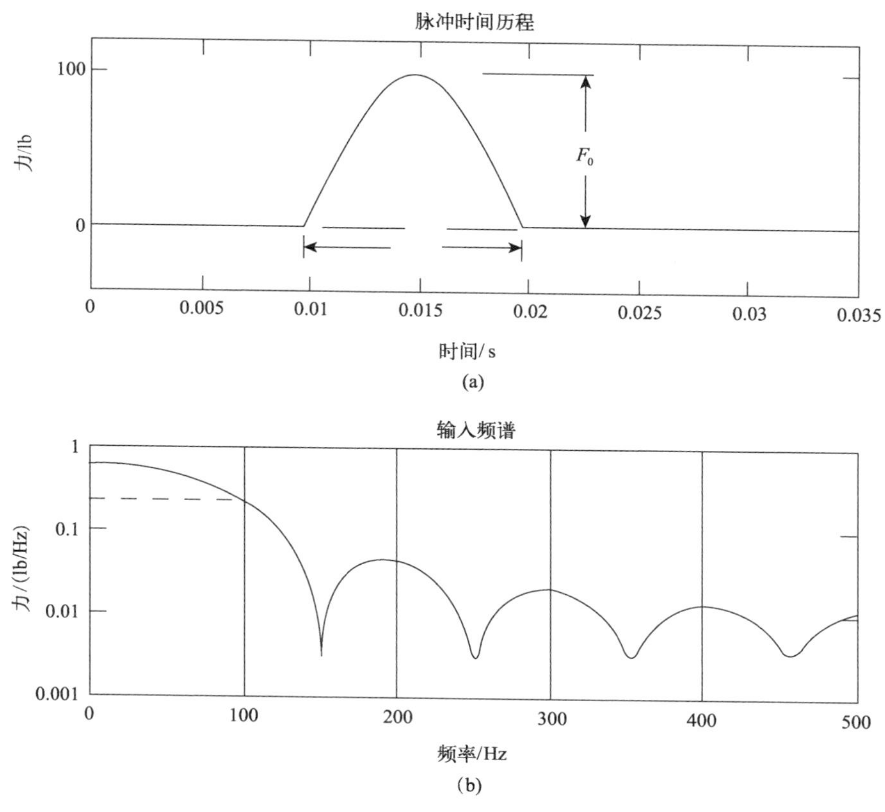

图 7-4-1　理想半正弦脉冲函数

(a)时间历程，峰值为 F_0 持续时间为 τ；(b)相应频谱

如图 7-4-1(b)所示：当 τ=0.010 s 时，在 0～100 Hz 频率范围内，输入频谱幅值从 0.634 lb/Hz 下降到 0.231 lb/Hz。因此，若取 f_{max}=500 Hz，如图 7-4-1(b)所示，则需要 $\tau \leqslant$0.002 s。如此，便可以使输入频谱在给定的分析频率范围内更有效，同时影响测试结果的一个源误差和疑惑也得以消除。

7.4.2　输入噪声问题

冲激试验中可能出现严重的噪声问题，因为输入信号在 99%的时间内是零！出现这种情况是由于脉冲持续时间 τ 的量级仅为 0.002T，这意味着信号在其值等于零期间可能被测试设备的本底噪声(noise floor)严重污染。图 7-4-2(a)表示一理想半正弦脉冲，其持续时间 τ=0.010 s，峰值为 100 lb(或 N)。由于仪表设备的本底噪声而产生了一个 ±10 lb(或 N)、均匀分布的随机信号作为背景噪声。假定背景噪声量级高达峰值力的 10%，则这一高噪声数据的重要意义就不言而喻了。该噪声示于图 7-4-2(a)，它被叠加在理想脉冲信号上而得到一实际输入信号——“噪声加理想”信号。

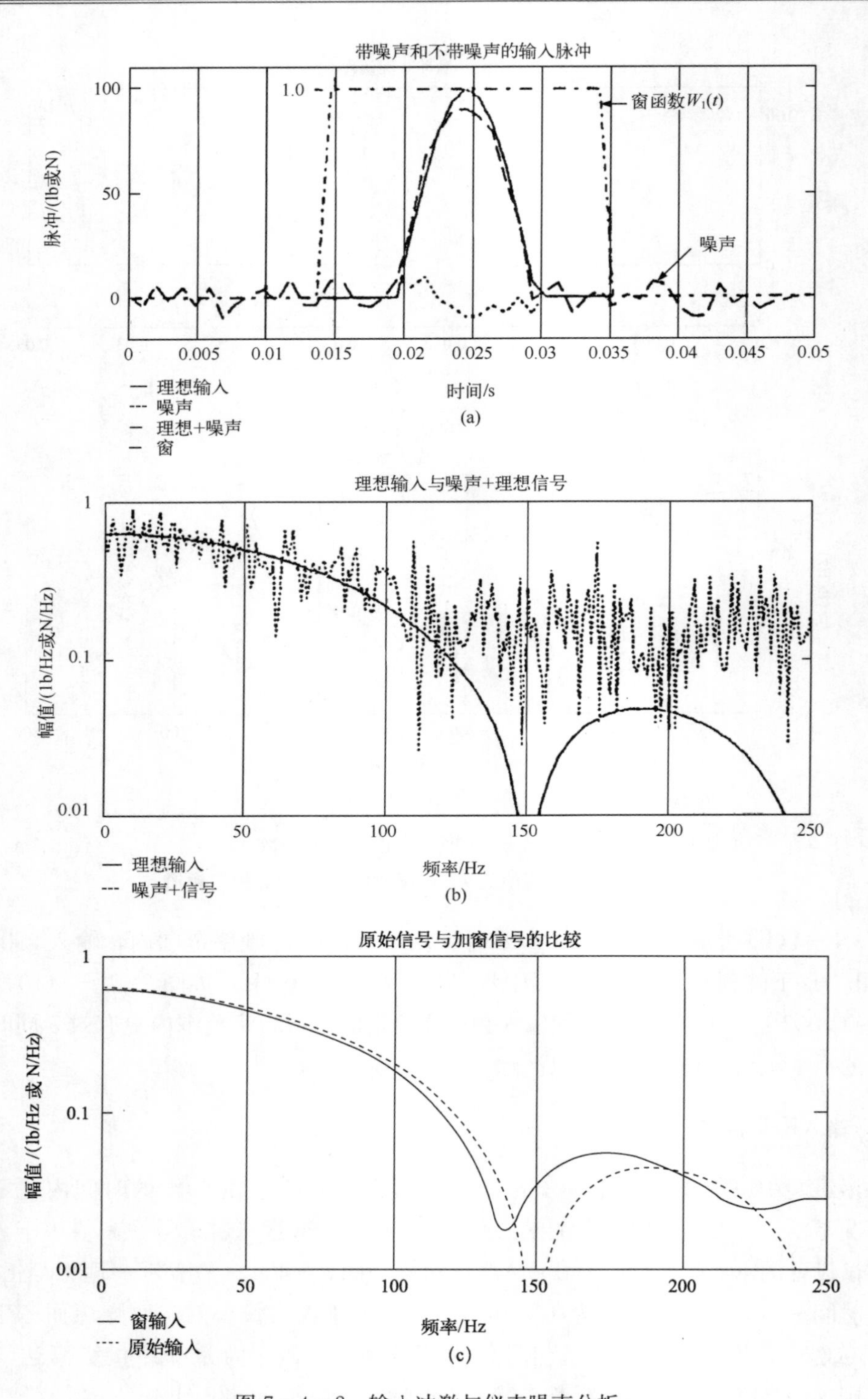

图 7－4－2　输入冲激与仪表噪声分析

(a)理想脉冲与带有窗函数的噪声；(b)理想信号与“噪声＋理想”信号频谱的比较；(c)理想信号与“加窗噪声＋理想”信号频谱的比较

理想信号与“理想加噪声”信号的频率分析示于图7-4-2(b)。可以看到，理想信号在150 Hz有一个零点，因此可将0～100 Hz视为有实际意义的一段频率范围。该频率范围内，噪声在输入频谱中引起了显著变化，因此为了降低随机噪声对测量结果的影响，必须进行很多次平均。有没有一个简单方法来消除这种随机噪声呢？

为解决此噪声问题，可以给“噪声加理想”信号施加一个矩形暂态窗函数 $W_f(t)$，如图7-4-2(a)所示。这个窗函数被简单地叫做**暂态窗**，以便与宽度为 T 的矩形窗相区别，其定义如下

$$W_f(t)=\begin{cases}0 & 0\ \mathrm{ms}<t<13.7\ \mathrm{ms}\\ 1 & 14.7\ \mathrm{ms}<t<34.2\ \mathrm{ms}\\ 0 & 35.2\ \mathrm{ms}<t<1\ \mathrm{s}\end{cases} \tag{7-4-1}$$

施加这样一个暂态窗之后，所测信号中的噪声仅仅是脉冲附近及脉冲持续期间的噪声。

原始的“理想+噪声”信号与加了暂态窗的“理想+噪声”信号的频谱比较示于图7-4-2(c)，由图可见二者在0～100 Hz范围内彼此非常接近。事实上，重复应用随机噪声发生器所给出的结果中，有些情况下加窗信号频谱低于理想信号频谱，如图7-4-2所示，而在另一些情况下则稍高于理想谱。很明显，图7-4-2(c)的情形优于图7-4-2(b)，仅需几次平均就够了。一般，若窗的宽度与脉冲持续时间相当，那么这两条曲线便更为接近。因此，利用暂态窗减小因测试设备噪声引起的输入信号中的不确定性是很有利的。关于正确设置触发电平、触发斜率等这样一些矩形窗参数的方法，将在7.5节讨论。

7.4.3　输出泄漏问题

小阻尼结构受到冲击激励时所产生的振动，其持续时间远大于数据窗的宽度，如图7-4-3(a)所示。信号截断导致滤波器泄漏，从而使所得频谱中含有因突然中止信号而产生的一些频率分量；这些频率分量是需要去除的。克服滤波器泄漏的一个方法是应用指数窗函数，如图7-4-3(a)所示的 $W_a(t)$，其描述如下

$$W_a(t)=\begin{cases}0 & 0<t<t_0\\ \mathrm{e}^{-(t-t_0)/\tau_e} & t_0<t<T\end{cases} \tag{7-4-2}$$

式中　t_0——窗的起始时刻；

τ_e——窗的衰减时间常数。

指数窗是根据信号末端所剩量值所占的百分数 P 来评价的，例如“2%窗”就是 $\mathrm{e}^{-(T-t_0)/\tau_e}=0.02$ 的一个窗。因此，衰减时间常数与百分数 P 的关系为

$$\tau_e=-\frac{(T-t_0)}{\ln(P)} \tag{7-4-3}$$

式中 t_0 与 T 相比一般很小，故可在上式中略去。

数字滤波器中指数窗与矩形窗的比较　前已看到，需要用同样的窗函数对输入信号与输出信号进行处理，以便使它们的频谱与相同的函数进行卷积计算。但这里我们要将两

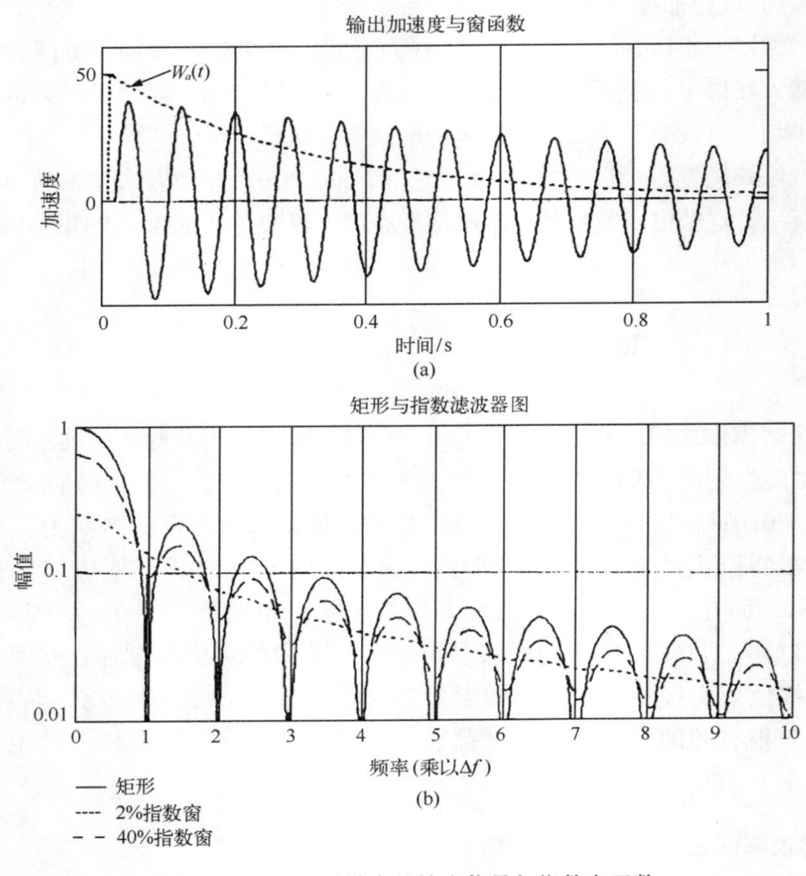

图 7-4-3 (a)时域中的输出信号与指数窗函数;
(b)矩形窗函数与指数窗函数数字滤波特性的比较

个不同的窗函数混合使用。

将式(7-4-2)的指数窗函数做傅里叶变换，则得其频谱为

$$W_a(\omega) = \frac{\tau_e}{1 + j\omega\tau_e}\left[e^{-j\omega t_0} - e^{(t_0 - T)/\tau_e}e^{-\omega t}\right] \tag{7-4-4}$$

这个滤波器频谱与矩形窗的 sinc 频谱函数的比较，示于图 7-4-3(b)，图中各频谱都是幅值与相对频率(Δf 的倍数)的关系曲线。这里，假定所有三个窗函数宽度相等，均为 $T(=1.0\ \mathrm{s})$，但两个指数窗假定从 $t_0=5\ \mathrm{ms}$ 开始。一个指数窗的泄漏率为 2%($P=0.02$)，另一个指数窗泄漏率为 40%($P=0.40$)。2%窗在零频时的起始值约为 0.249，然后随着相对频率的增加，在 sinc 函数峰值包络之下逐渐衰减，但 40%窗在零频的起始值为 0.652，然后像 sinc 函数一样，围绕 2%线振荡。既然指数窗函数的零频起始值都小于 1，我们不免怀疑，输出信号的峰值也被指数窗衰减了。很显然，矩形窗与指数窗滤波特性按照 6 dB/oct 的速率下降。但是由于指数窗频谱在每个 Δf 上都不出现零值，故而泄漏更大。结果，由于这额外的泄漏，输出信号频谱中的低谷值应当增多。下面就来解释这

些指数窗对阻尼测量的影响。

指数窗对模态阻尼的影响　施加指数窗后第 p 阶模态的阻尼测量值会大增，因为每一阶模态的指数阻尼项都要乘以窗指数函数，如

$$e^{-t/\tau_e} e^{-\zeta_p \omega_p t} = e^{-(\zeta_w+\zeta_p)\omega_p t} \tag{7-4-5}$$

所以，实测阻尼比 ζ_m 与第 p 阶模态阻尼 ζ_p 以及窗阻尼比 ζ_w 三者之间的关系为

$$\zeta_m = \zeta_p + \zeta_w \tag{7-4-6}$$

对于第 p 阶固有频率 ω_p 而言，式中指数窗阻尼比 ζ_w 与窗的衰减时间常数 τ_e 之间的关系为

$$\zeta_w = \frac{1}{\tau_e \omega_p} \tag{7-4-7}$$

再次注意，这些修正方程要单独应用于每个模态，而不是应用于整个频响函数。

7.4.4　对自由—自由梁进行冲激试验

一根 93.0 in 长的冷轧钢梁[见图 7-4-4(a)]，由两根很轻的杆支撑着，这两根杆与梁的连接点距离两端均为 $0.23l$。梁的横截面是 b(宽)× h(高)=1.25 in×1.00 in。梁的中点 1 处、左端 2 处以及右端 3 处各粘贴一枚加速度计，以便在 1、2 两点敲击钢梁时测量其响应加速度。

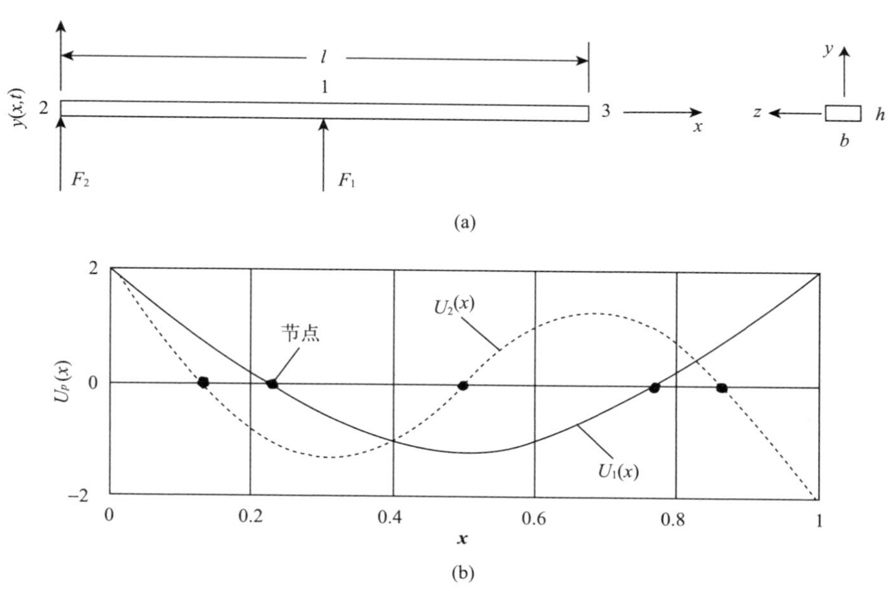

图 7-4-4　自由—自由梁用作测试例子

(a)实验方案(顶视图)；(b)前两阶非刚体模态振型

理论考虑　固有频率理论值按下式计算

$$\omega_p = (\beta_p l)^2 \sqrt{\frac{EI}{\rho l^4}} \tag{7-4-8}$$

式中　ρ——梁的单位长度质量(线密度)；

EI——梁的弯曲刚度;

$\beta_p l$——第 3 章给出的特征值。

具体到这根梁来说，其水平 y 向振动的固有频率处于 0～800 Hz 内的是 0 Hz，24.3 Hz，67.6 Hz，132.4 Hz，218.327 Hz，457.608 Hz 及 781 Hz。第一阶固有频率是零，意味着在弯曲振动发生之前可能出现刚体运动。这里所说的刚体运动是指用两根很长的绳索悬挂起来的细长刚性杆的刚体运动，因此可能出现两个刚体模态：一个是 y 向的刚体直线运动，一个是绕竖向 z 轴的刚体转动。这里我们不关心这两个振动模态，因为它们的频率都在 2 Hz 以下。

前两阶柔性模态振型示于图 7-4-4(b)。我们看到，第一个振型 $U_1(x)$的形状对称于中点，两个端点同相运动，而中点斜率为 0。第二个振型 $U_2(x)$形状不对称于中点，两个端点反相运动，中点则不动(节点)。这些特性在更高阶模态中也存在，奇数号模态两个端点同相运动，中点斜率为 0；偶数号模态端点运动反相，而中点不动。显然，在中点进行激振，就把所有偶数号模态丢掉了，因为偶数号模态都以中点 1 作为一个节点，因此不会被激励出来。同样的道理，两个端点是理想的激振部位，因为任何模态都不会以端点作为节点。

这根梁的加速度转移导纳可以从模态导纳模型计算出来

$$H_{ab}(\omega) = -\omega^2 \sum_{p=1}^{N} \frac{U_p(a)U_p(b)}{k_p - m_p\omega^2 + \mathrm{j}c_p\omega} \qquad (7-4-9)$$

式中 $x=a$——输出位置点;

$x=b$——输入位置点;

k_p，c_p 和 m_p——第 p 阶模态刚度、模态阻尼和模态质量;

$U_p(x)$——第 p 阶模态振型;

N——模型中所用的模态数目。

公式(7-4-9)用来计算理论上的驱动点导纳 $H_{11}(\omega)$，1 点、2 点之间的转移导纳$H_{12}(\omega)$，以及端点 2 的驱动点导纳 $H_{22}(\omega)$。这三个加速度导纳的曲线分别如图 7-4-5(a)、图 7-4-5(b)和图 7-4-5(c)所示。在前两种情形，只有奇数号固有频率可见，因为点 1 是所有偶数号模态的节点。只有图 7-4-5(c)中可以明显看到全部固有频率，因为位置点 2 不是任何模态的节点。这些结果强调了这样的事实：某些共振尽管是存在的，但如果将加速度计粘贴在某个节点上，那么在有限的几组试验中可能测不到这些共振，如测量 $H_{12}(\omega)$时那样。下面请看我们的实验结果。

驱动点加速度导纳的实验结果比较 激励钢梁采用了两种方法：一种是用冲激锤敲击中点 1 和端点 2 两个点，另一种是用激振器以伪随机信号激励 1、2 两点。选择指数窗的参数 τ_e 的一个值，使冲激数据能够产生 2%的泄漏，即令 $e^{-T/\tau_e}=0.02$。这样得到的驱动点加速度导纳示于图 7-4-6(a)[$H_{11}(\omega)$]和图 7-4-6(b)[$H_{22}(\omega)$]。

这两条响应曲线的整体特性与图 7-4-5 所示之理论曲线基本一致。但由图 7-4-6 明显可见，冲激法结果与伪随机法结果相比，前者(虚线)峰值较低而谷值较浅。一般而

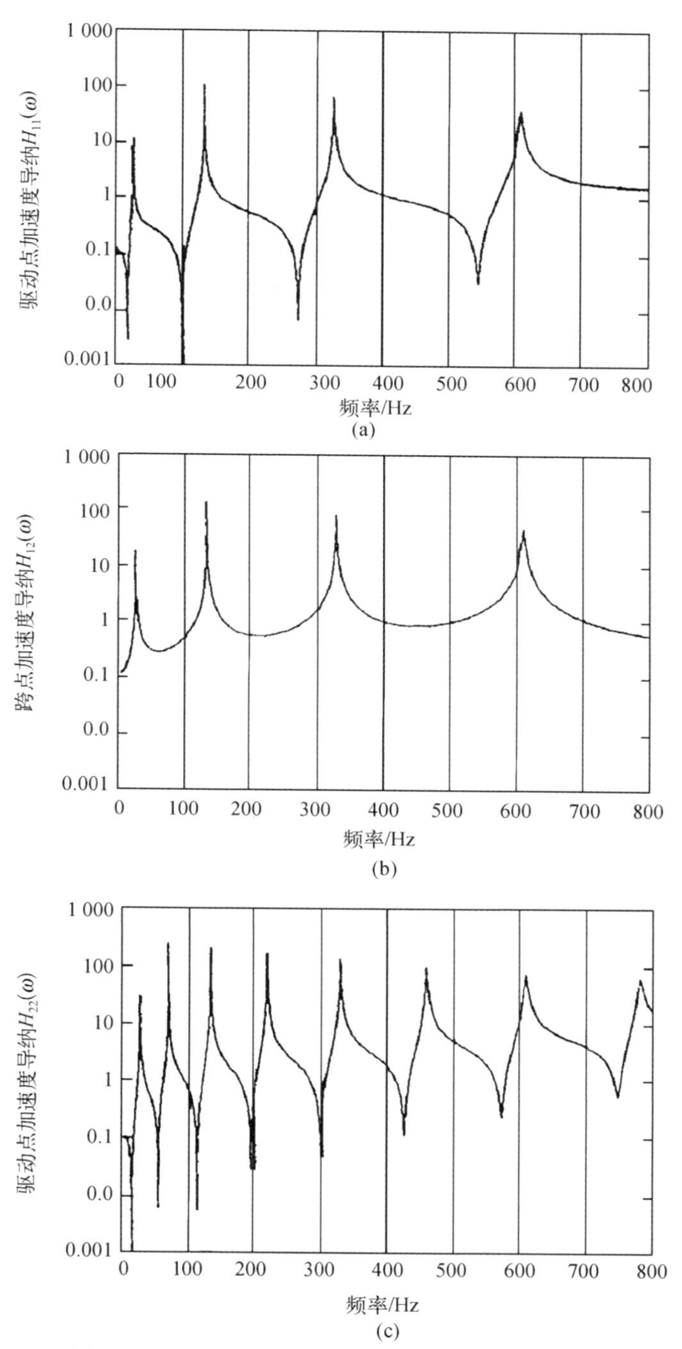

图 7－4－5　(a)驱动点加速度导纳理论值 $H_{11}(\omega)$；(b)转移导纳理论值 $H_{12}(\omega)$；(c)驱动点加速度导纳理论值 $H_{22}(\omega)$

言，改变指数窗阻尼来直接修正频响函数峰值，结果少有满意者，盖因：1)在随机试验中，直接安装在结构上的力传感器对梁的弯矩很敏感，使试验中得到的参考力谱值产生

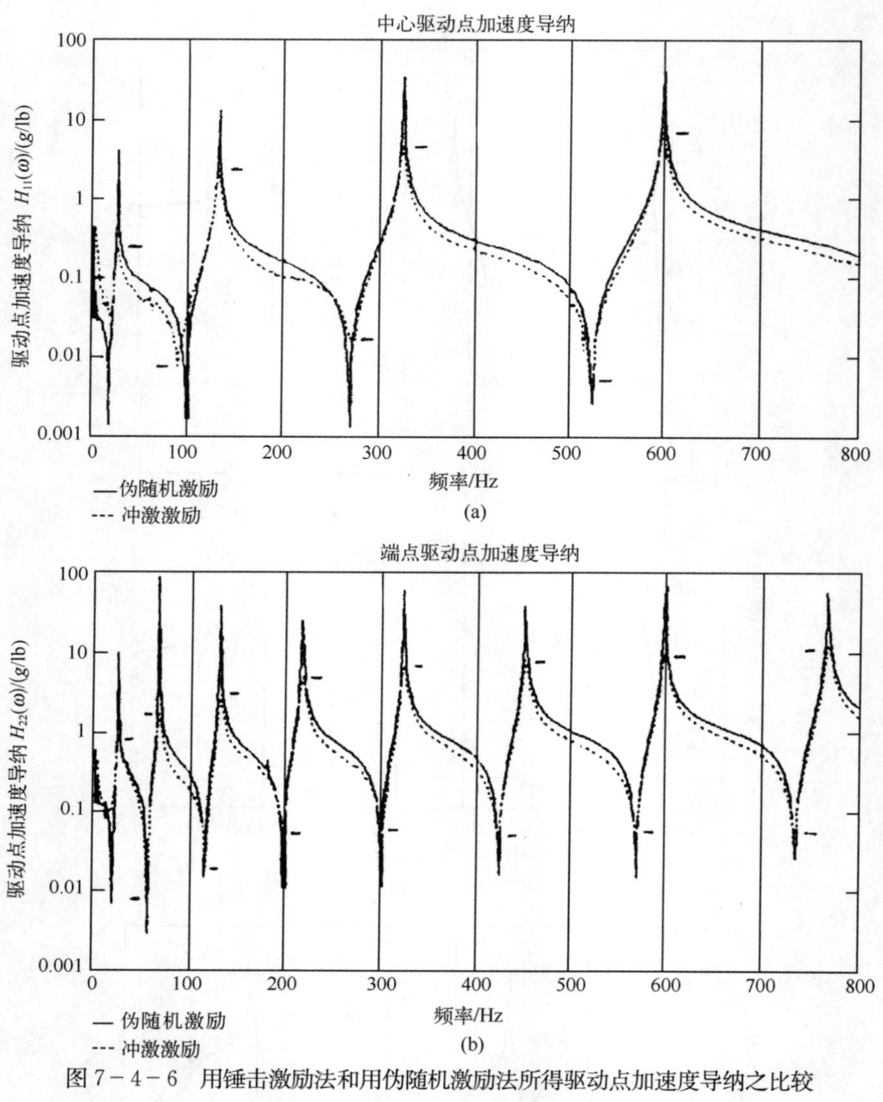

图 7-4-6　用锤击激励法和用伪随机激励法所得驱动点加速度导纳之比较

(a) $H_{11}(\omega)$；(b) $H_{22}(\omega)$

错误，其值或者过大，或者太小，取决于力传感器在梁上的方位[⑩]；2)阻尼修正公式(7-4-6)只适用于模态阻尼而不适用于整体频响函数。7.5 节将讨论混合应用矩形窗和指数窗、不正确的触发电平、触发斜率的选择等操作可能引起的误差，同时也给出一些建议，以期正确设置时窗。

---

⑩ P. Cappa and K. G. McConnell, "Base Strain Effects on Force Measurements," *Proceedings*, *Spring Society for Experimental Mechanics*, Baltimore, MD, June 1994, pp. 520-530.

7.5 冲激试验中选择适当的时窗

对中等尺寸的结构进行锤激试验有许多优点，尤其是在实验模态分析及一般振动研究中。Halvorsen 与 Brown[11] 在一篇较早的论文中对有关锤激试验的许多问题给予了论述，其中包括加窗与非线性的影响问题。然而，锤激法要求参试人员根据一定的规则仔细选择数据窗的各个变量，因为我们同时用到两种时窗：对输入脉冲加矩形窗，对输出响应加指数窗。如何设置这两种窗，对测量结果可能有重要影响。Clark et al.[12]，Cafeo，Trethewey[13]，Trethewey 与 Cafeo[14]，McConnell，Varoto[15] 等已经发表了有关这些问题的论文。本节试图讨论正确设置数据窗的各种参数，以避免丢失重要信息，扭曲测量结果。我们假定，两个通道的信号在到达 A/D 转换器之前，都经过了同样的抗叠混滤波器。这里所演示的情况是采用理想的无噪声数据，因而不含有测量误差，这些信息来自 McConnell 与 Varoto 的论文。

7.5.1 时窗参数

对于主瓣持续时间为 τ 的输入脉冲，通常我们能够选择的暂态窗的参数示于图 7-5-1(a)。正如 7.4 节所述，持续时间 τ 决定输入频谱中的第一个零点的位置。抗叠混滤波器使实际脉冲发生改变，原因在于它使输入脉冲的初始斜率降低，并在脉冲后面生成一个滤波器振铃(ringing)，因此总的脉冲时间 $T_p>\tau$。引起滤波器衰减振荡的原因有二：一是冲激锤的余振，二是抗叠混滤波器的振铃。现代冲激锤设计得余振很小，但振铃不可避免，因为在数字化过程中必须使用抗叠混滤波器。所以考虑问题时一定要包括滤波器的振铃现象。

如图 7-5-1(a)所示，暂态冲激测量中可加选择的参数是分析窗的时长 T、触发电平 TL、斜率 S(A 点为正，B 点为负)、触发时刻 TP、暂态时窗的起点 t_1 和终点 t_2 以及 A/D 转换器的满刻度设置 FS。分析窗长度 T 决定着频率分量间隔 $\Delta f=1/T$，而数据点的多少决定了分析的频率范围。触发电平 TL 和斜率 S 确定以输入信号中哪个点作为触发

---

[11] W. G. Halvorsen and D. L. Brown, "Impulse Technique for Structural Frequency Response Testing," *Sound and Vibration*, Nov. 1977, pp. 8-21.

[12] R. L. Clark, A. L. Wicks, and W. J. Becker, "Effects of an Exponential Window on the Damping Coefficient," *Proceedings of the 7th International Modal Analysis Conference*, Vol. 1, Las Vegas, NV, 1989, pp. 83-86.

[13] A. Cafeo and M. W. Trethewey, "Impulse Test Truncation and Exponential Window Effects on Spectral and Modal Parameters," *Proceedings of the 8th International Modal Analysis Conference*, Vol. 1, Orlando, FL, 1990, pp. 234-240.

[14] M. W. Trethewey and J. A. Cafeo, "Tutorial: Signal Processing Aspects of Structural Impact Testing," *The International Journal of Analytical and Experimental Modal Analysis*, Vol. 7, No. 2, 1992, pp. 129-149.

[15] K. G. McConnell and P. S. Varoto, "The Effects of Window Functions and Trigger Levels on FRF Estimations from Impact Tests," *Proceedings of the 13th International Modal Analysis Conference*, Vol. l. Nashville, TN, Feb. 1995.

点，这个点就被储存在数据窗内 TP 那个位置。触发点的选择要使输入信号的前导沿(0～TP 时段)足够长，以便确保输入数据的正确性：在冲激脉冲到来之前，留出一段时间，保证输入信号从 0 或接近 0 的地方开始，同时保证输出信号在 0～TP 这段时间内也是 0 或近似为 0。否则，输出加速度的测量信号可能受到污染——夹杂着尚未消失殆尽的前一个脉冲的残余或者某个未予测量的未知输入信号源的影响。

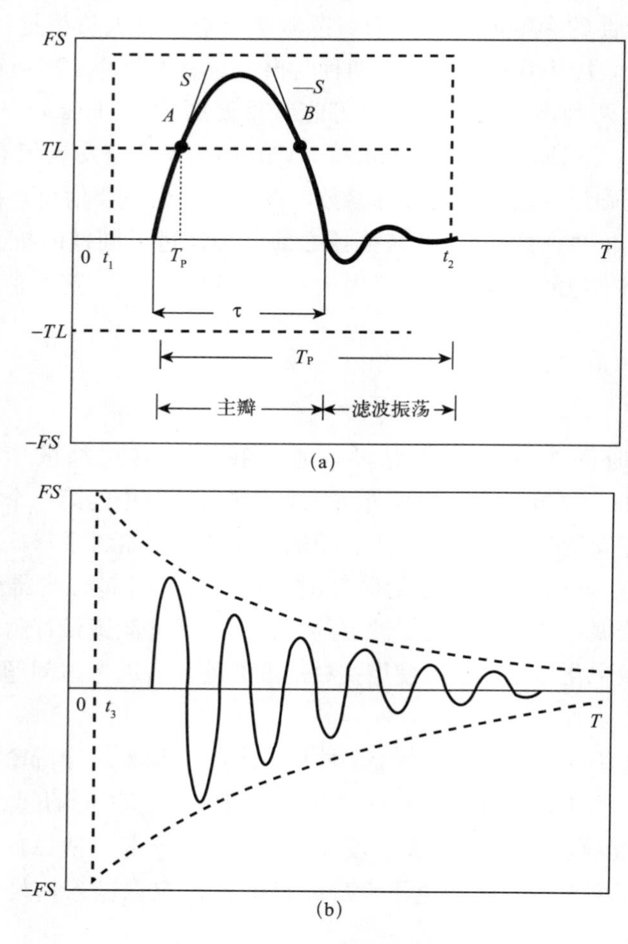

图 7－5－1　暂态数据窗参数

(a)输入暂态窗；(b)输出指数窗

(From K. G. McConnell and P. S. Varoto, "The Effects of Window Functions and Trigger Levels on FRF Estimations from Impact Tests," Proceedings of the 13th International Modal Analysis Conference, Society for Experimental Mechanics.)

为了实现触发，必须满足两个条件：输入电压必须大于设置的触发电平 TL；触发斜率或正或负，由用户自己选择。很明显，暂态窗的时长(t_2-t_1)必须大于 T_p(脉冲主瓣＋振铃时间)，为的是能够捕捉到输入信号的绝大部分。但是，如果将触发斜率设置为负值，则触发点是 B，时间点 t_1 到 B 点横标的距离必须大于 $\tau/2$，否则暂态窗将移除一部分输入数据。

输出信号及其指数窗示于图7-5-1(b)。指数窗的参数是起始时间 t_3，衰减时间常数为 τ_e。τ_e 决定着窗的泄漏量 P。为了保证能捕捉到整个输出信号，指数窗的起始时间应当等于暂态窗的起始时间，即 $t_3>t_1$，这是因为信号的起始时间不能精确地加以控制。指数窗的作用是迫使响应信号在数据窗的末尾基本衰减到0，从而减少滤波器泄漏。我们将揭示在测量暂态数据时因窗参数的不当使用而带来的不良影响。

7.5.2　建立数据处理的模型

我们用一个三自由度模态模型来说明每个暂态窗参数的作用。所选模态系统参数列于表7-5-1，固有频率皆处于0～100 Hz范围内，每个模态阻尼与对应模态频率要满足 $\zeta_p f_p=0.18$ 这一关系，这样每个模态在整个时窗内具有相同的衰减率。该系统的理想频响函数计算如下

$$H(\omega)=\sum_{p=1}^{N}\frac{A_p}{\omega_p^2-\omega^2+\mathrm{j}2\zeta_p\omega_p\omega} \tag{7-5-1}$$

输入脉冲按下式计算

$$f(t)=\begin{cases}0 & 0\leqslant t\leqslant t_i\\ F_0\sin\left(\dfrac{\pi}{\tau}t\right) & t_i\leqslant t\leqslant t_i+\tau\\ 0 & t_i+\tau\leqslant t\end{cases} \tag{7-5-2}$$

为便于计算，假定 $F_0=1$，持续时间 $\tau=10.0$ ms，脉冲起始时刻为 $t_i=0.20$ s。在5 s的数据窗内有4 096个数据点，因此相邻数据点之间的时间间隔为1.221 ms，频率间隔为0.2 Hz。原始输入脉冲示于图7-5-2(a)，以虚线表示。输入信号的傅里叶变换 $F(\omega)$ 乘以系统的频响函数式(7-5-1)，则可求得输出信号的频谱

$$X(\omega)=H(\omega)F(\omega) \tag{7-5-3}$$

对 $X(\omega)$ 进行傅里叶反变换即可得到输出信号的时间历程。令这个时间数据按照下一段落所述的过程通过一抗叠混滤波器，并显示在图7-5-2(b)。很显然，该输出信号在5s的时窗末端停止了振荡。

表7-5-1　模拟FRF的模型参数

模态	A_p	f_p/Hz	ζ_p	$\zeta_p f_p$
1	1	20	0.009 0	0.18
2	1	40	0.004 5	0.18
3	1	70	0.002 5	0.18

实践上，输入、输出时间数据信号必须通过同样的抗叠混滤波器。我们使一个拐点频率为200 Hz、临界阻尼为68%的二阶系统的频响特性自乘10次，即可构成一个下降速率大约为120 dB/oct的抗叠混滤波器，即

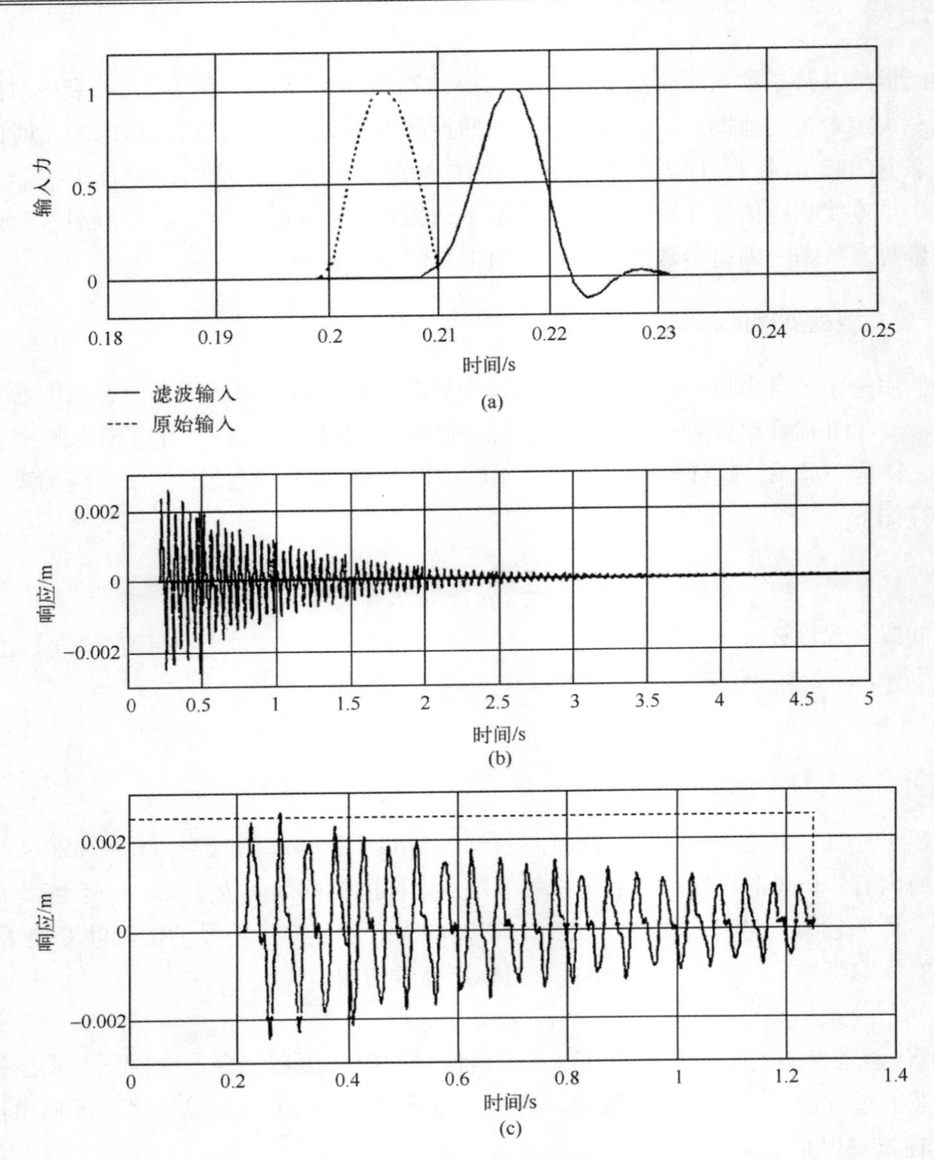

图 7-5-2 模拟冲激试验时间历程，冲激起始时间为 0.2s

(a)输入冲激信号(原始信号为虚线，经抗叠混滤波器的信号为实线)；

(b)滤波后的输出时间历程(4 096 个数据点)；(c)截断输出信号，由 1 024 个数据点组成

(From K. G. McConnell and P. S. Varoto, "The Effects of Window Functions and Trigger Levels on FRF Estimations from Impact Tests," Proceedings of the 13th International Modal Analysis Conference, Society for Experimental Mechanics.)

$$H_{aa}(\omega)=\left[\frac{1}{1-(\omega/\omega_0)^2+\mathrm{j}2\zeta(\omega/\omega_0)}\right]^{10} \tag{7-5-4}$$

式中 $\omega_0=200\times2\pi$。为了得到能够用于频率分析仪的实际的时间信号，需要将原始时间历程的频谱乘以 $H_{aa}(\omega)$，于是实测力谱就变为

$$F_m(\omega) = H_{aa}(\omega)F(\omega) \tag{7-5-5}$$

而实测输出响应信号的频谱则为

$$X_m(\omega) = H_{aa}(\omega)X(\omega) \tag{7-5-6}$$

式中 $F_m(\omega)$是原始输入信号经过滤波后的频谱，$X_m(\omega)$是原始输出信号滤波后的频谱。将这些输入、输出频谱施以傅里叶反变换即可生成 4 096 个时间数据点，这些数据应该就是作为采样数据出现在理想 4 096 数据点频率分析仪中的那些数据。它们是理想的无噪声时间历程，分别叫做 $f_m(t)$和 $x_m(t)$，如图 7-5-2(a)和图 7-5-2(b)所示。

但是由图 7-5-2(a)可以清楚看出，理想的实测脉冲(实线)与原始脉冲(虚线)不同。这种差别是抗叠混滤波器造成的，使原始脉冲时移了 9 ms 左右，并且前导沿被抹圆滑了，峰值为 1.0 N，主脉冲之后出现了滤波器振铃现象。在输出信号中几乎不可能检测到抗叠混滤波器的影响，因为任何滤波器振铃都与包含若干频率的多次振荡混杂在一起了。

现在假定分析仪仅仅捕获到 4 096 个时间数据点中的 1 024 个，两个相邻数据点之间相差 1.221 ms，这样数据窗的长度减小到了 1.25 s，导致分析仪频率分辨率成了 0.8 Hz。这对于图 7-5-2(a)所示的输入脉冲不会有什么问题，可以捕捉到所有重要的输入数据点，因为输入信号大部分时间内都是 0。但是，由图 7-5-2(c)可见，对响应数据在 1.25 s 时截断可能会引起潜在的严重的滤波器泄漏。

测出的输入力时间历程含有 1 024 个数据点，这些数据点是经由窗函数 $W_f(t)$处理过的，所以实际有效的时间历程 $p(t)$应当是 $W_f(t)$与理想的无噪声输入信号 $f_m(t)$的乘积，即

$$p(t) = W_f(t)f_m(t) \tag{7-5-7}$$

该时间历程就是图 7-5-2(a)中的实曲线，其频谱为

$$P(\omega) = \mathscr{F}[p(t)] \tag{7-5-8}$$

相应地，实测输出时间历程 $y(t)$也包含 1 024 个数据点，如图 5-7-2(c)所示。它应当是理想无噪声输出信号 $x_m(t)$与指数窗函数 $W_e(t)$的乘积，如下式

$$y(t) = W_e(t)x_m(t) \tag{7-5-9}$$

其频谱为

$$Y(\omega) = \mathscr{F}[y(t)] \tag{7-5-10}$$

应当明了，输入力的频谱和输出响应的频谱都包含相同的抗叠混滤波器的影响，但各自又包括着不同的窗函数 $W_f(t)$和 $W_e(t)$的影响。但是在 7.4 节[图 7-4-3(b)]我们看到，矩形窗的数字滤波器特性(sinc 函数)与指数窗是类似的，因此频域卷积也具有类似但并不精确相等的效应。

实测输入—输出频响函数可以从 $H_1(\omega)$的定义计算为

$$H_m(\omega) = \frac{G_{PY}(\omega)}{G_{PP}(\omega)} \tag{7-5-11}$$

式中　$G_{PP}(\omega)$——输入的自谱密度；

$G_{PY}(\omega)$——输入输出的互谱密度。

这两个密度谱的计算公式如下

$$G_{PP}(\omega) = 2P_m^*(\omega)P_m(\omega) \tag{7-5-12}$$

$$G_{PY}(\omega) = 2P_m^*(\omega)Y_m(\omega) \tag{7-5-13}$$

应当注意，在没有噪声的情况下，$H_1(\omega)$和$H_2(\omega)$结果相同，因此只需计算其中一个。

下面探讨使用不同窗函数的影响。先从指数窗开始，每次只改变输入窗的一个参数，这样可以弄清每个窗参数对实验结果有何影响，从而为得到良好实验结果建立一些必要的规则。

7.5.3 信号截断与指数窗对结果的影响

我们需要了解在数据窗中启动冲激脉冲的时刻对结果有何影响，也需要了解信号截断时用和不用指数窗其结果有何不同。因此对下面每一种模拟试验情形，都要区分什么时候启动冲激脉冲，什么时候施加窗函数。不管哪种情况，采用的指数窗都是2%的指数窗。

不用指数窗而截断信号(其触发时刻为$TP\approx0.20$ s) 在此情况下，由1 024个记录点组成的输入、输出信号都是在0.21 s左右开始具有了相当大的值，如图7－5－2(a)和(c)所示。由图可见，响应信号在宽度为1.25 s的窗内有16%的时间是0。根据这两个信号计算所得FRF的幅值和相位，与根据式(7－5－1)计算出来的原始信号的FRF幅值与相位进行比较[见图7－5－3(a)和(b)，其中频率分辨率为$\Delta f=0.8$ Hz]，可明显看出，截断导致显著的滤波器泄漏，使FRF的幅值和相位产生振荡，结果难以解释，不可接受。三个共振峰值的比较列于表7－5－2，由表中数据可知，所测峰值的大小是原始峰值的70%左右。

表7－5－2 截断与指数窗FRF分析，以理想峰值的百分数表示

频率/Hz	原始	截断①		指数窗②		截断③		指数窗③	
	$H(\omega)$	$H_t(\omega)$	%	$H_e(\omega)$	%	$H_t(\omega)$	%	$H_e(\omega)$	%
20	1.389	0.959	69.0	0.304	21.9	1.043	75.1	0.346	24.9
40	0.695	0.478	68.6	0.152	21.9	0.525	75.5	0.173	24.9
72	0.371	0.260	70.2	0.083	22.4	0.283	76.3	0.095	25.5

注：①表中全部FRF值$H(\omega)$，$H_t(\omega)$，$H_e(\omega)$都要乘以10。

②$TP=0.2$ s。

③$TP=0.02$ s。

用指数窗截断信号(触发时刻为$TP\approx0.20$s) 图7－5－2(c)中被截断的原始信号乘以在$t_3=0.20$ s时刻开始的2%指数窗($\tau_e=0.268\ 4$ s)，所得FRF的幅值与相位比较分别见图7－5－3(c)和图7－5－3(d)。从所示两条曲线可明显看到，滤波器的泄漏振荡被消除了，但峰值(小横杠指明)降低了，谷值(也标以小横杠)抬高了。表7－5－2表明，每个实测峰值都是其原始峰值的22%左右。但是这些误差利用式(7－4－5)和式(7－4－7)是可以修正的。我们注意到，每个峰值所占其原始值的百分比基本上相同，原因是乘积$\zeta_p f_p$对于各阶振动模态都是一样的。一般而言，相同的百分比并不符合实际。

不用指数窗而截断信号(其触发时刻为$TP\approx0.020$ s) 在此情况下，记录下来的1 024个数据点输入、输出信号在0.029 s(而不是0.21 s)左右便具有了明显的值，因此这两个信号为零值的时间只占数据窗(1.25 s宽度)的1.6%。根据这两个信号算出来的FRF

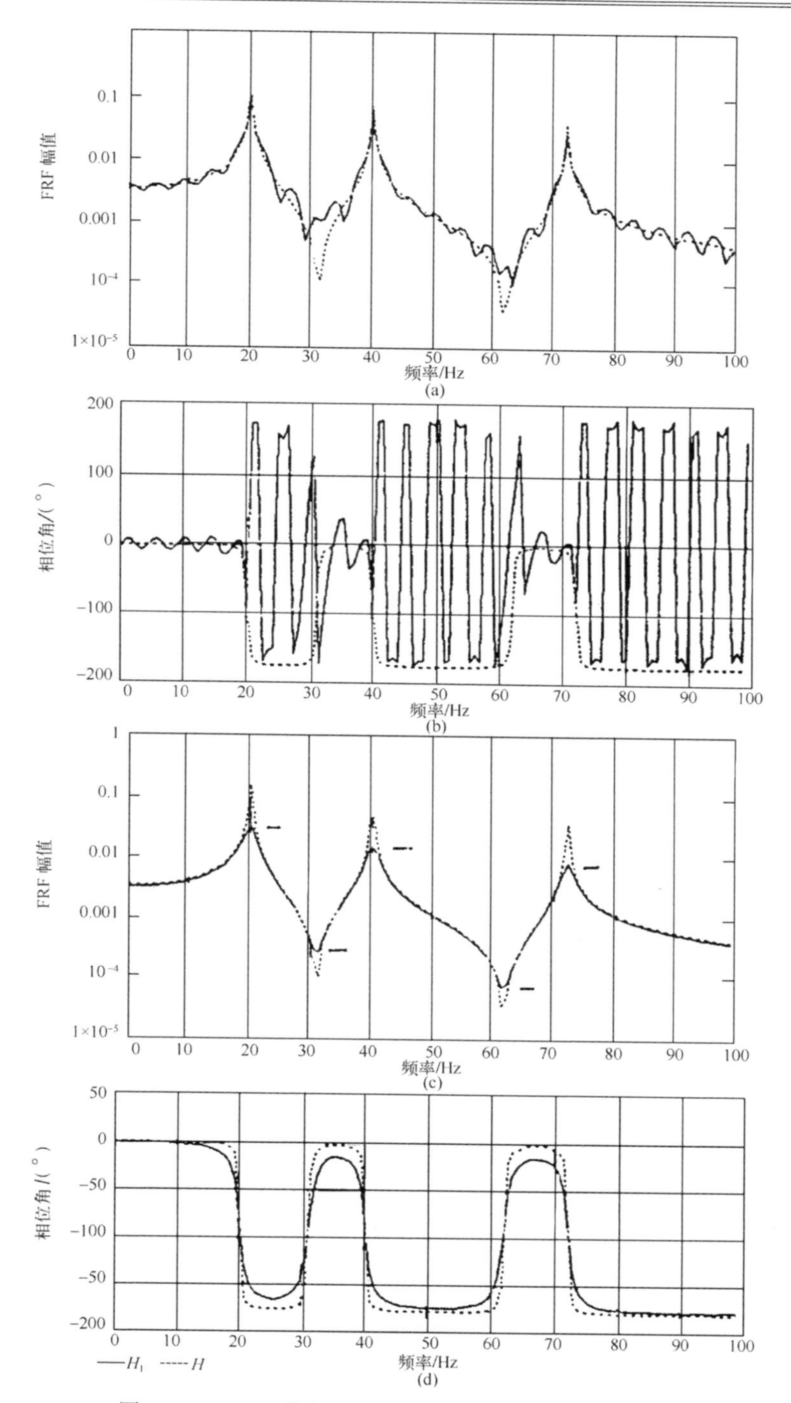

图 7－5－3　用截断的 1 024 个数据点计算出的 FRF，
表明了脉冲在 0.2 s 时刻启动时所产生的滤波器泄漏振荡
(a)幅值(无指数窗)；(b)相位(无指数窗)；(c)加 2%指数窗时的幅值；(d)加 2%指数窗时的相位
(From K. G. McConnell and P. S. Varoto, "The Effects of Window Functions and Trigger Levels on FRF Estimations from Impact Tests," Proceedings of the 13th International Modal Analysis Conference, Society for Experimental Mechanics.)

与根据式(7－5－1)计算出来的 FRF，二者的幅值和相位分别示于图 7－5－4(a)和图 7－5－4(b)，其中 $\Delta f=0.8$ Hz。很明显，截断导致了相当大的滤波器泄漏，使 FRF 的幅值与相位信息产生的失真较之图 7－5－3(a)和图 7－5－3(b)的振荡更甚。这种情况下出现的结果并不难解释，但仍然是我们不希望看到的。三个共振峰值的比较列于表 7－5－2，由表可见，实测峰值是原始峰值的 75%左右。

用指数窗截断信号(信号触发时刻为 $TP\approx0.020$s) 被截断的原始信号乘以在 $t_3=0.020$ s时刻开始的 2%指数窗($\tau_e=0.3144$ s)，所得 FRF 的幅值与相位与原始值的比较分别见图 7－5－4(c)和图 7－5－4(d)。从所示曲线可明显看到，图 7－5－4(a)和图 7－5－4(b)中的滤波器泄漏失真被有效消除了，峰值(短横线)降低了，谷值(短横线)升高了。表 7－5－2 中显示的值表明，每个实测峰值都是其原始峰值的 25%左右。但是这些误差利用式(7－4－5)至式(7－4－7)是可以修正的。

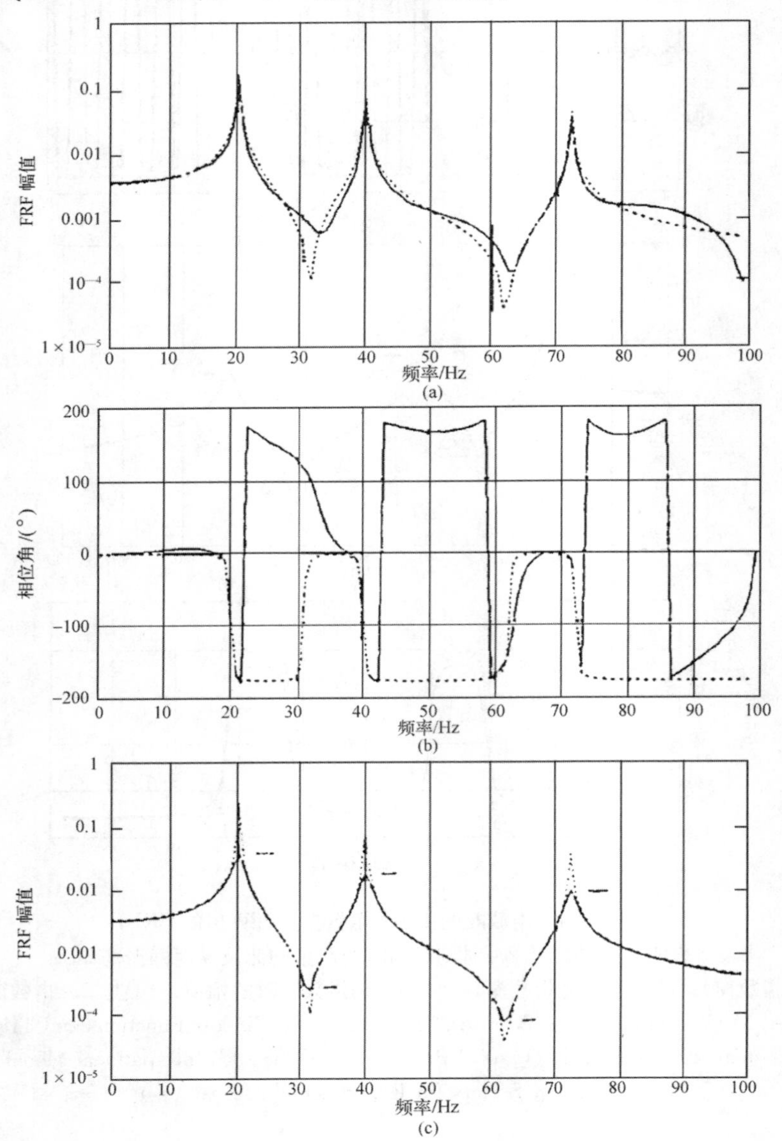

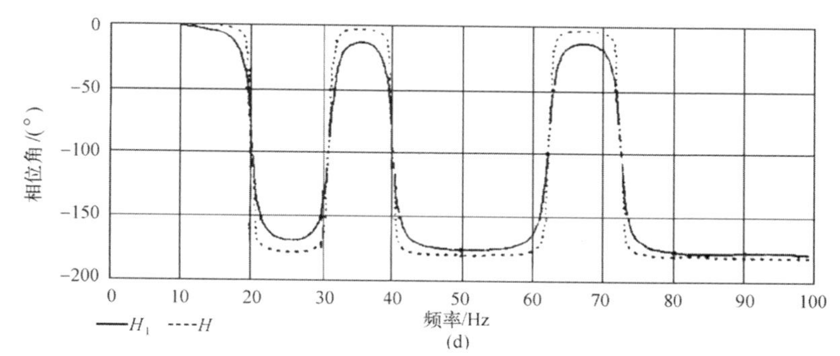

图 7－5－4　用截断的 1 024 个数据点计算出的 FRF，
表明了脉冲在 0.020 s 启动时所产生的滤波器泄漏振荡
(a)幅值(无指数窗)；(b)相位(无指数窗)；(c)加 2%指数窗时的幅值；(d)加 2%指数窗时的相位
(From K. G. McConnell and P. S. Varoto, "The Effects of Window Functions and Trigger Levels on FRF Estimations from Impact Tests," Proceedings of the 13th International Modal Analysis Conference, Society for Experimental Mechanics.)

这些结果说明，指数窗确实能够解决因简单截断数据所带来的滤波器泄漏问题。我们看到，当信号等于 0 的那部分时间小于数据窗的 2%时，滤波器的泄漏振荡也少了。所以，建立一个时窗的规则之一就是正确选择指数窗的启动时刻 t_3 和触发时刻 TP，使信号在初始阶段零值数据最少。

7.5.4　输入暂态窗的影响

本节研究设置不良的暂态窗对 FRF 的实测结果会有哪些影响。计算时我们采用全部 4 096 个输入、输出数据点，所以这里不存在截断窗的泄漏问题，唯一需要考虑的是暂态窗函数的使用对 FRF 的计算值有何影响。考虑图 7－5－5(a)所示输入信号，该输入力信号是原始信号通过抗叠混滤波器后记录在分析仪中的信号，图中以实线画出，它与图 7－5－2(a)中的实线信号是同一个信号。暂态窗用虚线画出，而记录信号与暂态窗的乘积就是被分析的数据，如虚线方框表示。这里的情况相当于在图 7－5－1(a)中使用负斜率 S 在 B 点触发。在 B 点正峰值力刚刚越过触发电平 TL，暂态窗就被触发启动，启动时刻 t_1 就是触发点时刻 TP。结果，触发点左边的全部输入点数据都是 0，分析仪只把输入脉冲的一部分以及滤波器振荡数据作为输入信号加以分析。

分析仪测出的 FRF 幅值和相位分别示于图 7－5－5(b)和图 7－5－5(c)。实测幅值(实线)与理论值(虚线)相比显得太大了，只有在高频段实测值比较接近于理论值，在 90 Hz 附近两曲线交叉。FRF 的实测幅值过大，是由于输出频谱太小；而输出频谱太小又是因为输入信号的前半部分几乎全部被排除造成的。在很低的频率上，相位角的实测值与理论值很接近，当频率增大时相位角实测值便向更正的方向移动。事实上可以看到，这种相位的正向移动随频率线性地增大。

利用 Nyquist 图可以对相位移动的意义看得更清楚，见图 7－5－5(d)。图中，第一阶

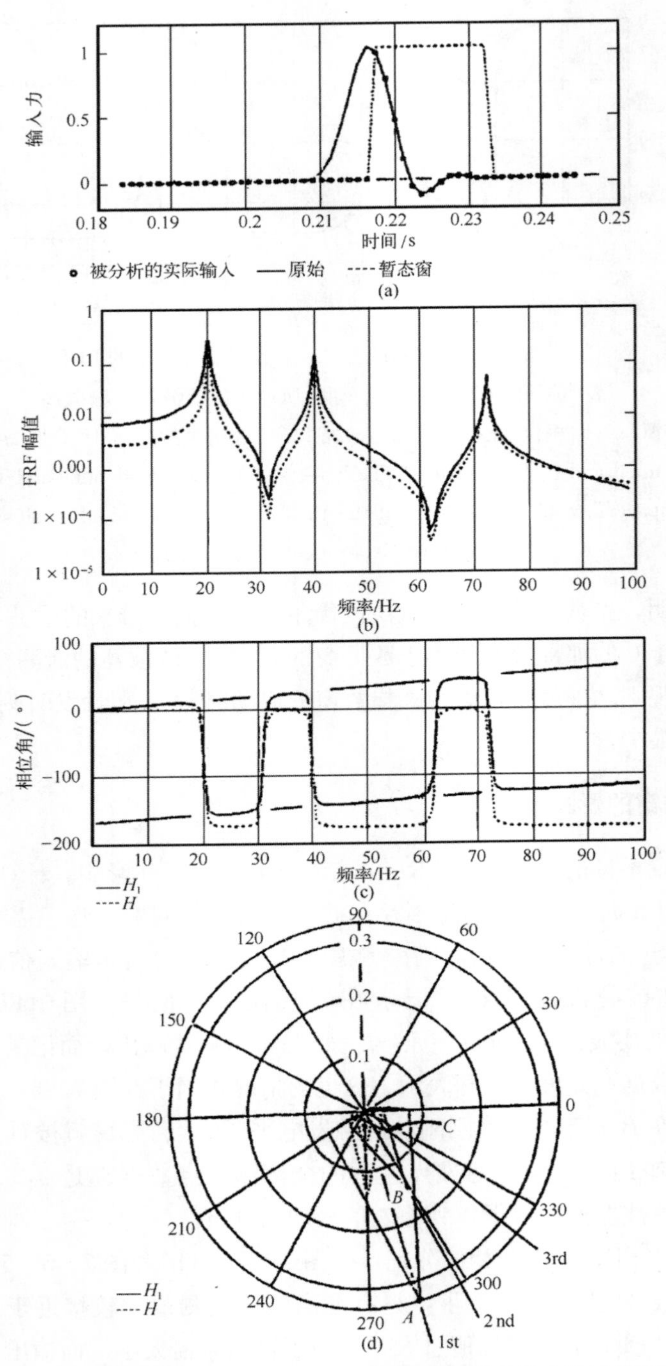

图 7－5－5　(a)原始滤波输入脉冲与被暂态窗切断的输入脉冲的比较；(b)失真的峰值；(c)失真的相位；(d)Nyquist 图

(From K. G. McConnell and P. S. Varoto, "The Effects of Window Functions and Trigger Levels on FRF Estimations from Impact Tests," Proceedings of the 13th International Modal Analysis Conference, Society for Experimental Mechanics.)

共振圆有一个峰值在 A 点，逆时针方向转动了 15°(285°)，其幅值严重失真。第二阶共振圆的峰值点逆时针转动大约 28°到达 B 点(298°)，其幅值显现出失真。第三阶共振圆的峰值点逆时针移动大约 50°到达 320°的 C 点，幅值也失真了。Nyquist 图上共振圆出现转动，是现场测量中的典型经验[16]。实际共振圆的圆心应当在虚轴上，或正或负，如图中虚线所示。Nyquist 图上共振圆的转动(不论方向)清楚地表示，暂态窗可能将输入脉冲的前导部分或尾端部分切断了。

7.5.5　驱动点加速度导纳测试结果：又一实例

看一看简单的冲击驱动点加速度导纳测量是有益的，读者可从中获取某些经验。此例使用一根简单的双悬臂梁结构，见图 7－5－6 的顶视图。此结构是由一根截面积为 1.0×1.25 in，长度为 16.0 in 的铝棒加工而成。较长悬臂梁的长度是 7.50 in，较短者是 5.5 in，每根梁的厚度均为 0.25 in。整个结构的质量是 0.727 lb，由一条 25.5 in 长的很轻细绳通过中点吊挂起来。测量加速度计安装在一边的中点，力锤敲击点选在对边中点。

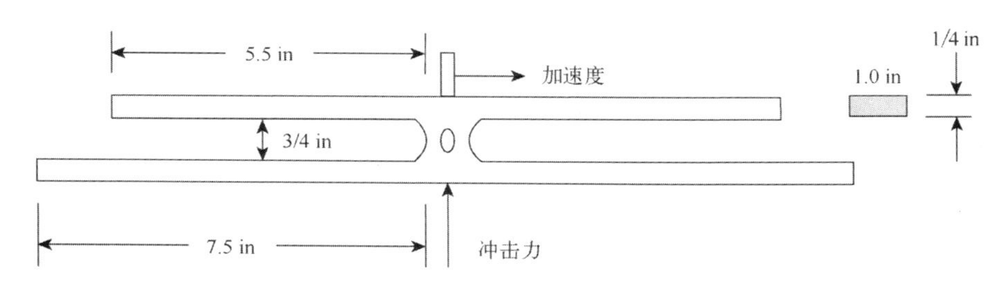

图 7－5－6　一双悬臂梁的顶视图和侧视图，由中点的一根绳子悬挂

力锤与加速度计连接到一台叫做“Data Physics”的数据采集系统，该系统的输入端是直耦(DC 耦合)差分模式。设置分析仪，使之采集 8 192 个数据点，每个时间点相差 $\Delta t=96\mu s$，因此时窗长度为 0.786 s，对应的频率分辨率为 $\Delta f=1.272$ Hz。测量信号由力信号的正斜率触发，触发电平设为满刻度的 20%，时间延迟为 50 个样点，即 4.8 ms。力通道的满量程设为 0.6 V，加速度计通道满量程设为 1.25 V。这些参数的设置要在试测几次之后进行选择，以便获得良好的信号电平。设置满意后，为了获得令人惊讶的好结果，只需做一个单脉冲冲激试验。下面来分析、说明冲激试验的结果。

图 7－5－7(a)表示一个冲激力，其峰值为 40 lb，持续时间为 0.675 ms。该力信号的触发延迟时间大约为 5 ms，其后面带有信号振铃。信号振铃来源有几种：其一，力锤太陈旧，是模态试验专用力锤出现之前的产物，主脉冲过后出现的振铃可能是力锤结构的基频(2 480 Hz 左右)造成的。其二，振铃可能是所使用的抗叠混滤波器(处理这样的尖脉冲必须使用抗叠混滤波器)的振铃现象引起的。读者应当想到，为确定力信号的振铃到底是由什么原因引起的，至少需要做两个测试。力传感器的灵敏度是

[16] Private conversation, Professor David Ewins, Imperial College, London, UK, Summer 1991.

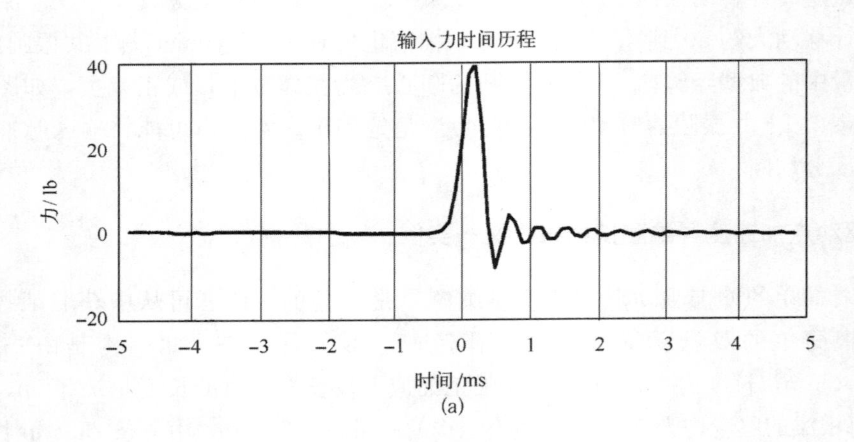

(a)

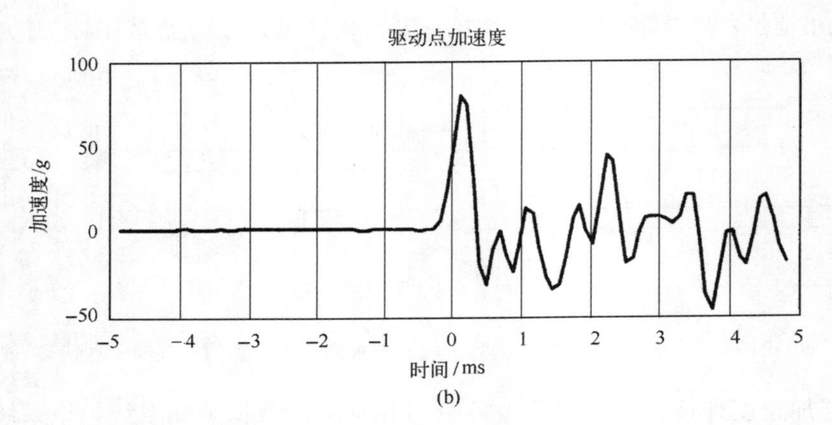

(b)

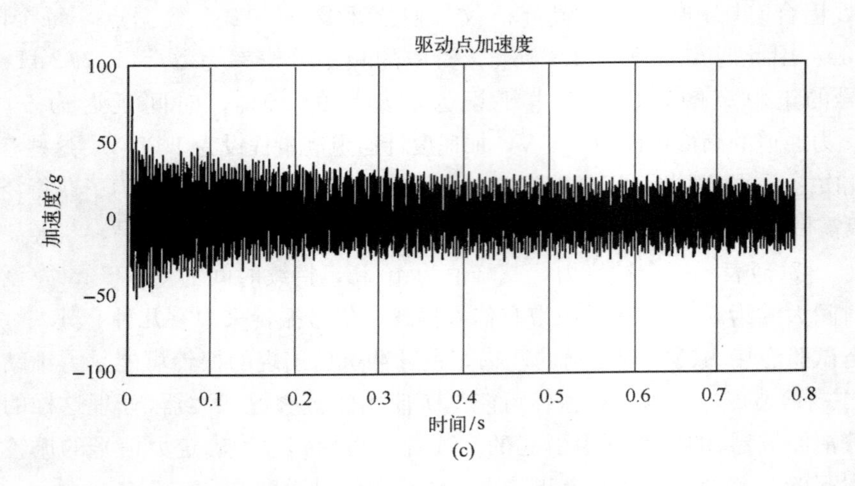

(c)

图 7－5－7　(a)输入力时间历程；(b)驱动点加速度的原始时间历程；(c)加速度的完整时间历程，记录末尾量值很大

10 mV/lb，所以峰值电压大约为 0.4 V，是通道满量程的 67%，因此该通道不应当有什么严重的噪声问题，正如分析结果将要显示的那样。

原始的驱动点加速度示于图 7-5-7(b)。信号的延迟时间大约为 5 ms，这与输入力的时延是吻合的。加速度计的电压灵敏度是 10 mV/g，可以看到加速度的电压值为 0.8 V，占满量程的 64%，信噪比很好。完整的加速度响应信号示于图 7-5-7(c)，由图可见，信号末端振动量值依然很大，这表明如果不应用指数窗，将会产生严重的窗泄漏。

图 7-5-8(a)表示用**矩形窗函数**对输入力和加速度这两个信号进行分析的结果。我们看到，输入力频谱的起始值是 0 Hz 的 0.016 lb，结束于 2 500 Hz 的 0.003 1 lb。起始值与终值相差约 20%，在整个频率范围内激励的大小比较一致。

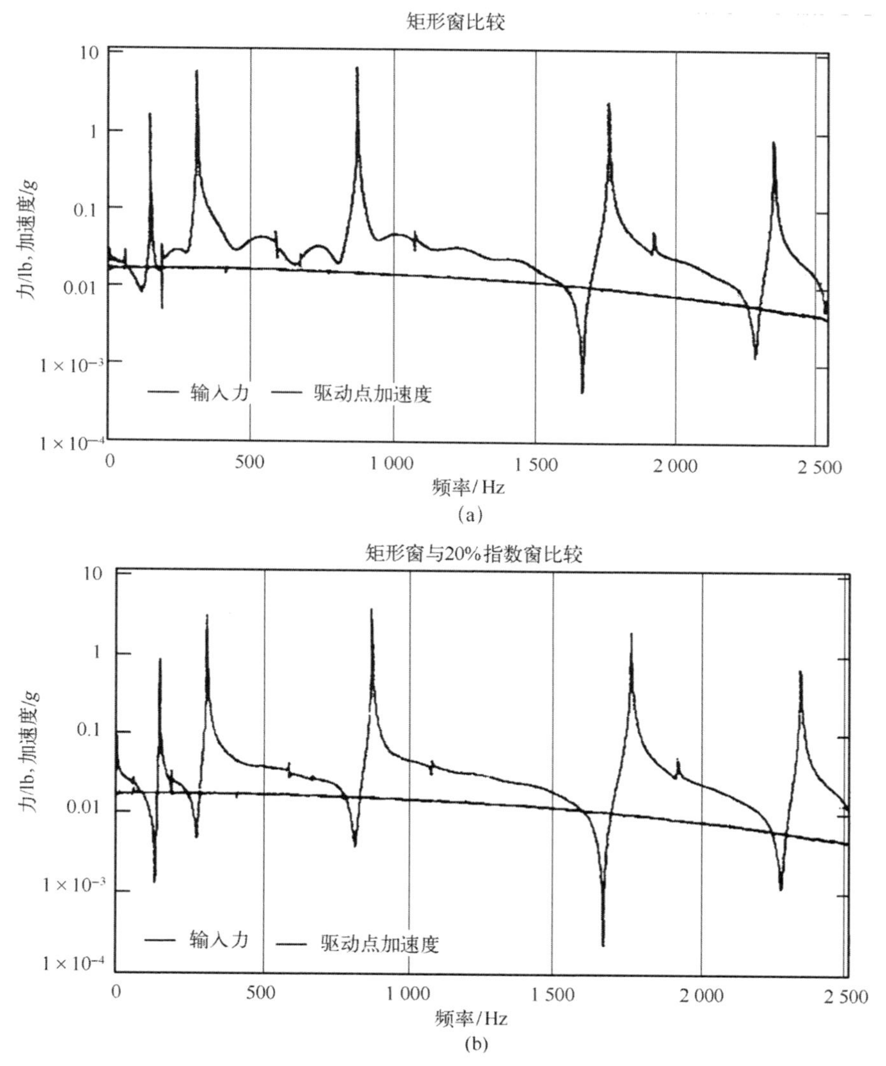

图 7-5-8　(a)力与加速度频谱比较(二者都施加矩形窗)；(b)输入力施加矩形窗、输出加速度施加指数窗时二者频谱比较

响应加速度记录显示有5个共振峰，而只有两个很深的低谷，并且在低频段峰值之间出现一些鼓包。当施加20%的指数窗时，加速度时间历程的频谱如图7-5-8(b)所示。该图显示，本应出现在低频段驱动点共振峰之间的低谷变得明显了，而之前它们被窗的泄漏所掩盖。很显然，产生泄漏的是图7-5-8(a)中的矩形窗，而不是图7-5-8(b)的指数窗。此图还显示，在接近0 Hz的极低频率上有一共振。

驱动点加速度导纳的比较示于图7-5-9。其中对加速度信号分别施加矩形窗与指数窗，而输入力信号只施加矩形窗。图7-5-9(a)设定频率范围是0～2 500 Hz，图7-5-9(b)比较范围是0～400 Hz的低频段。表7-5-3比较了悬臂梁结构固有频率的实测值和估计值。悬臂梁的最低频率是其刚体运动频率，即25.5 in长的吊绳与结构形成的摆的固有频率0.62 Hz。但是这一频率在图7-5-9(b)中显示出来是1.272 Hz，这是因为频率分析仪的有限分辨率设置造成的。

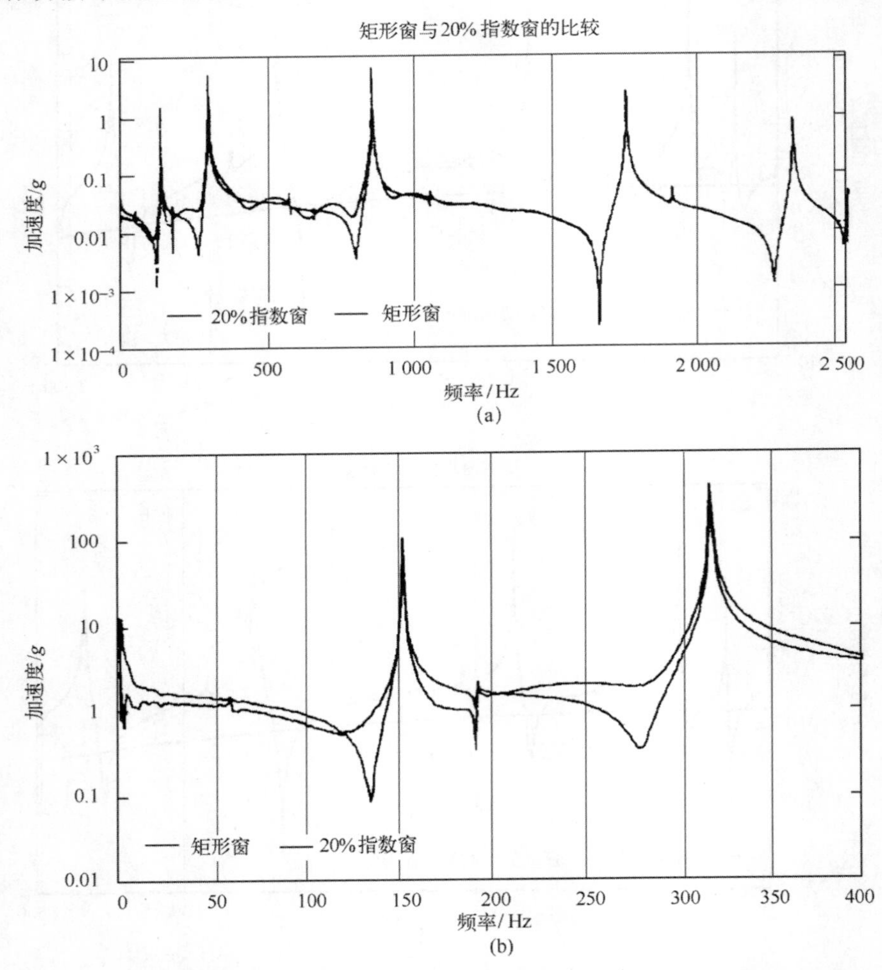

图7-5-9 (a)驱动点加速度导纳之比较，一个施加矩形窗，一个施加20%指数窗。注意1500Hz以上的高频段的一致性，以及1500Hz以下低频段的泄漏影响；(b)施加矩形窗和20%指数窗所得驱动点加速度导纳的比较，显示出泄漏的不一致性

表 7-5-3　双悬臂梁的预计与实测固有频率[①]

频率号	长悬臂梁/Hz	短悬臂梁/Hz	实测值/Hz
1	—	—	1.272
2	141	—	152
3	—	262	318
4	882	—	883
5	—	1 640	1 767
6	2 470	—	2 347
7	—	4 602	—

注：①悬臂梁的摆频 l=25.5 in 为 0.62 Hz

我们来比较这样两种情况：测量加速度时分别施加一个矩形窗和一个 20%的指数窗，而力的测量始终只用矩形窗，得到的加速度导纳示于图 7-5-9。图 7-5-9(a)是在 0 至 2 500 Hz 的频段比较加速度导纳，而图 7-5-9(b)比较的是 0～400 Hz 的低频段。从图上可以看到，在 1 500 Hz 以下这两条曲线有许多不一致的地方，但在 1 500 Hz 以上，二者是相同的。为何它们在较高频率上表现出一致性？注意，最低的结构共振频率是 150 Hz，在数据窗中完成了 120 次循环，而最高固有频率 2 347 Hz 在同样的数据窗中完成了 1 840 个循环。因此不必惊讶，较高的频率不受 20%指数窗的影响，因为它们在窗的末尾早已衰减掉了。再探究一下式(7-4-6)和式(7-4-7)两个式子，我们看到，对于衰减常数 τ_e 相同的指数窗，高频共振阻尼比的修正量远小于低频共振阻尼比。

采用矩形窗和 20%指数窗所得悬臂梁结构的驱动点加速度导纳的比较示于图 7-5-9(b)，由图明显可见，那些低谷充满了窗的泄漏。还能观察到，矩形窗共振峰高于指数窗的共振峰，原因在于式(7-4-7)的阻尼在低频情况下相当大。同时也能看出矩形窗不需要阻尼修正，因为对于矩形窗来说，τ_e 是无限大的。

7.5.6　窗参数设置建议

进行冲激测量时，为了使给定的分析仪发挥出其最佳性能，必须考虑并遵循下列步骤：

1)确定需要的频率范围，调整力锤的质量块大小及锤头的质地，使输入力的频谱中没有零值。然后测量冲激脉冲的持续时间 τ。我们希望得到平坦的力谱，如图 7-5-8(a)和图 7-5-8(b)。

2)将时刻 t_1 设置在数据窗的前 2%～5%的范围内，然后令 $t_1=t_3$，这样暂态窗和指数窗会在同一时刻启动。当其他各项事宜设置完好之后，任何测量信号在这两个时刻之前不应有显著的数据，见图 7-5-7(a)和图 7-5-7(b)。

3)设置指数窗的衰减常数 τ_e，以满足我们希望的信号泄漏百分比(通常为 10%～20%)，但具体取值多大，由试验要求决定。

4)下一步，确定触发点 $TP=t_1+\tau/2$，使输入信号的前导沿不被暂态窗函数切断。

5)如果可能，力求确定实测输入脉冲中出现的滤波器振铃的大小及持续时间，然后设置暂态窗函数上限时间 $t_2\approx TP+$滤波器显著振铃持续时间[滤波器振铃持续时间通常量级在(3～10)τ]。

6)设置触发电平 TL，使 $0.4FS<TL<0.6FS$。这样的高电平可以保证冲激输入的一致性，以及良好的信噪比(当然要求 FS 设置要合理)。

7)斜率设置。设置斜率时要知道输入脉冲是正的还是负的，如图 7-5-2 所示。如果要触发脉冲的前导沿，那么触发点应当是图 7-5-1(a)的 A 点而不是 B 点。因此，对于一个正脉冲，我们用正斜率 S，即 A 点所示，对于一个负脉冲，则选择负斜率 S。如果打破这个规则，就必须改变第 4)步中的触发点 TP 使之变为 $TP=t_1+\tau$，这样就能使输入脉冲的前导沿不被暂态窗切断。

8)确定每个通道的本底噪声，以便合理设置各通道量程 FS。这一考虑，对于输出信号比对于输入信号更加重要，因为对于输入设备可以用暂态窗减小其本底噪声的影响，但对于输出信号 A 不能作此选择。A/D 转换器动态范围有限：12 位转换器动态范围是±2 028，16 位的是±32 768。对于 12 位的转换器，有用信号可放大 2 000 倍以上，而对于 16 位转换器，信号可放大 30 000 倍以上。为了确定是否应能将 16 位转换器的满量程设置为 32 000，可以运行一套初设数据，以建立被测结构的动态范围。然而做此决定时，满量程电压需要考虑到仪器的本底噪声，因为大多数情况下我们需要充分利用仪器设备的动态范围。如果噪声太大，则需要就具体试验重新检查所选设备是否合适。

9)初步测量一组数据，查看输出信号中有无任何警示性的夹断现象，输入信号的任何部分是否被切断(检查 Nyquist 图的高频共振圆是否偏离虚轴)，输入频谱(或自谱密度)中有无零点或准零点。作者相信，许多试验结果都会显示出 Nyquist 圆的转动，但这一现象归咎于非线性特性或歇斯底里的阻尼，并非是暂态窗设置不正确，也不是仪器设备使用不当。

7.6　以点载荷驱动自由—自由梁的激振器

用一个或几个电动激振器对结构进行激励是常用的试验方法，激励信号可以是扫描正弦、快速正弦、伪随机、随机信号，也可以是正弦加随机等信号。因实验目的不一，每种激励方式都有自己的优缺点。

7.6.1　选择激励信号

正弦试验信号　驻频正弦或慢扫描正弦试验，在识别间隔很近的固有频率和模态振型以及非线性等方面显现出明显的优点，其他任何方法都无力解决。按照 Lallement[17] 教授的意见，对于可能具有非线性、并具有多个密集共振频率等特征的未知结构进行精细探究，唯一可用的信号就是正弦信号。正弦试验的最大缺点是费时。

---

[17] Private conversation during a visit to Université De Besançon, Besançon, France, Spring 1991.

猝发试验信号　猝发(chirp[18]信号是个冲激型输入信号，它能覆盖很宽的频率范围，又能避免一般冲激载荷可能带来的问题(如为避免激振器动框触底，需要一个零合冲量)。猝发信号是这样构成的：选择下限频率 f_l 和上限频率 f_u，使它们作用于猝发信号的时间周期为 T_c，而构成一个频率随时间做线性变化的正弦函数，如下式所示

$$x(t) = A\sin[2\pi(f_l + \mu t/2)t + \alpha] \tag{7-6-1}$$

式中　A——振幅；

α——任意相位角，而

$$\mu = \frac{f_u - f_l}{T_c} \tag{7-6-2}$$

我们希望这个信号具有最小的滤波器泄漏，这就要求信号的起始端与尾端有着相同的值，并具有或正或负的相同斜率。如果相位角 $\alpha=0$，那么上述要求即可实现，于是在时间周期 T_c 内中心频率就会循环出现 m 次，即

$$f_c T_c = m \tag{7-6-3}$$

中心频率定义为

$$f_c = \frac{f_u + f_l}{2} \tag{7-6-4}$$

典型的chirp信号示于图7-6-1(a)，信号参数是 $f_l=100$ Hz，$f_u=400$ Hz，$A=100$，$T_c=0.10$ s。相应的脉冲频谱示于图7-6-1(b)。从中可以看到，在100～400 Hz频率范围内，输入信号的值相当大。中心频率为250 Hz，其重复次数为 $m=25$。图7-6-1(b)中的频谱在实践上是不能实现的，这是因为功率放大器、激振器及被测结构的频响函数都会使输入力的频谱发生改变，所以必须测量输入力。

因为chirp脉冲的持续时间占据了数据窗周期 T 的相当大一部分，所以施加chirp脉冲之后，激振器将会对被测结构的响应施加明显的阻尼。这一外加阻尼有助于结构的响应更加快地衰减，并使测量周期 T 内输出数据窗的泄漏减少。

伪随机信号　伪随机信号有许多优点[19]，用它可以快速浏览并准确估计结构在很宽频率范围内的响应。伪随机信号可以很容易生成所规定的自谱密度(包括随机激励上叠加正弦激励)；它使用矩形窗于输入、输出信号而没有滤波器泄漏，因为信号在窗周期 T 内是周期的。待被测暂态信号消失之后，只需要一次平均即可得到结果。伪随机信号有很好的信噪比，能快速识别我们正在处理的系统是否非线性系统。使用随机信号时，为消除估计FRF时的误差，必须进行多次平均，而使用伪随机信号只需要对一两个时间记录进行平均，节约许多时间，是一种低成本高效率的方法。

伪随机信号的应用有两个已知的障碍。其一，用伪随机信号做疲劳试验时，加载程序是重复的，有些共振峰可能没有被激发出来，因为伪随机信号中没有这样的频率分量

---

[18] R. C. Wei, "Structural Wave Propagation and Sound Radiation Study Through Time and Spatial Processing," Ph. D. thesis, Iowa State University, Ames, IA, 1994.

[19] K. G. McConnell and P. S. Varoto, "Pseudo-Random Excitation Is More Cost Effective than Random Excitation," *Proceedings of the 12th International Modal Analysis Conference*, Vol. 1, Honolulu, HA, 1994, pp. 1-11.

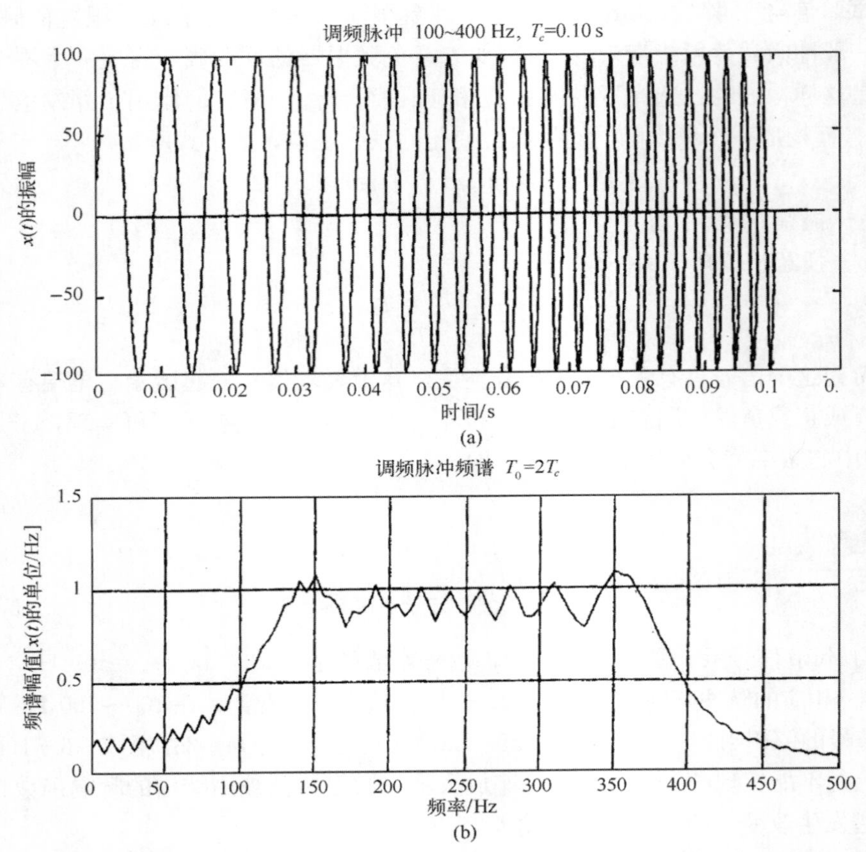

图 7-6-1 (a)线性调频冲激时域信号，f_l=100 Hz，f_u=400 Hz，T_c=0.1 s；(b)冲激频谱

与之对应。用宽带随机信号或正弦信号(要求遵从 Rayleigh 峰值统计分布)对小阻尼结构进行疲劳试验的经验显示，使用伪随机信号激励时，可以获得等效疲劳寿命[20]。然而只有通过直接实验才能解决这个问题。其二，是先入为主的所谓“法国洋葱汤”现象(意即“你妈做的洋葱汤味道跟我妈做的不一样，所以那一定不是法国洋葱汤。”)，因为伪随机信号听起来不像随机信号，虽然它们可具有相同的自谱密度。这是实验者的心理作用，可能正确，也可能不正确。只有成功的经验才能克服振动试验中采用伪随机信号的阻力。

应当仔细选择输入信号，使之最有效地适合我们的试验目的。

7.6.2 试验设置

本例中，我们还是用 7.4 节和图 7-4-4(a)所描述的 93 in 长的自由—自由梁，所引

---

[20] R. B. Thakkar, “Exact Sinusoidal Simulation of Fatigue Under Gaussian Narrow Band Random Loading. ”PhD. thesis, Iowa State University. Ames, IA, 1972.

数据来自学生的试验报告[21]。力传感器安装在梁的中点(位置 1)或左端(位置 2)。力传感器与激振器之间用传力杆连接，如图 7-6-2 所示。三个加速度计分别安装在位置 1、2、3。用 General Radio Model 2608 振动控制仪产生一个随机电压信号 E 给功率放大器，以驱动激振器。力信号 F 用作反馈信号，以便使控制仪的输出信号随频率而变化，将力信号的频谱在 0～800 Hz 范围内控制为一近似恒定值。用 B&K 2032 型频率分析仪监视输入、输出信号的变化，算出所要求的 FRF。

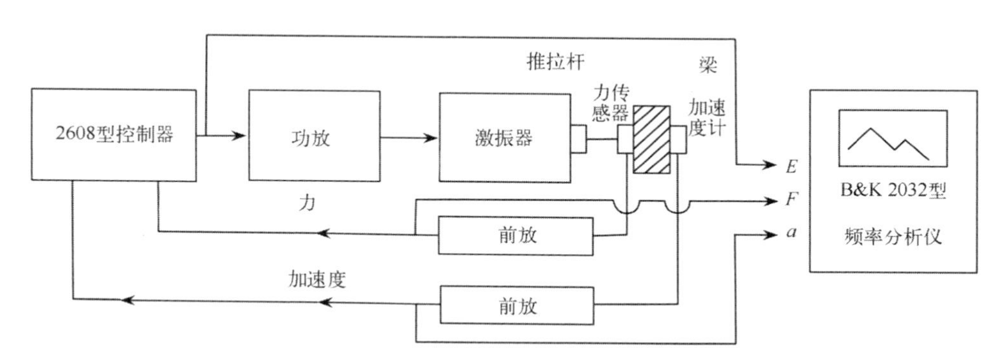

图 7-6-2　建立试验系统，测量自由—自由梁的响应

7.6.3　激振器与试件的相互作用理论

激振器与试验结构之间的相互作用服从第 6 章所建立的理论。梁与激振器动框的自由体图(FBD)示于图 7-6-3。频域驱动点响应 $Y_s(\omega)$ 将结构的驱动点位移导纳 $H_s(\omega)$ 与驱动点力 $F_s(\omega)$ 相联系

$$Y_s(\omega) = H_s(\omega)F_s(\omega) \tag{7-6-5}$$

根据 6.4 节、6.5 节和 6.7 节，相应的频域电压电流关系如下

$$(R + \mathrm{j}L\omega)I(\omega) + \mathrm{j}K_v\omega Y_a(\omega) = E(\omega) \tag{7-6-6}$$

式中　R——动框电路的电阻；

L——动框电路的电感；

$I(\omega)$——电路电流；

K_v——速度敏感反电动势常数；

$E(\omega)$——施加在电路上的电压；

$Y_a(\omega)$——动框的运动。

动框的动力学关系式是

$$(K_a - M_a\omega^2 + \mathrm{j}C_a\omega)Y_a(\omega) = K_f I(\omega) - F_s(\omega) \tag{7-6-7}$$

---

[21] A. Cooper, A. Assadi and P. S. Varoto, "Driving a Free Structure with an Exciter," student project report Engineering Mechanics 545x, Department of Aerospace Engineering and Engineering Mechanics. Iowa State University. Ames, IA. Spring 1994.

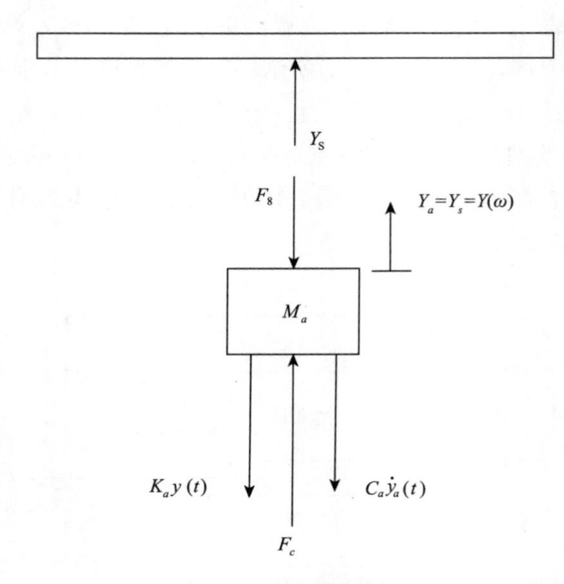

图 7-6-3 梁与激振器动框的自由体图

式中 K_a——动框的支撑刚度；

C_a——动框阻尼系数；

M_a——动框质量；

K_f——力-电流常数。

假定梁与动框的运动相同，即

$$Y_s(\omega)=Y_a(\omega)=Y(\omega) \tag{7-6-8}$$

并且定义动框动刚度为

$$G(\omega)=K_a-M_a\omega^2+\mathrm{j}C_a\omega \tag{7-6-9}$$

那么式(7-6-7)就变为

$$G(\omega)Y(\omega)=K_fI(\omega)-F_s(\omega) \tag{7-6-10}$$

我们关心的是用力传感器测量出来的作用在梁上的力，以及功率放大器在两种工作模式(电流模式和电压模式)下电压、电流之间的关系。根据式(7-6-5)、式(7-6-6)和式(7-6-10)推导这些关系时，经常用到下面这一项

$$D(\omega)=1+G(\omega)H_s(\omega) \tag{7-6-11}$$

电压工作模式 根据式(7-6-5)、式(7-6-6)和式(7-6-10)可以解出电流电压关系为

$$\frac{I(\omega)}{E(\omega)}=\frac{D(\omega)}{RD(\omega)+\mathrm{j}\omega[LD(\omega)+K_vK_fH_s(\omega)]} \tag{7-6-12}$$

作用在结构上的力与输入电压的关系为

$$\frac{F_s(\omega)}{E(\omega)}=\frac{K_f}{RD(\omega)+\mathrm{j}\omega[LD(\omega)+K_vK_fH_s(\omega)]} \tag{7-6-13}$$

以上二试清楚地表明，结构的驱动点频响函数 $H_s(\omega)$ 与动框的动刚度 $G(\omega)$ 是怎样影响电流和作用在结构上的力的。

电流工作模式　式(7－6－12)的倒数是电压电流关系

$$\frac{E(\omega)}{I(\omega)}=\frac{RD(\omega)+\mathrm{j}\omega[LD(\omega)+K_vK_fH_s(\omega)]}{D(\omega)} \tag{7-6-14}$$

单位电流所产生的作用在结构上的力是

$$\frac{F_s(\omega)}{I(\omega)}=\frac{K_f}{D(\omega)} \tag{7-6-15}$$

利用式(7－6－12)至式(7－6－15)可以从理论上预测系统的行为特性。

7.6.4　实验结果与理论结果的比较

驱动点加速度导纳理论值与实测值的比较示于图 7－6－4，实线是理论值，虚线是实测结果。加速度导纳的理论值是用式(7－4－9)计算出来的，而实测值是用伪随机激励信号和 B&K 2032 频率分析仪得到的。端部驱动点加速度导纳 $H_{22}(\omega)$ 示于图 7－6－4(a)，每个共振峰附近理论上的阻尼调整得与实测结果相符合。整体上说，这两条曲线吻合得相当好。

中部驱动点加速度导纳 $H_{11}(\omega)$ 示于图 7－6－4(b)。两条曲线的一致性不如图 7－6－4(a)中关于 $H_{22}(\omega)$ 的两条曲线。出现这种差别的原因之一是传感器的位置。在位置 2，因梁端部的角运动而导致力传感器承受更多的弯矩，这些弯矩会引起某种测量误差[22]。在梁的中部，力传感器承受很大的弯曲应变，这些应变被认为会引起与共振条件同相的附加灵敏度(或正或负)[23]。结果可以看到，即使在最佳条件下也不能低估测试设备对数据的影响。

图 7－6－2 中的控制器用力信号作为反馈控制信号，对输出电压 E 进行调控，以便在结构的中点用一个实测力谱对结构进行激励，这个力谱在 0～800 Hz 频率范围内要保持恒定。在测量驱动点力谱 $F_s(\omega)$ 的同时也要测量相应的输入电压 $E(\omega)$，目的在于确定电压工作模式中可能出现的力的降落现象。用这一数据可以计算“到功放去的单位输入电压所对应的输出力”这一类频响函数，并与式(7－6－13)的理论计算结果加以比较。但是这两种源信号之间有个未知的比例换算系数问题，因为式(7－6－13)将激振器**动框电路**的输入电压而不是**功放**的输入电压作为参考信号。因此用式(7－6－13)理论计算的结果必须加以调整，使两条曲线在 60～80 Hz 频率范围内具有相同的值，见图 7－6－5。

从图 7－6－5 可知，每个共振频率附近力的值都有明显降落，理论上也预测了这种降落现象。还可以看到，在每个共振频率附近实测力的降落形状与理论值不同，这是因

---

[22] See Section 4.9.5.

[23] P. Cappa and K. G. McConnell, “Base Strain Effects on Force Measurements,” *Proceedings, Spring Conference Society for Experimental Mechanics*, Baltimore, MD, June 1994, pp. 520－530.

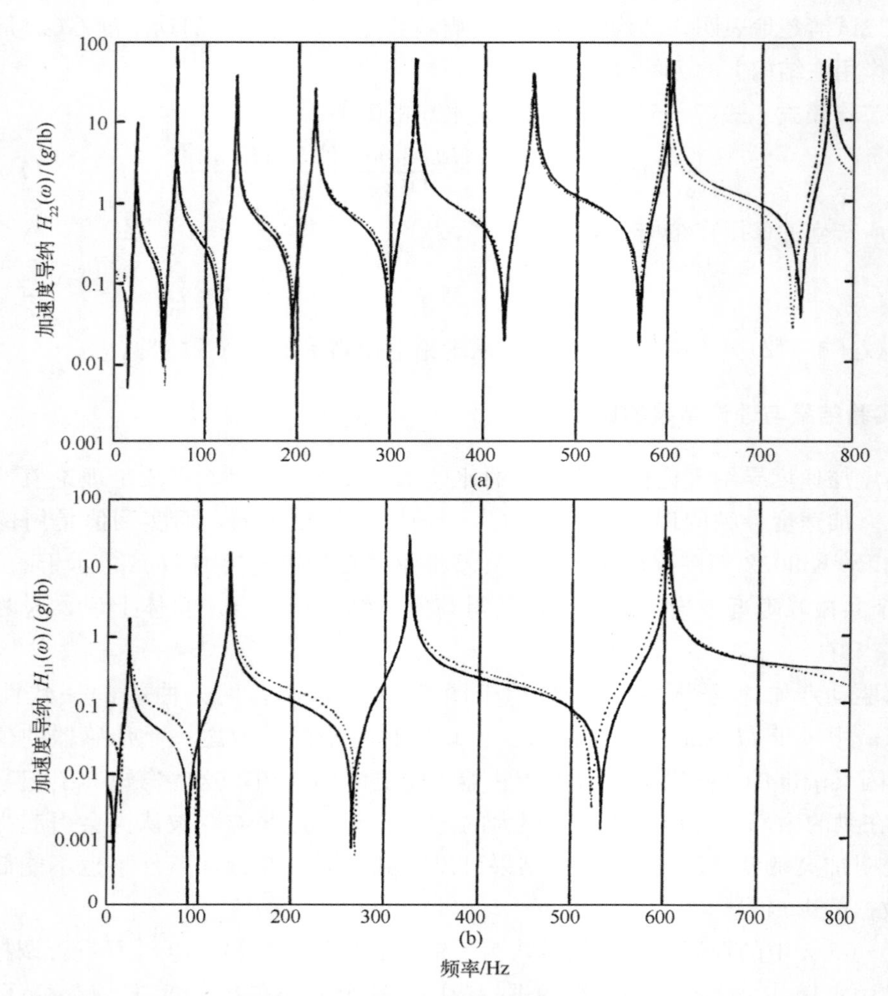

图 7－6－4　驱动点加速度导纳实测值(虚线)与理论值(实线)的比较

(a)自由—自由梁的端点驱动点加速度导纳 $H_{22}(\omega)$；(b)自由—自由梁的中点驱动点加速度导纳 $H_{11}(\omega)$

(From A. Copper, A. Assadi, and P. S. Varoto, "Driving a Free－Free Structure with an Exciter," student project report, Engineering Mechanics 545x, lowa State University, Ames, IA, Spring 1994.)

为实测曲线在下降之前上移的量随着频率的增高而增大，从峰值到谷底的落差也随频率的升高而增大。在共振峰附近力的值随频率的变化而加剧的趋势，意味着视在阻尼的测量值可能不正确，因为结构的响应应当随输入力的下降而减小，而阻尼又常常与振幅有关。如果我们将力传感器对弯矩及基座应变的敏感性效应和力的降落效应加在一起考虑，毫不奇怪，更换力传感器或者对试验系统重新拆装时，很难指望试验结果中的阻尼值具有重复性。因为试验装置一拆，力传感器相对于梁的弯曲应变的方位就发生变化，进而使输出信号发生变化。

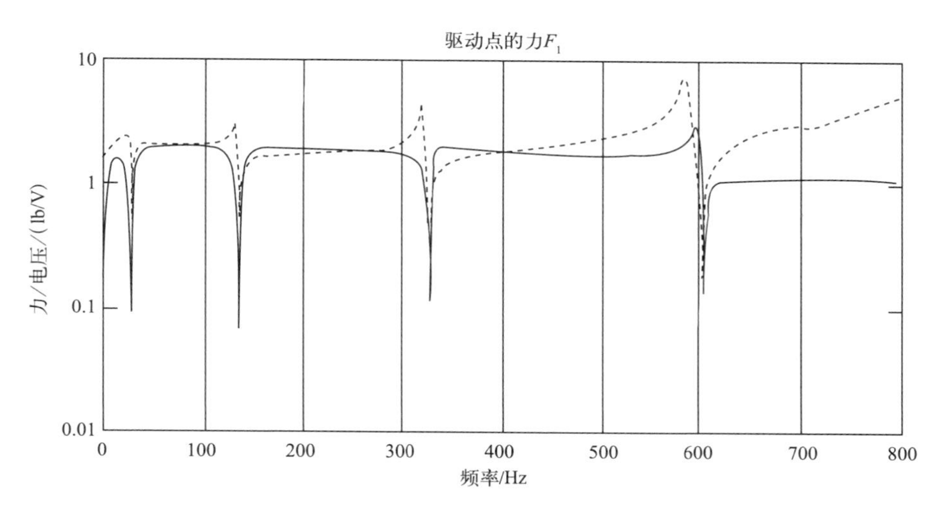

图 7-6-5　力谱的理论值(实线)与实测值(虚线)的比较。作用在结构上的力与输入电压之比表示结构与激振器之间的相互作用，引起结构共振点附近力的降落

(From A. Copper, A. Assadi, and P. S. Varoto, "Driving a Free－Free Structure with an Exciter," student project report, Engineering Mechanics 545x, lowa State University, Ames, IA, Spring 1994.)

7.7　加窗对随机试验结果的影响

进行自由—自由梁的随机振动试验时，学生得出了惊人的结果[24]。他们一直在测量 7.6.2 节所描述的 93 in 长的自由—自由梁的中点的加速度导纳。他们用的是伪随机激励信号，并对输入信号与输出信号均施以矩形窗。他们之所以用矩形窗，是因为伪随机信号在数据窗中是周期的。所得结果示于图 7-7-1(a)，其中 $H_1(\omega)$用实线表示，$H_2(\omega)$用虚线表示。可见 $H_2(\omega)=H_1(\omega)$，像通常一样。

然后学生们换用宽带随机信号做激励，重复他们的试验。结果示于图 7-7-1(b)，图中画出了两条频响函数加速度导纳 $H_1(\omega)$曲线：一条是随机输入信号与随机输出信号都经汉宁窗加以处理的(虚线)，另一条是输入信号用汉宁窗处理、输出信号用矩形窗处理的(实线)。很明显，用矩形窗处理的结果在10^{-4}以下的值更加不确定，而在峰值附近二者一致性很好。他们又得出了宽带激励情况下的加速度导纳 $H_2(\omega)$，见图 7-7-1(c)(实线)，并与图 7-7-1(a)中的结果(虚线)进行比较。显然，图(a)中的谷值变成了峰值，并带有很大的不确定性，但 $H_2(\omega)$的峰值与汉宁窗结果相当一致。

[24] A. Cooper, A. Assadi, and P. S. Varoto, "Driving a Free Free Structure with an Exciter," student project report, Engineering Mechanics 545x, Department of Aerospace Engineering and Engineering Mechanics, Iowa State University, Ames, IA, Spring 1994.

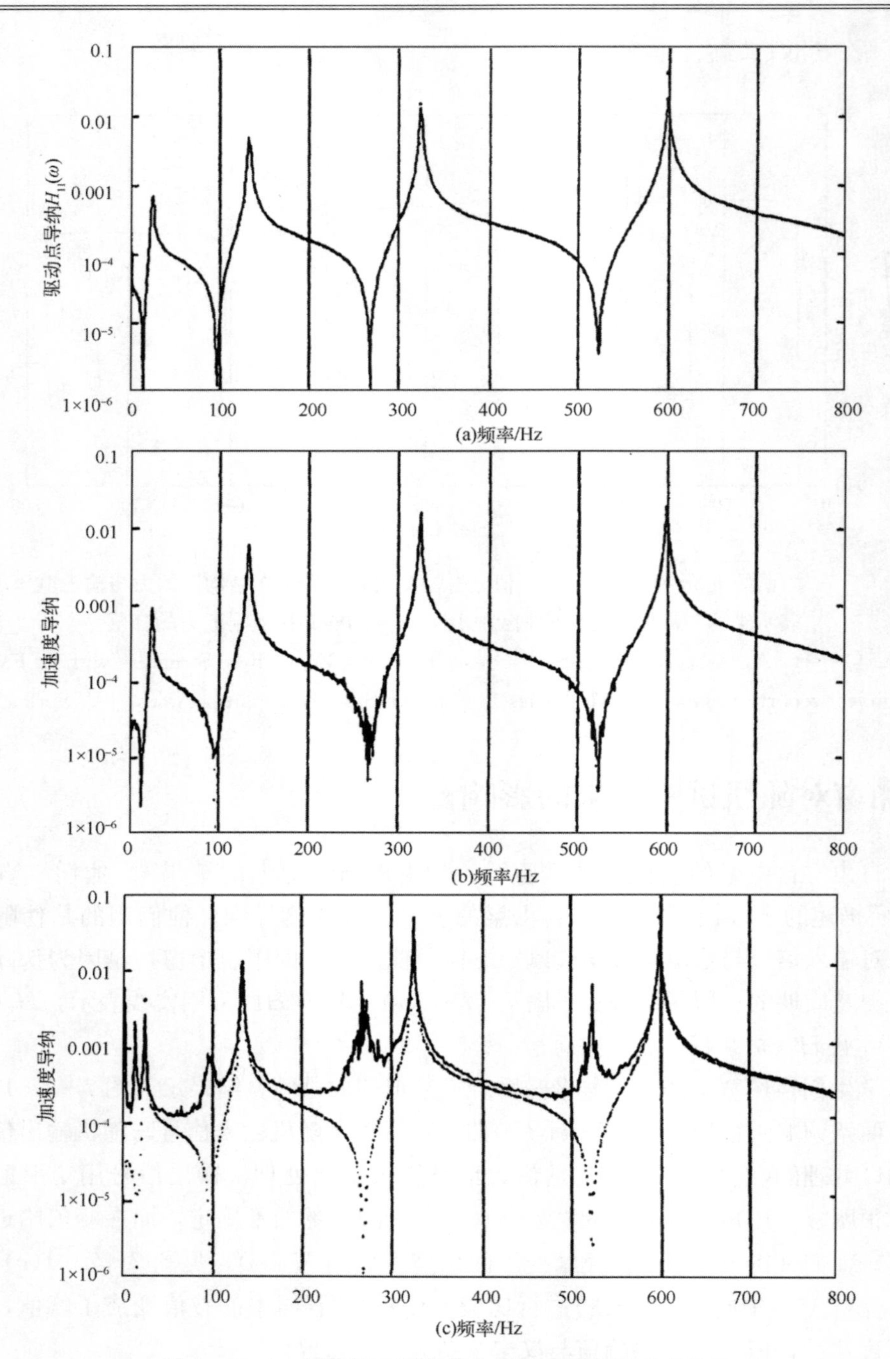

图 7－7－1　用伪随机信号作为激励来测量驱动点导纳

(a)用伪随机信号激励，输入、输出信号都用汉宁窗处理：$H_1(\omega)$为实线，$H_2(\omega)$为虚线；(b)$H_1(\omega)$(用宽带随机信号做激励，施加汉宁窗)；(c)矩形窗用于输出信号、汉宁窗用于输入信号时的$H_2(\omega)$与(a)的曲线相比较

(From A. Cooper, A. Assadi, and P. S. Varoto, "Driving a Free Free Structure with an Exciter," student project report, Engineering Mechanics 545x, lowa State University, Ames, IA, Spring 1994.)

对频率分析仪的调查研究发现，在分析仪中输出数据用矩形窗处理，而输入数据是用汉宁窗处理的；换言之，分析仪是在使用混合数据窗。作者有一篇文章[25]讨论了为什么混合用窗的原因，并把我们的结果呈现在这里，目的是提醒读者，在用不同的窗处理实验数据时，应当做哪些方面的检查。

7.7.1 窗函数滤波器泄漏特性的模型

关于汉宁窗与矩形窗的数字滤波器特性分别示于图 7－7－2(a)和图 7－7－2(b)。它们的滤波特性按对数坐标画出：纵轴是幅值的常用对数，横轴是相对频率($f-f_c$)的常用对数。相对频率按 Δf 的某一倍数标出，f_c 是滤波器中心频率。显然，在中心频率附近汉宁窗比矩形窗平坦一些，但汉宁窗幅值以极快速度衰减。正是这些数字滤波器的裙带状特性，使得图 7－7－1(c)中 $H_2(\omega)$发生了戏剧性的变化，因为频响函数的响应峰值泄漏到了相邻的低谷区域。而且滤波器特性的旁瓣交替变号，所以单用汉宁窗或矩形窗来估计频响函数的幅值，其结果必然被任何幅值包络函数所扭曲。

滤波器的裙带(旁瓣)特性可以模型化为对数—对数坐标系中的直线，并将中心频率处的滤波器裙带值记为单位 1。我们发现，满足这些一般滤波器特性所要求的函数具有如下形式：

对于汉宁窗

$$E_h(\omega-\omega_c)=E_h(f-f_c)=\frac{\beta}{\beta+|f-f_c|^3} \tag{7-7-1}$$

对于矩形窗

$$E_r(\omega-\omega_c)=E_r(f-f_c)=\frac{\alpha}{\alpha+|f-f_c|^3} \tag{7-7-2}$$

确定常数 β 的值时，要使得从第一个谷值算起的汉宁窗特性曲线下的面积与式(7－7－1)曲线所覆盖的面积相同；确定常数 α 的值，应当使第一个谷值以上的矩形窗特性曲线下的面积(即 sinc 函数的幅值曲线所覆盖的面积)与式(7－7－2)曲线下的面积相同。本例中所要求的值是 $\alpha=0.215$，$\beta=0.216$。对应的滤波器裙带函数曲线如图 7－7－2 虚线所示。

7.7.2 泄漏所导致的频响函数的误差估计

FRF 估计误差公式　我们用图 5－6－3 所示的单入—单出模型来估计 FRF，其中 $f(t)$是实际输入力，$n(t)$是输入信号中的噪声，$x(t)$是实测输入信号，$o(t)$是 $f(t)$引起的输出信号实测值，$m(t)$是输出信号中的噪声，$y(t)$是实测输出信号。这里要假定，输出噪声 $m(t)$主要是数字滤波器在谷值区域内的泄漏造成的，其大小与共振峰处的输出信号 $o(t)$有关。因此可以使用式(5－6－26)给出的 $H_2(\omega)$误差估计公式

[25] K. G. McConnell and P. S. Varoto, "The Effects of Windowing on FRF Estimates for Closely Spaced Peaks and Valleys," *Proceedings of the 13th International Modal Analysis Conference*, Nashville, TN, Feb. 1995.

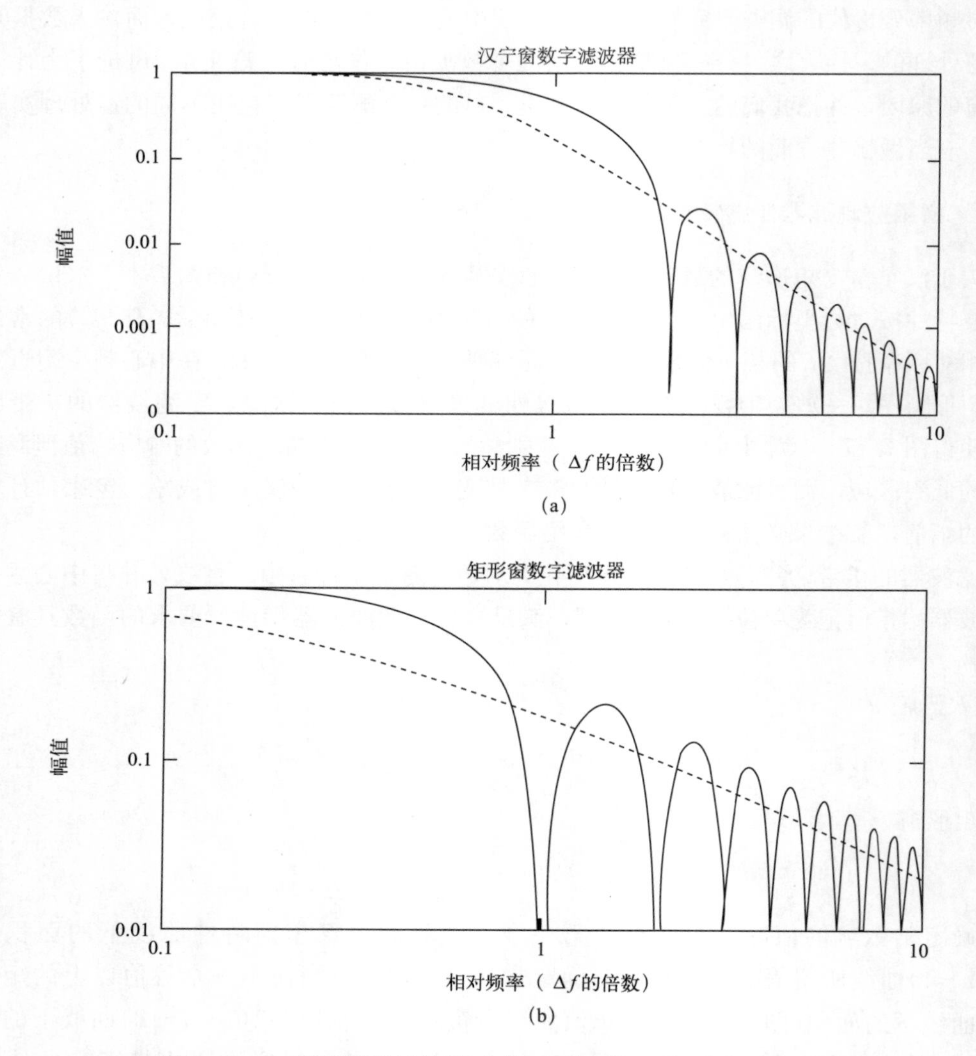

图 7-7-2　数字滤波器特性(实线)与其包络函数(虚线)的比较

(a)汉宁窗；(b)矩形窗

(Courtesy of the Proceedings of the 13th International Modal Analysis Conference, Society for Experimental Mechanics.)

$$\hat{H}_2(\omega)=H(\omega)\left(1+\frac{\hat{G}_{mm}(\omega)}{|H(\omega)|^2\hat{G}_{ff}(\omega)}\right) \tag{7-7-3}$$

由于已经假定输出信号中的噪声 $m(t)$ 主要来自于附近共振峰值的滤波器泄漏，所以输出噪声的频谱 $\hat{G}_{mm}(\omega)$ 可以估计如下

$$\hat{G}_{mm}(\omega)=\sum_{p=1}^{N_p}|H(\omega_p)|^2\hat{G}_{ff}(\omega_p)E^2(\omega-\omega_p) \tag{7-7-4}$$

式中　$H(\omega_p)$——第 p 个峰值；

$E(\omega-\omega_p)$——式(7-7-1)或式(7-7-2)所表示的泄漏误差函数。

将式(7-7-4)代入式(7-7-3)，有

$$\hat{H}_2(\omega)=H(\omega)\left(1+\sum_{p=1}^{N_p}\frac{|H(\omega_p)|^2E^2(\omega-\omega_p)\hat{G}_{ff}(\omega_p)}{|H(\omega)|^2\hat{G}_{ff}(\omega)}\right) \tag{7-7-5}$$

上式中我们已经假定 $\hat{G}_{ff}(\omega)$与 $\hat{G}_{ff}(\omega_p)$不相等，因为在共振点附近力会减小，如 7.6 节所解释的那样。既然式(7-7-5)使用的仅仅是峰值数据而非谷值附近的全部数据，所以用式(7-7-5)估计滤波器泄漏误差是偏小的。由上式还可以清楚看出，随着 $H_2(\omega)$的变小，那些谷值很容易变成峰值。后面将用式(7-7-5)来预测 $H_2(\omega)$的值，并就矩形窗、汉宁窗两种情况与实验结果进行比较。

假如回到 5.6 节，就误差源为滤波器泄漏这种情况来分析系统输出，那么可以得出 $H_1(\omega)$的近似估计如下式

$$\hat{H}_1(\omega)=H(\omega)\left(1+\sum_{p=1}^{N_p}\frac{H(\omega_p)E_\eta(\omega-\omega_p)F(\omega_p)}{H(\omega)F(\omega)}\right) \tag{7-7-6}$$

式中没有任何输入噪声 $n(t)$。再次看到，力的频谱比值 $F(\omega_p)/F(\omega)$起着乘法因子的作用。对于汉宁窗和矩形窗这两种情况，都用式(7-7-6)估计 $H_1(\omega)$的测量值中的泄漏效应。应当注意，式(7-7-5)和式(7-7-6)是每个数据窗都要发生的复杂计算过程的粗略近似，目的只是要说明，谷值变峰值主要是滤波器泄漏所致。

频响函数窗误差与实验结果的比较　现在就输出信号分别施加矩形窗和汉宁窗两种情形来比较一下用 $H_2(\omega)$得到的实验结果与根据式(7-7-5)计算的结果，分别见图 7-7-3(a)和图 7-7-3(b)。

用式(7-7-5)的 $H_2(\omega)$估计法计算出来的 $H_{11}(\omega)$用虚线表示，实测值 $H_{11}(\omega)$用实线表示。考虑到输入力在共振峰处的降落现象，假定比值 $G_{ff}(\omega_p)/G_{ff}(\omega)=0.1$。在图 7-7-3(a)中可以看到，矩形窗函数使实测值在谷底区域显现出峰值，而式(7-7-5)证明，当采用式(7-7-2)的矩形窗误差函数时，那些谷值也转化成了峰值。但是实测结果与计算结果之间存在相当明显的差异，两条曲线之间的阴影部分的面积就显示这一差异。记住，式(7-7-5)反映的仅仅是峰值附近的泄漏而不包括谷底附近的值。显然，峰值附近滤波器泄漏这样大，其原因在于矩形窗的降落太慢这一事实。图 7-7-3(b)的结果是在式(7-7-5)中使用式(7-7-1)的汉宁窗误差函数所致。很明显，$H_{11}(\omega)$的计算值很好，只是在峰值上有些误差。这说明使用汉宁窗时，滤波器的泄漏尚不至于引起像谷值变峰值这样的严重误差。

用式(7-7-6)所示的 $H_1(\omega)$估计法对频响函数 $H_{11}(\omega)$进行计算与实测，可以得到图 7-7-4(a)和图 7-7-4(b)所示曲线。当输出信号施加矩形窗，并在式(7-7-6)中采用式(7-7-2)的包络函数，就使 $H_{11}(\omega)$在波谷的值太高。力谱之比 $F(\omega_p)/F(\omega)\approx0.3$，是由于输入力在每个峰值上都有降落的缘故。但是很清楚，滤波器泄漏是噪声与谷值升高的

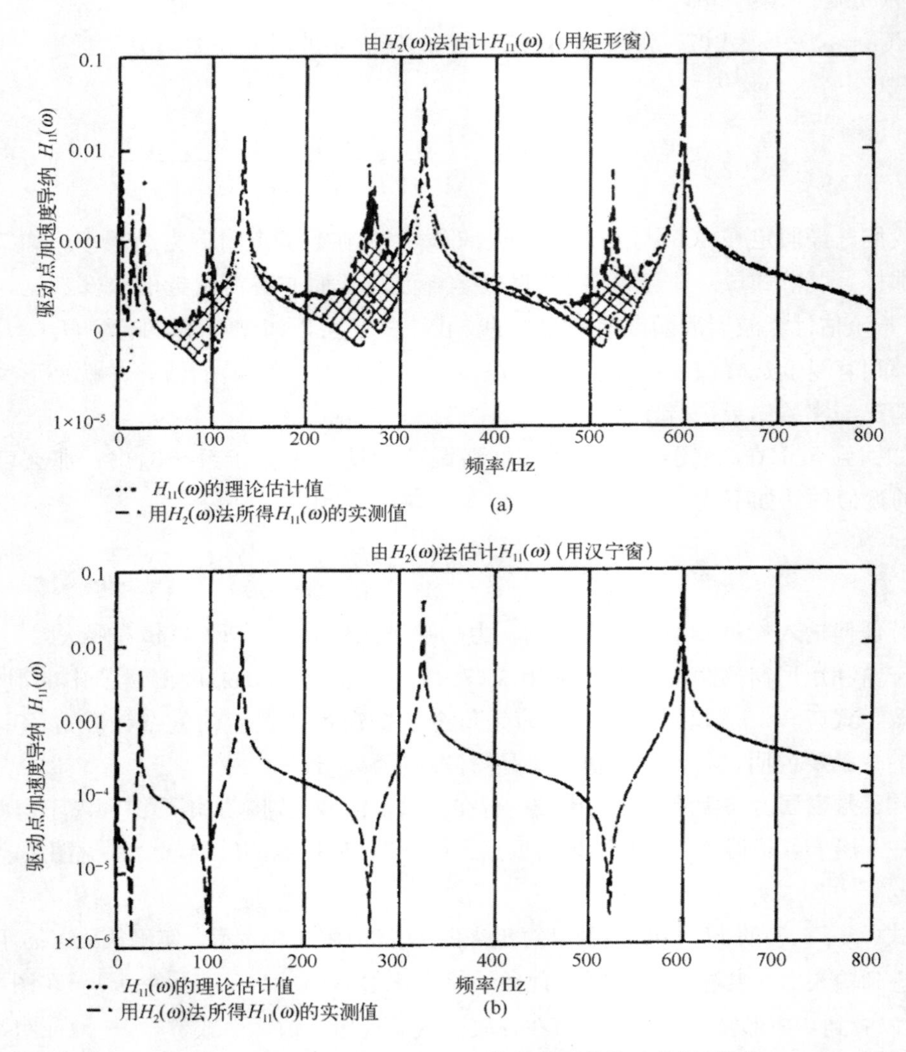

图 7-7-3　驱动点频响函数 $H_{11}(\omega)$的理论值与实测值的比较[根据式(7-7-5)]

(a)使用矩形窗；(b)使用汉宁窗

(Courtesy of the Proceedings of the 13th International Modal Analysis Conference, Society for Experimental Mechanics.)

主要原因。另一方面，当实验中采用汉宁窗并且使用式(7-7-1)的汉宁窗包络函数时，两条曲线就非常接近了，见图 7-7-4(b)。我们已经演示证明，汉宁窗数字滤波器高速降落的能力对于获得谷值附近的合理结果是极为重要的。

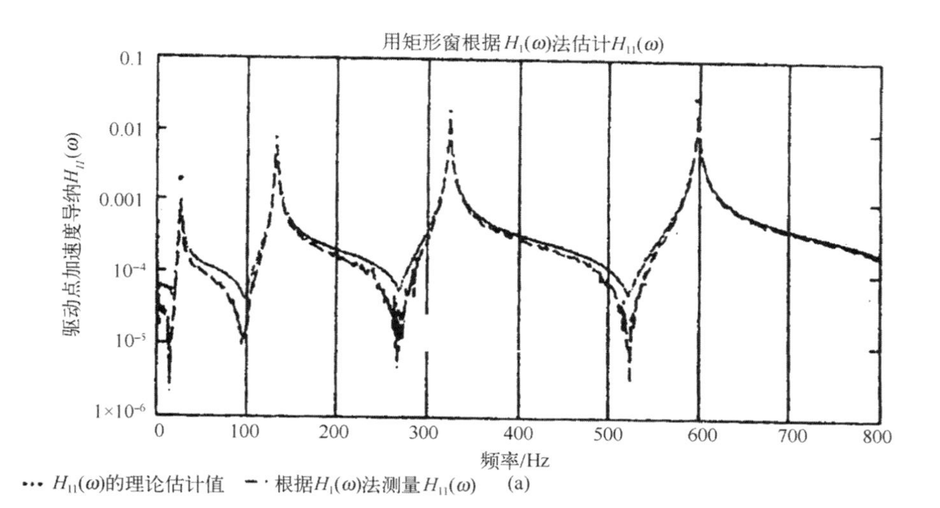

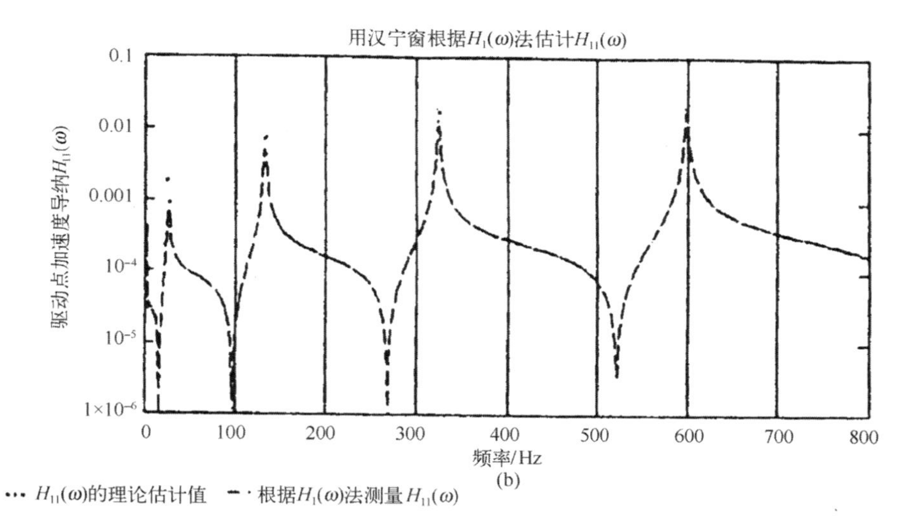

图 7－7－4　驱动点频响函数 $H_{11}(\omega)$的理论值与实测值的比较[根据式(7－7－6)]

(a)使用矩形窗；(b)使用汉宁窗

(Courtesy of the Proceedings of the 13th International Modal Analysis Conference, Society for Experimental Mechanics.)

7.7.3　泄漏及其影响的理论仿真

为了确定无噪声情况下的实验模拟，并研究一些窗函数的组合应用，我们考虑一个简单的二自由度系统，其模态参数列于表 7－7－1。相应的驱动点频响函数 $H(\omega)$可以求得为

$$H(\omega)=\sum_{n=1}^{N}\frac{A_n}{\omega_n^2-\omega^2+\mathrm{j}2\zeta_n\omega_n\omega}\tag{7-7-7}$$

上式用以计算关于 N 个不同的随机输入频谱 $F(\omega)$的输出响应谱。相应的 N 个实测时

间历程乘以矩形窗或汉宁窗，然后将这 N 个频谱加以平均，并根据下面两个式子估计 $H_1(\omega)$ 和 $H_2(\omega)$

$$\hat{H}_1(\omega)=\frac{\sum_{n=1}^{N}(\hat{G}_{fo}(\omega))_n}{\sum_{n=1}^{N}(\hat{G}_{ff}(\omega))_n} \tag{7-7-8}$$

$$\hat{H}_2(\omega)=\frac{\sum_{n=1}^{N}(\hat{G}_{oo}(\omega))_n}{\sum_{n=1}^{N}(\hat{G}_{fo}(\omega))_n} \tag{7-7-9}$$

表 7-7-1　理论模型的模态参数

模态	A_n	f_n/Hz	ζ_n
1	1.0	25	0.005
2	1.0	50	0.007

分 4 种情况来研究。

情况 1：输入、输出信号都用汉宁窗进行处理。用 100 个数据样本估计出来的频响函数 $\hat{H}_1(\omega)$ 和 $\hat{H}_2(\omega)$，示于图 7-7-5(a)。这些结果当属正常之列，因为对于全部所用数据都有 $\hat{H}_2(\omega)\geqslant\hat{H}_1(\omega)$。

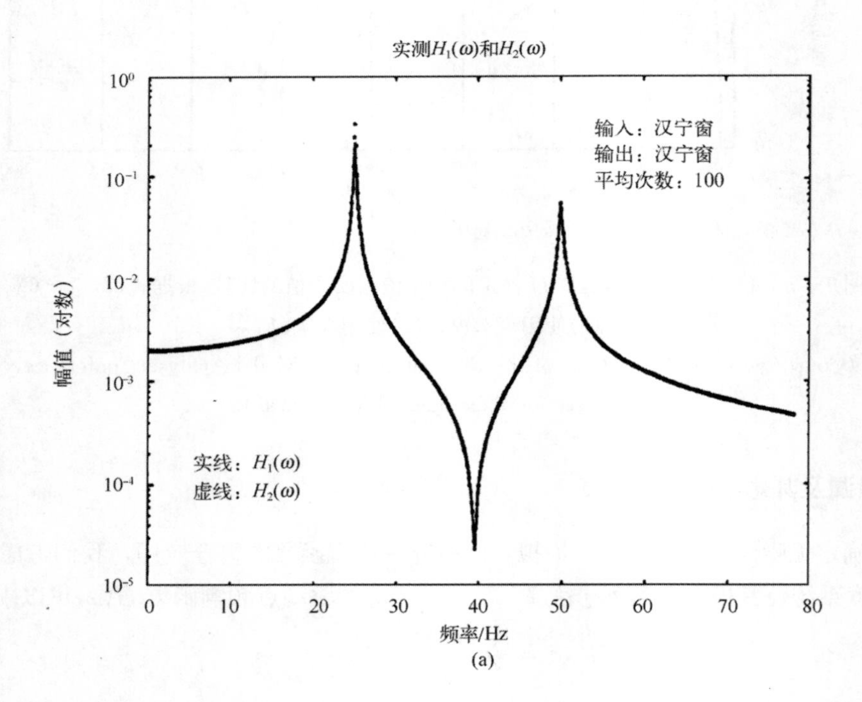

(a)

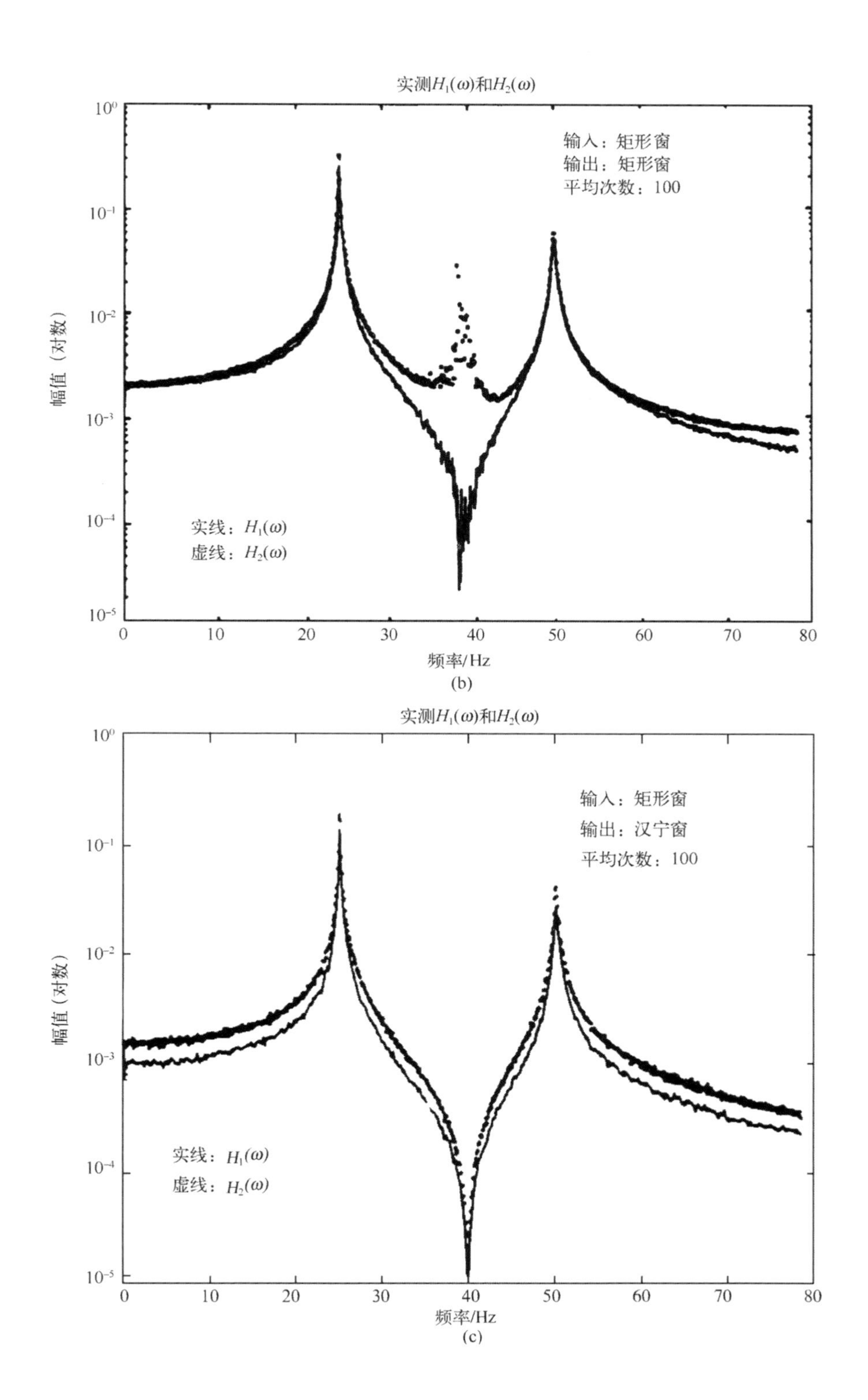
实测$H_1(\omega)$和$H_2(\omega)$
输入：矩形窗
输出：矩形窗
平均次数：100
实线：$H_1(\omega)$
虚线：$H_2(\omega)$
幅值（对数）
频率/Hz
实测$H_1(\omega)$和$H_2(\omega)$
输入：矩形窗
输出：汉宁窗
平均次数：100
实线：$H_1(\omega)$
虚线：$H_2(\omega)$
幅值（对数）
频率/Hz

(b)

(c)

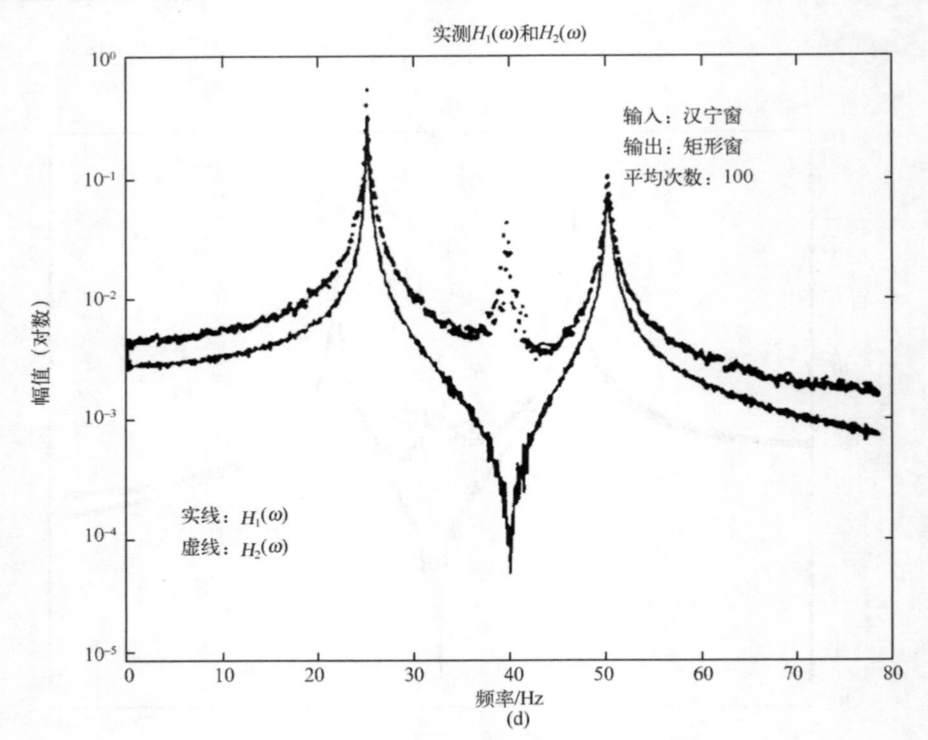

图 7－7－5　无噪声模态模型的理论频响函数

(a)输入输出都用汉宁窗；(b)输入输出都用矩形窗；(c)输入矩形窗输出汉宁窗；(d)输入汉宁窗输出矩形窗

(Courtesy of the Proceedings of the 13th International Modal Analysis Conference, Society for Experimental Mechanics.)

情况 2：输入、输出信号都用矩形窗处理，所得频响函数示于图 7－7－5(b)。这一情况中，$H_1(\omega)$曲线存在一个波谷，甚至是严重失真，而 $H_2(\omega)$在波谷附近显示出一个虚假峰值。这说明，输出信号采用矩形窗处理，对 $H_2(\omega)$的危害性较之对 $H_1(\omega)$更大。

情况 3：输入信号用矩形窗处理，而输出信号用汉宁窗处理，所得频响函数示于图 7－7－5(c)。由图可见，$\hat{H}_2(\omega)$的幅值总是大于 $\hat{H}_1(\omega)$。这两条曲线的基本特征很接近，它们的峰值和谷值都很确定。要不是将这两条曲线画在一张图上，很难看出它们之间的细微差别。

情况 4：输入信号用汉宁窗，输出信号用矩形窗，结果如图 7－7－5(d)所示。在此情况下，$\hat{H}_1(\omega)$在其值小于10^{-2}时表现出较大的误差，且波谷附近误差最大。$\hat{H}_2(\omega)$在两个主峰值附近与 $\hat{H}_1(\omega)$颇为一致，但将谷值颠倒成了虚假峰值，这已为实验所证实。很明显，$\hat{H}_2(\omega)$的值比 $\hat{H}_1(\omega)$大，其所以明显超出，概因矩形窗泄漏所致。

泄漏过程并不像式(7－7－5)所表示的那样简单。滤波器泄漏包络与 sinc 函数以及汉宁窗函数的数字滤波特性并不相同，因为它们的值有正有负，对式(7－7－5)的结果会有影响。但是总起来说，频响函数的估计误差主要还是滤波器泄漏造成的。

7.7.4　检查滤波器误差的若干建议

当测量系统有许多数据通道时，人为误差可能会招致输入、输出数据通道窗函数的乱用，而不是统一使用汉宁窗。所以我们要有一个检查清单，以便迅速准确地确定是否混用了矩形窗、汉宁窗。使用随机信号时，图7-7-5的结果给了我们一个最好的指示。

1)观察谷值区的误差。这个误差源可能有两个方面。首先，要检查确认输入、输出信号的信噪比没有问题。其次，再查看所有通道都要使用同样的汉宁窗。

2)比较实测频响函数结果 $H_1(\omega)$ 和 $H_2(\omega)$。首先，如果二者吻合很好，像图7-7-5(a)那样，说明任何信噪比问题都处于控制之下，所用窗函数也是相同的。其次，如果结果显示，$H_1(\omega)$ 中的谷值变成了 $H_2(\omega)$ 的峰值，那么用窗有误，如图7-7-5(b)和图7-7-5(d)所示，需要检查所用窗函数的类型。第三，如果结果类似于图7-7-5(c)，则需要检查所用窗函数是否相同，输出信号中有无噪声问题——因为窗的混用及输出噪声问题皆可导致 $H_2(\omega)$ 的值明显大于 $H_1(\omega)$ 的值。

7.8　低频阻尼测量揭示精微的数据处理问题

并非所有数据采集问题都是在高频情况下出现的。对频率为1 Hz的实验数据进行数字化处理，从而计算结构每次振动循环中的能量损失，可以揭示出足以令试验结果作废的两个敏感的误差[26]。其一是硬件误差，是在数字处理器的某种特别的工作环境下发生的。另一种误差涉及到软件误差，是由机内计算试验结果的例行程序引起的。我们要研究这两种误差是怎样影响试验结果的。一定要牢记，许多数据处理概念都是来自连续函数的算法，但最终是用数字技术处理离散数据，这些离散数据没有必要与连续函数完全相同。

7.8.1　试验装置

我们希望测量一个简单结构低频时每次循环所消耗的能量。所用结构是长度为 l 的一根简支梁，如图7-8-1(a)所示，其中载荷 F 作用在梁的跨距中点，要测量的是中点偏移量 y。简支梁由刀口、啮合转盘及滚轴组成，目的是减小支撑装置的能耗。后来发现，这个简支系统阻尼太大。

如图7-8-1(b)所示，基本想法是确定当结构受到循环一次或多次的载荷时，力的偏移图所包围的面积。计算一次循环之内的能耗是比较直截了当的，许多振动书籍(例如Thomson[27]的《振动理论应用》)都有。在此情况下，一次循环内的能耗由下式给出

---

[26] P. D. Holst, "A Method for Predicting and Verifying Damping in Structures Using Energy loss Factor," M. S. thesis, lowa State University, Ames, IA, 1994.

[27] William T. Thomson, *Theory of Vibrations with Applications*, 4th ed., Prentice Hall, Englewood Cliffs, NJ. 1993.

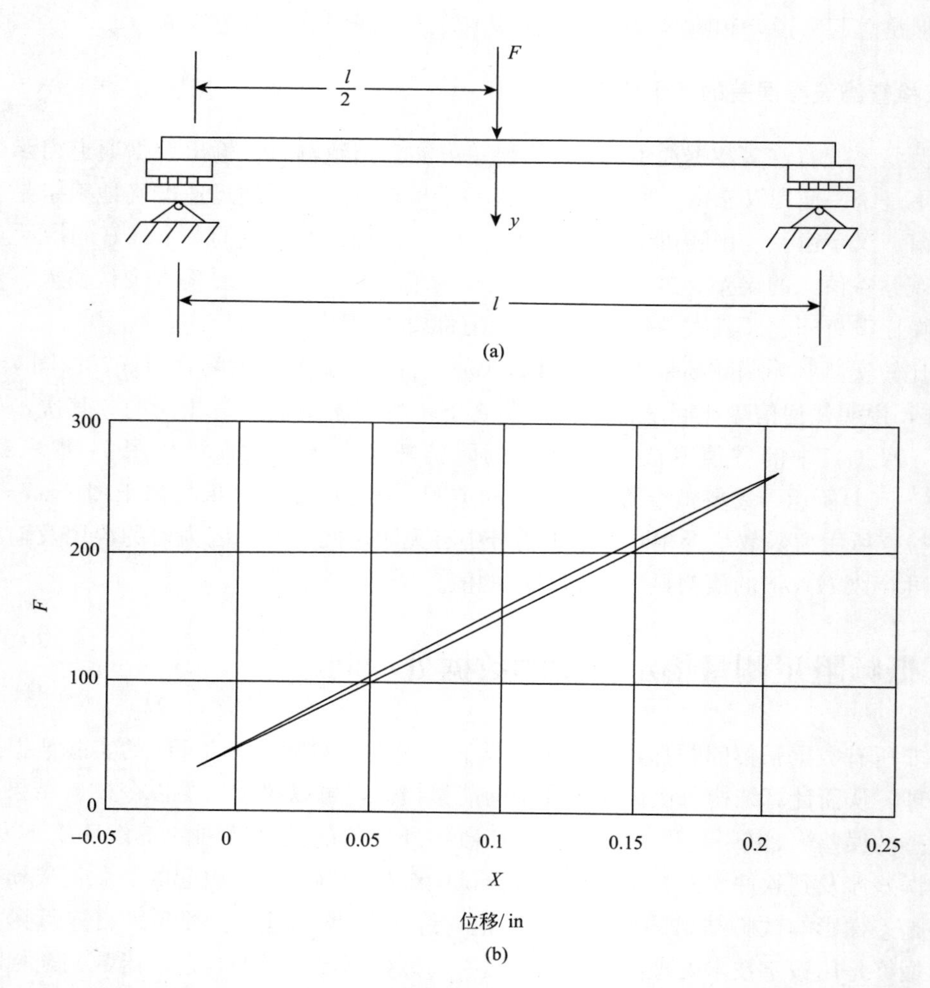

图 7－8－1 (a)实验方案；(b)力与位移关系曲线显示一迟滞回线，因阻尼而成，相位角 $\phi=2°$

$$\Delta E=\int F\mathrm{d}y=\int_0^T F\dot{y}\,\mathrm{d}t \tag{7-8-1}$$

式中 T——循环的周期。

显然，我们要做的就是测量力 F 与梁的中点偏转量 y，求出 y 的时间导数 $\dot{y}$，并与力 F 相乘，最后在一个周期内积分。

模拟实测力 F 与模拟实测力与速度之积 $F\dot{y}$ 作为时间 t 的函数画在图 7－8－2。在一个周期 T 内的连续积分过程可以扩展到 N 个循环，即积分时间段变成 NT。积分可由时间上相距 Δt s 的 Q 个数据点来估计，因此，用 $Q-1$ 个数据点进行数字求和代替连续积分。于是式(7－8－1)变为

$$\Delta E=\frac{1}{N}\int_0^{NT} F\dot{y}\,\mathrm{d}t=\frac{\Delta t}{N}\sum_{i=1}^{Q-1}(F\dot{y})_i \tag{7-8-2}$$

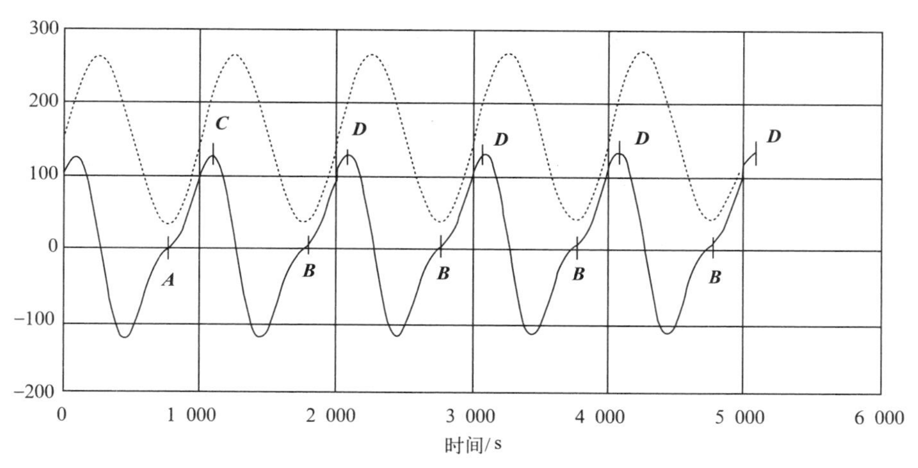

图 7－8－2　力与功率的时间曲线，前者为虚线，后者为实线；相位角 $f=2°$

由式(7－8－2)和图 7－8－2 可以清楚看出，积分区间应当选择(A，B)而不应选(C，D)，因为 A、B 点附近力的值接近于零，C、D 点的力值很大。若采用(A，B)区间，那么在选择求和点数 Q 时，多一点少一点，所带来的误差微乎其微。但采用(C，D)区间时，Q 增损一点就会引起较大误差。

7.8.2　硬件误差

分别就铝制梁、钢梁和玻璃纤维梁进行试验。每个梁的横截面基本相同，外形标称尺寸均为 1 in×1 in(25.4 mm×25.4 mm)，试验频率皆为 1.0 Hz，梁的跨度为 $l=28.74$ in (730 mm)。最初试验结果表明，各个梁的阻尼几乎相等，显然什么地方出错了。原因之一可能是支撑提供的阻尼太大以至于掩盖了梁的阻尼。另一个原因也许是测量方法和/或数据处理方法不对。

为了评估测量与数据处理方法，我们改用不同的采样速率进行试验。结果，随着采样数据之间时间的加长，力—位移曲线的迟滞回路就变得更大。这一结果毫无意义。到底错在哪里？

测量系统由一台 Norland 3001 型数字示波器和一台线性可变差分变压器(LVDT)组成；前者测量力信号电压，后者测量位移信号电压。测量力和位移通过 3、4 通道的 12 位模数转换器进行；所得数据按比例换算成力和位移单位，并用式(7－8－2)进行计算。注意，通道 1 和 2 不可用，因为它们是 10 位的模数转换器。

为研究到底发生了什么，在 3、4 通道经由直流耦合各输入一个频率为 1.0 Hz、幅值为 0.8 V 的正弦信号。画出通道 3 对通道 4 的信号的曲线会发现，采样时间长，迟滞回路就大；采样时间短，迟滞回路就小。总之这不是我们期望的结果。更仔细研究一下数据发现，通道 4 较之通道 3 向左移动了一个采样间隔。当通道 4 向右移动一个采样间隔时，迟滞回路消失，正如我们设想的那样，成了两个同相位相相关信号。

这台数字示波器已经用了 12 年以上，没有人注意到这一情况。进一步实验发现，这种情况只出现在特定的设置条件之下。这台示波器每个通道都配置了一个“有效/无效”开关，目的是告知示波器哪些通道的数据是“有效”的。在我们的试验中，通道 1 和 2 都处于“无效”状态，而 3、4 通道都处于“有效”位置，因为只有两个数据通道在使用。当 1、2 通道开关都处于“无效”位置时，通道 4 上的数据相对于通道 3 数据在时间上向左移动了一个 Δt。然而，只要通道 1 和通道 2 有一个处于“有效”状态，时移现象则不会发生。所以，**硬件**问题要加以识别，并通过选择适当的“有效/无效”开关来解决。注意，这种误差掩盖在仪器的操作软件中。

7.8.3 软件问题

以不同的采样时间对铝制梁重复进行实验，结果依然显示出采样时间相关性，虽然这种相关性不像硬件问题那么大。

为了搞清楚对采样时间的敏感性的原因，弄明白到底发生了什么事情，我们对数据处理方法进行了数字仿真。

实测力在数字域用下式表示

$$F_p = F_0 + F_1 \sin(\omega t_p) \tag{7-8-3}$$

式中 F_0——偏置力；

F_1——力的变化幅度(量程的二分之一)；

ω——角频率，单位是 2πrad/s；

$t_p(=\Delta t \cdot p)$——第 p 次采样的时刻；

p——一个变量指数，范围是 0～1023，就像它在数字示波器上的作用一样。

类似地，梁的偏转表示为数字形式

$$y_p = y_0 + y_1 \sin(\omega t_p - \phi) \tag{7-8-4}$$

式中 y_0——位移偏置；

y_1——运动幅度(量程的二分之一)；

ϕ——响应相对于输入力的相位移动，是系统阻尼的量度。

式(7-8-4)的时间导数在理论上由下式给出

$$v_p = (\omega y_1)\cos(\omega t_p - \phi) \tag{7-8-5}$$

式中 (ωy_1)——速度的幅值。

Norland 用下面的标准数字公式计算速度

$$u_p = \frac{y_{p+1} - y_p}{\Delta t} \tag{7-8-6}$$

显然，式(7-8-6)是根据将要发生的事件预测时刻 t_p 的速度，以一致的系统误差求得未来才出现的斜率。同样，在式(7-8-6)中如果用$(y_p - y_{p-1})$代替$(y_{p+1} - y_p)$，那是在计算发生在过去的一个斜率。在这两种情况下，速度不是偏向于过去就是偏向于未来，但绝不是现在。我们还可以用更加合理的中心点斜率作为现在的斜率，如下式

$$w_p = \frac{y_{p+1} - y_{p-1}}{2\Delta t} \tag{7-8-7}$$

这个式子更为合适，没有系统误差，因为它计算的是时刻 t_p 平均斜率或当前斜率。

为搞清这个误差问题，用式(7-8-5)计算的实际速度与式(7-8-6)给出的 Norland 估计值之间的差可以计算如下

$$E_{N_p} = v_p - u_p \tag{7-8-8}$$

而根据式(7-8-5)计算的实际速度与根据式(7-8-7)所给出的中心点速度估计之间的差，由下式表示

$$Ec_p = v_p - w_p \tag{7-8-9}$$

式(7-8-8)和式(7-8-9)二式所表达的误差函数画在图7-8-3(a)，从中可以看到，较之式(7-8-6)的 Norland 估计，式(7-8-7)的中心点估计要好得多。力 F 函数与式(7-8-8)Norland 误差函数 E_N(实际是2 000倍的 E_N)画在图7-8-3(b)，由图可见，力与速度误差同相位，所以乘积 $F\dot{y}$ 中的误差必然永远同号。这意味着，在一个时间周期内积分不能将误差项平均掉，因而其效应在积分结果中将十分明显。

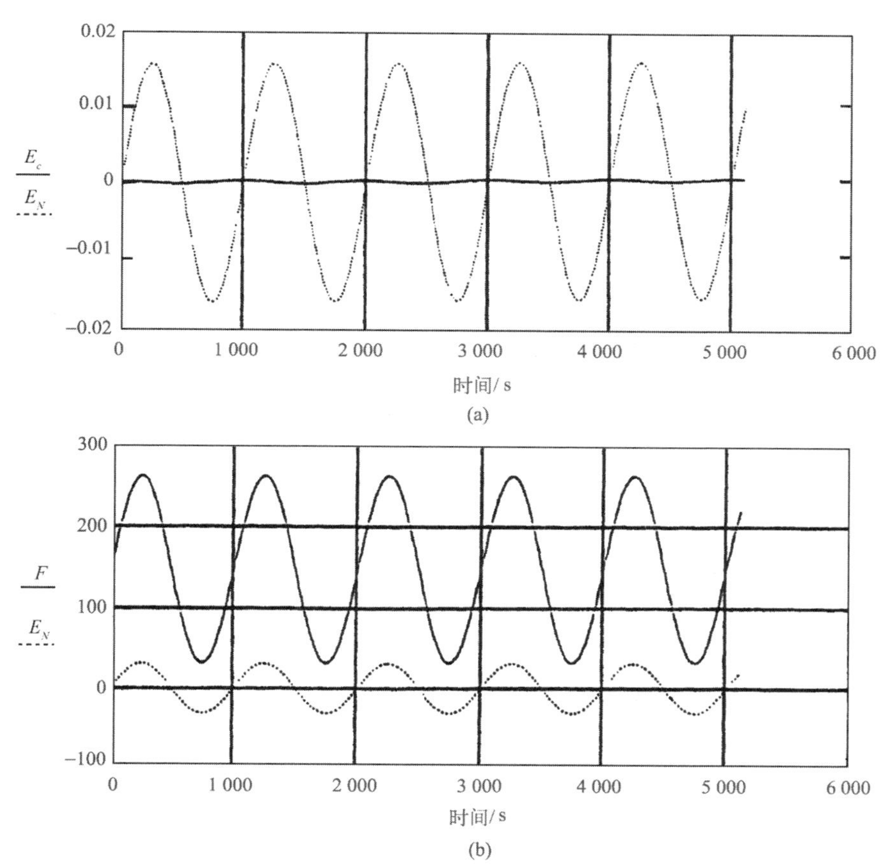

图7-8-3　(a)速度误差 E_c(实线)和 E_N(虚线)的比较(E_N 振幅为0.691 in/s)；(b)力 F(实线)与 E_N(虚线)的时间波形(为显示系统误差与力的相关关系，E_N 放大了2 000倍)

用式(7-8-5)计算理论速度，用式(7-8-7)计算中心点速度，用式(7-8-6)计算Norland速度，然后分别计算一周期之内的能量消耗(采样间隔在1～20 ms之间取值)，其结果示于表7-8-1。由表可知，2、3栏的中心点速度与理论值相当接近，而Norland计算误差明显偏大。表的最后一列是每个不同采样时间间隔所对应的误差E_N的近似最大值。显见，当采样间隔等于1 ms、一个周期内有大约1 000个数据点时，误差为0.003。而当Δt=20 ms时，一周期内有50个数据点时，误差上升20倍。也就是说，系统误差使积分结果随着Δt的加长而减小，当Δt=20 ms时改变了符号。可见在考虑信号每个周期内的能耗时，用什么样的方法计算导数是极为重要的。

Norland为了修正这种软件误差而重新使用式(7-8-7)编程，并且正确设置了“有效/无效”开关，这时试验结果显示出了惊人的一致性——对于给定的梁在给定载荷周期下每个周期内的能耗与所用采样时间无关。换言之，**软件**误差被识别出来并予以了修正。只有在这些新的计算条件下，正确计算支撑问题才有可能。

表7-8-1　每周期能耗及最大速度误差

采样时间 Δt/ms	每周期能耗			最大速度误差
	ED7①/in-lb	ED5②/in-lb	ED6③/in-lb	EN④(in/s)
1	1.285	1.285	1.161	0.003
5	1.285	1.285	0.661	0.015
10	1.285	1.285	0.0371	0.030
20	1.282	1.285	−1.210	0.060

注：①按式(7-8-7)的平均速度计算能耗；

②按式(7-8-5)的理论速度计算能耗；

③按式(7-8-6)的速度系统误差计算能耗；

④最大系统误差速度。

7.8.4　另一种常见的测量误差源

我们经常将多通道数据采集系统插到计算机母板上，并通过多路信号转换器挨个对每个通道顺序进行采样。这意味着各个通道数据在时间上互不相关，因为对每个通道进行采样的时刻稍有不同。怎样才能避免这种采样时移问题呢？注意，正因为各通道采样时刻有所不同，所以在多通道情况下不能像Norland那样将所有数据都移动一个数据点。

如果像阻尼测量的例子那样，数据通道只有很少几个，那么可以对一个或几个数据通道进行双采样。所谓双采样，就是先对位移采一个样值，而后对力采一个样值，继而再采一个位移样值。之后将力的采样前后两次位移采样的样值进行平均，就能获得力的样值采集时刻的位移的最好估计。如此这般进行下去，时移问题将获得圆满解决。

对各通道进行顺序采样是否成为问题，决定于通道采样速率以及我们打算怎样处理这些数据，而不是看各通道多长时间采一次样。例如，假定每秒钟采样100 000次(这是个很平常的采样速率)，那么在给定数据组中，样值之间的时间间隔是10μs。如果顺序对64

个通道各采一个样值组成一个数据组，且规定每秒钟内每个通道要采样100次，那么每个数据组的采集需要10 ms。但是，通道数有64个之多(同一个数据组中)，最后一个通道的数据与第一通道的数据采集时间差是0.64 ms(=10μs×64)，这样长的时间差足可以引起严重的数据分析问题，决不可忽视。另一方面，如果只用6个数据通道，最末通道与第一通道之间的时间差是0.06 ms，这样短的时间差相比数据组之间的10 ms时间差可能不是什么问题。在任何数据处理中，数据延时的意义决定于数据被怎样使用。然而这个时间差也可能反映的是各通道之间的相位差。

上述试验经历，再次揭示了由连续概念计算模型到数字数据处理的实践所遇到的问题。原理上，我们的计算工作似乎正确无误，可是我们发现，试图在两个大数值中间找到一个小量的情况下，系统误差是特别有害的(就像估计速度时那样)。系统误差与信号同相位，会引起很大误差。

本例说明，使用仪器设备时需要注意，即使功能很强的硬件在设计者不曾料到的条件下也可能埋藏着不良行为的种子。使用者必须对自己的所作所为保持警觉。

7.9 线性结构因试验环境而变成非线性结构

经典模态分析的基础是在1940年建立的，在表述柔性结构的动态特性时扮演了重要角色。由于计算能力的大大扩展，使更大型更复杂的有限元模型在今天成为可能。新型实验设备和试验方法使工程师们能够设计试验、测量数据，获得以前不可能实现的结果。所有这些技术都以三个模态分析假设为前提：1)结构是线性的，满足叠加原理；2)结构遵从Maxwell互易原理；3)结构动态特性是时不变的。除分析方法与试验算法方面的发展之外，为满足日益增长的更轻、高坚固、更柔性的结构要求而采用新材料的实践，已经显示出线性系统理论与试验方法的某些局限性。特别地，非线性影响的存在已被证明对有限元模型化及振动试验来说都是主要的挑战。当非线性很明显时，上述三个前提条件不再正确，结构在一定激励量级下，其响应可以大大不同。因此应当明确，用不同方法对非线性结构进行试验，所得结果可能不同。

在进行假定的线性结构试验中，最令人感兴趣的是，结构因精微的非线性将呈现出怎样一种总体上不可预期的响应。下面的简单试验就会出现这种有趣的情形[28]：试件是根竖立悬臂梁，顶端有一个集中质量，根部边界条件是零斜率安装在B&K 4812激振器上，如图7-9-1所示。悬臂梁的基座通过两个刚性钢制质量块安装在激振器台面上，这个安装方法被证明是一种很好的安装选择，能够正确模拟悬臂梁所要求的零斜率边界条件。悬臂梁由不锈钢制成，长度为100 mm(3.937 in)(z向)，宽度为20 mm(0.787 in)(x向)，厚度1 mm(0.0394 in)(y向)。集中质量材料为碳钢，尺寸为长10 mm(0.394 in)(z向)，宽40 mm(1.575 in)(x向)，厚20 mm(0.787 in)(y向)。分别用一个

---

[28] D. Gomes da Silva, and P. S., Varoto, "On the Sufficiency of Classical Response Models in Predicting the Dynamic Behavior of Flexible Structures," Proceedings of the XXII IMAC, Dearborn, MI, USA, 2004, pp. 1-21.

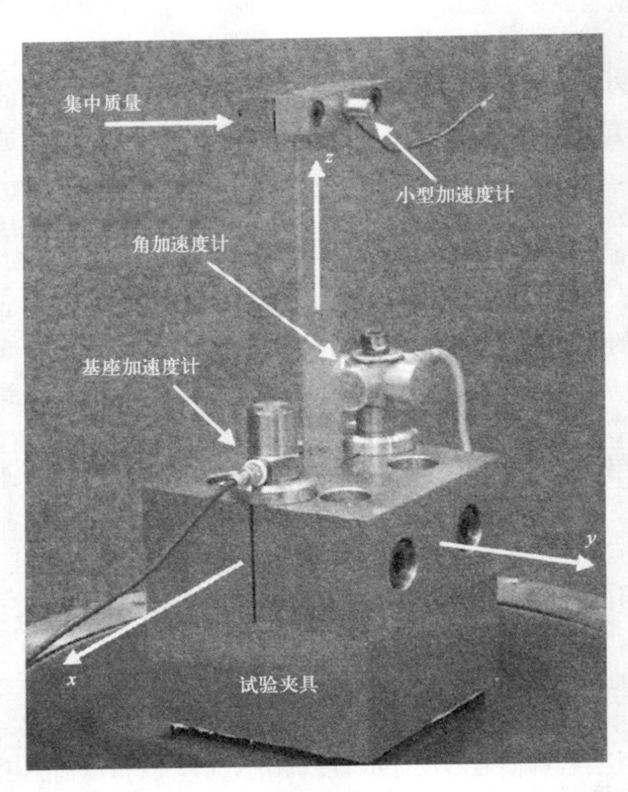

图 7-9-1 试验装置及坐标系。悬臂梁安装在激振器上，其上还有几枚加速度计分别测量悬臂梁基座的线加速度和角加速度及集中质量的加速度

(From D. Gomes da Silva and P. S. Varoto, "On the Sufficiency of Classical Response Models in Predicting the Dynamic Behavior of Flexible Structures," Proceedings of the XXll IMAC, Dearborn, M7, USA, 2004, pp. 1-21.)

线加速度计和一个角加速度计测量基座在 z 方向运动与绕 x 轴的转动。另有一台小型加速度计安装在集中质量上，测量其 y 向加速度，如图 7-9-1 所示。有人可能会不经意地预期这个系统的行为特性是线性的。

振动试验系统示于图 7-9-2，其中两个线加速度计都配有电荷放大器。角加速度计带有内置放大器，它所需要的一切就是外部电源，并可直接连接到数据采集系统。开始，令激振器以正弦运动缓慢扫描某个频率范围，发现激励频率为 36 Hz 左右时，悬臂梁的响应频率仅为激励频率的一半，即 18 Hz！然后将控制仪设置为振级为 4.0 g，频率仍为 36 Hz，继续试验。结果 y 向 18 Hz 的输出加速度示于图 7-9-3(a)：振幅的增长近似为指数衰减的倒数，一个令人惊讶的结果！因为通常起始阶段的包络遵循近似的$(1-e^{-t/\tau})$规律，而这里的包络却更像是$[1-e^{-(t_0-t)/\tau}]$，$t_0-t>0$，式中 t_0 和 t 是系统的时间常数。这样的振动启动方式非同寻常。

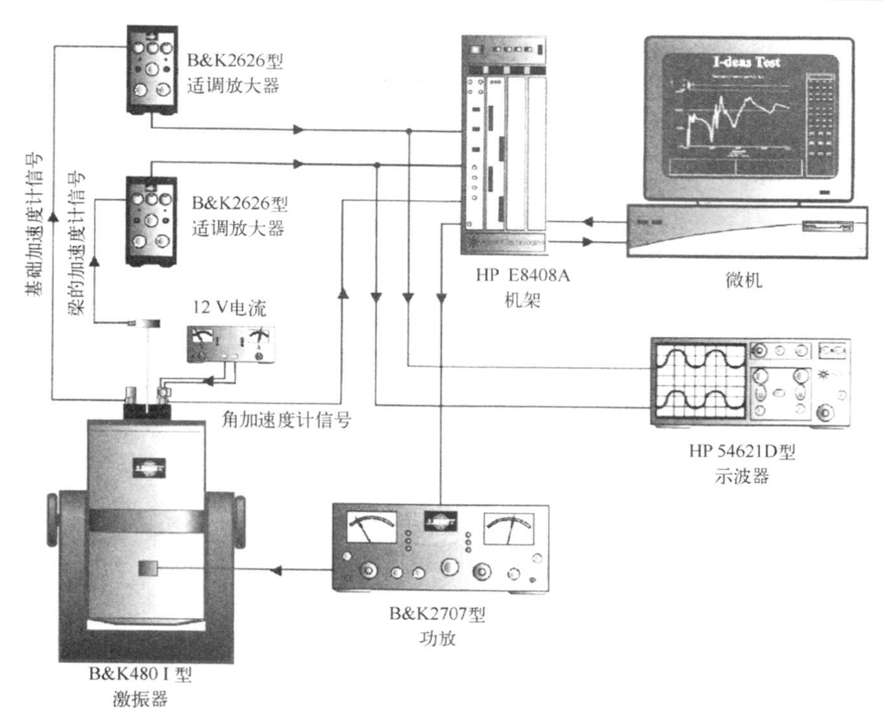

图 7－9－2　这是一个由控制器、功率放大器、激振器、加速度传感器、电荷放大器以及数据分析仪组成的振动试验系统（From D. Gomes da Silva and P. S. Varoto, "On the Sufficiency of Classical Response Models in Predicting the Dynamic Behavior of Flexible Structures," Proceedings of the XXll IMAC, Dearborn, M7, USA, 2004, pp. 1－21.）

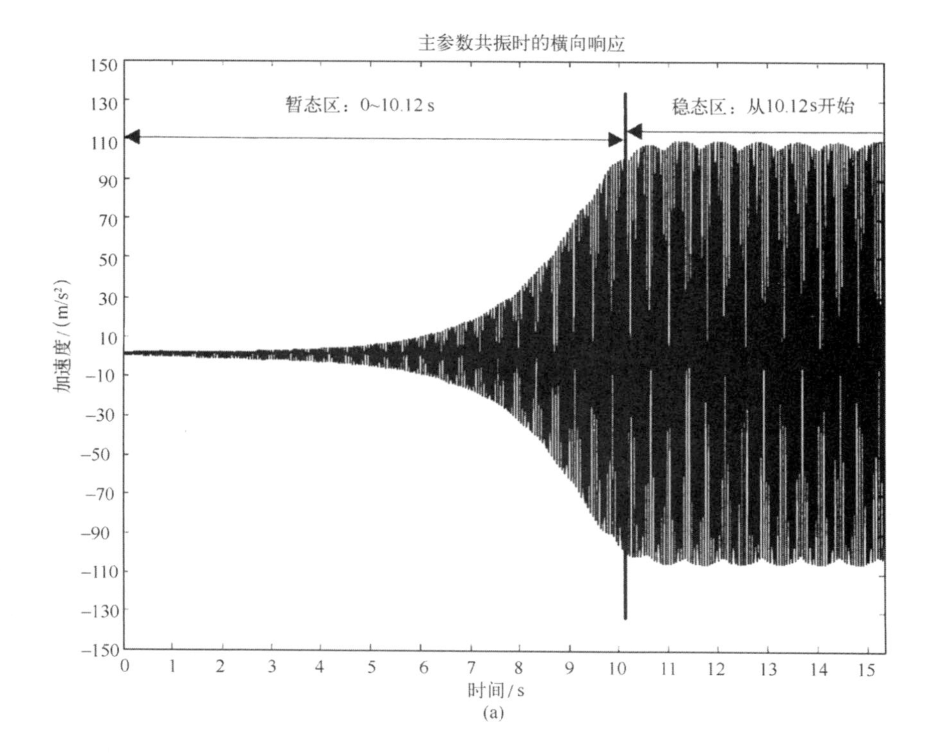

(a)

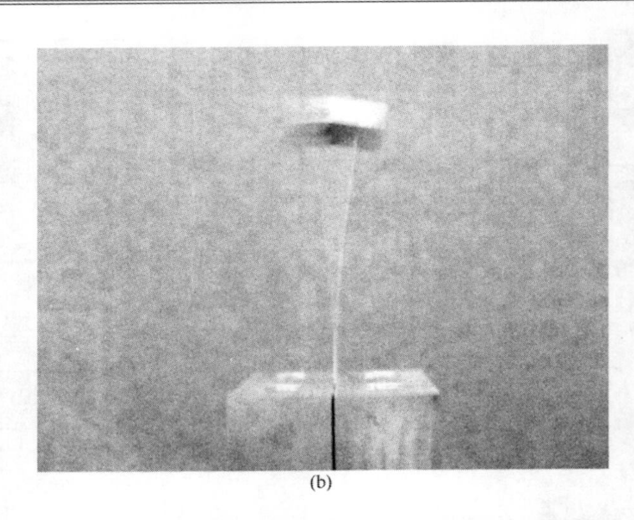
(b)

图 7－9－3　激振器驱动频率为 36 Hz，基础振动的振幅缓慢增长

(a)集中质量的响应显示出振动逐步建立起来直到稳态；(b)照片显示梁的横向 18 Hz 大振幅振动

(From D. Gomes da Silva and P. S. Varoto, "On the Sufficiency of Classical Response Models in Predicting the Dynamic Behavior of Flexible Structures," Proceedings of the XXII IMAC, Dearborn, MI, USA, 2004, pp. 1－21.)

由图可见，开始时振动缓慢地建立起来，然后快速增长到稳幅振动，频率为 18 Hz。录像截图示于图 7－9－3(b)，可以看出振幅量级为 0.3～0.4 in(集中质量厚度为 0.394 in)。

解释这一特性的一个简单理论　我们可以建立一个简单理论来解释发生了什么。考虑图 7－9－4(a)所示悬臂梁，其中 y 是集中质量端点的偏移，θ 是梁的上端转角，$m_0 g$ 是重力。可以算出，18 Hz 是质量 $m_0=0$ 时梁的基频的 22%左右。因此我们可以将梁的上端的偏移看成是静载荷引起的，载荷偏移关系式如下

$$P=\left[\frac{3EI}{L^3}\right]y=ky \tag{7-9-1}$$

式中　E——杨氏模量；

I——梁的横截面的二次惯性面积矩；

L——梁的长度。

对应的梁的顶端转角是

$$\theta=\left[\frac{L^2}{2EI}\right]P=\left[\frac{3}{2L}\right]y \tag{7-9-2}$$

垂直作用在梁的端点的重力分量由下式给出

$$F=(m_0 g)\sin\theta\cong m_0 g\theta=\left[\frac{3m_0 g}{2L}\right]y \tag{7-9-3}$$

于是，我们得到了标准的运动微分方程如下

$$m_0\ddot{y}+c\dot{y}+(k-Dg)y=0 \tag{7-9-4}$$

方程中常数 D 由下式表示

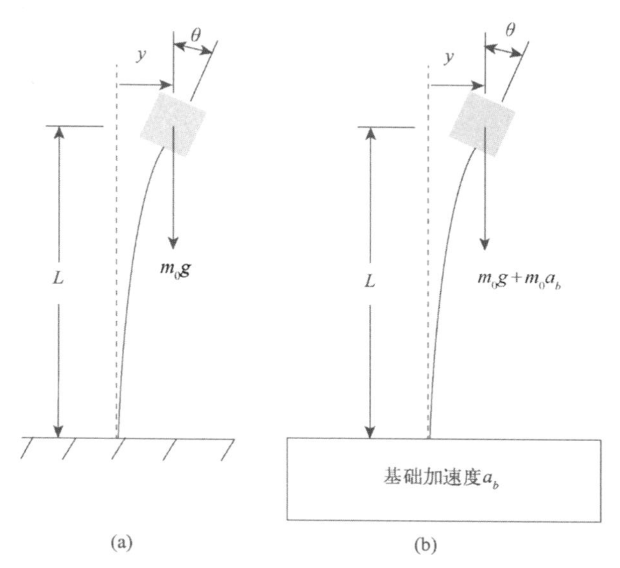

图 7－9－4　竖直悬臂梁

(a)只有重力作用；(b)重力与基座竖直加速度 a_b

$$D=\frac{3m_0}{2L} \tag{7-9-5}$$

式(7－9－4)是一个典型的运动方程，其中梁的弹簧系数 k 因受重力影响而降低了。可见，如果梁像图7－9－1 那样竖放，其固有频率比水平放置要小。如果在梁的基础部分加装一个集中质量，则重力项会使基频提高。因此这个实例清楚地说明了结构的基频与结构相对于重力的方位有内在相关性。本例中的阻尼包括了梁的材料中的能耗以及空气阻尼。同样清楚的是，方程(7－9－4)是线性的，弹簧系数稍稍软化了些。

前面公式中如果考虑到基础加速度所引起的惯性力，如图 7－9－4(b)所示，那么惯性项将使重力项增大，因此运动方程变为

$$m_0\ddot{y}+c\dot{y}+(k-Dg-Da_b)y=0 \tag{7-9-6}$$

可以发现，式中出现了 den Hartog[29] 详尽讨论过的情形：时变弹簧常数中出现了参数激励。这个方程与式(3－8－19)的 Mathieu 方程形式上基本相同，其稳定与不稳定区域图示于图 3－8－7(b) 。式(7－9－6)清楚说明，这个本来的线性系统因我们所采用的试验方法而变成了一个带有非线性参数激励的系统。注意，如果该梁处在工作环境中，实际方位与此相同，且基座加速度方向与梁的轴线相一致，那么参数激励可能发生。

激励机制的物理解释　考虑图 7－9－5 的曲线图，基础频率较高的加速度用实线描画，并标以 a_b，相应的端点位移用虚线表示，标以 y。基础加速度分成 4 个半正弦波，分别叫做(a)、(b)、(c)、(d)，每半个周期算一段。图的下半部画出了梁作为一根柱子在 1/4 周期内的偏摆位移。

---

[29] J. P. den Hartog，"Mechanical Vibrations."McGraw－Hill. New York，1956，pp，344－350.

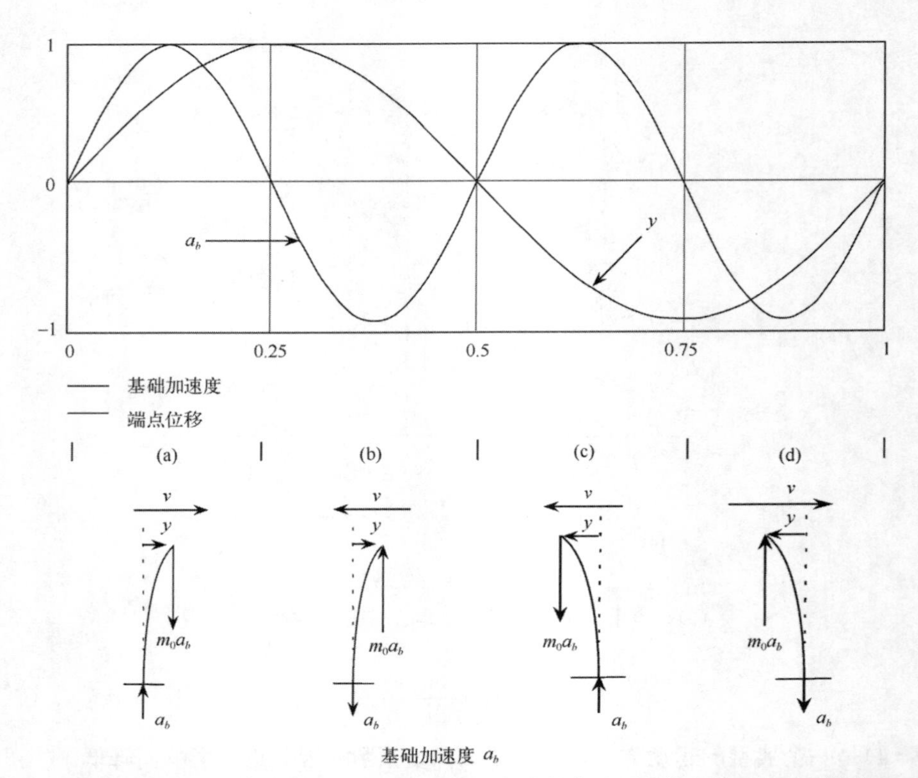

图 7－9－5　基座加速度与质量位移的时间历程，分四个阶段表示。系统由基础加速度惯性力 ma_b 驱动 (a)惯性力使弹簧系数软化；(b)惯性力使弹簧系数硬化；(c)惯性力使弹簧系数减小；(d)惯性力使弹簧系数增大

现在来看(a)段，惯性力 m_0a_b 在运动方向上有一个分量(见速度矢量 $\boldsymbol{v}$)，因此在输入运动的这个 1/4 周期内做正功，梁的等效弹簧系数是减小的。再看(b)段，惯性力 m_0a_b 向上，且在 v 方向上有一分量，故而在此段中惯性力也做正功，梁的等效弹簧系数是增大的。从(c)、(d)两种情形看，惯性力同样做正功。由此可知，在每个载荷周期中都有一定的净能量输入，唯有系统的阻尼能控制这种情况，也就是说，每个周期内所做之功必等于能量之消耗。

基频测试　梁安装好之后需要确定其基频。我们用 7.2 节描述的阶跃释放法，其中张力绳与力传感器用以给结构一个预载荷，如图 7－9－6 所示。力传感器连接到一个电荷放大器再与数据采集系统相连以便进行记录与分析。用剪刀剪断张力绳实现力的突然释放。

典型的实验结果示于图 7－9－7。其中曲线(a)是经由适当的 AC 耦合将力信号从近似阶跃信号转换成一个脉冲信号。曲线(b)是力的频谱，(c)是梁的加速度时间响应，(d)表示加速度响应频谱。显然，从(c)、(d)可以估计系统的阻尼。实测阻尼固有频率为 18.01 Hz，而理论值是 19.5 Hz，相差约 8%。这表明边界条件接近于悬臂梁的边界条件，但存在基础多少有些转动的可能性。关于基础转动对悬臂梁基频之影响的进一步分析，见图 3－7－4。

更先进的理论模型　使用 3.8 节的方法研究连续系统，我们可以为该振动试验建立一

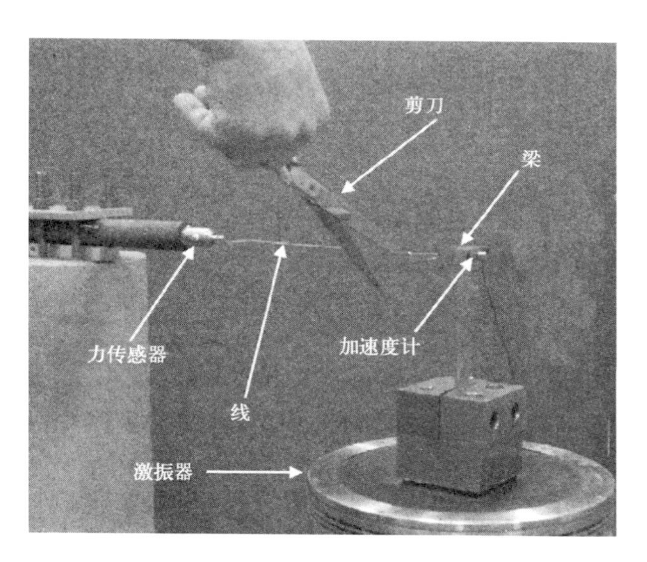

图 7－9－6　阶跃释放装置，包括锚柱、力传感器、加速度计、预载绳、剪刀与待测梁
(From D. Gomes da Silva, "Resonant Non－Linear Vibrations in Beam Type Structures under Parametric and Combined Excitations." Ph. D. dissertation, University of Sao Paulo, School of Engineering of Sao Carlos, 2005, 322 pp. [in Portuguesel]).

个更先进的模型，见 Demin Gomes da Silva[30] 的博士论文《梁式结构在参数激励及混合激励下的非线性共振》一书。从图 7－9－8 的几何图形开始，经过锲而不舍的代数演算，可

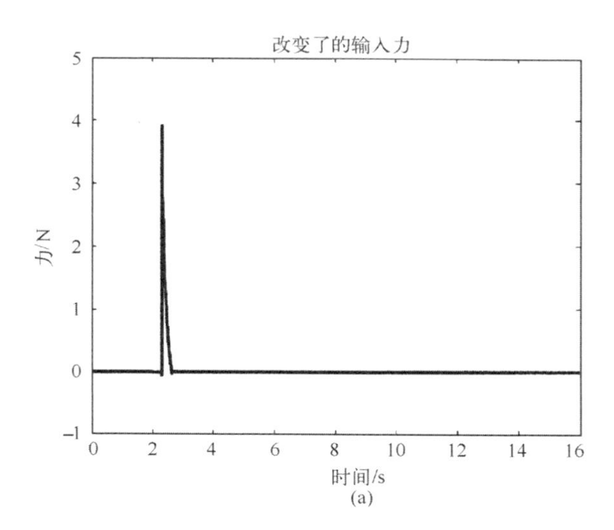

[30] "Resonant Non－Linear Vibrations in Beam Type Structures Under Parametric and Combined Excitations," Ph. D. dissertation, University of Sao Paulo, School of Engineering of Sao Carlos. 2005. 322 pp. (in Portuguese).

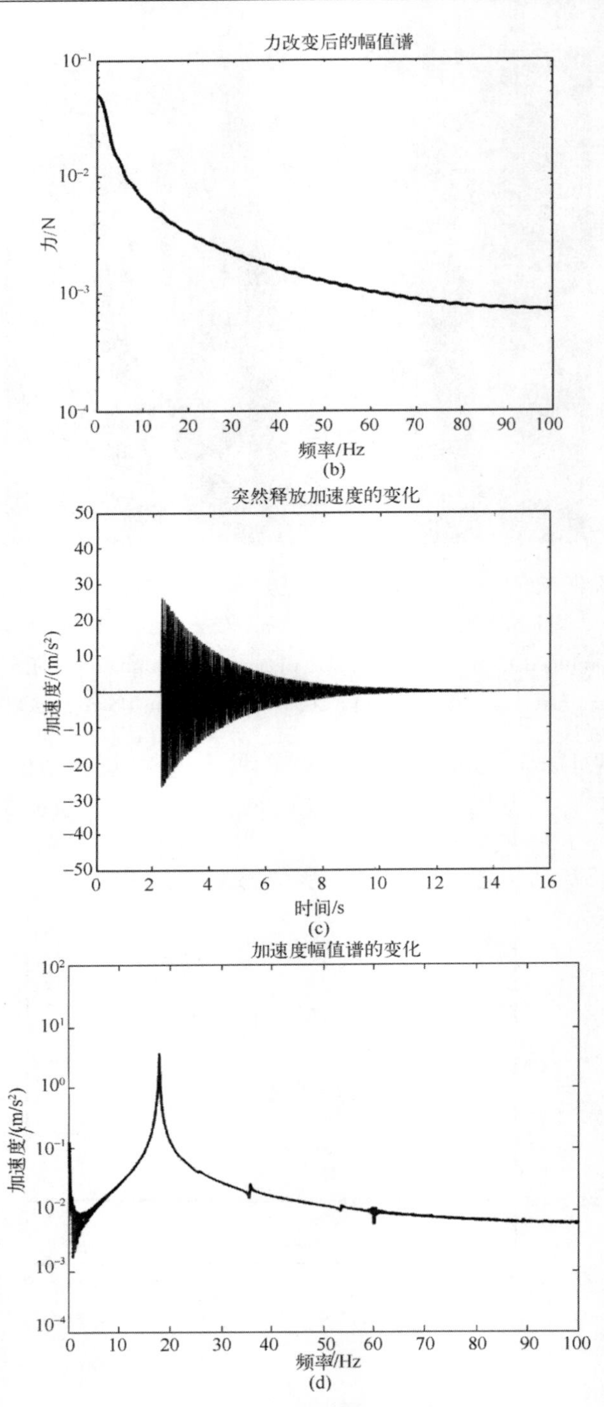

图 7－9－7　阶跃释放试验结果

(a)输入力与时间历程；(b)输入力频谱；(c)梁的集中质量加速度时间历程；(d)梁的加速度频谱

(From D. Gomes da Silva, "Resonant Non－Linear Vibrations in Beam Type Structures under Parametric and Combined Excitations." Ph. D. dissertation, University of Sao Paulo, School of Engineering of Sao Carlos, 2005, 322 pp. [in Portuguesel]).

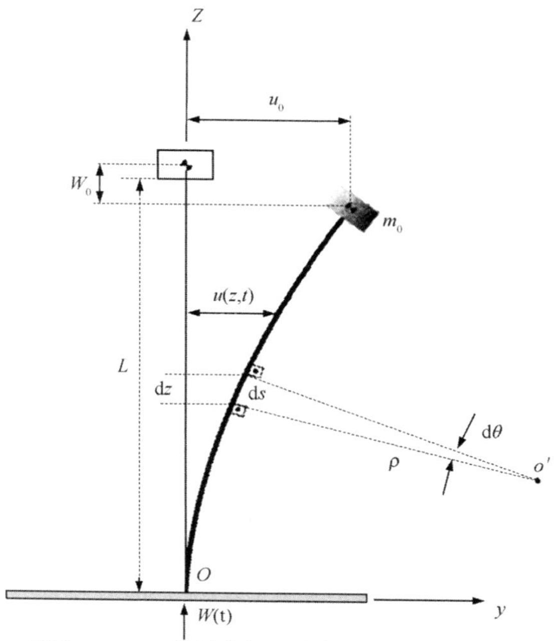

图 7－9－8　推导高级运动方程所用之几何模型

(From D. Gomes da Silva, "Resonant Non－Linear Vibrations in Beam Type Structures under Parametric and Combined Excitations." Ph. D. dissertation, University of Sao Paulo, School of Engineering of Sao Carlos, 2005, 322 pp. [in Portuguesel]).

以得出如下运动微分方程

$$\ddot{u}_0 + B^2\ddot{u}_0 u_0^2 + B^2 u_0 \dot{u}_0^2 + \frac{c_1}{m_0}\dot{u}_0 + \frac{c_2}{m_0}\dot{u}_0 \mid \dot{u}_0 \mid + \frac{EIA}{m_0}u_0 + B\ddot{W}(t)u_0 = 0 \qquad (7-9-7)$$

式中　c_1——因梁和支撑结构的内部能耗而产生的阻尼系数；

c_2——空气阻尼系数，与速度的平方相关，而且明显是因大振幅[高达 0.33 in (8.4mm)]引起的；

EI——梁的弯曲刚度，由杨氏模量与关于弯曲轴线的二次面积矩构成；

m_0——梁的端点的集中质量；

u_0——梁的顶端的 y 向运动。

常数 A 和 B 由下式计算

$$\begin{cases} A = \int_0^L (\phi'')^2 \mathrm{d}z = \left(\dfrac{\pi}{2L}\right)^4 \dfrac{L}{2} = \dfrac{3.04}{L^3} \\ B = \int_0^L (\phi')^2 \mathrm{d}z = \left(\dfrac{\pi}{2L}\right)^2 \dfrac{L}{2} = \dfrac{1.234}{L} \end{cases} \qquad (7-9-8)$$

相应的模态振型函数 $\phi(z)$ 可求得为

$$\phi(z) = 1 - \cos\left[(2n-1)\frac{\pi z}{2L}\right] \qquad (7-9-9)$$

当 $n=1$ 时，就得到第一阶模态振型。应当指出，式(7－9－7)中[EIA]这一项与式

(7 - 9 - 1)中给出的 k 基本相同：一个是 3.0，一个是 3.04。同时，比较式(7 - 9 - 8)的 B 值(=1.234/L)与式(7 - 9 - 5)中 D 值(=1.50/L)可知，那里的简单模型也不算离谱。

式(7 - 9 - 7)是个非线性常微分方程，含有参数激励项，即等号前面的最后一项。参数激励项与系统的刚度在振动周期中的作用如图 7 - 9 - 5 所描述。假设系统被正弦激励，即

$$W(t) = Q_0 e^{i\omega t} \quad (7-9-10)$$

那么这一激励施加在基础上时，可以用数值解法求解方程(7 - 9 - 7)。激励频率为 36.0Hz 时，数值解法的结果可以与实测加速度相比较(见图 7 - 9 - 9)。很明显，这两张图在振动启动过程中具有很好的可比性。

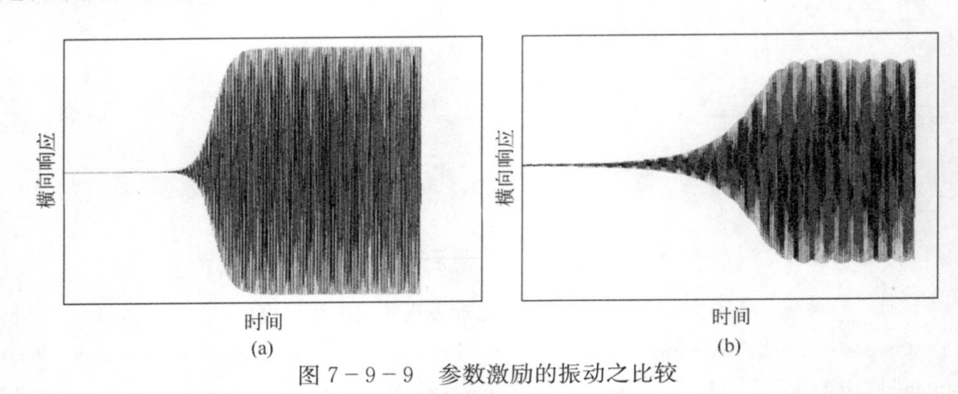

图 7 - 9 - 9　参数激励的振动之比较

(a)数值模拟结果；(b)实测结果

(From D. Gomes da Silva, "Resonant Non - Linear Vibrations in Beam Type Structures under Parametric and Combined Excitations." Ph. D. dissertation, University of Sao Paulo, School of Engineering of Sao Carlos, 2005, 322 pp. [in Portuguesel]).

反映正交传输比的扫描试验　正交传输比定义为梁的输出加速度与输入的竖直加速度在频域的比值。这样来做这个试验：为了能涵盖 36 Hz 的临界频率，我们令驱动信号从 35 Hz 开始上行慢速扫描，到达 37.5 Hz 后再下行慢速扫描。试验结果示于图 7 - 9 - 10，由图可见，上行扫描时，频率刚过 36 Hz 即出现一个向上跳跃，然后随着频率的缓慢升高，在 36.5 Hz 左右又突然降落。下行扫描过程中又有一个向上跳跃出现，出现的频率与上行降落频率基本相同，即 36.5 Hz 附近。但是，这一高量级振动一直在比下行上跳频率低得多的频率上持续，直到 35.5 Hz 左右时才出现突然降落。图中理论预测模型以实线表示，由曲线可知，跳跃现象是非常复杂的。上跳频率与下跳频率的差别经常是由系统阻尼引起的。

本例中空气阻尼的作用　为了研究空气阻尼的作用，Comes da Silva[31] 采用了与式(7 - 9 - 7)稍有不同的另一个公式

---

[31] D. Gomes da Silva, and P. S., Varoto, "On the Role of Quadratic Damping in the Parametric Response of a Cantilever Beam with Tip Mass: Experimental Investigation," *Proceedings of the EUROMECH - ENOC* 2005, Eindhoven, Netherlands, Aug. 2005, pp. 1 - 6.

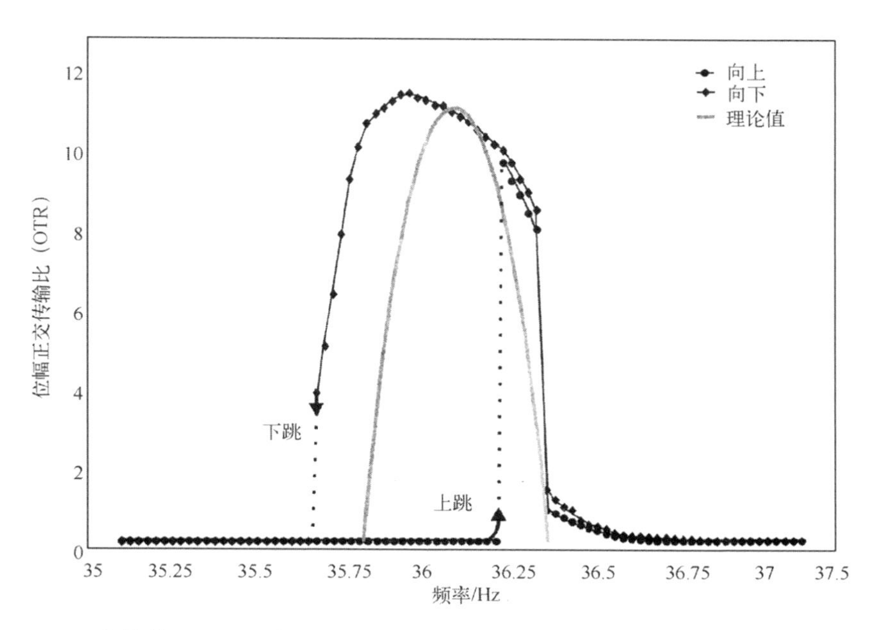

图 7－9－10　正交传输比的理论值与实测值的比较。比较显示，上跳频率与下跳频率在 36 Hz 临界频率以下差别较大，而在 36.5 Hz 附近基本相同

(From D. Gomes da Silva, "Resonant Non－Linear Vibrations in Beam Type Structures under Parametric and Combined Excitations." Ph. D. dissertation, University of Sao Paulo, School of Engineering of Sao Carlos, 2005, 322 pp. [in Portuguesel]).

$$(1+w_0^{*\,2})\ddot{w}_0^* + H_1\dot{w}_0^* + H_2\dot{w}_0^*\,|\,\dot{w}_0^*\,| + [1+\dot{w}_0^{*2} + H_3\cos(\Theta t^* + \phi)]w_0^* - [H_5 + H_4\cos(\Theta t^* + \phi)]w_0^{*\,3} = H_6\cos(\Psi t^*) \tag{7-9-11}$$

此式是式(7－9－7)的无量纲形式，不同在于这里将一驱动项移到了方程的右端，因为空气的分布力(阻力)横向作用在梁上。这个理论模型包含有空气阻尼项 H_2。当 $H_2=0$ 时，正交传输比的理论值与实测值的比较示于图 7－9－11(a)。显然，这种情况下理论曲线(实线 $ABCDEFG$)与实测数据完全不一致。在 36 Hz 以下，实测上跳与降落频率之间的差别，与图 7－9－10 所示相似。直到得出图 7－9－11(b)的结果，H_2 的值才能确定。由此结果我们看到，对于这样复杂的动态过程，理论计算与实测数据极为一致。

研究参数激励振动的经验告诉我们，哪怕是进行最简单、最直截了当的振动试验时，也可能出现错综复杂的情形。应当充分认识到，非线性的影响通常都是以诸如响应中的次谐波共振、突变跳跃等现象来展示自己的，而这两种情形我们都碰到了。多年前作者在做一个简单的强迫振动试验时初次遭遇这种突变现象，当时彻底懵了。他想，莫非是龙舌兰酒喝高了，看走眼了？碰见鬼了？但事实是：这种实验和经验可一再复现，就像该试验所展示的那样。因此，我们在进行试验或者现场观察在役结构的实际响应时，务必提高警惕。

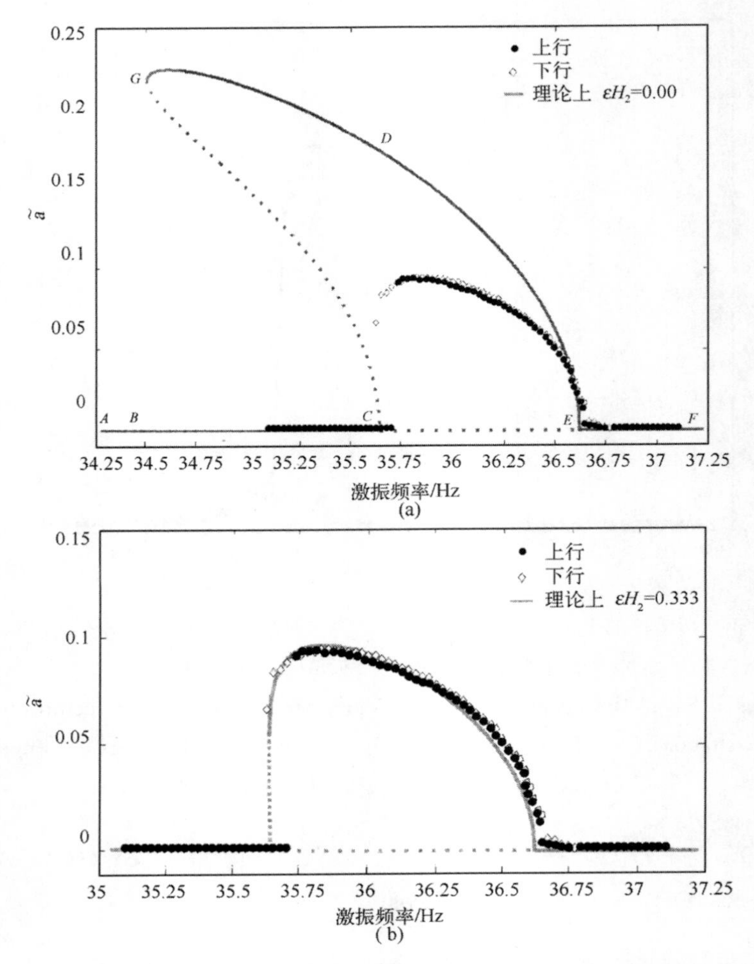

图 7－9－11　在不同量的空气阻尼条件下正交传输比的比较

(a)$H_2=0$；(b)$H_2=0.333$

(Gomes da Silva, D., and P. S. Varoto, "On the Role of Quadratic Damping in the Parametric Response of a Cantilever Beam with Tip Mass: Experimental Investigation." In *Proceedings of the EUROMECH－ENOC* 2005, Eindhoven, Netherlands, Aug. 2005, pp. 1－6)

7.10　小结

本章的目标在于将以前各章所讨论的要点应用于典型的试验工作中去。上文我们研究了突然释放激励或阶跃释放激励，这类激励需要对信号进行适当调整，以便克服时间历程的长度限制；时间历程可以按许多瞬时进行记录，并要满足 FFT 计算程序。我们曾演示，如果仅仅取一组数据，即使是噪声输入信号也能导致完美的相干性这样有趣的结果。这个经验告诉我们，相干函数是个统计概念，它要求对若干组数据进行处理才有意义。

安装在激振器上的简支梁的受迫响应表明，激励类型要适合于试件的质量分布。我们研究了传感器质量对测量结果的影响，并证明某出版物介绍的修正方法具有相当大的局限性。确定传感器质量对基频测试的影响的最好方法是，再增加一个与加速度计质量相等的质量，这样两个质量以及质量惯性矩的影响都考虑进去了。如果频率变化太大，那就必须换用小一点的加速度计。

进行冲激试验时发现，冲激脉冲持续时间必须足够短才能在实测频率范围内获得比较大的输入信号。为了减小输入噪声和输出泄漏，给输入、输出信号加窗是一个重要考虑。指数窗会使每个模态阻尼过大，在解释最终结果时必须想到这一点。这一问题之后，我们花很大努力解释了不同窗的影响以及怎样根据测量结果选择触发电平和触发斜率。我们还说明，窗的不当使用可能引起奈奎斯特图上测量数据的转动。我们提出了一套做此类试验时要遵守的步骤。最后一个例子说明，较高的固有频率可以不受指数窗函数的影响，因为这些高频分量在时间记录结束之前就衰减没了。因此不必惊讶，较高固有频率不受指数窗影响，而较低固有频率才会受影响。

借助一根带有点载荷的自由—自由梁演示了激振器对结构的驱动。为了获得理想的实验结果，首先要选择的是激励信号的类型。激励信号有正弦、chirp 正弦、伪随机信号等。理论模型与实验模型表明，当功率放大器工作在电压模式时，在每个共振点都会出现激振力的降落。试验表明，力传感器安装在梁的中点和端点这两种情况下测量结果之所以不同，最常见的原因多半是力传感器在中点时其机壳会受到弯曲应变，而安装到端点时会受到弯矩的作用。此外，窗函数选择不当，会引起谷值变峰值，为此给出了一些建议，以便检测这些窗的错误应用。

之后，揭示了一个精细的数据处理问题，即使用数字技术来仿真信号求导。记住，我们许多概念都来自于连续函数的计算，但是我们的计算采用的却是离散数字方法。

最后，我们用一个简单的振动试验来说明，一个线性系统如何转化成一个带有参数激励的非线性系统。在实际应用中，如果同样的激励条件满足，那么这个结构可能呈现非线性特征。这里对振动工程师们有个忠告，这类非线性现象的出现比人们认为的要经常得多，除非试验时正确使用仪器设备，正确监视数据。

在几乎每个例子中，正确使用激振器和频率分析仪都是获得可靠结果的关键，当然要正确选择仪器，正确进行试验。然而更加清楚的一点是，力图确保所得实验数据正确性，必须考虑全部要素。

7.11　参考文献

[1] Cafeo, J. A. and M. W., Trethewey, "Impulse Test Truncation and Exponential Window Effects on Spectral and Modal Parameters," *Proceedings of the 8th International Modal Analysis Conference*, Vol. 1, Orlando, FL. 1990, pp. 234 - 240.

[2] Braun, S. (eiditor in chief), D. Ewins, and S. S. Rao (editors), *Encyclopedia of Vibration*, three

volumes. , Academic Press, London, UK, 2002.

[3] Cappa, P. and K. G. , McConnell, "Base Strain Effects on Force Measurements," *Proceedings of the Spring Society for Experimental Mechanics*, Baltimore, MD, June 1994, pp. 520 - 530.

[4] Clark, R. L. , A. L. , Wicks, and W. J. Becker, "Effects of an Exponential Window on the Damping Coefficient," *Proceedings of the 7th International Modal Analysis Conference*, Vol. 1, Las Vegas, NV, 1989, pp. 83 - 86.

[5] Dossing, Ole, "The Enigma of Dynamic Mass," *Sound and Vibration*, Nov. 1990, pp. 16 - 21.

[6] Halvorsen, W. G. and D. L. , Brown, "Impulse Technique for Structural Frequency Response Testing," *Sound and Vibration*, Nov. 1977, pp. 8 - 21.

[7] Holst, P. D. , "A Method for Predicting and Verifying Damoin in Structures Using Energy Loss Factor," M. S. thesis, Iowa State University, Ames, IA. 1994.

[8] Kobayashi, Albert S. (editor), *Handbook on Experimental Mechanics*. Prentice - Hall, Inc. , Englewood Cliffs, NJ, 1987.

[9] Lauffer, J. , et al. , "Mini - Modal Testing of Wind Turbines Using Novet Excitation," *Proceedings of the 3rd International Modal Analysis Conference*, Feb. 1985, pp. 451 - 458.

[10] Martinez, M. and P. Quijada, "Experimental Modal Analysis in Offshore Platforms," *Proceedings of the 9th International Modal Analysis Conference*, Florence, Italy, April 1991, pp. 213 - 218.

[11] McConnell, K. G. and P. S. Varoto, "Pseudo - Random Excitation is more Cost Effective than Random Excitation," *Proceedings, of the 12th International Modal Analysis Conference*, Honolulu, HA, Vol. 1, pp. 1 - 11.

[12] McConnell, K. G. and P. S. , Varoto, "The Effects of Window Functions and Trigger Levels on FRF Estimations from Impact Tests," *Proceedin of the 13th International Modal Analysis Conference*, Nashville, TN, Feb. 1995.

[13] McConnell, K. G. and P. S. , Varoto, "The Effects of Windowing on FRF Estimates for Closely Spaced Peaks and Valleys," *Proceedings, of the 13th International Modal Analysis Conference*, Nashville, TN, Feb. 1995.

[14] McConnell, K. G. and P. J. Sherman, "FRF Estimation under Non - Zero Initial Conditions," *Proceedings of the 11th International Modal Anabysis Conference*, Kissimmee, FL, Feb. 1993, pp. 1021 - 1025.

[15] Mutch, C. , et al. , "The Dynamic Analysis of a Space Lattice Structure via the Use of Step Relaxation Testing," *Proceedings of the 2nd International Modal Analysis Conference*, Orlando, FL, Feb. 1984, pp. 368 - 377.

[16] Thakkar, R. B. , "Exact Sinusoidal Simulation of Fatigue under Gaussian Narrow Band Random Loading," Ph. D. thesis, Iowa State University. Ames, IA, 1972.

[17] Trethewey, M. W. and J. A. , Cafeo, "Tutorial: Signal Processing Aspects of Structural Impact Testing," *International Journal of Analytical and Experimental Modal Analysis*, Vol. 7, No. 2, pp. 129 - 149.

[18] Wei, R. C. , "Structural Wave Propagation And Sound Radiation Study through Time and Spatial Processing," Ph. D. thesis, Iowa State University. Ames, IA, 1994.

Some SWAT Method References

[1] Bateman, V. I. , T. G. , Came, and D. M. , McCall, "Force Reconstruction for Impact Tests of an Energy - Absorbing Nose," *International Journal of Analytical and Experimental Modal Analysis*, Vol. 7, No. 1, Jan. 1992.

[2] Carne, T. G. , V. I. , Bateman, and C. R. Dohrmann, "Force Reconstruction Using the Inverse of the Mode - Shape Matrix," *Proceedings of the 13th Biennial Conference on Mechanical Vibration and Noise*, DE - Vol. 38. ASME, Sep. 1991, pp. 9 - 16.

[3] Carne, T. G. , R. L. Mayes, and V. I. Bateman, "Force Reconstruction Using the Sum of Weighted Accelerations Technique," *Proceedings of the 12th International Modal Analysis Conference*, Honolulu, HA, Feb. 1994, pp. 1054 - 1062.

[4] Gomes da Silva, D. , "Resonant Non - Linear Vibrations in Beam Type Structures Under Parametric and Combined Excitations," Ph. D. dissertation, University of Sao Paulo, School of Engineering of Sao Carlos, 2005, 322 pp. (in Portuguese).

[5] Gomes da Silva D. , and P. S. Varoto, "On the Sufficiency of Classical Response Models in Predicting the Dynamic Behavior of Flexible Structures." In *Proceedings of the XXII IMAC*, Dearborn, MI, 2004, pp. 1 - 21.

[6] Gomes da Silva, D. , and P. S. Varoto, "On the Role of Quadratic Damping in the Parametric Response of a Cantilever Beam with Tip Mass: Experimental Investigation." In *Proceedings of the EUROMECH - ENOC* 2005, Eindhoven, Netherlands, Aug. 2005, pp. 1 - 6.

[7] Gregory, D. L. , T. G. Priddy, and D. O. Smallwood, "Experimental Determination of the Dynamic Forces Acting on Non - Rigid Bodies," SAE Technical Paper Series, Paper No. 861791, Aerospace Technology Conference and Exposition, Long Beach, CA. , Oct. 1986.

[8] Mayes, R. L. , "Measurement of Lateral Launch Loads on Re - Entry Vehicles Using SWAT," *Proceedings of the 12th International Modal Analysis Conference*, Honolulu, HA, Feb. 1994, pp. 1063 - 1068.

[9] Priddy, T. G. , D. L. Gregory, and R. G. Coleman, "Strategic Placement of Accelerometrs to Measure Forces by the Sum of the Weighted Acclerations," SAND87 - 2567. UC. 38, National Technical Information Service, 5285 Port Royal Road, Springfield, VA 22162, Feb. 1988.

[10] Priddy, T. G. , D. L. , Gregory, and R. G. , Coleman, "Measurement of Time - Dependent External Moments by the Sum of the Weighted Accelerations," SAND88 - 3081. UC. 38, National Technical Information Service, 5285 Port Royal Road, Springfield, VA 22162, Jan. 1989.

[11] Steven, K. K. , "Force Identification Problems - An Overview," *Proceedings of the 1987 SEM Spring Conference on Experimental Mechanics*, Houston, TX, June 1987, pp. 838 - 844.

Modal Analysis References

The following 13 papers were written by leading experts and published by the Royal Society London on Modal Analysis.

[1] Bucher, I. and D. J. Ewins, "Modal Analysis and Testing of Rotating Structures," Phil. Trans. R. Soc. Lon. , A, Vol. 359, No. 1778, Jan. 15, 2001, pp. 60 - 96.

[2] Farrar, C. R. , S. W. Doeblfng, and D. A. Nix, "Vibration – Based Structural Damage Identification," *Phil. Trans. R. Soc. Lon.* , A, Vol. 359, No. 1778, Jan 15, 2001, pp. 131 – 149.

[3] Friswell, M. I. , J. E. Mottershead, and H. Ahmadian, "Finite – Element Model Updating Using Experimental Test Data: Parameterization and Regularization," *Phil. Trans. R. Soc. Lon.* , A, Vol. 359, No. 1778, Jan. 15, 2001, pp. 169 – 186.

[4] Hammond, J. K. and T. P. Waters, "Signal Processing for Experimental Modal Analysis," *Phil. Trans. R. Soc. Lon.* , A, Vol. 359, No. 1778, Jan. 15, 2001, pp. 41 – 59.

[5] Ibrahim, S. R. , W. Teichert, and O. Brunner, "Multi – Perturbed Analytical Models for Updating and Detection," *Phil. Trans. R. Soc. Lon.* , A, Vol. 359, No. 1778, Jan. 15, 2001, pp. 151 – 167.

[6] Inman, D. J. "Active Modal Control for Smart Structures," *Phil. Trans. R. Soc. Lon.* , A, Vol. 359, No. 1778, Jan. 15, 2001, pp. 205 – 219.

[7] He, Jimin "Structural Modification," *Phil. Trans. R. Soc. Lon.* , A, Vol. 359, No. 1778, Jan. 15, 2001, pp. 187 – 204.

[8] Lieven, N. , A. J. and D. J. Ewins, "The Context of Experimental Modal Analysis," *Phil. Trans. R. Soc. Lon.* , A, Vol. 359, No. 1778, Jan. 15, 2001 pp. 5 – 10.

[9] Lieven, N. A. J. and D. J. Ewins, "Preface," *Phil. Trans. R. Soc. Lon.* , A, Vol. 359, No. 1778, Jan. 15, 2001, pp. 3.

[10] Lieven, N. A. J. and P. D. Greening, "Effect of Experimental Pre – Stress and Residual Stress on Modal Behaviour," *Phil. Trans. R. Soc. Lon.* , A, Vol. 359, No. 1778, (Jan. 15, 2001) pp. 97 – 111.

[11] Maia, N. M. M. and J. M. M. Silva, "Modal Analysis Identification Techniques," *Phil. Trans. R. Soc. Lon.* , A, Vol. 359, No. 1778, Jan. 15, 2001, pp. 29 – 40.

[12] McConnell, K. G. "Modal Analysis," *Phil. Trans. R. Soc. Lon.* , A, Vol. 359, No. 1778, Jan. 15, 2001 pp. 11 – 28.

[13] Worden, K. and G. R. Tomlinson, "Nonlinearity in Experimental Modal Analysis," *Phil. Trans. R. Soc. Lon.* , A, Vol. 359, No. 1778, Jan. 15, 2001, pp. 113 – 130.

第 8 章

振动试验一般模型：从现场到实验室

图片一：一架美国海军 SH－2G 直升机正在接受现场试验，目的在于制定对机上各个电子与机械子系统进行实验室试验所需要的工作振动量级。（照片由 *Sound and Vibration* 提供）

图片二：在实验室试验中，将频响函数和多个相干函数显示在计算机辅助试验系统上，从而确定车轮悬挂系统的动态响应。对于某些特定的实验室试验，所要求的输入，必须来自于适当的现场实验数据。（照片由 *Sound and Vibration* 提供）

8.1 引言

振动试验的目标是依照某个已知的过试验来模拟一种特定的环境。听似简单，但测量现场数据、制定满意的试验规范、进行合理的实验室试验等，却都非易事。进行振动试验有很多理由，其中包括：1)验证试件是否满足规范要求；2)证明一个试件的理论模型是否正确；3)确定试件的失效模式；4)制定适当的产品质量评估试验方法；5)从现场数据得出动态输入，以便用在有限元分析或其他动力学设计方法中。本章目的是认识在实验室里模拟现场振动环境这一过程中所遇到的一些问题。

1988年和1989年的夏天，作者在桑迪亚国家实验室考察冲击与振动试验方法时，大量的这类问题被摆在面前。此外，作者有幸参加了在马里兰州的巴尔迪摩召开的1994年春季实验力学会议的Murray讲座，并发表了关于这个课题的一个子题报告①。本章直接由作者在桑迪亚实验室所做笔记和为Murray讲座②整理的材料所构成。

作者最初知道从现场到实验室模拟这一过程中所涉及到的问题，是20世纪60年代后期在一个冲击与振动论坛上。故事的梗概是：美国海军欲将一电子装置成功地安装在一个庞大的炮塔上。当几发炮弹从炮膛发射之时，海军人员测量出了炮塔上打算安装电子装置的位置的竖直加速度。他们要根据这些加速度测量记录制订**动态环境**。该电子装置经过设计、试验，通过了这个动态环境。但是当电子装置安装在炮塔上之后，该装置很快被发射炮弹时的冲击载荷毁坏了。显然，实际动态环境并没有被转化为合理的试验规范。出现问题的原因有两个：1)炮塔顶端的竖直加速度可能大大小于低射角情况下炮弹的反作用力所引起的水平加速度；2)电子装置的安装位置使之迎面正对着大炮发火产生的强大气流。很明显，上面采用的方法不正确，引起了各方关心者不必要的悲伤。

Rogers等③曾经指出，当被试结构(叫做**试件**)是重2 000lb或4 000lb的运输箱，并要装到CH－47D直升机上时，列在MIL－STD－810D④标准里的试验规范是不适用的。运输箱装在机舱的情况下进行的现场测量显示，在10～500 Hz的频率范围内，随机振动的自谱密度(ASD)从规范规定的2.88g下降到了0.277g，降幅10倍多。类似地，该试验规范有四个离散的正弦频率输入，它们分别比规范规定值降低了2.8、16、25和42倍。显然，为了满足最初的动态环境——直升机空载时机舱地板的振动，试件经过了不必要的过设计。

---

① K. G. McConnell, "A General Vibration Testing Model: From the Field to the Laboratory," unpublished personal notes developed during the summers of 1988 and 1989.

② K. G. McConnell, "From Field Vibration Data to Laboratory Simulation,"Experimental Mechanics. Vol. 34, No. 3, Sept. 1994, pp. 1－13.

③ J. D. Rogers, D. B. Beightol, and J. W. Doggett, "Helicopter Flight Vibration of Large Transportation Containers－A Case for Test Tailoring," Proceedings, Institute of Environmental Sciences, 1990, pp. 515－521.

④ MIL－STD－810D, "Environmental Test Methods and Engineering Guidelines." July 19, 1983. Note: New standard is MIL－STD－810F, January 1, 2000.

在访问机车零件供应商时，作者注意到了振动台控制室墙上的一幅有趣的框图。这幅图显示了为试验该公司的各种不同的产品而获取现场加速度数据作为振动台输入源的整个过程。此过程基本上是：在要安装该公司产品的载体的表面，粘贴一枚加速度计，然后进行长时间记录。对这个时间记录进行分析得到一个自谱密度(ASD)，而后回放这个密度谱作为试件的输入。供应商的工程技术人员认为，将来把试件安装在载体上进行振动时，对载体不会有什么影响。我们发现，自谱密度的获取过程有各种情况，有的正确，有的错误。这种有时成功有时失败的各种不同的结果，导致了相当大的混乱。如我们看到的，认为上述过程正确者，常常是错误的。

在最近一次访问中，我们认识到振动试验可靠性问题的另一个方面。代理商遵照他们工业界推荐的标准做法，获得了现场振动数据，并将这些数据作为一个长时随机事件加以处理。他们利用这个随机信息对新产品进行了耐久试验，最终新产品顺利通过了试验。但是出乎他们的预料，一个指望可永久性工作的产品工作还不到一年却接连发生严重故障。是什么东西出了差错?

我们对试验过程、采用的试验方法及试验步骤进行了长时间讨论，最后作者提出一个关键问题："典型的时间历程是什么样的?"原来是一个长时间、低量级随机振动，并在随机振动中不时出现短时间、高强度振动。所有迷雾拨开之后，事情变得明朗起来：为获取安装点振动响应的自谱密度，按标准推荐，应当使用纯随机信号，而代理商的试验不是这样。当对高强度振动本身进行单独分析而不使之参与随机振动平均过程时，他们发现振动量级超过了随机振动的 10 倍，而原来长时间的随机平均使原本很高的振动量级大大降低。对输入信号加以修正后再进行试验，产品失效就开始出现，这跟现场失效情形一致。之后，为了满足更符合实际的振动试验环境要求，对产品进行了重设计。上述情况的发生，原因无他，盖因一个概念性错误——具体应用中如何进行信号处理。

这些故事说明，在设计一个试验时需要回答一些重大问题。这些问题是：

1)应当采用什么样的现场试验条件?

2)传感器应当安装在试件的什么位置才能在整个频率范围内获取最有用的信息?

3)现场数据怎样存储以备后用?

4)现场环境与实验室试验环境之间边界条件的改变会造成何种影响?

5)什么样的试验方法对于模拟给定的现场环境最适合?

6)现行工业标准真的适用于你的应用吗?

本章通过一个简单的线性模型来间接地研究这些问题，并将这个简单模型分别用于现场环境和实验室环境中的一个简单的二自由度结构系统，而且将采用几种可能的实验方法，最后给出一个更加一般的模型来描述更一般的情形[⑤]。本章的目标是说明可能出现的各种试验问题，了解试件、激振器以及实验室试验设备的动态特性在现场和实验室振动响

⑤ Varoto, P. S., The Rules for the Exchange and Analysis of Dynamic Information in Structural Vibration, Ph. D. dissertation, Department of Aerospace Engineering and Engineering Mechanics, Iowa State University, Ames, IA. 1996.

应中所起的作用。现在我们就给出本章所采用的一般输入—输出关系图。

8.1.1　一般线性系统的关系式

本节目的是说明线性结构的一般的线性输入—输出关系，见图 8-1-1。这里所用的记法与模态分析中常用的频域表示法相对应。在模态分析中，我们将输入—输出关系描写为频率 ω 的函数，叫做频响函数，或简单叫做 FRF。故 $F(\omega)$写做 F，$X(\omega)$ 写做 X，$x(t)$ 写为 x。这些频率函数既含有实部，也含有虚部，因此它们保留着信号的幅值与相位信息。

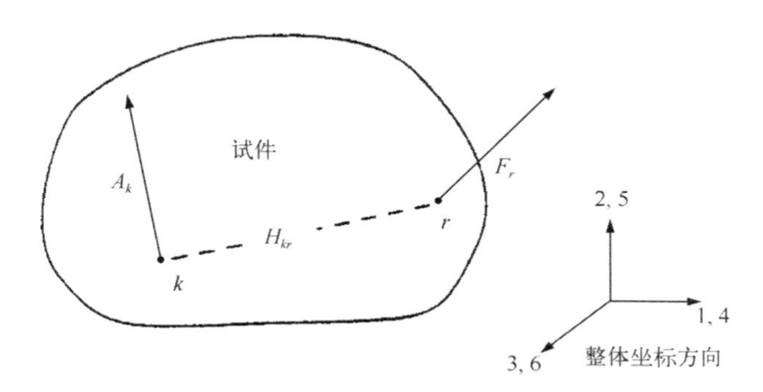

图 8-1-1　在整体坐标下测量结构的加速度导纳[$H(\omega)$]所用的输入—输出位置关系图
(Courtesy of Experimental Mechanics，Society for Experimental Mechanics.)

在图 8-1-1 中，r 点的输入包括两个矢量：一个力矢量和一个力矩矢量。用符号 F_r [$=F_r(\omega)$]来表示输入。在每个输入点可有 6 个潜在的分量，用整体坐标系方向表示它们，见图 8-1-1，F_1，F_2，F_3 表示力分量，F_4，F_5，F_6 表示力矩分量。

类似地，结构上 k 点的输出运动用两个加速度矢量描述，一个是线加速度，一个是角加速度。输出加速度以 A[$=A(\omega)$]描写。每个输出点都有 6 个潜在分量，我们用 A_1，A_2，A_3 表示线加速度分量，用 A_4，A_5，A_6 表示角加速度分量。每个力分量及每个加速度分量都是频率的复函数(包括幅值与相位)。6 个输出分量与 6 个输入分量之间的关系写成矩阵形式是

$$\{A\}_k = [H_{pq}]_{kr}\{F\}_r \qquad (8-1-1)$$

对于每一个 k 和 r，p，q 的值都是 1～6。因此，上式中描述结构的输入—输出关系的频响函数 H_{kr}[$=H_{kr}(\omega)$]包括了每一对输出输入点 k 和 r，故潜在频响函数共有 36 个之多。

式(8-1-1)还有另外的意义。假定在 k 点安装一个加速度计，测量方向是整体坐标 2 的方向，在 r 点安装一个力传感器，测量 1 方向上的力。那么根据式(8-1-1)，测量出来的加速度是

$$A_{2_k} = H_{21_{kr}}F_{1_r} + H_{22_{kr}}F_{2_r} + H_{23_{kr}}F_{3_r} + H_{24_{kr}}F_{4_r} + H_{25_{kr}}F_{5_r} + H_{26_{kr}}F_{6_r} \qquad (8-1-2)$$

其中 $H_{x_{ykr}}$ 是点k 和点r 之间的x 向与 y 向之间的频响函数。但是，通常用如下单一关系来解释式(8-1-2)

$$A_k \cong H_{kr}F_r \qquad (8-1-3)$$

显而易见，实测输入力是 F_{1_r}，实测输出加速度是 A_{2_k}，式(8-1-3)的频响函数 H_{kr} 被未知的、没有计入的一些项[即式(8-1-2)中等号右边的后五项]弄得模糊了，**因为实测响应是全部输入项共同作用的结果**。式(8-1-3)形式虽然简单，但是应用时必须记住，H_{kr} 可以是式(8-1-1)表示的36个输入—输出关系式中的任何一个，因此实际情况很可能比这里处理的要复杂得多。此外应当注意，这里采用经过筛选的离散点，如 k 和 r，来代表一个连续结构，所以我们的认识进一步受到了空间点不足的制约。

根据图8-1-2可以对上述问题做进一步审视。图中是一般结构，受到内力 S_r、外力 F_r 和连接器(界面)的激振力 B_r 的作用。每一种激励可以是力，也可以是力矩。每个输入量对点 k 的实测加速度都有贡献，因此对每种激励源应用式(8-1-3)，便得到

$$A_k = \underbrace{\sum_{r1}^{n1} H_{kr} S_r}_{\text{内力引起}} + \underbrace{\sum_{r2}^{n2} H_{kr} F_r}_{\text{外力引起}} + \underbrace{\sum_{r3}^{n3} H_{kr} B_r}_{\text{界面力引起}} \tag{8-1-4}$$

变化下标 r 的值即可包括全部各类激励源。式(8-1-4)表明，**现场测量出来的响应可以是各种激励源引起的**。显然，当边界条件改变时，连接界面力也会改变，因而输出也会不同。当结构具有内部振动源时，将它们消除会改变输出加速度。所以，全部三种激励源都会使现场环境和实验室环境之间出现差别。为方便计，我们将内部激励和外部激励合并为**非连接器力**，或曰**外力**，以便与连接器力(**界面力**)相区别。

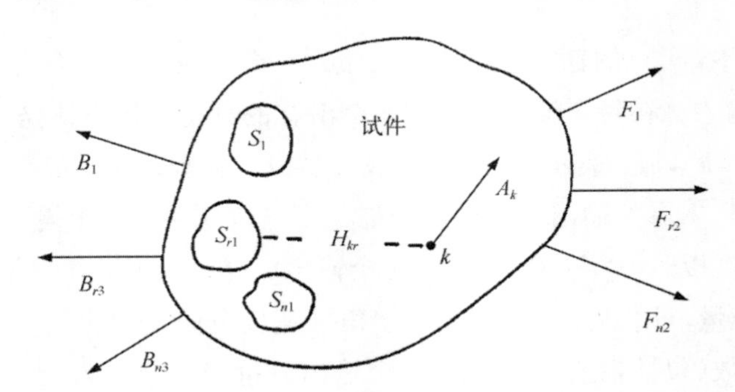

图8-1-2 表示不同振源的一般结构示意图

(Courtesy of Experimental Mechanics, Society for Experimental Mechanics.)

8.1.2 从现场到实验室所涉三种结构

大多数试验场合都涉及到三种主要的结构系统：1)试件；2)载体；3)激振器。如图8-1-3所示。在现场，试件是安装在载体上的；在实验室；试件安装在激振器上。本章讨论试件与现场环境(载体)之间、与实验室环境(激振器)之间的相互作用问题。每种结构系统的动态特性都是在频域定义的。

最后提醒读者，本章有许多公式。乍一看，似乎不过是一种简单的数学练习，但是我们的意图正相反。因为进行现场试验或进行实验室试验时，有各种各样的试验方案，要描述这些方案就需要许多公式。只有通过对各种设想的响应进行比较，才能明了此种方法

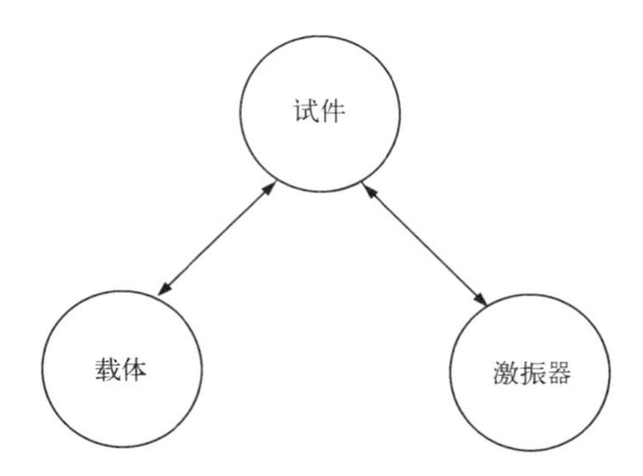

图 8-1-3　从现场环境到实验室环境过程中涉及到的三种结构
(Courtesy of Experimental Mechanics, Society for Experimental Mechanics.)

不同于另一种方法的本质意义。此外，只是简单地背诵结果，将使读者完全丧失理解力，无法体会到为什么某些变量扮演着重要角色。

8.2　现场及实验室模拟环境下的两点输入—输出模型

本节用一个简单的两点输入—输出线性模型来描述图 8-2-1 的现场条件和图 8-2-2 的实验室条件。在图 8-2-1 的模型中，载体有两种运动(Y_1 和 Y_2)和两个激振力(P_1 和 P_2)，现场试件也有两个运动(X_1 和 X_2)及两个激振力(F_1 和 F_2)。同样，图 8-2-2 的模型中，激振器有两种运动(Z_1 和 Z_2)和两个力(Q_1 和 Q_2)，实验室试件也有两个运动(U_1 和 U_2)及两个力(R_1 和 R_2)。记号下标 1 表示界面点(连接点)，2 表示非界面点。界面各连接点拥有共同的力和运动。这些共同的力和运动就形成每种环境所要求的边界条件。但是，这些边界上的力和运动对于现场和实验室两种环境可能相去甚远。

8.2.1　模型特性描述

试件、载体、激振器这三种结构可以有两种方式组合，其间的相互作用处理起来相当复杂，因此要始终保持清醒到底讨论的是哪种情形，是需要费一番功夫的。本章采用图 8-2-1 和图 8-2-2 所示的两种组合方案。

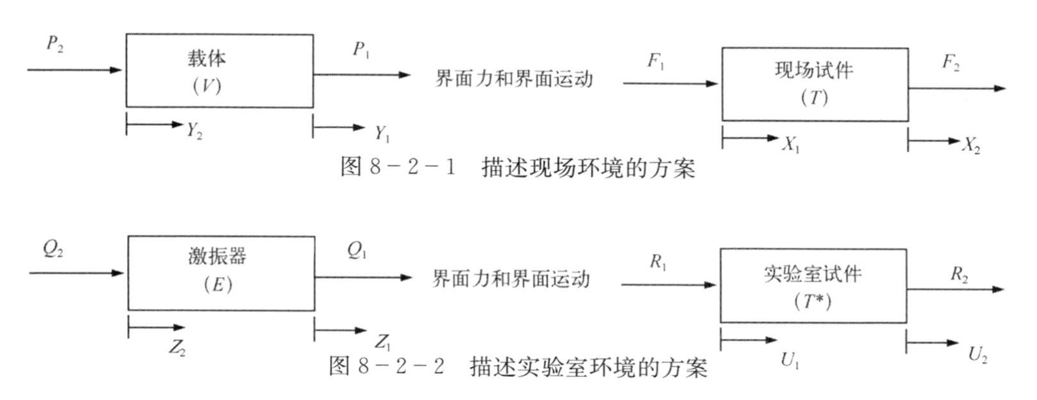

图 8-2-1　描述现场环境的方案

图 8-2-2　描述实验室环境的方案

载体 承载装置由下式描述

$$\{Y\}=[V]\{P\} \tag{8-2-1}$$

式中 $\{Y\}=\{Y(\omega)\}$——运动频谱，表示位移、速度或加速度。

$[V]=[V(\omega)]$——载体的输入—输出频响函数矩阵，由位移导纳、速度导纳或加速度导纳构成，视$\{Y\}$是位移、速度还是加速度而定。

$\{P\}=\{P(\omega)\}$——输入力的频谱。

载体的输入—输出频响函数矩阵$[V]$指的是**裸载体**条件，即未与试件相连接的情况。

试件 由于制造公差等原因，现场试件与实验室试件的特性可能有些微不同，因此描述试件时要分现场模型和实验室模型。对于现场环境，所用试件模型为

$$\{X\}=[T]\{F\} \tag{8-2-2}$$

式中 $\{X\}=\{X(\omega)\}$——试件的运动(位移、速度或加速度)。

$[T]=[T(\omega)]$——自由支撑⑥试件的频响函数矩阵，由位移导纳、速度导纳或加速度导纳构成。

$\{F\}=\{F(\omega)\}$——输入力的频谱。

类似地，对于实验室环境，我们有

$$\{U\}=[T^*]\{R\} \tag{8-2-3}$$

式中 $\{U\}=\{U(\omega)\}$——试件的运动(位移、速度或加速度)；

$[T^*]=[T^*(\omega)]$——自由支撑⑦试件的频响函数矩阵，由位移导纳、速度导纳或加速度导纳构成；

$\{R\}=\{R(\omega)\}$——输入力的频谱。

我们假定，输入—输出点数对这两种试件环境都相同。

激振器 激振器用下述公式描述

$$\{Z\}=[E]\{Q\} \tag{8-2-4}$$

式中 $\{Z\}=\{Z(\omega)\}$——运动的频谱(位移、速度或加速度)；

$[E]=[E(\omega)]$——激振器的输入—输出频响函数矩阵，由位移导纳、速度导纳或加速度导纳构成；

$\{Q\}=\{Q(\omega)\}$——输入力的频谱。

8.2.2 现场环境

载体在点1的界面运动可以从式(8-2-1)得出

$$Y_1=V_{11}P_1+V_{12}P_2=V_{11}P_1+Ye_1 \tag{8-2-5}$$

其中Ye_1是由非界面力P_2引起的界面运动，具体在这里则是

---

⑥ A freely supported structure is impossible to attain, but using soft springs so that the rigid body modes are below 0.1 of the lowest free-free natural frequency has to do, in all practicality.

⑦ See footnote 6 above.

$$Ye_1 = V_{12}P_2 \tag{8-2-6}$$

从式(8-2-5)和式(8-2-6)可以清楚看出，载体的界面运动是由界面力(即连接器力)P_1和非界面力 P_2 共同引起的。类似地，试件的界面运动可从式(8-2-2)获得为

$$X_1 = T_{11}F_1 + T_{12}F_2 = T_{11}F_1 + Xe_1 \tag{8-2-7}$$

其中 Xe_1 是由非界面力 F_2 引起的

$$Xe_1 = T_{12}F_2 \tag{8-2-8}$$

由式(8-2-7)和式(8-2-8)看得很清楚，试件的界面运动是由界面力 F_1 和非界面力 F_2 共同产生的。

载体和试件之间的界面边界条件可写成

$$X_1 = Y_1(\text{对运动而言}) \tag{8-2-9}$$

$$P_1 = -F_1(\text{对力而言}) \tag{8-2-10}$$

式中负号是因为这两个力在运动正方向上都是正的，如图8-2-1所示。现在将式(8-2-10)代入式(8-2-5)，并按照式(8-2-9)令式(8-2-5)和式(8-2-7)二式相等，则可给出相应的单一界面力为

$$F_1 = \frac{V_{12}P_2 - T_{12}F_2}{T_{11} + V_{11}} = \frac{Ye_1 - Xe_1}{FI} \tag{8-2-11}$$

这个式子也可以通过原始界面运动从式(8-2-6)和式(8-2-8)写出。我们定义**现场界面动态特性** FI 为

$$FI = T_{11} + V_{11} \tag{8-2-12}$$

这一动态特性是两个驱动点特性之和，其中每一个都是它们未被连接起来之前的特性。注意，在这些公式中所用的全部频响函数都必须基于同一类动态特性，如位移导纳、速度导纳或加速度导纳。

于是，组合系统(即经界面连接后的系统)的界面运动为

$$X_1 = T_{11}F_1 + T_{12}F_2 = \frac{T_{11}}{FI}(Ye_1 - Xe_1) + Xe_1 \tag{8-2-13}$$

亦可写成下面的样子

$$X_1 = \frac{T_{11}}{FI}Ye_1 + \frac{V_{11}}{FI}Xe_1 \tag{8-2-14}$$

上面这两个简单等式清楚地说明，载体的动态特性[V]和试件动态特性[T]之间存在着微妙的相互作用，这种作用是通过力或者运动而实现的。例如在式(8-2-13)中，相对界面运动($Ye_1 - Xe_1$)是由非连接器力 P_2 和 F_2 引起的，表示当两个结构未连接在一起时存在的一种运动。这个相对界面运动乘以试件的驱动点特性 T_{11}，再除以**现场界面**动态特性 FI，就构成了界面运动的一部分。也可以从式(8-2-14)看到，试件特性 T_{11} 要乘以由作用在载体上的外力 P_2 引起的运动 Ye_1，载体的特性 V_{11} 要乘以作用在试件上的外力 F_2 所引起的试件运动 Xe_1。当 $F_2=0$ 时，则引起界面运动的激励源只有载体。

将式(8-2-11)代入式(8-2-2)可求得试件上2点的运动为

$$X_2 = T_{21}F_1 + T_{22}F_2 = \frac{T_{21}}{FI}(Ye_1 - Xe_1) + Xe_2 \tag{8-2-15}$$

这里 Xe_2 是外力 F_2 引起的 2 点的运动，即 $Xe_2 = T_{22}F_2$。显然，外力 F_2 是式(8－2－15)中两项运动 Xe_1 和 Xe_2 的根源。

可以根据式(8－2－13)和式(8－2－15)解出 X_2 与 X_1 之比，结果是

$$\frac{X_2}{X_1} = \frac{(T_{21}/FI)(Ye_1 - Xe_1) + Xe_2}{(T_{11}/FI)(Ye_1 - Xe_1) + Xe_1} \tag{8-2-16}$$

式(8－2－16)清楚地表明，如果 $F_2 = 0$，则 Xe_1 和 Xe_2 皆等于零，因而此时比值 X_2/X_1 便仅仅决定于试件特性 T_{11} 和 T_{21}。在这种特殊情况下，现场测量得到的频响函数，表示的只是试件本身的现场动态特性，因为当 Xe_1 和 Xe_2 均为零时 FI 约掉了。此时式(8－2－16)便给出了传统意义上的传输比

$$TR_{21} = \frac{T_{21}}{T_{11}} \tag{8-2-17}$$

这一结果表示，**只有在外力等于零的情况下才有可能确定试件的传输比特性**。如果 $F_2 \neq 0$，那么式(8－2－16)说明，FRF 不但与外部载荷有关，而且也与载体和试件的动态特性 V_{11}、T_{11} 有关，无法从中得到一般结果。

8.2.3 实验室环境

遵从 8.2.2 节的步骤，作用在激振器和试件上的外力所产生的界面运动可由下列二式给出

$$Ze_1 = E_{12}Q_2 \text{（对于激振器）} \tag{8-2-18}$$

$$Ue_1 = T_{12}^*R_2 \text{（对于试件）} \tag{8-2-19}$$

将试件连接在激振器上时，二者之间所产生的界面力为

$$R_1 = \frac{E_{12}Q_2 - T_{12}^*R_2}{T_{11}^* + E_{11}} = \frac{Ze_1 - Ue_1}{LI} \tag{8-2-20}$$

式中分母项叫做连接界面的**实验室动态特性**，由下式表示

$$LI = T_{11}^* + E_{11} \tag{8-2-21}$$

实验室连接界面的动态特性决定于实验室所用试件的驱动点动态特性和激振器的驱动点动态特性。

实验室中界面运动 U_1 表达式为

$$U_1 = T_{11}^*R_1 + T_{12}^*R_2 = \frac{T_{11}^*}{LI}(Ze_1 - Ue_1) + Ue_1 \tag{8-2-22}$$

此式亦可写成与式(8－2－14)相似的形式

$$U_1 = \frac{T_{11}^*}{LI}Ze_1 + \frac{E_{11}}{LI}Ue_1 \tag{8-2-23}$$

同样地，试件上点 2 的运动成为

$$U_2 = T_{21}^*R_1 + T_{22}^*R_2 = \frac{T_{21}^*}{LI}(Ze_1 - Ue_1) + Ue_2 \tag{8-2-24}$$

这里Ue_1和Ue_2是由作用在试件上的外力R_2引起的。点2与点1的界面运动之比为

$$\frac{U_2}{U_1}=\frac{(T_{21}^*/LI)(Ze_1-Ue_1)+Ue_2}{(T_{11}^*/LI)(Ze_1-Ue_1)+Ue_1} \tag{8-2-25}$$

在式(8-2-25)中，外力R_2是运动Ue_1和Ue_2的激励源。因此，当$R_2=0$时，运动之比就简化为试件频响函数T_{21}^*和T_{11}^*之比，这跟在现场环境下式(8-2-17)所描述的传输比关系式相同。注意，在此条件下LI约掉了。因此，如果现场情况下的外力F_2与实验室条件下的外力R_2都是零，那么现场传输比和实验室传比则有可能相等。另一方面，从式(8-2-16)和式(8-2-25)也可清楚看出，由于混合数据的存在，可能使实验室环境下的传输比不同于现场环境。

8.2.4　基本结果的讨论

我们已经领略到了试件与其两个相伴结构——现场中的载体及实验室中的激振器——之间发生相互作用的复杂性。从上面那些方程可以看到，在试件与载体或激振器连接后的组合系统中，驱动点频响函数与转移频响函数以某些方式联合起来决定系统的行为特性——连接前后界面连接力及运动大为不同。因此，如果只考虑裸载体数据而忽视载体的驱动点频响函数，这种想法不足取。

Sweitzer⑧用稍微不同的观点对这里所讨论基本问题做了一项研究。他透彻论述了另外一些概念，但他的基本研究成果与我们这里所得是一致的，这一点，考虑到他应用了Thevenin定理这一事实便可知道。

8.3　根据基本模型进行实验室模拟

本节采用8.2节提出的、示于图8-2-1和图8-2-2的简单的二变量线性输入—输出动态模型，来讨论6种不同的试验与控制工况(scenario)。前三种工况，不论是现场环境还是实验室环境，都假设外力是零。外力为零这一条件意思是，界面力和界面运动超过任何外部载荷起支配作用。在后三种工况条件下，现场环境中存在外力，实验室环境下不存在外力。这组条件实际上是试图将现场环境等视为实验室环境下的单个输入而忽略任何外部载荷的存在，这是一种极为常见的情形。

具有反馈控制功能的典型的简单振动试验系统如图8-3-1所示。该系统由控制器(模拟式或数字式)、功率放大器、激振器、试件以及测量界面力F_1、界面加速度A_1和输出加速度A_2的一些传感器组成。在下面的试验工况中，我们将把图8-3-1所示系统当做试验系统；其中，控制器驱动功率放大器和激振器，从而根据所选反馈变量之不同，可以控制界面力F_1、界面加速度A_1或者输出加速度A_2达到规定值。

---

⑧ K. A. Sweitzer, "Vibration Models Developed for Subsystem Test." M. S. thesis. Syracuse University, Utica, NY, May 1994.

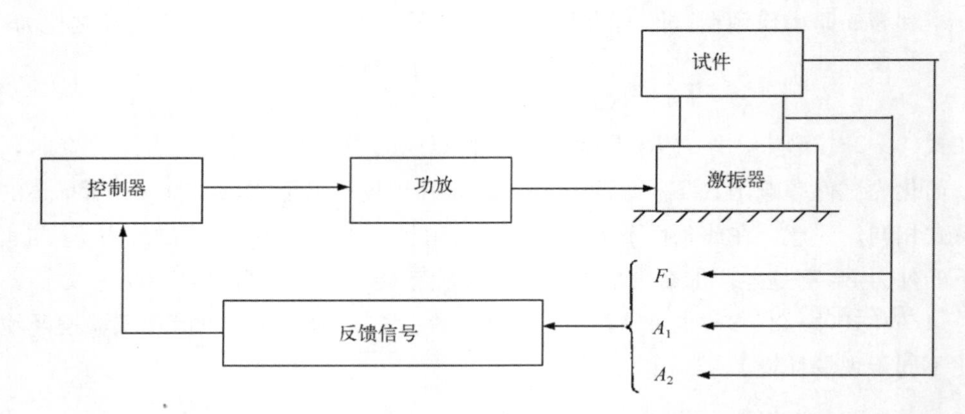

图 8-3-1 简单试验系统方案，表示了在 6 种不同情况下的主要部件及各种反馈变量选择

每一种工况对应着一种常用的振动试验控制方案。第一种方案是控制试验系统，使现场和实验室两种环境中的**界面运动**相同。第二种方案是控制试验系统，使现场和实验室两种环境中的**界面力**相同。第三种方案是控制试验系统，使现场和实验室环境中试件上点 2 的**输出响应**相同。此外，对于前三种试验工况，现场外力 F_2 为零，而对于后三种情形现场外力不是零。对于这里所考虑的全部工况，实验室外力 R_2 统统为零，这样规定，就排除了实验室试验中外力的影响。

8.3.1 试验工况 1：界面运动相等，没有外力

这种情形下，现场外力 F_2 和实验室外力 R_2 都是零。我们控制界面的运动，使现场环境与实验室环境相同，因而采用的试验条件为

$$U_1 = X_1 \tag{8-3-1}$$

于是，根据式(8-2-14)，式(8-2-18)，式(8-2-22)及式(8-3-1)，即可得到所要求的激振器裸台面运动为

$$Ze_1 = E_{12}Q_2 = \left[\frac{LI}{T_{11}^*}\right]X_1 = \left[\frac{LI}{FI}\right]\left[\frac{T_{11}}{T_{11}^*}\right]Ye_1 \tag{8-3-2}$$

这里要注意，∵ $F_2=0$，∴ $Xe_1=0$；∵$R_2=0$，∴$Ue_1=0$。裸台面运动是激振器连接界面未安装试件时存在的运动。式(8-3-2)表示现场和实验室环境下各种试验参数之间的关系。X_1 是现场运动实测值。实验室激振器的裸台面运动 Ze_1 与现场空载时的载体运动 Ye_1(即试件不存在时载体的运动)之间的关系是通过两个界面动态参数 FI 和 LI 以及试件在现场和实验室的驱动点频响函数 T_{11} 和 T_{11}^* 联系起来的。在试验频率范围内这些特性可以在峰值和谷值之间大幅度变化。

所需要的激振器驱动力可以从式(8-3-2)求出如下

$$Q_2 = \left[\frac{LI}{T_{11}^*}\right]\frac{X_1}{E_{12}} = \left[\frac{T_{11}^* + E_{11}}{T_{11}^* E_{12}}\right]X_1 \tag{8-3-3}$$

功率放大器、激振器以及控制系统必须有能力在试验频率范围内产生这样大小的激振力，

才能模拟现场界面运动 X_1。回忆，由于电气方面的限制，激振器台面运动产生的反电动势，使试验系统共振时驱动力出现降落，此时可能得不到所需要的力。

使式(8－2－20)和式(8－3－2)相结合，即可求出所需要的实验室界面力为

$$R_1 = \frac{Ze_1}{LI} = \frac{X_1}{T_{11}^*} = \left[\frac{T_{11}}{T_{11}^*}\right]\left[\frac{Ye_1}{FI}\right] = \left[\frac{T_{11}}{T_{11}^*}\right]F_1 \qquad (8-3-4)$$

从式(8－3－4)清楚看出，当动态特性 T_{11} 和 T_{11}^* 相等时，实验室界面力 R_1 将等于现场界面力 F_1。但是当 T_{11} 和 T_{11}^* 二者的峰值、谷值不等时，会出现 R_1 和 F_1 严重失配的情形。频响函数 T_{ij} 失配的重要影响以及在振动试验中如何有效应用包络(enveloping)技术，需要很好地研究。

将式(8－3－2)代入式(8－2－24)可以求得试件上点2的运动。对于实验室运动，其结果为

$$U_2 = T_{21}^* R_1 = \left[\frac{T_{21}^*}{T_{11}^*}\right]X_1 = \left[\frac{T_{11}}{T_{11}^*}\right]\left[\frac{T_{21}^*}{FI}\right]Ye_1 \qquad (8-3-5)$$

这个运动应当等于式(8－2－15)(该式可以针对现场试验条件加以修正)所描述的现场运动。结合式(8－2－15)和式(8－3－5)可求出现场试件的运动

$$X_2 = T_{21}F_1 = \left[\frac{T_{21}}{FI}\right]Ye_1 = \left[\frac{T_{11}^*}{T_{11}}\right]\left[\frac{T_{21}}{T_{21}^*}\right]U_2 \qquad (8-3-6)$$

显然，对于现场环境和实验室环境，如果在所有频率上 T_{11} 和 T_{21} 相等，则上述二式相同。

应当明确，出现上述结果需要三个基本假设，这些假设是：1)激振系统必须有能力在所有输入频率上产生所要求的激振力 Q_2；2)控制系统必须有能力在试验的整个动态范围内对激振系统进行有效控制；3)由 T_{11} 和 T_{21} 描述的试件之动态特性在现场和在实验室必须相同。

8.3.2　试验工况2：界面力相等，没有外力

在此情形，作用在试件上的两个现场外力 F_2 和实验室外力 R_2 皆为零。对界面力进行控制，使之在现场和实验室环境条件下大小一样，因此所施试验条件是

$$R_1 = F_1 \qquad (8-3-7)$$

将式(8－2－11)和式(8－2－20)代入式(8－3－7)就给出所需要的激振器界面运动

$$Ze_1 = E_{12}Q_2 = \left[\frac{LI}{FI}\right]Ye_1 = LIF_1 \qquad (8-3-8)$$

产生式中的界面力 Z_{e1} 所需要的激振器驱动力 Q_2，可根据式(8－3－8)求得为

$$Q_2 = \left[\frac{LI}{E_{12}FI}\right]Ye_1 = \frac{LI}{E_{12}}F_1 \qquad (8-3-9)$$

注意，如果控制系统与激振器满足式(8－3－7)的要求，那么式(8－3－9)将自动满足。

将式(8－3－7)和式(8－3－8)的结果代入到式(8－2－22)，就得出了界面运动为

$$U_1 = T_{11}^* R_1 = \left[\frac{T_{11}^*}{LI}\right]Ze_1 = \left[\frac{T_{11}^*}{FI}\right]Ye_1 \qquad (8-3-10)$$

比较该式与式(8-2-13)即知，如果实验室频响函数 T_{11}^* 和现场频响函数 T_{11} 相同，则二式结果也相同。类似地，在实验室环境下试件点 2 的运动可以从式(8-2-20)、式(8-2-24)和式(8-3-8)求得

$$U_2 = T_{21}^* R_1 = \left[\frac{T_{21}^*}{FI}\right] Ye_1 \tag{8-3-11}$$

此式与式(8-2-15)比较可知，如果 $T_{21}^* = T_{21}$，则该式表示对现场的真实模拟。

第二种工况表明，倘若前一工况中关于试验系统的三个假设得到满足，则控制单个激振力即可满意地实现对现场的模拟。控制激振力方案的一个主要问题是，力传感器常常对剪切力、对基座应变、对传感器的不同轴性、对弯矩等，与对设计轴向力同样地敏感。同时，力传感器还会将柔曲性引入激振器的驱动系统，这在高频情况下可能引起麻烦。

8.3.3　试验工况 3：试件运动相等，没有外力

在此工况下，现场外力 F_2 和实验室外力 R_2 都是零。对试件上点 2 的运动进行控制，使现场和实验室环境中 2 点的运动相同，因而所施试验条件是

$$U_2 = X_2 \tag{8-3-12}$$

此式是说，控制激振系统，使之在试件上某给定点产生我们所期望的运动，这个运动应当与现场同一点的实测量值相等。为了获得所要求的实验室工作条件，应当将式(8-2-15)、式(8-2-18)和式(8-2-24)与式(8-3-12)相结合，求出裸台面的运动，裸台面运动表达式为

$$Ze_1 = E_{12} Q_2 = \left[\frac{LI}{T_{21}^*}\right] X_2 = \left[\frac{LI}{FI}\right]_1 \left[\frac{T_{21}}{T_{21}^*}\right] Ye_1 \tag{8-3-13}$$

从这个式子即可求出所需要的振动台的驱动力

$$Q_2 = \left[\frac{LI}{E_{12} T_{21}^*}\right] X_2 \tag{8-3-14}$$

将式(8-2-13)、式(8-2-22)和式(8-3-13)结合考虑，可求得相应的界面运动，结果是

$$U_1 = T_{11}^* R_1 = \left[\frac{T_{11}^*}{T_{21}^*}\right] X_2 = \left[\frac{T_{21}}{T_{21}^*}\right]\left[\frac{T_{11}^*}{FI}\right] Ye_1 \tag{8-3-15}$$

对比式(8-3-15)和式(8-3-13)二式可知，如果 $T_{21} = T_{21}^*$，$T_{11} = T_{11}^*$，则 $U_1 = X_1$。对应的界面力(注意，$F_1 = R_1$)可根据式(8-2-15)和式(8-2-24)求出如下

$$R_1 = \frac{U_2}{T_{21}^*} = \frac{X_2}{T_{21}} \tag{8-3-16}$$

应当明确，同前两种工况一样，上述第三种工况也要求试验系统满足那三个假设。

这些单点输入结果表明，在所限定的条件下，获得良好的实验室模拟是有潜在可能性的。但我们的疑问是，不论在现场还是在实验室，如果试件有一个以上的输入力，这样好的结果还能够得到吗？下面三种工况将证明，多个外力的确会引起一些问题，这些力之间的协调问题不花费大量的时间和资源是很难解决的。

8.3.4　试验工况 4：界面运动相等，有现场外力，无实验室外力

在此情形，现场外力 F_2 不是零，但实验室外力 R_2 是零。对界面运动加以控制，使之在实验室和现场环境条件下都相同。这个试验条件可用下式描述

$$U_1 = X_1 \tag{8-3-1}$$

回忆，因 $R_2=0$，故 $Ue_1=Ue_2=0$[见式(8－2－18)和式(8－2－24)]。当把式(8－2－18)、式(8－2－22)与式(8－3－1)结合时，所要求的裸台面界面运动为

$$Ze_1 = E_{12}Q_2 = \left[\frac{LI}{T_{11}^*}\right]X_1 \tag{8-3-17}$$

此式再与式(8－2－13)结合，则得

$$Ze_1 = \left[\frac{LI}{FI}\right]_1\left[\frac{T_{11}}{T_{11}^*}\right](Ye_1 - Xe_1) + \left[\frac{LI}{T_{11}^*}\right]Xe_1 \tag{8-3-18}$$

一旦求出了裸台面界面运动，其他相关量也可以求得。

在实验室试验中，使试件运动所需要的界面力可以根据式(8－2－20)和式(8－3－18)求得，结果是

$$R_1 = \left[\frac{T_{11}}{T_{11}^*}\right]\left[\frac{Ye_1 - Xe_1}{FI}\right] + \frac{Xe_1}{T_{11}^*} = \left[\frac{T_{11}}{T_{11}^*}\right]F_1 + \frac{Xe_1}{T_{11}^*} \tag{8-3-19}$$

式(8－3－19)清楚地表明，现场和实验室环境中界面力不相等，即使 $T_{11}=T_{11}^*$ 也是如此。这一结果缘于这样的事实：当 $R_2=0$ 时，我们将无法在实验室中模拟现场非连接器力所引起的界面运动 Xe_1 的作用。**因此，误差项必然存在**。误差的大小常常与频率有关，决定于式(8－3－19)中每个频率相关项的相对大小。

将式(8－3－18)代入式(8－2－24)，可以求出试件上点 2 的实验室模拟运动，结果为

$$U_2 = \left[\frac{T_{11}}{T_{11}^*}\right]\left[\frac{T_{21}^*}{FI}\right](Ye_1 - Xe_1) + \left[\frac{T_{21}^*}{T_{11}^*}\right]Xe_1 \tag{8-3-20}$$

比较此式与关于“现场环境”一节的式(8－2－15)

$$X_2 = \left[\frac{T_{21}}{FI}\right](Ye_1 - Xe_1) + Xe_1 \tag{8-2-15}$$

可见，上面这两个运动明显不同。假如 $T_{11}=T_{11}^*$，$T_{21}=T_{21}^*$，那么上二式中的第一项相等；但第二项不等，除非碰巧 $T_{11}^*=T_{21}^*$ 或 Xe_1 与实验中其他项相比非常小。在第一种工况中对实验系统的三个基本假设在该工况中同样是必要的。因此，对试验进行控制使界面连接器的运动相等并不能保证其他参数(如界面力、试件上另一个点的运动)也相等。由于各种力和运动的相对幅值之不同，实验结果可能被严重扭曲！

8.3.5　试验工况 5：界面力相等，有现场外力，无实验室外力

在此工况下，现场外力 F_2 不是零，而实验室外力为零。我们对界面连接力加以控制，使之在现场和实验室环境中相等，因而式(8－3－7)满足

$$R_1 = F_1 \tag{8-3-7}$$

回顾式(8-2-19)可知，$Ue_1 = Ue_2 = 0$，于是将式(8-2-11)、式(8-2-18)、式(8-2-20)与式(8-3-7)相结合即可求得激振器裸台面运动为

$$Ze_1 = \left[\frac{LI}{FI}\right](Ye_1 - Xe_1) = E_{12}Q_2 \qquad (8-3-21)$$

我们将式(8-3-21)代入式(8-2-23)即可估计实验室界面运动为

$$U_1 = \left[\frac{T_{11}^*}{LI}\right]Ze_1 = \left[\frac{T_{11}^*}{FI}\right](Ye_1 - Xe_1) + 0 \qquad (8-3-22)$$

式中右边加上一个0项为了强调零运动是由于$R_2 = 0$所致。式(8-3-21)给出的试件的实验室界面运动可以和下式

$$X_1 = \left[\frac{T_{11}}{FI}\right](Ye_1 - Xe_1) + Xe_2 \qquad (8-2-13)$$

相比较，上面两个方程中的第一项应当接近相等，但式(8-3-22)中第二项完全消失了。这表明，因某个外力引起的界面运动不能仅仅靠使界面力相等而获得，如该情形下所做的那样。

试件上任何点2的运动皆可求得，只要将式(8-2-24)和式(8-3-21)结合即可，结果如下

$$U_2 = \left[\frac{T_{21}^*}{FI}\right](Ye_1 - Xe_1) + 0 \qquad (8-3-23)$$

式中加零是为了强调在实验室中因R_2为零而丧失的运动。这个实验室模拟结果必须等于式(8-2-15)给出的现场出现的运动，即

$$X_2 = \left[\frac{T_{21}}{FI}\right](Ye_1 - Xe_1) + Xe_2 \qquad (8-2-15)$$

对比上面二式我们再次看到，当$T_{21} = T_{21}^*$时，上面二式的第一项完全相等，而在实验室模拟中，第二项完全消失了。事实上，在控制激振力的工况下，模拟运动X_1和X_2遭受同样的减损，因为在实验室模拟中非连接器力$R_2 = 0$，故而没有与Xe_2相当的运动。这些模拟结果取决于工况1中描述的关于试验系统行为特性的三个同样的基本假设。

8.3.6 试验工况6：试件运动相等，有现场外力，无实验室外力

在此工况中，现场外力F_2不等于零，但实验室外力R_2等于零。对试件上点2的运动进行控制，使之在实验室与现场环境下相等。试验条件用下式描述

$$U_2 = X_2 \qquad (8-3-12)$$

同样，也有$Ue_1 = Ue_2 = 0$。将式(8-2-15)、式(8-2-18)及式(8-2-24)与式(8-3-12)相结合，可求得所需要的激振器裸台面界面运动为

$$Ze_1 = E_{12}Q_2 = \left[\frac{LI}{FI}\right]\left[\frac{T_{21}}{T_{21}^*}\right](Ye_1 - Xe_1) + \left[\frac{LI}{T_{21}^*}\right]Xe_2 \qquad (8-3-24)$$

将式(8-3-24)代入式(8-2-20)，并考虑到关于F_1的式(8-2-11)，则可求出相应的实验室界面力

$$R_1=\left[\frac{T_{21}}{T_{21}^*}\right]\left[\frac{Ye_1-Xe_1}{LI}\right]+\frac{Xe_2}{T_{21}^*}=\left[\frac{T_{21}}{T_{21}^*}\right]F_1+\frac{Xe_2}{T_{21}^*} \tag{8-3-25}$$

由式(8－3－25)明显看出，即使 $T_{21}=T_{21}^*$，实验室界面力与现场界面力也不同，这是因为在现场条件下 Xe_2 具有非零值。在实验室，Xe_2 是根据式(8－3－12)描述的模拟控制工况计算的。

将式(8－3－24)代入式(8－2－22)时，可求出相应的实验室界面运动为

$$U_1=\left[\frac{T_{21}}{T_{21}^*}\right]\left[\frac{T_{11}^*}{FI}\right](Ye_1-Xe_1)+\left[\frac{T_{11}^*}{T_{21}^*}\right]Xe_2 \tag{8-3-26}$$

该运动可与式(8－2－13)相比较

$$X_1=\left[\frac{T_{11}}{FI}\right](Ye_1-Xe_1)+Xe_1 \tag{8-2-13}$$

其中很明显，当 $T_{21}=T_{21}^*$ 且 $T_{11}^*=T_{11}$ 时，二式中的第一项相等，但是第二项可能永远不会相等(偶然情形除外)，因为它们涉及完全不同的两项：Xe_1 和 Xe_2。

8.3.7　六种试验工况小结

本节讨论了 6 种不同的试验控制工况，其中工况 1 至工况 3 是现场环境和实验室环境中都没有外力作用在试件上的情形。在现场和实验室中，如果控制系统与激振器系统能够实现控制条件，并且使两种环境中试件的频响函数相等，那么这几种控制方案都有可能令人满意。这一结果可以解释为什么有些实验室的模拟试验相当成功，原因在于支配性的输入是来自于连接点，而外部载荷的影响极小。要想使这三种控制工况正确发挥作用，必须满足三个基本假设：1)激振器系统必须能够在所有频率上产生所需要的激振力 Q_2；2)控制系统必须能够在试验的整个动态范围内对激振系统进行有效控制；3)试件在现场和实验室中的动态特性 T_{11} 和 T_{21} 必须相等。

工况 4 至工况 6 中，实验室试验不对现场外力进行模拟。我们发现，在此条件下每种控制方案都不适当，因为不可能用某种等效的界面运动或界面力来模拟外力，也不可能用试件内部某个点的运动来模拟外力。这一结果可以解释，为什么当现场外力相当大而实验室模拟中又对现场外力不予考虑时，实验室模拟试验效果就会很差。Szymkowiak 和 Silver[⑨] 有一篇文章描述了这一类问题。怎样正确处理外力所需要的条件这里不予探讨，但容易猜到，实验室信号之间的互相关函数必须等于现场信号之间的互相关函数，不然输出就不会相同，如式(8－2－14)和式(8－2－23)所示。

8.4　二自由度试件与二自由度载体举例

为了演示 8.2 节和 8.3 节的实际意义，我们用一个二自由度试件和一个二自由度载体

---

⑨ E. A. Szymkowiak and W. Silver, II, "A Captive Store Flight Vibration Simulation Project," Proceedings of the 36th Annual Institute of Environmental Sciences, New Orleams, LA, Apr. 1990, pp. 531－538.

做一个简单实验，如图 8－4－1 所示。用龙门框架来模拟载体，框架固定在电动激振器上。框架有一个中心质量 m_{V_1} 和一个固定在激振器动圈上的基座质量为 m_{V_2}。注意，符号 V 用于质量、刚度、阻尼、加速度等变量，指明这些变量都是有关载体的，而用符号 T 专指关于试件的变量。本例中重要的载体加速度用两个标记为 A_{V_1} 和 A_{V_2} 的加速度计来测量。载体的弹簧常数记为 k_V，黏性阻尼常数记为 C_V。两个系统之间的连接界面就在力传感器 F_T 与载体质量 m_{V_1} 之间，如图 8－4－1(a)所示。力传感器的质量看成是试件质量的一部分。

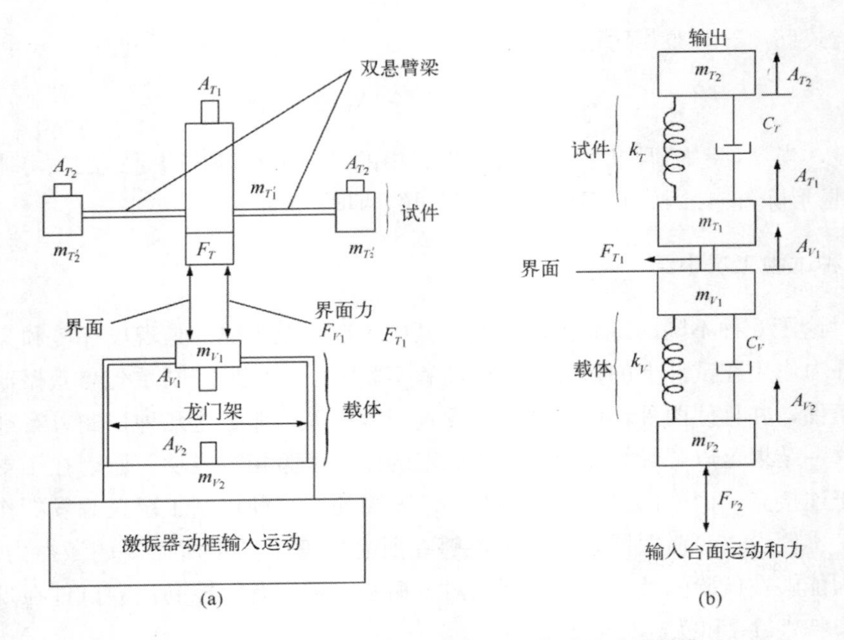

图 8－4－1 (a)物理模型；(b)等效弹簧质量阻尼器模型

试件由对称的双悬臂梁构成，其两端有两个质量 $m_{T'_2}$，这两个质量上各粘贴一枚加速度计 A_{T_2}。中心支架、界面力传感器 F_T 及加速度计 A_{T_1} 的质量合计记做 m_{T_1}。两个质量 $m_{T'_2}$ 合成为单个质量 m_{T_2}，如图 8－4－1(b)所示。试件的弹簧常数记为 k_T(等于单个悬臂梁的弹簧常数的两倍)，黏性阻尼常数记为 C_T。

8.4.1 试件与载体的动态特性

理论考虑 通过正确解释标准的二自由度强迫振动响应，即可从任何振动论文[⑩]得到驱动点加速度导纳。试件在自由支撑条件下 1 点的驱动点加速度导纳是

$$T_{11}=\frac{A_{T_1}}{F_{T_1}}=\frac{k_T-m_{T_2}\omega^2+\mathrm{j}C_T\omega}{k_T m_T-(m_{T_1}m_{T_2})\omega^2+\mathrm{j}C_T m_T\omega} \qquad (8-4-1)$$

式中 m_T——试件的总质量，由下式给出

⑩ Rao, S. S., Mechanical Vibrations, 2nd ed., Addison－Wesley, Reading, MA, 1990, pp. 269－420.

$$m_T = m_{T_1} + m_{T_2} \tag{8-4-2}$$

试件上 1 点输入力谱 2 点输出加速度谱的转移加速度导纳 T_{12}，或者 2 点输入 1 点输出的转移加速度导纳 T_{21}，可求得如下式

$$T_{12} = T_{21} = \frac{A_{T_2}}{F_{T_1}} = \frac{k_T + \mathrm{j}C_T\omega}{k_T m_T - (m_{T_1} m_{T_2})\omega^2 + \mathrm{j}C_T m_T\omega} \tag{8-4-3}$$

试件上 2 点的驱动点导纳为

$$T_{22} = \frac{A_{T_2}}{F_{T_2}} = \frac{k_T - m_{T_1}\omega^2 + \mathrm{j}C_T\omega}{k_T m_T - (m_{T_1} m_{T_2})\omega^2 + \mathrm{j}C_T m_T\omega} \tag{8-4-4}$$

这个简单试件的动态特性完全由上面三个加速度导纳频响函数决定。注意，这几个频响函数就是一个具有自由边界、能做刚体运动的半定系统所拥有的频响函数。

仿照上述方法，可以写出关于载体的类似的频响函数。但是，正如我们立刻就要看到的，该实验中当点 2(载体基座)固定时，只需要求取驱动点加速度导纳频响函数就够了。当基座固定时，载体的驱动点加速度导纳特性可求出如下

$$V_{11} = \frac{A_{V_1}}{F_{V_1}} = \frac{-\omega^2}{k_V - m_{V_1}\omega^2 + \mathrm{j}C_V\omega} \tag{8-4-5}$$

本试验中，另一个重要的频响函数是从载体基座点 2 到界面点 1 的加速度传输比。此传输比频响函数用 $TR_{V_{12}}$ 表示，由下式给出

$$TR_{V_{12}} = \frac{A_{V_1}}{A_{V_2}} = \frac{k_V + \mathrm{j}C_V\omega}{k_V - m_{V_1}\omega^2 + \mathrm{j}C_V\omega} \tag{8-4-6}$$

式中，符号 V 表示载体的传输比。

实测特性曲线　结构是由它的驱动点加速度导纳及转移加速度导纳规定的。式(8-4-1)给出的是试件的驱动点加速度导纳，其中当分子的实部趋于零时，m_{T_2} 的作用相当于一个在频率 f_a 附近的动态减振器。同样，式(8-4-1)表明，当分母实部等于零时，T_{11} 在共振频率 f_n 处达到最大值。试件的驱动点加速度导纳实测值 MT_{11} 示于图 8-4-2(a)；这里 T_{11} 前面的符号 M 表示加速度导纳 T_{11} 来自于实测振动数据。利用式(8-4-1)对本次试验数据进行详尽分析，可以得到表 8-4-1 所示关于试件的物理常数。曲线在 81.25 Hz 处出现谷底，而峰值出现在 123.75 Hz。我们将表 8-4-1 中的参数应用于式(8-4-1)，即可计算出加速度导纳 T_{11} 的理论值，见图 8-4-2(a)虚线所示。很清楚，若适当选取阻尼值，使峰值与谷值拟合良好，那么实验曲线与模型曲线将吻合得很好。

关于载体的驱动点加速度导纳的**测量值** MV_{11}，示于图 8-4-2(b)(实线)。驱动点导纳 V_{11} 的理论表达式为式(8-4-5)。有效质量是在 200 Hz 估计的，可以看到共振出现在 63.25 Hz。将这两个数值代入式(8-4-5)，便可估计载体的物理参数，如表 8-4-1 所示。将表中给出的 k_V、C_V 和 m_{V_1} 值代入式(8-4-5)即可算得载体的频响函数 V_{11} 的理论曲线，结果也吻合很好。但选择的这些值也必须同时满足式(8-4-6)所描述的加速度传输比函数。这样，虽然固有频率与所示曲线不完全吻合，但确能更精确地确定传输比共振频率。驱动点加速度导纳峰值频率与加速度传输比峰值频率之间的微小偏差是因为动圈有一定的质量造成的。

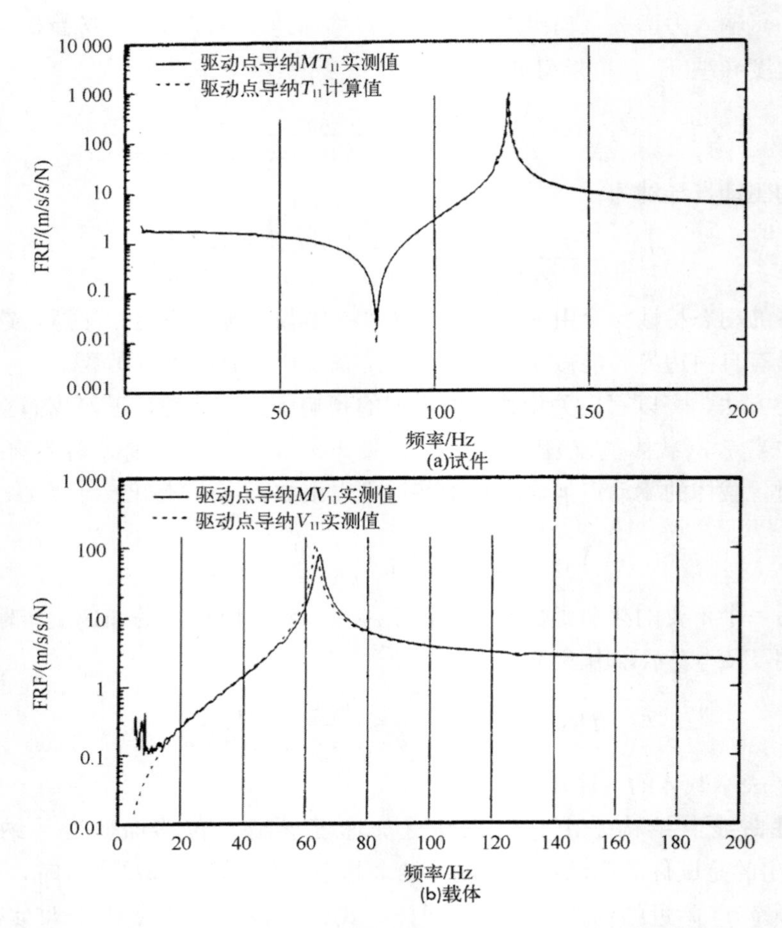

图 8－4－2　试件与载体的驱动点加速度导纳决定结构的行为特性

(a)试件；(b)载体

(Courtesy of Experimental Mechanics，Society for Experimental Mechanics.)

表 8－4－1　试验系统参数

变量	试件参数值	单位	变量	载体参数值	单位
m_{T_1}	0.241 8	kg	m_{V_1}	0.447	kg
m_{T_2}	0.325 1	kg	k_V	7.04×10⁴	N/m
k_T	8.45×10⁴	N/m	C_V	3.50	N·s/m
C_T	0.20	N·s/m	f_n	63.25	Hz
f_a	81.25	Hz		f_a——吸收器频率	
f_n	123.75	Hz		f_n——固有频率	

8.4.2　本例中实验室振动试验系统

实验室试验所用主要设备示于图 8－4－3，General Radio 2608 型数字振动控制器对 Unholtz—Dickie T 206 激振器进行控制。反馈信号可以是激振器台面(动框)的加速度，也可以是作用在试件上的力输入信号。控制器的输出信号驱动 TA 250 型功率放大器。功放与激振器相结合，在 5 Hz～3 kHz 频率范围内能够令裸台面产生 $40g$(均方根值 RMS)以上的加速度。

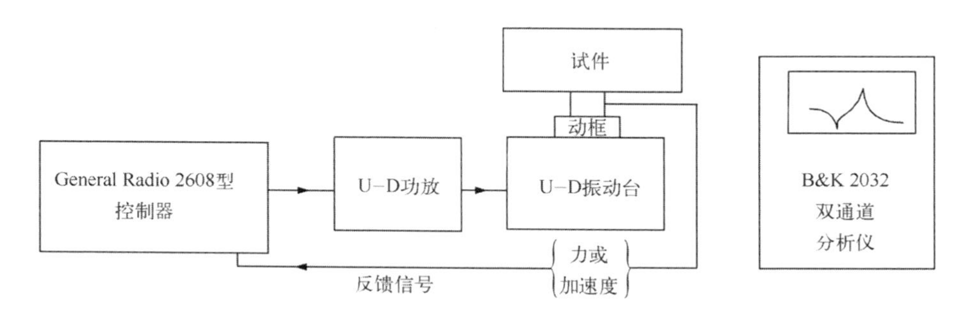

图 8－4－3　振动试验装置中的主要设备略图

(Courtesy of Experimental Mechanics, Society for Experimental Mechanics.)

用 PCB 的 302A02 型加速度计测量载体基座的加速度 A_{V_2} 与试件界面加速度 A_{V_1}，而用 PCB 208A03 型力传感器测量界面力 F_{T_1}(或 F_{V_1})。试件的输出加速度 A_{T_2} 用 Endevco 2222C 型小型加速度计以及 Kistler 504A 型电荷放大器测量。用 B&K 2032 型双通道频率分析仪测量各个输入—输出频响函数。频率分析仪的分析结果传输给一台 PC，此微机再用 MathCAD© 4.0 软件画出数据，并计算理论曲线。

8.4.3　现场模拟结果

现场模拟有两种情况。第一种情况，将载体模拟成一个固定在激振器动框上的龙门架结构，如图 8－4－1(a)所示，但不安装试件。我们管这种情况叫做**裸载体界面**情况。第二种情况，试件安装在载体界面上，这种情况叫做**连接现场试验**。在下面的叙述中将用到自谱密度(ASD)。输入—输出 ASD 与输入—输出频响函数 $H(\omega)$之间的一般关系由下式表示

$$G_{\text{output}} = |H(\omega)|^2 G_{\text{input}} \tag{8-4-7}$$

显然，频响函数在平方过程中，全部相位信息丢失了。我们将以式(8－4－7)作为计算实验结果与理论结果的基础。

载体基座的输入加速度自谱密度 GA_0　在上述两种现场模拟情况中，数字控制器根据自谱密度函数 GA_0 产生一个 0～200 Hz 带宽的随机信号，如图 8－4－4 所示。自谱密度从 0～10 Hz 按斜率 40 dB/dec 增大，在 10 Hz 点上，曲线变平，幅值为 0.005 17g^2/Hz。该谱密度给出的输入总量级为 1.0g_{RMS}，这个量级对于能产生 40 g_{RMS} 的激振器来说轻而易举。

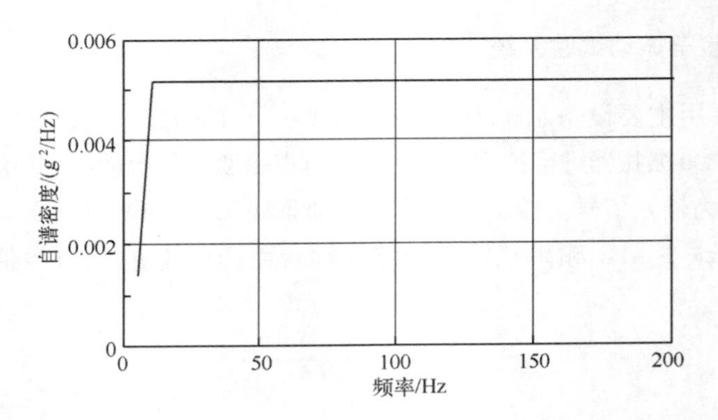

图 8-4-4　输入加速度自谱密度 GA_0，施加于龙门架基座上使现场载体产生运动
(Courtesy of Experimental Mechanics，Society for Experimental Mechanics.)

裸载体界面加速度自谱密度 GA_{V_1}　裸载体界面加速度自谱密度 GA_{V_1} 示于图 8-4-5，单位是 g^2/Hz。这个实验界面加速度自谱密度是根据加速度传输比频响函数的实测值 $MTR_{V_{12}}$ 得到的：将载体界面加速度 A_{V_1} 和载体输入加速度 A_{V_2} 作为两个时间信号输入给 B&K 分析仪，由分析仪计算出二者之间的传输比(频响函数)$MTR_{V_{12}}$。然后按式(8-4-7)要求，先将这一实测传输比的幅值加以平方，再乘以输入自谱密度 GA_0，如图 8-4-4 所示。因此分析仪的输出的测量值是

$$GA_{V_1} = |MTR_{V_{12}}|^2 GA_0 \tag{8-4-8}$$

理论界面加速度自谱密度 CGA_{V_1} 根据式(8-4-6)计算：先用表 8-4-1 中的载体参数计算出 $TR_{V_{12}}$，然后按式(8-4-7)要求加以平方并乘以 GA_0，则得出

$$CGA_{V_1} = |TR_{V_{12}}|^2 GA_0 \tag{8-4-9}$$

注意，GA_{V_1} 前面的符号 C 表示这是计算值或理论值。图 8-4-5 中的曲线表明，实验载体界面加速度自谱密度测量值与理论计算值相当吻合。

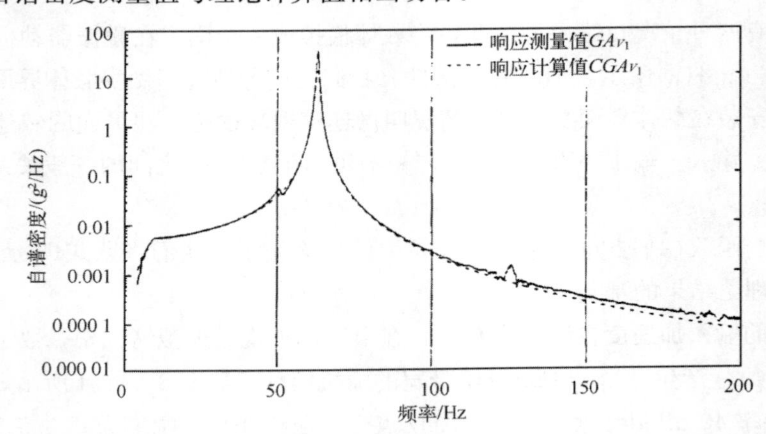

图 8-4-5　裸载体界面加速度自谱密度 GA_{V_1} 的测量值与计算值
(Courtesy of Experimental Mechanics，Society for Experimental Mechanics.)

载体与试件相连接时，响应的自谱密度 GF_{T_1}、GA_{T_1} **及** GA_{T_2}　当载体用图8-4-4所示的输入自谱密度 GA_0 激励时，界面力、界面加速度及试件的输出加速度三者的自谱密度示于图8-4-6。现对这些曲线说明如下。

实测界面力的**自谱密度** GF_{T_1} 示于图8-4-6(a)，实测界面力**频响函数** MF_{T_1} 是根据输入到分析仪的力 F_{T_1} 与载体基座加速度 A_{V_2} 求出的。然后根据式(8-4-7)的要求，将频响函数 MF_{T_1} 平方起来再乘以载体基座输入加速度自谱密度 GA_0，则得实测界面力自谱密度为

$$GF_{T_1} = |MF_{T_1}|^2 GA_0 \tag{8-4-10}$$

理论界面力的自谱密度 CGF_{T_1} 是将式(8-4-6)、式(8-4-7)与重写于下的式(8-2-11)

$$F_1 = \frac{V_{12}P_2 - T_{12}F_2}{T_{11} + V_{11}} \tag{8-2-11}$$

相结合得到的，结果为

$$CGF_{T_1} = \left| \frac{TR_{V_{12}}}{T_{11} + V_{11}} \right|^2 GA_0 \tag{8-4-11}$$

注意，实验界面力自谱密度 GF_{T_1} 与理论界面力自谱密度 CGF_{T_1} 这两条曲线彼此很接近，这表明根据载体频响函数 V_{11}、试件驱动点频响函数 T_{11} 及传输比频响函数 $TR_{V_{12}}$ 所建立的理论模型提供了一种良好的预测方法。

我们需要考虑数据动态范围比较大的情况。B&K 分析仪采用16位A/D转换器，其动态范围在自谱图上是 1×10^9。显然，实验数据在 1.0×10^{-8} 的量级上显示出明显噪声，该噪声量级达到峰值以下9个对数层级，因此我们在125 Hz附近深谷处可以观察到分析仪的动态范围。

对于**连接现场**情形，实测界面加速度的自谱密度 GA_{T_1} 示于图8-4-6(b)，单位是 g^2/Hz。根据B&K分析仪的输入加速度 A_{V_2} 和 A_{T_1}，求出界面加速度传输比实测值 MH_{V_0}($MH_{V_0} = \frac{A_{T_1}}{A_{V_2}}$)，进而可以算出实测界面加速度自谱密度为

$$GA_{T_1} = |MH_{V_0}|^2 GA_0 \tag{8-4-12}$$

而界面加速度自谱密度的理论值 CGA_{T_1} 可以根据式(8-2-13)

$$X_1 = T_{11}F_1 + T_{12}F_2 = \frac{T_{11}}{FI}(Ye_1 - Xe_1) + Xe_1 \tag{8-2-13}$$

及式(8-4-7)求出为

$$CGA_{T_1} = \left| \frac{T_{11}TR_{V_{12}}}{T_{11} + V_{11}} \right|^2 GA_0 \tag{8-4-13}$$

式(8-4-12)和式(8-4-13)二式所表示的两条曲线在超过8个对数层级的动态范围内相当接近[见图8-4-6(b)]。显然，预测界面运动时，两个驱动点加速度导纳扮演着重要角色。

输出加速度自谱密度实测值 GA_{T_2}(单位是 g^2/Hz)示于图8-4-6(c)。先根据输入加速度实测值 A_{T_2} 和 A_{V_2}，求出输出加速度传输比 MH_T($=A_{T_2}/A_{V_2}$)，然后平方，再根据

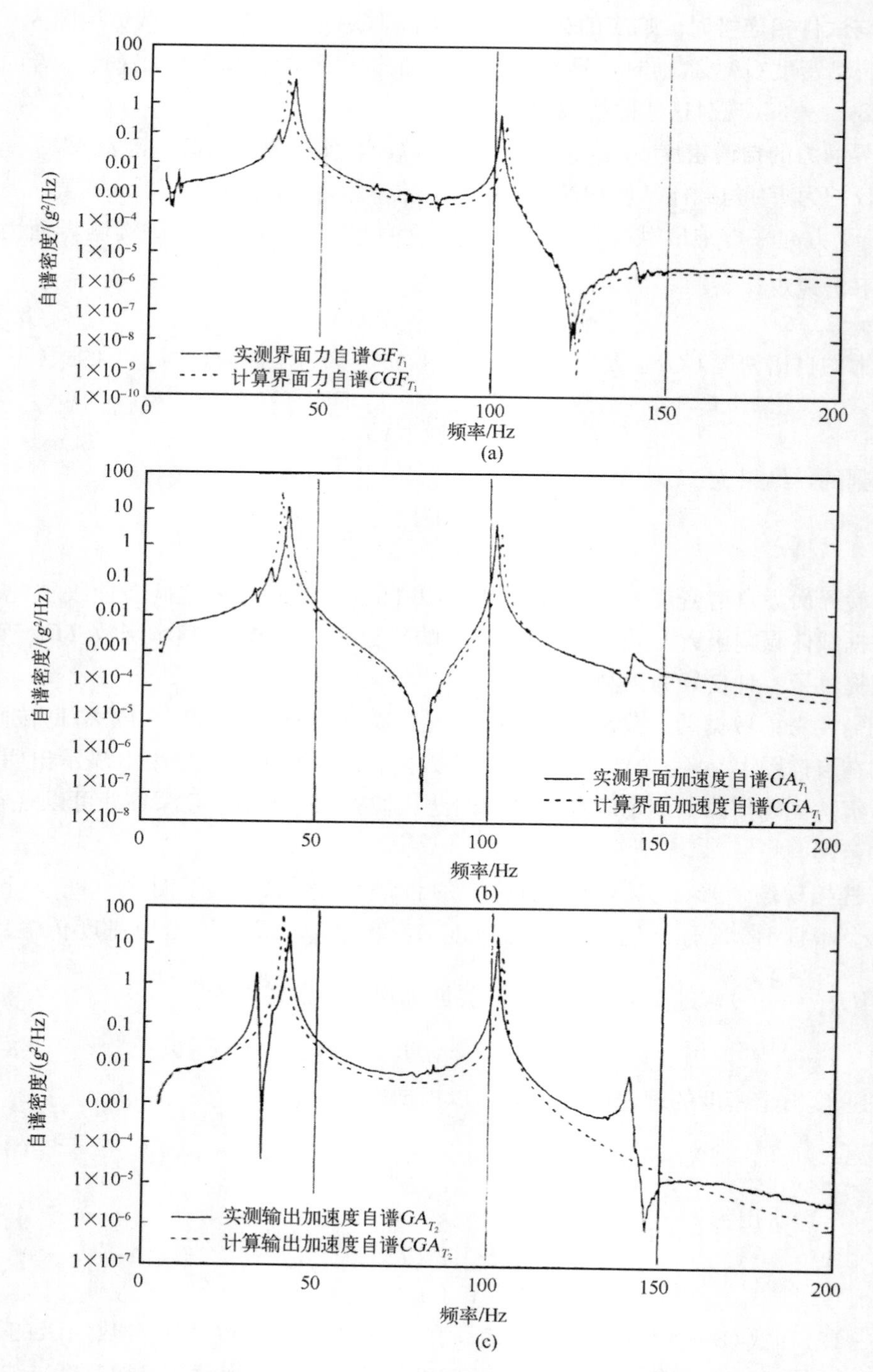

图 8-4-6 载体—试件组合现场自谱密度响应的测量值与理论值的比较

(a)界面力；(b)界面加速度；(c)试件响应加速度

(Courtesy of Experimental Mechanics, Society for Experimental Mechanics.)

式(8－4－7)乘以 GA_0，便得到 GA_{T_2}

$$GA_{T_2} = |MH_T|^2 GA_0 \tag{8-4-14}$$

输出加速度自谱密度的理论值根据式(8－4－3)和式(8－4－12)计算，得

$$CGA_{T_2} = \left|\frac{T_{21}TR_{V_{12}}}{T_{11}+V_{11}}\right|^2 GA_0 \tag{8-4-15}$$

虽然理论值与实测值大体上是一致的，在现场测量结果中还是有些问题。其一，50 Hz 以下出现双峰值，但理论上只应出现一个峰值。出现双峰的原因是双悬臂梁的滚轴支撑(见图 8－4－1)引起的低频摇摆运动。其二，在不到 150 Hz 的地方出现峰值，可能是由于龙门架支撑弯曲刚度不够大而造成的扭转共振。一般说，理论结果与实验结果之间的一致性还是比较好的，这表明式(8－4－15)是预测输出的一个比较适当的方法。

8.4.4　实验室模拟

试件直接通过力传感器安装在激振器动框上。这种情况下，振动控制器的反馈信号有两种：可以是试件的输入加速度 A_{T_1}(对应于 8.3 节中的试验工况 1)，可以是试件的输入力 F_{T_1}(对应于 8.3 节的工况 2)。本例中不用试件的输出运动量作为反馈控制信号。

在实验室仿真中如果采用的是数字振动控制器，那么可以有三类不同的输入施加于试件：1)裸载体界面加速度自谱密度 GA_{V_1}；2)连接界面加速度自谱密度 GA_{T_1}；3)连接界面力自谱密度 GF_{T_1}。不论是哪一种情形，都可以测量适当的实验室响应。例如，如果受控试件的输入是裸载体界面加速度，那么试件输入力与输出加速度是比较合适的实测响应量。这些实测的响应值可以与组合系统中相应的理论值及实测现场响应值加以比较。可用试验组合列于表 8－4－2。

表 8－4－2　实验室仿真试验组合选择

试件的输入	实测实验室响应	比较	
		理论值	实测值①
GA_{V_1}	VGF_{T_1}(裸载体界面输为 GA_{V_1})	CGF_{T_1}	GF_{T_1}
GA_{V_1}	VGA_{T_2}(同上)	CGA_{T_2}	GA_{T_2}
GA_{T_1}	AGF_{T_1}(输入为界面加度 GA_{T_1})	CGF_{T_1}	GF_{T_1}
GA_{T_1}	AGA_{T_2}(同上)	CGA_{T_2}	GA_{T_2}
GF_{T_1}	FGA_{T_1}(输入为界面力 GF_{T_1})	CGA_{T_1}	GA_{T_1}
GF_{T_1}	FGA_{T_2}(同上)	CGA_{T_2}	GA_{T_2}

注：①现场试件与载体连接情况下的实测值。

用裸载体界面加速度自谱密度 GA_{V_1} 激励试件　激振器将裸载体输出加速度的自谱密度 GA_{V_1}(示于图 8－4－5)作为输入信号施加于试件(GA_{V_1} 的单位是 g^2/Hz)，所得输出信号的自谱密度示于图 8－4－7(a)和图 8－4－7(b)。图中前缀符号 V 表示裸载体界面输入加速度密度谱 GA_{V_1} 所产生的谱密度。

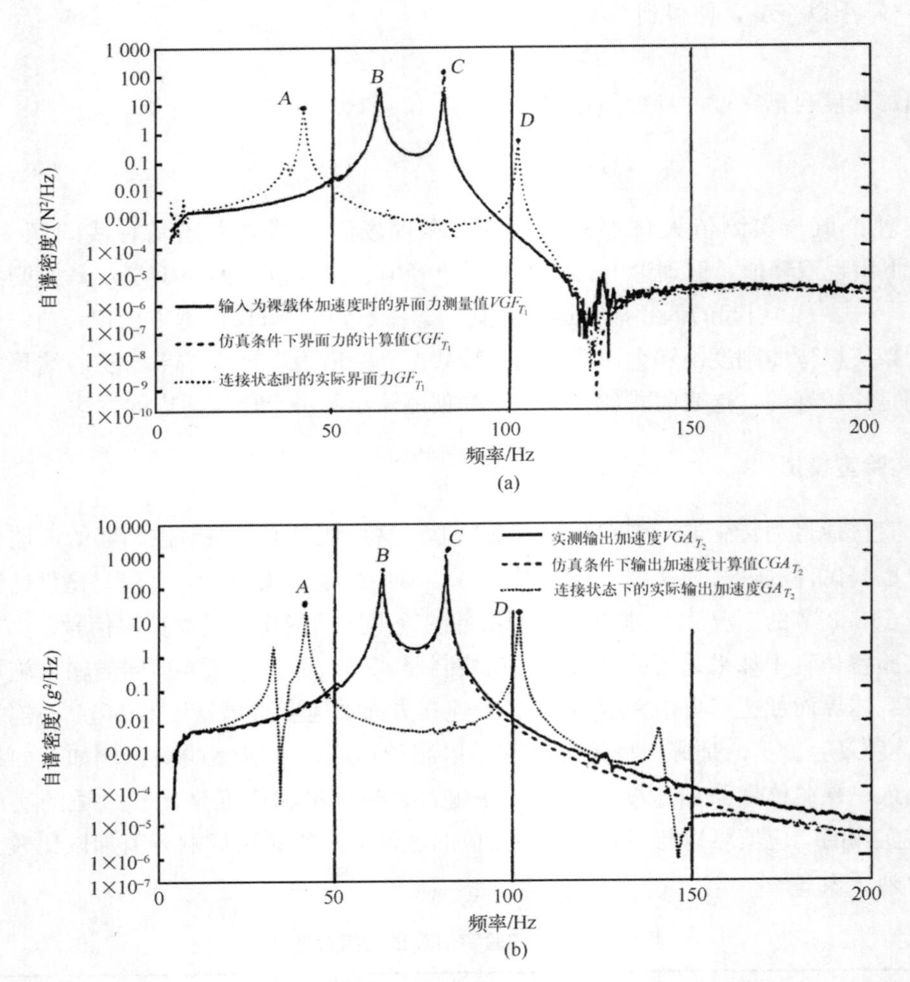

图 8-4-7 自谱密度的测量值、理论值及实际试件的自谱密度的比较

(a)界面力自谱密度；(b)试件由裸载体界面加速度自谱密度 GA_{V_1} 激励时产生的输出加速度谱密度

(Courtesy of Experimental Mechanics，Society for Experimental Mechanics.)

实测界面力自谱密度 VGF_{T_1}、理论计算界面力自谱密度 CGF_{T_1} 以及现场实测界面力自谱密度 GF_{T_1}（在**现场载体与试件相连接时**所产生的界面力自谱密度）(它们的单位是 N^2/Hz)，都画在图 8-4-7(a)中。在实际的实验室试验条件下，界面力自谱密度的理论计算用式(8-4-1)、式(8-4-6)及式(8-4-7)进行，结果为

$$CGF_{T_1} = \left|\frac{1}{T_{11}}\right|^2 GA_{V_1} \tag{8-4-16}$$

从图 8-4-7(a)中明显看出，裸载体界面加速度输入条件下测得的界面力自谱密度 VGF_{T_1} 与现场条件下获得的界面力自谱密度 GF_{T_1} 无论是幅值还是共振频率，都有巨大的差异。还可以看到，式(8-4-16)计算这种情况下的界面力时，只用到了试件的驱动点加速度导纳 T_{11}。于是，与现场实测结果相比，在 A 点和 D 点，界面力太小，小了 1 000 多倍；但

在 B 点 C 点又太大，大了 1 000 多倍，因此试件在不同的频率上会经受严重的欠试验及过试验。

输出加速度的自谱密度示于图 8－4－7(b)。由图可再次看到，这些输出加速度的自谱密度与现场加速度，无论幅值还是频率，都显著不同。理论自谱密度 CGA_{T_2} 是根据式(8－4－1)、式(8－4－3)、式(8－4－6)和式(8－4－7)计算出来的

$$CGA_{T_2}=\left|\frac{T_{21}}{T_{11}}\right|^2 GA_{V_1} \tag{8-4-17}$$

这个修正公式同样可用以预测试验结果。注意，式(8－4－16)与式(8－4－17)的分母上只含有 T_{11}，而在式(8－4－11)、式(8－4－13)和式(8－4－15)中，分母上既有 T_{11} 也有 V_{11}。还要注意，式(8－4－16)和式(8－4－17)中的 GA_{V_1} 是用式(8－4－9)计算来的。在此情况下，A、点 D 点减小 1 000 倍，而 B 点、C 点增大 10 000 倍。所以我们看到 A 点和 D 点是欠试验，而 B 点和 C 点是严重过试验。

图 8－4－7 的结果显示，在实验室中用**裸载体加速度自谱密度激励试件是不恰当的**，因为出现了不正确的固有频率和振动量级。比如，第一个共振峰出现在 63.25 Hz，这对应的是图 8－4－5 中载体固有频率；但第二个共振峰出现在 81.25 Hz，对应的是图 8－4－2(a)中的动态减振器频率。这两个频率没有一个是真正的现场共振频率。显然在 63.25 Hz 和 81.25 Hz 上出现严重的过试验，而在 43 Hz 和 103 Hz 却出现了严重的欠试验。但是，以裸载体现场数据作为试件的输入是实验室仿真获取现场数据的常用方法，这一方法等同于引言中提到的汽车零件供应商使用过的方法，他获得的是同样不正确的结果。

用连接界面加速度自谱密度 GA_{T_1} 激励试件　用现场界面加速度自谱密度 GA_{T_1} 控制激振器得到的结果示于图 8－4－8。这些试验结果带一个前导符号 A，表示其输入量是连接界面加速度自谱密度 GA_{T_1}。

界面力自谱密度 AGF_{T_1} 单位是 N^2/Hz，示于图 8－4－8(a)(实线)。由图可见，实验室仿真界面力(虚线)和现场界面力在点 A 和点 B 基本相同，而界面力自谱密度的理论值 CGF_{T_1}(点线)根据式(8－4－12)计算，并与实验室结果及现场结果吻合很好。再次注意，力的动态范围很大，因此 C 点的谷值被动态范围不足的 A/D 转换器弄糟了。

输出加速度自谱密度 AGA_{T_2} 示于图 8－4－8(b)，其单位是 g^2/Hz。又一次看到，实验室仿真加速度 CGA_{T_2}(虚线)与现场输出加速度 AGA_{T_2}(实线)在整个动态范围内吻合良好。按照式(8－4－17)计算出的理论曲线在幅值与频率上显示出两个主要的共振；而图 8－4－8(b)中也显示出两个异常峰值，一个在 50 Hz 之下，一个在 150 Hz 之下。这两个峰值出现的原因与前面图 8－4－6(c)相同。

图 8－4－8 的结果表明，当现场实测界面加速度自谱密度(载体与试件连接起来之后获得)用作控制器的输入时，可以得到实际的试件仿真。这一情况对应的是 8.3 节试验工况 1。

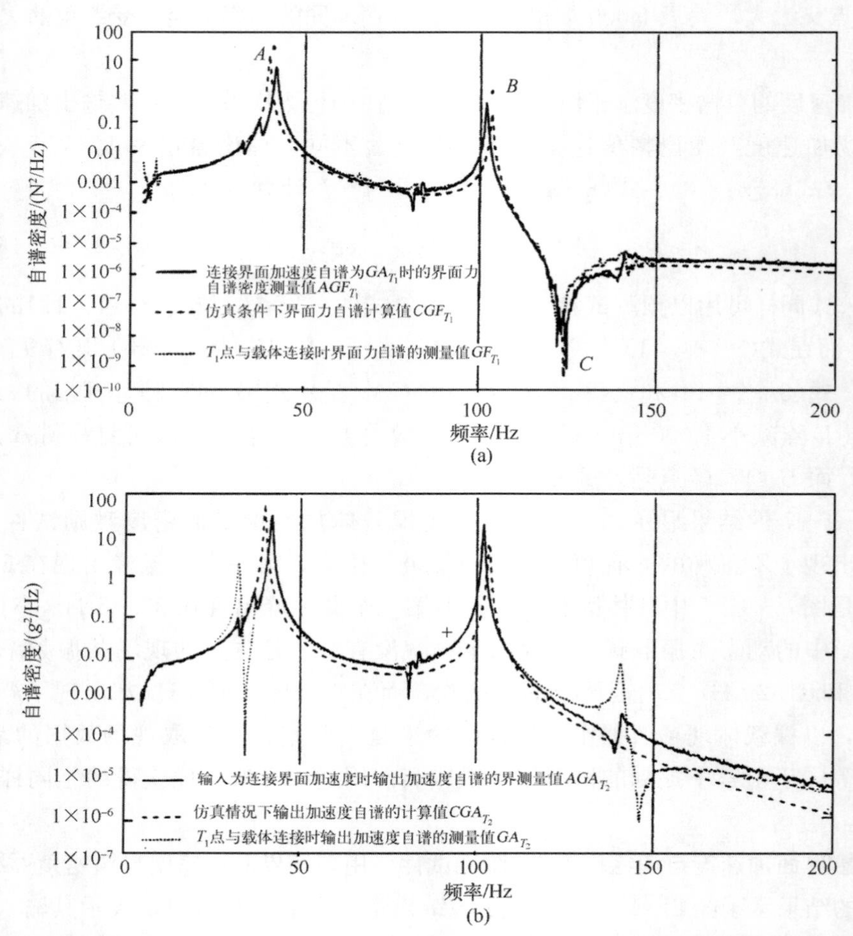

图 8-4-8 试件由现场界面加速度自谱密度 GA_{T_1} 激励时，测量值、理论值及实际试件的自谱密度的比较

(a)界面力；(b)输出加速度

(Courtesy of Experimental Mechanics，Society for Experimental Mechanics.)

用连接界面力自谱密度 GF_{T_1} 激励试件　用界面力自谱密度 GF_{T_1} 控制试件的输入力时所得结果示于图 8-4-9。测量结果冠以符号 F，表示输入激励是连接界面力自谱密度。两种情况都显示，仿真结果与现场实测结果二者相当一致。同样，根据式(8-4-15)计算的理论值 CGA_{T_1} 与根据式(8-4-17)计算的理论值 CGA_{T_2} 也很接近，这种一致性，对于界面加速度表现得比输出加速度更加明显。此种情况对应的是 8.3 节的试验工况 2。

图 8-4-8 和图 8-4-9 的结果表明，如果能够将实际的现场界面加速度或现场界面力正确地施加给试件，便能够在试件中合理地模拟现场条件。此外我们看到，这一简单理论对于预测下列各种试验情况中的响应是有效的：

1)裸载体响应(见图 8-4-5)；

2)载体与试件相连接(见图 8-4-6)；

3)以裸载体界面运动作为输入量不能正确实现模拟实验室环境(见图 8-4-7)；

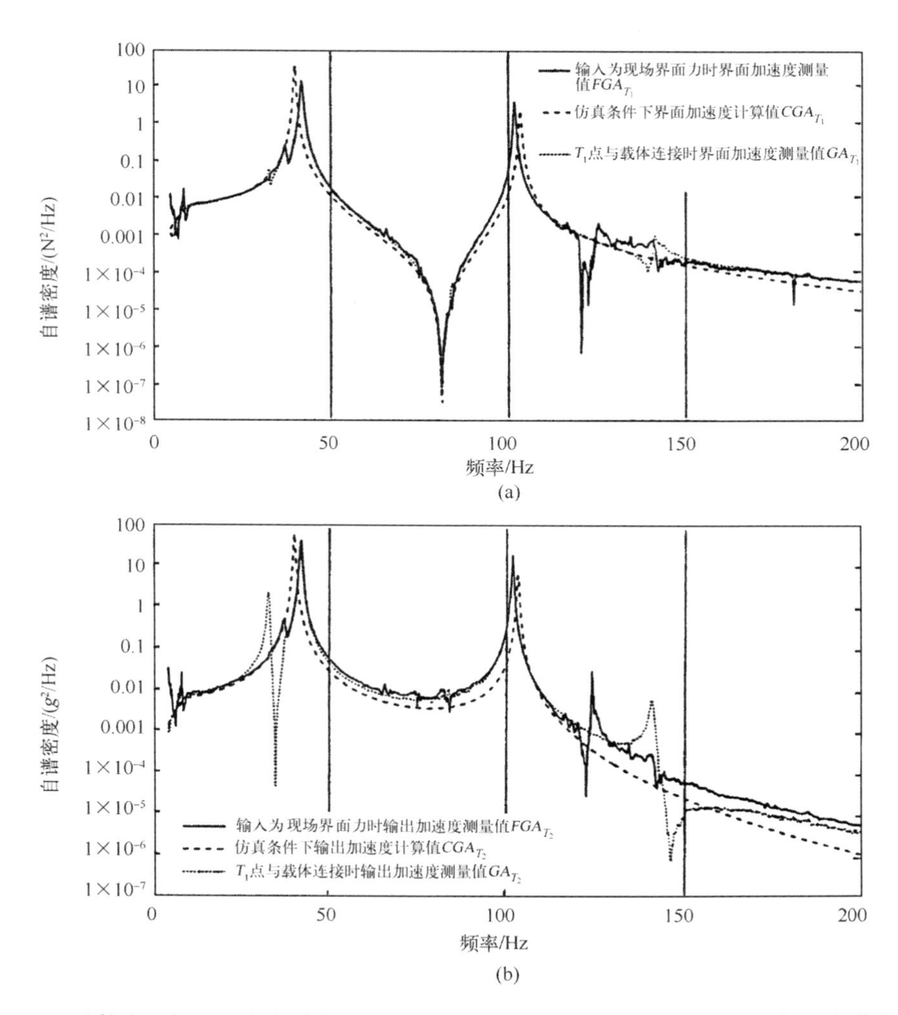

图 8-4-9　试件由现场界面力自谱密度 GF_{T_1} 激励时，测量值、理论值及实际试件的自谱密度的比较

(a)界面加速度；(b)输出加速度

(Courtesy of Experimental Mechanics, Society for Experimental Mechanics.)

4)不管是用界面加速度还是用界面力作为输入，能够正确建立模拟实验室环境(见图 8-4-8 和 8-4-9)。

不管用界面加速度自谱密度还是用界面力自谱密度，我们都成功地模拟了现场动态环境。在图 8-4-6(a)和图 8-4-6(b)的实测自谱密度 GF_{T_1} 和 GA_{T_1} 中可以发现，曲线的动态范围很宽，在低谷附近出现了控制器问题，但这只是个临时现象。比较图 8-4-9(a)和图 8-4-9(b)可见，加速度谷值和力的谷值出现在不同的频率上，因此一个信号加强，另一个信号则基本消失，且很容易被测试设备的背景噪声所淹没。此外这里我们还看到，在远离谷底的情况下，这两种信号都能产生良好的实验结果。故此不必惊讶，Smallwood⑪ 和 Sharton⑫ 用界面加速度信号与界面力信号的组合作为控制信号时获得了巨大成功。

现在问题是，当我们所拥有的全部可用资源只是裸载体界面加速度自谱密度时，这个简单理论能够预测在试件设计阶段，界面力自谱密度和界面加速度自谱密度应当是什么样子吗？让我们花点时间来解释这一问题。

8.4.5　根据裸载体界面加速度自谱密度预测界面力和界面加速度

即使我们拥有之全部仅仅是裸载体界面加速度自谱密度 GA_{V_1}，但若仔细研究上述结果的话，亦可获得适当的试件输入。所需要的**界面力**自谱密度由式(8-4-11)给出，此式可借助 GA_{V_1} 重写如下

$$CGF_{T_1} = \left|\frac{1}{T_{11}+V_{11}}\right|^2 GA_{V_1} \tag{8-4-18}$$

类似地，所要求的**界面加速度**自谱密度由式(8-4-13)给出，此式可借助 GA_{V_1} 重写如下

$$CGA_{T_1} = \left|\frac{T_{11}}{T_{11}+V_{11}}\right|^2 GA_{V_1} \tag{8-4-19}$$

式(8-4-18)和式(8-4-19)表示，除了裸载体加速度自谱密度 GA_{V_1} 之外，我们还需要载体和试件的驱动点加速度导纳。载体驱动点加速度导纳 V_{11} 可以在设法获取 GA_{V_1} 的同时测出。如果试件已经有了，我们可以在实验室测出它的驱动点加速度导纳 T_{11}。但如果试件仅仅存在于设计者的有限元模型中，那么从其模型可以估计出 T_{11}。式(8-4-18)的另一个特点是，它能告诉设计者界面紧固螺栓必须能承受的力的范围。以式(8-4-18)和式(8-4-19)二式给出的估计为基础，可以设计更加切合实际的试验输入自谱密度谱型。

8.4.6　本例小结与结论

以上讨论了振动试验中所涉及的三种结构：载体、试件(或有限元模型)和激振器，每一种结构都有其独特的动力学特性。但是，当这些结构连接成不同的组合体时，它们构成了一些有着显著不同特性的新结构。

经验证明，为了给实验室试验或有限元计算提供适当的输入而对现场数据进行解释的过程中，经常产生不希望有的结果。导致这些不良结果的因素很多。第一，结构上任意两个点之间的输入—输出频响函数有 36 个之多，因此采用单变量传感器可能会使频响函数严重扭曲。第二，结构上任何一点的运动都是边界条件、内部激振力和外部激振力共同作用的结果，所以在实验室试验中必须提供正确的边界条件和外部激振力；满足这一要求往

⑪ D. O. Smallwood, "An Analytical Study of a Vibration Test Method Using Etremal Control of Acceleration and Force," *Proceedings*, *Institute of Environmental Sciences*, 35th Annual Meeting, "Building Tomorrow's Environment," Anaheim, CA, May 1-5, 1989, pp. 263-271.

⑫ T. D. Sharton, "Force Limited Vibration Testing at JPL," *Proceedings*, *14th Aerospace Testing Seminar*, Manhattan Beach, CA Mar. 1993, pp. 241-251

往比较困难。第三，我们将裸载体数据转变成适当的试验输入时可能采用错误的方法。

进行本组基本实验的经验表明，所用两个二自由度模型充分预测了系统在 0～200 Hz 有限频率范围内的特性，因为我们只用到了一个边界界面力(或加速度)自谱密度。可以清楚看到，描述现场试件与载体单点连接后究竟会发生什么事情时，载体与试件的驱动点加速度导纳扮演着极为重要的角色。这两个驱动点加速度导纳在单个边界点情况下，对于将裸载体加速度频谱转化成激励谱(无论实验室试验还是有限元仿真)，同样起着重要作用。

但是，假如我们看看图 8－1－2 更为一般的情形就会意识到，我们必须处理的是潜藏着多个边界力、多个内部激振力和多个外部激振力的情况。要知道，在边界界面连接点处载体与试件的驱动点加速度导纳决定着现场组合系统的动力学特性，反过来，系统动力学特性又决定着试件怎样对内、外激励给予响应，如式(8－1－4)所预示的那样，因为频响函数决定于这些边界力。

类似地，我们将试件安装在实验室的夹具上，夹具装在激振器上，那么试件和夹具的界面驱动点加速度导纳就决定着实验室环境条件下试件的动力学特性。试验夹具常常做得在试验频率范围内“尽可能刚性”而不考虑载体的驱动点加速度导纳特性。这一设计理念被这样的事实袒护着：我们要控制激振器动框的加速度，使之等于载体界面上某一点的加速度，或者等于几个界面点的平均加速度。然而不幸的是，在多个边界力以及一个或多个内、外激振力存在的情况下，毫不奇怪，违反界面边界条件时却遇到了严重的仿真问题，因为试件在这样的实验室环境下不会具有正确的固有频率和模态振型。于是惋惜道：“我好像在一些频率上过试验，而在另一些频率上欠试验了！”不正确的夹具设计是造成这一问题的重要原因。结果，在许多情况下，为了掩盖试验中的实际问题而将输入自谱密度做增大设置，进而导致生产的试件在一些频段超坚固，而在另一些频段又羸弱不堪。

8.5　一般现场环境模型

前面几节讨论了关于在实验室模拟现场振动数据的一般性基础，实验结果仅限于试件与载体通过单一界面点连接起来的情况。本章最后几节将致力于描述一个更一般的框架，其中试件通过多个点与现场载体相连接，或者与实验室环境中多个激振器相连接。这里所提出的理论是建立在 P. S. Varoto 的理论模型**动态信息的交换与分析规则**[13](READI)基础上的。该模型试图描述相互有关的变量，并讨论这样一些实际过程：哪些数据需要测量、怎样处理这些数据，以便确定某个实验室试验的输入条件或某一给定试件的有限元模型的输入参数。除考虑所涉结构之间的多个连接点之外，该理论模型还考虑到可能出现的不同种类的外部载荷，诸如声学载荷、气动力学载荷等。

---

⑬ P. S., Varoto, “The Rules for the Exchange and Analysis of Dynamic Information in Structural Vibration,” Ph. D. dissertation, Iowa State University of Science and Technology, Ames, IA. 1996.

8.5.1 频域模型

一个 N 自由度线性结构的输入—输出频域运动方程可写成如下矩阵形式

$$\{X(\omega)\}=[H(\omega)]\{F(\omega)\} \tag{8-5-1}$$

式中 $\{X(\omega)\}$——$N\times1$ 阶输出矢量，可以按线位移、角位移、线速度、角速度、线加速度、角加速度等量来定义；

$\{F(\omega)\}$——$N\times1$ 阶输入矢量，可借助于直线力或力矩定义；

$[H(\omega)]$——$N\times N$ 阶频响函数矩阵，根据所选输出变量不同，可以表示为位移导纳、速度导纳或加速度导纳。本章，输出变量采用线加速度表示，因此$[H(\omega)]$是结构的线加速度导纳矩阵。

如式(8-1-4)所示，结构上某点的加速度响应会受到不同类型的载荷(内载荷、外载荷、界面载荷等)的影响，所以假如只考虑作用在结构上的界面力和外部力，那么方程式(8-5-1)可以重写成分块矩阵形式

$$\begin{Bmatrix}\{X_c\}\\\{X_e\}\end{Bmatrix}=\begin{bmatrix}[H_{cc}] & [H_{ce}]\\ [H_{ec}] & [H_{ee}]\end{bmatrix}\begin{Bmatrix}\{F_c\}\\\{F_e\}\end{Bmatrix} \tag{8-5-2}$$

式(8-5-2)不但可用以描述单个结构的输入—输出关系，也适用于经由有限个界面点连接在一起的任意数量的独立结构。注脚 c 和 e 分别指连接器点(即界面点)和外部点。回顾，界面点指的是与另一个结构耦连在一起的一些位置点，外部点是指结构上与耦合连接没有直接关系的其余的点。因此 $N_c\times1$ 阶的矢量$\{F_c\}$中的力是施加在界面点上的力，这些力仅仅是产生耦合作用。类似地，$N_e\times1$ 阶的矢量$\{F_e\}$由施加在外部点上的输入力组成。对施加在界面点和外部点上的载荷进行区别，要求将 $N\times N$ 阶的加速度导纳矩阵$[H(\omega)]$分块成四个小矩阵，即$[H_{cc}]=[H_{cc}(\omega)]$仅仅含有界面点之间的加速度导纳，$[H_{ce}]=[H_{ec}]$只含有界面点—外部点与外部点—界面点之间的加速度导纳，$[H_{ee}]=[H_{ee}(\omega)]$只含有外部点之间的加速度导纳。于是式(8-5-2)中的界面点加速度和外部点加速度可表示为

$$\{X_c\}=\{X_{cc}\}+\{X_{ce}\} \tag{8-5-3}$$

$$\{X_e\}=\{X_{ec}\}+\{X_{ee}\} \tag{8-5-4}$$

式(8-5-3)和式(8-5-4)都带有双注脚，第一个注脚指结构上运动点(连接器点或外部点)，第二个注脚指的是引起相应运动的载荷的类型。就是说，$\{X_{cc}\}$表示界面力引起的界面加速度，$\{X_{ee}\}$代表外部力引起的外部加速度，而$\{X_{ce}\}$和$\{X_{ec}\}$分别为外部力引起的界面加速度和界面力引起的外部加速度。

8.5.2 现场运动与边界条件

图 8-5-1所示的是现场动态环境，其中试件通过 N_c 个界面点与载体相接。这个组合结构要承受分别作用在试件上和载体上的现场外力$\{F_e\}$和$\{P_e\}$。分析这个现场动态环境时非常重要的一步，是确定试件和载体之间界面点上出现的界面力。为此，我们首先必

须定义试件和载体之间适当的边界条件。

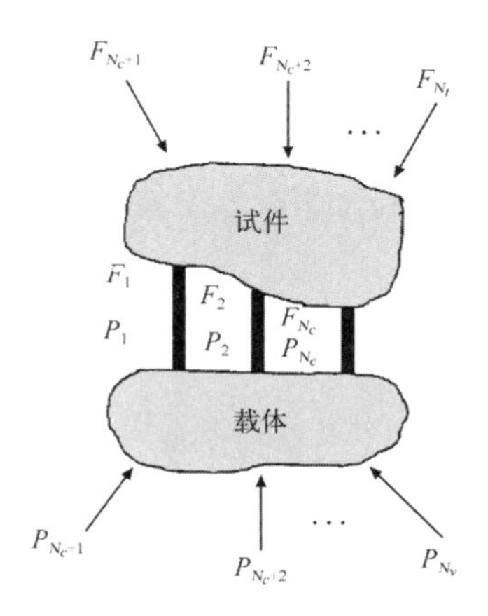

图 8－5－1　在现场环境中试件与载体通过多个界面点相连接

正如 Varoto[14] 指出，定义现场界面边界条件有两种方法。第一种方法是，对每个连接部件应用式(8－5－1)来定义输入—输出关系，这种情况下，连接部件被看成是互相独立的结构单元。第二种方法是可以采用比较简单的界面边界条件，而将连接件视为试件或载体的一个部件。

我们采用第二种方法来定义**现场界面边界条件**，将各个界面连接件看成是试件的一部分。这样一来，试件通过有限量离散点 N_c 与载体相连，因此，如果下式成立，则界面点运动的一致性即可实现

$$\{X_c\}-\{Y_c\}=0 \tag{8-5-5}$$

式中两个矢量$\{X_c\}$和$\{Y_c\}$都是 $N_c\times1$ 阶，分别由试件界面加速度和载体界面加速度构成。元素 X_c 和 Y_c 正方向相同。

另一方面，界面力必须满足下式的平衡条件

$$\{F_c\}+\{P_c\}=0 \tag{8-5-6}$$

式中两个 $N_c\times1$ 阶矢量$\{F_c\}$和$\{P_c\}$分别对应于界面两侧的试件界面力和载体界面力。与式(8－5－5)类似，所有对应之力正方向相同。

由式(8－5－2)，试件界面加速度为

$$\{X_c\}=[T_{cc}]\{F_c\}+[T_{ce}]\{F_e\} \tag{8-5-7}$$

其中矩阵$[T_{cc}]$和$[T_{ce}]$分别代表**试件界面点加速度导纳和界面点—外部点加速度导纳**，矢量$\{F_c\}$和$\{F_e\}$分别为界面力和外力。

类似地，载体这一侧的界面加速度可以写成

$$\{Y_c\}=[V_{cc}]\{P_c\}+[V_{ce}]\{P_e\} \tag{8-5-8}$$

式中，矩阵$[V_{cc}]$和$[V_{ce}]$分别代表载体界面加速度导纳和界面点—外部点加速度导纳，矢

⑭　See footnote 13.

量$\{P_c\}$和$\{P_e\}$分别代表载体界面激振力和外部激振力。

将式(8-5-7)和式(8-5-8)代入式(8-5-5)，并考虑到式(8-5-6)的平衡条件，则可以得到下面关于界面力$\{F_c\}$的表达式

$$\{F_c\}=[TV](\{Y_{ce}\}-\{X_{ce}\}) \tag{8-5-9}$$

式中$N_c \times N_c$阶矩阵$[TV]$是**试件—载体组合界面频响函数矩阵**，表达式为

$$[TV]=([T_{cc}]+[V_{cc}])^{-1} \tag{8-5-10}$$

现场界面力$\{F_c\}$决定于矢量$(\{Y_{ce}\}-\{X_{ce}\})$，此矢量表示的是试件跟载体之间的**现场界面相对运动**，且仅由外部力引起。

式(8-5-9)和式(8-5-10)二式清楚地表明，在确定试件与载体之间的界面力时，需要下列现场数据：

1)载体的界面加速度$\{Y_{ce}\}$，或常用的称谓——**裸载体界面加速度**，因为**现场不存在试件时**其值对应的是载体在界面点上的响应。$\{Y_{ce}\}$仅由$\{P_e\}$引起。

2)外力$\{F_e\}$引起的试件界面加速度$\{X_{ce}\}$。在我们讨论的情况下，试件被模型化为空间**自由结构**，因此$\{X_{ce}\}$反映了作用在现场试件上的外部载荷所引起的界面力的作用。

3)试件界面加速度导纳矩阵$[T_{cc}]$和载体界面加速度导纳矩阵$[V_{cc}]$，用这两个矩阵构成矩阵$[TV]$。

当现场**试件上**没有外力作用时，则出现式(8-5-9)的一种特殊情况。此时$\{X_{ce}\}=0$，式(8-5-9)简化为

$$\{F_c\}=[TV]\{Y_{ce}\} \tag{8-5-11}$$

此式表明，界面力**仅仅**决定于$[TV]$矩阵和裸载体界面加速度矢量$\{Y_{ce}\}$。当试件正处于设计和/或制造阶段，究竟需要多大界面力也只是一种初步设想之时，在这样的情况下式(8-5-11)的结果是很有意义的。但是必须强调指出，式(8-5-11)的结果只有当作用在试件上的外力要么不存在或者可以忽略不计时才是正确的。

知道了界面力的表达式，便可用以计算现场试件的运动。将式(8-5-9)代入式(8-5-2)，并采用式(8-5-5)和式(8-5-6)中的记法，即可求出试件现场加速度如下

$$\begin{Bmatrix}\{X_c\}\\\{X_e\}\end{Bmatrix}=\begin{bmatrix}[T_{cc}][TV] & -[T_{cc}][TV]\\ [T_{ec}][TV] & -[T_{ec}][TV]\end{bmatrix}\begin{Bmatrix}\{Y_{ce}\}\\\{X_{ce}\}\end{Bmatrix}+\begin{Bmatrix}\{X_{ce}\}\\\{X_{ee}\}\end{Bmatrix} \tag{8-5-12}$$

当作用在现场试件上的外力不存在时，$\{X_{ce}\}=\{X_{ee}\}=0$，式(8-5-12)简化为

$$\begin{Bmatrix}\{X_c\}\\\{X_e\}\end{Bmatrix}=\begin{bmatrix}[T_{cc}][TV] & -[T_{cc}][TV]\\ [T_{ec}][TV] & -[T_{ec}][TV]\end{bmatrix}\begin{Bmatrix}\{Y_{ce}\}\\\{0\}\end{Bmatrix} \tag{8-5-13}$$

以上二式都将试件现场加速度表示为仅由外力作用引起的加速度的函数。$N_c \times 1$阶矢量$\{Y_{ce}\}$是裸载体界面加速度。回顾，此矢量对应于试件不存在时载体的响应。其余的加速度矢量$\{X_{ce}\}$和$\{X_{ee}\}$分别对应于试件界面加速度和试件外力加速度(即仅由外力作用引起的加速度)。式(8-5-13)表示：如果不存在外力，则试件现场加速度仅仅决定于裸载体界面加速度以及试件和载体的频响函数特性。尽管式(8-5-13)是现场环境的一个特例，但却代表了一种重要情况，因为这种情形经常出现，并且为成功的实验室模拟和/或有限

元仿真提供了良好机会。

8.6　一般实验室环境模型

在实验室环境下，试件安装在激振器上，如图 8－6－1 所示。图中试件有 N_t 个自由度，激振器有 N_e 个自由度。假定试件与激振器之间有 E_c 个界面点。试件的实验室动态特性由式(8－5－1)描述，重写如下

$$\{U\}=[\hat{T}]\{R\} \tag{8-6-1}$$

式中 $\{R\}$ 和 $\{U\}$ 分别代表试件的输入矢量和输出矢量，$[\hat{T}]$ 是试件的加速度导纳矩阵。注意，因为制造过程中存在变数，实验室试件的频响函数特性可能不同于现场试件。因此用符号 $[\hat{T}]$ 将实验室试件与现场试件相区别。

类似地，激振器的输入—输出关系由下式规定

$$\{Z\}=[E]\{Q\} \tag{8-6-2}$$

其中 $\{Q\}$ 和 $\{Z\}$ 是激振器的输入、输出矢量，$[E]$ 是激振器的加速度导纳矩阵。

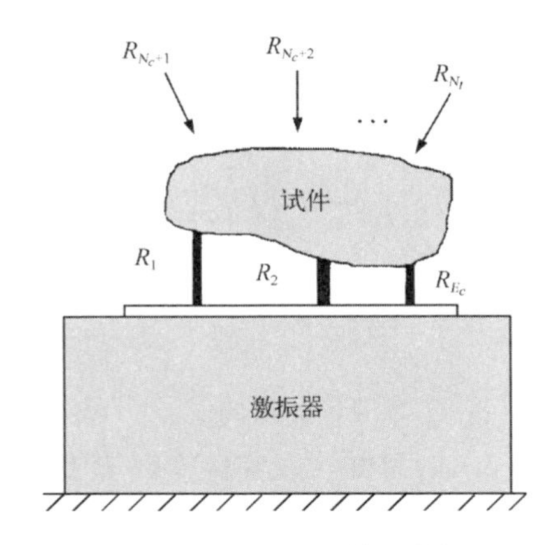

图 8－6－1　实验室环境中安装在激振器上的试件

如同现场一样，我们的关注点在于获得试件与激振器之间的界面力表达式，以及试件的实验室运动表达式。同样，为了便于区分，在实验室环境中我们将用界面(连接器)自由度和外部自由度的说法。

试件与激振器之间的实验室界面力的表达式是通过规定边界条件来确定的。在实验室中我们所用的界面边界条件与描述现场环境中所用的边界条件相同。因此试件之间的加速度必须满足式(8－5－5)，重写如下

$$\{U_c\}-\{Z_c\}=\{0\} \tag{8-6-3}$$

式中，两个 $E_c\times 1$ 阶矢量 $\{U_c\}$ 和 $\{Z_c\}$ 分别表示试件一侧的界面加速度和激振器一侧的界面加速度。假定它们的正方向相同。

同样地，实验室界面力必须满足式(8－5－6)，该式借助实验室变量重写如下

$$\{R_c\}+\{Q_c\}=\{0\} \tag{8-6-4}$$

式中，两个 $E_c\times 1$ 阶矢量$\{R_c\}$和$\{Q_c\}$分别表示试件一侧的界面力和激振器一侧的界面力。假定这两个矢量正方向相同。

实验室界面力的公式，完全仿照前一节的做法即可得到，如下所示

$$\{R_c\}=[TE](\{Z_{ce}\}-\{U_{ce}\}) \tag{8-6-5}$$

这里$\{Z_{ce}\}$是**裸激振器界面加速度**矢量，表示试件不存在时激振器对其输入力的响应。矢量$\{U_{ce}\}$是试件作为一个自由结构对实验室外部力的响应加速度。$E_c\times E_c$ **阶矩阵**$[TE]$**是试件—激振器组合界面频响函数矩阵**，其表达式为

$$[TE]=([\hat{T}_{cc}]+[E_{cc}])^{-1} \tag{8-6-6}$$

与在现场情况一样，实验室界面力$\{R_c\}$决定于外力引起的**实验室界面相对运动**$(\{Z_{ce}\}-\{U_{ce}\})$。

若作用在试件上的实验室外力不存在，即$\{U_{ce}\}=0$，那么式(8-6-5)简化为

$$[R_c]=[TE]\{Z_{ce}\} \tag{8-6-7}$$

于是，假设实验室外力可以忽略，则界面力矢量就只决定于试件—激振器组合界面频响函数矩阵$[TE]$以及裸激振器界面加速度矢量$\{Z_{ce}\}$。

将式(8-6-5)代入式(8-6-1)的分块矩阵形式，即可给出实验室试件加速度的如下结果

$$\begin{Bmatrix}\{U_c\}\\ \{U_e\}\end{Bmatrix}=\begin{bmatrix}[\hat{T}_{cc}][TE] & -[\hat{T}_{cc}][TE]\\ [\hat{T}_{ec}][TE] & -[\hat{T}_{ec}][TE]\end{bmatrix}\begin{Bmatrix}\{Z_{ce}\}\\ \{U_{ce}\}\end{Bmatrix}+\begin{Bmatrix}\{U_{ce}\}\\ \{U_{ee}\}\end{Bmatrix} \tag{8-6-8}$$

当作用在试件上的实验室外力不存在时，上式简化为

$$\begin{Bmatrix}\{U_c\}\\ \{U_e\}\end{Bmatrix}=\begin{bmatrix}[\hat{T}_{cc}][TE] & -[\hat{T}_{cc}][TE]\\ [\hat{T}_{ec}][TE] & -[\hat{T}_{ec}][TE]\end{bmatrix}\begin{Bmatrix}\{Z_{ce}\}\\ \{0\}\end{Bmatrix} \tag{8-6-9}$$

根据式(8-6-8)和式(8-6-9)可知，在实验室环境中，试件所经历的运动仅仅决定于因外力作用而产生的试件运动与激振器运动。对于式(8-6-9)的特例，实验室试件所受外力可忽略不计，试件的加速度决定于试件和激振器的频响函数以及裸激振器界面加速度。下一节将就几种情形讨论现场数据的实验室仿真问题。

8.7 实验室模拟的几种工况

本节讨论在振动试验中可以采用的三种不同试验工况。每种工况中都采用不同的控制方法，以便使实验室环境中的数据与现场数据相适应。**假定：在现场将试件与载体连接在一起的连接件数目，等于在实验室中连接试件与激振器的连接件数量，也就是说** $E_c=N_c$。这个假设在我们定义的工况中是正确的，但在实践中可能不总是这样。

每种试验工况采用下述方案之一：

裸载体数据 在此情况中，用裸载体界面加速度$\{Y_{ce}\}$作为实验室环境下试件的输入。

在只用单个激振器的实际工作中，经常采用这一工况⑮。此工况对应的情形是，对实验室试件的界面运动$\{U_c\}$进行控制，使之与裸载体界面加速度$\{Y_{ce}\}$相等。

使现场界面力相等　控制激振器使实验室界面力和现场界面力相等，因而有

$$\{R_c\}=\{F_c\} \tag{8-7-1}$$

使现场加速度相等　控制激振器，使实验室界面加速度$\{U_c\}$与现场界面加速度$\{X_c\}$相等，实验室外力加速度$\{U_e\}$与现场外力加速度$\{X_e\}$相等，即

$$\{U_c\}=\{X_c\} \tag{8-7-2}$$

$$\{U_e\}=\{X_e\} \tag{8-7-3}$$

实践上，这些控制方案可能要求多输入控制，因为在现场和实验室环境中都需要用多个连接器。在实验室仿真中，如果外力与界面力相比可以忽略，那么原则上对每一个试件界面连接点使用一个激振器即可。

8.7.1　工况 1：以裸载体界面数据作为试件的输入

回忆，当现场不存在试件时，裸载体界面加速度对应的是现场实测获得的加速度。此外还假定，**没有载体频响函数特性的信息可资利用**。

在N_c个界面点上驱动试件所需的一组力，通过解下述关于未知实验室界面力的系统方程而得到

$$[T_{cc}]\{R_c\}=\{Y_{ce}\} \tag{8-7-4}$$

或

$$\{R_c\}=[T_{cc}]^{-1}\{Y_{ce}\} \tag{8-7-5}$$

比较式(8－7－5)和式(8－5－9)(该式是试件与载体在现场连接在一起时的真实界面力表达式)，可以揭示出若干重要问题。首先，式(8－5－9)中的矩阵$[TV]$计及到了试件和载体界面的两种频响函数特性$[T_{cc}]$和$[V_{cc}]$，而式(8－7－5)仅考虑到了试件界面频响函数特性。其次，式(8－5－9)反映了现场外力的作用($\{X_{ce}\}$)，而外力作用在式(8－7－5)中没有体现。很明显，从式(8－7－5)计算出来的实验室界面力不等于现场界面力，因此其裸载体界面加速度并不能代表真实的现场数据，不能用来定义实验室环境下的试件输入。

但是，如果在试件与载体连接之前从现场环境得到了足够多的可用信息，比如外力作用可以忽略，那么，此时$\{X_{ce}\}=0$，只要知道了载体现场界面频响函数矩阵$[V_{cc}]$，就可以在式(8－7－5)右端乘上一个适当的修正变换矩阵，从而使$\{R_c\}=\{F_c\}$。在现场，如果没有显著的外力作用存在，且载体界面频响函数矩阵$[V_{cc}]$可用，那么裸载体界面加速度就能用来定义实验室环境中适当的试件输入。注意，式(8－7－4)假定，试件在现场和在实验室环境中具有相同的频响特性。

---

⑮ Sharton, T. D., "Force Limited Vibration Testing at JPL," Proceedings, 14th Aerospace Testing Seminar. Manhattan Beach, 241－251, March 1993.

8.7.2　工况 2：实验室界面力与现场界面力相等

在这一工况中，根据式(8－7－1)，在实验室环境中的界面力要等于现场的界面力。直接比较关于现场环境和实验室环境的两个界面力公式，会更深刻理解必须满足什么样的要求，才能够使这一工况给出更加合理的仿真结果。为方便计，将式(8－5－9)和式(8－6－5)重写如下

$$\{F_c\}=[TV](\{Y_{ce}\}-\{X_{ce}\}) \tag{8-7-6}$$

$$\{R_c\}=[TE](\{Z_{ce}\}-\{U_{ce}\}) \tag{8-7-7}$$

首先应当注意，现场界面力和实验室界面力分别决定于试件—载体界面频响函数矩阵 $[TV]$ 与试件—激振器界面频响函数矩阵 $[TE]$。如前所示，$[TV]$ 和 $[TE]$ 这两个矩阵分别由下列公式计算

$$[TV]=([T_{cc}]+[V_{cc}])^{-1} \tag{8-7-8}$$

$$[TE]=([\hat{T}_{cc}]+[E_{cc}])^{-1} \tag{8-7-9}$$

由式(8－7－8)和式(8－7－9)显见，**如果试件在现场环境和在实验室环境具有相同的频响函数特性，那么问题就在于使载体的界面频响函数矩阵在两种环境中也相等**。

用单个激振器进行实验室仿真时，试件通常是通过一台**刚性夹具**与台面连接。在此情况下，式(8－7－6)和式 (8－7－7)的意义是显而易见的：试验夹具必须与载体具有相同的界面频响函数特性，即 $[TV]=[TE]$，而且必须控制激振器，使 $\{Z_{ce}\}=\{Y_{ce}\}$。除非是最简单的情况，$[TV]=[TE]$ 这个条件几乎是无法满足的。不幸的是，人们还是常常在 $[TV]\neq[TE]$ 的场合使用上述试验方法。

再者，比较出现在式(8－7－6)和式(8－7－7)右端的两个相对运动矢量 $(\{Y_{ce}\}-\{X_{ce}\})$ 与 $(\{Z_{ce}\}-\{U_{ce}\})$ 即知，如果在实验室环境中对存在的现场外部力不予考虑，那么式(8－7－7)中的加速度项 $\{U_{ce}\}$ 等于零，即使满足 $[TV]=[TE]$，仿真也是失败的。另外，$\{Y_{ce}\}$ 和 $\{Z_{ce}\}$ 代表不存在试件时得到的载体和激振器的界面加速度，这两个加速度项相等的机会是极小的。因此，在实验室中必须适当考虑现场外力作用，尽可能使 $(\{Y_{ce}\}-\{X_{ce}\})$ 与 $(\{Z_{ce}\}-\{U_{ce}\})$ 两个矢量接近。在没有现场外力的特例中，因 $\{X_{ce}\}=0$ 从而要求 $\{U_{ce}\}=0$。此时，在式(8－7－7)和式(8－7－8)中令 $\{R_c\}=\{F_c\}$ 即可求出所要求的激振器界面加速度矢量 $\{Z_{ce}\}$，结果如下

$$\{Z_{ce}\}=[TE]^{-1}[TV]\{Y_{ce}\} \tag{8-7-10}$$

使用**单个激振器与单个试验夹具**要满足上式几乎不可能，除非全部界面点根本上都具有相同的运动。可见，使用**多个激振器**是克服单激振器和单试验夹具的局限性的唯一途径。

8.7.3　工况 3：实验室加速度与现场加速度相等

此工况是这样一种情形，控制激振器在实验室环境中再现实测现场加速度。在此情况下，成功进行实验室仿真所需要的条件可以通过比较现场环境与实验室环境关于试件加速

度的两个公式来获得。有两个可能性：一是界面加速度相等，一是外力加速度相等。

比较式(8－5－12)与式(8－6－8)第一行所表示的两个试件界面加速度，可以检验“这 N_c 个实验室界面加速度与现场界面加速度相等”这一条件是否成立

$$\{X_c\}=[T_{\alpha}][TV](\{Y_{\alpha e}\}-\{X_{\alpha e}\})+\{X_{\alpha e}\} \tag{8-7-11}$$

$$\{U_c\}=[\hat{T}_{\alpha}][TE](\{Z_{\alpha e}\}-\{U_{\alpha e}\})+\{U_{\alpha e}\} \tag{8-7-12}$$

这里假定，不管在现场环境还是在实验室环境，试件具有同样的界面频响函数特性，亦即 $[\hat{T}_{\alpha}]=[T_{\alpha}]$。同时，式(8－7－11)含有矩阵$[TV]$，式(8－7－12)含有矩阵$[TE]$，采用单个激振器和单个夹具时这两个矩阵是不同的。在此情况下，作用在界面自由度上的外力作用也必须适当考虑。由此看来，唯有采用多个激振器才能满足所有这些条件。

上面关于界面加速度的结论，同样适用于在实验室环境下模拟外力加速度的情况。在此情况下，式(8－5－12)与式(8－6－8)的第二行表明，需要正确模拟现场外力对外部加速度的作用，正确模拟激振器的界面运动。应当明确，与其他工况一样，使现场外力加速度与实验室外力加速度相等，也存在单个试验夹具问题。

8.8　小结

本章我们涉足一个困难的课题：怎样从现场环境进入实验室环境。已经清楚说明，结构上任何两点之间有 36 个潜在的输入—输出频响函数。我们经常只测其中一个输入一个输出，因而得到的是品质低劣的频响函数。

从现场到实验室过程中，我们研究了三种类型的结构，即现场环境中的试件和载体，以及实验室环境中的激振器和试件。我们用简单的二点式载体、试件和激振器模型，阐述了所出现的各种类型的运动和界面力，以及各类频响函数相互作用的复杂问题。我们阐述了驱动点频响函数在最简单情况下的重要性，然后将这些简单的理论结果应用于 6 种可能的试验工况，使我们明确，在实验室试验中，如果不采用现场外力，便无法使试件的运动等同于现场出现的运动。

所举二自由度试件和二自由度载体实例证明，在只有一个界面力(或边界力)而没有外力作用在试件上时，理论结果和实验结果是很容易预测的。在这些条件下，10 个数量级的动态范围很容易处理。载体—试件组合体的界面运动的频谱或界面力频谱，均可用在控制方案中而实现良好的仿真。我们还证明，将裸载体界面运动转化成适当的用于实验室的界面力和界面运动是可能的。但这种转化仅限于单一界面连接点的情形。然而我们还证明，如果裸载体界面运动用在实验室中而不加修正(即不考虑试件的驱动点加速度导纳)，则会出现严重的过试验和欠试验。

我们建立了一般现场环境模型和一般实验室环境模型，旨在说明怎样处理界面力所引起的运动与外力(非界面力)所引起的运动。很明显，载体与试件的驱动点频响函数和转移频响函数之间的相互作用构成了**现场环境**动态特性，而激振器与试件的驱动点频响函数及

转移频响函数构成了**实验室环境**的动态特性。从这些方程容易看出，试件与载体或试件与激振器之间的界面运动和界面力的相互作用相当明显，所以，由单个界面点到多个界面点会大大提升所要处理的问题的复杂性。

现场环境的实验室仿真要求多个激振器闭环工作。这一要求在振动试验课题中是一个真正的挑战，因为这些激振器不但必须产生、控制给定的频谱，而且需要保证各激励源之间的互相关性。

图 8-8-1(a)是关于裸载体现场环境的实验室仿真[16]。每个试件界面点所连接的激振器必须受控，以便在那个控制界面点重现正确的运动。经由一刚性试验夹具把试件固定在单个激振器上是经常使用的方法[17]。按此方法，试件的输入是取裸载体加速度的包络而规定的。不适当的包络可能导致极端保守的试验，使试件在许多频率上过试验，因此在使用单台激振器仿真时要慎用这种包络技术。

图 8-8-1(b)表示一实验室装置，其中试件的输入来自组合结构现场数据[18]。在该实验装置中，每个试件界面点与一台激振器相连接，这 N_c 个激振器必须进行独立控制，以便能够在控制界面点复现正确的现场界面力或界面运动。如果控制点选在试件上的非界面点，那就需要另外的激振器。

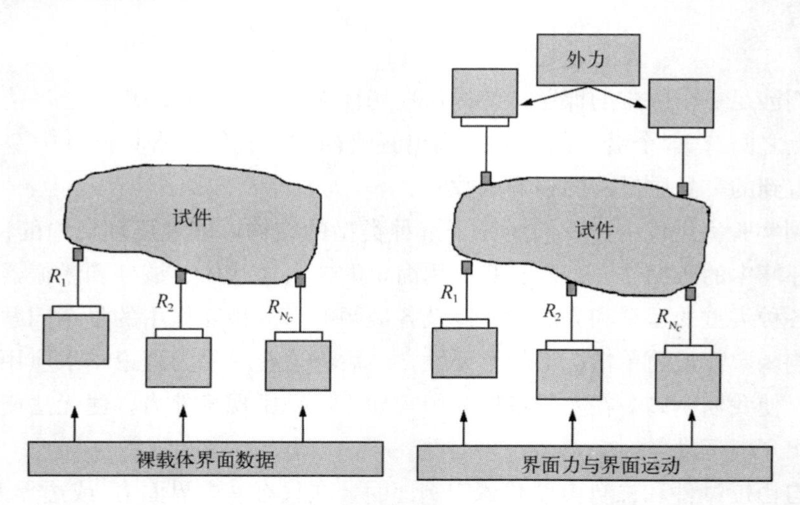

图 8-8-1 (a)实验室仿真，试件的输入由裸载体界面数据定义；
(b)实验室仿真，试件输入由现场组合结构数据定义

另外，在实验室环境中必须考虑现场外力的作用，见图 8-8-1(b)。通常在现场并不测量外部载荷，因为它们常常来自声载荷或气动载荷，直接测量比较困难。我们需要根据

---

⑯ See footnote 13.

⑰ Charles, D., "Procedures to Estimate Vibration Severities of Stores on Heliecpters," Proceedings, Institute of Environmental Sciences, 694-701, 1990.

⑱ Fletcher, J. N., "Global Simulation: A New Technique for Multiaxis Test Control," Proceedings, Institute of Environmental Sciences, 147-152, 1990.

实测到的试件加速度来估计这些外力，这是一个需要借助确定性激励信号、随机激励信号以及响应信号来研究的逆问题⑲。

这里所给出的结果是用一种以频谱为基础的方法得来的，就是说，用以描述界面特性和外部特性的变量是复变量，它们携带有幅值与相位信息。当输入、输出是确定性信号(周期的或暂态的)时，这种方法是适用的，但它们不适宜处理随机信号。当输入、输出信号模型化为随机信号时，必须采用以自谱密度或互谱密度来描述的新的表示方法⑳。

最后，我们尝试了解满意的实验室仿真所需要的一些要求。很快事情就变得明朗起来：坚持不懈地研究作用在试件上的力，是帮助我们建立适当的、更加一般的试验规范的重要保障。通过本章我们应当清楚，满意的实验室仿真是一件困难的工作，本书没有就一般情形寻求简单的答案，只是针对现场环境与实验室环境中仅有支配性的单个界面力和单个界面运动这种特殊情况进行了讨论。在实验室环境中对试件进行满意的模拟或试验这一任务，正在召唤我们提出这样的解决方案——既是创造性的，又不违背我们这里所建立起来的物理概念。

8.9　参考文献

[1] ANSI Standards S 2. 31, S 2. 32, S 2. 34, and S 2. 45.

[2] Bootle, R. , "Aircraft Mission Profile - Vibration Levels" Proceedings, Institute of Environmental Sciences, 528 - 530, 1990.

[3] Caruso, H. , "Correlating Reliability Growth Vibration Test and Aircraft Mission Profile Vibration Loads and Effects"Proceedings, Institute of Environmental Sciences, 702 - 707, 1990.

[4] Charles, D. , "Procedures to Estimate Vibration Severities of Stores on Helicopters"Proceedings, Institute of Environmental Sciences, 694 - 701, 1990.

[5] Fletcher, J. N. , "Global Simulation: A New Technique for Multiaxis Test Control, "Proceedings, Institute of Environmental Sciences, 147 - 152, 1990.

[6] Frey, R. , "The Vibration and Shock Environment for Commercial Computer Systems"Proceedings, Institute of Environmental Sciences, 658 - 662, 1990.

[7] Hansen, K. , "On the Relation Between Vibration Input and Local Strain"Proceedings, Institute of Environmental Sciences, 610 - 617, 1990.

[8] McConnell, K. G. , "From Field Vibration Data to Laboratory Simulation". *Experimental Mechanics*, V. 34, N. 3, pp. 1 - 13, 1994.

[9] MIL - STD - 167 - 1 and MIL - STD - 167 - 2 Mechanical Vibrations of Shipboard Equipment.

[10] MIL - STD - 810F, "Environmental Test Methods and Engineering Guidelines"1 January 2000.

[11] Richards, D. P. , "The Derivation of Procedures to Estimate Vibration Severities of Airborne Stores"

⑲ See footnote 13.

⑳ Caruso, H, "Correlating Reliability Growth Vibration Test and Aircraft Mission Profile Vibration Loads and Effects," Proceedings, Institute of Environmental Sciences, 702 - 707, 1990.

Proceedings, Institute of Environmental Sciences, 679 - 687, 1990.

[12] Rodrigues, G. and J. Santiago - Prowald, "Qualification of Spacecraft Equipment: Random Vibration Response Based on Impedance/Mobility Techniques". *Journal of Spacecrafis and Rockets*, Vol. 45, N. 1, pp. 104 - 115, 2008.

[13] Rogers, J. D., Beightol, D. B. and Doggett, J. W., "Helicopter Flight Vibration of Large Transportation Containers - A Case for Test Tailoring"Proceedings, Institute of Environmental Sciences, 515 - 521, 1990.

[14] Sharton, T. D., "Force Limited Vibration Testing at JPL"Proceedings, 14th Aerospace Testing Seminar, Manhattan Beach, 241 - 251, (March 1993).

[15] Sharton, T. D., "Analysis of Dual Control Vibration Systems. "Proceedings, Institute of Environmental Sciences, 140 - 146, (1990).

[16] Singal, R. K. and Maynard, I. K., "Vibration Validation of a Spacecraft Container"Proceedings, Institute of Environmental Sciences, 509 - 514, 1990.

[17] Smallwood, D. O., "An Analytical Study of a Vibration Test Method Using Extremal Control of Acceleration and Force. "Proceedings, Institute of Environmental Sciences, 263 - 271, 1989.

[18] Sweitzer, K. A., "Vibration Models Developed for Subsystem Test. "M. S. Thesis, Syracuse Unversity, Utica, NY, May 1994.

[19] Szymkowiak, E. A. and Silver II, W., "A Captive Store Flight Vibration Simulation Project"Proceedings, Institute of Environmental Sciences, 531 - 538, 1990.

[20] Torstensson, H. O. and Trost, T., "The Transportation Environment and Its Characterization." Proceedings, Institute of Environmental Sciences, 624 - 634, 1990.

[21] Varoto, P. S., "The Rules for the Exchange and Analysis of Dynamic Information in Structural Vibration. "PhD Dissertation, Iowa State University of Science and Technology, Ames, IA, USA, 1996.

[22] Wall, J. S., "Standard Test—Tailoring for Test—or Both?, "Proceedings, Institute of Environmental Sciences, 522 - 527, 1990. The following papers are concerned with the READI concept.

[23] Varoto, P. S. and K. G. McConnell, "On the Identification of Interface Forces and Motions in Coupled Structures"XVII International Modal Analysis Conference, 1999. On the Identification of Interface Forces and Motions in Coupled Structures. Orlando FL. v. 1. pp. 334 - 344.

[24] Varoto, P. S. and K. G. McConnell, "Single Point vs Multi Point Acceleration Transmissibility Concepts in Vibration Testing"*Proceedings of the XVI International Modal Analysis Conference*. Santa Barbara, CA, v. 1. pp. 83 - 89, 1998.

[25] Varoto, P. S. and K. G. McConnell, "Rules for the Exchange and Analysis of Dynamic Information (READI), Part I: Basic Definitions and Test Scenarios". *Advanced Study Institute*, *Modal Analysis and Testing*. Sesimbra, Portugal. v. 1. pp. 79 - 98, 1998.

[26] Varoto, P. S. and K. G. McConnell, "Rules for the Exchange and Analysis of Dynamic Information (READI), Part II: Numerically Simulated Results for a Deterministic Excitation with No External Loads"*Advanced Study Institute*, *Modal Analysis and Testing*. Sesimbra, Portugal. v. 1. pp. 99 - 116, 1998.

[27] Varoto, P. S. and K. G. McConnell, "Rules For The Exchange and Analysis of Dynamic Information

(READI), Part III: Numerically Simulated and Experimental Results for a Deterministic Excitation with External Loads". *NATO Advanced Study Institute*, *Modal Analysis and Testing*. Sesimbra, Portugal. v. 1. pp. 117－148, 1998.

[28] Varoto, P. S. and K. G. McConnell, "Rules for the Exchange and Analysis of Dynamic Information (READI), Part IV: Numerically Simulated and Experimental Results for a Random Excitation". *NATO Advanced Study Institute NATO Advanced Study Institute*, *Modal Analysis and Testing*. Sesimbra, Portugal. v. 1. pp. 149－184, 1998.

[29] Varoto, P. S. and K. G. McConnell, "Rules for the Exchange and Analysis of Dynamic Information (READI), Part V: Q－Transmissibility Matrix Vs Single Point Transmissibility in Test Environments"*NATO Advanced Study Institute*, *Modal Analysis and Testing*. Sesimbra, Portugal. v. 1. pp. 185－214, 1998.

[30] Varoto, P. S. and K. G. McConnell, "Rules for the Exchange and Analysis of Dynamic Information (READI), Part VI: Current Practices and Standards"*NATO Advanced Study Institute*, *Modal Analysis and Testing*. Sesimbra, Portugal. v. 1. pp. 215－229, 1998.

[31] Varoto, P. S. and K. G. McConnell, "READI: The Rules for the Exchange and Analysis of Dynamic Information In Structural Vibration". *XV International Modal Analysis Conference*, *Proceedings of the IMAC*. Orlando, FL, V. 2. pp. 1937－1944, 1997.

[32] Varoto, P. S. and K. G. McConnell, "Predicting Random Excitation Forces from Acceleration Response Measurements". *XV International Modal Analysis Conference*, *Proceedings of the International Modal Analysis Conference*. Orlando, FL, V. 1. pp. 1－6, 1997.